浅埋煤层开采压架机理及防治

Mechanism of Support Crushing in Shallow Coal Mining and Its Prevention

朱卫兵　许家林　鞠金峰　著

科学出版社
北　京

内 容 简 介

本书全面介绍了浅埋煤层长壁综采工作面矿压显现规律与压架灾害防治的最新研究成果，内容包括：浅埋煤层开采覆岩结构特征及运动规律，浅埋煤层开采矿压显现的基本规律及影响因素，浅埋煤层开采压架灾害的类型与发生机理，浅埋煤层开采不同类型压架灾害的发生条件与压架危险区域的预测方法，浅埋煤层开采压架灾害防治对策及其在神东矿区的应用与实践。

本书可供从事采矿、安全、地质等领域的科技工作者、高等院校师生和煤矿生产管理者阅读参考。

图书在版编目(CIP)数据

浅埋煤层开采压架机理及防治＝Mechanism of Support Crushing in Shallow Coal Mining and Its Prevention / 朱卫兵，许家林，鞠金峰著. —北京：科学出版社，2022.9

ISBN 978-7-03-046903-8

Ⅰ. ①浅… Ⅱ. ①朱… ②许… ③鞠… Ⅲ. ①煤层–综采工作面–矿压显现–灾害防治 Ⅳ. ①TD823.25

中国版本图书馆 CIP 数据核字(2016)第 004457 号

责任编辑：李 雪 / 责任校对：王萌萌
责任印制：吴兆东 / 封面设计：无极书装

科 学 出 版 社 出版
北京东黄城根北街 16 号
邮政编码：100717
http://www.sciencep.com
北京建宏印刷有限公司 印刷
科学出版社发行 各地新华书店经销
*
2022 年 9 月第 一 版 开本：787×1092 1/16
2022 年 9 月第一次印刷 印张：22
字数：519 000

定价：198.00 元

(如有印装质量问题，我社负责调换)

前　言

我国西部矿区普遍具备浅埋煤层开采条件。浅埋煤层开采实践证明，其长壁工作面矿山压力显现并不因埋深浅、采动支承压力小而缓和，相反常呈现出强烈的矿压显现，即使在支架工作阻力和支护强度很大时仍发生严重的压架灾害。以神东矿区为例，煤层埋深一般为 50～300m，工作面采宽 300m 左右，属典型浅埋煤层赋存矿区。神东矿区综采工作面支架工作阻力已由最初的 3500kN 逐步增大到 20000kN（支护强度 1.52MPa），但仍然发生严重的压架灾害。据不完全统计，神东矿区自 2007 年以来先后发生十余起严重的压架事故，造成了巨大的经济损失。上述压架灾害已成为严重制约神东矿区浅埋煤层安全高效开采的重要因素之一，而且随着煤层采高不断增大，以及逐步进入下部煤层的重复采动，压架灾害问题愈加突出。为何浅埋煤层长壁工作面矿压显现会如此强烈？其压架机理是什么？如何对压架灾害进行有效预测和防治？显然，深入开展浅埋煤层开采矿山压力显现规律与压架灾害防治的研究具有重大理论和实践意义。

作者自 2007 年以来先后在神东矿区补连塔煤矿、大柳塔煤矿、活鸡兔井、石圪台煤矿、乌兰木伦煤矿等矿井 13 个综采工作面开展了浅埋煤层矿山压力监测和压架灾害防治的研究及实践工作。在钱鸣高院士“砌体梁”结构的学术思想和岩层控制的关键层理论的指导下，通过系统的现场实测和资料收集，结合实验室模拟及理论研究，掌握了浅埋煤层采场矿压显现规律及其主要影响因素，揭示了浅埋煤层开采的压架类型与机理，并提出了相应的防治对策。研究发现，在浅埋单一关键层结构且地表有厚风积沙、沟谷地形上坡段、近距离煤层重复采动出上覆煤柱、特大采高等几类特殊开采条件下，浅埋煤层开采易出现关键层结构破断块体的滑落失稳，导致支架立柱在短时间内出现急剧下缩甚至压死支架的现象。为此，本书重点研究揭示了上述各类条件下压架灾害的机理与发生条件，建立了工作面压架危险区域的预测方法，形成了一套浅埋煤层工作面支架合理阻力的估算方法，提出了浅埋煤层开采压架灾害防治对策。有关研究成果在神东矿区浅埋煤层矿山压力控制与压架灾害防治实践中得到验证和应用。本书即上述研究工作的系统总结，希望本书的出版能为我国浅埋煤层矿山压力控制与压架灾害防治提供参考和借鉴。

本书的研究工作和出版得到了作者负责的国家重点基础研究发展计划（973 计划）项目“西部煤炭高强度开采下地质灾害防治与环境保护基础研究”（项目编号：2013CB227900）、“十二五”国家科技支撑计划课题“矿井冒顶与地压灾害防治技术及示范”（课题编号：2012BAK04B06）、国家自然科学基金资助项目“浅埋煤层重复采动关键层结构失稳致灾机理研究”（项目编号：51174288）、“高位巨厚关键层破断致灾机制及弱化改性方法研究”（项目编号：52074265）等的资助。

感谢课题组王晓振、王志刚、施喜书、刘文涛、张志强、王庆雄、刘栋林、郝宪杰、王路军、郝浩、高浩然、张文柯、张冬冬、温嘉辉、陈梦等研究生在现场实测和实验室模拟研究中所做的大量工作。在神东矿区开展实测与应用工作的过程中，曾先后得到王安、伊茂森、赵永峰、杨鹏、杨俊哲、贺安民、罗文、张日晨、史汉、王振荣、陈苏社、李林、赵旭、武子生、郑铜彪、崔东亮、肖剑儒、李鹏、宋桂军等领导和相关工程技术人员的大力支持和帮助。在此，一并表示最诚挚的感谢。对本书所引用资料和文献的作者表示最诚挚的感谢。

由于作者水平所限，书中难免存在不足之处，恳请同行专家和读者指正。联系电子邮箱：cumtzwb@cumt.edu.cn 或cumtxjl@cumt.edu.cn。

作　者

2021 年 6 月

目　录

第1章 绪 论

1.1 浅埋煤层开采压架灾害问题

我国西北部广泛赋存着浅埋的侏罗纪煤田，主要有神府东胜煤田、陕北榆神煤田、宁夏灵武煤田等。因其可采煤层多、煤层厚、煤质优良、构造简单而为世人瞩目。神府东胜矿区(以下简称神东矿区)作为我国典型的浅埋煤层赋存矿区，已成为我国重要的新型煤炭生产基地和亿吨级生产矿区。近年来，随着设备配套和开采效率的不断提高，该矿区回采工作面支架的额定工作阻力水平也逐年攀升，目前已达到18000kN的国际领先水平(支护强度1.52MPa)。然而，就在这种先进的生产装备和简单的地质开采条件下，仍发生了支架立柱急剧下缩、端面切冒等压架现象，严重威胁作业人员和设备的安全。据不完全统计(表 1-1)，自 2007 年以来，仅神东矿区已累计发生各类严重压架事故 13 起[1~9]，直接经济损失近 5 亿元。压架灾害已成为影响神东矿区浅埋煤层安全高效生产的重要因素之一。因此，研究揭示上述压架灾害的发生机理及防治对策，对于神东等浅埋煤层开采矿区的安全高效生产意义重大。

已有的研究结果表明，浅埋煤层开采矿压显现并不因其埋深浅、采动支承压力小而缓和，相反常呈现出压架等强烈的矿压显现，并伴有地表台阶下沉等现象的发生。根据神东矿区的开采实践和统计结果，浅埋煤层开采主要存在 5 种压架类型，即厚风积沙复合单一关键层结构条件下的压架[10~13]、过沟谷地形上坡段时的压架[3,6,7]、下煤层工作面采出上覆集中煤柱时的压架[4,5,8,14,15]、上覆房采煤柱下开采时的压架[16]，以及特大采高开采时的压架[17]。其中，第 1 种压架类型主要是在 20 世纪 90 年代神东矿区浅埋煤层开采初期出现的，当时尤以西安科技大学的石平五、侯忠杰、黄庆享等教授对此类问题研究较多，他们从地表厚风积沙的载荷传递作用导致覆岩发生全厚切落的角度，阐述了该类压架发生的原因，有力指导了神东矿区浅埋煤层开采初期压架灾害的防治实践。而后，随着支架工作阻力的不断提升，以及煤层开采深度的不断加大，第 1 种类型的压架逐渐减少，但在下部第 2 层近距离煤层重复开采过程中又呈现出新的压架问题，即上述第 2、第 3、第 4 种类型的压架灾害。为此，作者从覆岩关键层结构稳定性及其运动规律的角度就上述第 2、第 3、第 4 种压架灾害的发生机理、影响因素，以及防治对策等问题进行了深入研究。如今，随着液压支架及其配套设备制造水平的快速提升，神东矿区煤层综采一次采出厚度也得到显著提高(已超过 7.0m)，但随之而来的是覆岩破坏范围急剧增大后出现的强烈矿压显现问题，即上述第 5 种类型的压架。对此本书作者也开展了部分研究，从煤层采高增大造成的覆岩关键层结构形态及其稳定性变化角度，分析了该类压架发生的机理，并提出了相应的支架阻力确定方法及防治对策。

表 1-1　神东矿区部分矿井浅埋煤层开采压架案例统计

序号	压架类型	矿井	工作面	面宽/m	采高/m	支架阻力/kN	埋深/m	煤层间距/m	支架活柱下缩量/mm	备注
1	厚风积沙复合单一关键层结构	大柳塔井	C202	102	2.2	1200	65	—	350～600	顶板台阶下沉
			1203	150	4.0	3500	50～65	—	1000	支架立柱胀裂，突水，溃沙
2	过沟谷地形上坡段	活鸡兔井	12304	240	4.3	8638	97.6	19.2	420	架前冒高 1.5～2.0m
			12305	257.2	4.3	12000	116.4	18.9	1000	架前冒高 1.2m
			12306	255.7	4.3	12000	97.1	21.3	400～500	架前冒高 1.0m
3	采出上覆集中煤柱	活鸡兔井	12304	240	4.3	8638	97.6	19.2	1200	架前冒高 1.2m，停产 2 天
			12305	257.2	4.3	12000	116.4	18.9	700～800	架前冒高 1.0m，停产 1 天
			12306	255.7	4.3	12000	97.1	21.3	1100～1300	架前冒高 1.5m，停产 2 天
			12313	344.2	4.5	12000	102.8	13.1	900	刮板输送机被压死，停产 2 天
		石圪台煤矿	12102	217.2	2.8	8824	65.5	5.2	1200	采煤机被压死，停产 2 天
			12103	329.2	2.8	8824	63.5	0.6～5.0	500～700	架前冒高 1.0m，停产 2 天
			12105	300	2.8	8800	78.6	5.3～13.6	600	压架、透水，停产 13 天
		大柳塔井	22103	322.7	3.6	12000	86.1	23.3	1500	立柱被压爆，停产 5 天
4	上覆房采煤柱下开采	石圪台煤矿	31201	311.4	4.0	18000	110～140	30～41.8	1300～1500	累计发生 9 次事故，最严重一次造成 112 台支架被压死，停产 60 天
5	特大采高开采	大柳塔煤矿	52304	301	6.5	16800	184～222	—	1600	采煤机无法通过，架前冒高达 10m，刮板输送机被压死，停产 5 天

注：表中的统计结果仅是针对影响生产的压架案例进行的统计，现场仍有许多工作面曾发生过类似的压架现象，但因其未对生产造成严重影响，而未能全面统计。

事实上，无论在何种开采条件下，若上覆关键层破断块体不能形成稳定的结构，而支架工作阻力又不足以平衡失稳结构岩体的重量时，就会引起压架灾害的出现。因此，掌握具体条件下浅埋煤层长壁开采时覆岩关键层的结构形态及其稳定状态，是科学解决上述压架灾害问题的关键。因此，本书将综合已有的研究成果，按照各类条件下覆岩关键层结构的失稳特征，将浅埋煤层开采的压架灾害类型、发生机理及防治对策形成一个完整的体系，从而更好地为神东矿区及我国西部类似浅埋煤层开采压架灾害防治提供借鉴和参考。

1.2 浅埋煤层矿山压力研究综述

1.2.1 在采动覆岩破坏规律研究方面

随着地下煤炭资源的采出，岩层将产生移动和破坏，并导致矿山压力显现、地表塌陷、煤岩体中水与瓦斯的流动，从而引发一系列的环境与安全问题，如地表建筑物和土地的破坏、地下水资源的破坏和井下突水事故、井下瓦斯事故与瓦斯排放污染大气等。煤炭开采引起的上述采动损害问题的发生都与采动岩层移动破坏有关，因此，研究掌握采动岩层移动破坏规律是解决上述采动损害问题的关键。长期以来，采矿研究工作者对此投入了很大的研究力量，对采场上覆岩层移动破断规律提出了如图 1-1 所示的“横三区”“竖三带”的总体认识[18]，即沿工作面推进方向上覆岩层将分别经历煤壁支承影响区、离层区、重新压实区，由下而上岩层移动划分为垮落带、断裂带、整体弯曲下沉带。

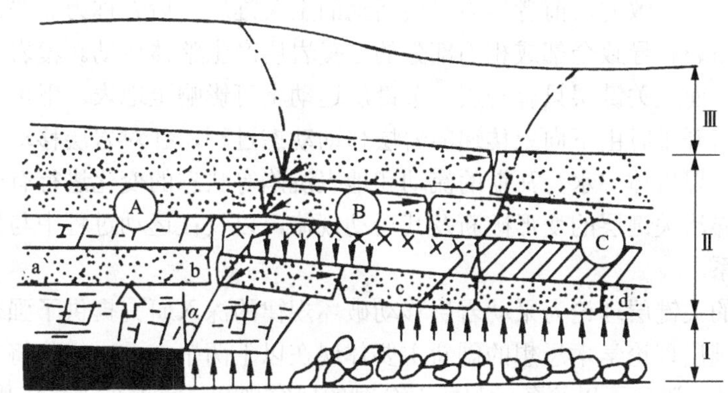

图 1-1 覆岩移动破坏的“横三区”与“竖三带”

A. 煤壁支承影响区(a～b)；B. 离层区(b～c)；C. 重新压实区(c～d)；α. 支承影响角；Ⅰ. 垮落带；Ⅱ. 断裂带；Ⅲ. 整体弯曲下沉带

在岩层移动破坏研究方面，由于各自关注的问题方面不同，以及研究手段和方法的差异，形成了几个相对独立的学科研究领域和体系，如矿山压力学科和开采沉陷学科等。20 世纪 60 年代至 80 年代初是采场顶板结构假说百花齐放的阶段，也是“砌体梁”结构假说形成时期，这一阶段对覆岩可能形成的结构提出了众多假说，用以解释采场各种矿压现象。各派假说的争鸣，促进了顶板结构假说的发展与成熟，其中主要有压力拱假说、悬臂梁假说，以及比利时学者 A.拉巴斯提出的预成裂隙假说和苏联学者 г. H. 库兹涅佐夫提出的铰接岩块假说。到70年代末80年代初，我国学者钱鸣高院士根据岩层内部移动实测，提出了采场上覆岩层“砌体梁”结构假说并给出了力学模型，创造性地发展了上述有关假说[19,20]。“砌体梁”结构理论代表了我国学者对采场上覆岩层结构理论的贡献，并成为这一时期的代表作。

20世纪80年代后期，是“砌体梁”结构理论的大实践与大发展时期，也是“砌体梁”结构理论力学模型向体系化和定量化的发展阶段。在80年代中后期，展开了对基本顶岩层形成“砌体梁”结构前的连续介质力学模型分析，视其为弹性地基梁和板结构，分析了这些结构的断裂形态及断裂前后对工作面来压的影响，奠定了采场超前来压预报的理论基础。钱鸣高院士所提出的“砌体梁”理论已被广泛应用，并不断在实践中得到发展。进入90年代后，给出了“砌体梁”结构受力的理论解[21]，建立了“砌体梁”关键块体的S-R稳定理论[22]；证明了顶板下沉与支架载荷的$P\text{-}\Delta l$双曲线关系[23]；建立了采场矿山压力整体力学模型，阐明了支架受力来源问题，成功地解释了包括放顶煤采场在内的支架受力问题[24]。

20世纪90年代中期，为了解决采动损害中更为广泛的问题，钱鸣高院士及其带领的课题组，在“砌体梁”结构理论的基础上，进一步提出了岩层控制的关键层理论[25~27]。岩层控制的关键层理论的基本学术思想为：由于成岩时间及矿物成分不同，煤系地层形成了厚度不等、强度不同的多层岩层。实践表明，其中一层至数层厚硬岩层在岩层移动中起主要的控制作用，将对岩体活动全部或局部起控制作用的岩层称为关键层。关键层判别的主要依据是其变形和破断特征，即在关键层破断时，其上部全部岩层或局部岩层的下沉变形是相互一致的，前者称为岩层活动的主关键层，后者称为亚关键层。也就是说，关键层的断裂将导致全部或相当部分的上覆岩层产生整体运动。覆岩中的亚关键层可能不止一层，而主关键层只有一层。关键层运动上可影响至地表，下可影响至回采工作面。为了弄清开采时由下向上传递的岩层移动动态过程，并对岩层移动过程中形成的采场矿压显现、煤岩体中水与瓦斯的流动和地表沉陷等状态的变化进行有效的监测与控制，关键在于弄清关键层的变形破断及其运动规律，以及在运动过程中与软岩层间的相互耦合作用关系。

岩层控制的关键层理论为采动岩层移动破坏规律的深入研究提供了强有力的理论和思想工具。关键层理论学术思想的创新主要体现在以下两个方面：一是将采动覆岩作为统一的研究整体，避免了以往各学科相对分割的研究现状，实现了采场矿压、开采沉陷、采动岩体中水与瓦斯运移等方面研究的有机统一；二是抓住了岩层运动的主要矛盾，突出了重点，避免了传统学科中对岩层进行统计均化的不足。该理论自提出以来，在关键层判别方法、关键层上的载荷分布规律、关键层的破断规律及其复合效应、关键层运动对采场矿压显现、覆岩移动与地表沉陷及采动裂隙场分布的影响、关键层理论在开采沉陷控制、卸压瓦斯抽采和保水开采等方面的工程应用上取得了显著进展[28~48]。目前已得到学术界和采矿工程技术人员的普遍认可，并在浅埋煤层开采矿山压力控制领域得到广泛应用。

1.2.2 在浅埋煤层开采矿山压力及其控制研究方面

浅埋煤层开采采场矿压非但没有因采深变浅而减少，反而出现异常强烈的矿压显现，工作面出现台阶下沉，甚至压坏支架。例如[49,50]，神东矿区大柳塔煤矿正式投产的第一个工作面1203，埋深50～60m，采高3.5～4.0m，使用YZ3500-23/45型液压支架支护顶板。初次来压期间，工作面中部91m范围顶板出现大范围台阶下沉现象，其中中部31m范围顶板台阶下沉量高达1000mm，部分支架立柱被压死，并出现溃沙现象，大量地面风积沙进入机尾。周期来压时，不少支架的立柱因动载强烈而出现涨裂，支架损坏严重。矿区周围几个地方国有煤矿，如郭家湾、大砭窑煤矿曾经设计和应用了长壁工作面开采方式，但因为难以控制工作面来压时出现的顶板台阶下沉，严重影响了生产和安全，为此又改回为各种方式的柱式开采。这说明在神东煤田浅埋深、薄基岩、厚上覆松散沙层的条件下，工作面顶板岩层破断运动具有特殊性。

国外对于浅埋煤层顶板岩层控制方面做了大量的研究工作，较早的有苏联M.秦巴列维奇根据莫斯科近郊煤田浅埋深条件提出的台阶下沉假说[51]。该假说指出当煤层埋深较浅时，上覆岩层可视为均质。随工作面推进，顶板将呈斜方六面体沿煤壁斜上方垮落直至地表，支架上所受的载荷应考虑整个上覆岩重的作用。苏联B. B.布德雷克研究认为[52,53]，在埋深100m且存在厚黏土层条件下，放顶时支架出现动载现象；约12%的采区煤柱出现动载现象。动载现象说明浅埋煤层顶板来压迅猛，与普通采场顶板逐层次垮落，以及基本顶回转失稳形成的比较缓和的来压特征有明显区别。Holla和Buizen[54]认为浅部开采顶板破断直接影响到地表，顶板破断角大，地表下沉速度快，来压明显且难以控制。

20世纪90年代初，随着神东矿区的开发，我国许多学者开始了浅埋煤层采场矿压问题的研究。其中尤为突出的是西安科技大学石平五、侯忠杰、黄庆享等学者所开展的卓有成效的研究工作[10～13,54,55]。他们曾先后开展了神东矿区大柳塔煤矿C202工作面、1203工作面等浅埋煤层开采采场矿山压力的工程实测研究工作。在此基础上，在实验室开展了大量的浅埋煤层采场矿山压力的相似材料模拟试验研究工作，掌握了神东矿区浅埋煤层长壁开采采场矿压显现的主要特点。工作面来压表现为图1-2所示的煤层上覆基岩全厚切落，导致工作面顶板出现台阶下沉，支架工作阻力不够将导致压架事故。

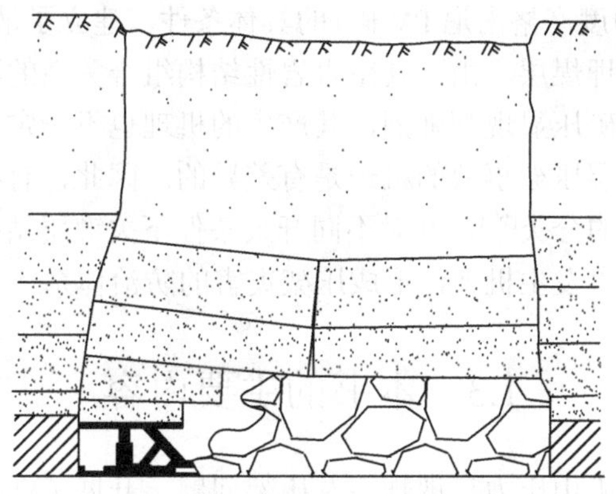

图1-2 浅埋煤层顶板全厚切落形式

在掌握神东矿区浅埋煤层采场矿压基本规律的基础上，侯忠杰等应用岩层控制的关键层理论对浅埋煤层上覆基岩全厚切落的机理进行了合理的解释，提出了浅埋煤层复合关键层的概念，并基于关键层理论建立了判别浅埋煤层覆岩是否为复合关键层及是否全厚切落的条件如下：

$$\frac{\sum_{i=1}^{n}\rho_{ig}h_i}{\sum_{i=n+1}^{m}\rho_{ig}h_i+q}\cdot\frac{\sum_{i=n+1}^{m}E_ih_i^3}{\sum_{i=1}^{n}E_ih_i^3}\leqslant 1 \tag{1-1}$$

式中：ρ_{ig} 为第 i 层岩层的质量密度；h_i 为第 i 层岩层的厚度；E_i 为第 i 层岩层的弹性模量；q 为地表松散层(风积沙)载荷；m 为从第一层基本顶算起的岩层总层数；n+1 为第二层关键层；n 为第二层关键层之下的岩层层数。

地表厚松散层浅埋煤层覆岩中若有两层坚硬岩层，则这两层坚硬岩层均为关键层。因为这两层关键层和其中所夹的弱岩形成一个整体，协调变形，同步破断，属于关键层的一种组合效应。可将这种主要由两层关键层组成的岩层组称为组合关键层。显然，地表厚松散层浅埋煤层这种组合关键层具有一般赋存条件下煤层关键层所具有的岩性特征、变形特征、破断特征和支承特征，但组合关键层的厚度要比关键层厚度大得多。组合关键层破断后，砌体梁结构的滑落失稳是导致浅埋煤层长壁开采矿压显现异常强烈的根本原因。

黄庆享等[55,56]基于“砌体梁”结构理论研究了浅埋煤层基岩基本顶切落的短块“砌体梁”结构模型及其失稳性，提出了风积沙的载荷传递系数的概念，并据此提出了浅埋煤层工作面支架阻力的确定公式。侯忠杰，石平五等认为，对于普通采场，基本顶关键层上的载荷层为附着于其上的软弱岩层，载荷层随关键层的运动而运动，载荷层的重量几乎全部作用于关键层[57,58]。此外，赵宏珠[59]教授等针对我国出口印度的长壁综采设备与支架，开展了印度浅埋煤层矿压规律研究。实测表明：工作面来压显现为煤壁前方顶底板移近速度增大，地表缓慢下沉并呈周期性的产生裂缝。大周期来压步距与地表裂缝间距一致。由于支架额定工作阻力较高，所以工作面矿压显现不明显，根据支架与围岩相互作用原理和 PV 矿(印度辛格南尼 PV 矿)的具体条件，建立了液压支架受载力学模型。

事实上，同样是浅埋煤层，由于其覆岩岩性结构组合关系的不同，工作面矿压显现呈现不同的特点，即使矿压显现都强烈，其产生的机理也不一定相同，如印度浅埋煤层与我国神东矿区浅埋煤层压架事故的机理是有差异的。因此，有必要对浅埋煤层覆岩关键层结构类型进行必要的分类[60]，并对不同开采条件下关键层结构的稳定性进行分析，从而掌握各类型压架灾害发生机理，形成压架灾害的防治体系。

1.3　本书的主要内容

针对浅埋煤层开采矿山压力显现规律及压架问题，开展了深入系统的研究，并将相关研究成果应用到神东矿区浅埋煤层开采压架灾害防治实践中，本书是对相关研究工作的全面总结，主要内容与逻辑关系如图 1-3 所示。

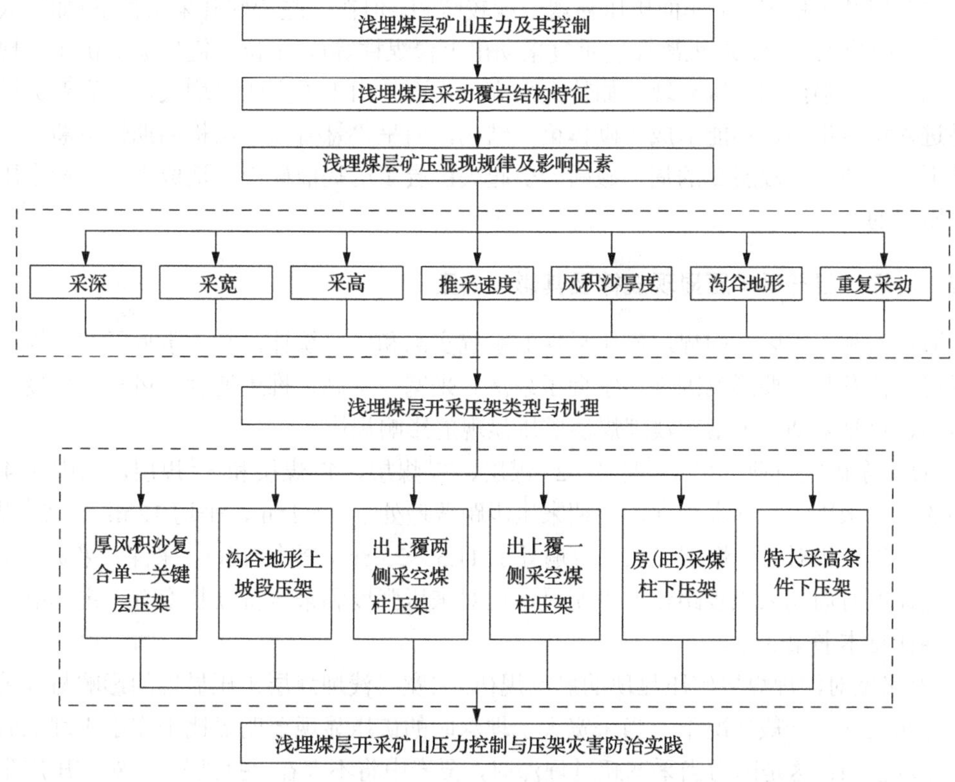

图 1-3　本书内容的结构框图

本书内容所阐述的主要学术观点和研究成果简要归纳如下。

1.3.1　浅埋煤层覆岩关键层结构类型及其失稳特征

采场矿压显现主要取决于覆岩关键层结构形态及其稳定性，因此，掌握具体开采条件下覆岩关键层结构特征是揭示其矿压显现规律的基础。

(1) 将煤层埋深小于长壁开采工作面采宽定义为浅埋煤层。研究发现，当采深小于采宽时，采动覆岩大结构一般只有关键层而无压力拱。这是浅埋煤层采动覆岩结构特征有别于常规煤层采动覆岩结构的最大特点。正是由于缺失压力拱大结构对其上覆直至地表岩层的支撑保护作用，浅埋煤层开采易出现上覆直至地表所有岩层都对采场矿压显现产生影响，这是导致浅埋煤层长壁开采矿山压力显现强烈的覆岩结构原因。

(2) 将浅埋煤层覆岩关键层结构类型分为 2 类 4 种，即单一关键层和多层关键层结构。单一关键层结构又分为厚硬单一关键层结构、复合单一关键层结构、上煤层已采单一关键层结构 3 种类型。建立了神东矿区浅埋煤层覆岩关键层位置的判别方法，其可靠性得到了钻孔内部岩移观测结果的验证。

(3) 浅埋煤层单一关键层结构采动破断运动不仅对工作面矿压产生影响，同时会影响顶板涌水溃沙和地表沉陷，是容易出现工作面压架等强烈来压显现的地质开采条件。浅埋煤层多层关键层结构，正常情况下由于覆岩中存在多层关键层结构的承载保护作用，下位关键层结构稳定，工作面矿压显现一般较缓和。但在一些特殊开采条件下(如特大采高、沟谷地形上坡段、近距离煤层重复采动出上覆煤柱等)，上位关键层会对矿压显现产生影响，出现强烈的矿压显现。如特大采高工作面，由于采高明显增大，覆岩亚关键层1易进入垮落带中，不能形成“砌体梁”结构，而呈“悬臂梁”结构周期性破断。一定条件下，上部亚关键层2的周期破断会引起关键层1的提前破断，造成大小周期来压、甚至压架的发生。

1.3.2 浅埋煤层开采矿压显现规律及其影响因素

通过对神东矿区不同煤层矿压显现的系统实测和资料统计，基本掌握了浅埋煤层矿压显现规律及其主要影响因素，掌握了采深、采宽、采高、推进速度、风积沙厚度、沟谷地形、重复采动等因素对浅埋煤层矿压显现的影响规律。

(1)神东矿区目前主采1^{-2}煤层、2^{-2}煤层、3^{-1}煤层、4^{-1}煤层和5^{-2}煤层，其中前4层煤层的周期来压步距基本相同，周期来压步距普遍处于9～15m，平均12m；而5^{-2}煤层周期来压步距相对其他煤层偏大，普遍处于11.3～25.8m，平均18m。采深、采宽、采高及推进速度对周期来压步距影响不明显，但对来压强度和来压持续长度有一定影响。相关内容详见本书第3章。

(2)采宽对浅埋煤层矿压显现的影响规律。采宽对浅埋煤层矿压显现的影响与开采煤层埋深相关联。一般情况下，当采宽大于埋深时的矿压显现要明显比采宽小于埋深时的矿压显现强烈；这是因为当采宽超过埋深时，覆岩中将不存在“拱结构”，对矿压产生影响的覆岩范围加大，采场矿压将趋于强烈。但若在采宽大于煤层埋深前提下，随采宽增大其矿压显现强度变化不大。相关内容详见本书第2章和第3章。

(3)采深对浅埋煤层矿压显现的影响规律。在满足采深小于采宽的前提下，采深增大对矿压显现的影响主要体现在两个方面：其一，采深增大，覆岩单一关键层结构逐步转化为多层关键层结构，正常条件下采场矿压显现相对缓和，但在一些特殊开采条件下(如特大采高、沟谷地形上坡段、近距离煤层重复采动出上覆煤柱)，由于覆岩多层关键层均参与影响矿压，导致矿压显现强烈。其二，采深增大，采动支承压力增大，加剧煤壁片帮与端面漏冒现象，尤其在采高偏大的条件下；同时，采深增加，影响区段煤柱稳定性，诱发巷道底鼓等变形破坏现象。相关内容详见本书第2章和第3章。

(4)采高对浅埋煤层矿压显现的影响规律。采高变化对来压步距影响不明显，但随采高增大，来压强度和支架阻力随之增大。随采高增大垮落带高度随之增加，一定覆岩柱状条件下的第一层亚关键层可能进入垮落带，破断结构形态由“砌体梁”结构转变为“悬臂梁”结构，导致工作面来压持续长度比低采高时“砌体梁”结构影响下明显偏大；同时上位第2层关键层“砌体梁”结构也可能会对矿压产生影响，引起工作面的大小周期来压。特殊情况下，特大采高开采易引起关键层“悬臂梁”结构的滑落失稳而发生压架冒顶。相关内容详见本书第3章和第5章。

(5)推进速度对浅埋煤层矿压显现的影响规律。神东矿区高产综采工作面的正常推进速度为 10～20m/d(平均 15m/d)；随着推进速度的增加，工作面周期来压持续长度显著增加(由 2.8m 增加到 5.0m)，而周期来压步距、支架载荷和动载系数略有增加。推进速度差异引起周期来压特征发生变化的实质是围岩变形破坏特征时间效应的体现。高速推进时，直接顶由于推进速度较快垮落不充分，关键层在破断回转过程中需要更大的回转量才能触矸稳定，这是导致来压持续长度明显增加的重要原因。相关内容详见本书第 3 章。

(6) 风积沙厚度对浅埋煤层矿压显现的影响规律。神东矿区地处毛乌素沙漠边缘，地表分布着厚度不等的风积沙。由于风积沙的流动性和非胶固性，它的重量作为载荷几乎全部传递到基岩上。风积沙厚度越大，覆岩关键层承受的载荷越大，从而越易形成复合单一关键层结构，引起覆岩整体切落和压架的发生。相关内容详见本书第 5 章。

(7) 沟谷地形对浅埋煤层矿压显现的影响规律。神东矿区地表受冲沟影响呈典型的沟谷地形，部分沟坡的峰谷落差达到 30～70m，在沟谷处不仅松散表土层因冲蚀而缺失，部分基岩也因冲蚀而缺失。受沟谷侵蚀作用的影响，覆岩关键层上覆载荷及其结构稳定性将发生改变，从而易在工作面过沟谷上坡段时发生端面切冒、压架等强烈矿压显现。相关内容详见本书第 5 章。

(8) 重复采动对浅埋煤层矿压显现的影响规律。神东矿区浅埋煤层已逐步进入下部第 2 层主采煤层的开采，形成了浅埋煤层重复采动条件。重复采动对浅埋煤层矿压显现的影响存在两类情况：其一，工作面上部为老采空区时，矿压显现主要受煤层间距影响；特近距离煤层(层间距离小于 5.0m)，层间一般无关键层结构，工作面矿压显现不明显，来压步距与上煤层开采时的步距接近；近距离煤层(层间距 5～30m)，层间一般存在一层关键层，矿压显现缓和，来压步距为煤层间关键层破断距。远距离煤层，层间一般有多层关键层结构，矿压显现明显，可等效为煤层初次采动。其二，上部采空区存在遗留煤柱时，在工作面采出上覆煤柱阶段或房(旺)采煤柱下开采时易发生强烈矿压显现甚至压架。相关内容详见本书第 7 章至第 9 章。

1.3.3 浅埋煤层开采压架灾害类型与机理

对神东矿区浅埋煤层开采易发生的 5 种类型压架灾害的发生机理开展了系统深入地研究，研究揭示了各类条件下覆岩关键层结构的失稳致灾机理、压架发生条件及其影响因素。

(1) 厚风积沙复合单一关键层条件下的压架灾害。由于厚风积沙的载荷传递作用，使得覆岩形成复合单一关键层结构，造成覆岩整体台阶切落而引发压架。风积沙厚度越大、基岩相对越薄，覆岩整体台阶切落的可能性越大。此类压架灾害主要发生在神东矿区开采初期，但随着神东矿区支架工作阻力的逐步提升，此类压架灾害几乎没有了。相关内容详见本书第 4 章。

(2) 过沟谷地形上坡段时的压架灾害。浅埋近距离煤层重复开采时，在过地表沟谷地形上坡段易发生支架立柱急剧下缩、端面切冒的压架现象。受地表沟谷对基岩冲刷侵蚀的影响，覆岩主关键层在沟谷段易发生缺失，造成上煤层开采时覆岩主关键层破断块体因缺少侧向水平挤压力作用而无法形成稳定的结构，从而在沟谷上坡段易出现张开裂缝甚至台阶下沉。此时，当下煤层再次开采至沟谷地形上坡段时，由于失稳的主关键层破断块体结构将其承受载荷传递于煤层间单一关键层结构之上，易导致关键层破断块体出现滑落失稳，引起压架冒顶的发生。而若沟谷地形中主关键层未缺失，则浅埋煤层工作面过沟谷地形上坡段时一般不易发生压架。此外，沟谷地形特征(沟深、坡角等)、主关键层相对沟谷所处的层位、上下煤层间距、采高等因素也会对压架的发生产生影响，相关内容详见本书第 5 章。

(3) 采出上覆集中煤柱时的压架灾害。浅埋近距离煤层采出上覆集中煤柱时的压架存在两种情况：出两侧采空煤柱时，煤柱上方关键层破断块体将与采空区一侧已断块体形成拱形的三铰式结构，由于该结构始终无法达到稳定的承载状态，其相对回转运动将造成上覆岩层的载荷全部施加到支架之上，最终导致压架。出一侧采空煤柱时，受切眼在煤柱下布置位置的不同，其压架发生机理也有所不同；当切眼距煤柱边界较远而大于煤柱上方关键层的初次破断距时，则出煤柱时该关键层将处于周期破断状态，此时的压架机理与出两侧采空煤柱时相同。当切眼距出煤柱边界较近而介于煤柱上方关键层的初次破断距和周期破断距之间时，则出煤柱时该关键层将呈现大跨度的悬臂式破断，由于支架处于该“砌体梁”破断结构的回转铰接点，此结构的回转运动将造成支架载荷的过大而压架。相关内容详见本书第 6 章和第 7 章。

(4) 上覆房(旺)采煤柱下开采时的压架灾害。上覆房(旺)采煤柱时空稳定状态是决定下煤层工作面矿压显现强度的关键因素。若下煤层开采前上覆房(旺)采煤柱已发生失稳，则等同于上覆全部垮落老采空区下的开采，矿压显现将趋于缓和。若下煤层开采过程中上覆房(旺)采煤柱一直处于稳定状态，则类似于单一煤层的初次采动，矿压显现也趋于缓和。若下煤层开采过程中上覆房(旺)采煤柱发生大面积“多米诺”骨牌式的连锁失稳，这种情况极易造成下煤层冲击载荷的发生；但从神东矿区的开采实践看，这种情况并不多见。若上覆房(旺)采煤柱超前工作面发生局部失稳，将造成上方关键层的超前破断，并与支架控顶上方的破断块体发生反向回转，从而将上覆载荷直接施加到煤层间关键层破断结构上，使得其结构载荷过大而滑落失稳，最终引起压架的发生；且仅当控顶范围内房(旺)采煤柱处于稳定状态，上覆载荷才得以向下传递，压架事故才会发生。相关内容详见本书第 8 章。

(5) 特大采高综采面的压架灾害。特大采高综采面覆岩第一层关键层常易进入垮落带而以“悬臂梁”结构形式破断运动，由于“悬臂梁”破断块体后方缺失水平的侧向约束力，它在回转运动过程中将始终无法形成自稳的承载结构；当支架阻力不足或“悬臂梁”破断块体上覆载荷过大时，极易造成该块体的滑落失稳，从而导致压架的发生。关键层 1“悬臂梁”破断长度及其上覆关键层是否参与影响矿压，是决定“悬臂梁”破断结构上覆载荷的关键因素；相同支护阻力下，“悬臂梁”破断长度越长、上位参与影响矿压的关键层层数越多，则关键层“悬臂梁”结构越易发生滑落失稳，工作面发生压架的危险性也越高。

1.3.4 浅埋煤层开采压架灾害的防治对策

针对浅埋煤层开采常易出现的 5 种压架类型，从控制覆岩关键层结构稳定性角度，提出了压架灾害的防治对策。

(1) 提高支架工作阻力是降低工作面压架灾害强烈程度的有效措施，但对于第 3、第 4 种类型压架灾害，单纯依靠增大支架阻力仍无法彻底解决，还需从减少或转移单一关键层结构的上覆载荷的角度实施相关工程措施进行防范。

(2) 针对厚风积沙复合单一关键层结构条件下的压架灾害，及时掌握地表风积沙厚度的分布情况，并判断覆岩关键层是否发生复合破断，是此类压架灾害预测和防治的关键。但随着液压支架工作阻力水平的不断提升，以及开采煤层逐步向下部第 2 层转移，目前此类压架灾害已少有发生。

(3) 针对浅埋近距离煤层重复开采过沟谷地形上坡段时的压架灾害，判断沟谷地形区域覆岩主关键层是否发生缺失，是此类压架灾害防治的关键。此外，应从避免覆岩关键层结构发生滑落失稳角度提高支架工作阻力加以防范。

(4) 针对浅埋近距离煤层采出上覆集中煤柱时的压架灾害，工作面采出煤柱边界前后5m 范围内是压架灾害多发区域，单纯依靠提高支架阻力难以有效防治此类压架的发生，应从控制煤柱上方关键块体结构回转运动的角度进行。可采取煤柱边界预掘空巷或预爆破的措施，促使煤柱边界超前工作面发生失稳、引导关键块体预先发生相对回转，或者对煤柱边界未压实采空区进行充填，以阻止关键块体在工作面采出煤柱时发生相对回转，以此达到防治压架的目的。

(5) 针对上覆房(旺)采煤柱下开采时的压架灾害，提高支架阻力进行防范的效果仍然有限。可在下煤层开采前，从井下或地面对上覆房(旺)采煤柱提前实施爆破弱化措施或采用注浆方式将上覆房(旺)采煤柱间的巷道空间填堵上；也可在顶板即将来压时，适当放慢开采速度，以充分利用支承压力的作用使得上覆房采煤柱提前发生失稳破坏，使得上覆关键层破断块体提前破断后的反向回转运动仅作用于工作面前方煤岩体上，从而可减轻压架的危险。

(6) 针对特大采高综采面的压架灾害，提出了按照覆岩关键层结构形态合理设计支架阻力的防范对策。根据覆岩第一层关键层形成“砌体梁”结构、第一层关键层形成“悬臂梁”结构、第二层关键层“砌体梁”结构对第一层关键层“悬臂梁”结构破断产生影响等 3 种情况，建立了支架合理阻力的确定方法。

1.3.5 神东矿区浅埋煤层开采的压架灾害防治实践

本书作者及所在团队自 2007 年以来一直从事神东矿区浅埋煤层开采的顶板控制与压架防治实践工作，利用本书研究取得的相关成果，成功指导了矿区多个矿井工作面在不同开采条件下的压架灾害防治实践，为支架合理选型提供了科学依据，使得压架灾害防治对策的制定更有针对性。通过相关措施的实施，神东矿区浅埋煤层开采的压架频次明显降低，大大减小了压架事故带来的停产与设备损耗，取得显著经济效益。

(1)指导了大柳塔煤矿活鸡兔井三盘区浅埋近距离煤层重复开采过沟谷地形时的支架选型，确定其工作阻力需达到14208kN以上。通过对近距离煤层重复采动危险区域预测、来压位置预测预报、工作面支护质量监测等措施，保障了三盘区后续12305工作面、12306工作面过地表沟谷地形的安全回采。

(2)确定了补连塔煤矿22303工作面上覆两侧采空煤柱边界预掘空巷的合理尺寸和位置，空巷断面尺寸4.0m×6.8m、距煤柱边界15m；并在22303工作面采出煤柱过程中严格控制采高在6.0m以上、出煤柱边界前后20m范围内加快推进速度等，最终安全顺利地推出了煤柱区域。同时，对活鸡兔井12305工作面、12306工作面采出上覆两侧采空煤柱过程中采取了危险区域预测、来压位置动态预测、支护质量监测等防范措施，保证了工作面安全回采。

(3)指导了石圪台煤矿12106工作面、凯达煤矿2602工作面安全采出上覆一侧采空煤柱所需的切眼合理位置确定，两工作面切眼距煤柱边界合理距离应为11m和21.5m，研究结果得到了矿方的认可，保证了工作面的安全回采。

(4)实现了大柳塔井52303工作面7.0m支架的安全开采。结合上覆岩层的具体赋存状态，对覆岩关键层结构形态进行了判别，据此确定了7.0m支架的合理工作阻力为18303kN，避免了工作面出现类似52304工作面压架冒顶的发生。

参考文献

[1] 许家林, 朱卫兵, 鞠金峰. 浅埋煤层开采压架类型. 煤炭学报, 2014, 39(8): 1625-1634.

[2] 许家林, 朱卫兵, 鞠金峰, 等. 采场大面积压架冒顶事故防治技术研究. 煤炭科学技术, 2015, 43(6): 1-8, 47.

[3] 许家林, 朱卫兵, 王晓振, 等. 沟谷地形对浅埋煤层开采矿压显现的影响机理. 煤炭学报, 2012, 37(2): 79-85.

[4] 鞠金峰, 许家林, 朱卫兵, 等. 近距离煤层采场过上覆T形煤柱矿压显现规律. 煤炭科学技术, 2010, 38(10): 5-8.

[5] 鞠金峰, 许家林, 朱卫兵, 等. 神东矿区近距离煤层出一侧采空煤柱压架机理. 岩石力学与工程学报, 2013, 32(7): 1321-1330.

[6] 朱卫兵. 浅埋近距离煤层重复采动关键层结构失稳机理研究. 徐州: 中国矿业大学, 2010.

[7] 张志强. 沟谷地形对浅埋煤层工作面动载矿压的影响规律研究. 徐州: 中国矿业大学, 2011.

[8] 鞠金峰. 浅埋近距离煤层出煤柱开采压架机理及防治研究. 徐州: 中国矿业大学, 2013.

[9] 李瑞群, 王智欣. 近距离煤层下层开采过集中煤柱矿压显现研究. 神华科技, 2011, 9(2): 31-35.

[10] 石平五, 侯忠杰. 神府浅埋煤层顶板破断运动规律. 西安矿业学院学报, 1996, 16(3): 204-207.

[11] 侯忠杰. 地表厚松散层浅埋煤层组合关键层的稳定性分析. 煤炭学报, 2000, 25(2): 127-131.

[12] 侯忠杰. 组合关键层理论的应用研究及其参数确定. 煤炭学报, 2001, 26(6): 611-615.

[13] 黄庆享. 浅埋煤层长壁开采顶板结构及岩层控制研究. 徐州: 中国矿业大学出版社, 2000.

[14] 鞠金峰, 许家林, 朱卫兵, 等. 近距离煤层工作面出倾向煤柱动载矿压机理研究. 煤炭学报, 2010, 35(1): 15-20.

[15] 鞠金峰, 许家林. 浅埋近距离煤层出煤柱开采压架防治对策. 采矿与安全工程学报, 2013, 30(3): 323-330.

[16] 徐敬民, 朱卫兵, 鞠金峰. 浅埋房采区下近距离煤层开采动载矿压机理. 煤炭学报, 2017, 42(2): 500-509.

[17] 许家林, 鞠金峰. 特大采高综采面关键层结构形态及其对矿压显现的影响. 岩石力学与工程学报, 2011, 30(8): 1547-1556.

[18] 钱鸣高, 石平五, 许家林. 矿山压力与岩层控制. 徐州: 中国矿业大学出版社, 2003.

[19] Qian M G. A study of the behavior of overlying strata in longwall mining and its application to strata control. Proceedings of the Symposium on Strata Mechanics. Paris France Elsevier Scientific Publishing Company, 1982: 13-17.

[20] 钱鸣高, 李鸿昌. 采场上覆岩层活动规律及其对矿山压力的影响. 煤炭学报, 1982, (2): 1-8.

[21] 钱鸣高, 缪协兴. 采场上覆岩层结构的形态与受力分析. 岩石力学与工程学报, 1995, 14(2): 97-106.

[22] 钱鸣高, 缪协兴, 何富连. 采场"砌体梁"结构的关键层块分析. 煤炭学报, 1994, 19(6): 557-563.

[23] 钱鸣高, 缪协兴, 何富连, 等. 采场支架与围岩耦合作用机理研究. 煤炭学报, 1996, 21(1): 40-44.

[24] 缪协兴, 钱鸣高. 采场围岩整体结构与砌体梁力学模型. 矿山压力与顶板管理, 1995, 21(3-4): 2-8.

[25] 钱鸣高, 缪协兴, 许家林. 岩层控制中的关键层理论研究. 煤炭学报, 1996, 21(3): 225-230.

[26] 许家林. 岩层移动与控制的关键层理论及其应用. 徐州: 中国矿业大学, 1999.

[27] 钱鸣高, 缪协兴, 许家林, 等. 岩层控制的关键层理论. 徐州: 中国煤炭出版社, 2003.

[28] 许家林, 钱鸣高. 覆岩关键层位置的判别方法. 中国矿业大学学报, 2000, 29(5): 463-467.

[29] 许家林, 钱鸣高. 关键层运动对覆岩及地表移动影响的研究. 煤炭学报, 2000, 25(2): 122-126.

[30] 许家林, 钱鸣高, 朱卫兵. 覆岩主关键层对地表下沉动态的影响研究. 岩石力学与工程学报, 2005, 24(5): 787-791.

[31] 许家林, 钱鸣高, 马文顶, 等. 岩层移动模拟研究中加载问题的探讨. 中国矿业大学学报, 2001, 30(3): 252-255.

[32] 许家林, 钱鸣高, 金宏伟. 基于岩层移动的"煤与煤层气共采"技术研究. 煤炭学报, 2004, 29(2): 129-132.

[33] 许家林, 钱鸣高, 金宏伟. 岩层移动离层演化规律及其应用研究. 岩土工程学报, 2004, 26(5): 632-636.

[34] 许家林, 尤琪, 朱卫兵, 等. 条带充填控制开采沉陷的理论研究. 煤炭学报, 2007, 32(2): 119-122.

[35] 许家林, 连国明, 朱卫兵, 等. 深部开采覆岩关键层对地表沉陷的影响. 煤炭学报, 2007, 32(7): 686-690.

[36] 许家林, 陈稼轩, 蒋坤. 松散承压含水层的载荷传递作用对关键层复合破断的影响. 岩石力学与工程学报, 2007, 26(4): 699-704.

[37] 许家林, 蔡东, 傅昆岚. 邻近松散承压含水层开采工作面压架机理与防治. 煤炭学报, 2007, 32(12): 1239-1243.

[38] 缪协兴, 茅献彪, 钱鸣高. 采动覆岩中关键层的复合效应分析. 矿山压力与顶板管理, 1999, (3): 19-25.

[39] 屈庆栋, 许家林, 钱鸣高. 关键层运动对邻近层瓦斯涌出影响的研究. 岩石力学与工程学报, 2007, 26(7): 1478-1484.

[40] 许家林, 王晓振, 刘文涛, 等. 覆岩主关键层位置对导水裂隙带高度的影响. 岩石力学与工程学报, 2009, 28(2): 381-385.

[41] 许家林, 朱卫兵, 王晓振. 基于关键层位置的导水裂隙带高度预计方法. 煤炭学报, 2012, 37(5).

[42] 王晓振, 许家林, 朱卫兵. 主关键层结构稳定性对导水裂隙演化的影响研究. 煤炭学报, 2012, 37(4): 606-612.

[43] 缪协兴, 钱鸣高. 超长综放工作面覆岩关键层破断特征及对采场矿压的影响. 岩石力学与工程学报, 2003, 22(1): 45-47.

[44] 缪协兴, 陈荣华, 浦海, 等. 采场覆岩厚关键层破断与冒落规律分析. 岩石力学与工程学报, 2005, 24(8): 1289-1295.

[45] 陈荣华, 浦海, 缪协兴, 等. 相邻亚关键层破断对采场来压的影响分析. 煤炭学报, 2004, 29(3): 257-259.

[46] 贾剑青, 王宏图, 唐建新, 等. 硬软交替岩层的复合顶板主关键层及其破断距的确定. 岩石力学与工程学报, 2006, 25(5): 974-978.

[47] 徐金海, 刘克功, 卢爱红. 短壁开采覆岩关键层黏弹性分析与应用. 岩石力学与工程学报, 2006, 25(6): 1147-1151.

[48] 成云海, 姜福兴, 程久龙, 等. 关键层运动诱发矿震的微震探测初步研究. 煤炭学报, 2006, 31(3): 273-277.

[49] 侯忠杰. 浅埋煤层关键层研究. 煤炭学报, 1999, 24(4): 359-363.

[50] 侯忠杰. 地表厚松散层浅埋煤层组合关键层的稳定性分析. 煤炭学报, 2000, 25(2): 127-131.

[51] Henson Harvey Jr, Sexton John L. Premine study of shallow coal seams using high-resolution seismic reflection methods. Geophysics, 1991, 56(9): 1494-1503.

[52] Abass H H, Hedayati S, Kim C M. Mathematical and experimental simulation of hydraulic fracturing in shallow coal seams. Proceedings Eastern Regional Conference and Exhibition, 1991: 367-376.

[53] Greenhalgh S A, Suprajitno M, King D W. Shallow seismic reflection investigations of coal in the sydney basin. Geophysics, 1986, 51(7): 1426-1437.

[54] Holla L, Buizen M. Strata movement due to shallow longwall mining and the effect on ground permeability. Ausimm Proceedings, 1990, 295(1): 11-18.

[55] 黄庆享. 浅埋煤层长壁开采顶板控制研究. 徐州: 中国矿业大学, 1999.

[56] 黄庆享, 钱鸣高, 石平五. 浅埋煤层采场基本顶周期来压的结构分析. 煤炭学报, 1999, 24(6): 581-585.

[57] 侯忠杰. 厚砂下煤层覆岩破坏机理探讨. 矿山压力与顶板管理, 1995, (1): 37-40.
[58] 高召宁, 石平五, 姚令侃. 中小煤矿在浅埋薄基岩下开采灾害防治研究. 采矿与安全工程学报, 2006, 23(2): 210-214.
[59] 赵宏珠. 中国综采长壁技术和装备出口印度应用效果分析. 煤炭开采, 2000, (1): 5-8, 14.
[60] 许家林, 朱卫兵, 王晓振, 等. 浅埋煤层覆岩关键层结构分类. 煤炭学报, 2009, 34(7): 865-870.

第2章　浅埋煤层开采覆岩结构特征及运动规律研究

2.1　典型开采条件与覆岩特征

2.1.1　概况

神东矿区位于内蒙古西南部，陕西、山西北部，其地理坐标为东经109°51′～110°46′、北纬38°52′～39°41′，地处乌兰木伦河的两侧。矿区南北长为38～90km，东西宽为35～55km，面积约为3481km^2，地质储量为354亿t。矿区西北为库布其沙漠，多为流沙、沙垄，植被稀疏；中部为群湖高平原，地势波状起伏，较低地带多有湖泊分布，湖泊边缘生长着茂密的天然柳林；西南部为毛乌素沙漠，地势低平，由沙丘、沙垄组成，沙丘间分布有众多湖泊，植被茂密；东北部为土石丘陵沟壑区，地表土层薄；总体地形是西北高，东南低。

神东矿区地表为流动沙及半固定沙所覆盖，最厚可达20～50m。平均海拔为+1200m，属典型的半干旱、半沙漠高原大陆性气候，区内不少地区气候干燥，年降雨量平均为194.7～531.6mm，年蒸发量为2297.4～2838.7mm，区内地表水系不发育，主要有乌兰木伦河贯穿全区，植被稀少。由于地形地貌的原因，降水大部分形成地表径流而流失，不利于地下水的补给渗入，渗入岩土层的不足15%。地形切割强烈，沟谷纵横，大气降水多沿沟谷以地表水的形式排泄，地下水径流速度缓慢；由于构造简单，岩层产状平缓，构造裂隙不发育，不利于地下水的储集，而且形成该区承压水头高但水量小的特点；该区水文地质条件的基本特点是地下水较贫乏，总量相对较少，但往往在局部富集，对煤层开采构成威胁。

神东矿区先后建设了大柳塔煤矿、补连塔煤矿等矿井，井田划分如图2-1所示。

2.1.2　煤层地质条件

神东矿区中心区位于鄂尔多斯大型聚煤盆地的东北部，煤田开采规划区内地面广泛覆盖着现代风积沙及第四系黄土，主要含煤地层中下侏罗统延安组(J1～2Y)分布广泛、含煤丰富，一般按含煤沉积层序和旋回结构将延安组分为5段。区内地质构造简单，全区总体以单斜构造为主，断层发育较少。大柳塔井田断层较发育，断层落差最大可达30m以上。主要可采煤层包括1^{-2}煤层、2^{-2}煤层、3^{-1}煤层、4^{-2}煤层和5^{-2}煤层。煤层埋藏浅，平均地表以下70m即可见到煤层，在矿区西部边界埋藏深处，1^{-2}煤层距地表也仅150m左右，1^{-2}煤层与5^{-2}煤层间距大致为170m。各主要煤层均属特低灰、特低硫、特低磷、中高发热量、高挥发分的长焰煤和不黏煤。神东矿区地层综合柱状图见图2-2。

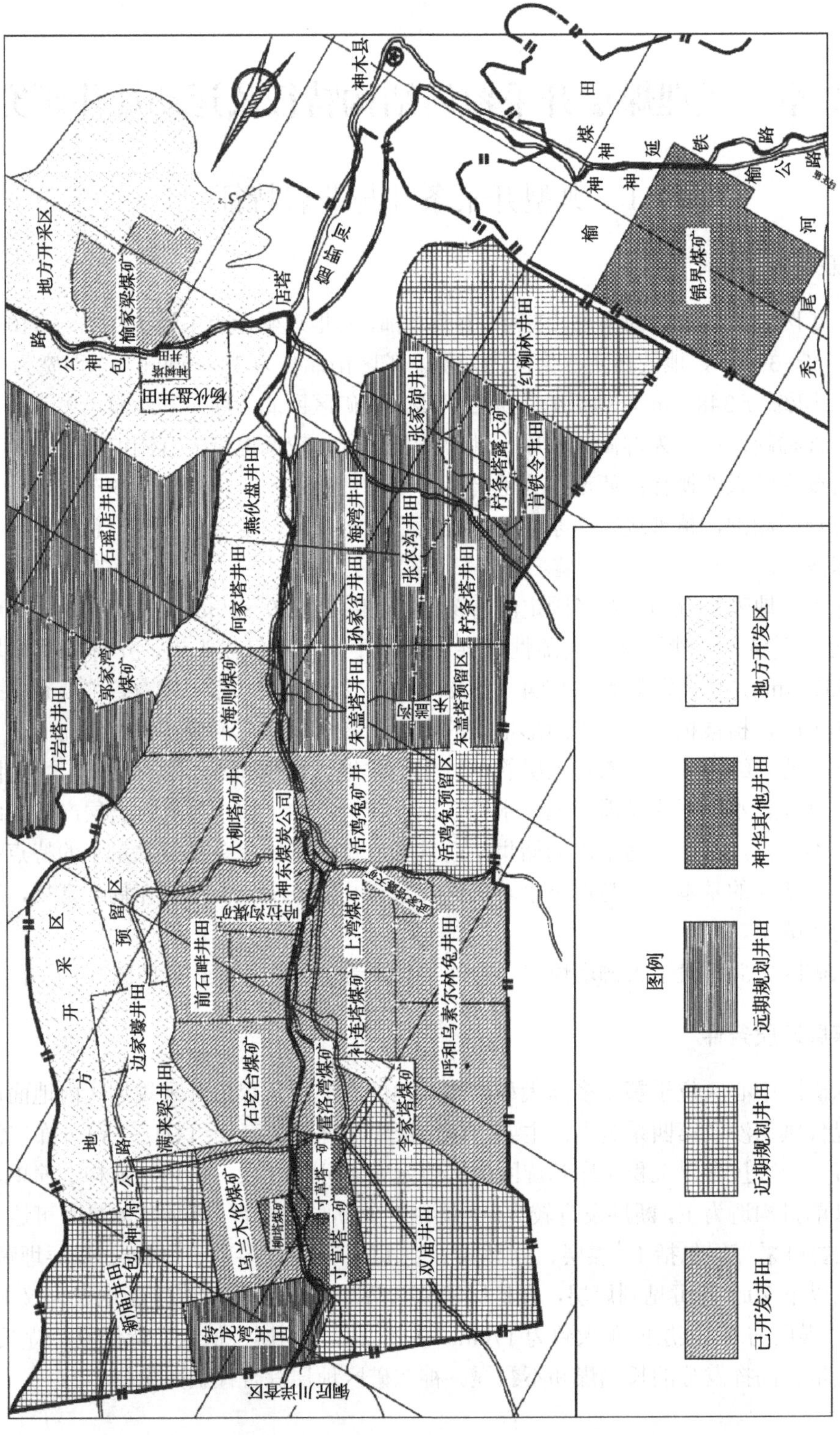

图2-1 神东矿区井田划分

地层单位					地层(煤层)厚度/m		层间距/m	煤层编号	柱状	岩性特征	说明
界	系	统	组	段	最小—最大 平均	累计厚度	最小—最大 平均		1:500		
新生界 Kz	第四系 Q	全新统 Q_4			0-35 15	5.0				风积沙，矿区广泛分布。成分主要为石英、长石；组成固定、半固定沙丘。	
		上更新统 Q_3	马兰组 Q_3m		0-20.0 10.0	15.0				黄土。分布于梁峁区顶部，为黄色粉砂质亚砂土、亚黏土。在顶部偶见一层0.5～1.0m的淤泥质亚砂土(黑垆土)	
			萨拉乌苏组 Q35		15.0-60.0 30.0	45.0				湖积层。分布于滩地和阶地。岩性为褐黄色粉细砂、中细砂，有少量零星小砾石。顶部为褐灰色亚砂土，水平层理发育,有群体平卷螺化石	
		中更新统 Q_2	离石黄土 Q_{2l}		20.0-70.0 40.0	85.0				风积黄土。棕黄色、灰黄色的粉土质亚砂土、亚黏土。下部结构密实垂直节理发育，含钙质结核，有3～10层古土壤。上部黄土质地较下部疏松，夹3～5层古土壤	
	新近系 N	上新统 N_2	三趾马红土		15.0-40.0 20.0	105.0				上部浅棕色橘黄色黏土。夹数层钙板或钙质结核层，底部有厚1～2m的砂砾石层。上部浅棕红色黏土多形成陡壁或陡坎，风化后呈鳞片状，含动物化石	
中生界 Mz	侏罗系 J	中侏罗统 J_2	安定组 J_{2a}		0-98.70 57.07	162.07				杂色砂质泥岩、粉砂岩、中细砂岩不等厚互层。砂质含泥砾，斜层理杂色砂质泥岩、粉砂岩，中细砂岩不等厚互层。砂质含泥砾，斜层理紫红色中粗粒含砾长石砂岩，呈巨厚层状透镜状出现。该地层分布于补连区石灰沟以西，神北区的扎子沟以北，新庙的切概沟与東会川之间	
			直罗组 J_{2z}		0-137.54 49.06	211.13				灰绿色、局部紫色的杂色细砂岩，粉砂岩、泥岩和砂质泥岩不等厚互层。泥岩多水平层理，含铁质结核。底部为巨厚层状灰白色中粗粒含砾长石砂岩，含大量炭屑或泥砾，砾石的分选性磨圆度极差，板状斜层理发育。局部地段发育一层砾岩。该地层广布于梁峁之上，处于安定组之下。	
		中下侏罗统 J_{1-2}	延安组 J_{1-2y}	第五段	0-2.92 1.16 0-4.24 1.90 0-11.27 5.55	252.52	4.56-24.39 15.39 7.45-42.06 20.97	1^{-1} $1^{-2上}$ 1^{-2}		本段岩性以浅色、砂体厚、颗粒粗的长石砂岩、石英砂岩为主体，含1煤组。$1^{-2上}$煤层是矿区局部可采煤层，分布于矿区北部巴图塔、前石圪台、补连沟、石灰沟、活鸡兔、朱盖沟、庙沟一带。活鸡兔地区厚而稳定，向南逐渐变薄。1^{-2}煤层是本区主要可采煤层，活鸡兔区出露较厚。受成煤后期剥蚀影响，在淖尔壕、布袋壕、三不拉沟、朱盖沟及柠条塔以东大面积缺失。该煤层有两个富集中心区：一是呼和乌素沟至扎子沟间，二是石圪台地区	
				第四段	0-2.96 1.06 0.1-7.89 4.53	288.24	12.79-58.19 30.30	$2^{-2上}$ 2^{-2}		本段为单一沉积旋回的岩石组合，含2煤组。 $2^{-2上}$煤层为局部可采煤层，分布于神北区寨子梁、双沟一线以南，呼和乌素沟至考考赖沟一带。 2#+2-#=煤层为矿区主采煤层，厚度大、分布广，柠条塔一带最为发育。两个富集区分别在补连塔至温家梁和朱尔盖沟以南地区。且本煤层在三不拉、敏盖兔、石卯塔及其以东被剥蚀无煤	
				第三段	0-5.0 2.65 0-2.67 1.45 0-3.48 1.81	330.02	0-67.71 39.28	3^{-1} 3^{-2} 3^{-3}		本段的3^{-1}煤层是矿区的主采煤层，结构单一是全区唯一不分叉煤层。该煤层厚度在区域内稳定，属中厚煤区。相对富集区在补连区的中东部、神北区的石圪台、瓷窑湾、新庙区的满来梁、温家梁和庙沟以南的广大地区。该煤层的两个不可采条带是朱尔盖沟北侧的北东条带和准格尔召向西南延至巴图塔北侧构成的"S"形薄煤带	
				第二段	0-1.51 0.42 0-2.34 1.15 0-1.50 0.63 0.1-2.40 0.48	388.81	1.10-26.74 13.67 12.70-75.12	$4^{-2上}$ 4^{-2} 4^{-3} 4^{-4}		岩段特征多细碎屑岩，尤以4^{-4}煤层位泥岩最发育，含众多薄煤层及炭质泥岩。化石层位较多，叠锥泥灰岩多是本段重要标志性特征。 4^{-2}煤层是矿区主要采煤层之一，是个区域广阔的分叉煤。富集区位于考考乌素沟以南及新民区南部。 4^{-3}煤层属局部可采、厚度稳定、单一结构。可采部分集中在温家梁、石圪台、布袋壕和呼和乌素沟以北地区，另一处则在黑炭沟及活鸡兔区	4^{-2}煤层合并厚度 1.20-3.85 3.10
				第一段	0-6.61 2.59 0-7.75 1.76 0-1.58 0.58	420.10	5.77-40.01 18.77	5^{-1} 5^{-2} 6		下部为厚层状灰白色中粒长石砂岩，长石石英砂岩，向上过渡为细碎屑岩和煤。含5煤组。 5^{-1}分布于乌兰色太沟，敏盖兔至枣枝沟一线，煤层厚度变化大。5^{-2}煤层是主采煤层，但在新庙等区有一个范围较大的无煤区。该煤层主要分布于矿区的东北及西南两大自然沉积区。	5^{-2}煤层合并厚度 2.18-8.24 5.77
	J	下侏罗统 J1	富县组 J15		0-37.17 6.73	425.83				紫红色、灰绿色、杂色泥岩与石英岩互层，夹黑色泥岩、薄煤层及油页岩。分布于新民孤山川等地。	
	三叠系 T	上三叠统 T_3	延长组 T_{3y}		不详					巨厚层状中粒长石砂岩为主，砂岩内含大量黑云母及绿色泥岩，以楔形层理及板斜层理发育为特征。该地层为煤系沉积基底，出露于矿区东缘和南缘。	

图 2-2　神东矿区地层综合柱状图

神东矿区内地层比较具体的描述：①风积沙(Q_4^{eol})分布广泛，是地表沙漠的组成物质，以浅黄色粉细砂为主，厚0～50m；②萨拉乌苏组分布广泛，是区内最主要的含水层，岩性以中细砂为主，厚0～145m，其厚度受控于基岩顶面古地形，为一套河湖相沉积物；③离石组(Q_{2L})分布不连续，岩性为灰黄色、棕黄色亚砂土、亚黏土，夹多层古土壤，具柱状节理，厚0～150m；④新近系上新统三趾马红土(N_2)在各大沟系分水岭地带有出露，分布不连续，在矿区呈零星分布，岩性为棕红色黏土及粉质黏土；⑤白垩系洛河组(K_{11})紫红色、橘红色中粗粒砂岩，巨厚层状，胶结疏松、大型交错层理，底部为砾岩，矿区西北部局部分布，在区内一般厚18～30m；⑥安定组(J_{2a})岩性以紫杂色泥岩、砂质泥岩为主，与粉砂岩、细砂岩互层，厚0～114m，平均30～40m；⑦直罗组(J_{2Z})上部以紫杂色、灰绿色泥岩、粉砂岩为主，夹砂岩透镜体；下部以灰白色砂岩为主，夹泥岩条带，底部有砾岩。在矿区各沟谷上游出露，风化裂隙较发育，厚0～134m，平均3～50m；⑧延安组(J_{2y})为本区的含煤地层，由中、厚层砂岩和中、薄层泥岩组成，厚150～280m，主采煤层一般3～6层。

从区域地质构造分析，煤田位于鄂尔多斯向斜内次一级构造东胜台凸与陕北单斜翘曲交界处。中心区属于侏罗纪煤田，主要含煤地层延安组发育广泛，煤层主要是侏罗系一套黄绿色砂岩、泥岩与煤层的互层，从上到下可分为5个含煤组，有13个煤层，其中可采煤层7～9个，总厚度超过30m。

延安组含煤层数众多，煤层及炭质泥岩层位共多达48个，有对比意义的15层煤是：

第Ⅴ段 1^{-1}煤层、$1^{-2上}$煤层、1^{-2}煤层。

第Ⅳ段 $2^{-2上}$煤层、2^{-2}煤层。

第Ⅲ段 3^{-1}煤层、3^{-2}煤层、3^{-3}煤层。

第Ⅱ段 $4^{-2上}$煤层、4^{-2}煤层、4^{-3}煤层、4^{-4}煤层。

第Ⅰ段 5^{-1}煤层、5^{-2}煤层、5^{-3}煤层。

煤田开采规划区内地面广泛覆盖着现代风积沙及第四系黄土，主要含煤地层中下侏罗统延安组(J_{2y})分布广泛、含煤丰富，一般按含煤沉积层序和旋回结构将延安组分为5段。主要可采煤层包括1^{-2}煤层、2^{-2}煤层、3^{-1}煤层、4^{-2}煤层和5^{-2}煤层，倾角平缓，一般为1°～3°，属近水平煤层。煤层埋藏浅，赋存稳定，主要可采煤层平均厚度4～6m，煤层硬度大($f \geqslant 3$)，韧性高(韧性系数达8)，具有浅埋深(30～245m)、薄基岩、厚松沙、富潜水的赋存特点和易开采的优势。平均地表以下70m即可见到煤层，在矿区西部边界埋藏深处，1^{-2}煤层距地表也仅150m左右，1^{-2}煤层与5^{-2}煤层间距大致为170m。煤层上覆基岩主要由砂岩和泥岩组成，多属于中等—难冒落型顶板。适合建设特大型高产高效现代化矿井。各主要煤层均属低灰(原煤灰分小于10%)、低硫(原煤全硫分小于0.5%)、低磷(原煤磷分小于0.001%)、高挥发分(原煤挥发分32%～37%)、中高发热量(原煤发热量≥23446kJ/kg)。煤质牌号为长焰煤和不黏结煤，是优质动力煤、化工煤和民用煤。

2.1.3　煤岩层力学特性

对大柳塔煤矿、补连塔煤矿、石圪台煤矿及乌兰木伦煤矿地面钻孔及井下钻孔取心的岩石岩样进行的物理力学参数测试(图 2-3)，测试结果如表 2-1 所示。

(a) 压力机

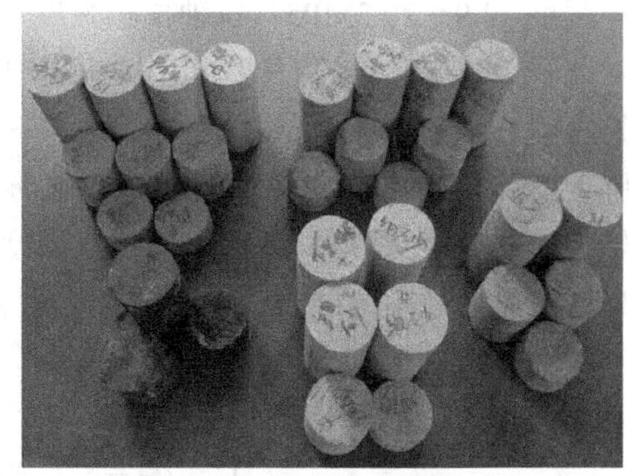

(b) 大柳塔矿岩样试件

(c) 抗压强度测试

(d) 抗拉强度测试

图 2-3　岩样试件力学特性测试

表 2-1　神东矿区岩石力学参数测定表

岩性	抗拉强度/MPa	抗压强度/MPa	抗剪强度/MPa	弹性模量/GPa	泊松比	黏聚力/MPa	内摩擦角/(°)
砾岩	0.90	10.84	9.26	3.61	0.26	2.5	31.9
泥岩	1.01～2.84	15.7～23.8	16.9～23.3	7.06～9.80	0.21～0.29	4.6	38.2
砂质泥岩	1.02～3.31	24.2～31.5	21.2～26.5	6.34～7.58	0.18～0.21	3.6	36.0
粉砂岩	0.81～3.00	25.8～38.5	26.3～49.2	2.35～11.4	0.08～0.25	5.4	31.3
细砂岩	0.79～2.88	24.7～61.2	19.4～42.3	2.14～18.6	0.17～0.30	4.0	32.0
中砂岩	0.83～1.73	13.8～50.9	11.0～33.7	1.92～37.0	0.22～0.26	2.6	31.5
粗砂岩	0.67～1.17	14.8～37.2	12.2～26.3	2.03～21.4	0.26～0.31	2.8	32.3
1^{-2}煤层	0.46	14.9	4.1	5.60	0.31	—	—
2^{-2}煤层	1.25	29.3	30.3	6.40	0.38	2.8	43.2

由表 2-1 可知：神东矿区煤系地层粉砂岩的单轴抗压强度 25.8～38.5MPa、单轴抗拉强度 0.81～3.0MPa、抗剪强度 26.3～49.2MPa；细砂岩、中砂岩和粗砂岩的单轴抗压强

度 13.8～61.2MPa、单轴抗拉强度 0.67～2.88MPa、抗剪强度 11.0～42.3MPa；煤层的单轴抗压强度 14.9～29.3MPa、单轴抗拉强度 0.46～1.25MPa、抗剪强度 4.1～30.3MPa。

对照我国煤矿常见岩石的强度[1]：砂岩类中粉砂岩的单轴抗压强度 36.3～54.9MPa、单轴抗拉强度 1.3～2.4MPa、抗剪强度 6.86～11.5MPa；细砂岩、中砂岩和粗砂岩的单轴抗压强度 56.8～143MPa、单轴抗拉强度 5.4～17.6MPa、抗剪强度 12.4～53.4MPa；煤层的单轴抗压强度 4.9～49MPa、单轴抗拉强度 2.0～4.9MPa、抗剪强度 1.08～16.2MPa。神东矿区煤系地层中细砂岩、中砂岩和粗砂岩的物理力学性质偏低，这对浅埋煤层开采覆岩结构的破断规律有一定的影响[2]。

2.2 覆岩关键层结构分类

根据不同矿区浅埋煤层覆岩赋存结构特征，将浅埋煤层覆岩关键层结构分为图 2-4 所示的 2 类 4 种[3,4]。第 1 类为单一关键层结构，包括厚硬单一关键层结构、复合单一关键层结构和上煤层已采单一关键层结构等 3 种。第 2 类为多层关键层结构 1 种。

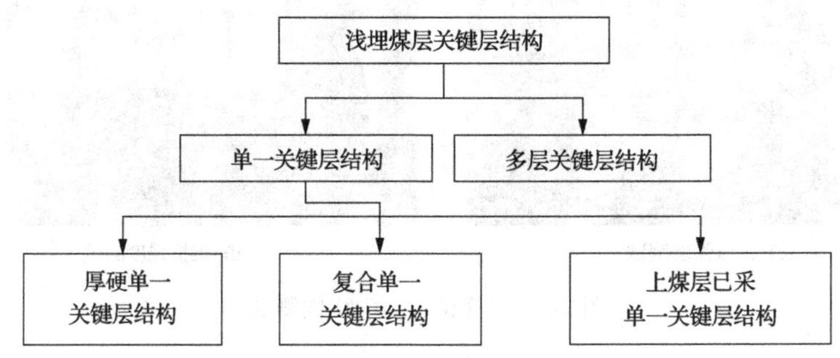

图 2-4 浅埋煤层覆岩关键层结构分类

2.2.1 厚硬单一关键层结构

厚硬单一关键层结构是指浅埋煤层基岩仅有一层硬岩层，其厚度和强度很大，距离煤层较近。该层硬岩层为覆岩中唯一关键层，即为主关键层，该主关键层的破断失稳对工作面矿压显现与地表沉陷都有直接的显著影响，尤其是对工作面矿压会造成严重的影响。图 2-5 为厚硬单一关键层结构示意图。

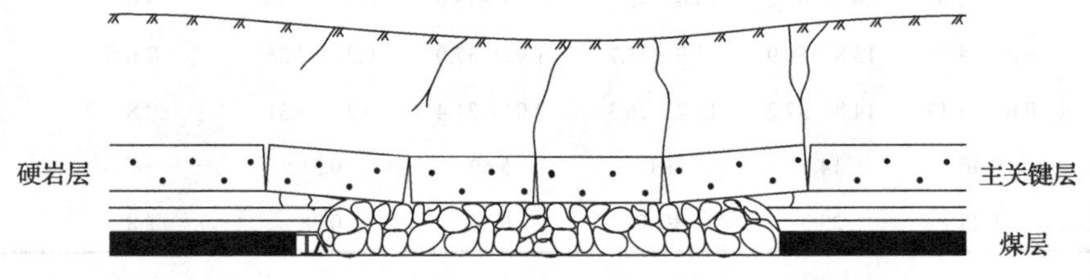

图 2-5 厚硬单一关键层结构示意图

神东矿区浅埋煤层覆岩不存在厚硬单一关键层结构，在我国的大同矿区浅埋煤层、印度部分浅埋煤层存在着此种厚硬单一关键层结构。

示例：大同矿区马脊梁矿 402 盘区主采煤层多为近水平煤层，倾角一般为 3°～5°，开采的是侏罗系煤层，煤层埋藏较浅。顶板多为整体性好的厚层硬砂岩或砾岩，厚度介于 10～50m，厚层状整体结构，层理、节理裂隙均不发育，厚层硬砂岩单向抗压强度大多在 90～130MPa，属坚硬难冒型顶板(f为 10～15)。

采用关键层判别软件对覆岩关键层位置进行判别，结果见图 2-6。马脊梁矿 402 盘区距主采煤层 2.06m 处厚 45.65m 的粗砂岩为覆岩中的唯一硬岩层，也是仅有的一层关键层，即主关键层。因此，图 2-6 所示的大同矿区浅埋煤层覆岩关键层结构类型属于厚硬单一关键层结构。实践表明：在开采中由于普遍存在厚层状整体坚硬的砂岩顶板，采后顶板难以垮落，易形成大面积悬顶，矿山压力显现十分强烈，当开采达到一定面积时，经常发生顶板大面积来压，产生暴风，有的甚至一次切冒到地表，造成重大事故。

层号	厚度/m	埋深/m	岩层岩性	关键层位置	硬岩层位置	岩层图例
3	23.43	23.43	松散层			
2	46.655	70.09	粗砂岩	主关键层	第1层硬岩层	
1	2.06	72.15	砂砾岩			
0	6.32	78.47	煤层			

图 2-6　马脊梁矿 38354 号钻孔柱状及覆岩关键层判别结果

2.2.2　复合单一关键层结构

复合单一关键层结构是指浅埋煤层基岩中存在 2 层或 2 层以上的硬岩层，但硬岩层间产生复合效应并同步破断，使得靠近煤层的第 1 层硬岩层成为基岩中的唯一关键层，即主关键层。此类关键层结构中的硬岩层厚度与强度都不大，然而由于主关键层与其上方多层硬岩层处于整体复合破断关系，导致其破断失稳对工作面矿压显现与地表沉陷同样有显著影响。图 2-7 为复合单一关键层结构示意图。

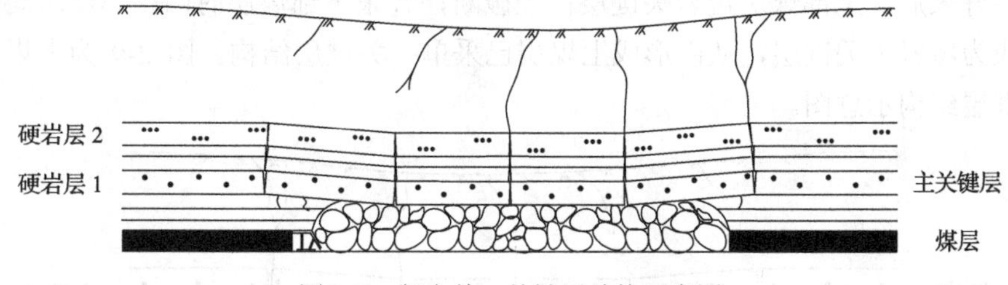

图 2-7　复合单一关键层结构示意图

复合单一关键层结构类型在神东矿区浅埋煤层中普遍存在，这是造成神东浅埋煤层特殊采动矿压显现的根本地质因素。

示例：神东矿区大柳塔煤矿主采煤层典型的赋存特征是埋深浅、上覆有厚松散沙层。1203 工作面是大柳塔煤矿正式投产的第一个综采工作面。开采 1^{-2} 煤层，地质构造简单。煤层平均倾角 3°，平均厚度 6m，埋藏深度 50～65m。覆岩上部为 15～30m 风积沙松散层，其下为约 3m 风化基岩。顶板基岩厚度为 15～40m，在开切眼附近基岩较薄，沿推进方向逐渐变厚。松散层下部有潜水，平均水柱高度 5.5m。直接顶为粉砂岩、泥岩和煤线互层，裂隙发育；基本顶主要为砂岩，岩层完整。

对 1203 工作面典型柱状进行关键层判别结果见图 2-8，基岩内存在 2 层硬岩层，由下往上分别为厚 2.2m 的粉砂岩、厚 3.9m 的中砂岩，但关键层仅有一层，即厚 2.2m 的粉砂岩为主关键层，硬岩层 1 与硬岩层 2 之间产生复合效应并同步破断，形成了复合单一关键层结构。

层号	厚度/m	埋深/m	岩层岩性	关键层位置	硬岩层位置	岩层图例
10	27	27.00	松散层			
9	3	30.00	细砂岩			
8	2	32.00	粉砂岩			
7	2.4	34.40	粗砂岩			
6	3.9	38.30	中砂岩		第2层硬岩层	
5	2.9	41.20	砂质泥岩			
4	2	43.20	粉砂岩			
3	2.2	45.40	粉砂岩	主关键层	第1层硬岩层	
2	2	47.40	砂质泥岩			
1	2.6	50.00	砂质泥岩			
0	6.3	56.30	煤层			

图 2-8　大柳塔煤矿 1203 工作面钻孔柱状及覆岩关键层判别结果

2.2.3　上煤层已采单一关键层结构

上煤层已采单一关键层结构是指浅埋深相邻两煤层间的岩层中存在 1 层关键层，在上部煤层开采后，上部煤层覆岩关键层已经破断，开采下部煤层时两相邻煤层间的那层关键层成为覆岩主关键层，从而形成上煤层已采单一关键层结构。图 2-9 为上煤层已采单一关键层结构示意图。

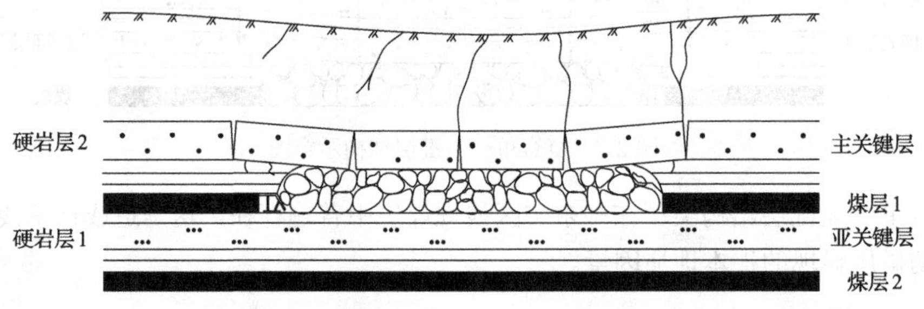

图 2-9　上煤层已采单一关键层结构示意图

示例：图 2-10 为神东矿区乌兰木伦煤矿 ZK3373 钻孔柱状及关键层判别结果，1^{-2}煤与 2^{-2}煤间存在一层关键层，即距 2^{-2}煤层 1.4m 厚 17.39m 的砂质泥岩，当 1^{-2}煤层开采后，其上部关键层破断后，采 2^{-2}煤层时两煤层间的亚关键层成为主关键层，形成上煤层已采单一关键层结构。

层号	厚度/m	埋深/m	岩层岩性	关键层位置	硬岩层位置	岩层图例
11	53.55	53.55	松散层			
10	6.7	60.25	粉砂岩			
9	18.5	78.75	中砂岩			
8	0.2	78.95	煤层			
7	18.7	97.65	中砂岩	主关键层	第2层硬岩层	
6	3.89	101.51	1^{-2}煤层			
5	3.69	105.23	砂质泥岩			
4	0.82	106.05	$1^{-2下}$煤层			
3	17.39	123.44	砂质泥岩	亚关键层	第1层硬岩层	
2	0.69	124.13	$2^{-2上}$煤层			
1	0.71	124.84	泥岩			
0	1.52	126.36	2^{-2}煤层			

图 2-10　乌兰木伦煤矿 ZK3373 钻孔柱状及覆岩关键层判别结果

上煤层已采单一关键层结构破断时会同时影响到矿压显现和地表沉陷，对矿压显现的强烈程度受上煤层关键层破断后是否形成稳定结构影响。如果上煤层开采后其上覆关键层结构处于失稳状态，则上煤层已采单一关键层结构破断时易失稳，造成工作面强烈的矿压显现。

2.2.4　多层关键层结构

多层关键层结构是指开采煤层上方有多层关键层，有亚关键层和主关键层。图 2-11 为浅埋煤层多层关键层结构示意图。

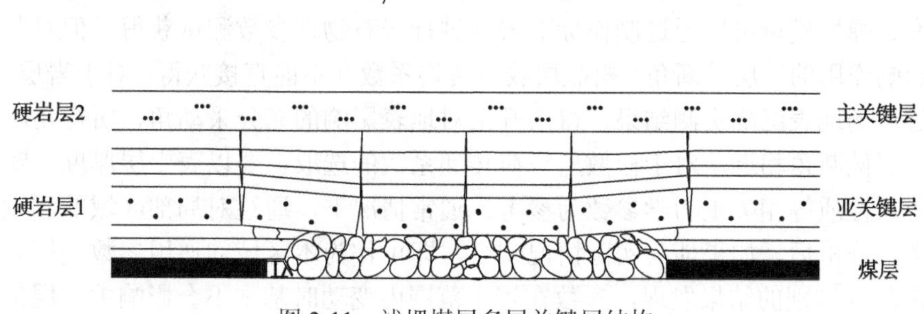

图 2-11　浅埋煤层多层关键层结构

对于采深较大，基岩较厚的煤层，覆岩关键层结构一般为多层关键层结构。

示例：图 2-12 为补连塔煤矿二盘区 1^{-2}煤层的 bk15 钻孔柱状及覆岩关键层判别结

果。虽然煤层埋深不是很大，但根据上部覆岩的结构判别得出，12.49m 的细粒砂岩为主关键层，5.3m 的粗粒砂岩为亚关键层，覆岩中有三层硬岩层起到结构支撑作用。这种结构形成开采煤层覆岩的多层关键层结构，其破断形式为由下往上逐层破断，且破断跨距逐层加大。

层号	厚度/m	埋深/m	岩层岩性	关键层位置	硬岩层位置	岩层图例
12	43.03	43.03	松散层			
11	10.17	53.20	砂质泥岩			
10	12.49	65.69	细砂岩	主关键层	第3层硬岩层	
9	2.57	68.26	粗砂岩			
8	16.29	84.55	砂质泥岩		第2层硬岩层	
7	2.76	87.31	粉砂岩			
6	5.3	92.61	粗砂岩	亚关键层	第1层硬岩层	
5	0.8	93.41	泥岩			
4	2.2	95.61	$1^{-2上}$煤层			
3	1.07	96.68	泥岩			
2	2.1	98.78	粗砂岩			
1	2.61	101.39	泥岩			
0	5	106.39	1^{-2}煤层			

图 2-12　补连塔煤矿二盘区 1^{-2} 煤层的 bk15 钻孔柱状及覆岩关键层判别结果

2.3　覆岩关键层结构的判别方法

2.3.1　覆岩关键层位置的判别方法

如何准确快捷地判别浅埋煤层具体工作面覆岩关键层结构类型，是掌握浅埋煤层关键层结构运动特征的关键问题之一。关键层判别软件(KSPB)为关键层位置的判别提供了有力工具[5~7]，见图 2-13，只要输入各岩层对应的厚度、岩性、容重、弹性模量、抗拉强度，以及岩层破断角和松散层载荷传递系数，就可以准确判定该条件下关键层的数目及具体位置(图 2-14)。其中岩层厚度与岩性参数可以通过矿区钻孔柱状图获得；容重、抗拉强度、弹性模量可以通过制作标准岩样进行岩石物理参数测试获得；但对判别结果起直接影响作用的岩层破断角、松散层载荷传递系数并不能直接获得。对于岩层破断角，可以通过现场地表沉陷实测结果，得出开采对地表影响的充分采动角，所得角度与判别软件中岩层破断角相近。对于松散层载荷传递系数的选取，要以表土层厚度、颗粒黏结程度、土质性质等相关土力学参数为参考。通常情况下，通过对局部区域的测试结果进行综合考察分析后，如果能与实际情况吻合，即可作为本区域的通用参数使用。根据以往 KSPB 软件判别的结果发现，参数在较小范围内变动时基本不会影响关键层位置判别结果。

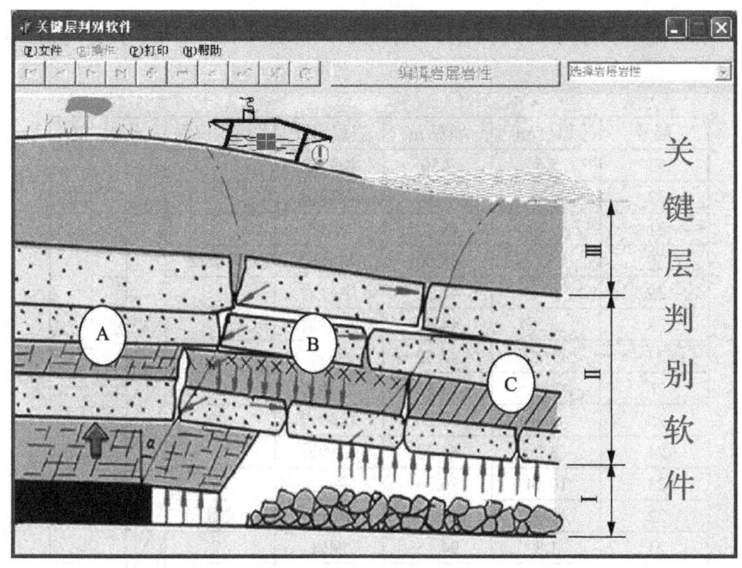

图 2-13　关键层判别软件

图 2-14　设置岩性参数示意图

2.3.2　神东矿区浅埋煤层覆岩关键层结构判别实例

D172 是大柳塔煤矿 5^{-2} 煤层的地质钻孔，该钻孔揭露风积沙厚度为 7.5m，煤层埋深为 188.1m，5^{-2} 煤层厚度为 7.7m。根据表 2-1 神东矿区各类岩性岩层的物理力学测试值，结合神东矿区开采沉陷特征，岩层破断角取 75°、松散层载荷传递系数按 0.9 计算，采用关键层判别软件 KSPB 对 D172 孔柱状进行的关键层判别结果见图 2-15。由图 2-15 得出，覆岩为多层关键层结构，其中，距 5^{-2} 煤层 2.72m 和 88.07m 处厚度为 11.34m 的中砂岩及 15.99m 的中砂岩均为亚关键层，而距 5^{-2} 煤层 142.4m 处厚度为 23m 的粉砂岩为主关键层。

层号	厚度/m	埋深/m	岩层岩性	关键层位置	岩层图例
33	7.5	7.50	松散层		
32	3.7	11.20	中砂岩		
31	3.8	15.00	泥岩		
30	23	38.00	粉砂岩	主关键层	
29	3.32	41.32	中砂岩		
28	3.5	44.82	粉砂岩		
27	3.68	48.50	泥岩		
26	4.81	53.31	细砂岩		
25	8.89	62.20	粗砂岩		
24	3.2	65.40	粉砂岩		
23	10.94	76.34	泥岩		
22	15.99	92.33	中砂岩	亚关键层	
21	1.8	94.15	泥岩		
20	1	95.13	砂砂岩		
19	6.39	101.52	泥岩		
18	1	102.52	中砂岩		
17	6.31	108.83	粉砂岩		
16	2.33	111.16	中砂岩		
15	2	113.16	泥岩		
14	2.69	115.85	粉砂岩		
13	2	117.85	细砂岩		
12	3.8	121.65	泥岩		
11	1.68	123.33	中砂岩		
10	3	126.33	泥岩		
9	1	127.33	中砂岩		
8	6.99	134.32	粉砂岩		
7	3.72	138.04	泥岩		
6	4	142.04	粉砂岩		
5	2.2	144.24	中砂岩		
4	7.6	151.84	泥岩		
3	14.5	166.34	粗砂岩		
2	11.34	177.68	中砂岩	亚关键层	
1	2.72	180.40	粉砂岩		
0	7.7	188.10	5^{-2}煤层		

图 2-15　大柳塔煤矿 D172 钻孔关键层位置判别结果

2.4　浅埋煤层关键层结构控制覆岩运动的原位钻孔测试验证

2.4.1　补连塔煤矿

1. 工作面基本条件

补连塔煤矿四盘区南北走向长 5.0km，东西倾向长 5.6km，面积 $28km^2$。1^{-2} 煤层为四盘区首采煤层，埋藏深度 180～260m，地表风积沙松散层厚度 5～25m，基岩厚度 120～190m，在基岩上部存在厚度不等的砂砾含水层，厚度为 30～120m、单位涌水量 0.00147～0.0329L/(s·m)、渗透系数 0.00291～0.0314m/d。勘探结果表明，四盘区内 1^{-2} 煤层赋存稳定、地质结构简单。

31401 工作面为四盘区 1^{-2} 煤层首采面，工作面倾斜长 265.25m，走向长 4629m，煤层平均厚度 4.6m，实际采高 4.2m，采用走向长壁综合机械化采煤，全部垮落法管理顶板。工作面采用 JOY 公司生产的双柱掩护式液压支架，支架的额定工作阻力为 8670kN。

2. 钻孔原位测试方案

为了掌握浅埋煤层采动覆岩运动规律，设计的 S18 内部岩移钻孔(以下简称 S18 钻孔)置于 31401 工作面中部(图 2-16)，在工作面尚未采至内部岩移钻孔位置之前将此钻孔打出，要求施工至 1^{-2} 煤层位置时终孔，深度约 256m。钻进过程中对基岩段进行全孔取心，做好岩芯的鉴定描述，对提取上来的每一种岩性均进行 RQD 值描述，而且一并保留用来进行岩石物理力学参数测试，表 2-2 列出了 S18 钻孔内各种砂岩岩样的物理力学参数测试结果[8,9]。

根据 S18 钻孔柱状图得知：此处风积沙厚度为 5.5m，砂砾岩层埋藏最深处为 121.98m，钻孔实际深度为 256.14m。采用关键层判别软件 KSPB 计算 S18 钻孔关键层位置，判别结果见图 2-17。S18 钻孔关键层判别结果表明：覆岩为多层关键层结构，共有三层关键层，与 1^{-2} 煤层间距 37.06m、厚 47.01m 的粉砂岩为主关键层。

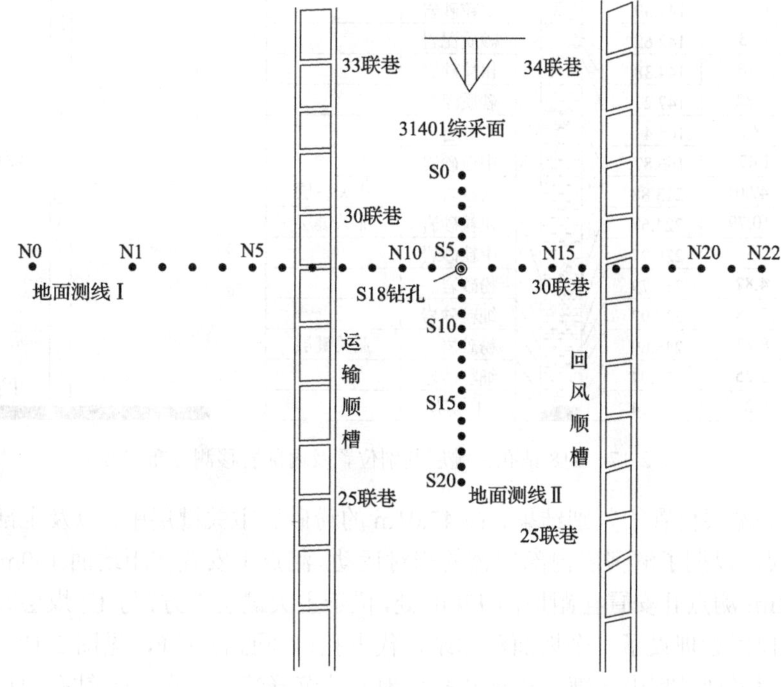

图 2-16　S18 钻孔平面位置

表 2-2　各种砂岩岩样的物理力学参数测试结果

岩性	块体密度 /(g/cm³)	抗压强度 /MPa	弹性模量 /GPa	泊松比	抗拉强度 /MPa	摩擦角 /(°)	凝聚力 /MPa
中砂岩	2.35	9.56	16.0	0.32	0.238	45.0	0.91
细砂岩	2.29	7.17	15.6	0.35	0.247	43.2	0.84
粉砂岩	2.24	9.36	16.1	0.30	0.591	47.3	2.15
粗砂岩	2.48	20.11	15.1	0.29	0.869	51.3	4.78

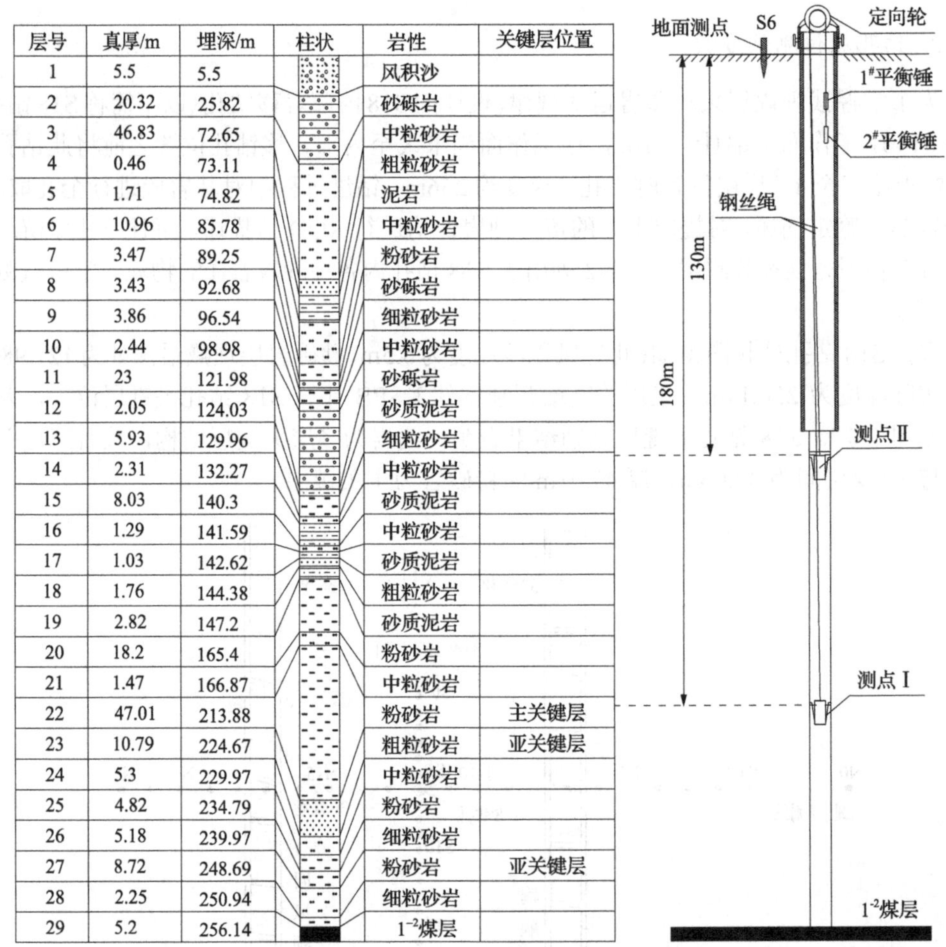

层号	真厚/m	埋深/m	柱状	岩性	关键层位置
1	5.5	5.5		风积沙	
2	20.32	25.82		砂砾岩	
3	46.83	72.65		中粒砂岩	
4	0.46	73.11		粗粒砂岩	
5	1.71	74.82		泥岩	
6	10.96	85.78		中粒砂岩	
7	3.47	89.25		粉砂岩	
8	3.43	92.68		砂砾岩	
9	3.86	96.54		细粒砂岩	
10	2.44	98.98		中粒砂岩	
11	23	121.98		砂砾岩	
12	2.05	124.03		砂质泥岩	
13	5.93	129.96		细粒砂岩	
14	2.31	132.27		中粒砂岩	
15	8.03	140.3		砂质泥岩	
16	1.29	141.59		中粒砂岩	
17	1.03	142.62		砂质泥岩	
18	1.76	144.38		粗粒砂岩	
19	2.82	147.2		砂质泥岩	
20	18.2	165.4		粉砂岩	
21	1.47	166.87		中粒砂岩	
22	47.01	213.88		粉砂岩	主关键层
23	10.79	224.67		粗粒砂岩	亚关键层
24	5.3	229.97		中粒砂岩	
25	4.82	234.79		粉砂岩	
26	5.18	239.97		细粒砂岩	
27	8.72	248.69		粉砂岩	亚关键层
28	2.25	250.94		细粒砂岩	
29	5.2	256.14		1^{-2}煤层	

图 2-17　S18 钻孔关键层判别位置及内部岩移测点布置

根据主关键层位置的判别结果，在 47.01m 的粉砂岩主关键层中，以及上部基岩内各布置一个测点，以期了解覆岩内部岩体的相对运动。测点Ⅰ安置在距地面 180m 处，与 1^{-2}煤层间距 71m；测点Ⅱ安置在距地面 130m 处，位于主关键层上方，与 1^{-2}煤层间距 121m；在 S18 钻孔口附近埋设了一个地面观测站，代表孔口地面的沉降，见图 2-17。

为了掌握采动过程中内部岩移钻孔孔口地面的沉降情况，在 S18 钻孔附近，布置了两条地表沉陷观测线。地面观测线Ⅰ全长 730m，布置了 23 个测点，测点标号由 N0 号至 N22 号，其中 N12 号测点位于 S18 钻孔附近，代表 S18 钻孔口地面的沉降。测线 I 中除了基点 N0 号与测点 N1 号之间的间距为 100m 以外，其余各相邻测点间距均为 30m。地面观测线 II 全长 300m，布置了 21 个测点，测点标号由 S0 号至 S20 号，其中 S6 测点与 N12 号测点重合，测线 II 中相邻测点间距均为 15m。

3. 原位测试结果与分析

1) 地表沉陷实测结果

对 31401 工作面地表沉陷进行了系统观测，历时 44 天。其中，在 8 月 5 日至 9 月 1 日期间累计观测了 27 次，基本上达到每天观测一次的要求。采动期间地面观测线 I 、观测线 II 的动态下沉曲线如图 2-18 所示，图例中的数值表示 31401 工作面与倾向观测线之间的相对距离。

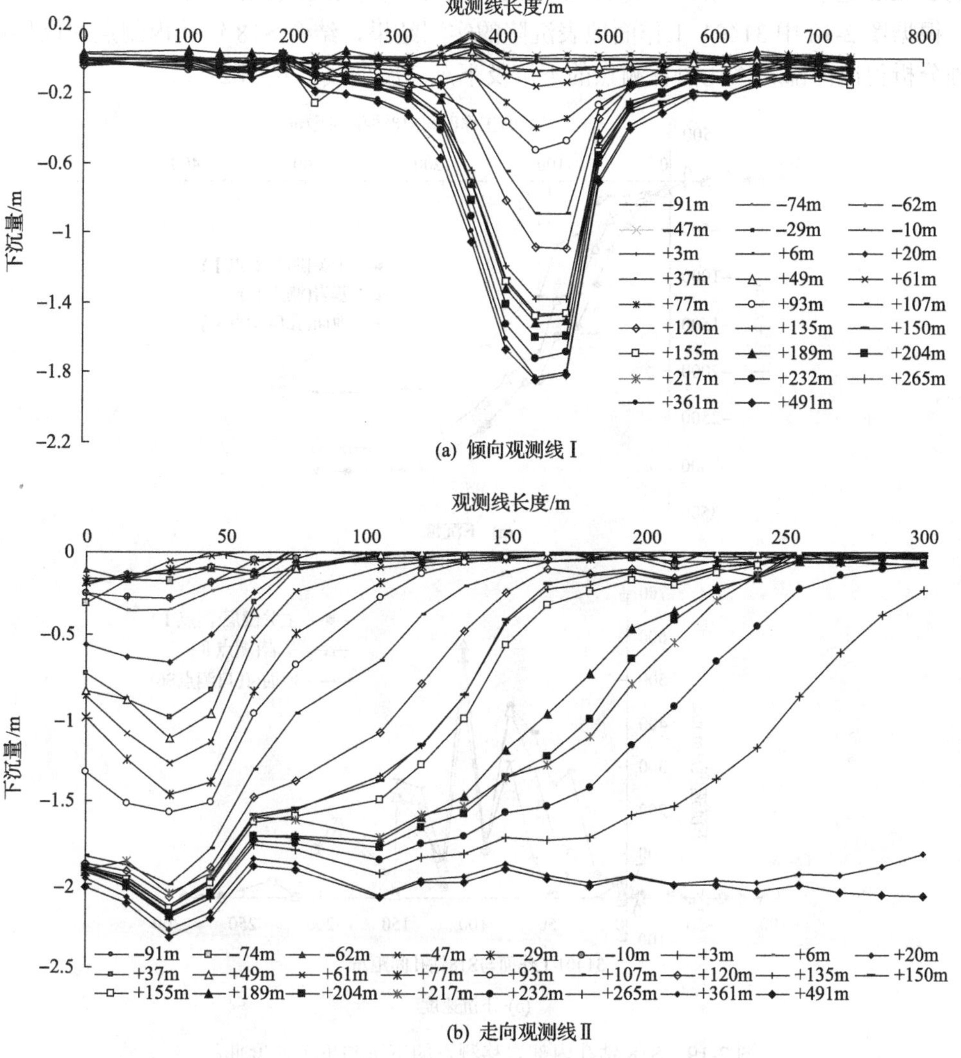

(a) 倾向观测线 I

(b) 走向观测线 II

图 2-18　地面观测线 I 、观测线 II 的动态下沉曲线

由图 2-18 可知：补连塔煤矿四盘区 31401 工作面采后地面最大下沉量为 2320mm，对应的区域工作面平均采高为 4.2m，则初次采动时地表下沉系数为 0.55；最大水平位移量 294mm，对应的水平移动系数为 0.127；地面其他各项移动变形最大值参见表 2-3。

表 2-3　31401 工作面采后地面移动变形最大值

采深/m	面长/m	采动充分程度	采厚/m	下沉量/mm	下沉系数	水平位移/mm	水平移动系数	倾斜/(mm/m)	曲率/(mm/m^2)	水平变形/(mm/m)
256.14	265.25	1.04	4.2	2320	0.55	294	0.127	−44.4	−1.738	−5.32

2) 钻孔原位测试结果

在 31401 工作面距 S18 钻孔尚有 100m 时开始进行内部岩移观测，一直持续到工作面推过 S18 钻孔 290m 时为止，历时 29 天，工作面平均日推进距为 13.5m。每天观测 12h，每隔 30min 记录一次数据，在覆岩运动活跃期间进行了 24h 连续观测。

根据图 2-18 中 31401 工作面地表沉陷的实测结果，结合 S18 钻孔内测点的位移量，整理分析得出内部岩移孔内各测点的下沉及下沉速度曲线，见图 2-19。

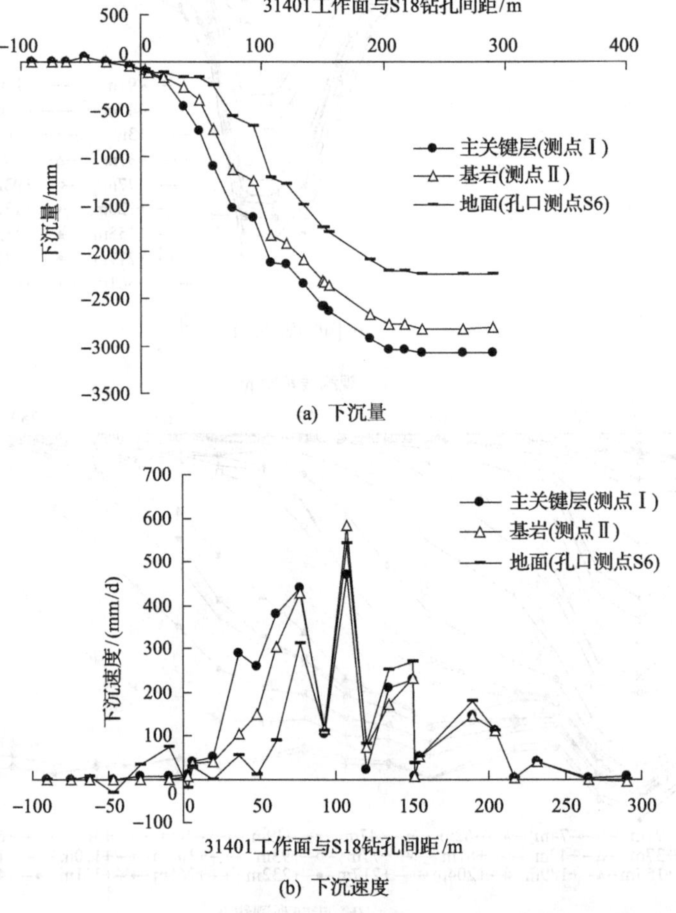

图 2-19　S18 钻孔内部岩移测点的下沉与下沉速度曲线

由于距地面 180m 处的测点 I 位于厚 47.01m 的粉砂岩主关键层中，因此测点 I 的下沉过程代表了覆岩主关键层的运动特征，距地面 130m 处的测点II则代表了主关键层上方基岩层的运动特征，孔口地面测点 S6 的位移则代表了厚度达 120m 砂砾岩含水层组的动态沉降。由图 2-19 可知：覆岩主关键层在工作面采过钻孔 19.65m 时受到采动影响开始产生移动变形，当工作面采过钻孔 36.6m 时，覆岩主关键层的下沉速度由 50mm/d 增至 287mm/d；当工作面采过钻孔 76.75m 时，覆岩主关键层的下沉量由 1103mm 迅速增至 1554mm，下沉速度则由 380mm/d 上升为 439mm/d；在此过程中基岩段内测点II的下沉量由 711mm 增至 1138mm，下沉速度则由 303mm/d 增大至 427mm/d，测点II的下沉过程与测点 I 趋于同步。当工作面推过钻孔 76.75m 时，孔口地面测点 S6 在两天内的地面下沉量由 168mm 增加至 580mm，下沉速度则由 8mm/d 增大至 323mm/d，与覆岩主关键层在同一时段达到第一次下沉速度最大值。之后，测点 I 、测点II及地面的下沉速度又同时趋于最小值，当工作面采过钻孔 107m 时，三个测点的下沉速度又同时达到最大值，此后，三个测点的下沉速度数值虽有差异，但对应的下沉速度曲线则出现完全一致的变化趋势。

上述研究结果表明：厚 47.01m 的粉砂岩层完全控制了上覆基岩与砂砾岩含水层组的运动，它是覆岩主关键层，这与前面的关键层判别结果相一致。

2.4.2　大柳塔煤矿

1. 工作面基本条件

大柳塔煤矿 5^{-2} 煤层三盘区的 52306 工作面地面标高 1160.8～1216.2m，底板标高 1009.87～1024.97m。采用郑州煤矿机械集团(简称郑煤)ZY18000/32/70 掩护式液压支架支护，一次采全高后退式开采。52306 工作面初始面宽 280.5m，走向推进长度 1284.8m；后受构造冲刷影响，工作面宽度减小为 233.5m，此段推进长度约 391.7m；第 3 段工作面宽度减小为 141m，此段推进长度 431.7m。回采区域位于 269 钻孔北侧，D172 钻孔南侧，井田边界西侧，J187 钻孔东侧(图 2-20)。

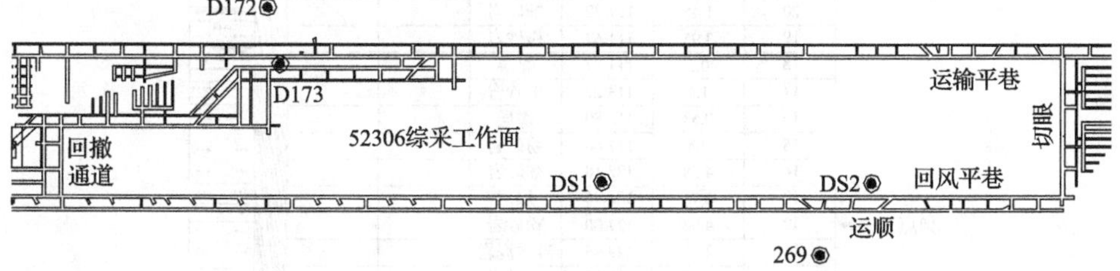

图 2-20　52306 工作面平面布置图

工作面煤厚 7.2～7.6m，平均 7.35m，宏观煤岩类型以半暗型、半亮型煤为主，夹部分亮煤及暗煤。煤层底部发育 1～2 层夹矸，夹矸厚度约 0.2m，岩性为泥岩。工作面煤层自切眼至回撤通道为宽缓坡状构造。该工作面地表大部为第四系松散沉积物覆盖，在三不拉沟有基岩出露；上覆基岩厚度为 135～165m，基岩厚度为切眼到回撤通道逐渐递减。

2. 钻孔原位测试方案

DS1 钻孔关键层位置判别结果如图 2-21 所示。

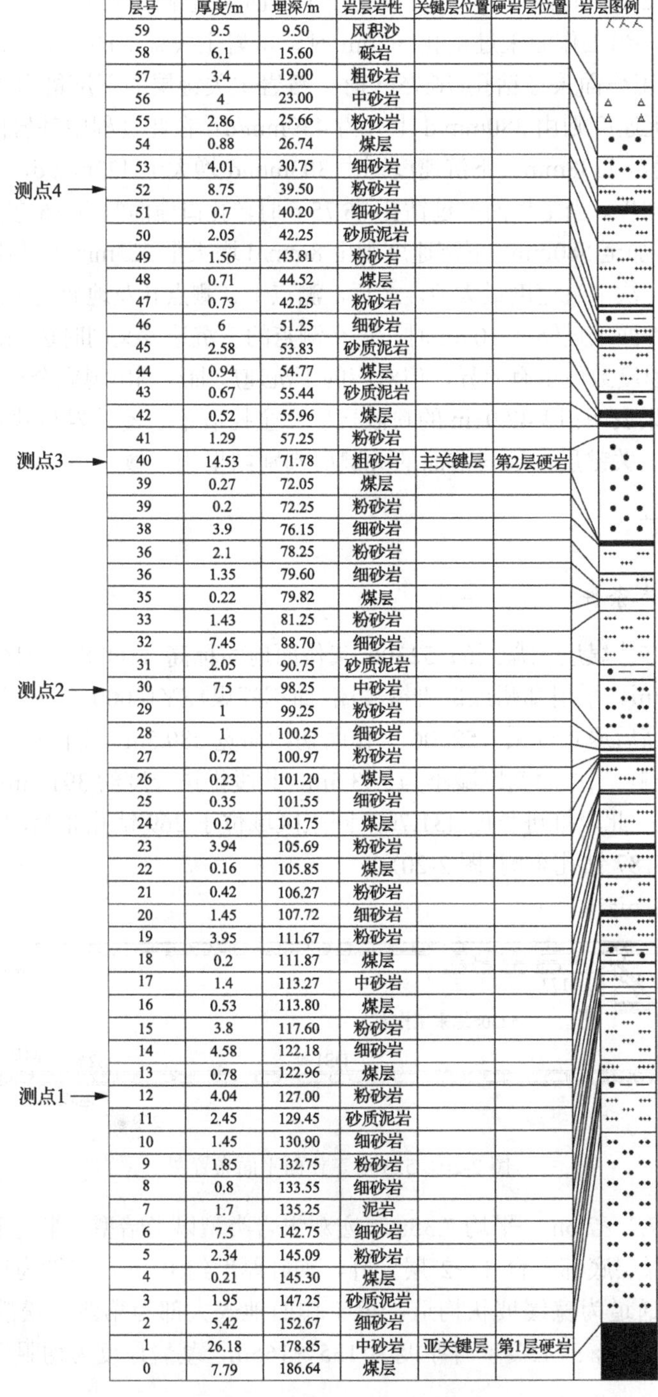

	层号	厚度/m	埋深/m	岩层岩性	关键层位置	硬岩层位置	岩层图例
	59	9.5	9.50	风积沙			
	58	6.1	15.60	砾岩			
	57	3.4	19.00	粗砂岩			
	56	4	23.00	中砂岩			
	55	2.86	25.66	粉砂岩			
	54	0.88	26.74	煤层			
	53	4.01	30.75	细砂岩			
测点4 →	52	8.75	39.50	粉砂岩			
	51	0.7	40.20	细砂岩			
	50	2.05	42.25	砂质泥岩			
	49	1.56	43.81	粉砂岩			
	48	0.71	44.52	煤层			
	47	0.73	42.25	粉砂岩			
	46	6	51.25	细砂岩			
	45	2.58	53.83	砂质泥岩			
	44	0.94	54.77	煤层			
	43	0.67	55.44	砂质泥岩			
	42	0.52	55.96	煤层			
	41	1.29	57.25	粉砂岩			
测点3 →	40	14.53	71.78	粗砂岩	主关键层	第2层硬岩	
	39	0.27	72.05	煤层			
	39	0.2	72.25	粉砂岩			
	38	3.9	76.15	细砂岩			
	36	2.1	78.25	粉砂岩			
	36	1.35	79.60	细砂岩			
	35	0.22	79.82	煤层			
	33	1.43	81.25	粉砂岩			
	32	7.45	88.70	细砂岩			
	31	2.05	90.75	砂质泥岩			
测点2 →	30	7.5	98.25	中砂岩			
	29	1	99.25	粉砂岩			
	28	1	100.25	细砂岩			
	27	0.72	100.97	粉砂岩			
	26	0.23	101.20	煤层			
	25	0.35	101.55	细砂岩			
	24	0.2	101.75	煤层			
	23	3.94	105.69	粉砂岩			
	22	0.16	105.85	煤层			
	21	0.42	106.27	粉砂岩			
	20	1.45	107.72	细砂岩			
	19	3.95	111.67	粉砂岩			
	18	0.2	111.87	煤层			
	17	1.4	113.27	中砂岩			
	16	0.53	113.80	煤层			
	15	3.8	117.60	粉砂岩			
	14	4.58	122.18	细砂岩			
	13	0.78	122.96	煤层			
测点1 →	12	4.04	127.00	粉砂岩			
	11	2.45	129.45	砂质泥岩			
	10	1.45	130.90	细砂岩			
	9	1.85	132.75	粉砂岩			
	8	0.8	133.55	细砂岩			
	7	1.7	135.25	泥岩			
	6	7.5	142.75	细砂岩			
	5	2.34	145.09	粉砂岩			
	4	0.21	145.30	煤层			
	3	1.95	147.25	砂质泥岩			
	2	5.42	152.67	细砂岩			
	1	26.18	178.85	中砂岩	亚关键层	第1层硬岩	
	0	7.79	186.64	煤层			

图 2-21　DS1 钻孔柱状及关键层位置判别结果

根据图 2-21 关键层位置判别结果可知，5^{-2} 煤层顶板存在 2 层关键层，由下往上分别是厚度 26.18m 的中砂岩和 14.53m 的粗砂岩。

考虑到关键层对局部或全部岩层移动变形的主控作用。在 DS1 钻孔内布置了 4 个测点，其中，测点 1 埋深为–125m，测点 2 埋深为–95m，测点 1 与测点 2 均位于 26.18m 中砂岩亚关键层的控制区域，一定程度上代表此亚关键层的运动；测点 3 埋深为–65m，位于 14.53m 的粗砂岩层中，代表此主关键层的运动；测点 4 埋深为–35m，位于 8.75m 的粉砂岩层中，代表主关键层上覆岩层的运动，如图 2-21 所示。

3. 原位测试结果与分析

DS1 孔内各测点下沉及下沉速度曲线见图 2-22 和图 2-23。

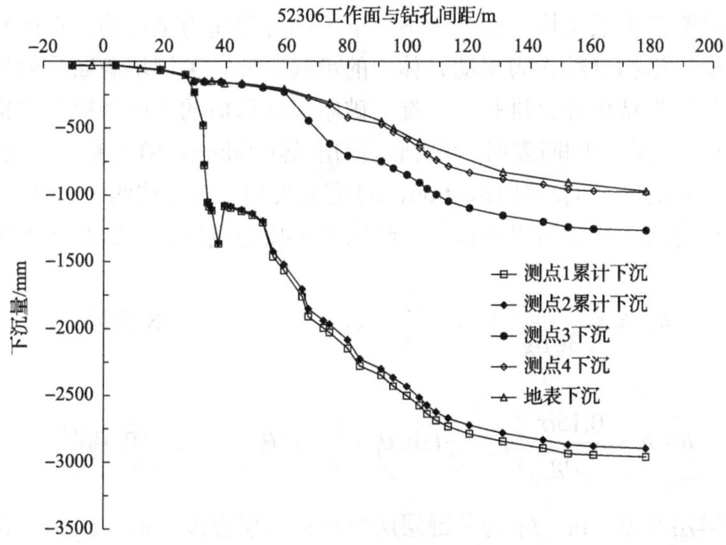

图 2-22　采动过程中内部岩移测点的下沉曲线

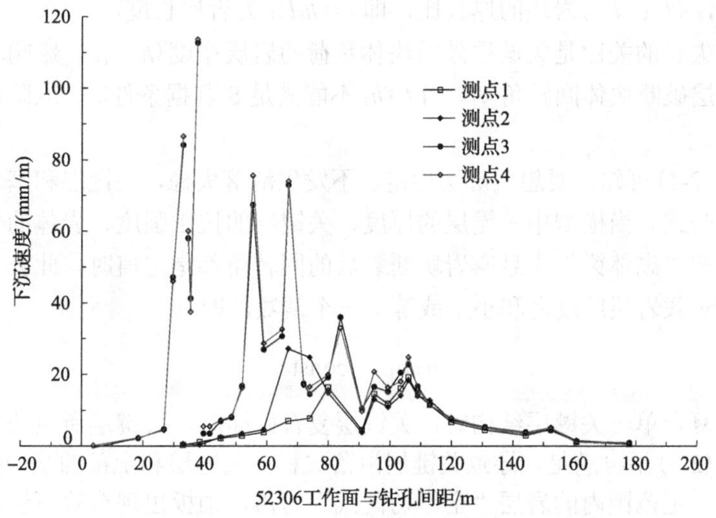

图 2-23　采动过程中内部岩移测点的下沉速度曲线

由图 2-22 和图 2-23 可知，测点 1、测点 2 的下沉量变化及下沉速度变化曲线基本保持一致，而测点 3 和测点 4 的下沉量及下沉速度曲线趋势也比较接近。从中看出，厚度 26.18m 中砂岩完全控制了测点 1 及测点 2 所在层位岩层的移动变形，而厚度为 14.53m 的粗砂岩主关键层则完全控制了测点 3 及上覆测点 4 的移动变形，同时控制了地表移动。该钻孔虽然处于开采边界，仅代表开采边界上方关键层三角块体的运动，但是，关键层对上覆岩层的主控作用与补连塔煤矿 31401 工作面的观测结果是一致的。

2.5 覆岩关键层结构破断失稳特征与压架类型

2.5.1 复合单一关键层结构破断失稳特征

关键层在破断前为板结构，在一定条件下中部可简化为梁结构，在破断成块体后，将形成“砌体梁”结构继续作为采动岩体中的承载主体。关键层破断后的运动特征的研究可以按“砌体梁”结构理论进行。关键层破断块体形成的“砌体梁”结构既要防止在回转角 θ_1 较小时(关键层刚断裂时)可能形成的滑落(sliding，S)失稳，又要防止在 θ_1 角增大时铰接点挤碎而形成的转动(rotation，R)变形失稳。满足这两个条件下的“砌体梁”结构块体才是稳定的，称之为“砌体梁”结构的 S-R 稳定判据。其具体表达式为

$$h+h_1 \leqslant \frac{\sigma_c}{30\rho g}\left(\tan\varphi+\frac{3}{4}\sin\theta_1\right)^2 \qquad \text{(S 判据)} \qquad (2\text{-}1)$$

$$h+h_1 \leqslant \frac{0.15\sigma_c}{\rho g}\left(i^2-\frac{3}{2}i\sin\theta_1+\frac{1}{2}\sin^2\theta_1\right) \qquad \text{(R 判据)} \qquad (2\text{-}2)$$

式中，h 为关键层厚度，m；h_1 为关键层所负载荷岩层厚度，m；σ_c 为关键层的抗压强度，MPa；ρg 为岩体的体积力；θ_1 为砌体梁中悬露岩块断裂后的回转角，(°)；φ 为岩块的内摩擦角，(°)；i 为岩块的厚长比，即 $i=h/l$(l 为岩块长度)。

影响滑落失稳的关键是关键层破断块体负荷的岩层厚度($h+h_1$)。影响转动变形失稳的关键是关键层破断块体回转角 θ_1。当 $h+h_1$ 不能满足 S 判据条件时，应防止工作面沿煤壁的顶板切落。

由关系式(2-1)可知，要想关键层稳定、不发生滑落失稳，关键层和基岩层的厚度之和必须满足此公式。当模型中关键层的厚度、关键层的抗压强度、岩体的体积力、岩体间的摩擦因子和“砌体梁”中悬露岩块断裂后的回转角都是定值时，此公式相当于关键层和关键层所负载岩层厚度之和小于或等于一个常数，即

$$h+h_1 \leqslant \text{const} \qquad (2\text{-}3)$$

当覆岩呈复合单一关键层结构时，关键层复合破断时，关键层所负载岩层厚度之和增加，关系式(2-3)不再满足，导致关键层滑落失稳，关键层和上部的基岩整体垮落，造成工作面形成一定范围内的岩层“全厚切落式”垮落，顶板出现台阶下沉，同时伴随着来压强度大，速度快，具有较强的冲击力等特点。来压的瞬间支架载荷剧增，如果支架

的强度不足够大，那么部分支架安全阀动作跟不上而不能迅速开启卸载，出现支架压死现象，失去承载能力，造成工作面压架事故。此类情况在西部浅埋煤层矿区的厚风积沙赋存条件下发生较多，由于风积沙载荷的影响导致覆岩呈现复合单一关键层结构压架类型，详见第 4 章。

大柳塔煤矿 1203 工作面开采情况表明，1203 工作面自开切眼推进 27m 时，开始大范围来压，即基本顶初次来压。其主要特征是工作面中部约 91m 范围顶板沿煤壁切落，形成台阶下沉。其中 24 号和 25 号支架台阶下沉量高达 1000mm，来压猛烈。来压期间大量潜水自顶板裂隙涌入工作面，最大涌水量达到 250m^3/h，涌水两天后工作面机尾(靠轨道平巷)出现溃沙现象。初次来压时在对应煤壁的地表出现了高差约 0.2m 的地堑，表明覆岩破断是贯通地表的。

2.5.2　上煤层已采单一关键层结构破断失稳特征

对于上煤层已采单一关键层结构，其破断失稳特征与上部煤层开采后其覆岩关键层破断后的“砌体梁”结构是否失稳关系很大。如果上部煤层开采后其覆岩关键层破断后的“砌体梁”结构是如图 2-24 所示的稳定结构，则下部煤层开采时其覆岩单一关键层结构破断后的“砌体梁”结构一般是稳定的，工作面矿压显现一般不会出现复合单一关键层结构条件下的压架事故。如果上部煤层开采后其覆岩关键层破断后的“砌体梁”结构是如图 2-25 所示的失稳结构，则下部煤层开采时其覆岩单一关键层结构破断后的“砌体梁”结构易出现滑落失稳，工作面矿压显现异常强烈，易出现类似于复合单一关键层结构条件下的压架事故。之所以如此，是因为上部煤层失稳的“砌体梁”结构不能承担载荷，而将所有岩层载荷作用于下部煤层的单一关键层上，即 h_1 过大使得单一关键层破断后的“砌体梁”结构不能满足式(2-1)“砌体梁”结构的滑落失稳条件。

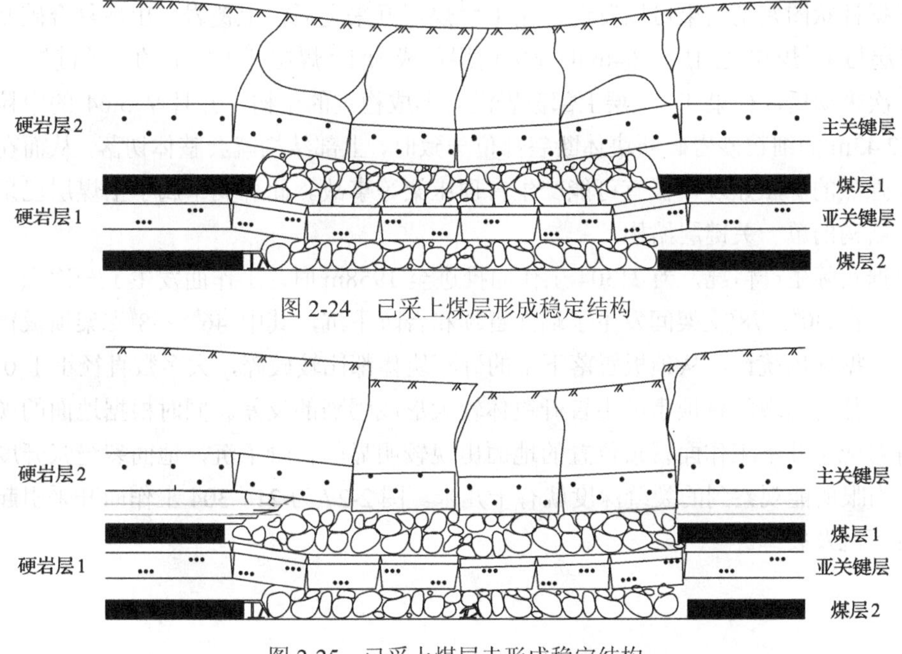

图 2-24　已采上煤层形成稳定结构

图 2-25　已采上煤层未形成稳定结构

21304 工作面位于大柳塔煤矿活鸡兔井三盘区北翼 1^{-2} 煤层，工作面倾斜长 240m，推进长度 3318.79m，面积 756509.6m^2。1^{-2} 煤层厚度 2.21～5.75m，平均厚度为 4.63m，煤层倾角为 0°～5°，设计采高 4.31m，埋深 40～100m。工作面与上覆 $1^{-2上}$煤层间距 18～25m。21304 工作面内第 37 钻孔柱状及覆岩关键层判别结果如图 2-26 所示。

层号	厚度/m	埋深/m	岩层岩性	关键层位置	硬岩层位置	岩层图例
13	21.4	21.40	粉砂岩			
12	26.58	47.98	砂质泥岩		第5层硬岩层	
11	12.43	60.41	细砂岩	主关键层	第4层硬岩层	
10	3.19	63.60	砂质泥岩			
9	3	66.60	细砂岩			
8	7.84	74.44	砂质泥岩		第3层硬岩层	
7	0.22	74.66	泥岩			
6	3.26	77.92	$1^{-2上}$煤层			
5	0.61	78.53	泥岩			
4	6.37	84.90	细砂岩		第2层硬岩层	
3	5.64	90.54	中砂岩	亚关键层	第1层硬岩层	
2	3.27	93.81	泥岩			
1	0.53	94.34	砂质页岩			
0	4.84	99.18	1^{-2}煤层			

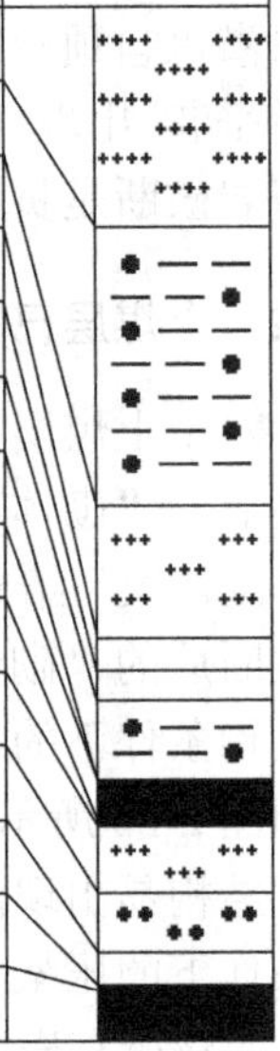

图 2-26　21304 工作面第 37 钻孔柱状及覆岩关键层判别结果

根据柱状图判别结果可以发现，在 $1^{-2上}$煤层开采之后，上覆岩层出现复合破断，则 $1^{-2上}$煤层与 1^{-2} 煤层之间厚 5.64m 的亚关键层便成为 1^{-2} 煤层开采之前的主关键层。当 1^{-2} 煤层再次采动后，如果 1^{-2} 煤层上部覆岩没有形成稳定的结构，并且厚 5.64 的中粒砂岩与厚 12.43m 的细粒砂岩破断块体断裂部位一致时，上部结构就会整体切落，从而在工作面产生强烈的矿压显现，极有可能产生冒顶压架等事故。此种类型属于上煤层已采未形成稳定结构的单一关键层结构。

根据实际生产情况，当 21304 工作面推进至 1958m 时，工作面发生了一次强烈的矿压显现，在 30$^{\#}$～78$^{\#}$支架间发生了端面冒顶和台阶下沉，其中 46$^{\#}$～58$^{\#}$支架顶板冒落最为严重。据现场统计，从顶板冒落下来的矸石块体都比较破碎，大多数直径小于 0.5m。这与该矿往前出现的冒顶事故中冒矸块体较大形成强烈的反差。同时根据地面的现场勘察了解对应于井下工作面冒顶位置的地面出现较明显的台阶下沉，地面裂缝张开度非常明显，肉眼所能观察到的裂缝深度就有十几米。图 2-27 为 21^{上}304 工作面开采引起的地面台阶下沉及裂缝。

图 2-27　21^{上}304 工作面开采引起的地面台阶下沉及裂缝

2.5.3　多层关键层结构破断失稳特征

多层关键层结构是指开采煤层上方存在多层关键层，有亚关键层和主关键层。由于覆岩中存在多层关键层结构的承载保护作用，因此，该类关键层结构条件下，工作面矿压显现一般较缓和。但是，当工作面的采高发生变化或主关键层上覆的风积沙厚度发生变化时，原多层关键层结构条件下工作面回采仍然会出现强烈的矿压显现。

通常，大采高工作面的顶板关键层破断型式会发生较大变化，下位的亚关键层易呈现悬臂梁破断，而上位的亚关键层或主关键层虽然形成“砌体梁”结构，但是上、下关键层的运动均对工作面矿压造成影响，这已经得到神东矿区多个工作面开采实践的证实，具体将在第 5 章进行论述。

2.6　本 章 小 结

(1) 神东矿区综采面开采实践表明：当工作面宽度 W 超过埋深 H 的 1.0～1.2 倍时，使得覆岩中不存在“拱结构”，而仅存在关键层结构，此时工作面的矿压显现仍趋于强烈。据此，将浅埋煤层做如下定义：埋深 H 小于工作面宽度 W，即 $H/W\leqslant1.0$。鉴于此，神东矿区工作面宽度普遍为 300m 左右，而埋深普遍小于 250～300m，因而神东矿区多为浅埋煤层开采条件。

(2) 将浅埋煤层覆岩关键层结构类型分为两类四种，即单一关键层结构和多层关键层结构，单一关键层结构包括厚硬单一关键层结构、复合单一关键层结构、上煤层已采单一关键层结构等类型。单一关键层结构是导致浅埋煤层特殊采动损害现象的地质根源。浅埋煤层单一关键层结构采动破断运动的特点是：基岩整体破断，它不仅对工作面矿压产生影响，同时会影响顶板突水和地表沉陷。神东矿区浅埋煤层单一关键层结构类型主要为复合单一关键层结构和上煤层已采单一关键层结构。

(3) 形成了浅埋煤层开采覆岩关键层结构的判别方法，根据地面钻孔揭露的各岩层厚度、岩性、容重、弹性模量、抗拉强度及岩层破断角和松散层载荷传递系数就可以准确判定该条件下关键层的数目及具体位置。

(4)运用补连塔煤矿 31401 工作面采动覆岩内部岩移钻孔的原位测试结果，验证了主关键层对上覆岩层运动的控制作用。结果表明：厚 47.01m 粉砂岩主关键层完全控制了上覆基岩与砂砾岩层的运动，基岩与砂砾岩层的运动随着主关键层的破断出现相应的周期性变化。

(5)补连塔煤矿 31401 工作面原位钻孔测试结果表明：地面测站观测时间间隔长短对地表下沉速度曲线形态有显著影响。传统观测方法中两次观测时间间隔过长，会均化下沉速度，往往捕捉不到主关键层周期破断对地表下沉动态的影响，也捕捉不到地表最大下沉速度，只有观测时间间隔短时才能捕捉到下沉速度的周期跳跃性变化。因此，对于浅埋煤层和主关键层较厚而表土层较薄的开采条件，为了准确掌握地表下沉动态过程和最大下沉速度值，当工作面临近和通过地面观测点期间，应该尽量缩短观测时间间隔，原则上每天进行一次地表沉陷观测；当工作面距地面观测点较远时，则可以放宽观测时间间隔。

(6)大柳塔煤矿 52306 工作面的原位钻孔测试结果表明：厚度 26.18m 中砂岩亚关键层完全控制了测点 1 及测点 2 所在层位岩层的移动变形，而厚度为 14.53m 的粗砂岩主关键层则完全控制了测点 3 及上覆测点 4 的移动变形。该钻孔虽然位于开采边界，仅代表开采边界上方关键层三角块体的运动，但是，关键层对上覆岩层的主控作用与补连塔煤矿 31401 工作面的观测结果是一致的。

(7)揭示了神东矿区浅埋煤层复合单一关键层结构及上煤层已采单一关键层结构的破断失稳特征。当上部煤层开采后其上覆关键层破断后的“砌体梁”结构处于失稳状态(地面存在明显的台阶状裂缝)，则上煤层已采单一关键层结构破断后顶板也易出现台阶下沉和压架事故。关键层破断块体结构承担的载荷层厚度大而不能满足“砌体梁”结构的 S-R 稳定判据，从而导致关键层破断块体滑落失稳，这是引起上述两类关键层结构类型破断失稳特征的力学机理。

参考文献

[1] 钱鸣高, 石平五, 许家林. 矿山压力与岩层控制. 徐州: 中国矿业大学出版社, 2010.

[2] 黄庆享. 浅埋煤层的矿压特征与浅埋煤层定义. 岩石力学与工程学报, 2002, 21(8): 1174-1177.

[3] 许家林, 朱卫兵, 王晓振, 等. 浅埋煤层覆岩关键层结构分类. 煤炭学报, 2009, 34(7): 865-870.

[4] 伊茂森. 神东矿区浅埋煤层关键层理论及其应用研究. 徐州: 中国矿业大学, 2008.

[5] 钱鸣高, 缪协兴, 许家林, 等. 岩层控制的关键层理论. 徐州: 中国煤炭出版社, 2003.

[6] 许家林, 钱鸣高. 覆岩关键层位置的判别方法. 中国矿业大学学报, 2000, 29(5): 463-467.

[7] 许家林, 吴朋, 朱卫兵. 关键层判别方法的计算机实现. 矿山压力与顶板管理, 2000, (4): 29-31.

[8] 朱卫兵, 许家林, 施喜书, 等. 覆岩主关键层运动对地表沉陷影响的钻孔原位测试研究. 岩石力学与工程学报, 2009, 28(2): 403-409.

[9] 朱卫兵. 浅埋近距离煤层重复采动关键层结构失稳机理研究. 徐州: 中国矿业大学, 2010.

第3章 浅埋煤层开采矿压显现的基本规律

3.1 神东矿区实测概述

3.1.1 实测方法

综采工作面(简称综采面)矿压显现的指标有两类：第一类是支架控顶区围岩变形量和支架承载变形特征；第二类是控顶区围岩破坏特征。前者有支架立柱下缩量、支架载荷量和顶底板移近量，俗称“三量”；后者主要有煤壁片帮高度和深度、端面漏冒高度和宽度、煤壁处顶板台阶下沉量等，是对围岩破坏的统计观测，俗称“统计观测”。

1. 支架立柱下缩量测试方法

支架立柱下缩量是指在一个采煤循环内支架立柱下缩的值，它是反映矿压显现的一个重要的参照指标。支架立柱下缩量、支架压入顶板量以及插入底板量都是顶底板移近量的组成部分，考虑到神东矿区综采面实际开采过程中，支架压入顶板量和插入底板量不明显或较为有限，能够有效反映支架控顶区围岩变形量的指标是支架立柱下缩量。

图 3-1 7.0m 支架立柱下缩自动监测仪

目前，支架立柱下缩量可以通过钢直尺或钢卷尺进行量测，或者采用本书作者自主研发的“支架立柱下缩自动监测仪”进行监测(图 3-1)，该设备能够实时反映并记录任意单个循环内支架立柱的下缩量变化，并能实现存储和井下数据传输功能，能在操作控制台上实时显示以提供安全生产指导。

2. 支架载荷测试方法

神东矿区综采面支架载荷可以通过传统的压力表或能够实现连续记录的尤洛卡、PM31 系统进行监测，见图 3-2。

(a) 压力表

(b) 尤洛卡

(c) PM31

图 3-2 支架载荷观测方法

3.1.2　典型工作面开采条件统计

神东矿区部分矿井综采面的开采条件及对应的矿压显现规律如表 3-1 所示。其中，直接顶分类指标与基本顶分级指标参照钱鸣高院士等主编的高等教育本科国家级规划教材《矿山压力与岩层控制》[1]。

表 3-1　神东矿区部分综采面矿压显现规律统计表

煤矿	煤层	工作面	面宽/m	采高/m	埋深/m	支架额定工作阻力/kN	直接顶类型	基本顶类型/级	初次来压步距/m	周期来压步距/m	支护强度/(kN/m²)
大柳塔	1^{-2}	12210	308.84	4.4	30～60	9000	2a	Ⅱ	14.1	12.75	907
大柳塔	1^{-2}	1203	150	4	50～65	7000	2a	Ⅲ	27.1	9.8	785
活鸡兔	1^{-2}	12205	230	3.5	35～107	8670	2a	Ⅲ	51	11.5	885
活鸡兔	1^{-2}	12306	255.7	4.5	60～147	12000	2b	Ⅳa	38	9.9～11.6	1190
活鸡兔	1^{-2}	12305	257.2	4.6	59～150	12000	2b	Ⅳa	38.5	11	1190
上湾	1^{-2}	12105	300	6.8	70～158	18000	2b	Ⅳb	66	9～12	1330
上湾	1^{-2}	12101	240	5.3	100～120	8636	2b	Ⅳb	53.84	20.6	881
上湾	1^{-2}	12202	301.5	5.8	130	10800	2b	Ⅳb	50	15.4	995
补连塔	1^{-2}	12418	261.8	3.69	135～253	12000	2a	Ⅳb	64～70	9～13	1190
补连塔	1^{-2}	12401	265	4.5	250	8638	2a	Ⅳb	52.3	15～17	880
补连塔	1^{-2}	12405	306	4.6	260	11000	2a	Ⅳb	70	10～15	1014
石圪台	1^{-2}	12102	294.5	2.8	70	8824	1b	Ⅱ	31	17～23	933
大柳塔	2^{-2}	22616	350.9	4.2	50～90	11000	2b	Ⅲ	12.2	9.6	1014
补连塔	2^{-2}	22301	301	6.1	200～280	10800	2a	Ⅳb	46	16	995
补连塔	2^{-2}	22303	301	6.8	120～310	16800	2a	Ⅳb	48.5	15.4	1244
哈拉沟	2^{-2}	22226	295	5.2	90～100	10800	2b	Ⅲ	55	12.1	1002
哈拉沟	2^{-2}	22406	305	4.9	60～100	12000	3	Ⅲ	50	12～14	1190
寸二矿	2^{-2}	22111	300	2.8	190～280	10200	2a	Ⅱ	17～21	8～12	1040
乌兰木伦	3^{-1}	31402	201	4.4	135～185	9000	2b	Ⅲ	42.5	9.6～10.2	907
锦界	3^{-1}	31402	301	3.3	120～160	12000	1b	Ⅳa	61	12～18	1190
布尔台	4^{-2}	42102	300	4.5	380	8600	2a	Ⅲ	60.3	12.4	878
万利一矿	4^{-2}	42202	300	4.5	120～200	8600	2a	Ⅱ	19.9	13.6	878
万利一矿	4^{-2}	42301	300	4.45	98～190	12000	2a	Ⅱ	16	9.5～12.1	1190
大柳塔	5^{-2}	52304	301	6.8	160～270	16800	1b	Ⅳb	73.3	18	1244
大柳塔	5^{-2}	52303	301.5	6.8	170～285	18000	1b	Ⅳb	62	16.8～18.2	1330

由表 3-1 可知，所列的工作面基本顶类型普遍为Ⅲ级与Ⅳ级，表明基本顶来压时矿压显现较强烈。

3.2　神东矿区 1^{-2} 煤层开采矿压实测

3.2.1　大柳塔井 12208 综采面矿压显现规律

大柳塔井 12208 工作面回采 1^{-2} 煤层，该区域煤层厚度 4.95～5.99m，平均厚度为 5.35m。12208 工作面东侧为房采区，北侧为 12210 工作面，西侧为 12208 旺采区，南侧则为 1^{-2} 煤层大巷，见图 3-3。12208 工作面直接顶为砂质泥岩、泥岩，厚度 2.25～8.22m，灰色，泥质胶结，水平层理发育。基本顶为细砂岩为主，厚度 3.18～18.18m，浅灰色，主要成分以石英为主，长石次之，含少量云母及暗色矿物。1^{-2}煤层上覆由第四系松散层及延安组基岩地层组成，厚度为 8.5～10.08m，平均厚度为 9.1m；基岩厚度为 16.17～29.54m，平均厚度为 23.5m，总体回撤及切眼侧较薄，工作面中部较厚。工作面顺槽掘进过程中未揭露断层、冲刷等构造，此外工作面切眼处靠近 1^{-2}煤层火烧边界，在回采过程中需加强顶底板管理。

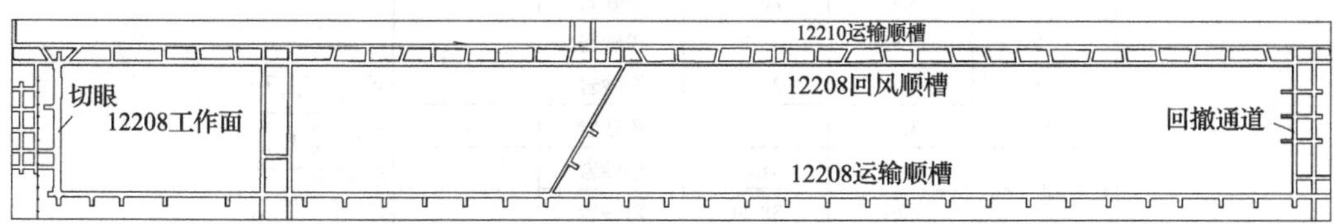

图 3-3　12208 工作面平面布置图

工作面选用郑煤 5m 掩护式液压支架，其技术特征见表 3-2。

表 3-2　郑煤 5m 掩护式液压支架液压支架主要技术特征

技术指标	技术参数	技术指标	技术参数
支撑高度/mm	2400～5500	支架宽度/mm	17500
支架顶梁长度/mm	4075	支架中心距/mm	1750
移架步距/mm	865	泵站压力/MPa	31.5
立柱外/内径/mm	410/345	工作阻力/kN	9000
适应工作面倾角/(°)	±15	推溜力/kN	163

工作面初采期采高为 4.5～4.8m，当工作面推进至 24m 出现初次来压，中部支架压力达到额定工作阻力，个别安全阀开启。实测工作面周期来压步距为 10～15m，平均来压步距 12.75m，来压持续 4 刀左右，来压期间压力显现不明显，采空区直接顶随采随垮，无炸帮，无漏矸，立柱无下沉。

3.2.2　活鸡兔井 12305 综采面矿压显现规律

活鸡兔井三盘区 12305 工作面主采 1^{-2}煤层。1^{-2}煤层结构简单，煤层厚度为 3.7～5.9m，平均厚度为 4.6m，煤层倾角 0°～5°。地面标高 1159.1～1250.3m，井下标高 1093.8～1109.2m。工作面走向长度 3002.18m，倾斜长度 257.2m，面积 772161m^2。煤层为易爆炸、易自燃煤层。该面东侧为 1^{-2}煤层三盘区辅运大巷，北侧为 21304 面(图 3-4)。上覆的 $12^{\text{上}}$305-1 面、$12^{\text{上}}$305-2 面已回采，煤层间距为 6～27.16m，其中正常基岩厚度小于 15m

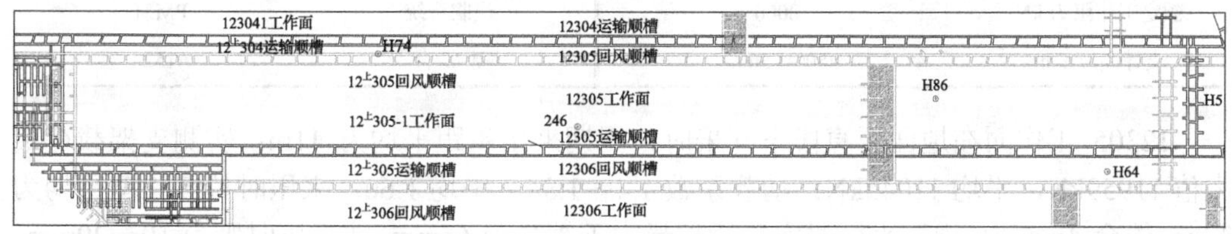

图 3-4　12305 工作面平面布置图

的只有距回撤通道 78～250m 的地段，其余段的正常基岩厚度均在 15m 以上。工作面煤层顶底板岩性见图 3-5。

层号	厚度/m	埋深/m	岩层岩性	关键层位置	岩层图例
23	6.47	6.47	松散层		
22	2.78	9.25	细砂岩		
21	8.15	17.40	粉砂岩		
20	2.92	20.32	细砂岩		
19	2.85	23.17	粉砂岩		
18	0.6	23.17	细砂岩		
17	3.45	27.22	粉砂岩		
16	4.41	31.63	细砂岩		
15	6.61	38.24	粗砂岩		
14	3.91	42.15	细砂岩		
13	14.52	56.67	粉砂岩		
12	13.82	70.49	粗砂岩	主关键层	
11	2.07	72.56	粗砂岩		
10	1.29	73.85	1^{-1}煤层		
9	3.58	77.43	粉砂岩		
8	2.15	79.58	细砂岩		
7	1.2	80.78	粉砂岩		
6	12.9	93.68	粗砂岩	亚关键层	
5	3.78	97.46	$1^{-2上}$煤层		
4	1.05	98.51	粉砂岩		
3	12.83	111.34	粗砂岩	亚关键层	
2	2.65	113.99	粉砂岩		
1	2.38	116.37	细砂岩		
0	5.79	122.16	1^{-2}煤层		

图 3-5　H86 钻孔柱状及关键层位置判别结果图

12305 工作面采用一次采全高走向长壁后退式综合机械化采煤，全部垮落法处理顶板。工作面支护采用北京煤机厂 12000kN 型掩护式支架，其技术参数见表 3-3。

表 3-3　北京煤机厂 12000kN 型掩护式液压支架主要技术特征

技术指标	技术参数	技术指标	技术参数
顶梁长度/mm	4030	推移力/kN	200
中心距/mm	1750	重量/t	24
初撑力/kN	6413	移架力/kN	557
额定工作阻力/kN	12000	控制系统	PM31
支撑高度/mm	2500～5000	数量/台	152

12305 工作面在地面平直段下开采时，周期来压步距平均为 11m；实测支架载荷最大值 11959kN，平均 11045kN；动载系数 1.4～1.88，平均 1.60；来压时持续长度平均为 3.7m，约合 4～5 刀；周期来压时实测活柱最大下缩量为 65mm，非来压时则为 10～20mm。$90^{\#}$支架对应的工作阻力曲线如图 3-6 所示。

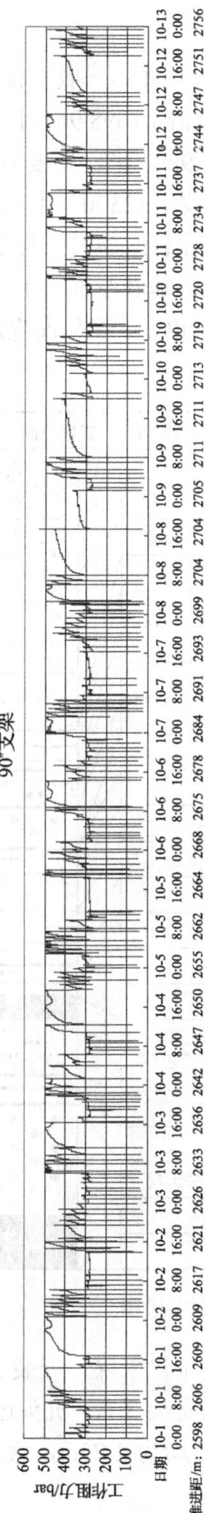

图 3-6　90#支架工作阻力曲线图

1bar=10^5Pa

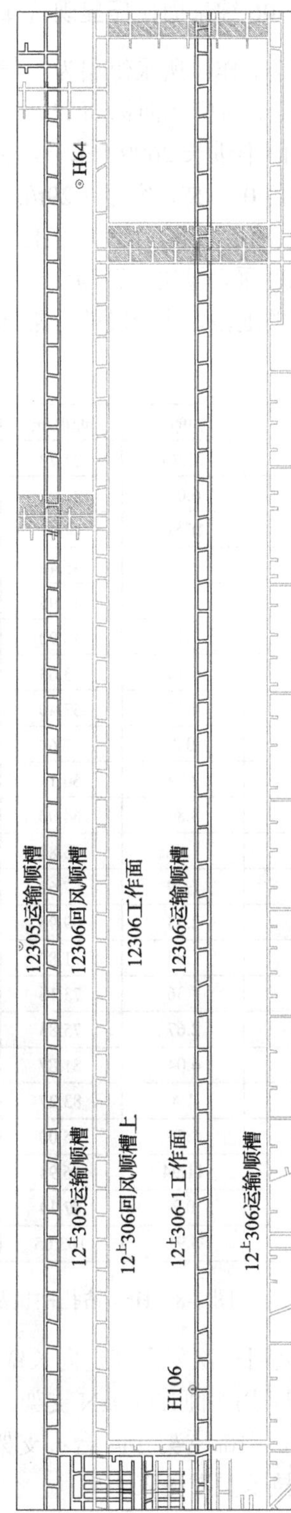

图 3-7　12306工作面平面布置图

3.2.3　活鸡兔井 12306 综采面矿压显现规律

活鸡兔井 12306 工作面所采煤层为 1^{-2} 煤层，煤层结构简单，一般不含夹矸。宏观煤岩类型以半暗煤为主。对应地面标高 1170～1257m，底板标高 1098.96～1114.51m，工作面长 255.7m，工作面推进长 2699.3m，煤层厚度为 3.8～5.9m，平均厚度为 4.75m，设计采高 4.3m，煤层倾角 0°～5°，容重 1.29t/m^3，煤种为不黏煤。12306 工作面东侧为 1^{-2} 煤层三盘区集中回风、辅运大巷，12306 工作面北侧为 12305 面(图 3-7)。上覆的 12^{上}306-1 面、12^{上}306-2 面已回采，煤层间距为 2.50～26m，其中正常基岩厚度小于 15m 的只有距回撤通道 0～228m 的地段，其余段的正常基岩厚度在 15m 以上。工作面煤层顶底板岩性见图 3-8。

层号	厚度/m	埋深/m	岩层岩性	关键层位置	岩层图例
22	21.79	21.79	松散层		
21	6.03	27.82	细砂岩		
20	16.86	44.68	粉砂岩	主关键层	
19	1.77	46.45	细砂岩		
18	1.5	47.95	粉砂岩		
17	0.95	48.90	细砂岩		
16	4.13	53.03	中砂岩		
15	4.37	57.40	粗砂岩		
14	0.2	57.60	1^{-1}煤层		
13	2.54	60.14	粉砂岩		
12	3.86	64.00	细砂岩		
11	1.81	65.81	粉砂岩		
10	1.79	67.60	细砂岩		
9	2.33	69.93	粉砂岩		
8	1.87	71.80	细砂岩		
7	1.36	73.16	中砂岩		
6	2.67	75.83	$1^{-2上}$煤层		
5	6.04	81.87	粉砂岩		
4	1.4	83.27	细砂岩		
3	1.73	85.00	中砂岩		
2	11.94	96.94	粗砂岩	亚关键层	
1	0.2	87.14	粉砂岩		
0	5.91	103.05	1^{-2}煤层		

图 3-8　H64 钻孔柱状及关键层位置判别结果图

12306 工作面采用一次采全高走向长壁后退式综合机械化采煤，安装了 151 台北煤机电公司(简称北煤)生产的 12000kN 支架，其中机头端头支架 3 台，机头过渡支架 1 台，机尾端头支架 3 台，中部支架 144 台；支架架间中心距离均为 1.75m，液压支架为掩护式电液控制，具体技术参数见表 3-4。

表 3-4　液压支架技术特征

技术指标	技术参数
支护高度/mm	2500～5000
宽度/mm	1750
工作阻力/kN	12000
推移行程/mm	865
推移速度/s	6

矿压实测结果表明（图 3-9），12306 工作面初次来压时，机头段对应的推进距为 36m，机尾段为 41m，来压持续长度为 3～4 刀。周期来压步距为 9.5～11.3m，来压持续长度平均 4m，约 4～5 刀，周期来压期间支架立柱下缩量为 12～30mm，煤壁片帮深度一般为 0.1～0.5m，顶板状况良好，工作面动载系数平均为 1.56。

3.2.4　补连塔煤矿 12401 综采面矿压显现规律

补连塔煤矿 1^{-2} 煤层四盘区位于补连塔井田的西北区域，四盘区南北走向约 5.0km，东西倾向约 5.6km，面积 28.53km^2。该盘区设计工作面长度一般为 300m，设计采高 4.5～5.2m，设计推采长度 2878～4720m，见图 3-10。四盘区内地形特征为西部高，东部低，补连沟正好位于盘区中央。最高点在盘区西边界的 b274 钻孔附近，海拔标高约为+1331.7m，最低处在盘区东部边界的补连沟附近，海拔标高约为+1197.2m。

12401 工作面为四盘区首采面，煤层埋藏较深，上覆基岩厚度为 180～240m，地表大多被第四系松散层覆盖，松散层厚度为 5～25m。12401 工作面内 S18 钻孔关键层判别结果如图 3-11 所示。

12401 工作面采用单一厚煤层一次采全高走向长壁后退式全部垮落法的综合机械法采煤，采用 JOY 公司 7LS6（LWS603）型采煤机双向穿梭采煤，工作面采用双柱掩护式液压支架支护，支架技术参数见表 3-5。

12401 工作面第一阶段观测期间的推进距为 3141～3380m，观测总长度 239m。根据工作面内 30#、50#、60#、67#、76#、81#、90#、99#、111#、120#、130#支架的工作阻力曲线，如图 3-12 所示，得出：

12401 工作面周期来压步距为 8～28m。其中上部支架周期来压步距为 11～24m，平均 19m；中部支架周期来压步距为 8～25m，平均 15m；下部支架周期来压步距为 15～28m，平均 21m。全工作面内周期来压步距平均为 17m。

12401 工作面支架额定工作阻力为 8670kN，12401 工作面开采过程中周期来压期间支架最大工作阻力达到 11205kN，来压期间工作面支架循环末工作阻力平均为 9865kN，非来压期间支架循环末阻力平均为 6653kN。

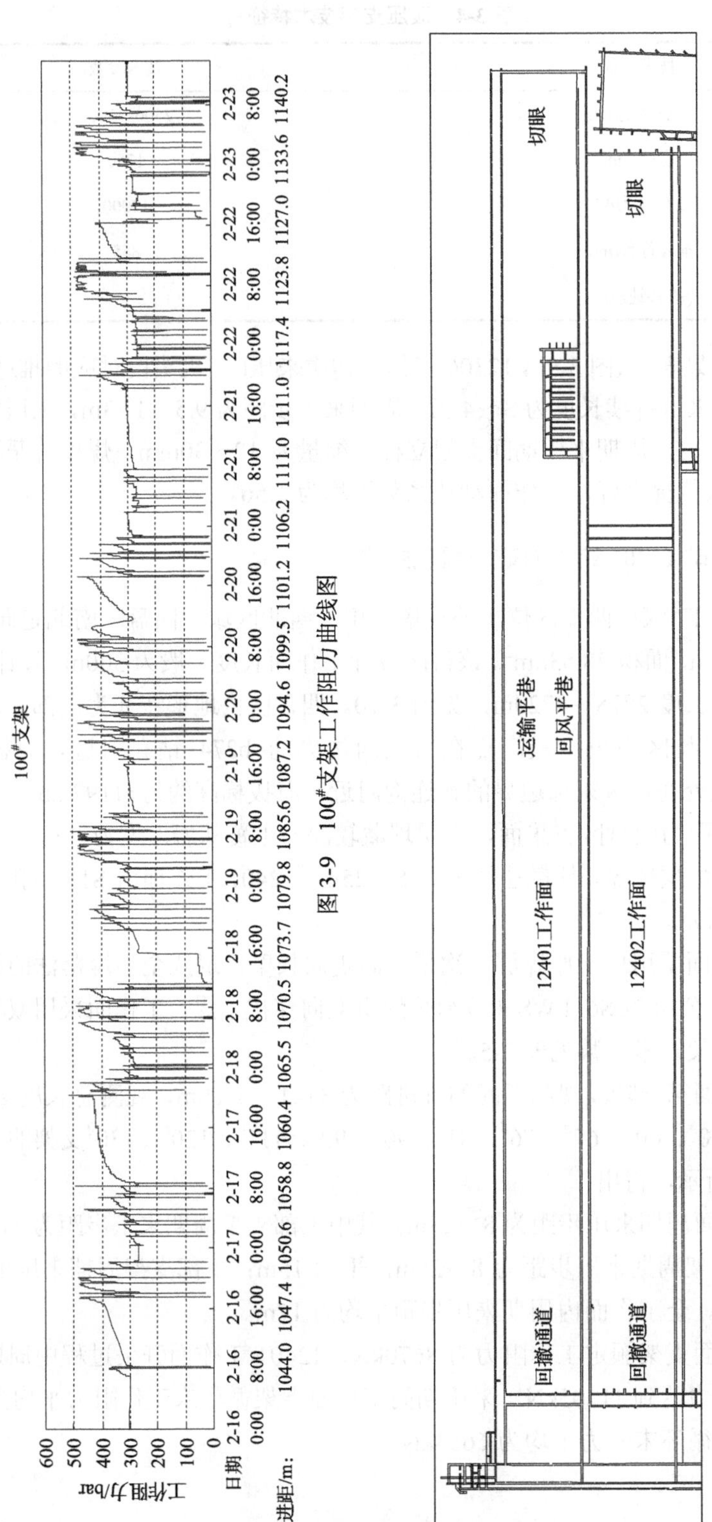

图 3-9　100#支架工作阻力曲线图

图 3-10　12401工作面平面布置图

层号	厚度/m	埋深/m	岩层岩性	关键层位置	岩层图例
28	5.5	5.50	松散层		
27	20.32	25.82	砂砾岩		
26	46.83	72.65	中砂岩		
25	0.46	73.11	粗砂岩		
24	1.71	74.82	泥岩		
23	10.96	85.78	中砂岩		
22	3.47	89.25	粉砂岩		
21	3.43	92.68	砂砾岩		
20	3.86	96.54	细砂岩		
19	2.44	98.98	中砂岩		
18	23	121.98	砂砾岩		
17	2.05	124.03	砂质泥岩		
16	5.93	129.96	细砂岩		
15	2.31	132.27	中砂岩		
14	8.03	140.30	砂质泥岩		
13	1.29	141.59	中砂岩		
12	1.03	142.62	砂质泥岩		
11	1.76	144.38	粗砂岩		
10	2.82	147.20	砂质泥岩		
9	18.2	165.40	粉砂岩		
8	1.47	166.87	中砂岩		
7	47.01	213.88	粉砂岩	主关键层	
6	10.79	224.67	粗砂岩	亚关键层	
5	5.3	229.97	中砂岩		
4	4.82	234.79	粉砂岩		
3	5.18	239.97	细砂岩		
2	8.72	248.69	粉砂岩	亚关键层	
1	2.25	250.94	细砂岩		
0	5.2	256.14	1^{-2}煤层		

图 3-11　S18 钻孔关键层位置判别结果

表 3-5　7LS6（LWS603）液压支架技术特征表

技术指标	技术参数
支架型号	TLS6（LWS603）
支护范围/mm	2550～5500
支架中心距/mm	1750
支撑阻力/kN	8670
移架步距/mm	865

12401 工作面周期来压期间的动载系数为 1.12～1.75，平均 1.46。其中，上部区域支架周期来压期间的动载系数为 1.15～1.64，平均 1.39；中部区域支架周期来压期间的动载系数为 1.12～1.75，平均 1.48；下部区域支架周期来压期间的动载系数为 1.27～1.68，平均 1.47。

31401 工作面第二阶段观测期间的推进距为 3960～4145m，观测总长度 185m。根据工作面内 30#、50#、60#、67#、76#、81#、90#、99#、111#、120#、130#支架的工作阻力曲线，得出：

12401 工作面周期来压步距为 11～21m。其中机头部分支架(1#～30#)周期来压步距为 15～21m，平均 17m；中部支架(31#～125#)周期来压步距为 11～16m，平均 14m；机尾部分支架(126#～156#)周期来压步距为 14～20m，平均 16m。全工作面内周期来压步距平均 15m，来压期间来压持续推进长度一般为 6.4～8.7m，非来压持续推进长度为 6.3～8.6m。

12401 工作面支架额定工作阻力为 8670kN。在观测期间，来压时工作面内支架最大工作阻力达到 10305kN；来压期间工作面支架工作阻力平均为 9365kN；非来压期间支架工作阻力平均为 6699kN。可见，现有的额定工作阻力为 8670kN 的支架阻力偏小，不能满足对顶板控制的要求。

12401 工作面在来压期间与非来压期间均存在一定程度的煤壁片帮，通常是煤壁中上部片帮 300～600mm。来压期间安全阀开启率为 30%～60%，工作面来压时活柱压缩量不明显。

3.2.5　上湾煤矿 12105 综采面矿压显现规律

上湾煤矿 12105 工作面位于 1^{-2} 煤层西一盘区南部，三条大巷西侧，由东北向西南布置；北侧为 12104 工作面采空区；南侧为 12106 工作面；向西延伸至尔林兔井田 1162m 处。

上湾煤矿 12105 工作面走向长 300m，推进长度 3196.6m，见图 3-13。面积为 95.90 万 m^2，地质储量 885.2 万 t。除去开切眼和回撤通道已采出煤量，12105 工作面可采出煤量为 745.8 万 t。按照月产 110 万 t 计算，预计可采期为 7 个月左右。地面标高：1162～1248m；煤层底板标高：1078～1108m。设计采高 6.8m。沿工作面回采方向，煤层整体正坡推进，局部呈现波状起伏，平均煤厚约 7.29m；在辅助运输顺槽 20 联巷附近，煤层有分叉现象，上分层较厚，约 6.9m，下分层较薄，约 1.5m，中间有 0.2～4.0m 的细粒砂岩和粗粒砂岩，在切眼附近逐渐复合。煤层最薄处位于 12105 工作面主回撤通道附近，厚度约 4.60m。通过对 12105 工作面顺槽煤厚揭露情况的分析评价，煤层可采指数为 1，煤层厚度变异系数为 7%，分析得出 12105 工作面煤层属稳定煤层。

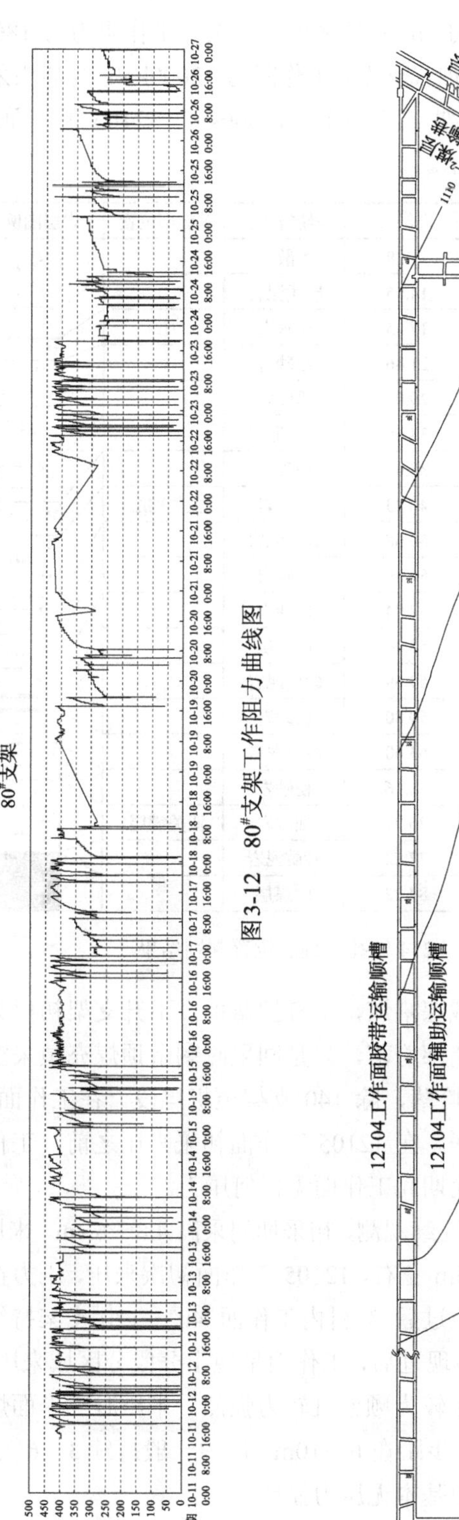

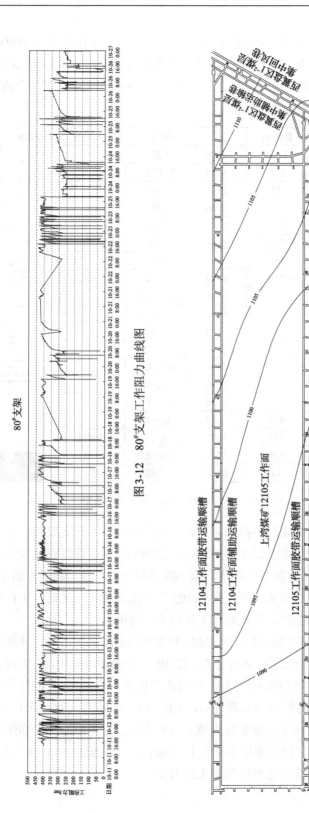

图3-12　80#支架工作阻力曲线图

图3-13　12105工作面平面布置图

工作面使用 151 台郑煤生产的 7m 双柱掩护式支架，工作阻力为 18000kN；两端头采用 6 台郑煤生产的 6.3m 双柱掩护式支架，工作阻力 12000kN；两端头采用 2 台郑煤生产的 6.3m 双柱掩护式支架做过渡架，工作阻力 12000kN。12105 工作面内的 b214 钻孔关键层位置判别结果如图 3-14 所示。

层号	厚度/m	埋深/m	岩层岩性	关键层位置	岩层图例
18	11.28	11.28	松散层		
17	3.67	14.95	砂质泥岩		
16	2.5	17.45	粉砂岩		
15	4.01	21.46	细砂岩		
14	7.59	29.05	粉砂岩		
13	5.61	34.66	砂质泥岩		
12	4.01	38.67	粉砂岩		
11	7.56	46.23	细砂岩	主关键层	
10	4.45	50.68	砂质泥岩		
9	4.01	54.69	细砂岩		
8	3.25	57.94	粗砂岩		
7	0.5	58.44	1^{-1}煤层		
6	1.25	59.69	砂质泥岩		
5	0.11	59.80	粉砂岩		
4	3.8	63.60	砂质泥岩		
3	4.56	68.16	粉砂岩		
2	8.81	76.97	细砂岩	亚关键层	
1	0.25	77.22	砂质泥岩		
0	7.1	84.32	1^{-2}煤层		

图 3-14　b214 钻孔关键层位置判别结果

12105 工作面初采时采用半截深割煤，不打护帮板，不升支架初撑力支护顶板。由于初采煤壁坚硬，顶板未能及时全部垮落，只是回采时剩余顶煤充填采空区。工作面推进 45～60m 段，采空区全部自然垮落，除 140#支架至机尾段。在工作面推进至 65m 时对机尾段进行强放，强放效果较好。在 12105 工作面初采来压之前，工作面煤质适中，采用双向割煤工艺组织生产。在此期间工作面无任何压力。

12105 工作面自安装开始进行连续观测，初采期间采高 4.8～6.4m，来压时工作面安全阀开启率为 0。在工作面推进至 66m 左右，12105 工作面初次来压，压力在 350～400bar，压力显现不大，在工作面初次来压过后 3 日内工作面 40#～120#支架持续有压，压力在 380bar 左右。在工作面持续压力显现过后，工作面呈现出分段分区域来压现象，以 40#～80#支架、100#～120#支架来压现象较为频繁且较为强烈，来压时工作面煤壁片帮较剧烈并伴有炸帮现象。每个区段的来压步距在 6～10m，压力一般持续 3～6 刀后消失。机头、机尾区域在工作面正常推进过程中基本无压力显现。

12105 工作面受 12104 工作面影响，机尾段受 204 工作面构造影响，顶板不垮落，当工作面推进 66m 左右时，进行了二次强放。初次来压后，工作面周期来压步距在 9～12m，即 10～14 刀，压力持续 6～8 刀，即 5.19～6.92m，非来压持续 7～8 刀，即 6.1～6.9m，平均来压步距 10m。

3.2.6　石圪台煤矿 12102 综采面矿压显现规律

石圪台煤矿 12102 工作面走向长 919.92m，倾斜宽 294.5m(切眼-1 段为 217.2m)，主采 1^{-2} 煤层，煤层厚度 2.1～3.1m，平均 2.51m，设计采高 2.8m，煤层倾角 1°～3°。切眼推进 33.7m 后进入上煤层 12^{上}101 工作面老采空区下，煤层间距 3.5～6.0m，如图 3-15 所示。

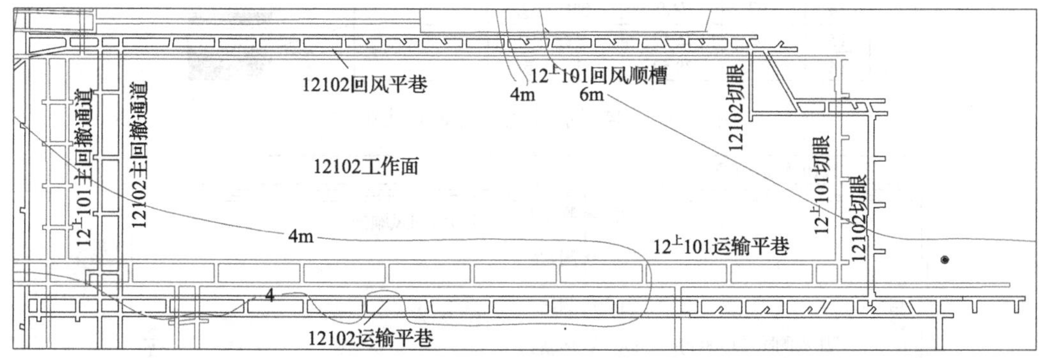

图 3-15　12102 工作面平面布置图

工作面采用德国艾克夫公司 SL750/6558 型采煤机，德国 DBT 公司生产的 3×855kW 运输机，液压支架选用德国 DBT 公司生产的 DBT8824/17/35 二柱掩护式液压支架(额定工作阻力 8824kN，初撑力 5890kN)，共 172 台，其中工作面中间支架 163 台，机头、机尾端头支架共 6 台，过渡架 3 台。

12102 回风顺槽(4.8m×3.0m)承担回风、运煤、行人任务，转载机、破碎机、顺槽皮带机布置在回风顺槽。12102 辅运顺槽(5.0m×2.8m)承担着进风、行人、运料任务，移变、泵站、电气列车等布置在 12102 辅运顺槽。12102 辅运配巷(4.8m×2.8m)承担运料、行人和进风任务。该工作面为机轨分离面。巷道顶板采用锚杆、锚索加金属网联合支护，局部采空区下为锚杆+钢筋网片+钢梁棚联合支护。工作面内覆岩关键层位置判别结果如图 3-16 所示。

2012 年 2 月 11 日，在 12102 工作面内安装了 7 个尤洛卡，用于监测工作面在推进过程中支架工作阻力的变化。此时，工作面距主回撤通道还有 300m，与 12^{上}101 工作面的平均层间距为 4m 左右。尤洛卡安装位置分别为 23#、44#、65#、86#、105#、124#、146# 支架，如图 3-17 所示。

层号	厚度/m	埋深/m	岩层岩性	关键层位置	岩层图例
1	3.64	3.64	流沙		
2	15.06	18.7	黄土		
3	2.95	21.65	中粒砂岩		
4	2.95	24.6	砂质泥岩		
5	5.05	29.65	细粒砂岩		
6	10.68	40.33	中粒砂岩		
7	13.74	54.07	粉砂岩	主关键层	
8	1.21	55.28	1^{-1}煤层		
9	2.15	57.43	炭质泥岩		
10	2.34	59.77	粉砂岩		
11	5.62	65.39	中粒砂岩	亚关键层	
12	3.63	69.02	粗粒砂岩		
13	2.21	71.23	$1^{-2上}$煤层		
14	3.67	74.9	细粒砂岩		
15	0.63	75.53	泥岩		
16	3	78.53	1^{-2}煤层		

图 3-16　K84 钻孔柱状及关键层判别结果

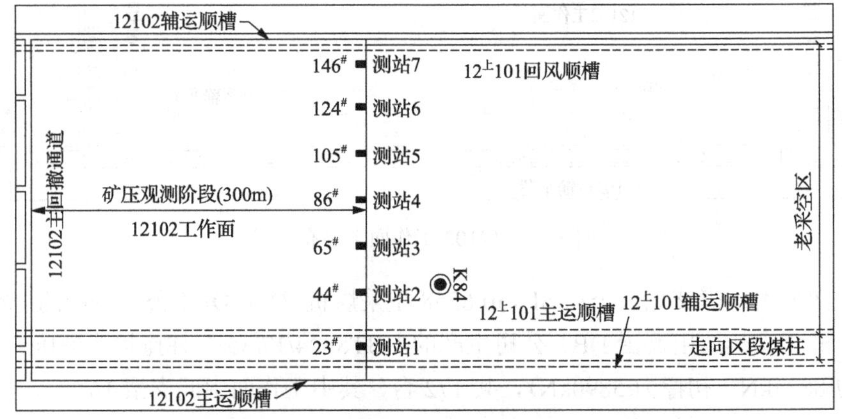

(a) 尤洛卡安装位置

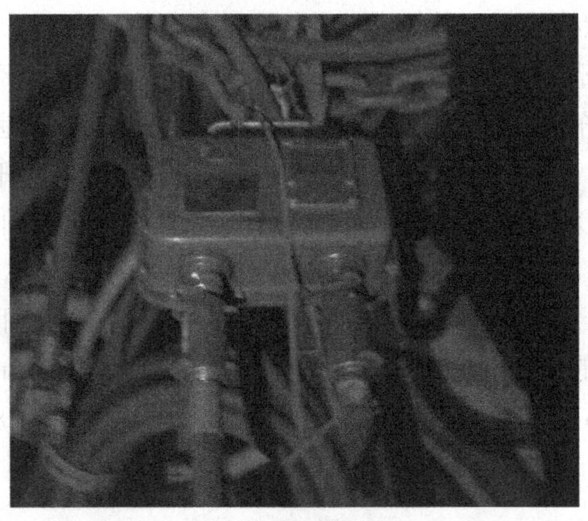

(b) 尤洛卡安装效果

图 3-17　12102 工作面和 12上101 工作面位置对应关系图

12102 工作面从 2 月 11 日开始观测，至 3 月 21 日主回撤通道贯通结束，共推进了约 300m。矿压实测结果表明：①得出了 12102 工作面的周期来压规律。12102 工作面走向区段煤柱下的周期来压步距平均为 17.0m，来压持续长度平均为 2.72m，周期来压期间支架平均循环末阻力为 8453kN，非来压期间支架循环末阻力为 6090kN，动载系数 1.39；老采空区下的周期来压步距平均为 24.4m，来压持续长度平均为 2.21m，周期来压期间支架平均循环末阻力为 8248kN，非来压期间支架循环末阻力为 6590kN，动载系数 1.24。②得出了 12102 工作面的矿压显现特征。12102 工作面正常回采期间矿压显现不明显，工作面平整、几乎无片帮，偶尔有掉矸淋水现象；周期来压时工作面有轻微的片帮，架前有少量的漏矸，支架阻力升高但开启率较低；当工作面推进至走向遗留煤柱内的联巷位置时，工作面矿压显现明显，12#～25#支架立柱下缩量为 200～300mm，此区域范围内的安全阀开启率达 80%，煤壁片帮 100～200mm，架前有漏矸。12102 工作面来压特征统计见表 3-6。

表 3-6 12102 工作面支架来压特征统计表

区域位置	支架	周期来压次数	周期来压步距/m	来压期间支架循环末阻力/kN	非来压期间支架循环末阻力/kN	动载系数	来压持续长度/m
煤柱下	23#	18	17.0	8453.12	6090.60	1.39	2.72
老采空区下	44#	13	24.2	8201.24	6473.30	1.27	2.03
	86#	14	23.0	8099.16	6569.61	1.23	2.57
	105#	12	25.7	8193.72	6615.34	1.24	2.20
	124#	13	24.8	8321.97	6745.12	1.23	2.40
	146#	14	24.4	8418.26	6551.96	1.25	1.83

3.2.7 哈拉沟煤矿 12^{上}101 综采面矿压显现规律

12^{上}101 工作面位于哈拉沟井田 1^{-2} 煤层一盘区，为 1^{-2} 煤层首采工作面。该工作面为刀把子面，其中 12^{上}101-1 工作面长 168.6m，推进长度 246.7m，12^{上}101-2 工作面长 450m，推进长度 857.5m，见图 3-18。煤层厚度平均为 2.11m，设计采高为 2.0m，煤层赋存稳定，煤层倾角为 1°～3°，局部含夹矸一层，主要分布在回顺侧，厚度 0～0.35m。

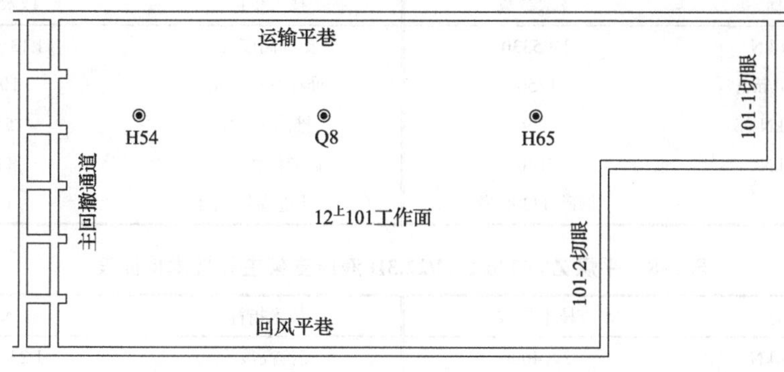

图 3-18 12^{上}101 工作面巷道布置图

12^{上}101 工作面基本顶为细砂岩，厚度 0.55～9.39m，平均 2.98m；直接顶为粉砂岩，厚度 0.30～9.74m，平均 3.79m；底板为碳质泥岩，厚度 1.69～6.3m，平均 3.22m。回采区域松散层厚 0～40m，上覆基岩厚 30～70m。本工作面主要的含水层为第四系含水层，含水层渗透系数为 0.87～2.36m/d，含水层厚度为 3～5m，整体上看，水文地质条件简单。工作面正常涌水量为 $30m^3/h$，最大涌水量为 $200m^3/h$。1^{-2}煤层瓦斯含量极低，煤尘爆炸指数较高，需采取降尘措施。煤层具有自燃发火倾向，自燃发火期为 1 个月左右，属于一类自燃煤层。H65 钻孔覆岩关键层判别结果见图 3-19。

层号	厚度/m	埋深/m	岩层岩性	关键层位置	岩层图例
13	37.3	37.30	松散层		
12	14.1	51.40	砂质泥岩		
11	4.7	56.10	粉砂岩		
10	4.8	60.90	细砂岩		
9	12.1	73.00	中砂岩	主关键层	
8	3.05	76.05	细砂岩		
7	3.35	79.40	泥岩		
6	3.3	82.70	细砂岩		
5	3.96	86.66	粉砂岩		
4	8.84	95.50	中砂岩	亚关键层	
3	2.7	98.20	砂质泥岩		
2	1.3	99.50	细砂岩		
1	1.8	101.30	粉砂岩		
0	1.8	103.10	$1^{-2\text{上}}$煤层		

图 3-19 H65 钻孔覆岩关键层判别图

$12^{\text{上}}$101 工作面采煤机选用 JOY 公司的 JOY 7LS1A 型 lWS667 系列一台；液压支架选用波兰塔高公司 KOPEXS 二柱掩护式液压支架共 238 台，安装 101-2 面时补充平煤支架 24 台，技术参数详见表 3-7 与表 3-8。$12^{\text{上}}$101 工作面采用“三八”制的作业形式，$12^{\text{上}}$101-1 工作面全天割煤 9 刀，日产量为 3945.6t；$12^{\text{上}}$101-2 工作面长 450m，全天割煤 5 刀，日产量为 5850t。

表 3-7 TAGOR10660/11.3/22.3POZ 液压支架主要技术特征表

技术指标	技术参数	技术指标	技术参数
工作阻力/kN	2×5330	支撑高度/m	1.13～2.23
支架中心距/mm	1750	推移行程/mm	1000
拉架力/kN	229	推溜力/kN	556
初撑力/kN	7140	适应倾角/(°)	±15
来源	榆矿 43305 撤	累计过煤量/万 t	175

表 3-8 平煤 ZY9200/12.3/22.3D 液压支架主要技术特征表

技术指标	技术参数	技术指标	技术参数
工作阻力/kN	2×4600	支撑高度/m	1.23～2.23
支架中心距/mm	1750	推移行程/mm	900
拉架力/kN	229.5	推溜力/kN	556.7
初撑力/kN	6412	适应倾角/(°)	±15
来源	榆矿 43305 撤	支护强度/MPa	1.0～1.05

图 3-20 矿压实测结果表明：①12 上 101-1 工作面初次来压步距为 39m，动载系数平均为 1.78，最大达 2.08；来压持续长度平均为 3.4m。周期来压步距为 7～19m；来压期间支架工作阻力为 366～556bar，动载系数为 1.32～2.12；来压持续长度为 1～4m。周期来压期间支架工作阻力沿工作面倾向亦呈现“双驼峰”形状，即中部两侧 30#～40#、60#～70#支架工作阻力明显大于中部支架工作阻力。②12 上 101-2 工作面初次来压步距为 41m，动载系数平均为 1.64，最大为 2.10；来压持续长度平均为 2.4m，最大达 5m。工作面存在大小周期来压现象，小周期来压步距为 12～14m，大周期来压步距为 22～24m。周期来压期间沿工作面倾向压力分布呈现“三峰值 W 形”特征。来压期间压力峰值基本集中在 50#～80#、110#～140#和 170#～230#支架区域，且大周期来压时这三个区域基本同步来压。工作面周期来压期间片帮、漏矸程度较小，且片帮、漏矸常常同步发生，常存在由于片帮扩大而造成漏矸现象。来压期间顶板下沉量较小。

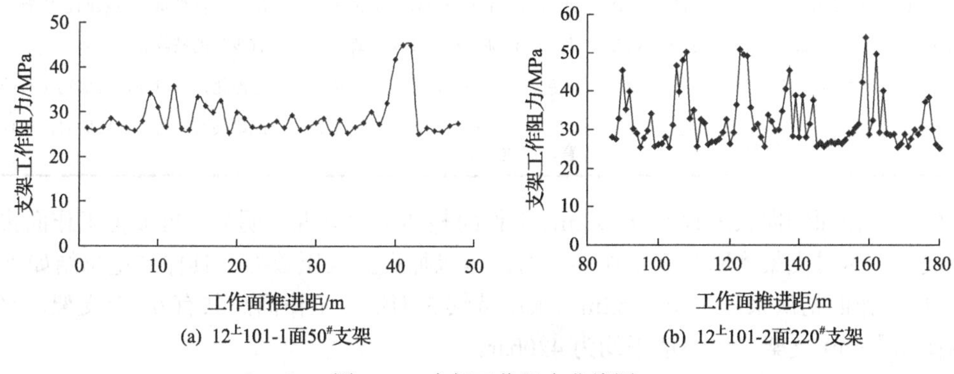

图 3-20　支架工作阻力曲线图

3.3　神东矿区 2^{-2} 煤层开采矿压实测

3.3.1　大柳塔井 22203 综采面矿压显现规律

大柳塔井 22203 工作面回采 2^{-2} 煤层，地面标高 1201.1～1221.1m，底板标高 1118.3～1123.4m；该工作面东侧为 22400 工作面，西侧为 22201 工作面；南侧为 22 煤主斜井，北侧 22202 工作面，回采面上覆为 12208 工作面采空区。已知，22203 工作面倾斜长度为 99.98m，走向长度 290.70m，面积 18.11 万 m^2，设计采高 3.8m，可采储量 14.1 万 t。该工作面的中部支架为平煤 ZY12000/20/40、端头支架为 ZYD12000/25/50D、过渡支架 ZYG12000/20/40D 两柱掩护式电液控制型支架。22203 工作面采掘工程平面图见图 3-21。22203 工作面顶底板岩性参见表 3-9。

22203 工作面回采区域主要含水层有煤岩裂隙水、上覆 1^{-2} 煤层采空积水。2^{-2} 煤层与上覆的 1^{-2} 煤层层间距为 23.8～26.2m，2^{-2} 煤层回采后上覆采空低洼区积水通过采动导水裂隙渗入工作面内，导致工作面水量增大，是工作面的主要水害隐患。工作面上覆为 12208 采空区，总共施工探放水孔 16 个，其中有 1 个孔未打通，5 个孔打通无水，10 个孔有水，总泄放量为 5050m^3。预计工作面正常涌水量为 100m^3/h，最大涌水量为 300m^3/h。

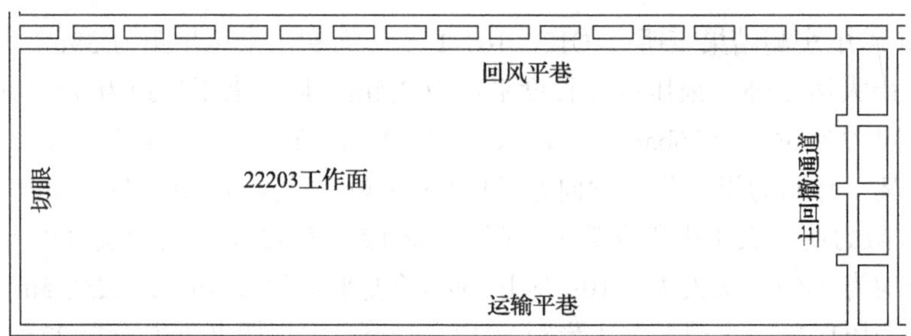

图 3-21　22203 工作面采掘工程平面图

表 3-9　22203 工作面顶底板情况表

顶底板	岩石名称	厚度/m	岩性特征
基本顶	粗砂岩、细砂岩	3.15～13.38	浅灰色，主要成分以石英为主，长石次之，含少量云母及暗色矿物
直接顶	粉砂岩	2.25～8.22	灰色，泥质胶结，水平层理发育，含有少量的植物碎屑
直接底	泥岩、细砂岩	0～0.34	灰色，灰黑色，水平层理，遇水有一定泥化，有滑面，有植物化石碎屑
基本底	粉砂岩、泥岩	5.2～28.23	灰色，灰白色，以粉砂岩为主、部分地段夹有泥岩、中粒砂岩，层理发育，泥质胶结

由于工作面倾向长度仅有 99.98m，工作面整体压力显现不明显。再加上工作面推进速度快，来压时支架增阻显现不明显，有时难以捕捉到来压数据，具体结论总结如下。

(1) 工作面初次来压步距为 52m，来压持续 3 刀煤。工作面总共有 61 个支架，来压范围在 20#～40#支架，压力值平均为 420bar。

(2) 工作面前半段开采时，推进速度快，圆班推进速度约 30m，周期来压步距较长，约达 32m；工作面后半段开采时，由于推进速度慢，圆班推进速度约 10m，周期来压步距有所减小，约 24m。

(3) 工作面来压时显现不明显，2 刀煤基本能将压力甩过，压力值平均约为 420bar，局部有漏矸，活柱下缩不明显。

3.3.2　大柳塔煤矿 22301 综采面矿压显现规律

大柳塔煤矿 22301 工作面回采 2^{-2} 煤层，煤层厚度平均 4.2m，平面布置如图 3-22 所示。22301 回采工作面地表平缓，地面标高 1212.7～1233.4m，大部为第四系风积沙覆盖；工作面煤层埋深 56.69～85.77m，上覆基岩厚度 33.57～41.72m。22301-1 面长 68.6m，走向长 259.6m；22301-2 面长 131.8m，推进长度 260m；22301-3 面长 196.8m，推进长度 260m。

22301 工作面内主要含水层为第四系松散岩类潜水含水层，22301-3 工作面内发育有砂砾石层，砂砾石层厚度 9.06～16.5m；大柳塔煤矿对砂砾石层可能的富水区域进行了探放水工作，共施工钻孔 5 个，合计钻孔初始涌水量 $7m^3/h$，累计放水量 $20m^3$，说明砂砾石层富水性较弱；工作面内发育靠近 f84 断层，断层发育区域上覆煤岩破碎，裂隙发育，有一定富水性，此外 f84 断层向切眼方向破碎带宽度可能变大，使得断层富水性进一步增强。预计工作面正常涌水 $80m^3/h$，最大涌水量 $300m^3/h$。

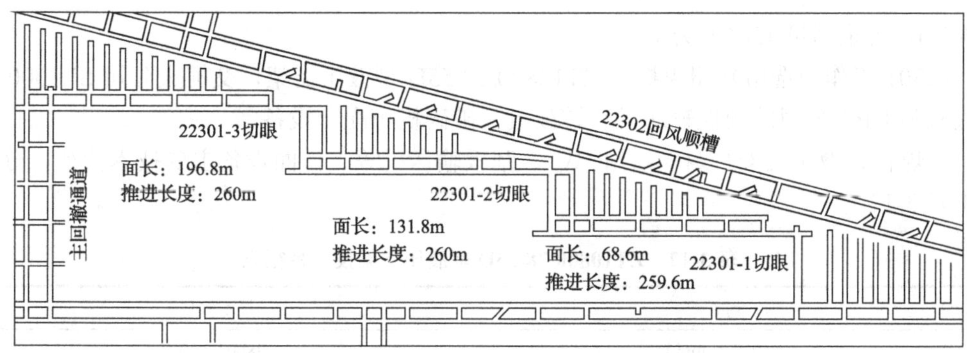

图 3-22　22301 工作面采掘平面图

该工作面的中部支架为平煤 ZY12000/20/40、端头支架为 ZYD12000/25/50D、过渡支架 ZYG12000/20/40D 两柱掩护式电液控制型支架。具体参数见表 3-10。

表 3-10　中部液压支架 ZY12000/20/40 主要技术特征表

技术指标	技术参数	技术指标	技术参数
顶梁长度/mm	4510	推移力/kN	445
架间中心距/mm	1750	重量/t	36.02
初撑力/kN	7916	控制系统	PM31
额定工作阻力/kN	12000	22301-1 数量/台	35
支撑高度/mm	2000～4000	22301-2 数量/台	71
移架力/kN	801	22301-3 数量/台	108

22301 工作面煤层顶、底板情况见表 3-11。

表 3-11　22301 工作面煤层顶底板情况表

顶底板	岩石名称	厚度/m	岩性特征
基本顶	粉砂岩、细砂岩、中砂岩	3.18～8.18	浅灰色，主要成分以石英为主，长石次之，含少量云母及暗色矿物
直接顶	泥岩、细砂岩、砂质泥岩	0～4.98	灰色，水平层理发育，含少量植物化石
直接底	粉砂岩、泥岩	6.30～13.45	以粉砂岩为主，部分地段夹有泥岩、中粒砂岩，层理发育，泥质胶结

根据该工作面矿压实测结果得到：

(1) 22301-1 工作面初次来压及周期来压显现不强烈，只有工作面中部 4～5 个支架有压力显现。

(2) 22301-1 工作面初次来压步距为 52m；周期来压步距约为 20m，来压时开启阀开启率较低。

3.3.3　补连塔煤矿 22301 综采面矿压显现规律

22301 工作面位于 2^{-2} 煤三盘区，地面标高 1205.7～1315.6m，煤层底板标高 1022.3～1074.4m。22301 工作面长度 301m，走向长度 5220m，煤层倾角 1°～3°，面积为 1571220m²，煤层厚度 7.17～8.05m，变异系数 0.7%，容重 1280kg/m³，地质储量 1703.7 万 t，设计采

高 6.1m，可采储量 1246.9 万 t。

22301 工作面选用郑州煤机厂 ZT10800/28/55D 型液压支架，艾柯夫公司 SL1000 型采煤机和 DBT 公司的刮板输送机和转载机、破碎机等配套设备。

采煤机、液压支架(双柱—掩护式)、刮板输送机等工作面设备主要技术特征，分别参见表 3-12。

表 3-12　ZT10800/28/55D 型液压支架技术特征表

技术指标	技术参数
支护范围/mm	2800～6300
支架中心距/mm	1750
工作阻力/kN	10800
移架步距/mm	865

22301 工作面矿压实测结果表明：

22301 工作面初次来压步距为 30～46m。其中旺采区内初次来压步距为 39～40m，平均 40m；煤柱区内初次来压步距为 34～46m，平均 39m；老采空区内初次来压步距为 30～34m，平均 32m。

22301 工作面周期来压步距为 7～34m。其中旺采区内周期来压步距为 11～34m，平均 22m；煤柱区内周期来压步距为 7～31m，平均 19m；老采空区内周期来压步距为 7～27m，平均 17m。

22301 工作面来压整体呈现三段来压特征：75m 的旺采区(1#～44#支架)、70m 的集中煤柱区(45#～84#支架)、156m 的长壁综采面老空区(85#～176#支架)的来压不同步，呈分段来压特征。

老采空区的初次来压步距小于旺采区与集中煤柱区的初次来压步距，老采空区内的平均周期来压步距小于旺采区与煤柱内的周期来压步距，煤柱区的平均周期来压步距小于旺采区内的周期来压步距。

旺采区段来压步距最小值仅为 11m、来压步距最大值达 34m，煤柱区段来压步距最小值仅为 7m、来压步距最大值达 31m，老采空区段来压步距最小值为 7m、来压步距最大值达 27m。即相对于各个支架，在工作面推进过程中的周期来压步距长度有较大幅度的变化。

22301 工作面支架额定工作阻力为 10800kN，现场实际上已经将安全阀开启压力提高为 11300kN。22301 工作面开采过程中来压期间支架最大工作阻力有的已经达到 12818kN，来压期间工作面支架循环末工作阻力平均达到 11614kN，非来压期间支架循环末阻力平均为 7628kN。

其中，旺采区来压期间工作面支架最大工作阻力已经达到 12214kN，循环末工作阻力平均为 11299kN，非来压期间支架循环末阻力平均为 7497kN。煤柱区来压期间工作面支架最大工作阻力已经达到 12818kN，循环末工作阻力平均为 11371kN，非来压期间支架循环末阻力平均为 7613kN。老采空区来压期间工作面支架最大工作阻力已经达到

12214kN，循环末工作阻力平均为11517kN，非来压期间支架循环末阻力平均为7656kN。

22301工作面初次来压期间的动载系数为1.27～1.68，平均1.50。其中：旺采区初次来压期间的动载系数为1.53～1.64，平均1.59；煤柱区初次来压期间的动载系数为1.45～1.68，平均1.56；老采空区初次来压期间的动载系数为1.27～1.67，平均1.37。

22301工作面周期来压期间的动载系数为1.19～1.76，平均1.51。其中：旺采区周期来压期间的动载系数为1.31～1.70，平均1.50；煤柱区周期来压期间的动载系数为1.19～1.71，平均1.50；老采空区周期来压期间的动载系数为1.27～1.76，平均1.53。

3.3.4 补连塔煤矿22303综采面矿压显现规律

22303 工作面位于 2^{-2} 煤层三盘区，地面标高 1185.4～1305.5m，煤层底板标高1025.1～1073.8m。工作面推进长度4966m(图3-23)，工作面长301m，煤层倾角1°～3°，煤层平均厚7.55m，煤层的变异系数0.7，容重1280kg/m^3，地质储量1444.54万t，设计采高6.8m，可采储量1343.42万t。工作面煤层厚度稳定，上覆基岩厚120～310m，顺槽掘进时均沿煤层底板掘进，均留有顶煤，煤层直接顶以粉砂岩、砂质泥岩为主，基本顶为粉砂岩及中砂岩。底板在最初回采的400～800m内为泥岩、粉砂岩，以后均为砂质泥岩。煤层顶底板特征见图3-24。

22303工作面在回采的前800m采用留500mm底煤推进，以后沿煤层底板推进，采用倾斜长壁全部垮落、一次采全高的采煤方法。从切眼到基本顶初次来压，采高控制在6.0m以内；从第一次基本顶来压到主回撤通道前50m，采高控制在6.8m；末采期间采高控制在4.5～5.5m。

根据设计生产能力及地质条件，选用郑州煤机厂ZY16800/32/70双柱-掩护式液压支架，JOY公司7LS7-629型采煤机和DBT公司的刮板输送机和转载机、破碎机等配套设备。工作面支架为双柱-掩护式，主要技术特征参见表3-13。

初采阶段工作面采高为5.7m，工作面两端与中部支架来压步距呈现明显的不同，机头、机尾部分26#～30#支架和135#～139#支架初次来压步距62.5m，周期来压步距24.7～37.1m，平均30.9m，来压持续长度平均3.6m；中部31#～134#支架初次来压步距48.5m，周期来压步距14.4～20.5m，平均16.3m，来压持续长度3.6～7.6 m，平均6.3 m。工作面周期来压步距整体呈现“中间小，两头大”的特征，且以80#支架为中心呈现一定的对称性。

当工作面采高为6.3m时，采空区下对应50#支架来压步距7.2～20.8m，平均13.0m，来压持续长度1.6～10.5m，平均3.8m。

工作面位于走向煤柱区下，115#支架来压步距9.5～26.2m，平均14.7m，来压持续长度0.8～7.5m，平均2.8m；12#支架来压步距8.7～26.2m，平均15.3m，来压持续长度0.8～7.0m，平均2.4m。从表3-14对比两区域可以看出，上覆走向煤柱区下工作面来压步距明显大于采空区下，而来压持续长度小于采空区下，这是由于煤柱上方覆岩能形成稳定的承载结构引起的。

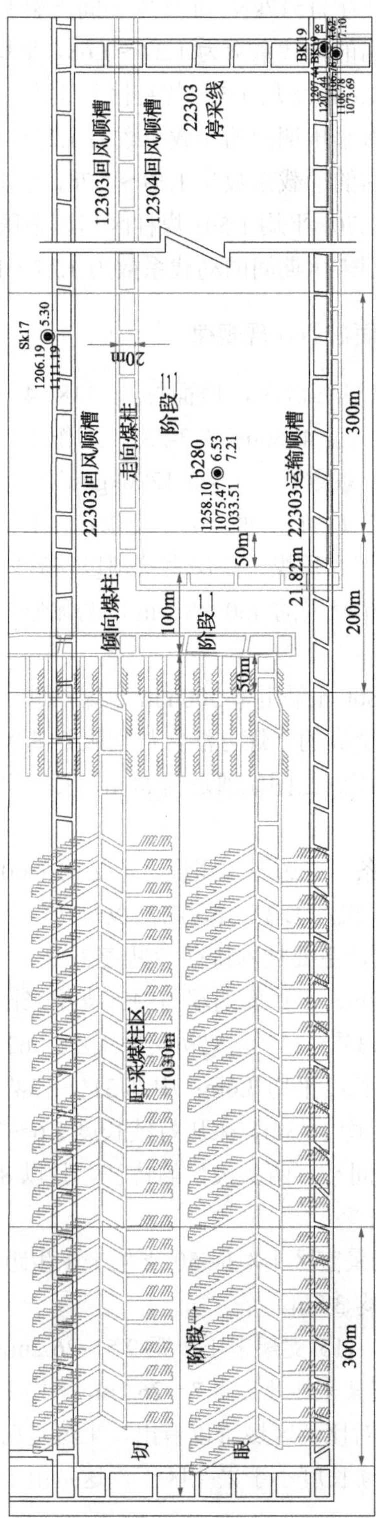

图3-23　22303工作面上覆煤柱分布图

层号	厚度/m	埋深/m	岩层岩性	关键层位置	岩层图例
25	22.33	22.33	松散层		
24	15.6	37.93	砂质泥岩		
23	4.26	42.19	粉砂岩		
22	28.06	70.25	砂质泥岩	主关键层	
21	4.87	75.12	细砂岩		
20	5.41	80.53	砂质泥岩		
19	6.37	86.90	细砂岩		
18	9.97	96.87	砂质泥岩		
17	1.6	98.47	粉砂岩		
16	11.77	110.24	砂质泥岩		
15	4.32	114.56	细砂岩		
14	30.59	145.15	砂质泥岩	亚关键层	
13	8.32	153.47	细砂岩		
12	15.28	168.75	粗砂岩	亚关键层	
11	2.95	171.70	砂质泥岩		
10	0.66	172.36	粉砂岩		
9	3.43	175.79	砂质泥岩		
8	6.84	182.63	1^{-2}煤层		
7	5.92	188.55	细砂岩		
6	11.46	200.1	粗砂岩	亚关键层	
5	6.15	206.16	砂质泥岩		
4	2.76	208.92	粉砂岩		
3	4.3	213.22	砂质泥岩		
2	2.06	215.28	粉砂岩		
1	2	217.28	砂质泥岩		
0	7.31	224.59	2^{-2}煤层		

图 3-24　b280 钻孔图

表 3-13　ZY16800/32/70 型液压支架基本架技术特征表

技术指标	技术参数
支护范围/mm	4200～6800
支架中心距/mm	2050
护帮板长度/mm	1100＋1620＋830
伸缩顶梁长度/mm	900
工作阻力/kN	16800
移架步距/mm	865

表 3-14　工作面各区域来压特征表

区域位置	支架	来压步距/m	来压期间支架循环末阻力/kN	非来压期间支架循环末阻力/kN	动载系数	来压持续长度/m
采空区	50#	13.0	15844	10982	1.44	3.8
	70#	13.6	15882	11194	1.42	4.5
	90#	13.1	15757	10854	1.45	3.5
走向煤柱区	115#	14.7	15794	11312	1.40	2.8
	120#	15.3	15732	11145	1.41	2.4

3.3.5　哈拉沟煤矿 22403 综采面矿压显现规律

哈拉沟煤矿 22403 工作面回采四盘区 2^{-2} 煤层，地面标高 1212～1245.7m，工作面标高 1115.1～1130.3m，该工作面北西邻 2^{-2} 煤层中央三大巷，北东邻 22404 工作面，南西邻 22402 工作面，南东邻哈拉沟井田边界(图 3-25)。走向长 2047.1m，倾斜长 280.3m，煤层倾角 1°～3°，煤层厚度稳定，厚度 5.0～5.9m、平均 5.55m；上覆基岩厚 44.4～95m，松散层厚 30～50m；含水层厚度 5～30m。瓦斯相对涌出量为 0.11m^3/t，绝对涌出量为 1.4m^3/h，属于低瓦斯矿井。煤尘较大，爆炸指数 44.8%，为强爆炸性。煤层自燃倾向等级属 I 类自燃，自燃倾向性为容易自燃，自燃发火期为一个月左右。无地热危害，地压无异常。

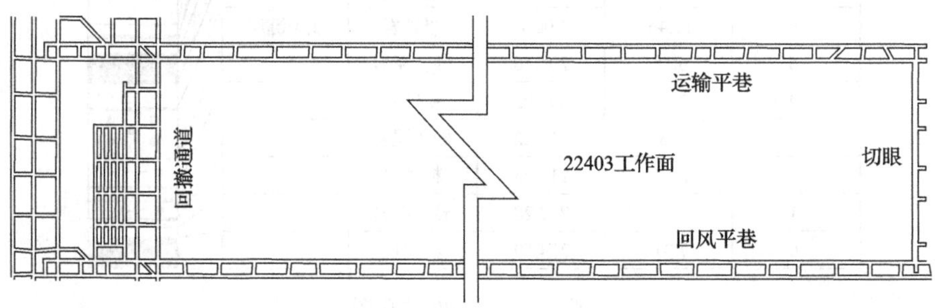

图 3-25　22403 工作面平面布置图

该工作面直接顶为粉砂岩、细砂岩，厚度 2.95～11.66m，平均 7.11m，灰色，致密坚硬，泥质胶结，波状层理，含少量裂隙水，粉砂岩中含黄铁矿结核，f=4。基本顶为中砂岩，厚度 0.35～12.99m，平均 5.71m，灰白色，泥质胶结，中厚层状构造，波状及交错层理，f=4。直接底为粉砂岩，厚度 4.65～24.24，平均 10.34m，深灰色至灰色，泥质胶结，波状层理，夹细砂岩薄层，含少量植物碎片化石，f=3。覆岩柱状见图 3-26。

选用 DBT 公司 5.5m 掩护式液压支架。实选 165 架支架支护，支架参数特征见表 3-15。

22403 工作面的初次来压步距为 40.2m，来压段持续长度 5.2m，非来压段持续长度 9.52m，周期来压步距为 14.7m。

层号	厚度/m	埋深/m	岩层岩性	关键层位置	岩层图例
17	43.59	43.59	松散层		
16	11.52	55.11	砂砾岩		
15	4.99	60.10	中砂岩		
14	14.76	74.86	粉砂岩		
13	9.36	84.22	中砂岩	主关键层	
12	4.19	88.41	细砂岩		
11	3.5	91.91	粉砂岩		
10	1.23	93.14	细砂岩		
9	5.78	98.92	中砂岩	亚关键层	
8	4.59	103.51	粉砂岩		
7	3.78	107.29	细砂岩		
6	4.83	112.12	中砂岩		
5	3.63	115.75	细砂岩		
4	5.1	120.85	粉砂岩		
3	5.71	126.56	中砂岩		
2	4.44	131.00	细砂岩	亚关键层	
1	2.67	133.67	粉砂岩		
0	5.55	139.22	2^{-2}煤层		

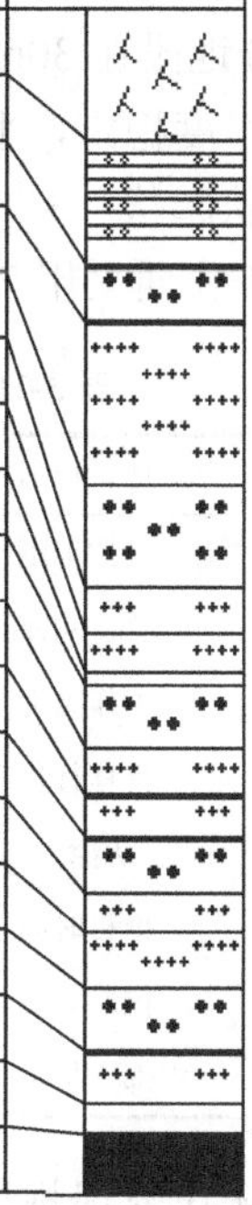

图 3-26 22403 工作面综合柱状图

表 3-15 液压支架主要技术特征表

技术指标	技术参数	技术指标	技术参数
支撑高度/mm	2550～5500	初撑力/kN	5890
支架顶梁长度/mm	4075	支架中心距/mm	1750
移架步距/mm	865	泵站压力/MPa	31.5
立柱外径/内径/(mm/mm)	410/345	工作阻力/kN	8600
护帮板长度/mm	0.48	支护强度/MPa	1.06(4.2m 时)
端面距/mm	300	对地比压/MPa	平均 2.2
适应工作面倾角/(°)	±15	推溜力/kN	163

3.4 神东矿区 3^{-1} 煤层开采矿压实测

3.4.1 锦界煤矿 31402 综采面矿压显现规律

锦界煤矿 31402 工作面位于四盘区 3^{-1} 煤层辅运大巷东侧，呈北偏东 71.5°方位布置。地面标高 1222～1308.8m，工作面标高 1101.6～1164.5m。工作面走向长 5471.64m，倾斜长 330m，煤层倾角 0°～1°，煤层结构简单，厚度 2.95～3.71m，平均 3.27m。

31402 工作面顶板沙层厚度约 10～40m，31402 运顺 70 联巷附近最薄，回撤通道附近最厚。土层厚 0～70m，其中切眼区域约 70m，向回撤通道方向逐渐变薄。风化基岩厚度 5～50m，切眼附近最薄，工作面中部 15-35 联巷最厚。3^{-1}煤层正常基岩厚度约 11～70m，大部分地段在 30m 以上；总体切眼和回撤通道较薄，中部较厚；切眼段最薄，11m 左右。煤层厚度稳定，平均厚 3.27m。煤层倾向北西，倾角 1°，整体呈宽缓的单斜构造，局部出现波状起伏。3^{-1}煤层瓦斯含量很低，具有爆炸性危险，属不易自燃煤层。

31402 工作面采用 ZY12000/20/40 型掩护式液压支架，其技术参数见表 3-16。

表 3-16　ZY12000/20/40 型掩护式液压支架主要技术特征表

技术指标	技术参数
支护范围	1800～3500mm
支架中心距	1750mm
工作阻力	12000kN
推移行程	865mm
初撑力	25.2MPa
推移时间	小于 8s
控制系统	PM32
中部支架重量	26.088t

工作面矿压显现规律如下：

(1) 来压步距。根据现场观测及对来压数据统计分析认为工作面存在大小周期现象，并且来压步距从 10m 到 18m 不等。

(2) 活柱下缩量。现场观测过程中，小周期来压时，活柱下缩量不大，工作面的采高还基本上能够保持；大周期来压时，活柱下缩量明显，工作面采高有明显降低，并且顶板也较难控制，淋水明显增大。

(3) 安全阀开启情况。小周期来压过程中，工作面来压范围主要集中在中部，安全阀开启很少；大周期来压过程中，工作面来压范围较广，安全阀开启的较多。

(4) 支架载荷。支架的载荷为 285～560bar，平均值为 359bar。周期来压动载系数最小为 1.06，最大为 2.05。

锦界煤矿基本顶初次来压步距为 61～72m。300m 以上加长综采工作面大小周期来压现象明显。小周期来压步距平均为 7.4～12.9m，来压强度平均为 340bar，小周期来压会存在两个正常的周期来压之间。小周期来压时单个关键层的破断，而大周期来压时则是两个关键层的同时破断。

3.4.2　乌兰木伦煤矿 31402 综采面矿压显现规律

31402 回采工作面对应的地面标高为 1295.1～1326.0m，煤层底板标高为 1129.5～1151.5m；上覆基岩厚度为 103.0～171.0m，松散层厚度为 15～35m，松散含水层厚 0～20.5m，见图 3-27。3^{-1}煤层平均煤厚 4.6m，变异系数为 5%，属于稳定煤层。结构简单，为半亮-半暗型煤，宽条带状结构，块状构造，光泽暗淡，倾角为 1°～3°。工作面直接顶厚度为 18～26.5m，其岩性为黑灰色粉砂质泥岩，粉砂质结构，块层状构造，水平层理及小型交错层理，泥质胶结，富含植物化石，夹薄层碳质泥岩及砂岩；基本顶为 10.3～15.1m，其岩性为灰色泥质粉砂岩，泥质粉砂状结构，块状构造，含植物根化石；直接底为灰色泥质粉砂岩，厚度为 4.5～5.6m，其岩性为灰色粉砂质泥岩，粉砂质结构，层状构造，水平层理为主。

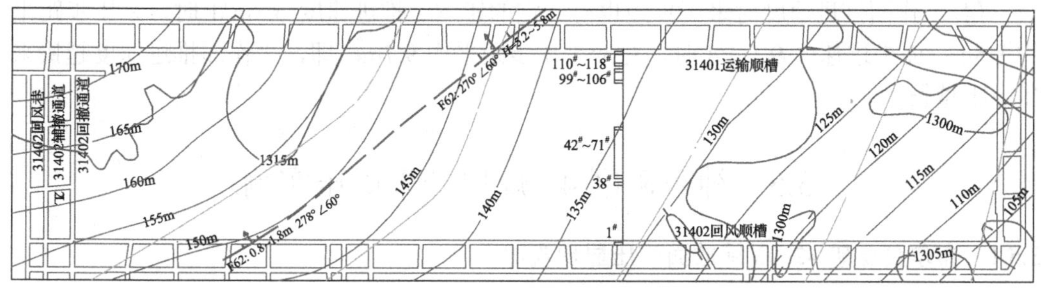

图 3-27　31402 工作面井上下对照图

31402 工作面采用倾斜长壁后退式完全垮落综合机械化采煤法进行开采，宽度为 201m，煤层平均厚度为 4.6m，设计采高 4.4m。采用综采液压支架支护，双滚筒采煤机落煤、装煤，以及相应配套的刮板机、转载机、胶带运输机运煤的综采工作面作业系统。工作面共安设 119 台支架，其中 49 架为 9000 kN 支架(ZY9000/24/50 型液压支架)，70 架为 8600kN 支架(郑煤 ZY8600/24/50 型液压支架)。工作面各设备主要技术性能见表 3-17。

表 3-17　ZY 8600/24/50 型电液控制掩护式支架主要技术特征

技术指标	技术参数	技术指标	技术参数
工作阻力/kN	8600	支撑高度/m	2.4～5.0
支护强度/MPa	1.006～1.066	对底板平均比压/MPa	2.64
支架中心距/mm	1750	推移行程/mm	865
初撑力/kN	6431	推移时间/s	8
支架电液系统	PM31		

31402 工作面实测矿压显现规律如下：

(1) 31402 工作面初次来压步距 42.5m，来压时 80%的支架立柱安全阀卸载，90%的支架压力值超过 8142kN，来压持续长度约 2.5m；顶板最大下沉量 0.9m，平均下沉量为 0.6m。初次来压阶段基本顶来压对支架造成的损坏较严重，其中 67#支架掩护梁被压断，另有 9 个支架平衡油缸损坏，7 个支架平衡油缸的耳座损坏。

(2) 31402 工作面过断层时，工作面中部平均来压步距 9.6m，来压期间支架载荷平均 9181kN，来压持续长度平均 2.3m；工作面机头侧平均来压步距 10.8m，来压期间支架载荷平均 9165kN，来压持续长度平均 2.2m；工作面机尾侧平均来压步距 13.7m，来压期间支架载荷平均 8570kN，来压持续长度平均 1.2m。动载系数各部分相差不大，平均 1.45。工作面过断层阶段未出现异常的来压现象，其矿压显现与工作面正常推进阶段无异，顶板来压正常。

(3) 31402 工作面末采阶段，工作面中部平均来压步距 10.2 m，来压期间支架载荷平均 9221kN，来压持续长度平均 1.9m；工作面机头侧平均来压步距 11.4m，来压期间支架载荷平均 9425kN，来压持续长度平均 2.9m；工作面机尾侧平均来压步距 17.3m，来压期间支架载荷平均 8916kN，来压持续长度平均 2.1m。动载系数各部分相差不大，平均 1.40。工作面贯通时未出现顶板来压现象，贯通质量优良，工作面支架及设备均得到了安全回撤。

(4) 工作面推进速度对来压步距也有一定的影响。推进速度 5.8m/d 时，来压步距平均 8.5m；而推进速度 9.5m/d 时，对应来压步距平均 9.7m。即，工作面推进速度越快来压步距越长。

3.5　神东矿区 4^{-2} 煤层开采矿压实测

3.5.1　布尔台煤矿 42103 综放面矿压显现规律

42103 综放工作面回采 4^{-2} 煤层，煤厚 3.23～7.6m，平均煤厚 6.02m，割煤高度 3.7m，放煤高度 3.0m，长度为 230m，推进长度 5240m；3^{-1} 煤层平均煤厚 3.41m，4^{-2} 煤层平均煤厚 6.7m，分岔复合区存在 0～1.2m 的夹矸，夹矸岩性为砂质泥岩，煤层分岔复合区倾角变化很大，煤层倾角 4°～6°。42103 工作面煤层上覆松散层厚 3.2～34.82m，与 2^{-2} 煤层间距 35～77m，地质构造简单。工作面回采直接充水含水层为煤系地层延安组裂隙和孔隙承压含水层，主要表现为支架间淋水，此外 42103 工作面上部是 22103 采空区，采空区积水成为工作面回采较大的水害威胁。

42103 综放工作面采煤机为 JOY 公司的 7LS6C/LWS739 型双滚筒采煤机，滚筒直径 2500mm，滚筒截深 865mm，采高范围 2.40～4.95m，生产能力 3200t/h；支架为郑州四维公司生产 ZFY12500/25/39D 的两柱掩护式液压支架，支撑高度为 2.5～3.9m，工作阻力为 12500kN，支架中心距 1750mm；支架具体参数如表 3-18 所示。

表 3-18　ZFY12500/25/39D 液压支架主要技术特征

技术指标	技术参数	技术指标	技术参数
工作阻力/kN	12500	支撑高度/mm	2500～3900
支架中心距/mm	1750	移架步距/mm	865
拉架力/kN	801	推溜力/kN	445
支护强度/MPa	1.33～1.35	泵站压力/MPa	31.5
梁端距/mm	542	顶梁长度/mm	4845

工作面初次来压步距为 48.4m，53#～103#支架安全阀全部开启，工作面煤壁片帮严重，支架立柱下沉量大，可达 600～800mm(表 3-19)，初次来压期间，59#、60#、72#、91#、94#、104#和 109#平衡油缸安全阀损坏。周期来压期间煤壁片帮严重，支架经常出现台阶下沉现象，尤其是中部支架下沉量大，活柱下沉量严重，最大下沉量 900mm，严重区域平均下沉 817mm，顶板控制效果不佳。工作面推进到 331m，将支架安全阀开启压力调整为 520bar，煤壁片帮、支架立柱下沉、架前漏矸和冒顶情况得到有效缓解。

表 3-19　布尔台煤矿 42103 工作面实矿压显现参数

煤壁片帮部位及片帮值		活柱下缩量		支架安全阀开启率
推进 0～330m	推进 331～735m	推进 0～330m	推进 331～735m	
800～1500mm	500～800mm	817～900mm	462mm	大部分开启

工作面直接顶初次来压步距为 33.9～35.4m，差值不大，说明各部位直接顶初次来压基本同步。

周期来压步距为 12.1～13.5m，平均 12.6m。支架初撑力统计均值 4637～6012kN，未达到支架额定初撑力 7917kN。

工作面支架循环末阻力均未超出额定工作阻力 13062kN(安全阀开启压力调大)，占额定工作阻力的 93.2%～97.4%，表明支架长期处满负荷工作状态，最大工作阻力 13961kN；来压期间工作面支架安全阀频繁大面积的开启，支架立柱高压腔频繁泄压导致工作面顶板下沉量大，工作面严重区顶板下沉量平均达 817mm，局部支架位置最大顶板下沉量约 900mm，濒临压死支架。特别是工作面中部顶板稍不注意，便极易产生漏矸、漏顶，支护不及时，甚至出现冒顶现象。正常情况下，由于煤壁片帮导致煤壁不平整，支架护帮板不能紧贴煤壁。动载系数平均值为 1.41，整个工作面支架动载系数较一般综放工作面大。

3.5.2　万利一矿 42202 综采面矿压显现规律

万利一矿 42202 工作面煤厚 2.9～5.0m，平均 4.6m，倾角 3°～7°，平均 5°。4^{-2} 煤层上覆基岩厚 77～155m，松散层厚 5m。煤层直接顶为泥质粉砂岩，厚度 0.8～1.9m；基本顶为粉砂岩和细砂岩，厚度为 10.1～16.4m；直接底为粉砂岩，厚度为 0～2.2m；基本底为细砂岩和粉砂岩，厚度为 5.18～14.1m。42202 工作面位于 42201 工作面采空区西侧，南邻 4^{-2} 煤层西辅运大巷，东面、北面均为实煤体。工作面长 300m，推进长度 1966m，如图 3-28 所示。

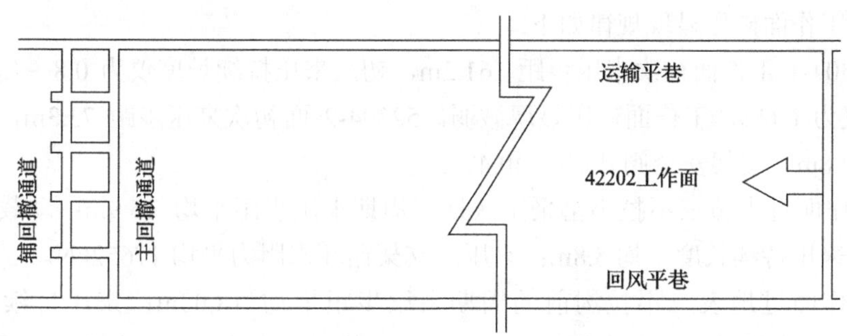

图 3-28　42202 工作面平面布置图

工作面选用 ZY8600/24-50D 掩护式液压支架，支架初撑力 6413kN，工作阻力 6800kN，支架中心距 1.75m，移架步距 0.865m。工作面采用双向割煤，往返一次进两刀的回采工艺。

42202 工作面基本顶初次来压步距为 19.9m，来压持续 4.5m；基本顶周期来压步距为 10～16.5m，平均 13.6m，来压持续 4.3～6.1m。工作面中部来压强度为 42MPa 左右，比工作面两端大 1～3MPa，工作面中部来压超前工作面两端 2～5m。来压期间矿压显现强烈，应提高支架的初撑力，加强来压期间支架和煤壁管理。

3.6　神东矿区 5^{-2} 煤层开采矿压实测

3.6.1　大柳塔煤矿 52304 综采面矿压显现规律

52304 工作面是大柳塔矿 5^{-2} 煤层三盘区的首采工作面。工作面地面标高 1154.8～1269.9 m，底板标高 988.7～1018.1m；工作面北侧靠近 DF3 正断层，南侧为设计的 52303 工作面，西侧靠近 5^{-2} 煤层辅运大巷，东侧靠近井田边界未开发实体煤；此外工作面开采区域对应上覆有大柳塔矿 2^{-2} 煤层已采的 22306 综采采空区、22307 综采采空区及乔岔滩三不拉煤矿采空区，如图 3-29 所示；地表覆盖层分布情况如图 3-30、图 3-31 所示。

52304 工作面煤层厚度 6.6～7.3m，平均 6.94m，煤层结构简单，煤层倾角 1º～3º。宏观煤岩类型以半暗型、半亮型煤为主，夹部分亮煤及暗煤。煤层底部发育 1～2 层夹矸，夹矸厚度约 0.2m，岩性为泥岩。工作面煤层自切眼至回撤通道为宽缓坡状构造，底板标高为 988.7～1018.1m，最大相对高差为 29.4m。

52304 工作面沿煤层走向推进，属于走向长壁综采工作面，采用倾斜长壁全部垮落、一次采全高的采煤方法。工作面走向推进长度 4547.6m，在初采期呈现“刀把面”的布置形式。其中，52304-1 面宽 147.5m，总推进长度 148.7m；52304-2 面宽 301m，总推进长度 4389.1m，如图 3-39 所示。该面作为神东矿区 5^{-2} 煤层首例采用 7m 支架的特大采高工作面，设计采高 6.5m，采用郑煤 ZY16800/32/70D 型液压支架，见表 3-20，额定工作阻力 16800kN，支架中心距 2.05m。其中，工作面回风巷一侧 70#～152#架支架的安全阀开启压力被人为提高，因此，该区域支架的工作阻力为 18000kN。工作面配备 JOY 公司 7LS8 型采煤机，滚筒直径 3500mm，最大牵引力 1042kN；DBT 公司 3×1600kW 型刮板输送机和转载机、破碎机等配套设备。

52304 工作面矿压显现规律如下：

(1) 52304-1 工作面初次来压步距 161.2m，初次来压持续长度仅为 0.8～1.6m，安全阀开启率仅为 6.6%，工作面矿压显现微弱。52304-2 面初次来压步距 73.3m，来压持续长度 0.8～4.8m，支架安全阀开启率 40.4%。

(2) 工作面过上覆三不拉小窑采空区期间周期来压步距平均 15.9m；动载系数平均 1.62；周期来压持续长度平均 3.8m；来压时支架循环末阻力平均 17652kN。

(3) 工作面过地表三不拉沟前的周期来压步距平均 18.03m；来压持续长度平均 3.22m；来压时支架循环末阻力平均 17283kN；动载系数平均 1.51；在下坡开采阶段，来压步距平均 16.95m，来压持续长度平均 4.15m，来压期间支架循环末阻力平均 16722kN，动载系数平均 1.51。而在上坡开采阶段，来压步距平均 13.97m，来压持续长度平均 3.96m，较进入沟坡之前的开采阶段及下坡阶段变短；来压期间支架循环末阻力平均 16723kN，动载系数平均 1.51。

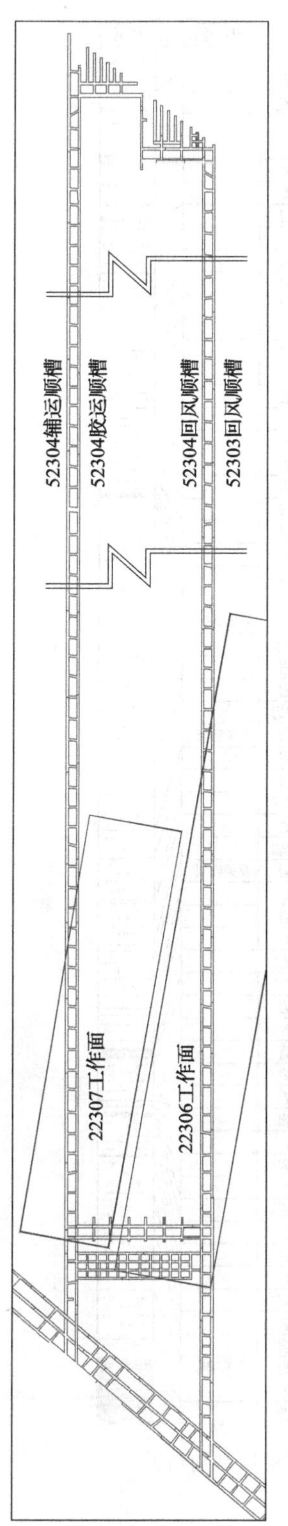

图 3-29　52304工作面布置平面示意图

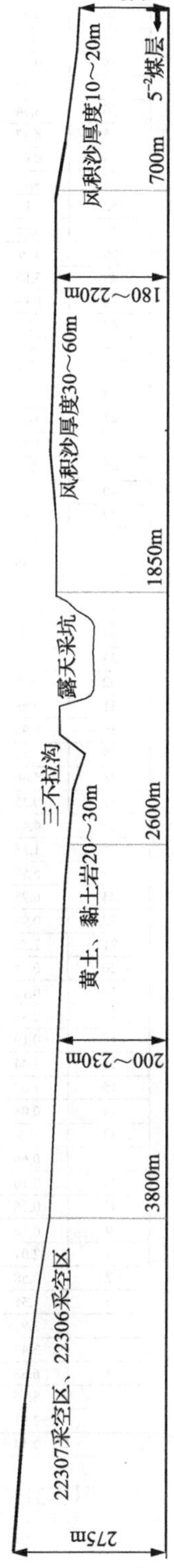

图 3-30　52304工作面地表覆盖层情况示意图

层号	厚度/m	埋深/m	岩层岩性	关键层位置	岩层图例
60	4.78	4.78	松散层		
59	1.9	6.68	细砂岩		
58	0.35	7.013	$2^{-2上}$煤层		
57	1.32	8.35	泥岩		
56	3.34	11.69	细砂岩		
55	6.47	18.16	粉砂岩		
54	0.66	18.82	2^{-2}煤		
53	4.41	23.23	粉砂岩		
52	1	24.23	泥岩		
51	3.65	27.88	粉砂岩		
50	0.6	28.48	中砂岩		
49	3.85	32.33	粉砂岩		
48	0.89	33.22	细砂岩		
47	3	36.22	粉砂岩		
46	0.8	37.02	泥岩		
45	1.55	38.57	粉砂岩		
44	1.1	39.67	泥岩		
43	0.8	40.47	细砂岩		
42	1.72	42.19	粉砂岩		
41	1.7	43.89	细砂岩		
40	2.37	46.26	粉砂岩		
39	0.93	47.19	粗砂岩		
38	0.52	47.71	粉砂岩		
37	0.35	48.06	3^{-1}煤层		
36	3.55	51.61	泥岩		
35	13.43	65.04	中砂岩	主关键层	
34	2.1	67.14	砂质泥岩		
33	1.18	68.32	细砂岩		
32	5.4	73.72	粉砂岩		
31	0.88	74.60	砂质泥岩		
30	8.98	83.58	粉砂岩	亚关键层	
29	3	86.58	中砂岩		
28	4.46	91.04	粉砂岩		
27	0.35	91.39	泥岩		
26	4.43	95.82	粉砂岩		
25	1.15	96.97	砂质泥岩		
24	5.58	102.55	粉砂岩	亚关键层	
23	0.75	103.30	泥岩		
22	0.93	104.23	细砂岩		
21	2.55	106.78	泥岩		
20	0.34	107.12	4^{-4}煤层		
19	0.19	107.31	泥岩		
18	0.38	107.69	细砂岩		
17	0.19	107.88	泥岩		
16	3.44	111.32	细砂岩		
15	1.05	112.37	中砂岩		
14	0.08	112.45	泥岩		
13	0.5	112.95	细砂岩		
12	0.66	113.61	泥岩		
11	0.16	113.77	细砂岩		
10	0.16	113.93	泥岩		
9	0.16	114.09	细砂岩		
8	2.07	116.16	泥岩		
7	0.58	116.74	细砂岩		
6	1.51	118.25	泥岩		
5	3.95	122.20	粗砂岩		
4	3.44	125.64	细砂岩		
3	6.88	132.52	中砂岩		
2	5.16	137.68	细砂岩	亚关键层	
1	2.01	139.69	泥岩		
0	7.14	146.83	5^{-2}煤层		

图 3-31 工作面覆岩关键层判别结果

表 3-20　ZY16800/32/70D 型液压支架基本架技术特征表

技术指标	技术参数
支护范围/mm	4200～6800
支架中心距/mm	2050
护帮板长度/mm	1100＋1620＋830
伸缩顶梁长度/mm	900
工作阻力/kN	16800
移架步距/mm	865

(4) 工作面过上覆一侧采空煤柱开采时周期来压步距平均 15.2m，来压持续长度平均 3.2m，动载系数平均 1.5，来压期间支架载荷平均 17280kN。工作面在推出上覆煤柱过程中未出现活柱急剧下缩的压架现象，矿压显现正常。

(5) 工作面临近回撤阶段的周期来压步距平均 16.2m，来压持续长度平均 5.6m，来压时支架循环末阻力平均 17537kN，动载系数平均 1.64。

3.6.2　大柳塔煤矿 52303 综采面矿压显现规律

大柳塔煤矿 52303 工作面是 5^{-2} 煤层三盘区的第二个 7m 支架工作面，工作面北侧为正在开采的 52304 工作面，南侧为 52302 回顺，西侧靠近 5^{-2} 煤层辅运大巷，东侧靠近井田边界。工作面巷道布置如图 3-32 所示。52303 工作面煤层结构简单，倾角 1°～3°，煤层厚度 6.6～7.3m，平均 6.93m，工作面面宽 301.5m，总推进长度 4443.3m。地面标高 1162.4～1255.3m，底板标高 985.13～1020.99m。

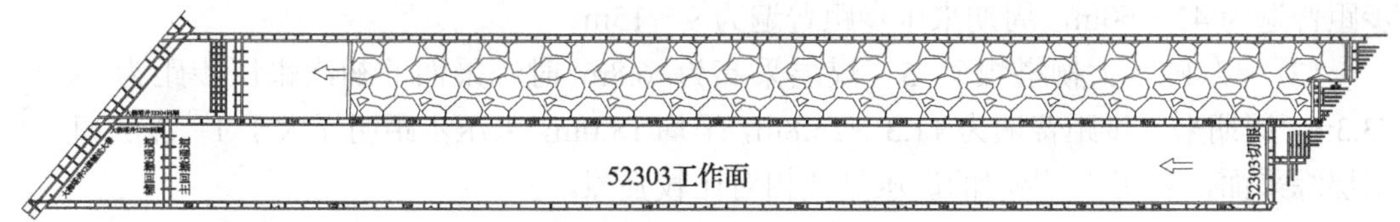

图 3-32　52303 工作面布置平面图

52303 工作面采用一次采全高，全部垮落后退式综合机械化开采的采煤方法。工作面配备郑煤 ZY18000/32/70 液压支架，支护高度 3200～7000mm，额定工作阻力 18000kN，安全阀开启值为 456bar；采用 EKF 公司 SL1000 型采煤机，滚筒直径 3500mm，截深 865mm。

2012 年 12 月 17 日，零点班工作面初次来压，来压步距 71m，来压持续长度 4～5 刀，合 3.2～4.0m；来压期间安全阀开启率较低，来压区域支架工作阻力大部分为 16000～16800bar（$1bar=10^5Pa$）；工作面中部区域煤壁存在片帮、炸帮现象，片帮深度 200～400mm，同时部分支架区域有架前漏矸现象，两顺槽超前支护段煤壁有轻微片帮出现。52303 工作面初次来压矿压显现总体不强烈。

为掌握 52303 工作面初采期间周期来压规律，选取 1 月 7 日至 1 月 22 日对应推进距 270～405m 的矿压数据进行分析，以总结工作面周期来压特征。通过井下观测发现，工作面来压步距平均 17.98m；来压持续长度为 1.6～9.6m，平均 5.06m；周期来压期间支架循环末阻力平均为 17565.8kN；非来压期间支架阻力平均为 10841.8kN；动载系数平均为 1.626。

52303 工作面非来压期间煤壁存在轻微片帮，片帮深度不大，无端面冒漏发生；而周期来压时片帮现象较明显，片帮深度最大达到 1000mm 左右，片帮现象在整个工作面区域均有发生，端面漏冒现象较少，冒顶高度在 500mm 以内。周期来压期间，安全阀绝大部分开启，开启率一般在 60%左右，但安全阀开启时泄液现象不明显，支架立柱几乎不下缩。工作面两顺槽超前支护段无明显片帮变形显现。

3.7 影响因素分析

3.7.1 采高

神东矿区不同采高综采面来压步距对比情况如表 3-21 所示。

表 3-21　神东矿区不同采高综采面来压步距对比表

工作面采高/m	初次来压步距/m	周期来压步距/m
<3.5	17～24	7～12
3.5～6.0	45～60	10～15
6.0～7.0	46～51	9～14
5^{-2} 煤层为 6.8	62～73.3	11.3～25.8，平均 18.0

由表 3-21 可知：

(1) 神东矿区中心区域矿井 1^{-2} 煤层和 2^{-2} 煤层采高为 3.5～7.0m 时综采面的初次来压步距普遍为 45～60m，周期来压步距普遍为 9～15m。

(2) 神东矿区大柳塔煤矿 5^{-2} 煤层采高为 6.8m 时综采面的初次来压步距为 62～73.3m，周期来压步距普遍为 11.3～25.8m，平均 18.0m，来压步距明显大于 1^{-2} 煤层和 2^{-2} 煤层综采面，表明 5^{-2} 煤层的矿压显现相对比较强烈。

(3) 神东矿区中心区域矿井 1^{-2} 煤层和 2^{-2} 煤层采高小于 3.5m 时综采面的初次来压步距普遍为 17～24m，周期来压步距普遍为 7～12m。

3.7.2 工作面宽度

(1) 神东矿区工作面宽度小于 120m 时综采面的矿压显现不明显，其周期来压步距明显偏大，如大柳塔井 22203 面宽 99.98m，工作面推进速度快时的周期来压步距约为 32m，推进速度慢时的周期来压步距则为 24m；大柳塔井 22301-1 面宽 68.6m，周期来压步距约为 20m，均大于神东矿区传统工作面的周期来压步距 10～15m。

(2) 工作面宽度小于 120m 时综采面来压时持续长度短，仅为 2～3 刀，合 1.6～2.4m，且工作面支架安全阀开启率低、活柱下缩不明显。

3.7.3 埋深

图 3-33～图 3-35 中列出了采深 200m 以浅、采深 200～300m 以及大于 300m 时综采

面初次来压步距情况。

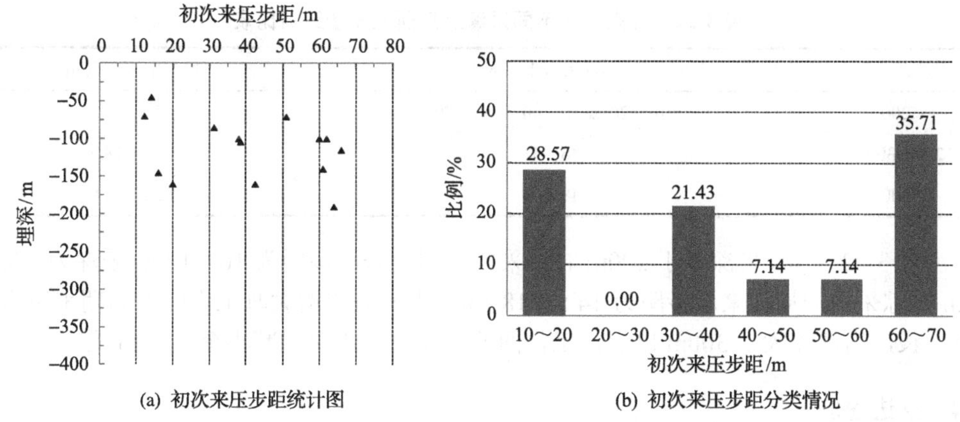

(a) 初次来压步距统计图　(b) 初次来压步距分类情况

图 3-33　采深 200m 以浅时综采面初次来压规律

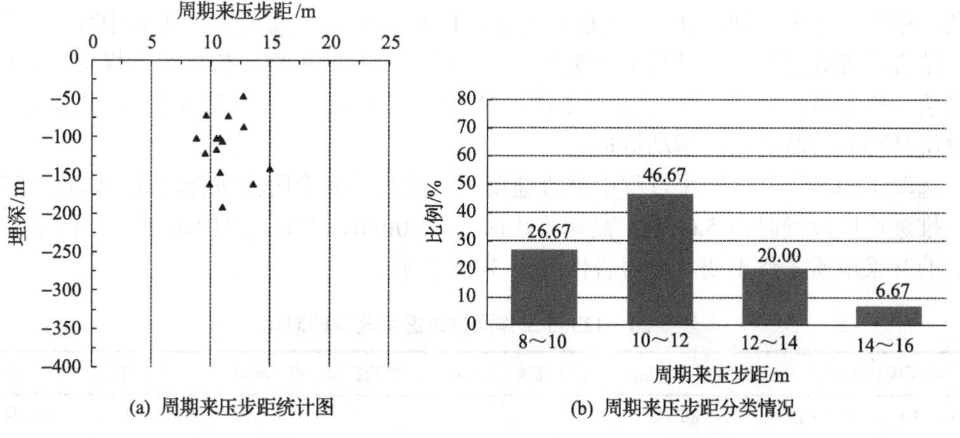

(a) 周期来压步距统计图　(b) 周期来压步距分类情况

图 3-34　采深 200m 以浅时综采面周期来压规律

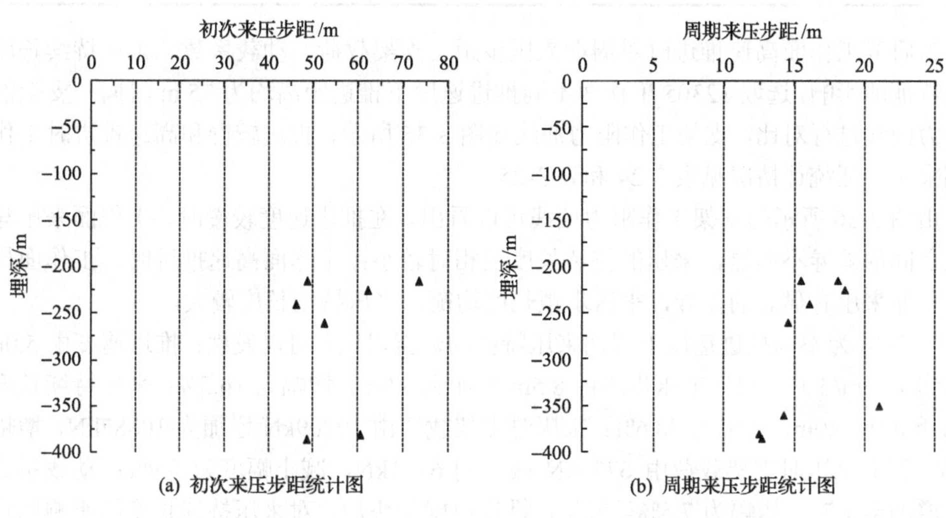

(a) 初次来压步距统计图　(b) 周期来压步距统计图

图 3-35　采深 200～300m 以及大于 300m 时综采面来压规律

神东矿区不同采深工作面来压步距对比情况如表 3-22 所示。

表 3-22 神东矿区不同采深综采面来压步距对比表

采深/m	初次来压步距/m	周期来压步距/m
<200	10～20 或 30～40 或 60～70	10～12
200～300	46～53	14.5～18.5
>300	48～60	12.4～12.6

由表 3-22 可知，采深小于 200m 时综采面的周期来压步距为 10～12m，采深为 200～300m 时综采面的周期来压步距为 14.5～18.5m，表明采深增大时工作面的周期来压步距有所增长，当埋深大于 300m 以后，工作面的周期来压步距又减小至 12m 左右。

3.7.4 推进速度

活鸡兔井 12305 工作面回采 1^{-2} 煤层，由于 $1^{-2上}$煤层已开采，$1^{-2上}$煤层之上覆岩已经垮落，根据图 3-5 可知，在 1^{-2} 煤层开采中，12.83m 的亚关键层作为覆岩中唯一的关键层，结合浅埋煤层关键层结构的分类结果，该柱状位置的覆岩结构属于上煤层已采单一关键层结构类型。1^{-2} 煤层开采过程中矿压显现情况将取决于 $1^{-2上}$煤层和 1^{-2} 煤层之间亚关键层(即基本顶)的破断运动特征。

选取 12305 工作面回采过程中推进速度差异较大的两个阶段进行对比，如表 3-23 所示，推进速度较慢时为 5.0m/d，高速推进时为 16.0m/d，差异达 11.0m/d[2]。两个阶段工作面的开采地质条件不变，覆岩岩性见表 3-23 所示。

表 3-23 12305 工作面推进速度差异的对比

时间段(2008 年)	推进距离/m	累计推进天数 /d	平均推进速度/(m/d)	平均采高/m	备注
8 月 3 日～ 8 月 7 日	80.4	5	16.0	4.3	高速推进
9 月 7 日～ 9 月 23 日	84.6	17	5.0	4.3	推进较慢

为研究工作面高速推进时对周期来压步距、支架载荷、动载系数、来压持续长度等来压特征的影响，选取 12305 工作面不同推进速度下推进距离均为 75 m 时同一支架的工作阻力曲线进行对比，支架工作阻力曲线如图 3-36 所示，推进较慢和高速推进时工作面周期来压特征统计情况见表 3-24 和表 3-25。

由图 3-36 所示的支架工作阻力曲线可以看出，在推进速度较慢时，工作面来压与非来压之间的差异不明显，来压的持续长度也相对较小；工作面高速推进时，工作面周期来压与非来压有显著的差异，来压步距长度均衡，来压持续长度较大。

表 3-26 为不同推进速度下周期来压特征的数据对比，可以发现：推进速度由 5.0m/d 增加到 16.0m/d 时，周期来压步距由 8.5m 增加到 9.9m，增幅为 16.5%；来压持续长度由 2.8m 增加到 5.0m，增幅为 78.6%；来压时支架载荷由 10709kN 增加为 10887kN，增幅为 1.7%，但非来压时支架载荷由 6720kN 减小到 6321kN，减小幅度为 5.9%；动载系数由 1.60 增加至 1.72，增幅为 7.5%。可见，推进速度加快后，对来压持续长度的影响比较明显，对周期来压步距、支架载荷和动载系数的影响相对较小。

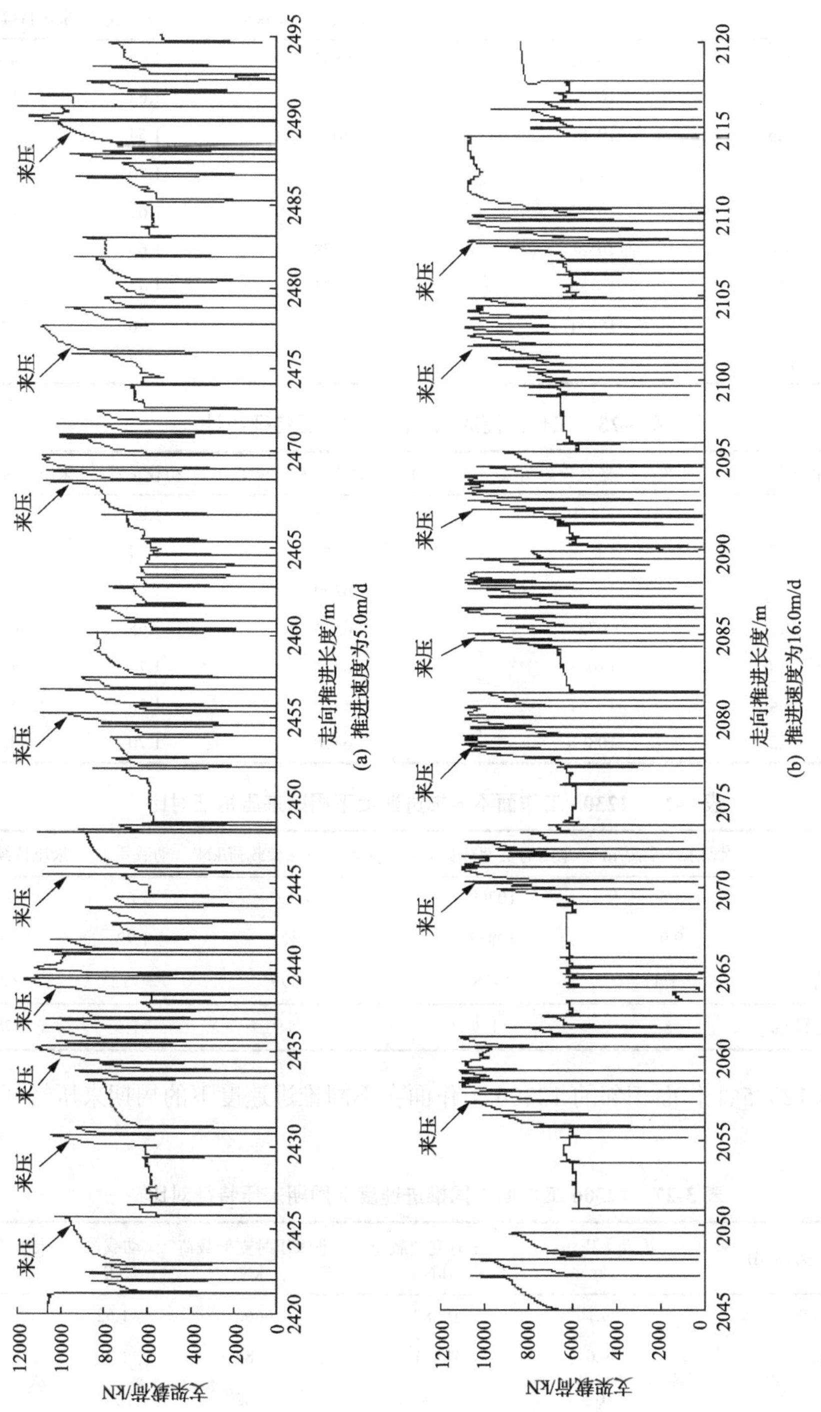

图 3-36　12305工作面不同推进速度下支架工作阻力曲线

表 3-24　工作面推进较慢时周期来压特征统计

来压次数	来压步距/m	来压时支架载荷/kN	非来压时支架载荷/kN	动载系数	来压持续长度/m
1	5.4	10457	6805	1.54	4.4
2	8.4	10956	6669	1.64	1.6
3	5.6	10888	7077	1.54	3.0
4	7.4	11024	6124	1.80	2.4
5	7.0	10593	6533	1.62	1.6
6	7.4	10888	6578	1.66	1.8
7	15.8	10184	7077	1.44	6.0
8	8.6	10661	6835	1.56	2.0
9	11.0	10729	6780	1.58	2.5

表 3-25　工作面高速推进时周期来压特征统计

来压次数	来压步距/m	来压时支架载荷/kN	非来压时支架载荷/kN	动载系数	来压持续长度/m
1	12.4	11160	5897	1.89	4.2
2	8.2	10888	6260	1.74	3.2
3	9.0	10751	6260	1.72	7.2
4	11.2	10751	6533	1.65	6.2
5	11.0	11024	6421	1.72	4.6
6	9.4	10751	6480	1.66	5.6
7	8.2	10888	6396	1.70	4.4

表 3-26　12305 工作面不同推进速度下周期来压特征对比

推进速度/(m/d)	周期来压步距/m	来压时支架载荷/kN	非来压时支架载荷/kN	动载系数	来压持续长度/m
5.0	8.5	10709	6720	1.60	2.8
16.0	9.9	10887	6321	1.72	5.0
两者差值	+1.4	+178	–399	+0.12	+2.2
两者百分比差异/%	+16.5	+1.7	–5.9	+7.5	+78.6

实测与 12305 工作面相邻的 12306 工作面在不同推进速度下的周期来压特征对比如表 3-27 所示。

表 3-27　12306 工作面不同推进速度下周期来压特征对比

推进速度/(m/d)	周期来压步距/m	来压时支架载荷/kN	非来压时支架载荷/kN	动载系数	来压持续长度/m
4.9	9.1	10787	6666	1.62	2.7
12.4	9.6	10871	6384	1.70	4.4
两者差值	+0.5	+84	–282	+0.08	+1.7
两者百分比差异	+5.5	+0.8	–4.2	+4.9	+62.9

由表 3-26 和表 3-27 中的实测结果可知，神东矿区浅埋综采面高速推进会使周期来压的持续长度显著增加，而对其他周期来压特征的影响较小。

3.7.5 重复采动

神东矿区近距离煤层重复采动工作面的矿压显现不明显，如石圪台矿 12102 工作面的矿压实测结果表明：浅埋极近距离煤层开采时，老采空区下工作面的周期来压步距为 23m，来压期间，支架的循环末阻力为 7619～8814kN，动载系数 1.24，来压持续长度为 1.6～2.4m；非来压期间，支架的循环末阻力为 5629～7091kN，工作面来压和非来压界限不明显；与 $12^{上}$101 工作面的周期来压规律相比，下煤层的来压步距是上煤层的 2.1 倍，来压持续长度则减少了 0.8～1.6m。

3.8 压架灾害类型

已有的研究结果表明[3~5]，浅埋煤层开采矿压显现并不因其埋深浅、采动支承压力小而缓和，相反常呈现出压架等强烈的矿压显现，并伴有地表台阶下沉等现象的发生。浅埋煤层开采主要存在 5 种压架类型，即厚风积沙复合单一关键层结构条件下的压架、特大采高开采时的压架、过沟谷地形上坡段时的压架、下煤层工作面采出上覆集中煤柱时的压架，以及上覆房采煤柱下开采时的压架，这将在后面的第 4～9 章做重点介绍。

3.9 本 章 小 结

(1) 总结神东矿区 9 个矿井 18 个工作面的矿压显现规律。得出当综采面采高小于 3.5m 时的初次来压步距普遍在 17～24m，周期来压步距普遍在 7～12m，平均 9.5m 左右，最大支护强度 800kN/m^2。当综采面采高为 3.5～6.0m 时，综采面的初次来压步距主要集中在 30～45m，占 24.24%；45～60m，占 39.39%；60～75m，占 27.26%。周期来压步距主要集中在 10～15m，占 67.65%，支护强度 807～1180kN/m^2。1^{-2} 煤层与 2^{-2} 煤层采高大于 6.0m 时综采面的初次来压步距普遍为 46～51m，周期来压步距普遍为 9～14m，与采高为 3.0～6.0m 时的周期来压步距长度基本保持一致。神东矿区大柳塔煤矿 5^{-2} 煤层采高为 6.8m 时综采面的初次来压步距为 62～73.3m，周期来压步距普遍为 11.3～25.8m，平均 18.0m，来压步距明显大于 1^{-2} 煤层和 2^{-2} 煤层综采面，表明 5^{-2} 煤层的矿压显现相对比较强烈。支护强度 1245～1360kN/m^2。

(2) 埋深小于 200m 时综采面的初次来压步距主要集中在 10～20m、30～40m 或 60～70m 区间。埋深小于 200m 时综采面的周期来压步距主要集中在 10～12m 区间，占 46.67%。埋深介于 200～300m 时综采面的初次来压步距主要集中 46～53m，周期来压步距为 14.5～18.5m。神东矿区采深由 200m 以内增大至 200～300m 时，工作面的周期来压步距相应增长。

(3) 神东矿区工作面宽度小于 120m 时综采面的矿压显现不明显，其周期来压步距明显偏大，如大柳塔井 22203 面宽 99.98 m，工作面推进速度快时的周期来压步距约为 32m，推进速度慢时的周期来压步距则为 24m；大柳塔井 22301-1 面宽 68.6m，周期来压步距约为 20m，均大于神东矿区传统工作面的周期来压步距 10～15m。工作面宽度小于 120m 时综采面来压时持续长度短，仅为 2～3 刀，合 1.6～2.4m，且工作面支架安全阀开启率低、活柱下缩不明显。

(4) 分析了工作面推进速度对矿压显现的影响规律。例如，活鸡兔井 12305 工作面推进速度由 5.0m/d 增加到 16.0m/d 时，周期来压步距由 8.5m 增加到 9.9m，增幅为 16.5%；来压持续长度由 2.8m 增加到 5.0m，增幅为 78.6%；来压期间支架载荷由 10709kN 增加为 10887kN，增幅为 1.7%，动载系数由 1.60 增加至 1.72，增幅为 7.5%。即推进速度加快后，对来压持续长度的影响比较明显，对周期来压步距、支架载荷和动载系数的影响相对较小。

(5) 总结了神东矿区浅埋煤层开采主要存在 5 种压架类型，分别为厚风积沙复合单一关键层条件下的压架、特大采高开采时的压架、过沟谷地形上坡段时的压架、下煤层工作面采出上覆集中煤柱时的压架，以及上覆房采煤柱下开采时的压架。随着开采煤层逐步向第 2 层主采煤层转移，目前主要呈现后 4 种压架灾害，是制约着矿区安全高效生产的主要因素之一。

参 考 文 献

[1] 钱鸣高, 石平五, 许家林. 矿山压力与岩层控制. 徐州: 中国矿业大学出版社, 2010.

[2] 王晓振, 许家林, 朱卫兵, 等. 浅埋综采面高速推进对周期来压特征的影响. 中国矿业大学学报, 2012, 41(3): 349-354.

[3] 许家林, 朱卫兵, 王晓振, 等. 沟谷地形对浅埋煤层开采矿压显现的影响机理. 煤炭学报, 2012, 37(2): 79-85.

[4] 许家林, 朱卫兵, 鞠金峰. 浅埋煤层开采压架类型. 煤炭学报, 2014, 39(8): 1625-1634.

[5] 鞠金峰, 许家林, 朱卫兵, 等. 近距离煤层工作面出倾向煤柱动载矿压机理研究. 煤炭学报, 2010, 35(1): 15-20.

第 4 章　风积沙厚度对浅埋煤层开采矿压显现的影响机理与压架防治

4.1　影响机理

4.1.1　风积沙厚度对覆岩关键层结构破断及稳定性的影响

对于神东矿区而言，松散风积沙作为作用在基岩上的载荷层，其厚度越大，作用在基岩上的载荷越大。在基岩厚度一定的条件下，风积沙的厚度越大，覆岩越易形成复合单一关键层结构。反之，基岩厚度一定的条件下，风积沙厚度变小，则覆岩会由复合单一关键层转变为多层关键层结构。例如，针对神东矿区大柳塔煤矿 1203 工作面的柱状图（图 4-1），在岩层破断角与松散层载荷传递系数保持不变的条件下，将风积沙厚度由 27m 减小至 23m 时，覆岩关键层判别结果如图 4-2 所示，结果表明第 2 层硬岩层中厚 3.9m 的中砂岩为主关键层，而厚 2.2m 的粉砂岩转变为亚关键层，表明这两层硬岩层之间的破断顺序是逐层破断的，整个覆岩关键层结构转变为多层关键层结构。由此可见，神东矿区浅埋煤层覆岩并不一定都是复合单一关键层结构，只要风积沙厚度稍有变化，覆岩即由复合单一关键层结构转变为多层关键层结构。

另外，在风积沙厚度一定的条件下，基岩厚度及相邻硬岩层的厚度与强度等也同样会影响浅埋煤层覆岩能否形成复合单一关键层结构。对于神东矿区而言，随着基岩厚度的增大，覆岩形成复合单一关键层结构的可能性减小。

层号	厚度/m	埋深/m	岩层岩性	关键层位置	硬岩层位置	岩层图例
10	27	27.00	松散层			
9	3	30.00	砂质泥岩			
8	2	32.00	粉砂岩			
7	2.4	34.40	砂砾岩			
6	3.9	38.30	中砂岩		第2层硬岩层	
5	2.9	41.20	砂质泥岩			
4	2	43.20	粉砂岩			
3	2.2	45.40	粉砂岩	主关键层	第1层硬岩层	
2	2	47.40	砂质泥岩			
1	2.6	50.00	砂质泥岩			
0	6.3	56.30	1^{-2}煤层			

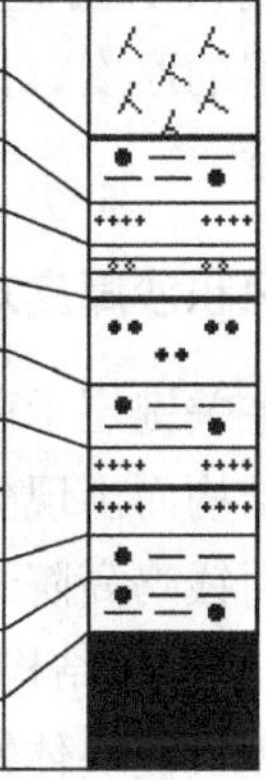

图 4-1　大柳塔煤矿 1203 工作面钻孔柱状及覆岩关键层判别结果

层号	厚度/m	埋深/m	岩层岩性	关键层位置	硬岩层位置	岩层图例
10	23	23.00	松散层			
9	3	26.00	砂质泥岩			
8	2	28.00	粉砂岩			
7	2.4	30.40	砂砾岩			
6	3.9	34.30	中砂岩	主关键层	第2层硬岩层	
5	2.9	37.20	砂质泥岩			
4	2	39.20	粉砂岩			
3	2.2	41.40	粉砂岩	亚关键层	第1层硬岩层	
2	2	43.40	砂质泥岩			
1	2.6	46.00	砂质泥岩			
0	6.3	52.30	1^{-2}煤层			

图 4-2　风积沙厚度对关键层判别结果的影响

假设浅埋煤层覆岩中仅有两层硬岩层，根据覆岩关键层判别方法，可以导出覆岩形成复合单一关键层结构的条件为

$$\frac{\sigma_1 E_{2,0} h_{2,0} \sum_{j=0}^{m_1} E_{1,j} h_{1,j}^3 \left(\sum_{j=0}^{m_2} h_{2,j} \gamma_{2,j} + H\gamma \right)}{\sigma_2 E_{1,0} h_{1,0} \sum_{j=0}^{m_1} h_{1,j} \gamma_{1,j} \sum_{j=0}^{m_2} E_{2,j} h_{2,j}^3} \geqslant 1 \tag{4-1}$$

式中：m_1、m_2分别为硬岩 1、硬岩 2 上软岩层组分层数；$E_{1,j}$，$h_{1,j}$，$\gamma_{1,j}$分别为硬岩 1 上软岩层组各分层的弹性模量、厚度、容重(当j=0 时，即为硬岩 1 的弹性模量、厚度、容重)；$E_{2,j}$，$h_{2,j}$，$\gamma_{2,j}$分别为硬岩 2 上软岩层组各分层弹性模量、厚度、容重(当j=0 时，即为硬岩 2 的弹性模量、厚度、容重)；σ_1，σ_2分别为硬岩层 1、硬岩 2 的抗拉强度，MPa；H为风积沙厚度，m；γ为风积沙容重，kg/m^3。

由式(4-1)可见，影响浅埋煤层覆岩形成复合单一关键层结构的因素主要包括：①两层硬岩层的厚度、抗拉强度及弹性模量；②硬岩层所控软岩层厚度，即基岩厚度；③风积沙厚度。

4.1.2　风积沙厚度对顶板结构运动的影响

当主关键层承受的载荷很大时，破断的主关键层块体很有可能无法形成稳定的“砌体梁”结构而出现失稳。

采用钱鸣高院士提出的“砌体梁”结构“S-R”稳定理论分析主关键层破断块体的状况。“砌体梁”结构关键块体的失稳形式有两种，即滑落失稳和回转变形失稳。

避免关键块体发生滑落失稳需满足：

$$i \leqslant \tan\varphi + \frac{3}{4}\sin\theta_1 \tag{4-2}$$

式中：$\tan\varphi$ 为岩块间的摩擦系数，经实验室确定取 0.5；θ_1 取决于岩块长度 L 以及下沉量 W_1，一般取 3°左右，则 $\sin\theta_1 = 0.05$，则不出现滑落失稳的条件为

$$i \leqslant 0.5 \tag{4-3}$$

根据实测，大柳塔煤矿 52304 工作面风积沙厚度较大区域地表开采裂缝间距 27～34m，这在一定程度上也反映了主关键层的破断步距，据此，取实测工作面主关键层破断块体长度 L 为 27～34m，而主关键层厚度 h 为 13.43m，因此，块度 $0.395 \leqslant i \leqslant 0.497$。通过计算 52304 工作面在风积沙厚度较大区域主关键层破断块体介于滑落失稳的临界状态。

避免关键块体发生回转变形失稳需满足：

$$T \leqslant \alpha\eta\sigma_{\mathrm{c}} \tag{4-4}$$

式中：T/α 为接触面上的挤压力，MPa；$\eta\sigma_{\mathrm{c}}$ 为岩块在端角处的挤压强度，MPa，将有关数据代入式(4-4)得：

$$\frac{P_1}{i - 0.5\sin\theta_1} \leqslant 0.5(h - L\sin\theta_1)\eta\sigma_{\mathrm{c}} \tag{4-5}$$

将 $P_1 = qL$ 代入式(4-5)，q 为主关键层及其上覆岩层重量产生的载荷，则

$$q \leqslant 0.5\eta\sigma_{\mathrm{c}}(i - 0.5\sin\theta_1)(i - \sin\theta_1) \tag{4-6}$$

关键层破断块度 $0.395 \leqslant i \leqslant 0.497$，$\sin\theta_1 = 0.05$，可取 $\sigma_{\mathrm{c}} = 40\mathrm{MPa}$，$\eta = 0.3$，代入式(4-6)得：

$$q \leqslant 0.96 \sim 1.5\mathrm{MPa} \tag{4-7}$$

根据工作面柱状，主关键层埋深 88m，风积沙厚度按 60m，主关键层及上覆基岩按 30m 计算，风积沙容重按 1.8kg/m^3，基岩按 2.2kg/m^3，得 q=1.74MPa。因此，可知在风积沙较厚区域主关键层破断块体会出现回转变形失稳。

通过对大柳塔煤矿 52304 工作面覆岩主关键层结构的稳定性分析，可知在风积沙较厚条件下工作面主关键层断块体长度变小，有可能出现结构滑落失稳，而由于风积沙作用使得主关键层承受的载荷大，在回转工程中会出现岩块铰接处挤碎而回转变形失稳，从而造成工作面矿压显现极强烈。力学分析结果与实测工作面在风积沙厚度较大区域矿压显现强烈一致。

4.1.3　风积沙厚度对工作面矿压显现的影响机理

神东矿区地处毛乌素沙漠区域，许多浅埋煤层工作面具有埋深浅、基岩薄、风积沙厚的特点。开采实践表明，这种浅埋煤层工作面并没有因为埋深较浅而矿压显现缓和，反而常常发生顶板冲击载荷大、上覆岩层沿煤壁切落等矿压强烈现象。这种矿压显现特

点与上覆厚风积沙有着较为密切的关系。

厚风积沙本身不能形成任何承载结构，其全部重量都以载荷的形式作用到工作面覆岩主关键层上，而覆岩主关键层由于承受的载荷增大而无法满足形成稳定“砌体梁”结构的条件出现结构失稳，造成主关键层及其上覆岩层全厚切落，矿压显现十分剧烈。

4.2 工程验证

4.2.1 实测验证

1. 地表薄风积沙区域工作面矿压规律

1) 工作面矿压观测方案

工作面的矿压观测对保障工作面安全回采具有极其重要的意义。常规的矿压观测主要包括支架的工作阻力变化情况、支架立柱下缩量、工作面顶底板移近量，同时对采场围岩的观测主要包括煤壁的片帮深度、端面的破碎程度以及煤壁处有无台阶切顶现象等。

52304 工作面宽度 301m，共安装有 152 架液压支架，每架液压支架上均配备有 PM32 压力监测系统，可自动记录随工作面推进支架的工作阻力变化情况，同时该系统与井下控制台以及地面调度室的主机相连，支架的阻力数据可较为方便的提取。为掌握 52304 工作面周期来压规律，在工作面上部、中部和下部布置 3 组测站，每组测站布置 3 个测点，分别监测上部(30#、40#、50#)、中部(70#、80#、90#)和下部(110#、120#、130#)测点，如图 4-3 所示，通过提取上述 9 个测点的支架阻力数据，绘制出各支架随工作面推进的支架阻力变化曲线，分析工作面来压情况，包括分析工作面的周期来压步距、来压强度与动载系数、来压持续时间与长度等。同时对井下进行现场的实地观测，记录工作面支架的支护状况以及围岩的控制情况，包括支架的初撑力、来

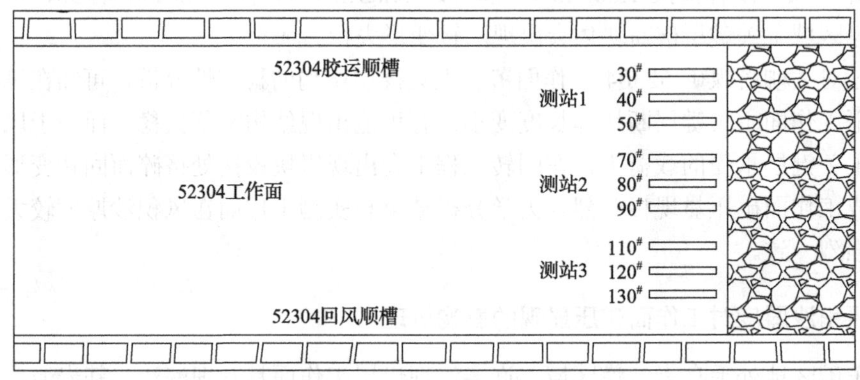

图 4-3　工作面矿压观测测点布置图

压时安全阀开启情况及来压期间支架的活柱下缩量、来压时顶板漏矸以及煤壁片帮情况等。

2) 工作面矿压规律特征

通过选取工作面 3 月 14 日至 4 月 5 日，对应推进距 1221～1430m 区域的支架阻力变化情况统计周期来压规律。52304 工作面液压支架额定工作阻力为 16800kN，以支架工作阻力达到 14400kN 为来压判据。

(1) 来压步距。根据井下观测及支架阻力曲线分析，3 月 14 日至 4 月 5 日工作面共推进 209m，统计来压 12 次，统计结果表明，工作面上部区域周期来压步距 15.9～23.7m，平均 18.65m，周期来压持续长度 2.4～5.6m，平均 3.8m；中部区域周期来压步距 12.3～21.4m，平均 18.68m，周期来压持续长度 2.4～7.2m，平均 4.8m；下部区域周期来压步距 14.4～21.9m，平均 18.75m，周期来压持续长度 0.8～4.8m，平均 2.8m。工作面各区域来压步距较一致，而来压持续长度方面中部区域来压持续长度最长，下部区域次之，上部区域持续长度最短。总体，52304 工作面来压步距平均 18.7m，持续长度 2.4～7.2m，平均 4.2m[1]。部分测点来压特征统计如表 4-1～表 4-3 所示。

表 4-1　52304 工作面风积沙厚度较大区域 50#支架来压特征表

来压次数	来压时间	来压结束推进距/m	来压步距/m	来压期间支架阻力/kN	非来压期支架阻力/kN	动载系数	来压持续长度/m
1	3 月 14 日 21:14	1226.8	19.1	16943	11540	1.47	3.2
2	3 月 15 日 23:08	1243.7	16.9	17010	11304	1.50	4.0
3	3 月 18 日 4:22	1262.1	18.4	17112	11245	1.52	4.0
4	3 月 20 日 10:33	1285.8	23.7	16989	11656	1.46	3.2
5	3 月 22 日 0:26	1306.2	20.4	16988	11359	1.50	4.0
6	3 月 24 日 6:47	1325.0	18.8	17302	10951	1.58	2.4
7	3 月 25 日 5:13	1342.6	17.6	16882	10774	1.57	4.8
8	3 月 27 日 8:50	1358.5	15.9	16973	11598	1.46	2.4
9	3 月 29 日 0:03	1375.8	17.3	17101	12069	1.42	5.6
10	3 月 31 日 20:56	1394.5	18.7	17002	11657	1.46	3.2
11	4 月 1 日 22:51	1413.1	18.6	16994	11775	1.44	5.6
12	4 月 4 日 5:16	1431.5	18.4	16868	11834	1.43	3.2
	最小值		15.9	16868	10774	1.42	2.4
	最大值		23.7	17302	12069	1.58	5.6
	平均值		18.6	17013	11480	1.48	3.8

表 4-2 52304 工作面风积沙厚度较大区域 80#支架来压特征表

来压次数	来压时间	来压结束推进距/m	来压步距/m	来压期间支架阻力/kN	非来压期支架阻力/kN	动载系数	来压持续长度/m
1	3月14日23:19	1229.1	21.4	16956	10950	1.55	4.0
2	3月16日2:10	1247.1	18.0	17191	11245	1.53	5.6
3	3月18日5:05	1265.9	18.8	17256	11715	1.47	4.8
4	3月20日15:55	1286.8	20.9	17073	11215	1.52	4.8
5	3月22日8:35	1308.2	21.4	17368	11084	1.57	3.2
6	3月24日8:40	1325.7	17.5	17250	11269	1.53	6.4
7	3月25日6:22	1343.5	17.8	17368	11445	1.52	4.0
8	3月27日8:21	1362.9	19.4	16956	11245	1.51	7.2
9	3月29日0:30	1375.2	12.3	17314	11351	1.53	7.2
10	3月31日21:38	1394.1	18.9	17212	11964	1.44	4.8
11	4月3日2:10	1412.5	18.4	16937	11864	1.43	3.2
12	4月4日16:25	1431.8	19.3	17399	11245	1.55	2.4
	最小值		12.3	16937	10950	1.43	2.4
	最大值		21.4	17399	11964	1.57	7.2
	平均值		18.6	17190	11382	1.51	4.8

表 4-3 52304 工作面风积沙厚度较大区域 110#支架来压特征表

来压次数	来压时间	来压结束推进距/m	来压步距/m	来压期间支架阻力/kN	非来压期支架阻力/kN	动载系数	来压持续长度/m
1	3月14日9:03	1225.3	21.5	17087	11022	1.55	1.6
2	3月16日4:04	1247.1	21.8	17226	11304	1.52	3.2
3	3月18日5:34	1265.5	18.4	17062	11598	1.47	4.8
4	3月20日20:36	1286.9	21.4	16962	11133	1.52	3.2
5	3月22日21:02	1307.3	20.4	17178	11196	1.53	3.2
6	3月24日8:40	1325.2	17.9	17185	11215	1.53	3.2
7	3月25日22:41	1340.9	15.7	17308	11133	1.55	2.4
8	3月27日9:59	1355.3	14.4	17226	11291	1.53	1.6
9	3月29日3:47	1373.5	18.2	17426	11291	1.54	2.4
10	3月31日22:34	1395.4	21.9	17185	12246	1.40	4.8
11	4月3日1:57	1413.3	17.9	17379	11598	1.50	2.4
12	4月5日3:41	1428.8	15.5	16972	11716	1.45	0.8
	最小值		14.4	16962	11022	1.40	0.8
	最大值		21.9	17426	12246	1.55	4.8
	平均值		18.7	17182	11395	1.51	2.8

(2)支护强度。实测 3 月 14 日至 4 月 5 日期间，各测点非来压期间支架的循环末阻力 10774～12246kN，平均 11419kN；周期来压时，支架循环末阻力 16868～17426kN，平均 17128kN；动载系数 1.40～1.58，平均 1.50。非来压期间支架平均工作阻力占额定工作阻力的 68%，来压期间支架平均工作阻力占额定工作阻力的 102%。同时统计发现周期来压时支架的最大工作阻力普遍高于额定工作阻力，说明所用支架额定工作阻力不够。

(3)工作面沿倾向压力分布。受煤岩赋存条件、开采工艺、支护质量、开采边界条件等因素的影响，工作面沿倾向支架的工作阻力会有所差异。根据实测某次工作面沿倾向周期来压期间及非来压期间支架的工作阻力分布如图 4-4 所示。

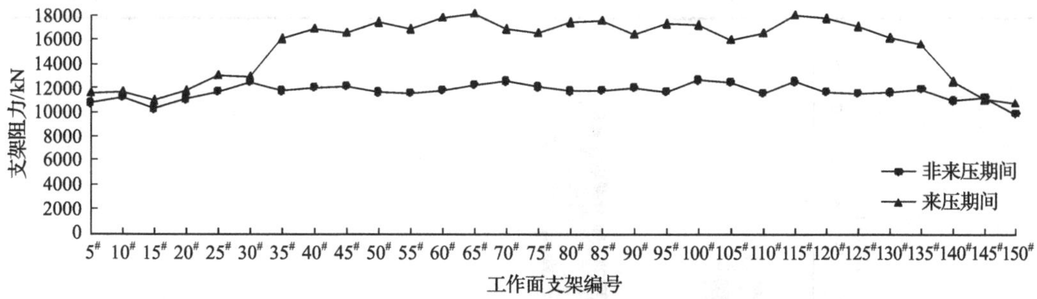

图 4-4　工作面沿倾向支架工作阻力分布

由图 4-4 可知，在非来压期间支架工作阻力沿工作面倾向分布较为平均，中部支架较机头机尾侧支架稍高一点但并不明显；周期来压期间，沿倾向支架的工作阻力分布区别较大，工作面机头 1#～30#支架以及机尾 140#～152#支架区域来压现象不明显，工作阻力较非来压期间也没有明显增加，而工作面 30#～140#支架区域来压期间支架工作阻力普遍达到或超过额定工作阻力，来压现象明显。

(4)工作面片帮情况实测。52304 工作面在开采过程中煤壁片帮现象较严重，无论是来压还是非来压期间工作面煤壁均存在片帮现象，同时通过观测发现煤壁片帮一般出现在煤壁中上部，距顶板 2～3m 位置，如图 4-5 所示。

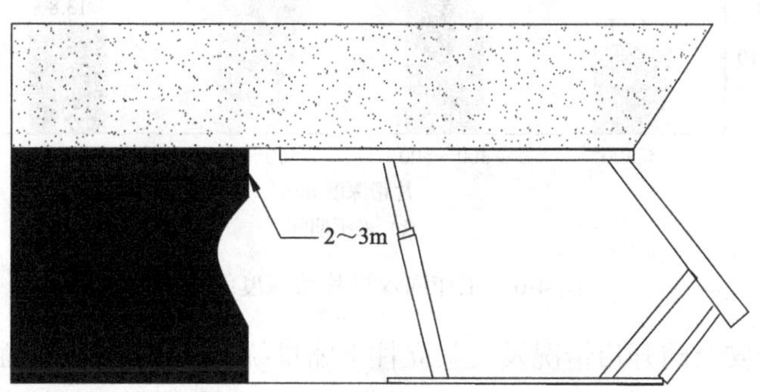

图 4-5　52304 工作面煤壁片帮形式

对煤壁来压及非来压期间片帮深度进行统计，如表 4-4 及图 4-6 所示，非来压期间片帮深度在 500mm 以内的占 82.3%，而来压期间片帮深度在 300～800mm 以内的占到 80.7%。

表 4-4　片帮深度情况统计

项目		≤300mm	300～500mm	500～800mm	≥800mm
非来压期间	次数	53	134	32	8
	分布频率/%	23.3	59	14.2	3.5
来压期间	次数	35	105	117	41
	分布频率/%	11.7	35.2	39.3	13.8

(a) 非来压期间

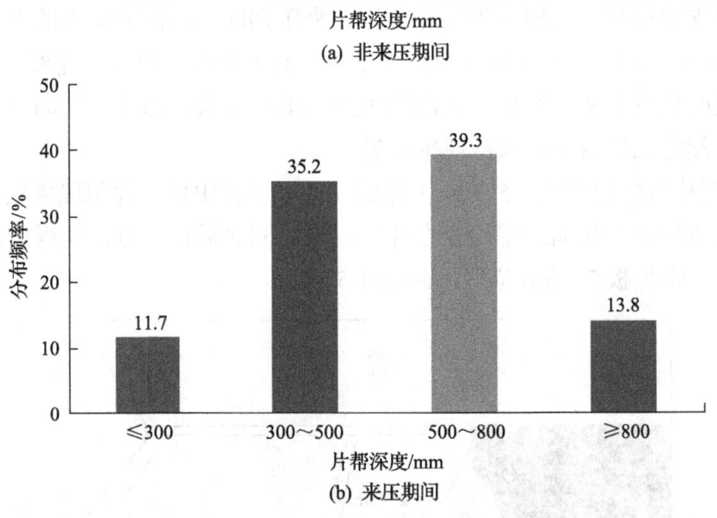

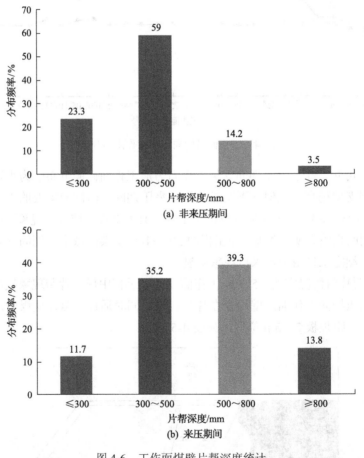

(b) 来压期间

图 4-6　工作面煤壁片帮深度统计

(5) 来压期间安全阀开启情况及支架立柱下缩量统计。52304 工作面在开采 700m 以后即进入上覆风积沙厚度较大区域，期间周期来压时安全阀开启率较高，工作面 $30^{\#}$～$140^{\#}$支架安全阀开启频繁，统计 3 月 14 日至 4 月 5 日周期来压期间安全阀开启率情况(图 4-7)，结果表明此区域周期来压时安全阀开启率较高，普遍在 60%以上。

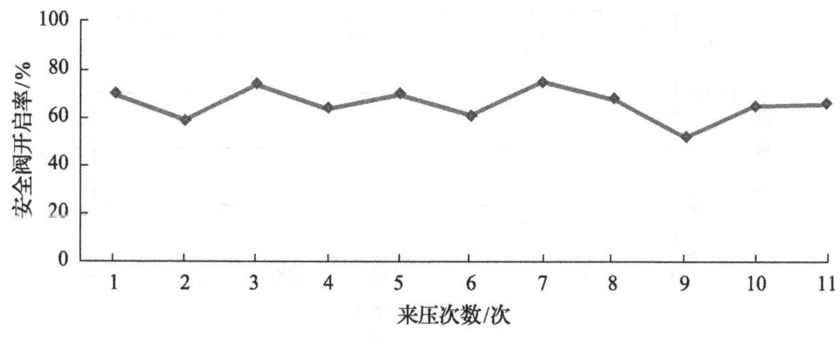

图 4-7　工作面安全阀开启率情况

支架的活柱下缩量是指周期来压期间一个采煤循环内支架立柱的最大下缩量，它是反映工作面矿压显现情况的一个重要指标。3 月 14 日至 4 月 5 日期间周期来压时，通过井下观测发现安全阀泄液现象十分明显，尤其工作面中部区域 50#～110#支架区域安全阀开启时乳化液通常呈喷泉状涌出，有时甚至喷射而出，单刀立柱下缩量达到 200mm 以上的情况普遍存在，且持续几刀支架立柱下缩量均较大，当前采用的液压支架已不能满足工作面的支护要求。

例如，3 月 18 日早班和中班出现周期来压时，实测周期来压持续 5～6 刀，合 4.0～4.8m；周期来压时，支架循环末阻力达 17080～17433kN，平均 17256kN，动载系数约 1.51；支架立柱下缩量为 210～299mm，平均 253mm；来压时安全阀开启率大，达 74%。实测的部分支架立柱下缩量统计见表 4-5 和图 4-8。

表 4-5　3 月 18 日实测部分支架立柱下缩量统计表

支架号	86#	87#	104#	106#	110#	111#	113#	114#	115#
活柱下缩量/mm	267	299	238	210	234	234	288	226	285

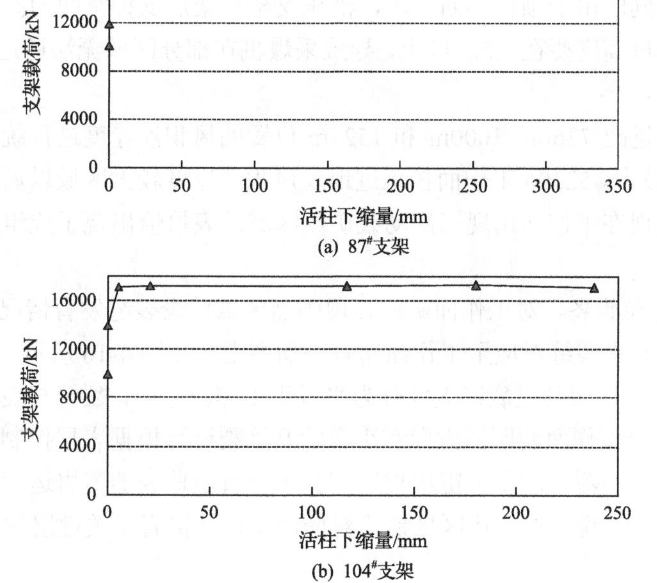

(a) 87#支架

(b) 104#支架

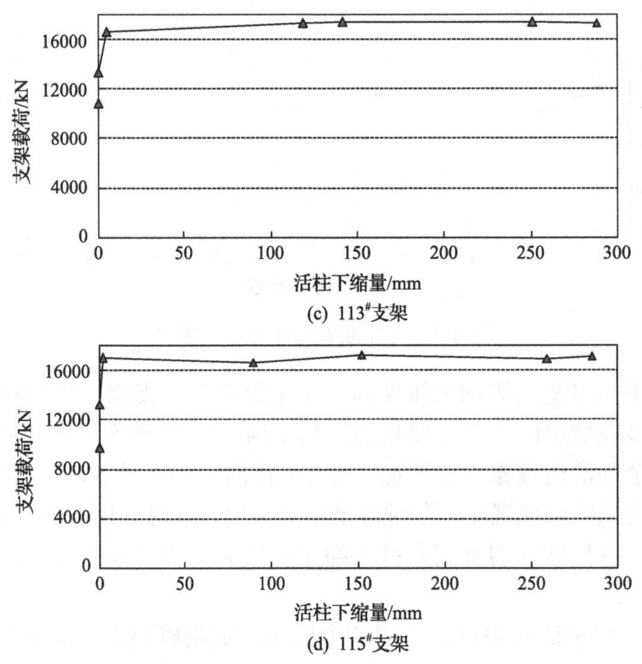

图 4-8　3 月 18 日实测支架立柱增阻曲线

(6)动载矿压现象。52304 工作面在地表风积沙厚度较大区域开采过程中出现过 3 次矿压显现极其强烈的动载矿压显现，分别为 1 月 10 日、2 月 15 日、3 月 29 日，对应推进距分别为 736m、1000m 和 1527m。上述 3 次来压期间，煤壁片帮及端面漏顶现象严重，支架持续几刀活柱下缩较大，严重影响工作面正常生产。如 3 月 29 日来压，$60^{\#}$～$75^{\#}$支架区域漏矸最大高度达 2～3m；$50^{\#}$～$110^{\#}$支架区域片帮深度普遍在 1m 以上；从来压第二刀开始，液压支架立柱下缩量开始急剧增加，曾出现 10min 之内，活柱下缩达 1m 以上的动载现象，同时由于顶板不断下沉，液压支架移架后支护空间的高度不断下降，而采煤机的最小通过高度要在 5.5m 以上，导致采煤机在部分区域无法通过，严重威胁到工作面的正常生产。

对工作面推进距 736m、1000m 和 1527m 位置的风积沙厚度进行统计，发现均达到 50～60m，厚度较大。52304 工作面在采过地表风积沙厚度较大区域以后对开采区域的地表进行观测，发现在工作面出现三次动载矿压区域地表恰恰出现了成组的开采裂缝，如图 4-9 所示。

通过 GPS 定位设备，对工作面矿压显现强烈区域地表裂缝发育情况进行定位，并将较为明显的几条开采裂缝对应至工作面布置平面图上，如图 4-10 所示。

由图 4-10 知，地面开采裂缝大部分为平行于工作面方向，裂缝与裂缝之间的间距一般为 27～34m，沿工作面两顺槽方向有少量的开采裂缝。根据岩层控制的关键层理论中对主关键层的定义，覆岩的主关键层控制着其上方直至地表的覆岩运动，因此，上述地表开采裂缝的出现，说明在上述区域恰恰对应着工作面覆岩主关键层的破断。

图 4-9　矿压显现强烈区域地表裂缝发育情况

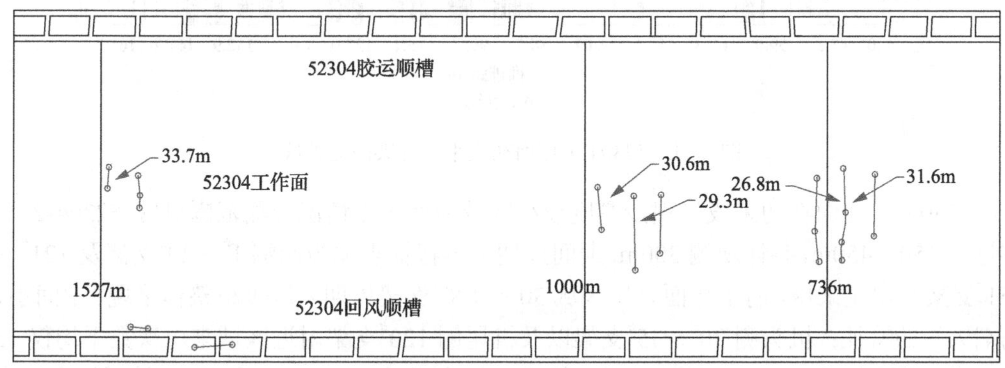

图 4-10　52304 工作面开采裂缝位置情况图

2. 地表薄风积沙区域工作面矿压规律

52304 工作面在初采段一直到推进距 700m 之前，上覆风积沙厚度相对较小，厚度一般在 10～20m。对于此阶段的矿压显现情况作者已进行整理及分析研究。

52304 工作面在窄面即 52304-1 面开采过程中，工作面支架阻力一直较低，无来压现象。直到工作面刚刚推出窄面，进入面宽 301m 区域时，工作面才初次来压，初次来压步距为 161.2m，初次来压时工作面矿压显现不明显，来压也仅持续 1～2 刀，合 0.8～1.6m，来压时支架的循环末阻力平均 14718kN，动载系数 1.28，工作面无煤壁片帮现象，端面也无漏冒发生。工作面初次来压后，地面观测即发现工作面开采区域出现宽度仅为 1～2mm 的开采裂缝。工作面开采初期支架压力曲线如图 4-11 所示。

52304 工作面进入正常面长区域开采即 52304-2 面时，初次来压步距 73.3m。来压区域为 $33^{\#}$～$124^{\#}$支架，来压持续长度 0.8～4.8m，期间安全阀开启率 40.4%，支架立柱下缩量 70～130mm。工作面局部区域存在轻度片帮，片帮深度不大，两顺槽超前支护段无明显片帮现象。在 52304-2 面初次来压后，同样在对应区域地表发现较大范围的开采裂缝，裂缝宽度为 80～200mm，台阶高度 80mm 左右，台阶裂缝长 20～30m。而沿工作面倾向也发现数对平行裂缝。

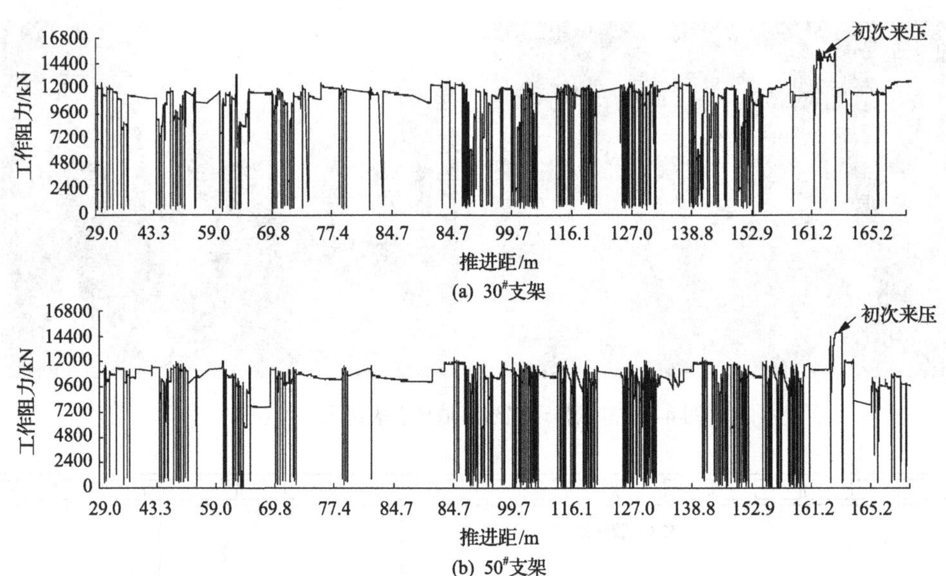

图 4-11　52304 工作面初次来压支架阻力曲线

52304 工作面在初采段风积沙厚度较小区域周期来压情况观测范围对应 52304-2 面推进距 150～450m，共计观测 300m。期间周期来压特征表现为两端 1#～29#支架及 121#～151#支架基本无来压，而工作面来压区域 30#～120#支架周期来压步距整体呈现“中间小、两端大”的特征；机头侧 30#～35#支架以及机尾侧 120#支架附近区域来压次数平均仅 15 次，来压步距平均 27.1m，持续长度平均 2.5m；机头一侧 40#～50#支架区域周期来压次数平均 21 次，来压步距平均 19.3m，持续长度平均 2.9m；而机尾侧 60#～110#支架区域周期来压平均 26 次，来压步距平均 13.4m，持续长度平均 3.2m。

对支架的工作阻力情况统计，结果表明非来压期间支架的循环末阻力 9584～12013kN，平均 10798kN；周期来压时，支架循环末阻力 15516～17293kN，平均 16404kN；动载系数 1.33～1.50，平均 1.41。

52304 工作面在初采段风积沙厚度较小区域开采过程中煤壁片帮现象较多，但片帮深度一般不大，在 200～500mm，端面漏冒现象不明显。同时，观测发现周期来压时安全阀开启率普遍在 50%以下，且安全阀开启时，乳化液一般为溢出，流量较小，支架立柱下缩量不大，在 50mm 以内。总体上工作面在此区域矿压显现明显但不强烈。

3. 风积沙厚度不同区域工作面矿压显现差异对比

通过对比发现 52304 工作面在地表风积沙厚度不同区域开采时矿压显现存在较为明显的区别。

从表 4-6 可以看出工作面在风积沙厚度较大区域周期来压步距平均 18.7m，而初采风积沙厚度较小区域周期来压步距较小为 13.4m。而对比来压期间平均支架阻力、煤壁片帮情况、来压期间安全阀开启率以及液压支架立柱下缩量等，可以明显看出工作面初采风积沙厚度较小区域矿压显现总体明显但不强烈，而风积沙厚度较大区域矿压显现较为强烈。

表 4-6　工作面风积沙厚度不同区域矿压显现对比

风积沙厚度/m	来压步距/m	来压期间平均支架阻力/kN	片帮深度/ mm	安全阀开启率/%	活柱下缩量/mm
35～57	18.7	17128	300～800	>60	>200
10～30	13.4	16404	200～500	<50	<50

4.2.2　数值模拟验证

模拟研究风积沙厚度变化对工作面矿压显现的影响，做一对比模拟实验。为使对比明显，将原模型中的均匀载荷的大小设为 0，即主关键层上仅留 9m 的基岩，相应的主关键层破断步距变长，设为 25m，模型中其他条件不变。对比方案模型单元划分如图 4-12 所示。

模型开挖步距同样为 4m，共开挖 150m。模拟结果显示，覆岩破断范围可以发展到主关键层下方，但是由于主关键层上覆载荷小破断步距大，主关键层能较好地铰接在一起，不会对工作面矿压产生影响。模型开挖 118m 覆岩破断运动情况如图 4-13 所示，工作面支架立柱下缩量变化曲线如图 4-14 所示。

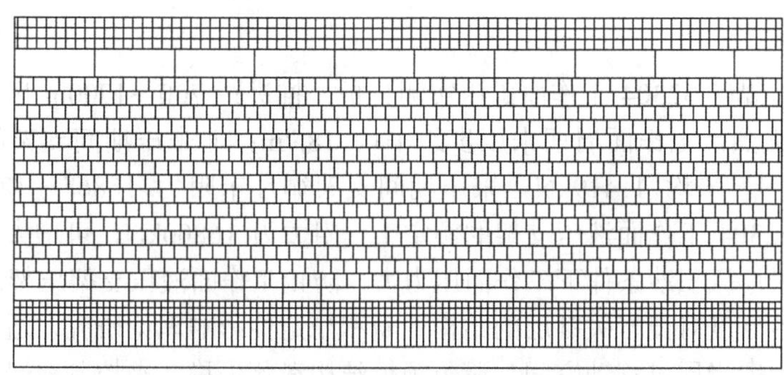

图 4-12　无载荷条件模型结构单元划分图

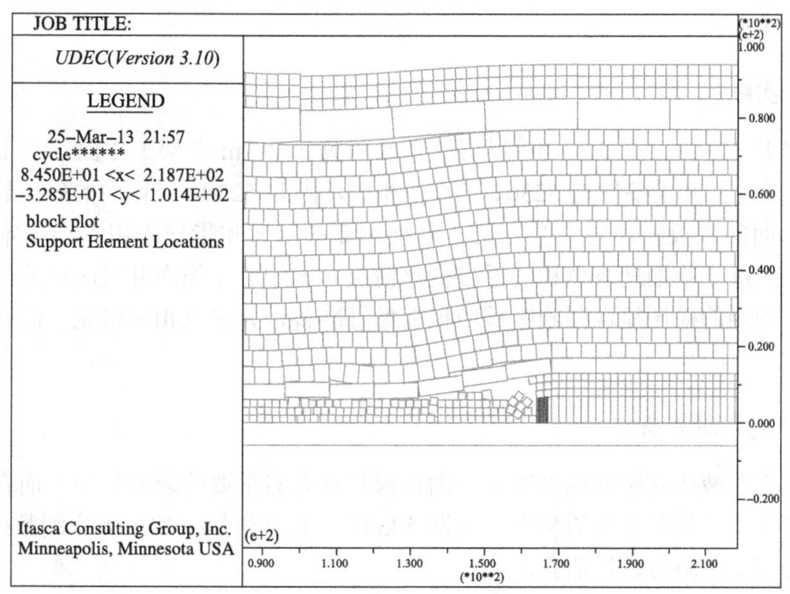

图 4-13　无载荷条件覆岩破断运动情况

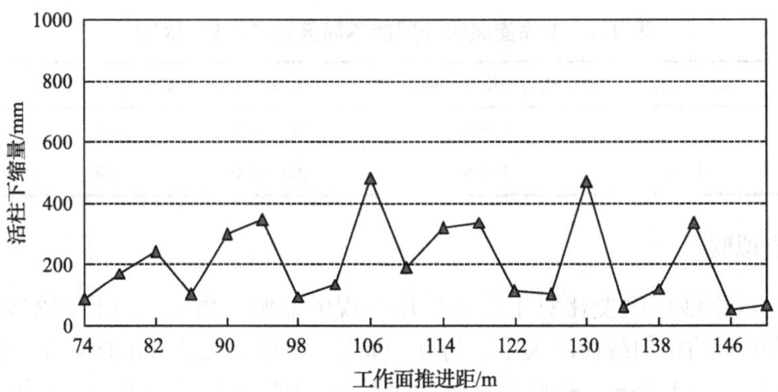

图 4-14 无载荷条件支架立柱下缩量变化曲线

4.3 压架防治对策与实践

4.3.1 防治对策

根据大柳塔煤矿 52304 工作面矿压实测分析：推进距 700～1700m 风积沙厚度较大区域矿压显现强烈，工作面周期来压步距平均 18.7m；非来压期间支架的循环末阻力 10774～12246kN，平均 11419kN，来压期间支架循环末阻力 16868～17426kN，平均 17128kN。而 52304 工作面液压支架的额定工作阻力为 16800kN，可增大液压支架额定工作阻力，应对厚风积沙条件下工作面压力大，防止工作面液压支架压架。

结合风积沙厚度对覆岩关键层的结构破断和稳定性影响理论研究，适当降低工作面采高，以减小上覆岩层可移动空间，避免顶板结构滑落失稳，来控制覆岩关键层向工作面传递的压力。同时注意保证工作面液压支架立柱有足够的行程，防止发生动载矿压时液压支架被压死。

4.3.2 防治实践

大柳塔井 52303 工作面是 4^{-2} 煤层三盘区的第二个 7m 支架工作面，该工作面紧邻 52304 工作面，其开采条件与 52304 工作面相似，因此 52304 工作面的矿压显现情况对 52303 工作面的顶板管理与安全开采有着极重要的参考和指导作用。根据本章节的研究，结合 52303 工作面地表风积沙厚度变化情况对 52303 工作面开采区域的矿压显现进行预测，在预测的矿压显现强烈区域应提前做好准备，并采取相应措施，确保工作面安全开采。

1. 合理支架阻力确定

综采工作面液压支架的选型对工作面顶板管理有着重要的影响作用，而合理工作阻力的选取是支架选型时重要的参数。依据 52304 工作面液压支架阻力实测数据对 52303 工作面的合理支架阻力进行估算。

估算公式如下：

$$P=\overline{P_m}+(1\sim2)\sigma \tag{4-8}$$

式中：P 为 52303 工作面合理工作阻力，kN；$\overline{P_m}$ 为实测 52304 工作面支架循环末阻力平均值，kN；σ 为均方差，kN。

根据数据样本不同，有两种计算方法，如表 4-7 所示。

表 4-7　工作面支架载荷估算方法

项目	方法一	方法二
$\overline{P_m}$	来压期间平均值	整个期间平均值
估算公式	$P=\overline{P_m}+\sigma$	$P=\overline{P_m}+2\sigma$

按两种方式进行统计估算，得出的结果见表 4-8。

表 4-8　52303 工作面支架载荷估算

项目	按来压期间末阻力统计/kN	按整个期间末阻力统计/kN
$\overline{P_m}$	17128	14273
σ	493	3201
P	17621	20675

根据以上方法统计出 52303 工作面支架所需的工作阻力应为 17621～20675kN，大于 52304 工作面支架的额定工作阻力 16800kN，而开采实践也表明 52304 工作面采用的支架阻力不够。根据现有条件，建议 52303 工作面采用 18000kN 额定工作阻力的液压支架。

2. 矿压显现预测

52303 工作面采高同样为 7m，采用一次采全高、全部垮落后退式综合机械化开采的采煤方法。依据建议，工作面选取了更高阻力的液压支架，即郑煤 ZY18000/32/70 液压支架，支护高度 3200～7000mm，安全阀开启值为 456bar；配备 EKF-公司 SL1000 型采煤机，滚筒直径 3500mm，截深 865mm。工作面其他开采条件与 52304 工作面基本一致。

52303 工作面面宽 301.5m，总推进长度 4443.3m。地面标高 1162.4～1255.3m，底板标高 985.13～1020.99m。工作面北侧为正在开采的 52304 工作面，南侧为 52302 工作面回顺，西侧靠近 4^{-2} 煤层辅运大巷，东侧靠近井田边界。工作面巷道布置如图 4-15 所示。

根据 52303 工作面煤层底板等高线、工作面基岩等厚线、工作面地面标高以及工作面地表覆盖层特征等地质资料绘制如图 4-16 所示的 52303 工作面剖面示意图。

参考 52304 工作面矿压显现分区域情况及 52303 工作面的地质情况，对 52303 工作面矿压显现情况进行预测，并将 52303 工作面开采区域分为以下 5 块。

(1) 薄风积沙区域，对应推进距 0～760m。此阶段工作面地表风积沙厚度约 5～35m，矿压显现应较缓和。

(2) 厚风积沙区域，对应推进距 760～1960m。上覆风积沙厚度 35～57m，矿压显现应较强烈，鉴于工作面支架阻力已提高至 18000kN，矿压显现强烈程度应有所缓和。周

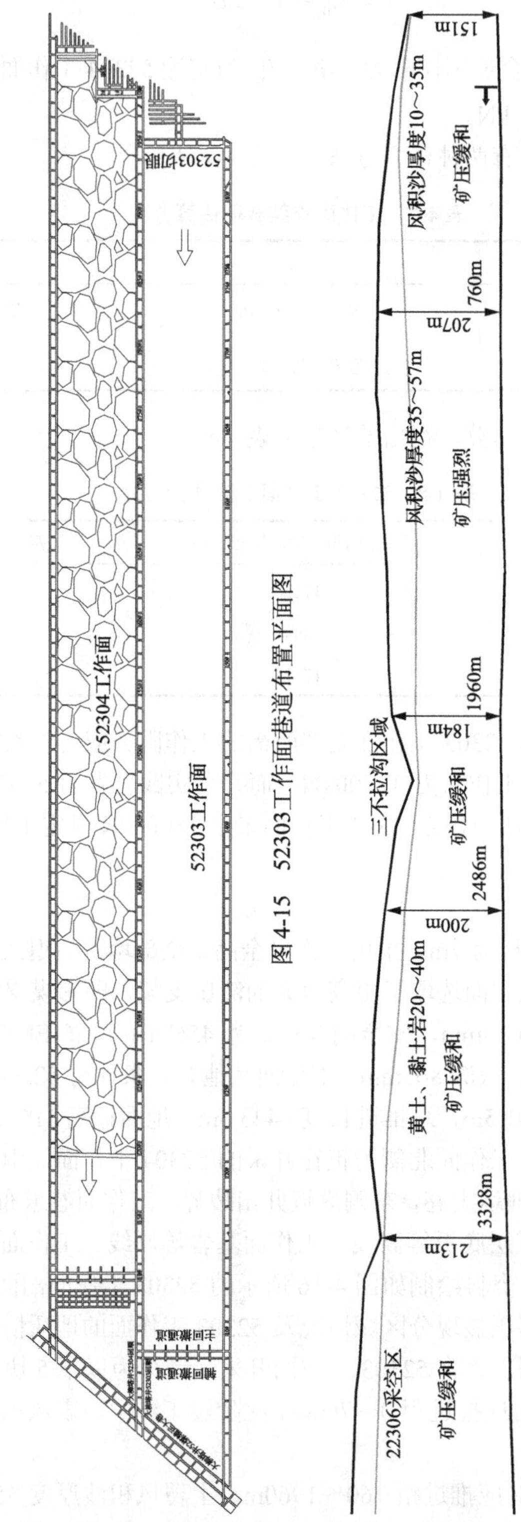

图 4-15　52303工作面巷道布置平面图

图 4-16　52303工作面矿压预测图

期来压时工作面应加强支护，做好顶板管理，尽量快速推进，避免液压支架因下缩过大而压死的情况。

(3)沟谷地形阶段，对应推进距 1960～2486m。根据 52304 工作面在此区域矿压显现情况，预计此阶段矿压缓和[2]。

(4)薄土层区域，对应推进距 2486～3328m。上覆为黄土或黏土岩，厚度 20～40m，矿压显现缓和。

(5)上覆 22306 采空区阶段，对应推进距 3328～4443m。矿压显现缓和。

3. 初采段薄风积沙下 52303 工作面矿压显现特征

52303 工作面于 2012 年 12 月 6 日正式开始生产，对初采阶段薄风积沙下工作面的矿压显现情况进行了跟踪观测，观测方法与 52304 工作面一致，观测内容包括支架支护强度、端面漏矸以及煤壁片帮情况、周期来压期间安全阀开启及活柱下缩情况等。

1) 52303 工作面初次来压特征

12 月 17 日，零点班工作面初次来压，来压步距 71m，来压持续长度 4～5 刀，合 3.2～4.0m；来压期间安全阀开启率较低，来压区域支架工作阻力大部分为 15800～17000kN；工作面中部区域煤壁存在片帮、炸帮现象，片帮深度 200～400mm，同时部分支架区域有架前漏矸现象，两顺槽超前支护段煤壁有轻微片帮出现。52303 工作面初次来压矿压显现明显但不强烈。

2) 52303 工作面周期来压特征

选取 1 月 7 日至 1 月 22 日对应推进距 270～405m 的矿压数据进行分析，以总结工作面周期来压特征。工作面各区域支架的来压特征统计情况如表 4-9 所示。

表 4-9　52303 工作面初采段周期来压特征

支架号	周期来压次数/次	周期来压步距/m	来压期间支架循环末阻力/kN	非来压期间支架循环末阻力/kN	动载系数	来压持续长度/m
1#～29#	基本无来压					
30#	7	16.0	17967.14	11443.14	1.57	2.51
40#	8	13.3	17817.75	11544.88	1.55	3.10
50#	7	15.6	17961.86	11867.00	1.52	4.00
60#	5	26.1	18109.00	11510.20	1.57	4.32
70#	5	25.8	18079.80	11689.60	1.55	4.00
80#	6	20.2	17669.50	11131.50	1.59	4.67
90#	6	15.8	18088.50	12061.30	1.50	4.67
100#	6	16.5	17992.70	11893.80	1.50	3.90
110#	5	19.0	17901.50	11261.50	1.60	2.80
121#～151#	基本无来压					

统计结果表明，工作面来压区域基本在 30#～110#支架，两端头区域压力显现不明显。同时不同区域来压次数不一致，造成了各区域来压步距的不同。这与 52304 工作面开采

时各区域来压不同步情况一致。

通过井下观测工作面顶板与围岩情况，52303 工作面非来压期间煤壁存在轻微片帮，片帮深度不大，无端面冒漏发生；而周期来压时片帮现象较明显，片帮深度最大约 800mm，片帮现象在整个工作面区域均有发生，端面漏冒现象较少，冒顶高度在 400mm 以内。周期来压期间支架安全阀大部分开启，开启率一般在 60%左右，安全阀开启时泄液现象不明显，支架立柱几乎不下缩。工作面两顺槽超前支护段无明显片帮变形显现。52303 工作面初采段风积沙较小区域矿压显现明显但不强烈。

4.4 本 章 小 结

(1)分析厚风积沙对工作面矿压显现影响，认为在风积沙厚度较大区域矿压强烈是由于工作面主关键层破断运动引起的。对风积沙厚度较大区域 52304 工作面主关键层破断块体结构稳定性进行分析，得到在此区域破断后的主关键层块体不满足形成稳定“砌体梁”结构的条件，覆岩主关键层与工作面上方第一层关键层共同影响工作面矿压显现是造成矿压显现强烈的根本原因。

(2)在采高 7m 及厚风积沙条件下，距煤层较远的主关键层破断运动也会对工作面矿压显现产生影响。对比模拟实验表明，采高不变减小主关键层上载荷，岩层破坏范围大但主关键层能形成稳定结构，不会对工作面矿压产生影响；主关键层上载荷大小不变减小采高，覆岩的破坏范围达不到主关键层下方，主关键层也不会对工作面矿压产生影响。

参 考 文 献

[1] 高浩然. 风积沙厚度对大采高综采面矿压显现影响规律研究, 2013.

[2] 张文柯. 浅埋煤层工作面过露天矿边坡动载矿压机理研究. 徐州: 中国矿业大学, 2013.

第 5 章　浅埋煤层特大采高综采面矿压显现规律与压架防治

目前，我国厚煤层开采技术主要有综合机械化放顶煤开采和大采高综合机械化开采。一般将采高为 3.5～5.0m 的综采称为大采高综采，将采高为 5.0m 以上的综采称为特大采高综采[1]。神东矿区地处内蒙古与陕西交界的神府煤田，煤层埋藏浅、倾角小、厚度大，适合采用大采高综采开采技术。近年来，为了提高厚度大于 6.0m 煤层的开采效率和资源采出率，该矿区先后在补连塔煤矿 2^{-2} 煤层三盘区、上湾煤矿 1^{-2} 煤层一盘区以及大柳塔煤矿 5^{-2} 煤层三盘区开展了 7.0m 支架综采的开采试验，取得了显著的试验效果和经济效益。然而，由于采高的大幅加大，此类特大采高综采面在实际开采过程中也遇到了一些矿压显现与控制方面的难题，工作面矿压显现强烈，端面漏冒严重，有时甚至出现压架冒顶现象(如大柳塔煤矿 52304 综采面)，严重威胁着矿井的安全高效生产。因此，如何完善和保证 7.0m 支架特大采高综采面顶板的有效控制，是神东矿区面临的重大技术难题。而掌握具体条件下特大采高综采面覆岩结构形态及其对工作面矿压显现的影响规律，是科学解决上述问题的基础。因此，本章将结合前述第 3 章有关 7.0m 支架综采面矿压显现的实测规律，对特大采高综采面覆岩结构特征及其运动规律进行研究，从而为解决此类开采条件下出现的压架冒顶问题提供基础，最终为神东矿区后续特大采高综采支架选型设计、矿山压力控制与顶板管理提供借鉴和参考，实现特大采高综采面的安全高效生产。

5.1　覆岩关键层结构特征及其对矿压显现的影响

5.1.1　特大采高综采面覆岩关键层结构形态

1. 特大采高综采面覆岩关键层“悬臂梁”结构

依据采场上覆岩层移动的“三带”理论，工作面采高的大小决定了覆岩“三带”的分布状态。覆岩中的关键层所处于上述“三带”中的位置，决定了关键层破断时所能形成的结构形态。特大采高综采面覆岩垮落带高度较大，在一般采高中能形成铰接平衡结构的关键层，在特大采高情况下将会因较大的回转量而无法形成稳定的“砌体梁”结构，取而代之的是以“悬臂梁”结构形态直接垮落运动，而处于更高层位的关键层才能铰接形成稳定的“砌体梁”结构。

为了对比分析不同采高时，覆岩关键层形成结构形态的差异，并对上述理论分析进行验证，特针对采高 3m 和 7m 两种情况进行了相似材料模拟试验。模拟试验选用重力应力条件下的平面应力模型架进行，试验模型架长 120cm、宽 8cm。模型的几何相似比为 1∶100，应力相似比为 1∶125，密度相似比为 1∶1.25。两种采高方案对应覆岩赋存均一样，其中 7m 采高的试验模型如图 5-1 所示，模型和原型材料的物理力学参数见表 5-1。顶部 30m 松散层载荷以铁块代替，加载在模型顶部。

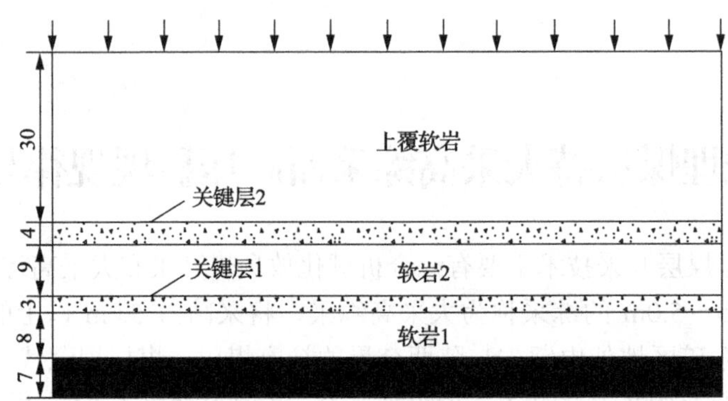

图 5-1　7m 采高相似材料模拟试验模型(单位：cm)

表 5-1　模型及原型材料物理力学参数

岩层	容重/(kN/m^3)		弹性模量/GPa		泊松比		黏聚力/MPa		内摩擦角/(°)	
	原型	模型	原型	模型	原型	模型	原型	模型	原型	模型
上覆软岩	23	15	10	0.080	0.26	0.26	4	0.032	33	33
关键层 2	26	15	42	0.336	0.32	0.32	12	0.096	40	40
软岩 2	23	15	10	0.080	0.26	0.26	4	0.032	33	33
关键层 1	26	15	42	0.336	0.32	0.32	12	0.096	40	40
软岩 1	23	15	10	0.080	0.26	0.26	4	0.032	33	33
煤层	14	15	3	0.024	0.20	0.20	1.2	0.010	28	28

各岩层材料配制以河砂为骨料，石膏和碳酸钙为胶结物，在岩层交界处设一层云母以模拟岩层的层理与分层。软岩层的分层厚度为 2 cm。模型中各岩层的相似材料配比见表 5-2。

表 5-2　各岩层的相似材料配比

岩层	厚度/m	砂子/kg	碳酸钙/kg	石膏/kg	水/L
上覆软岩	30	36.00	5.04	2.16	4.80
关键层 2	4	4.32	0.43	1.01	0.82
软岩 2	9	10.80	1.51	0.65	1.44
关键层 1	3	3.24	0.32	0.76	0.62
软岩 1	8	9.60	1.34	0.58	1.28
煤层	3/7	3.78/8.82	0.38/0.88	0.16/0.38	0.48/1.12

注：表中最后一行各列数据分别表示采高 3m 和 7m 的材料配量。

两种采高模型试验均从模型左端开挖，并在模型两侧各留设 10cm 宽的边界煤柱，试验结果如图 5-2 所示。由图 5-2 中可见，当煤层采高 3m 时，亚关键层 1 形成了稳定的“砌体梁”结构；而当煤层采高 7m 时，亚关键层 1 形成了“悬臂梁”结构，而处于较高层位的亚关键层 2 则形成了稳定的“砌体梁”结构。

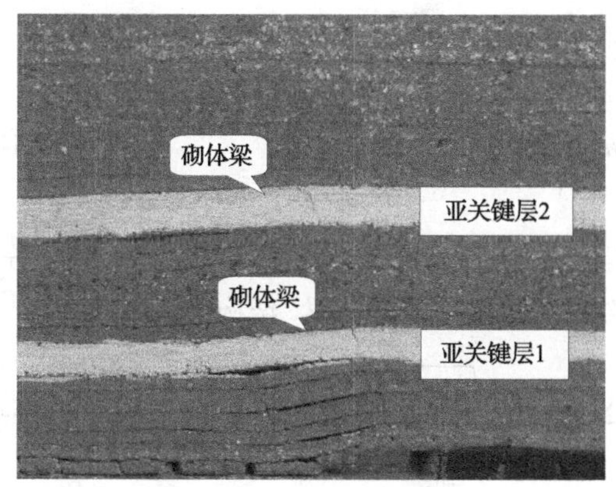

(a) 采高3m时关键层结构形态

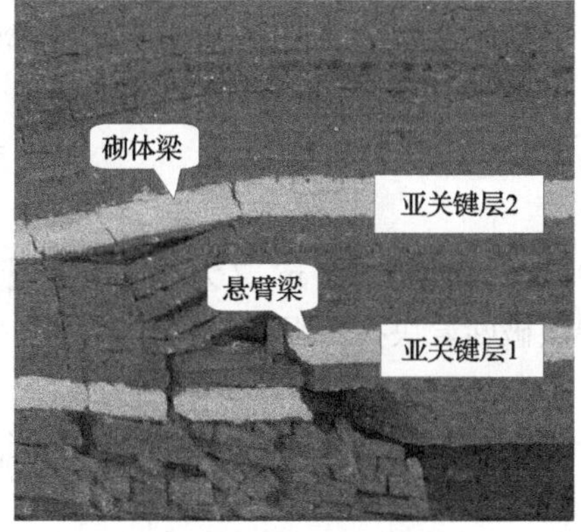

(b) 采高7m时关键层结构形态

图 5-2　不同采高覆岩关键层结构形态的试验结果[2,3]

当然，若关键层位置距离煤层较远时，它将会处于覆岩裂隙带中形成稳定的“砌体梁”结构。显然，工作面的采高越大、关键层所处的层位越低，越易形成关键层的“悬臂梁”结构。因此，特大采高综采面第一层亚关键层在满足一定的条件下才能形成“悬臂梁”结构。

2. *覆岩关键层“悬臂梁”结构的形成条件*

从以上的分析可以看出，关键层以何种结构形态出现主要受工作面采高以及关键层所处的层位这两个因素共同制约。而关键层之所以会以“悬臂梁”结构形态垮落，是由于其破断块体的回转量超过了维持其结构稳定的最大回转量。因此，判断关键层是否呈现“悬臂梁”结构形态，可从其破断块体的回转量入手。

图 5-3 所示为关键层回转运动示意图。直接顶垮落后与上部关键层之间的空间关系为

$$\varDelta = M + (1 - K_{\mathrm{p}})\Sigma h_i \tag{5-1}$$

式中：$\varDelta$ 为关键层破断块体的可供回转量，m；M 为煤层采高，m；K_{p} 为直接顶垮落岩块碎胀系数；Σh_i 为关键层下部直接顶厚度，m。

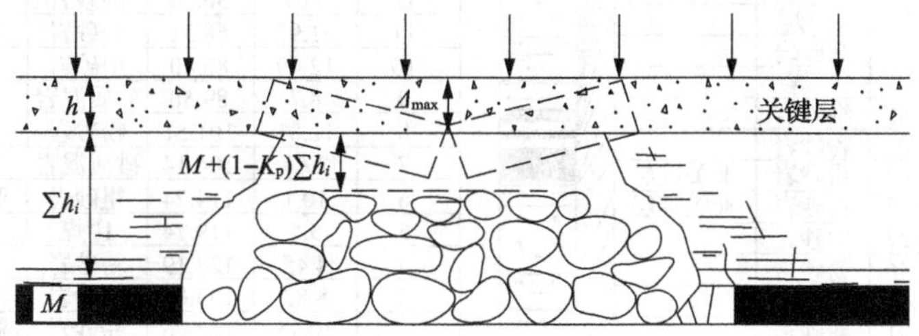

图 5-3　关键层回转空间示意图

设关键层破断块体能铰接形成稳定的“砌体梁”结构所需的极限回转量为 $\varDelta_{\max}$，则当 $\varDelta > \varDelta_{\max}$ 时，关键层将处于垮落带中而呈现“悬臂梁”结构形态。根据钱鸣高等[4]的研

究中的“砌体梁”结构变形失稳的力学模型，可得：

$$\Delta_{\max} = h - \sqrt{\frac{2ql^2}{\sigma_c}} \tag{5-2}$$

式中：h 为关键层厚，m；l 为关键层断裂步距，m；q 为关键层及其上覆载荷，MPa；σ_c 为关键层破断岩块抗压强度，MPa。特大采高综采面关键层“悬臂梁”结构形成的条件为[2,5,6]

$$M + (1-K_P)\Sigma h_i > h - \sqrt{\frac{2ql^2}{\sigma_c}} \tag{5-3}$$

根据式(5-3)可对前述第 3 章中几个 7.0m 支架特大采高综采面覆岩关键层的结构形态进行判别，在此以补连塔煤矿 22303 综采面为例进行说明。由于该工作面推进长度较长(4966m)，上覆岩层赋存沿工作面推进方向发生了改变；通过对工作面内不同区域的 3 个钻孔柱状进行关键层位置判别可以发现，不同钻孔区域覆岩关键层存在不同的赋存特征。如图 3-24 所示的 b280 钻孔，该钻孔位于距切眼 1250m 处，判别显示覆岩第一层亚关键层距开采的 2^{-2} 煤层较远，达 17.27m；而位于距切眼 2742m 处的 b115 钻孔[图 5-4(a)]，

层号	厚度/m	埋深/m	岩层岩性	关键层位置	岩层图例
31	8.43	8.43	松散层		
30	19.43	27.86	粉砂岩	主关键层	
29	6.51	34.37	粗砂岩		
28	11.68	46.05	粉砂岩		
27	1.1	47.15	泥岩		
26	1	48.15	细砂岩		
25	7.8	55.95	粉砂岩		
24	6.92	62.87	细砂岩		
23	20.39	83.26	粉砂岩		
22	25.48	108.74	粗砂岩	亚关键层	
21	3	111.74	细砂岩		
20	4.49	116.23	粉砂岩		
19	0.6	116.83	泥岩		
18	2.4	119.23	粉砂岩		
17	2.03	121.26	中砂岩		
16	0.35	121.61	泥岩		
15	0.7	122.31	粉砂岩		
14	0.6	122.91	粗砂岩		
13	2.29	125.20	砂质泥岩		
12	0.77	125.97	$1^{-2上}$煤		
11	1.95	127.92	细砂岩		
10	5.69	133.61	1^{-2}煤		
9	0.84	134.45	细砂岩		
8	3.59	138.04	粉砂岩		
7	11.83	149.87	粗砂岩	亚关键层	
6	6.2	156.07	粉砂岩	亚关键层	
5	2.2	158.27	中砂岩		
4	3.19	161.46	粉砂岩		
3	0.7	162.16	粗砂岩		
2	1.75	163.91	粉砂岩		
1	0.86	164.77	泥岩		
0	8.81	173.58	2^{-2}煤		

(a) b115钻孔

层号	厚度/m	埋深/m	岩层岩性	关键层位置	岩层图例
15	2.68	2.68	风积沙		
14	14.78	17.46	砂质泥岩		
13	15.81	33.27	粉砂岩		
12	3.07	36.34	细砂岩		
11	31.97	68.31	粉砂岩	主关键层	
10	12.49	80.80	中砂岩		
9	8.7	89.50	砂质泥岩		
8	12.01	101.51	粉砂岩		
7	2.63	104.14	砂质泥岩		
6	10.1	114.24	粗砂岩	亚关键层	
5	5.5	119.74	1^{-2}煤		
4	4.45	124.19	粉砂岩		
3	8.82	133.01	细砂岩		
2	10.75	143.76	粉砂岩	亚关键层	
1	4.02	147.78	砂质泥岩		
0	7.91	155.69	2^{-2}煤		

(b) SK16钻孔

图 5-4 补连塔煤矿 22303 综采面 b115 钻孔和 SK16 钻孔柱状及其关键层位置判别

其覆岩第一层亚关键层距 2^{-2} 煤层仅 8.7m，且其上覆紧邻着第二层亚关键层；类似地，位于距切眼 3253m 处的 SK16 钻孔也呈现不同的赋存特征[图 5-4(b)]，覆岩第一层亚关键层距 2^{-2} 煤层仅 4.02m。由此可根据式(5-3)对这 3 个钻孔区域覆岩第一层亚关键层的结构形态进行判别。取关键层下部直接顶碎胀系数 K_p 为 1.3，各岩层容重均取值 25kN/m^3。对于 b280 钻孔区域，根据式(5-1)可计算得出 $\Delta = 1.62\text{m}$。根据该区域矿压观测的来压步距值取亚关键层 1 断裂步距 $l = 13.2\text{m}$，亚关键层 1 粗粒砂岩的抗压强度 σ_c=33.82MPa[7]，则根据式(5-2)可计算得出 $\Delta_{max} = 4.28\text{m}$。所以，$\Delta < \Delta_{max}$，故 b280 钻孔区域亚关键层 1 处于裂隙带中，可形成稳定的“砌体梁”结构。同理，对于 b115 钻孔和 SK16 钻孔区域，可分别计算出亚关键层 1 的可供回转量 Δ 以及极限回转量 Δ_{max}（表 5-3）。其中，两区域亚关键层 1 的断裂步距均根据周期来压步距观测值进行取值，分别为 13.9m 和 13.8m，粉砂岩的抗压强度 σ_c 取值 39.9MPa。同理可对大柳塔煤矿 52304 综采面不同区域的覆岩关键层结构形态进行判别。该工作面对应回风巷 87#联巷和 61#联巷处的覆岩柱状及关键层位置判别结果如图 5-5 所示。

表 5-3　神东矿区典型 7.0m 支架综采面不同区域覆岩关键层结构形态判别表

工作面	钻孔区域	可供回转量Δ/m	极限回转量Δ_{max}/m	亚关键层 1 结构形态
补连塔 22303	b280	1.62	4.28	“砌体梁”结构
	b115	4.19	1.64	“悬臂梁”结构
	SK16	5.59	4.89	“悬臂梁”结构
大柳塔 52304	回风巷 87#联巷	4.49	4.05	“悬臂梁”结构
	回风巷 61#联巷	5.89	5.32	“悬臂梁”结构

由表 5-3 可见，正是由于工作面不同区域覆岩关键层呈现不同的结构形态，才会造成工作面不同的矿压显现，具体将在下节详细分析。

5.1.2　特大采高综采面覆岩关键层结构运动规律

1. *覆岩亚关键层 1“悬臂梁”结构运动规律*

在特大采高采场中，由于采高较大，若覆岩第一层关键层距离煤层较近，那么关键层将会进入垮落带而出现一定长度的悬顶。虽然这类关键层因无法形成铰接平衡结构而垮落于采空区中，但由于其具有较大的强度和厚度，破断时仍以一定的断裂步距破断，因此，不能按图 5-6 所示将其与一般直接顶的破碎岩块同等视之。

实际上，大采高采场覆岩关键层呈现悬臂垮落的本质原因，是由于破断块体回转角过大而使铰接处发生回转变形失稳造成的，即较大的回转角造成了关键层的直接垮落。图 5-7 所示关键层 1 处于大采高采场的垮落带中，其规则块度的破断将垮落带分界成“规则垮落带”和“不规则垮落带”两个区域。

层号	厚度/m	埋深/m	岩层岩性	关键层位置	备注
60	4.78	4.78	黄土		
59	1.9	6.68	细粒砂岩		
58	0.35	7.03	$2^{-2上}$煤		
57	1.32	8.35	泥岩		
56	3.34	11.69	细粒砂岩		
55	6.47	18.16	粉砂岩		
54	0.66	18.82	2^{-2}煤		
53	4.41	23.23	粉砂岩		
52	1	24.23	泥岩		
51	3.65	27.88	粉砂岩		
50	0.6	28.48	中粒砂岩		
49	3.85	32.33	粉砂岩		
48	0.89	33.22	细粒砂岩		
47	3	36.22	粉砂岩		
46	0.8	37.02	泥岩		
45	1.55	38.57	粉砂岩		
44	1.1	39.67	泥岩		
43	0.8	40.47	细粒砂岩		
42	1.72	42.19	粉砂岩		
41	1.7	43.89	细粒砂岩		
40	2.37	46.26	粉砂岩		
39	0.93	47.19	粗砂岩		
38	0.52	47.71	粉砂岩		
37	0.35	48.06	3^{-1}煤		
36	3.55	51.61	泥岩		
35	13.43	65.04	中粗粒砂岩	主关键层	
34	2.1	67.14	砂质泥岩		
33	1.18	68.32	细粒砂岩		
32	5.4	73.72	粉砂岩		
31	0.88	74.6	砂质泥岩		
30	8.98	83.58	粉砂岩	亚关键层	
29	3	86.58	中粒砂岩		
28	4.46	91.04	粉砂岩		
27	0.35	91.39	泥岩		
26	4.43	95.82	粉砂岩		
25	1.15	96.97	砂质泥岩		
24	5.58	102.55	粉砂岩		
23	1.3	103.85	石英砂		
22	1.68	105.53	粉砂岩		
21	0.95	106.48	粉砂岩		
20	0.44	106.92	4^{-2}煤		
19	6.09	113.01	粉砂岩		
18	1.92	114.93	中粒砂岩		
17	4.92	119.85	细粒砂岩		
16	4.17	124.02	粉砂岩		
15	1.5	125.52	中粒砂岩		
14	1.8	127.32	粉砂岩		
13	0.6	127.92	泥质粉砂岩		
12	3.84	131.76	细粒砂岩		
11	1.52	133.28	泥岩		
10	0.2	133.48	粗粒砂岩		
9	2.6	136.08	粉砂岩		
8	0.9	136.98	泥岩		
7	0.8	137.78	细粒砂岩		
6	3.6	141.38	泥岩		
5	16	157.38	粗粒砂岩		
4	3.8	161.18	中粒砂岩		
3	9.3	170.48	细粒砂岩	亚关键层	
2	6.7	177.18	中粒砂岩		
1	7.14	184.32	5^{-2}煤		

(a) 回风巷87#联巷

层号	厚度/m	埋深/m	岩层岩性	关键层位置	岩层图例
60	4.78	4.78	松散层		
59	1.9	6.68	细砂层		
58	0.35	7.03	2^{-2}煤		
57	1.32	8.35	泥岩		
56	3.34	11.69	细砂岩		
55	6.47	18.16	粉砂岩		
54	0.66	18.82	2^{-2}煤		
53	4.41	23.23	粉砂岩		
52	1	24.23	泥岩		
51	3.65	27.88	粉砂岩		
50	0.6	28.48	中砂岩		
49	3.85	32.33	粉砂岩		
48	0.89	33.22	细砂岩		
47	3	36.22	粉砂岩		
46	0.8	37.02	泥岩		
45	1.55	38.57	粉砂岩		
44	1.1	39.67	泥岩		
43	0.8	40.47	细砂岩		
42	1.72	42.19	粉砂岩		
41	1.7	43.89	细砂岩		
40	2.37	46.26	粉砂岩		
39	0.93	47.19	粗砂岩		
38	0.52	47.71	粉砂岩		
37	0.35	48.06	3^{-1}煤		
36	3.55	51.61	泥岩		
35	13.43	65.04	中砂岩	主关键层	
34	2.1	67.14	砂质泥岩		
33	1.18	68.32	细砂岩		
32	5.4	73.72	粉砂岩		
31	0.88	74.60	砂质泥岩		
30	8.98	83.58	粉砂岩	亚关键层	
29	3	86.58	中砂岩		
28	4.46	91.04	粉砂岩		
27	0.35	91.39	泥岩		
26	4.43	95.82	粉砂岩		
25	1.15	96.97	砂质泥岩		
24	5.58	102.55	粉砂岩		
23	1.3	103.85	砂砾岩		
22	1.68	105.53	粉砂岩		
21	0.95	106.48	粉砂岩		
20	0.44	106.92	4^{-2}煤		
19	6.09	113.01	粉砂岩		
18	1.92	114.93	中砂岩		
17	4.92	119.85	细砂岩		
16	4.17	124.02	粉砂岩		
15	0.12	124.14	泥岩		
14	1.7	125.84	细砂岩		
13	0.65	126.49	4^{-4}煤		
12	0.21	126.70	泥岩		
11	0.13	126.83	细砂岩		
10	8.03	134.86	泥岩		
9	12.73	147.59	中砂岩		
8	0.06	147.65	泥岩		
7	7.71	155.36	中砂岩	亚关键层	
6	0.75	156.11	粗砂岩		
5	1.72	157.83	中砂岩		
4	6.88	164.71	细砂岩	亚关键层	
3	0.69	165.40	泥岩		
2	1.03	166.43	细砂岩		
1	0.31	166.74	泥岩		
0	7.14	173.88	5^{-2}煤		

(b) 回风巷61#联巷

图 5-5　大柳塔煤矿 52304 综采面不同区域覆岩柱状及其关键层位置判别

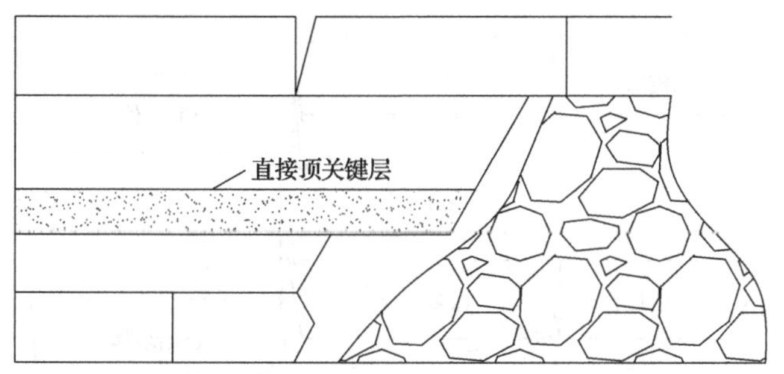

图 5-6　大采高工作面 III 型直接顶示意图[8]

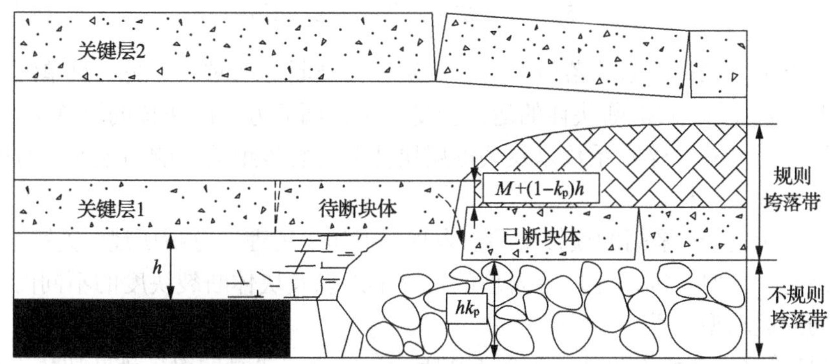

图 5-7　大采高工作面覆岩关键层结构运动示意图

对于关键层 1 待断块体的回转角可计算为

$$\theta = \arcsin(\varDelta' / l) \tag{5-4}$$

式中：$\varDelta'$ 为破断块体的下沉量，m；l 为块体的断裂步距，m。由此可见，待断块体的下沉量及其断裂步距将直接影响到块体的回转角，进而影响到块体的运动形态。即，当待断块体的下沉量较小，而断裂步距较大时，块体将只发生较小的回转角即可触矸，此块体也将会因较小的回转角而形成稳定的铰接结构。

由于关键层 1 是以一定的规则块度进行破断的，因此，工作面后方已断块体的垮落位置以及“不规则垮落带”矸石的碎胀系数都会影响到待断块体的极限下沉量。显然，“不规则垮落带”中冒落矸石的碎胀系数越大，待断块体的下沉量 $\varDelta$ 就越小[9]。

而对于“规则垮落带”与“不规则垮落带”交界处的已断块体，其垮落位置不同时，待断块体的回转角也会不同，如图 5-8 所示。待断块体断裂回转时是以一定的回转半径 r 旋转的，若工作面后方已断块体垮落位置在推进方向上距离待断块体较近[图 5-8(a)]，那么待断块体只需回转很小的角度就会触及已断块体而形成稳定的铰接结构；相反，若已断块体的垮落位置向后偏移 d 时[图 5-8(b)]，则待断块体需要回转很大的角度才能触及它，若最终的回转角超过了块体能形成稳定结构所能达到的最大回转角，待断块体将会失去平衡而直接垮落。

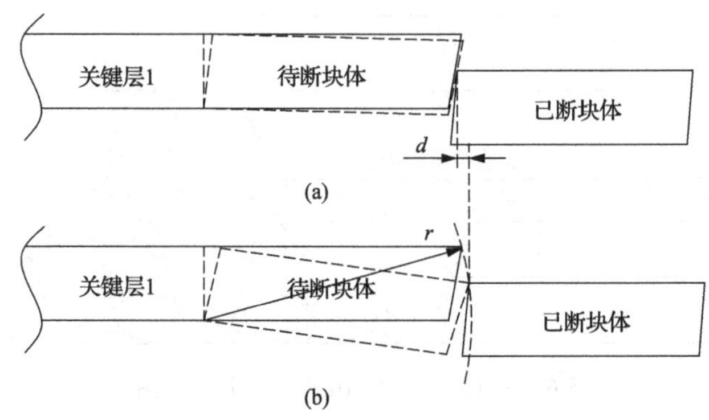

图 5-8　关键层 1 破断块体运动模型

因此，处于大采高覆岩垮落带中的关键层，其破断运动时并不是一直单纯以“悬臂梁”的型式直接垮落，其破断块体的运动会受到工作面后方已断块体的垮落位置、“不规则垮落带”冒落矸石的碎胀系数以及关键层块体的断裂步距的影响而改变，有时也会破断形成稳定的铰接结构。

通过前节所述 7m 采高的模拟实验后发现，正如上述理论分析所述，关键层 1“悬臂梁”结构破断运动时，因后方垮落岩块的冒落形态以及块体断裂块度的不同而呈现出以下 3 种不同的运动型式[3]。

(1)“悬臂梁”直接垮落式，如图 5-9 所示。关键层“悬臂梁”破断块体直接回转，因回转角较大而无法形成铰接结构，最终直接垮落在采空区，关键层又形成新的“悬臂梁”结构。

(a)“悬臂梁”结构

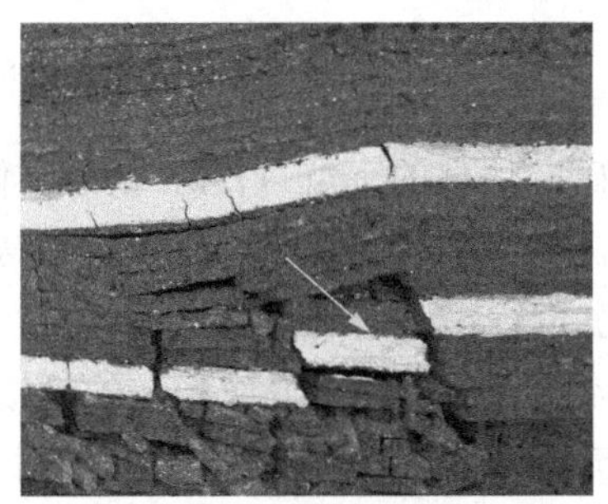
(b)“悬臂梁”直接垮落

图 5-9　“悬臂梁”直接垮落式运动图

(2)“悬臂梁”双向回转垮落式，如图 5-10 所示。关键层悬臂梁破断块体回转较小角度后就触及后方已断块体而停止回转，并暂时形成稳定的平衡结构，待工作面继续开采一段距离时，块体又反向回转并垮落，最终又形成新的“悬臂梁”结构。

(3)“悬臂梁—砌体梁”交替式，如图 5-11 所示。关键层悬臂梁破断块体回转较小角度后就触及后方已断块体而停止回转，并形成稳定的铰接结构随工作面开采不断前移，但经历几次破断铰接后，最终又垮落而形成新的“悬臂梁”结构。

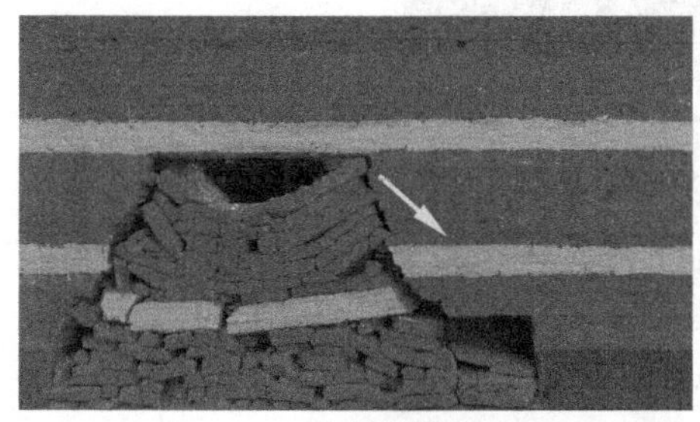

(a) “悬臂梁”结构

(b) 暂时稳定的结构

(c) “悬臂梁”反向回转垮落

图 5-10　“悬臂梁”双向回转垮落式运动图

(a) “悬臂梁”结构

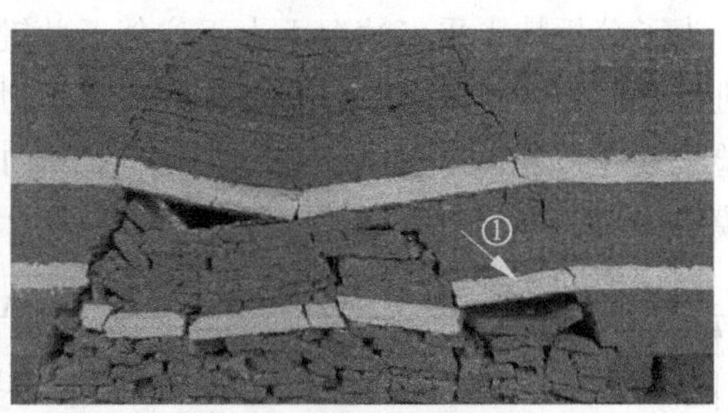

(b) 形成稳定铰接结构

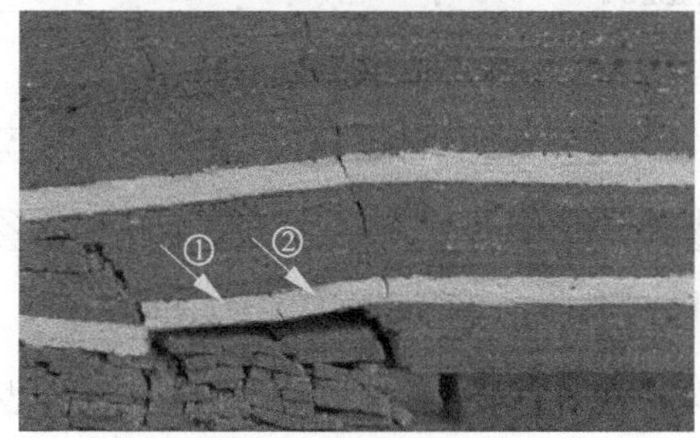

(c) “砌体梁”结构

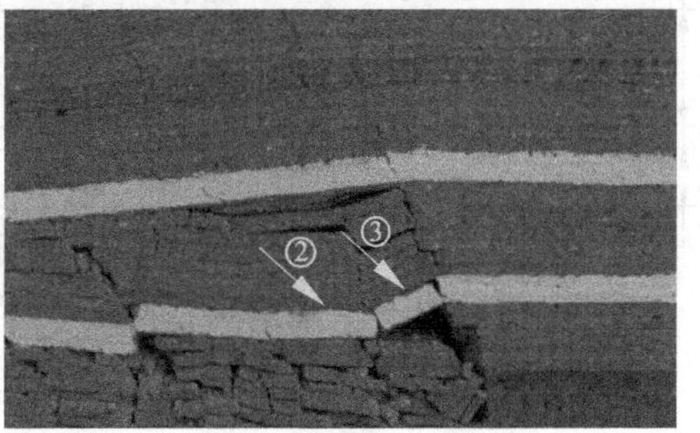

(d) “砌体梁”结构

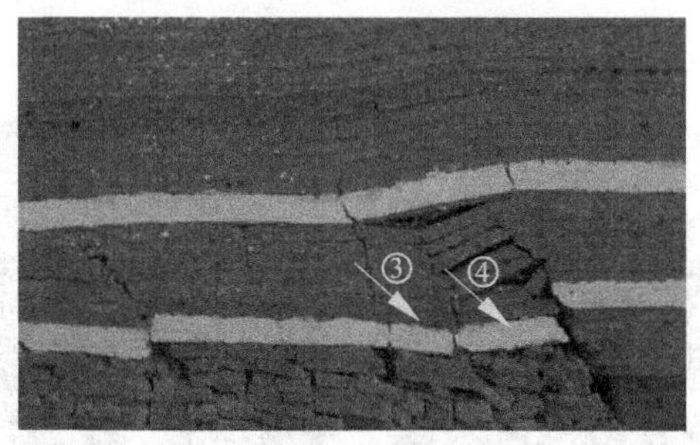

(e) 新的“悬臂梁”结构

图 5-11　“悬臂梁—砌体梁”交替式运动图

2. 覆岩亚关键层 2“砌体梁”结构运动规律

一般情况下，特大采高覆岩中处于下位的亚关键层 1 易进入垮落带中呈现“悬臂梁”结构；而上位的亚关键层 2 则会处于裂隙带中呈现“砌体梁”结构。若上下位亚关键层之间相互位置较近时，上部亚关键层 2 的破断运动将会对亚关键层 1 的破断产生影响。根据岩层控制的关键层理论，亚关键层 2 会滞后亚关键层 1 发生破断，即当亚关键层 1 破断后，工作面需继续推进一段距离后亚关键层 2 才能破断，此时，若亚关键层 1 仍未达到其周期破断距，则亚关键层 2 的破断将会迫使亚关键层 1 提前发生破断。下面的物理模拟实验结果验证了这一理论推导。

为了分析特大采高情况下上下位邻近关键层之间破断的相互影响，采用相似模拟实验进行了研究。模拟实验采用 2.5m 大模型，选用重力应力条件下的平面应力模型架进行，实验架长 120cm，宽 8cm。模型的几何比为 1∶100，重力密度比为 0.6。采用简化的实验模型，将各岩层进行简化，建立 7m 采高的模拟实验方案，如图 5-12 所示。

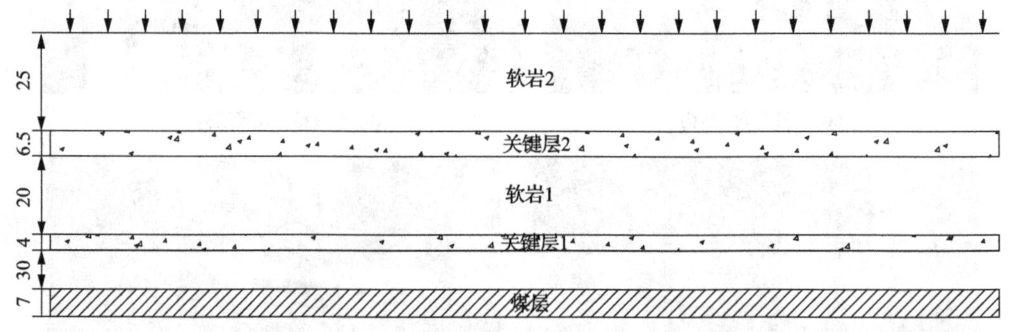

图 5-12　特大采高工作面上下位邻近关键层破断影响的模拟实验图(单位：cm)

根据相似理论与牛顿第二定律确定各分层的物理力学参数，并从相似材料配比表里选择合适的配比号进行各岩层材料的配制，见表 5-4。材料配制时以河砂为骨料，以石膏和碳酸钙为胶结物，在岩层交界处设一层云母以模拟岩层的层理。上覆未铺设岩层的载荷以铁块加载的方式代替。

表 5-4　两方案各岩层的相似材料配比

岩层	厚度/cm	河砂/kg	碳酸钙/kg	石膏/kg	水/L
上软岩	25	156.25	21.88	9.38	20.83
关键层 2	6.5	36.56	3.66	8.53	5.42
软岩 2	20	125.00	17.50	7.50	16.67
关键层 1	4	22.50	2.25	5.25	3.33
软岩 1	10	62.50	8.75	3.75	8.33
煤层	7	45.94	4.59	1.97	5.83
底板	10	56.25	13.13	5.63	8.33

模拟结果显示如图 5-13，当工作面推进至 130cm 时，下部亚关键层 1 发生周期破断，破断距 24cm，而上部亚关键层 2 仅仅是产生了一部分弯曲下沉；随后，当工作面推进至 145cm 时，亚关键层 2 发生周期破断，但此时亚关键层 1 仍未达到其 24cm 的周期破断距，这就直接导致亚关键层 1 提前发生破断，破断步距减小为 12cm。

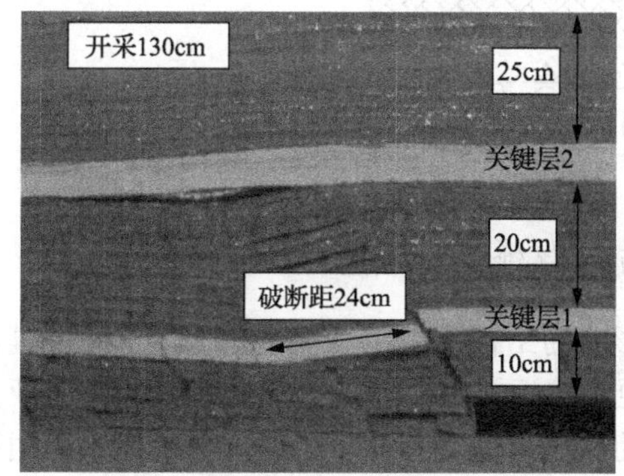

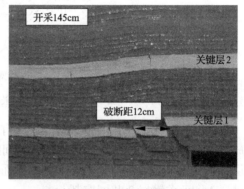

(a) 亚关键层1破断，亚关键层2弯曲下沉

(b) 亚关键层2破断导致亚关键层1提前破断

图 5-13　特大采高综采面覆岩第 2 层亚关键层对第 1 层亚关键层破断影响的实验结果

3. 特大采高综采面覆岩关键层结构模型

综合上述分析可知，特大采高综采面覆岩关键层会因其所处层位以及关键层之间相对位置的不同，而呈现不同的运动状态。覆岩关键层结构运动的不同必然导致采场矿压的不同，为此，建立了图 5-14 所示的特大采高综采面覆岩关键层结构的 3 种模型[5]。

(1)模型 A 为关键层“砌体梁”结构模型。其特点是上覆关键层所处层位较高，破断时均处于裂隙带中，可形成稳定的“砌体梁”结构，工作面的矿压显现主要受亚关键层 1 控制。

(2)模型 B 为下位关键层“悬臂梁”结构、上位关键层“砌体梁”结构模型。其特点是亚关键层 1 所处层位较低，破断时处于垮落带中，而亚关键层 2 所处层位较高，处于裂隙带中；且两关键层之间距离较远，各自之间破断无影响。工作面的矿压显现主要受亚关键层 1 控制。

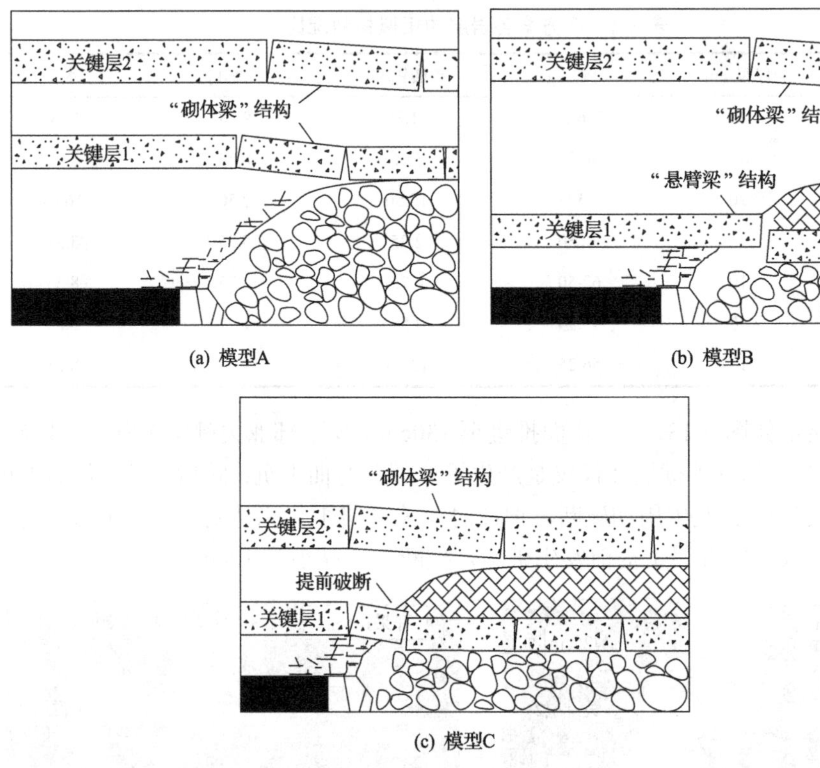

图 5-14　特大采高综采面覆岩关键层结构模型

(3) 模型 C 为上下位邻近关键层破断有影响的结构模型。该模型中上下位两关键层形成的结构与模型二相同，但由于两者之间距离较近，上位亚关键层 2 的破断会对亚关键层 1 的破断产生影响，进而影响到工作面的矿压显现。因此，工作面的矿压显现由亚关键层 1 和亚关键层 2 共同控制。

根据表 5-3 所示的各钻孔区域关键层结构特征的判别结果可知，22303 工作面 b280 钻孔区域覆岩关键层结构类型属于模型 A，SK16 钻孔区域属于模型 B 结构类型，而 b115 钻孔区域则属于模型 C 结构类型。

5.1.3　特大采高综采面覆岩关键层结构运动对矿压显现的影响

1. *覆岩亚关键层 1"悬臂梁"结构运动对矿压的影响*

对比模型 A 和模型 B 所示的关键层结构状态可知(图 5-14)，亚关键层 1"悬臂梁"结构破断后其回转空间更大些，工作面支架顶梁需完全推过关键层破断线之外，破断块体的回转运动才不会对支架产生作用，此时工作面的来压才会停止[2]，如图 5-15 所示。所以，工作面来压持续长度 $l_c = l_k + \sum h_i \cot\alpha$ (若关键层超前煤壁破断，则式中还需加上关键层的超前破断距)，其中，l_k 为支架控顶距，α 为直接顶垮落角。由于式中 $\sum h_i \cot\alpha$ 值一般较小，因此，模型 B 对应工作面来压持续长度与支架控顶距接近。而对于模型 A，亚关键层 1 以"砌体梁"结构运动时，块体回转较小的角度后就会受到后方已破断块体的约束作用而达到稳定状态，即工作面推进较小距离后来压就能结束。所以，模型 B 对应工作面来压持续长度会比模型 A 长。而根据 5.1.2 节的分析，亚关键层 1“悬臂梁”结构破断时有时也能形成稳定的“砌体梁”结构，所以模型 B 工作面的来压持续长度还会呈现出非均匀性的变化规律。

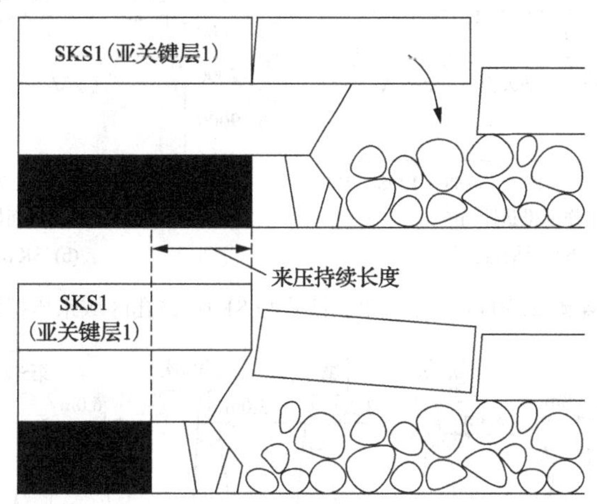

图 5-15　亚关键层 1“悬臂梁”结构来压持续长度示意图

2. *覆岩亚关键层 2“砌体梁”结构运动对矿压的影响*

当覆岩关键层以模型 C 所示的结构状态存在时，由于亚关键层 2 的破断会迫使亚关键层 1 提前破断，工作面的来压步距会因此而减小；而此次来压是由上下位两层邻近亚关键层破断造成的，因此，来压强度会比单纯亚关键层 1 破断时的大。如此周期破断下去，最终将会造成工作面来压步距和来压强度呈现一大一小的周期交替变化现象，且小步距对应着大来压强度[2]。下位第一层亚关键层是否会被迫提前破断，取决于上位亚关键层 2 破断时亚关键层 1 是否已达到其周期破断距。若亚关键层 2 破断时亚关键层 1 正好达到周期破断，则来压步距不会有较大变化，主要是来压强度的增加；相反，若亚关键层 1 仍未达到周期破断的位置，则来压步距将会减小且来压强度会增加。

3. *现场实测数据的验证分析*

根据 5.1.1 节表 5-3 的判别结果，补连塔煤矿 22303 综采面 3 个钻孔区域覆岩关键层呈现明显差异的结构形态，其中，b280 钻孔区域亚关键层 1 呈现“砌体梁”结构状态，SK16 钻孔区域亚关键层 1 则以“悬臂梁”结构运动，而 b115 钻孔区域覆岩存在两层邻近的亚关键层，且下部亚关键层 1 呈“悬臂梁”结构状态，亚关键层 2 呈“砌体梁”结构状态。由此可利用该工作面在这 3 个钻孔区域开采时的矿压实测数据对上述的理论分析结果进行验证。

从现场的矿压实测结果可以看出[10]，SK16 钻孔区域工作面周期来压的持续长度平均 6.1m，与支架控顶距(支架顶梁长度 5m+梁端距 0.753m+移架步距 0.865m=6.618m)接近，明显大于 b280 钻孔区域的周期来压的持续长度 3.2m，如图 5-16 所示。同时，SK16 钻孔区域工作面来压持续长度也呈现出非均匀的变化规律，如图 5-17 所示。当“悬臂梁”结构破断形成稳定的“砌体梁”结构时，来压持续长度明显减小(第 2 次至第 4 次来压)；

而当“悬臂梁”结构以垮落的型式运动时，来压持续长度均较大(第 1 次、第 5 次、第 6 次来压)。因此，22303 工作面实测数据验证了上述的理论分析。

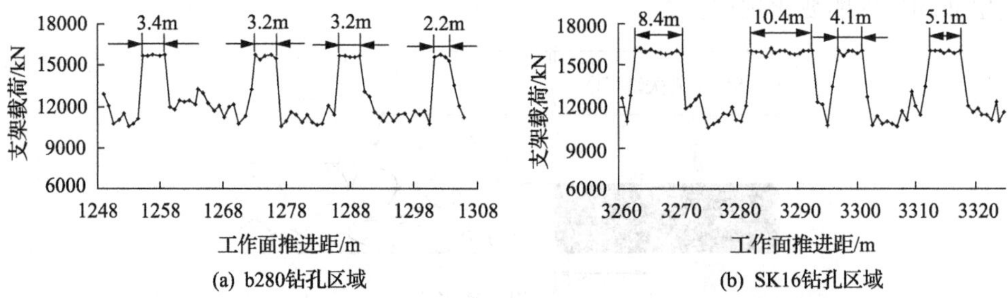

图 5-16 补连塔煤矿 22303 综采面 b280 钻孔与 SK16 钻孔区域来压持续长度实测结果

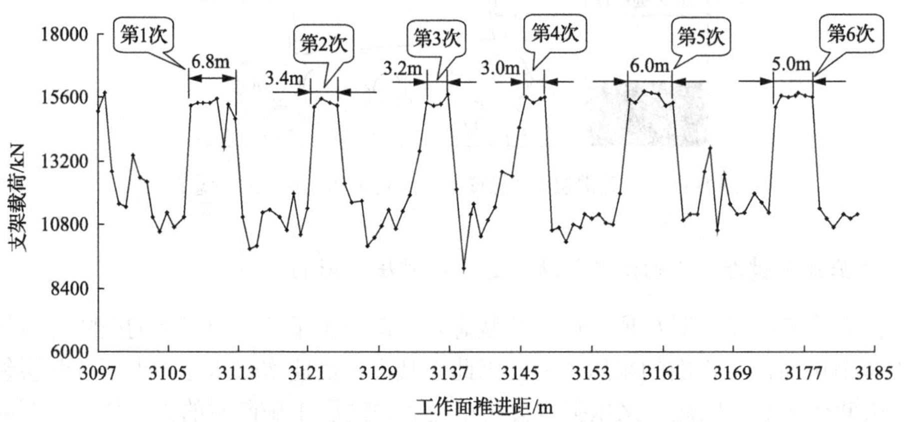

图 5-17 补连塔煤矿 22303 综采面 SK16 钻孔区域 90#支架阻力曲线

而对于 b115 钻孔区域，由于覆岩中两层邻近亚关键层的存在，该区域的矿压实测数据也验证了上述的分析。实测结果显示，该区域周期来压步距和动载系数(即来压强度)均呈现出了大小周期交替变化的现象，且小的来压步距对应着大的动载系数，如表 5-5 和图 5-18 所示。其中，大周期来压步距 12.4～15.7m，平均 13.9m，小动载系数 1.35～1.41，平均 1.37，对应着亚关键层 1 的破断；小周期来压步距 8.8～10.6m，平均 9.7m，大动载系数 1.38～1.45，平均 1.41，对应着上部亚关键层 2 的破断造成亚关键层 1 的提前破断。

表 5-5 b115 钻孔区域 70#支架来压特征表

来压次数	来压步距/m	来压时支架载荷/kN	动载系数	来压持续长度/m	备注
1	15.0	16190	1.36	5.6	A
2	10.6	16249	1.43	4.2	B
3	12.4	16131	1.36	4.0	A
4	8.8	16131	1.38	3.3	B
5	12.4	16014	1.35	1.6	A
6	9.3	16131	1.38	3.2	B
7	15.7	16308	1.41	3.8	A
8	10.0	16426	1.45	4.2	B

注：备注栏中 A 表示亚关键层 1 破断，B 表示亚关键层 2 破断。

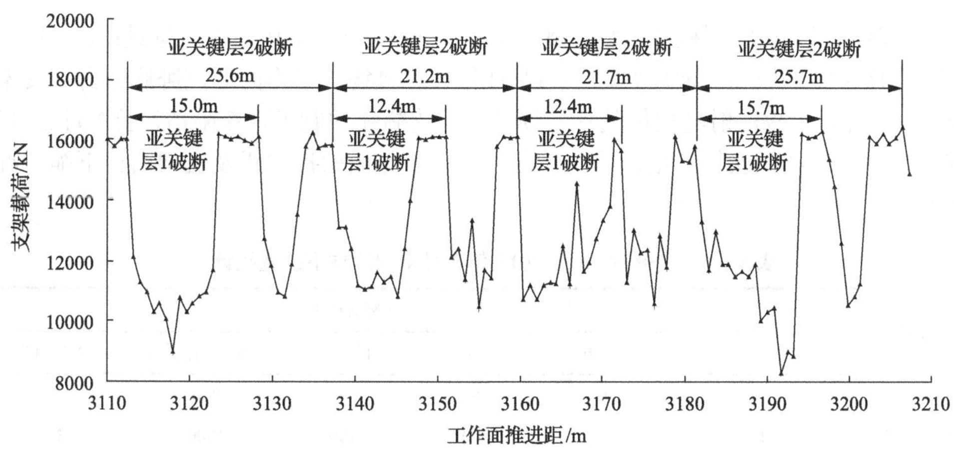

图 5-18　补连塔煤矿 22303 综采面 b115 钻孔区域 70#支架阻力曲线图

5.2　压架冒顶机理

5.2.1　压架冒顶工程案例

52304 综采面是大柳塔井 5^{-2} 煤层三盘区的首采工作面，采用 7.0m 支架进行回采。鉴于前述第 3 章节已对该工作面的基本条件进行了介绍，在此就不再赘述。52304 工作面发生的压架冒顶事故过程[11,12]如下：

2013 年 3 月 7 日早班，52304 综采工作面推进至距离回撤通道 17m，支架增阻明显，但顶板整体完好，工作面平均采高 5.9m，具备挂网条件，开始停机挂网。由于工作面正处于来压阶段，加之挂网前需对端面顶板施工锚杆以悬挂牵引钢丝绳，导致端面顶板出现漏冒现象，矸石冒落到柔性网上形成网兜，造成挂网进度缓慢。至 3 月 9 日 18:00 点，工作面共割煤 2 刀 60 架，38#～108#支架活柱下缩量达到 1.5m，直接导致采煤机行走困难，如图 5-19(a)所示。随后，端面顶板出现恶化，端面冒顶高度逐渐扩大，最大达 10m；冒顶范围也由局部的 30#～40#支架、100#～120#支架逐步扩展为 30#～120#支架整面冒落。

(a) 活柱行程不足

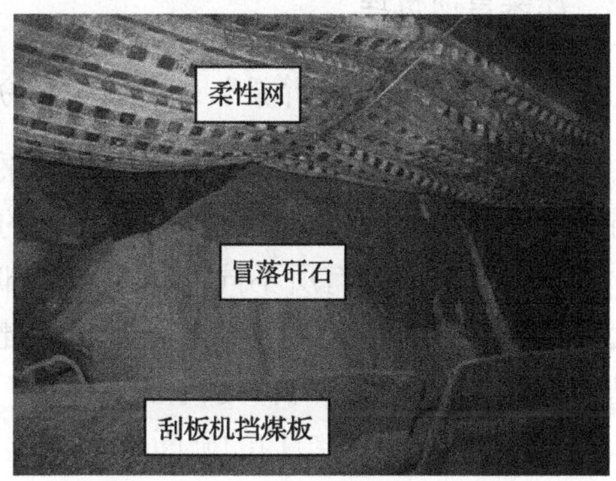

(b) 冒落大块矸石

图 5-19　52304 综采面末采阶段压架冒顶状况

巨大的冒落矸石直接将刮板输送机压死[图 5-19(b)]，导致工作面无法推进；如此进入了“压架冒顶—停采处理—顶板恶化”的恶性循环。最终，工作面通过卧底、拆卸支架护帮板处理压架，顶板注射马丽散处理冒顶等相关措施才控制了顶板险情，于 3 月 23 日顺利推过了压架区域，恢复了正常回采。此过程中工作面的推进距及支架活柱下缩情况详见表 5-6。

表 5-6　52304 综采面 2013 年 3 月支架活柱下缩量统计表

日期	日推进距/m	支架活柱下缩量/mm				
		1#～30#	31#～60#	61#～90#	91#～120#	121#～151#
3 月 7 日	0	50	200	200	200	50
3 月 8 日	1.6	320	1000	1100	1000	320
3 月 9 日	0.8	450	1500	1500	1400	450
3 月 10 日	0	450	1600	1600	1400	450
3 月 11 日	0	450	1600	1600	1400	450
3 月 12 日	0.8	200	500	700	500	200
3 月 13 日	0	200	600	800	500	300
3 月 14 日	0	200	700	1000	700	300
3 月 15 日	0	200	800	1000	800	450
3 月 16 日	0	200	800	1100	800	450
3 月 17 日	0.8	0	50	200	100	0
3 月 18 日	0.8	0	50	150	80	0
3 月 19 日	0.8	0	50	100	50	0
3 月 20 日	1.6	0	50	50	50	0
3 月 21 日	1.6	0	50	50	50	0
3 月 22 日	1.6	0	50	50	50	0
3 月 23 日	2.4	0	50	50	50	0

5.2.2　压架冒顶机理

1. *覆岩关键层“悬臂梁”结构稳定性分析*

由 5.1 节的分析可知，在特大采高开采条件下，覆岩第一层关键层常易直接进入垮落带而破断形成“悬臂梁”结构，该结构的运动状态与一般低采高情况下关键层“砌体梁”结构的运动状态有所不同，从而对下部直接顶及工作面支架的作用效果也将不同。因此，下面将针对特大采高综采面覆岩关键层特有的“悬臂梁”结构形态，分析其破断运动对工作面压架冒顶的作用机理。

关键层“悬臂梁”结构的破断运动及对直接顶和工作面支架的作用过程如图 5-20 所示。当关键层悬露一定长度而发生断裂时，其断裂线一般会超前工作面一定距离；此时，由于煤壁前方煤岩体的限制作用，关键层断裂块体仅能发生较小角度的回转，并达到暂时稳定的状态；与此同时，直接顶也会在断裂块体回转挤压的作用下，在关键层断裂线及工作面端面附近分别产生拉断区和压缩变形区(简称“两区”)[4,13]，如图 5-20(a)所示。随着工作面的继续推进，关键层断裂块体的回转角逐渐加大，“两区”的范围也随之增大，同时伴随出现压缩变形区导致的端面漏冒现象。当工作面推过关键层断裂线时，由于后方已断块体 A 通常是直接垮落至采空区的，它无法对前方破断块体 B 形成侧向的约束作用，因此块体 B 回转过程中将不易形成自稳的承载结构；当工作面移架过程中支架初撑力不够或块体 B 上覆的载荷较大时，该块体将沿断裂线发生失稳错动，从而导致直接顶“两区”的贯通，形成最危险的贯穿式端面冒顶现象，如图 5-20(c)所示。而在此过程中支架阻力也会随顶板岩层的下沉而急速增长，当其循环末阻力不足以平衡关键层“悬臂梁”破断块体 B 及其上覆垮落带岩层的载荷时，块体 B 失稳错动将直接造成工作面压架的发生。由此可见，特大采高综采面覆岩关键层“悬臂梁”结构难以形成稳定的承载结构，是造成工作面压架冒顶发生的根本原因；如何避免关键层“悬臂梁”破断块体发生失稳错动，是防治压架冒顶的关键。

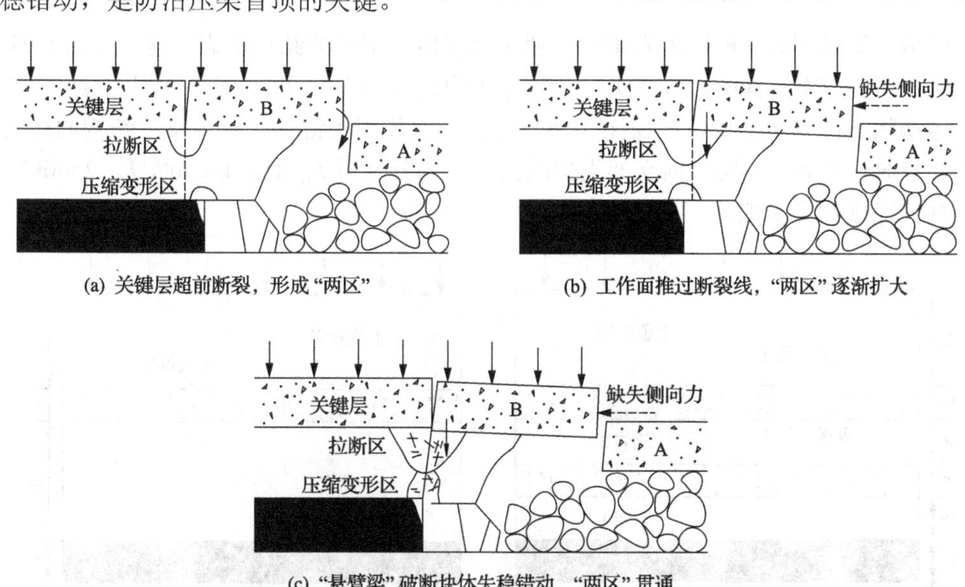

图 5-20　关键层“悬臂梁”结构运动对直接顶的作用过程

而根据前述表 5-3 的计算结果，正是由于 52304 综采面覆岩亚关键层 1 破断运动时形成了“悬臂梁”结构，才造成了前述严重的压架冒顶现象。所以，在特大采高综采面开采过程中，应密切关注顶板岩层的赋存变化情况，在直接顶较薄、关键层层位较低而易形成“悬臂梁”结构的区域加强顶板的控制，以免出现严重的压架冒顶现象。

2. 关键层“悬臂梁”结构失稳引发压架冒顶的模拟实验验证

为了验证上述有关特大采高综采面关键层“悬臂梁”结构对工作面压架冒顶影响的理论分析，同时也对关键层“悬臂梁”和“砌体梁”两种结构形态对直接顶和工作面支架的区别进行对比分析，采用 UDEC 数值模拟软件进行了实验。模型采用莫尔-库仑本构关系，并根据 52304 工作面的开采条件将各岩层进行简化；模型走向长 300m，高度 50m，煤层厚度 7m；模型两端采用位移约束固定边界，上部未铺设的岩层重量以均布载荷的方式施加在模型顶界面，如图 5-21 所示。模拟实验各煤岩层的力学参数见表 5-7。

表 5-7　模拟实验各煤岩层力学参数表

岩层	弹性模量/GPa	泊松比	内摩擦角/(°)	抗拉强度/MPa	容重/(t/m³)
上覆软岩	12	0.28	26	6	2.5
亚关键层 2	20	0.30	30	9	2.7
软岩 2	15	0.26	23	5	2.3
亚关键层 1	20	0.30	30	9	2.7
软岩 1	12	0.22	23	5	2.3
煤层	1.5	0.25	20	2	1.3
底板	30	0.36	38	11	2.8

模拟方案设置时，根据覆岩第一层亚关键层所能形成的结构形态，建立如图 5-21 所示的两个实验方案。其中，方案 1 亚关键层 1 距离煤层 7m，以模拟关键层“悬臂梁”结构的运动状态；方案 2 亚关键层 1 距离煤层 20m，模拟关键层“砌体梁”结构的运动。模型计算时，每个方案均根据支架支护阻力的不同分别对 P_0=1800kN/m^2、P_0=2500kN/m^2 这两种情况进行了模拟。

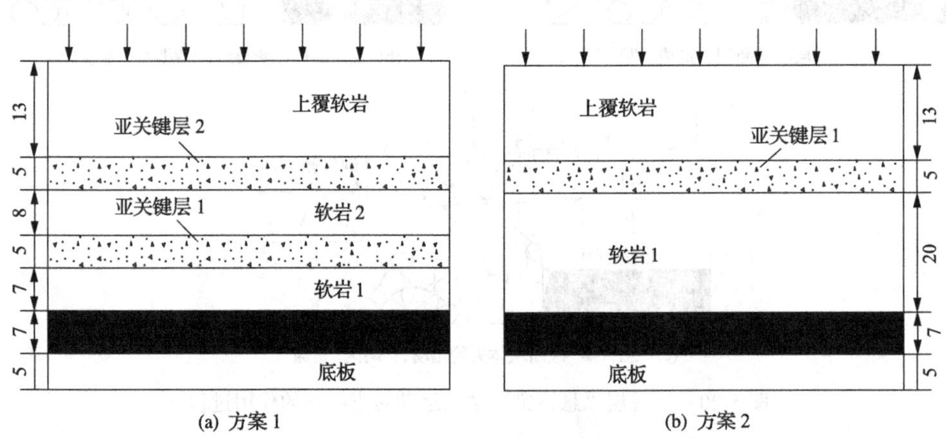

(a) 方案 1　　(b) 方案 2

图 5-21　数值模拟模型图(单位：m)

两方案模拟结果如图 5-20 所示，从图中可以看出，方案 1 由于亚关键层 1 层位较低，呈现出了“悬臂梁”的结构形态；且当支架支护力 P_0 为 1800kN/m^2 时，由于此阻力值未能平衡“悬臂梁”破断块体及其上覆岩层的载荷，该结构发生了失稳错动，从而直接造成了工作面压架的发生，支架活柱下缩 710mm，同时导致端面直接顶产生了严重的冒顶现象[如图 5-22(a)的深色块体]；而当将支架支护力提升至 2500kN/m^2 时，亚关键层 1“悬臂梁”破断结构达到了稳定状态，端面顶板破坏程度明显降低，支架活柱下缩量仅 265mm。而对于方案 2，由于亚关键层 1 处于较高的层位，关键层破断形成了稳定的“砌体梁”结构，由此其回转运动对下部直接顶及支架的影响程度较前者已大为降低，如图 5-22(b)所示，两种支护阻力条件下均未出现压架。

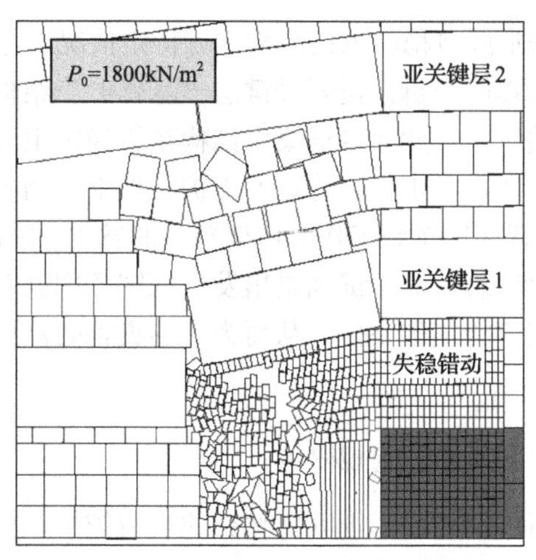

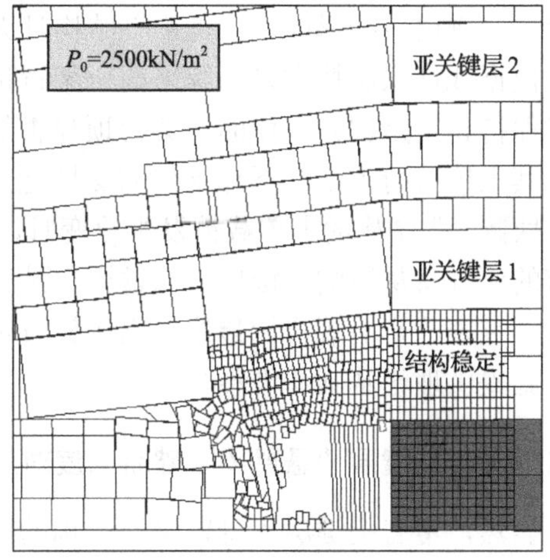

(a) 方案1 (关键层“悬臂梁结构”)

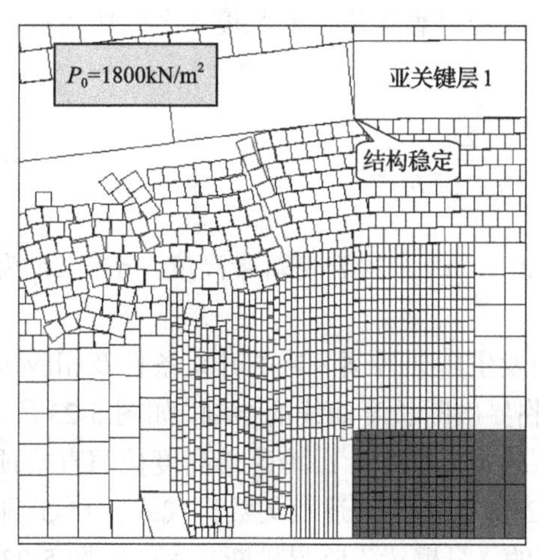

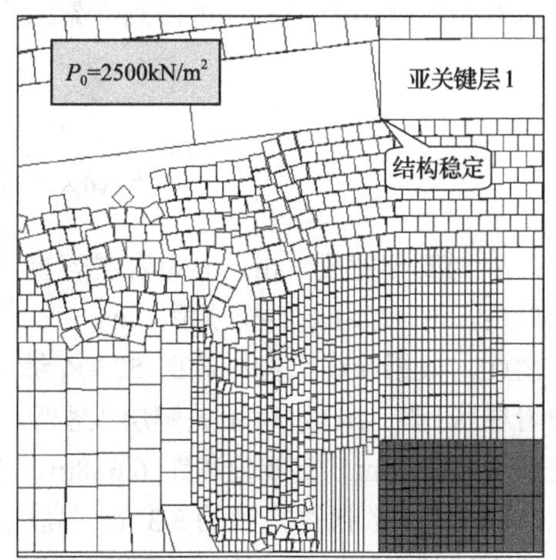

(b) 方案2 (关键层“砌体梁”结构)

图 5-22　模拟实验结果图[13]

由此可见，上述模拟实验的结果验证了前面的理论分析；同时也可发现，确保支架具有较高的支护阻力以平衡关键层“悬臂梁”破断块体及其上覆载荷，是避免出现压架冒顶事故的关键，因此，如何确定特大采高综采面支架合理的工作阻力是亟待解决的重要问题，有关此问题将在后面 5.4 节具体介绍。

5.3　压架冒顶灾害的影响因素

5.1.1 节的分析已指出，特大采高综采面覆岩关键层“悬臂梁”结构的形成需满足式(5-3)所示的条件，且该结构破断运动时并非一直单纯以“悬臂梁”的型式垮落，有时也会形成稳定的铰接结构。若关键层未形成“悬臂梁”结构，或以“悬臂梁”结构运动但形成稳定的铰接结构时，则关键层破断块体的回转运动对直接顶及工作面支架的作用将大大减弱，从而也将难以出现前述 52304 综采面严重的压架冒顶事故。因此，本节的研究主要针对关键层破断形成“悬臂梁”结构且无法形成自稳的承载结构这一特定情况进行。

根据浅埋煤层特大采高综采面压架冒顶机理的分析，覆岩关键层“悬臂梁”结构是否能保持稳定是评判工作面压架冒顶与否的关键；而此“悬臂梁”结构是否稳定主要取决于其上覆载荷大小及下部支架的支护能力。即，在工作面特定的支护条件下，当关键层“悬臂梁”结构的上覆载荷发生改变时，将直接影响到工作面压架冒顶的发生。因此，本节的研究将从影响关键层“悬臂梁”结构上覆载荷的关键因素出发，探究各因素对压架冒顶灾害的影响规律，最终得出压架冒顶灾害的发生条件，从而为现场灾害防治措施的实施提供理论基础和借鉴。

5.3.1　覆岩关键层“悬臂梁”破断长度对压架冒顶的影响规律

显然，覆岩关键层“悬臂梁”结构的破断长度越长，则回转传递的载荷越大，支架阻力越不易平衡其结构稳定性，从而发生压架冒顶的危险性越大。按照支架能维持关键层“悬臂梁”结构的稳定，可得到支架阻力 P 与“悬臂梁”破断长度 l 之间所需满足的关系：

$$l < \frac{P}{B\gamma(h_{垮} - \Sigma h_i)} - \frac{\Sigma h_i}{h_{垮} - \Sigma h_i} l_{\mathrm{k}} \tag{5-5}$$

式中：B 为支架宽度，m；γ 为岩层容重，$\mathrm{N/m^3}$；$h_{垮}$ 为覆岩垮落带高度，m；Σh_i 为直接顶厚度，m；l_{k} 为支架控顶距，m。

由此，根据前述大柳塔煤矿 52304 综采面发生压架冒顶区域的开采条件及相应区域的覆岩柱状(图 3-31)进行了关键层“悬臂梁”临界破断长度曲线的绘制，如图 5-23 所示。取支架宽度 2.05m，支架控顶距 6.618m，岩层容重 $24\mathrm{kN/m^3}$；垮落带高度按照直接顶岩层 1.3 的碎胀系数换算得到的 3.3 倍采高取值 21.67m。将上述相关数据代入式(5-5)即可绘制出不同直接顶厚度、不同支架阻力条件下的“悬臂梁”临界破断长度。从图 5-23 中可以看出，在相同直接顶厚度赋存条件下，支架阻力越高，对应关键层“悬臂梁”结构

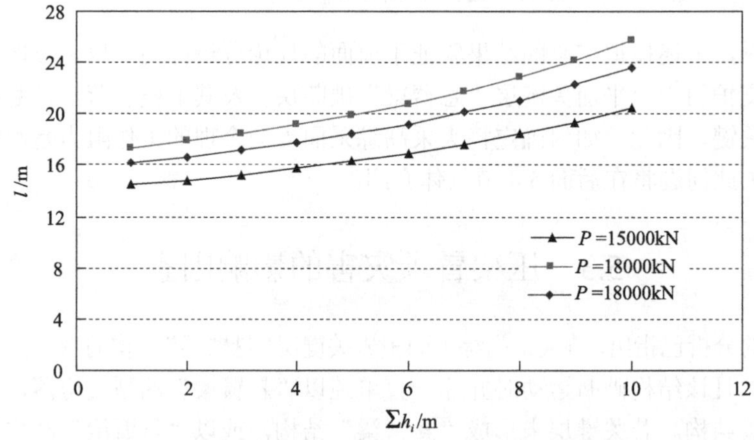

图 5-23　关键层悬臂梁临界破断长度曲线图

所能达到的安全临界破断长度就越长；同时，在相同支架阻力条件下，直接顶厚度越大，对应关键层“悬臂梁”结构所能达到的安全临界破断长度也越长。由此可见，特大采高综采支架阻力越高、直接顶厚度越大，则越不易发生工作面的压架冒顶事故。

结合 52304 工作面发生压架冒顶区域的实际开采条件，其直接顶厚度仅为 2.01m，根据图 5-23，在支架 16800kN 的额定工作阻力条件下，工作面不发生压架冒顶对应上覆关键层“悬臂梁”结构的临界破断长度应为 16.7m。即，只有当“悬臂梁”破断块体的长度处于 16.7m 以内时，工作面的开采才是安全的。而这一计算结果也得到了现场实测数据的验证，如图 5-24 所示。在工作面发生压架冒顶事故前，顶板来压步距(即为关键层“悬臂梁”破断距)基本处于 12.8～15.6m 之间，而直到发生压架冒顶事故位置时，顶板来压步距增大为 18m。正因为覆岩关键层“悬臂梁”破断长度超过了上述 16.7m 的临界值，才造成了压架冒顶的发生。

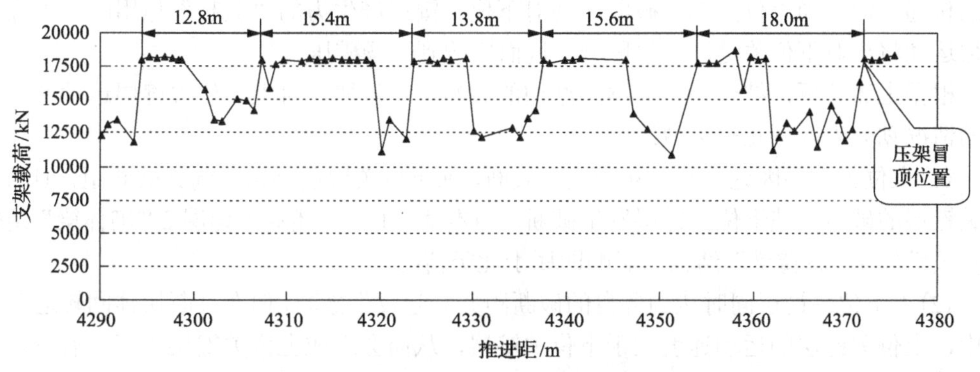

图 5-24　52304 综采面压架冒顶区域支架阻力曲线

相应的，也通过实验室数值模拟实验对上述理论分析结果进行了验证，如图 5-25 所示。模拟实验时，针对覆岩关键层形成“悬臂梁”结构的情况，按照“悬臂梁”破断距为 10m、15m、18m 三种方案，分别进行了数值模拟分析。结果显示，当“悬臂梁”破断块体长度为 10m 和 15m 时，块体一直处于稳定状态，工作面支架也未出现压架现象；而当其破断长度增加至 18m 时，破断块体出现了滑落失稳现象，直接造成压架的发生，导致支架活柱下缩 670mm。

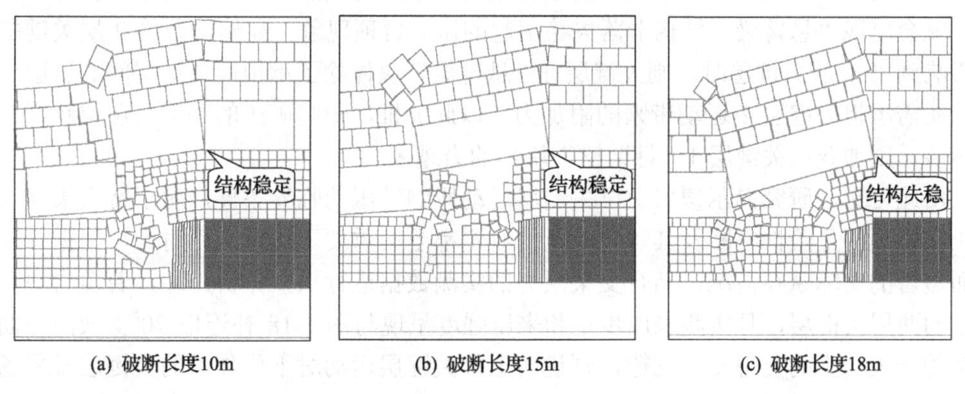

图 5-25　关键层“悬臂梁”结构破断长度对压架冒顶影响的模拟实验结果

综上所述，防止关键层“悬臂梁”结构出现大跨度的悬顶是控制上述压架冒顶事故的关键，提前采取爆破强放以减小关键层“悬臂梁”结构的破断长度不失为一种行之有效的工程措施(具体参见本章 5.5 节)。

5.3.2　覆岩上位关键层结构运动对压架冒顶的影响规律

本章 5.1 节的研究结果已表明，特大采高综采面由于覆岩破断运动范围大幅增加，一定条件下，覆岩第 2 层关键层“砌体梁”结构的破断运动会对下部第 1 层关键层“悬臂梁”结构的运动产生影响，进而造成工作面矿压显现强度及来压步距呈现一大一小的变化特征。以此类推，当工作面采高及覆岩关键层层位满足一定条件时，处于更上位的第 3 层关键层甚至主关键层其破断运动也有可能对下位关键层及采场矿压产生影响。从本质上看，覆岩上下位关键层破断运动是否存在相互影响，关键要视关键层间是否存在力的传递。即，当上位关键层破断运动对下位关键层产生力的“驱赶”作用时，上位关键层运动将会对下位关键层产生影响，进而影响到采场矿压。

根据上述分析，结合覆岩关键层结构的破断运动规律，对上下位关键层运动产生影响的情况划分为以下几种类型：

(1) 上位关键层因达到其破断距发生破断，而下位关键层仍未达到其破断距，但因上位关键层的破断迫使下位关键层发生破断。与本章 5.1 节所述亚关键层 2“砌体梁”结构对亚关键层 1“悬臂梁”结构的影响即属于此类情况。

(2) 上下位关键层同时达到各自的破断距并一起发生破断，但在破断块体回转运动过程中，上位关键层的运动速度大于下位关键层，从而会造成上位关键层“赶”着下位关键层运动，此时上位关键层的运动即对矿压产生影响。

(3) 上下位关键层单独破断、单独运动，但由于上位关键层自身结构稳定性原因，其滑落失稳造成上覆载荷直接施加到下位关键层，造成上位关键层对下位关键层的影响。例如本书第 4 章和第 6 章中，由于地表风积沙厚度增加或沟谷地形的侵蚀作用，导致覆岩主关键层破断结构发生滑落失稳，从而导致主关键层以上载荷向下传递加载到下位关键层上，引起工作面异常强烈的矿压显现(压架、冒顶等)。

当覆岩上位关键层运动影响到下位关键层时，其实质上是增加了第 1 层关键层“悬臂梁”结构块体的载荷；若增加后的载荷使得支架阻力无法平衡“悬臂梁”块体的稳定时，就会出现“悬臂梁”结构滑落失稳引起的压架冒顶现象。显然，若第 2 层关键层运动影响到第 1 层关键层时，则关键层 1“悬臂梁”块体除了承担两关键层间的岩层载荷外，还需承担关键层 2 运动带来的附加力；以此类推，影响矿压的关键层层位越高、层数越多，则加载在关键层 1“悬臂梁”块体的力越大。

由此可见，研究揭示覆岩上位关键层运动影响矿压的临界条件，对于特大采高综采面压架冒顶的危险性判断及其防控对策的制定都至关重要。实际应用时，可根据开采工作面覆岩的实际赋存情况，结合支架阻力的实测数据进行预判分析。即，若覆岩中存在邻近的两层关键层，且实测来压步距和来压强度呈现与图 5-18 补连塔 $70^{\#}$支架阻力曲线类似的一大一小的交替变化规律，则说明上位关键层运动对下位邻近的关键层及采场矿压产生影响。

5.4　支架工作阻力确定

5.4.1　特大采高综采面支架工作阻力确定方法

从上述分析可以发现，特大采高采场覆岩关键层会因工作面采高及关键层赋存条件的差异而形成不同的结构形态，而不同的关键层结构形态又会造成工作面不同的矿压显现。因此，对于特大采高综采面支架工作阻力的计算，应根据关键层所形成的结构形态进行计算，其结果才能满足实际开采时顶板控制要求。

1. 关键层“砌体梁”结构形态支架工作阻力确定

当关键层所处层位距离煤层较远时，一般可形成“砌体梁”结构，此时关键层的回转空间相对较小，工作面矿压显现与一般采高工作面类似，因此，可按 4～8 倍采高岩重法或者“砌体梁”结构平衡关系的理论公式来估算支架的工作阻力[4]。但由于特大采高综采面采高较大，4～8 倍采高岩重法的计算值的上、下限范围较大，不易确定其合理值，但可将其作为其他计算方法的参考值。按“砌体梁”结构的平衡关系进行计算时，支架工作阻力 P 的计算公式[4]为

$$P = Bl_{\mathrm{k}}\sum h_i\gamma + \left[2-\frac{l\tan(\varphi-\theta)}{2(h-\delta)}\right]Q_0B \tag{5-6}$$

式中：B 为支架宽度，m；γ 为岩层容重，N/m^3；φ 和 θ 分别为岩块间摩擦角和岩块破断角，(°)；δ 为破断岩块下沉量，m；Q_0 为关键层破断岩块自身及其上部控制岩层的载荷，kN。

2. 关键层“悬臂梁”结构形态支架工作阻力确定

当关键层距离煤层较近，且处于覆岩垮落带中时，将以“悬臂梁”结构形式破断。由于其上覆岩层的回转量越来越小，因此，裂隙带铰接岩层将可能在两亚关键层之间的某个位置出现，此时支架阻力的计算模型如图 5-26 所示。由于亚关键层 1 破断回转过程

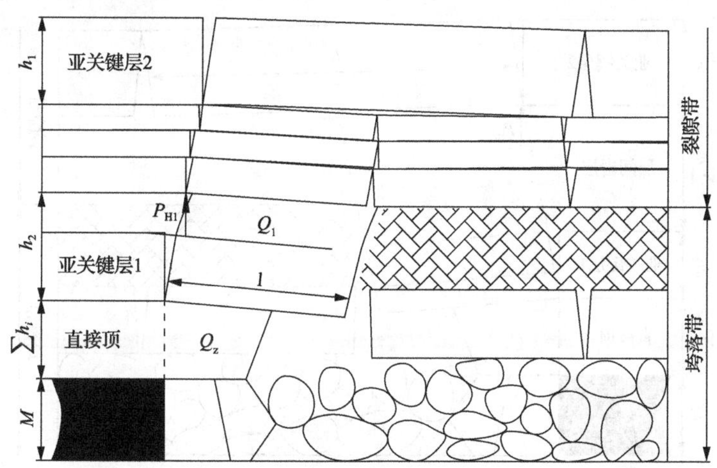

图 5-26　关键层“悬臂梁”结构形态支架工作阻力计算模型

中始终无法形成稳定的结构，因此支架阻力应能保证其不发生滑落失稳，避免垮落带岩层和裂隙带岩层产生离层，同时要给裂隙带下位铰接岩层以作用力，用以平衡其部分载荷，保证其结构的稳定。

所以，关键层形成“悬臂梁”结构形态时支架阻力应从两个部分进行计算，一部分为垮落带岩层的重量，另一部分则为平衡裂隙带下位铰接岩层的平衡力。其中，垮落带岩层的重量应分成两个部分进行计算：亚关键层 1 下部直接顶载荷 Q_z 按照支架控顶距长度计算，而亚关键层 1 及其上部直至垮落带顶界面岩层的重量 Q_1 则以亚关键层 1 的破断长度进行计算。裂隙带下位铰接岩层所需支架给予的平衡力 P_{H1} 则可按照“砌体梁”结构理论计算公式进行。支架工作阻力计算公式为

$$P = Q_z + Q_1 + P_{H1} \tag{5-7}$$

其中，

$$Q_z = Bl_k \sum h_i \gamma \text{，} \quad Q_1 = Blh_2\gamma \text{，} \quad P_{H1} = \left[2 - \frac{l\tan(\varphi - \alpha)}{2(h - \delta_r)}\right] Q_r B$$

式中：h_2 为亚关键层 1 及其上方垮落带内岩层的厚度，m；δ_r 为裂隙带底界面铰接岩块的下沉量，m；Q_r 为裂隙带底界面铰接岩块自身及其上部控制岩层的载荷，kN。

3. 亚关键层 2 对矿压产生影响时支架工作阻力确定

一般情况下，由于特大采高采场覆岩垮落带高度较大，处于下位的第一层亚关键层会进入垮落带中，而上位邻近的第二层亚关键层则一般会处于裂隙带中。若上下位亚关键层之间相互位置满足一定条件时，上部第二层亚关键层的破断运动将会对第一层亚关键层的破断产生影响，进而影响到工作面的矿压显现。若亚关键层 2 的破断对下部亚关键层 1 的破断及采场的矿压产生影响时，工作面支架阻力的计算则需考虑亚关键层 2 的作用，计算时按亚关键层 1 为“悬臂梁”结构这种危险的情况进行，其支架阻力计算模型如图 5-27 所示。

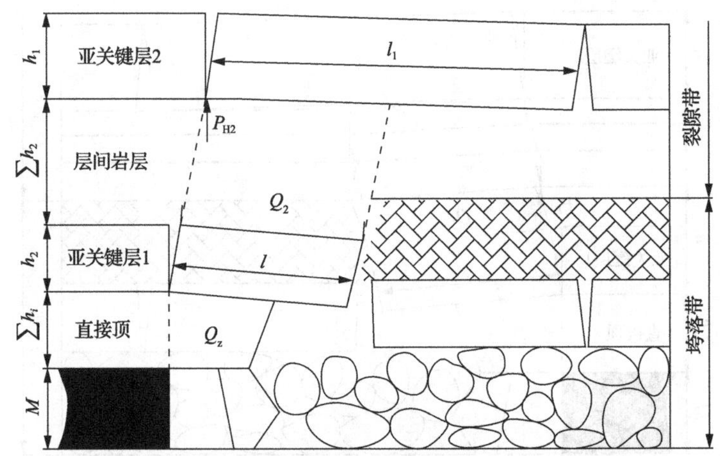

图 5-27　亚关键层 2 对矿压影响时支架阻力计算模型

根据 5.1 节的分析可知，当亚关键层 2 的破断对亚关键层 1 的破断产生影响时，将迫使两关键层之间岩层的载荷都施加到亚关键层 1 破断块体上，因此，此时支架的载荷将由 3 部分组成：亚关键层 1 下方直接顶的重量 Q_z，亚关键层 1 及其与亚关键层 2 之间岩层在破断距内的岩重 Q_2，以及平衡亚关键层 2 铰接结构所需的平衡力 P_{H2}。所以，上部邻近亚关键层 2 破断对矿压产生影响时，支架工作阻力计算公式为

$$P_3 = Q_z + Q_2 + P_{H2} \tag{5-8}$$

其中，

$$Q_z = Bl_k \sum h_i \gamma ,\quad Q_2 = Bl\gamma (h + \sum h_2) \tag{5-9}$$

$$P_{H2} = \left[2 - \frac{l_1 \tan(\varphi - \alpha)}{2(h_1 - \delta_1)} \right] Q_3 B \tag{5-10}$$

式中：$\sum h_2$ 为 2 亚关键层之间岩层的厚度，m；h_1 为亚关键层 2 的厚度，m；δ_1 为亚关键层 2 铰接岩块的下沉量，m；Q_3 为亚关键层 2 铰接岩块自身及其上部控制岩层的载荷，kN。

5.4.2　补连塔煤矿 7.0m 支架工作阻力确定实例

补连塔煤矿 22303 综采面是神东矿区首个采用 7.0m 支架回采的工作面(详见第 3 章 3.3.4 节)，对照工作面整个推进过程中的覆岩变化情况及其关键层所形成的结构形态(表 5-3)，该工作面分别在 b280 钻孔、SK16 钻孔和 b115 三个钻孔区域形成了上节所述的三种状态，因此，下面特针对这三个特定的区域，结合上述关键层三种结构状态时支架阻力的计算方法，利用各区域的钻孔柱状分别进行计算。

1. 关键层“砌体梁”结构状态时支架阻力估算方法(b280 钻孔区域)

从 b280 钻孔柱状(图 3-24)可以看出，距离煤层最近的一层为 11.46m 厚的粗粒砂岩，其与煤层距离为 17.27m。按照 2.5 倍采高估算垮落带高度，则垮落带高度为 15m，因此，关键层将位于裂隙带中，并将以“砌体梁”结构的形态出现。因此，对于该区域支架阻力计算时应采用式(5-6)进行。

根据式(5-6)，令岩块间摩擦系数 $\tan\varphi = 0.8$，$\alpha = 0$；直接顶容重取 25kN/m^3，关键层周期来压步距 L 根据第 2 章节中的实测结果取平均值为 13.2m；取碎胀系数 1.3，则关键层岩块的下沉量 $S_1 = 6.8 + (1-1.3) \times 17.27 = 1.6\text{m}$；控顶距 l_k 为 6.62m，支架中心距为 2.05m。将上述数据代入式(5-6)可计算得支架所需阻力为 16684kN。

2. 关键层“悬臂梁”结构状态时支架阻力估算方法(SK16 钻孔区域)

从 SK16 钻孔柱状图[图 5-4(b)]可以看出，距离煤层最近的一层关键层距离煤层仅有 4.02m，根据上面计算的 15m 垮落带高度，此关键层将进入垮落带中，因此，该区域

关键层将以“悬臂梁”结构形态出现。所以，应采用式(5-7)进行支架阻力的计算。

根据式(5-7)，与前面相同，令岩块间摩擦系数 $\tan\varphi = 0.8$, $\alpha = 0$，直接顶容重取 25kN/m^3；关键层周期来压步距 L_1 根据第 2 章节中的实测结果取平均值为 13.8m；根据垮落带高度的计算，处于裂隙带底界面的岩层应为 8.82m 厚的细粒砂岩，故 h 为 8.82m。取碎胀系数 1.35，则裂隙带下位岩层破断岩块的下沉量 $S = 6.8 + (1-1.35)\times 14.77 = 1.63\text{m}$；控顶距 l_k 为 6.62m，支架中心距为 2.05m。将上述数据代入式(5-7)可计算得支架所需阻力为 16653kN。

3. 上下位邻近关键层之间破断有相互影响时支架阻力估算方法(b115 钻孔区域)

从 b115 钻孔柱状图[图 5-4(a)]可以看出，该区域覆岩存在两层邻近的关键层，下位关键层距离煤层仅有 8.7m，因此下位关键层应处于垮落带中，且根据现场的矿压实测结果也可以看出，上位关键层的破断对下位关键层的破断及采场的矿压造成了影响，因此，该区域支架阻力应根据式(5-8)计算。

同理，由式(5-8)根据实测结果取下位关键层来压步距 13.9m，上位关键层来压步距 23.6m，取垮落带岩层碎胀系数 1.37，上位关键层岩块间摩擦系数 0.9，由此可计算出此区域支架所需阻力为 17612kN。

根据上述 3 个不同开采区域的计算结果，最终得出补连塔煤矿 22303 工作面 7.0m 支架的合理工作阻力应为 17612kN，工作面设计采用支架的 16800kN 工作阻力略显偏小；也正因为如此，补连塔煤矿在 22303 工作面邻近的下一个 22304 工作面回采时，将 7.0m 支架的工作阻力提高为 18000kN，取得了显著的效果。由此可见，上述特大采高综采面支架阻力的确定方法得到了工程实践的验证。

5.5 压架冒顶灾害防治对策与实践

5.5.1 防治对策

1. 防治思路

从前述浅埋煤层特大采高综采面压架冒顶灾害发生机理的分析可知，特大采高综采面覆岩关键层形成的特殊结构形态是造成此类灾害发生的根本原因。因此，对于此类压架冒顶灾害的控制，也应从覆岩关键层形成的结构形态出发，然后进行有针对性的控制和防范，如图 5-28 所示。

如前文所述，结合顶板岩层的赋存情况，根据式(5-3)判断覆岩第一层亚关键层破断形成的结构形态。当覆岩第一层亚关键层因层位较高而形成“砌体梁”结构时，由于关键层破断块体能形成稳定的铰接结构，其回转运动传递给支架的载荷有限，对直接顶岩层的破坏程度也有限，因此，此时仅需保证好支护质量，在支架阻力合理的情况下采取与一般综采面类似的常规防范即可。而当覆岩第一层亚关键层因层位较低形成“悬臂梁”结构时(包括上位关键层结构对矿压有影响)，除了采取一般综采面的常规防范措施外，

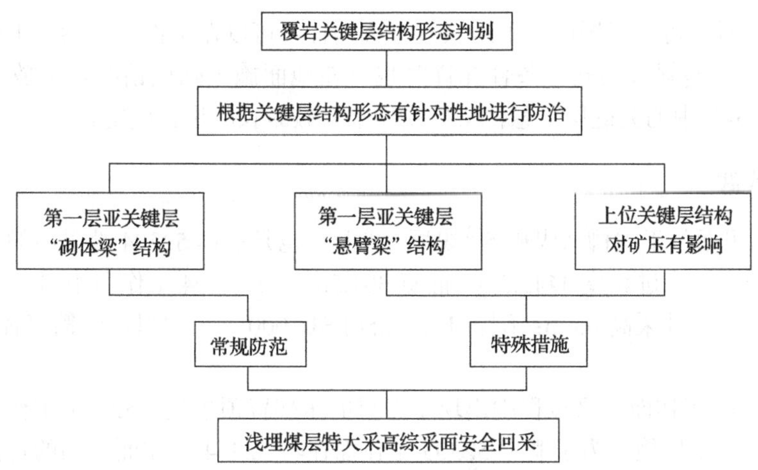

图 5-28 浅埋煤层特大采高综采面压架冒顶灾害防治思路图

还应采取相关特殊措施，以提高支架的支撑能力或减少上覆载荷的传递量，达到灾害防治的目的。

2. 支架选型与工作阻力的确定

1) 提高支架初撑力

由于覆岩亚关键层 1 形成的“悬臂梁”结构处于垮落带中，因此，当支架支撑起来时应保证初撑力能抵挡住垮落带内岩层的重量，即应保证支架的初撑力能平衡关键层“悬臂梁”破断块体及其上覆的载荷。此时支架所需的初撑力 P_0 包括两个部分：亚关键层 1 下部直接顶在支架控顶距内的载荷 Q_z，亚关键层 1 及其上部直至垮落带顶界面岩层的重量 Q_1，如图 5-26 所示。即

$$P_0=Q_z+Q_1 \tag{5-11}$$

所以，亚关键层 1 的破断步距越大，支架所需达到的初撑力值也越高。

2) 合理确定支架额定工作阻力

若判别出覆岩第 1 层关键层无法形成稳定的“砌体梁”结构，则需要根据覆岩上位关键层运动是否对矿压有影响，结合前节所述不同条件下的支架阻力计算方法进行工作阻力的计算，最终根据最危险的情况选取合适的支架额定工作阻力。

3. 采取强放措施减小关键层“悬臂梁”跨度

前述 5.3.1 节的分析已得出，覆岩第 1 层关键层“悬臂梁”破断的长度越大，则需要用以维持其稳定性的支架阻力就越大。所以，在支架阻力一定的条件下，减小关键层“悬臂梁”破断长度是防止工作面出现压架冒顶的有效措施。即，在工作面开采过程中，若发现某区域顶板来压步距偏大或覆岩第 1 层关键层强度/厚度明显增大，则需要对该区域采取人工强放措施，强制第 1 层关键层提前发生破断，以减小其破断步距。

具体实施时，可采用爆破或水压致裂方式进行，可以在工作面两巷或工作面内支架端面位置向上实施强放钻孔，条件允许时也可在地面施工强放钻孔。强放步距应根据5.3.1节中式(5-5)中的关键层“悬臂梁”结构临界破断长度进行确定。

5.5.2 防治实践

52303综采面位于大柳塔煤矿5^{-2}煤层三盘区，也是前述52304综采面的邻近回采工作面。工作面走向推进长度4443.3m，面宽301.5m。与52304工作面相同，仍采用7.0m支架进行回采，设计采高6.6m；配备EKF-公司SL1000型采煤机，滚筒直径3500mm，截深865mm。

鉴于52304工作面回采过程中出现了严重的压架冒顶事故，52303工作面开采前即采取了相应的防范措施。为了避免52303工作面在与52304工作面相同的走向推进位置发生类似的压架冒顶现象，根据该区域的具体覆岩柱状如图5-5(b)所示，进行了52303工作面支架阻力的合理设计。根据前述5.1.1节表5-3的判别结果，该区域覆岩亚关键层1形成“悬臂梁”结构，且考虑到覆岩亚关键层1和亚关键层2距离较近，极易发生亚关键层2破断对亚关键层1及采场矿压的影响；鉴于此，该区域的支架阻力应按照5.4.1节所述第3种情况进行计算。

令岩块间摩擦系数$\tan\varphi = 0.8$，$\alpha = 0$；直接顶容重取25kN/m^3，关键层破断步距L根据52304工作面发生压架冒顶时的来压步距取值18.0m，支架控顶距l_k为6.62m，支架中心距为2.05m，由此计算得出支架所需的工作阻力为18303kN。据此，52303工作面最终确定选择工作阻力为18000kN的7.0m支架，支架型号为郑煤ZY18000/32/70型。正因为支架工作阻力的提高，52303工作面回采过程中才未出现如52304工作面那样的压架冒顶事故，同时也说明5.4节所述的支架阻力确定方法得到了工程实践的验证。

5.6 本章小结

本章针对神东矿区浅埋煤层开采普遍存在的特大采高开采条件，从覆岩关键层结构特征入手，阐述了工作面采高增大后覆岩关键层结构形态的变化规律，揭示了关键层结构运动对矿压显现的影响及其引发采场压架冒顶事故的机理，形成了特大采高综采面支架阻力的确定方法及压架冒顶防治对策，主要形成以下几点结论。

(1)特大采高综采面覆岩亚关键层1通常易进入垮落带中以“悬臂梁”结构运动，而处于上位的其他关键层则一般能铰接形成稳定的“砌体梁”结构，这是特大采高综采面区别于一般采高综采面的典型特征。同时，亚关键层1的这种“悬臂梁”结构破断运动时，会因后方已断块体的垮落位置及其下部直接顶冒落矸石的碎胀系数的不同而发生改变，它有时也会形成稳定的“砌体梁”结构，从而呈现出3种不同的运动型式，即“悬臂梁”直接垮落式、“悬臂梁”双向回转垮落式以及“悬臂梁—砌体梁”交替式。

(2)当覆岩亚关键层1形成“悬臂梁”结构时，工作面周期来压的持续长度与支架控顶距接近，比关键层“砌体梁”结构运动时的明显偏大，且该持续长度会因“悬臂梁”结构的三种运动型式而呈现出非均匀性的变化规律。一定条件下，处于上位的覆岩亚关键层 2、甚至更高层位的关键层的周期破断也会对下位关键层 1“悬臂梁”结构的破断运动产生影响，其主要体现在上位关键层的破断将导致下位关键层的提前破断，最终造成工作面来压步距和来压强度呈现一大一小的周期性交替变化现象，且大步距对应小来压强度。该结论得到了补连塔煤矿 7.0m 支架综采面实测结果的验证。

(3) 基于特大采高综采面覆岩关键层特殊的结构形态及其运动规律，对大柳塔井 52304 特大采高综采面的压架冒顶现象进行了合理解释。由于特大采高综采面覆岩关键层“悬臂梁”结构后方缺失侧向约束力，其破断块体易发生失稳错动，从而切割直接顶引发贯穿式的漏冒现象；当支架阻力不足以抵抗失稳块体向下传递的载荷时，将导致工作面压架冒顶事故的发生。关键层“悬臂梁”破断块体长度越长、上位影响采场矿压的关键层层数越多，则越易发生工作面的压架冒顶事故。

(4) 结合特大采高综采面覆岩关键层形成的不同结构形态，提出了各自的支架工作阻力计算方法。应根据工作面不同钻孔柱状判别的关键层结构形态分别确定支架工作阻力，取其中的最大值作为该工作面合理工作阻力。依此确定了补连塔煤矿 22303 工作面 7.0m 支架的合理工作阻力为 17612kN。

(5) 提出了特大采高综采面压架冒顶灾害的防治对策。首先应保证支架初撑力足以平衡关键层“悬臂梁”破断结构的载荷；其次，应根据覆岩关键层结构具体形态合理确定支架工作阻力；最后，对于支架阻力难以满足的开采条件，可采取强制缩小关键层“悬臂梁”破断块体长度的方式进行压架冒顶灾害的防治。相关防治对策与方法在大柳塔井 52303 综采面 7.0m 支架回采实践中得到成功应用。

参 考 文 献

[1] 王家臣. 厚煤层开采理论与技术. 北京: 冶金工业出版社, 2009.

[2] 许家林, 鞠金峰. 特大采高综采面关键层结构形态及其对矿压显现的影响. 岩石力学与工程学报, 2011, 30(8): 1547-1556.

[3] 鞠金峰, 许家林, 王庆雄. 大采高采场关键层“悬臂梁”结构运动型式及对矿压的影响. 煤炭学报, 2011, 36(12): 2115-2120.

[4] 钱鸣高, 石平五, 许家林. 矿山压力与岩层控制. 徐州: 中国矿业大学出版社, 2010.

[5] Ju J F, Xu J L. Structural characteristics of key strata and strata behaviour of a fully mechanized longwall face with 7.0m height chocks. International Journal of Rock Mechanics & Mining Sciences, 2013, 58(2): 46-54.

[6] Ju J F, Xu J L. Surface stepped subsidence related to top-coal caving longwall mining of extremely thick coal seam under shallow cover. International Journal of Rock Mechanics & Mining Sciences, 2015, 78(8): 27-35.

[7] 钱鸣高, 缪协兴, 许家林, 等. 岩层控制的关键层理论. 徐州: 中国矿业大学出版社, 2003.

[8] 弓培林, 靳钟铭. 大采高综采采场顶板控制力学模型研究. 岩石力学与工程学报, 2008, 27(1): 193-198.

[9] Ju J F, Xu J L, Shan Z J. Mechanisms of the abnormal first weighting in ‘knife handle shaped face’ with 7.0m high supports. International Journal of Oil, Gas and Coal Technology, 2015, 9(3): 348-358.

[10] 鞠金峰, 许家林, 朱卫兵, 等. 7.0m 支架综采面矿压显现规律研究. 采矿与安全工程学报, 2012, 29(3): 344-350.

[11] 罗文. 浅埋大采高综采工作面末采压架冒顶处理技术. 煤炭科学技术, 2013, 41(9): 122-125.

[12] 许家林, 朱卫兵, 鞠金峰, 等. 采场大面积压架冒顶事故防治技术研究. 煤炭科学技术, 2015, 43(6): 1-8.

[13] 鞠金峰, 许家林, 朱卫兵. 浅埋特大采高综采工作面关键层“悬臂梁”结构运动对端面漏冒的影响. 煤炭学报, 2014, 39(7): 1197-1204.

第6章　沟谷地形对浅埋煤层开采矿压显现的影响机理与压架防治

6.1　概　　述

神东矿区随着各矿井年产量逐渐增加及开采强度不断加大，部分区域的第一层煤层已开采完毕，开始进行第2层主采煤层的开采，然而，在对第2层主采煤层进行重复采动的过程中，多个综采工作面出现了剧烈来压现象，如异常压架、冒顶等。例如，2007年，活鸡兔井12304综采工作面过沟谷地形时，曾两次发生动载矿压，导致煤壁片帮及顶板大面积切冒现象，不仅对工作面作业人员及设备构成了严重威胁，而且严重制约了矿井的安全高效生产。

众所周知，工作面矿压显现异常是由采动覆岩结构运动和失稳所引起的，特定条件下的矿压规律与覆岩结构运动特征密切相关。而岩层控制的关键层理论为神东矿区浅埋近距离煤层重复采动条件下覆岩结构运动规律的研究提供了有力工具，只有掌握该条件下采动覆岩运动规律及关键层结构失稳机理，才能从根源上解释工作面过沟谷地形时矿压显现异常的原因。

6.2　压架灾害的工程案例

6.2.1　活鸡兔井12304综采面

1. 工作面开采条件

活鸡兔1^{-2}煤层三盘区位于井田的东部，1^{-2}煤层平均采高4.5m，与上部$1^{-2上}$煤层间距6～27m，1^{-2}煤层倾角0°～5°，埋深40 ～120m，均采用一次采全高后退式综采，全部垮落法管理顶板。截至2008年5月，三盘区内$1^{-2上}$煤层已全部回采完毕，1^{-2}煤层中的12304工作面也回采结束，之后接续开采12305与12306工作面。三盘区内12304面长240m、走向长3318.79m，采用DBT公司生产的液压支架，额定工作阻力为8638kN；12305面长257.2m、走向长3002.18m，12306面长255.7m、走向长2699.3m，两面均采用北京煤机厂掩护式液压支架，额定工作阻力为12000kN。

2. 覆岩关键层结构与地形特征

三盘区地表受冲沟影响形成了明显的沟谷地形。图6-1为三盘区沟谷地形平剖面图。

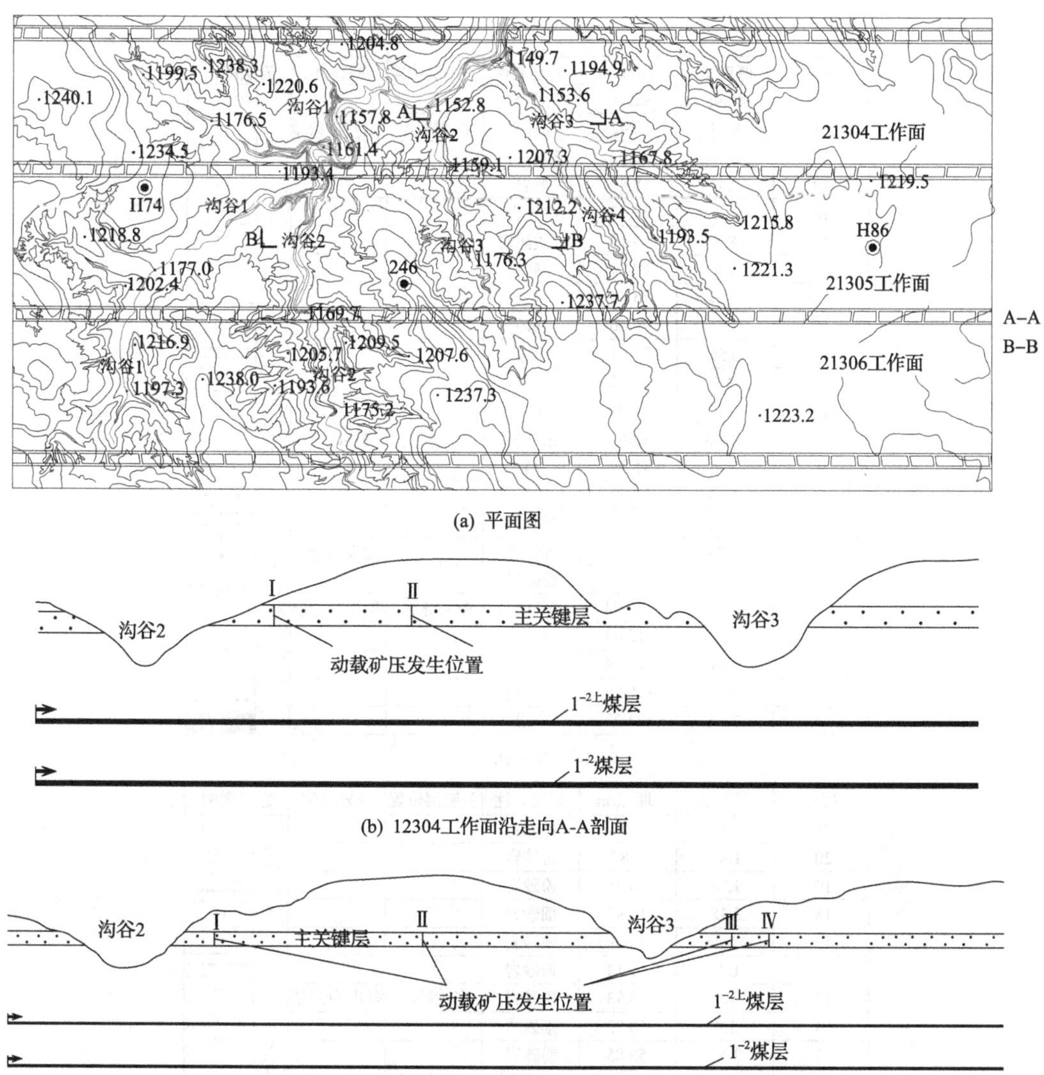

图 6-1　活鸡兔井三盘区沟谷地形与井上下对照

由图 6-1 可见，三盘区地表有一条主沟贯穿整个盘区，五条支沟侵蚀了三盘区地表，在 12304 工作面走向形成了 3 个沟谷，在 12305 工作面走向形成了 4 个沟谷，在 12306 工作面走向形成了 2 个沟谷。沟谷落差 53～70.8m，沿走向坡面倾角总体为 24°～38°。

采用关键层判别软件 KSPB 对三盘区内沟谷地形区域所有的钻孔柱状进行了关键层位置判别，图 6-2 为其中的 246 钻孔、H65 钻孔的关键层判别结果。通过对三盘区内所有钻孔中的主关键层位置与对应区域的沟谷地形图对比分析发现，三盘区内的主关键层位置大都处于谷底标高之上，表明活鸡兔井三盘区沟谷地形区域的主关键层因受冲刷侵蚀而缺失[图 6-1(b)、(c)]。表 6-1 列出了各工作面对应沟谷处主关键层位置及其缺失情况。

层号	厚度/m	埋深/m	岩层岩性	关键层位置	硬岩层位	岩层图例
22	41.98	41.98	泥岩			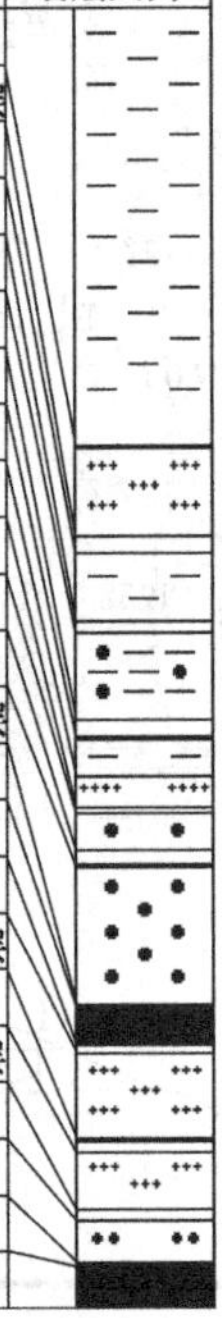
21	8.44	50.42	细砂岩	主关键层	第4层硬岩层	
20	1.6	52.02	粗砂岩			
19	6.47	58.49	泥岩			
18	1.2	59.69	中砂岩			
17	8.5	68.19	砂质泥岩			
16	1.6	69.79	粗砂岩			
15	3.64	73.43	泥岩			
14	3.03	76.46	粉砂岩			
13	0.55	77.01	泥岩			
12	3.5	80.51	粗砂岩			
11	1.5	82.01	泥岩			
10	13.43	95.44	粗砂岩	亚关键层	第3层硬岩层	
9	0.35	95.79	泥岩			
8	3.23	99.02	$1^{-2上}$煤层			
7	0.91	99.93	粉砂岩			
6	8.26	108.19	细砂岩		第2层硬岩层	
5	1.3	109.49	粉砂岩			
4	5.34	114.83	细砂岩	亚关键层	第1层硬岩层	
3	1	115.83	泥岩			
2	4.11	119.94	中砂岩			
1	0.35	120.29	砂质泥岩			
0	3.94	124.23	1^{-2}煤层			

(a) 246钻孔

层号	厚度/m	埋深/m	岩层岩性	关键层位置	硬岩层位	岩层图例
21	7	7.00	松散岩			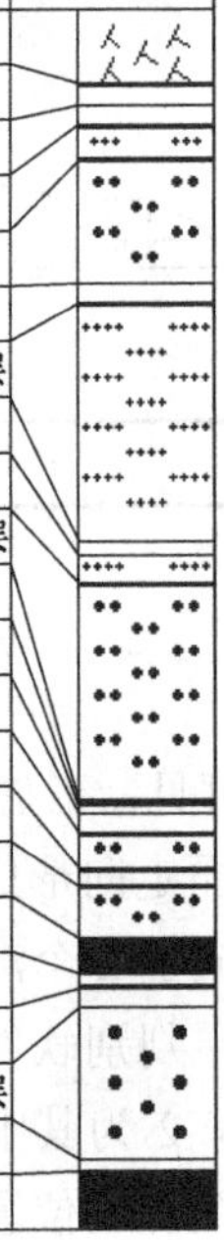
20	1.87	8.87	粉砂岩			
19	1.88	10.75	粉砂岩			
18	3.18	13.93	细砂岩			
17	11.46	25.39	中砂岩			
16	1.74	27.13	粉砂岩			
15	21.87	48.93	粉砂岩	主关键层	第3层硬岩层	
14	1.4	50.33	细砂岩			
13	2.52	52.85	粉砂岩			
12	20.03	72.88	中砂岩	亚关键层	第2层硬岩层	
11	0.2	73.08	1^{-1}煤层			
10	0.87	73.95	粉砂岩			
9	2	75.95	粉砂岩			
8	3.29	79.24	中砂岩			
7	1.64	80.88	细砂岩			
6	4.74	85.62	中砂岩			
5	3.15	88.77	$1^{-2上}$煤层			
4	1.2	89.97	细砂岩			
3	2	91.97	中砂岩			
2	13.94	105.91	粗砂岩	亚关键层	第1层硬岩层	
1	0.98	106.89	粉砂岩			
0	5.4	112.29	1^{-2}煤层			

(b) H65钻孔

图 6-2　三盘区部分钻孔柱状关键层判别结果

表 6-1　三盘区覆岩主关键层与沟谷谷底位置关系

工作面	沟谷序号	沟谷落差/m	主关键层距地表距离/m	主关键层底界面与谷底相对位置/m	主关键层是否缺失
12304	1	62.8	32.6	+21.78	缺失
	2	54.5	19.3	+26.80	缺失
	3	53.7	19.3	+25.98	缺失
12305	1	70.8	35.6	+29.84	缺失
	2	70.0	48.4	+13.18	缺失
	3	60.5	48.8	+3.28	缺失
	4	65.2	53.9	−2.49	未缺失

通过对所有钻孔柱状关键层判别结果的分析还发现，$1^{-2\,上}$煤层开采时，覆岩一般仅有 2 层关键层，在 $1^{-2\,上}$煤层与 1^{-2} 煤层间仅有一层关键层，1^{-2} 煤层开采时，覆岩关键层结构类型属于上煤层已采单一关键层结构。

3. 12304 工作面过沟谷地形动载矿压现象

12304 综采面在过沟谷地形期间采场矿压显现异常强烈，曾发生 2 次动载矿压，工作面出现严重的切顶、冒顶和煤壁片帮现象。图 6-1(b) 标出了 2 次动载矿压沿推进方向发生的位置。第一次动载矿压发生在过沟谷地形上坡段中部时，36#～78#支架间片帮达 1～2m，架前漏顶高度达 1.5～2m，10min 内将刮板运输机溜槽填满，部分支架活柱下缩量达 200mm，支架安全阀开启频繁；与工作面平行的地面裂缝贯穿整个上坡段山体，地面裂缝最大张开度达 1.2m，最大台阶下沉量约达 1.0m 以上。第二次动载矿压发生在过沟谷地形上坡段坡顶时，在 30#～78#支架间发生了端面冒顶和台阶下沉，其中 46#～66#支架顶板切顶最为严重，支架最大活柱下缩量约达 420mm，地面地堑宽度有 4～5m，台阶下沉 1～2m，参见图 6-3。

图 6-3　12304 工作面发生动载矿压时地面台阶下沉照片

6.2.2　活鸡兔井 12305 综采面过沟谷地形的压架案例

12305 工作面在过沟谷地形时也发生了多次不同程度的动载矿压显现，具体位置参见图 6-1(c)。如 12305 工作面推进至 1072m 时[沟谷 2 上坡段，图 6-1(c) 中 I]，40#～130#

支架漏顶达 1.2m；推进至 1142.8m 时[沟谷 2 上坡段，图 6-1(c)中Ⅱ]，80#～100#支架立柱下缩 400mm；推进至 1524.7m 时[沟谷 3 上坡段，图 6-1(c)中Ⅲ]，70#～120#支架立柱下缩 1.0m；推进至 1538.7m 时[沟谷 3 上坡段，图 6-1(c)中Ⅳ]，65#～118#支架立柱下缩 400～500mm。

通过对工作面矿压观测资料与工作面动载矿压现象的分析表明，过沟谷地形时的动载矿压主要发生在上坡段及上坡段的坡顶处，而在过沟谷下坡段和非沟谷地形的平直段，一般不易发生动载矿压显现。表 6-2 所示的不同地形区段工作面矿压观测结果也验证了上述结论。

表 6-2　不同地形区段工作面来压特征表

地貌类型	来压步距/m	来压持续长度/m	最大工作阻力/kN	最大活柱下缩量/mm	最大片帮深度/m	最大冒顶高度/m
下坡	5.2～17.6/9.5	0.8～6.6/3.2	11591	＜50	＜0.8	＜0.5
上坡	6.2～15.6/9.6	1.6～8.0/3.9	13364	400～1000	1.0～2.0	1.5～2.0
平直	5.4～24.0/11.0	2.4～4.8/3.7	11318	＜12	＜0.5	＜0.5

6.3　压架机理

6.3.1　覆岩主关键层结构稳定性分析

针对上述活鸡兔井 1^{-2} 煤三盘区两个工作面在过沟谷地形上坡段出现的动载矿压现象，从关键层结构破断失稳的角度对其发生的机理进行了解释。

据三盘区覆岩关键层结构的分析结果表明，在非沟谷地形的平直段，开采 $1^{-2上}$煤层时覆岩有两层关键层，覆岩关键层破断后一般能形成稳定的“砌体梁”结构。在平直段开采 1^{-2} 煤层时，覆岩为上煤层已采单一关键层结构，只要上部已采的 $1^{-2上}$煤层开采覆岩关键层形成了稳定的结构，则一般也能形成稳定的“砌体梁”结构。在沟谷地形下坡段与上坡段，由于主关键层结构回转方向的侧向水平力限制作用的差异，前者一般能形成稳定结构，而后者一般难以形成稳定结构。图 6-4、图 6-5 分别为在沟谷地形主关键层缺失条件下，下坡段与上坡段主关键层结构运动与稳定性分析图。

由图 6-4 可见，在下坡段，由于工作面推进方向面向沟谷，主关键层回转下沉时能够受到后方破断块体结构的侧向限制作用，有一定的侧向水平压力限制，有利于块体结构的稳定。因此，过沟谷地形下坡段时工作面矿压显现总体正常，不易发生动载矿压现象。

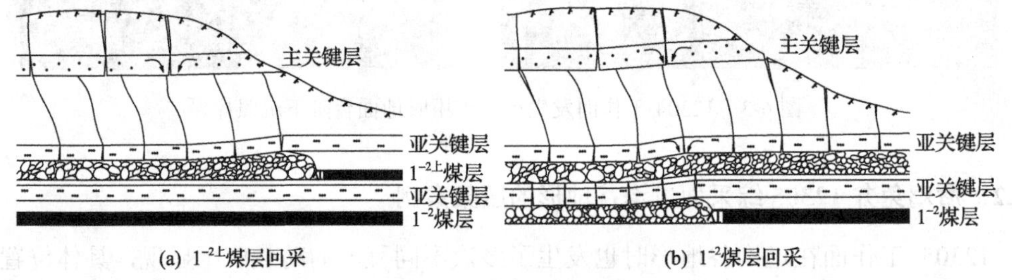

图 6-4　过沟谷地形下坡段时关键层破断块体运动与结构稳定性

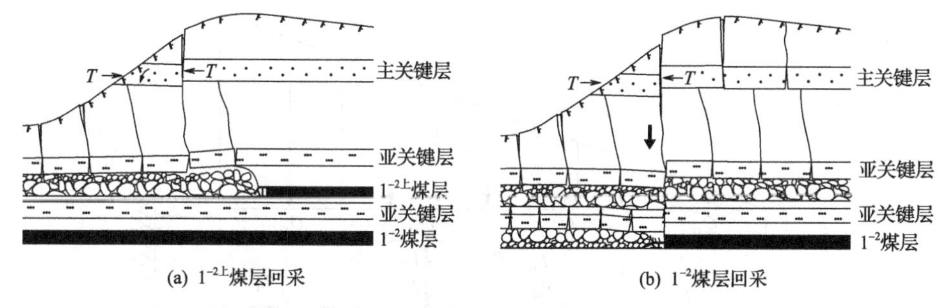

图 6-5　过沟谷地形上坡段时关键层破断块体运动与结构稳定性

由图 6-5 可见，在上坡段，由于工作面推进方向背向沟谷，主关键层破断块体缺少侧向水平挤压力作用，导致 $1^{-2上}$煤层采后其破断块体形不成稳定结构而失稳，在沟谷地形上坡段地面易出现张开裂缝甚至台阶下沉。煤层开采至沟谷地形上坡段时，由于失稳的主关键层破断块体结构将其承载载荷传递于下部单一关键层结构之上，易导致关键层破断块体出现滑落失稳。这是造成浅埋煤层过沟谷地形上坡段时工作面易发生动载矿压的根本原因[1]。

上述现象可以根据“砌体梁”结构平衡条件得到进一步的说明。防止关键层破断块体间出现滑落失稳时的结构平衡要求为

$$T\tan(\varphi-\theta) > (R)_{0-0} \tag{6-1}$$

式中：T 为结构块体的水平推力，N；φ为岩块间的摩擦角，(°)；θ 为破断面与垂直面的夹角，(°)；$(R)_{0-0}$ 为下位岩层对上位岩层的阻力及块间的剪切力，N。

由图 6-5 可见，显然由于过沟谷地形上坡段的主关键层缺失侧向水平挤压力，式(6-1)中的水平推力 T 为 0，显然式(6-1)无法满足，表明主关键层结构易出现滑落失稳。此时，滑落失稳的主关键层将作为下部单一关键层的载荷，导致下部单一关键层因承担载荷太大而不能满足“砌体梁”结构的 S-R 稳定判据，而易出现滑落失稳。

6.3.2　关键层结构失稳的力学分析

1. 过沟谷上坡阶段关键层结构模型的建立

根据活鸡兔井三盘区内地面钻孔柱状及关键层判别结果可知：在上煤层顶板普遍存在两层关键层，其中，亚关键层距上煤层间距较小，基本处于垮落带附近，亚关键层破断垮落后因破碎块体杂乱无序，通常形不成块体咬合结构；而主关键层距上煤层稍远，其破断块体规则有序，可形成块体结构。因下煤层顶板为单一关键层结构，在沟谷地形上坡模型中只考虑两层关键层结构。图 6-6 为主关键层受侵蚀而缺失时的力学模型，图 6-7 为主关键层完好时的力学模型。其中，图 6-6(a)、图 6-7(a)为下煤层工作面开挖至亚关键层第 5 与第 6 个块体铰接点时的情况，此处亚关键层块体断裂线与主关键层块体断裂线位置不对齐；图 6-6(b)、图 6-7(b)为下煤层工作面开挖至亚关键层第 3 块体与第 4 块体铰接点时的情况，此处亚关键层块体断裂线与主关键层块体断裂线位置对齐。通过计算下煤层工作面所对应的亚关键层铰接点的受力大小情况，间接反映哪种情况下工作面所需的工作阻力更大。

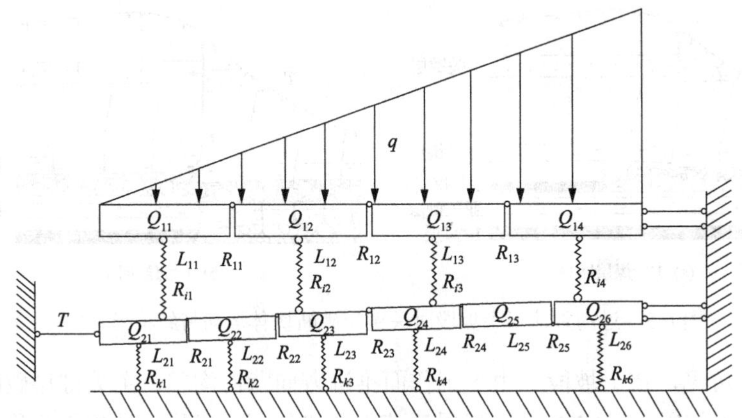

(a) 主关键层与亚关键层断裂线不对齐

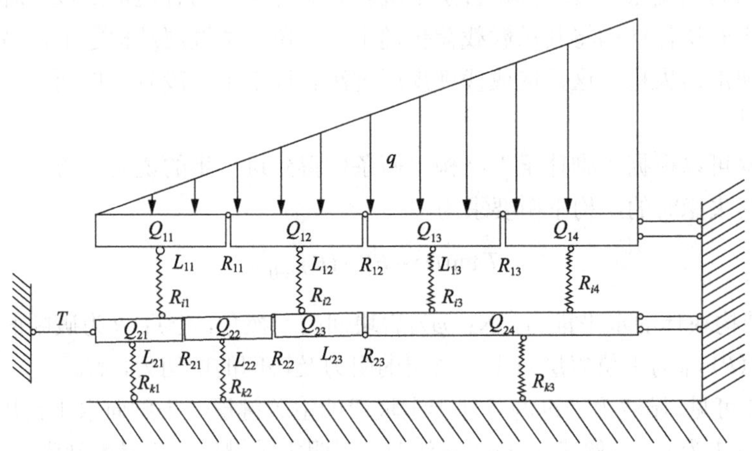

(b) 主关键层与亚关键层断裂线对齐

图 6-6　主关键层缺失时关键层结构受力分析模型

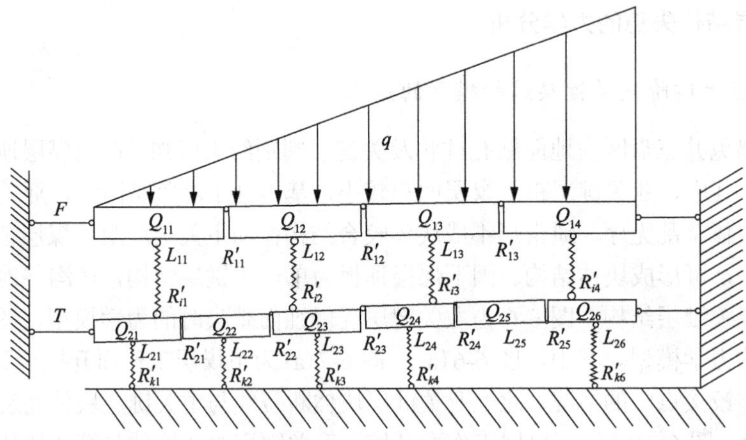

(a) 主关键层与亚关键层断裂线不对齐

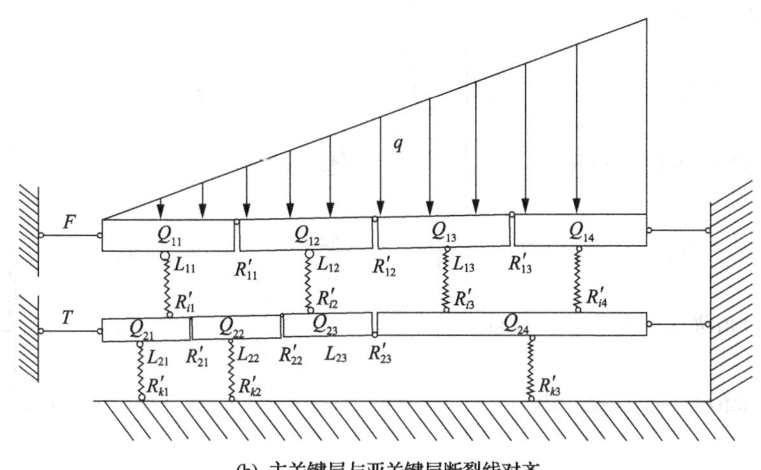

(b) 主关键层与亚关键层断裂线对齐

图 6-7　主关键层完整时关键层结构受力分析模型

图中：Q_{mn} 为第 m 层关键层第 n 个块体自身载荷，N；R_{mn} 为第 m 层关键层第 n 个铰接点处的力，N；L_{mn} 为第 m 层关键层第 n 个块体的长度，m；q 为主关键层上部所受载荷集度，N；γ 为主关键层上部岩体容重；ΔH_n 为主关键层第 n 个块体的相对下沉量，m；ΔS_n 为亚关键层第 n 个块体的相对下沉量，m；h_i 为两层关键层的厚度(1 表示主关键层，2 为亚关键层)，m；R_{ij} 为主关键层被侵蚀情况下主关键层第 j 个块体受下部弹簧的支撑力，N；R_{kj} 为主关键层被侵蚀情况下亚关键层第 j 个块体受下部弹簧的支撑力，N；R'_{ij} 为主关键层未被侵蚀情况下主关键层第 j 个块体受下部弹簧的支撑力，N；R'_{kj} 为主关键层未被侵蚀情况下亚关键层第 j 个块体受下部弹簧的支撑力，N。

对于铰接结构自由度分析可知：图 6-6 和图 6-7 结构的自由度 ω 为

$$\omega = 3n - 2(n-1) - (n+2) = 0 \tag{6-2}$$

式中：n 为岩块的块数；n–1 为铰链数；n+2 为链杆数。

由此可知，此两种结构均为静定结构。

2. 主关键层被侵蚀模型的受力分析

1) 开挖至亚关键层第 6 个块体的分析

首先取图 6-6(a) 中的主关键层进行分析。对于主关键层中第 1～4 块体，根据力学平衡条件，可得如下矩阵式：

$$\begin{bmatrix} \int_0^{L_{11}} \gamma x \tan\theta (L_{11}-x)\mathrm{d}x \\ \int_0^{L_{11}} \gamma x \tan\theta (x-0)\mathrm{d}x \\ \int_{L_{11}}^{L_{11}+L_{12}} \gamma x \tan\theta (L_{11}+L_{12}-x)\mathrm{d}x \\ \int_{L_{11}}^{L_{11}+L_{12}} \gamma x \tan\theta (x-L_{11})\mathrm{d}x \\ \int_{L_{11}+L_{12}}^{L_{11}+L_{12}+L_{13}} \gamma x \tan\theta (L_{11}+L_{12}+L_{13}-x)\mathrm{d}x \\ \int_{L_{11}+L_{12}}^{L_{11}+L_{12}+L_{13}} \gamma x \tan\theta (x-L_{11}-L_{12})\mathrm{d}x \end{bmatrix} = \begin{bmatrix} \frac{L_{11}}{2} & & & & & \\ \frac{L_{11}}{2} & & & L_{11} & & \\ & \frac{L_{12}}{2} & & -L_{12} & & \\ & \frac{L_{12}}{2} & & & L_{12} & \\ & & \frac{L_{12}}{2} & & L_{13} & \\ & & \frac{L_{12}}{2} & & & -L_{13} \end{bmatrix} \begin{bmatrix} (R_{i1}-Q_{11}) \\ (R_{i2}-Q_{12}) \\ (R_{i3}-Q_{13}) \\ R_{11} \\ R_{12} \\ R_{13} \end{bmatrix} \tag{6-3}$$

从式(6-3)中解出 R_{i1}、R_{i2}、R_{i3} 后代入可得：

$$R_{i1} = \frac{1}{3}\tan\theta L_{11}^2\gamma + Q_{11} \tag{6-4}$$

$$R_{i2} = \frac{1}{3}\tan\theta L_{11}^2\gamma + \frac{1}{3}\tan\theta L_{12}^2\gamma + \tan\theta L_{11}L_{12}\gamma + Q_{12} \tag{6-5}$$

$$R_{i3} = \frac{1}{3}\tan\theta\left(L_{11}^2 + L_{12}^2\right)\gamma + \frac{1}{3}\tan\theta L_{13}^2\gamma + \tan\theta\left(L_{11}+L_{12}\right)L_{13}\gamma + Q_{13} \tag{6-6}$$

取图 6-6(a)中的亚关键层结构进行力学分析，可以得出矩阵式(6-7)：

$$\begin{bmatrix} 0 \\ 0 \\ R_{i2}\frac{L_{23}}{3} \\ R_{i2}\frac{2L_{23}}{3} \\ R_{i3}\frac{2L_{24}}{3} \\ R_{i3}\frac{L_{24}}{3} \\ 0 \\ 0 \end{bmatrix} = \begin{bmatrix} \frac{L_{22}}{2} & & & & & & & & -\Delta S_2 \\ \frac{L_{22}}{2} & & & & -L_{22} & & & & \Delta S_2 \\ & \frac{L_{23}}{2} & & & L_{23} & & & & -\Delta S_3 \\ & \frac{L_{23}}{2} & & & & -L_{23} & & & \Delta S_3 \\ & & \frac{L_{24}}{2} & & & L_{24} & & & -\Delta S_4 \\ & & \frac{L_{24}}{2} & & & & -L_{24} & & \Delta S_4 \\ & & & \frac{L_{25}}{2} & & & -L_{25} & & -(h_2-\Delta S_5) \\ & & & \frac{L_{25}}{2} & & & & -L_{25} & (h_2-\Delta S_5) \end{bmatrix} \times \begin{bmatrix} (R_{k2}-Q_{22}) \\ (R_{k3}-Q_{23}) \\ (R_{k4}-Q_{24}) \\ Q_{25} \\ R_{22} \\ R_{23} \\ R_{24} \\ R_{25} \\ T \end{bmatrix} \tag{6-7}$$

求解该矩阵得出：

$$\left(\frac{(h_2-\Delta S_5)}{L_{25}}+2\frac{\Delta S_4}{L_{24}}-2\frac{\Delta S_3}{L_{23}}+2\frac{\Delta S_2}{L_{22}}\right)T=\frac{1}{2}Q_{25}+\frac{1}{3}R_{i2}+\frac{1}{3}R_{i3} \tag{6-8}$$

图 6-6 中 R_{25} 处的铰接点存在一个水平挤压力和竖直摩擦力，由于该结构点水平挤压力为横值，即该结构点静摩擦力一定，为了能够反映该结构下工作面支架的工作阻力大小，进一步简化将 R_{25} 看作该结构点静摩擦力与支架工作阻力之和。如果让此结构稳定时所需的 R_{25} 值越大，则支架阻力越大。根据上述矩阵式，求出 R_{25} 得：

$$R_{25}=\frac{Q_{25}}{2}+\frac{(h_2-\Delta S_5)\left(\frac{1}{2}Q_{25}+\frac{1}{3}R_{i2}+\frac{1}{3}R_{i3}\right)}{L_{25}\left(\frac{(h_2-\Delta S_5)}{L_{25}}+2\frac{\Delta S_4}{L_{24}}-2\frac{\Delta S_3}{L_{23}}+2\frac{\Delta S_2}{L_{22}}\right)} \tag{6-9}$$

2) 开挖至亚关键层第 4 个块体的分析

对于图 6-6(b) 进行力学分析，主关键层各块体平衡条件同式(6-2)。对亚关键层进行力学分析，可以得出矩阵式：

$$\begin{bmatrix} 0 \\ 0 \\ -R_{i2}\frac{2L_{23}}{3} \\ -R_{i2}\frac{L_{23}}{3} \end{bmatrix}=\begin{bmatrix} \frac{L_{22}}{2} & & & & -\Delta S_2 \\ \frac{L_{22}}{2} & & -L_{22} & & \Delta S_2 \\ & \frac{L_{23}}{2} & -L_{23} & & -(h_2-\Delta S_3) \\ & \frac{L_{23}}{2} & & -L_{23} & (h_2-\Delta S_3) \end{bmatrix}\times\begin{bmatrix} R_{k2}-Q_{22} \\ Q_{23} \\ R_{22} \\ R_{23} \\ T \end{bmatrix} \tag{6-10}$$

将式(6-5)和式(6-6)代入式(6-10)，得出：

$$R_{23}=\frac{Q_{23}}{2}+\frac{1}{3}R_{i2}+\frac{(h_2-\Delta S_3)\left(\frac{1}{2}Q_{25}+\frac{2}{3}R_{i2}\right)}{L_{25}\left(\frac{(h_2-\Delta S_3)}{L_{25}}+2\frac{\Delta S_2}{L_{22}}\right)} \tag{6-11}$$

3. 主关键层未被侵蚀模型的力学分析

1) 开挖至亚关键层第 6 个块体的分析

首先取图 6-7(a) 的主关键层进行分析，根据力学平衡条件，可得如下矩阵式：

$$
\begin{bmatrix}
\int_{0}^{L_{11}} \gamma x \tan\theta (L_{11}-x)\mathrm{d}x \\
\int_{0}^{L_{11}} \gamma x \tan\theta (x-0)\mathrm{d}x \\
\int_{L_{11}}^{L_{11}+L_{12}} \gamma x \tan\theta (L_{11}+L_{12}-x)\mathrm{d}x \\
\int_{L_{11}}^{L_{11}+L_{12}} \gamma x \tan\theta (x-L_{11})\mathrm{d}x \\
\int_{L_{11}+L_{12}}^{L_{11}+L_{12}+L_{13}} \gamma x \tan\theta (L_{11}+L_{12}+L_{13}-x)\mathrm{d}x \\
\int_{L_{11}+L_{12}}^{L_{11}+L_{12}+L_{13}} \gamma x \tan\theta (x-L_{11}-L_{12})\mathrm{d}x
\end{bmatrix}
=
\begin{bmatrix}
\frac{L_{11}}{2} & & & & & & -\Delta H_1 \\
\frac{L_{11}}{2} & & & L_{11} & & & \\
 & \frac{L_{12}}{2} & & -L_{12} & & & -\Delta H_2 \\
 & \frac{L_{12}}{2} & & & L_{12} & & \Delta H_2 \\
 & & \frac{L_{13}}{2} & & -L_{13} & & -\Delta H_3 \\
 & & \frac{L_{13}}{2} & & & L_{13} & \Delta H_3
\end{bmatrix}
\begin{bmatrix}
(R_{i1}-Q_{11}) \\ (R_{i2}-Q_{12}) \\ (R_{i3}-Q_{13}) \\ R'_{11} \\ R'_{12} \\ R'_{13} \\ F
\end{bmatrix}
\tag{6-12}
$$

解该矩阵，得：

$$
R'_{i2}=\frac{1}{3}\tan\theta L_{11}^{2}\gamma+\frac{1}{3}\tan\theta L_{12}^{2}\gamma+\tan\theta L_{11}L_{12}\gamma+Q_{12}+2F\frac{\Delta H_2}{L_{12}}-4F\frac{\Delta H_1}{L_{11}} \tag{6-13}
$$

$$
\begin{aligned}
R'_{i3}=&\frac{1}{3}\tan\theta(L_{11}^{2}+L_{12}^{2})\gamma+\frac{1}{3}\tan\theta L_{13}^{2}\gamma+\tan\theta(L_{11}+L_{12})L_{13}\gamma \\
&+Q_{13}+2F\frac{\Delta H_3}{L_{13}}-4F\frac{\Delta H_2}{L_{12}}+4F\frac{\Delta H_1}{L_{11}}
\end{aligned}
\tag{6-14}
$$

对图 6-7(a) 中的亚关键层进行受力分析所得的矩阵式为

$$
\begin{bmatrix}
0 \\ 0 \\ R'_{i2}\frac{L_{23}}{3} \\ R'_{i2}\frac{2L_{23}}{3} \\ R'_{i3}\frac{2L_{24}}{3} \\ R'_{i3}\frac{L_{24}}{3} \\ 0 \\ 0
\end{bmatrix}
=
\begin{bmatrix}
\frac{L_{22}}{2} & & & & & & & & -\Delta S_2 \\
\frac{L_{22}}{2} & & & & -L_{22} & & & & \Delta S_2 \\
 & \frac{L_{23}}{2} & & & L_{23} & & & & -\Delta S_3 \\
 & \frac{L_{23}}{2} & & & & -L_{23} & & & \Delta S_3 \\
 & & \frac{L_{24}}{2} & & & L_{24} & & & -\Delta S_4 \\
 & & \frac{L_{24}}{2} & & & & -L_{24} & & \Delta S_4 \\
 & & & \frac{L_{25}}{2} & & & -L_{25} & & -(h_2-\Delta S_5) \\
 & & & \frac{L_{25}}{2} & & & & -L_{25} & (h_2-\Delta S_5)
\end{bmatrix}
\times
\begin{bmatrix}
(R'_{k2}-Q_{22}) \\ (R'_{k3}-Q_{23}) \\ (R'_{k4}-Q_{24}) \\ Q_{25} \\ R'_{22} \\ R'_{23} \\ R'_{24} \\ R'_{25} \\ T
\end{bmatrix}
\tag{6-15}
$$

并将式(6-13)与式(6-14)代入式(6-15)得出：

$$R'_{25}=\frac{Q_{25}}{2}+\frac{(h_2-\Delta S_5)\left(\frac{1}{2}Q_{25}+\frac{1}{3}R'_{i2}+\frac{1}{3}R'_{i3}\right)}{L_{25}\left(\frac{(h_2-\Delta S_5)}{L_{25}}+2\frac{\Delta S_4}{L_{24}}-2\frac{\Delta S_3}{L_{23}}+2\frac{\Delta S_2}{L_{22}}\right)} \tag{6-16}$$

2) 开挖至亚关键层第 4 个块体的分析

首先取图 6-7(b)主关键层结构进行分析，与图 6-7(a)相同，亚关键层结构分析同图 6-6(b)亚关键层结构一致，可得矩阵式为

$$\begin{bmatrix}0\\0\\-R'_{i2}\frac{2L_{23}}{3}\\-R'_{i2}\frac{L_{23}}{3}\end{bmatrix}=\begin{bmatrix}\frac{L_{22}}{2} & & & -\Delta S_2\\ \frac{L_{22}}{2} & -L_{22} & & \Delta S_2\\ \frac{L_{23}}{2} & -L_{23} & & -(h_2-\Delta S_3)\\ \frac{L_{23}}{2} & & -L_{23} & (h_2-\Delta S_3)\end{bmatrix}\times\begin{bmatrix}R'_{k2}-Q_{22}\\Q_{23}\\R'_{22}\\R'_{23}\\T\end{bmatrix} \tag{6-17}$$

将式(6-13)和式(6-14)代入式(6-17)，得出：

$$R'_{23}=\frac{Q_{23}}{2}+\frac{1}{3}R'_{i2}+\frac{(h_2-\Delta S_3)\left(\frac{1}{2}Q_{25}+\frac{2}{3}R'_{i2}\right)}{L_{25}\left(\frac{(h_2-\Delta S_3)}{L_{25}}+2\frac{\Delta S_2}{L_{22}}\right)} \tag{6-18}$$

4. 对比分析

为了便于分析、说明问题，故对模型求解做进一步简化：假设主关键层、亚关键层各块体长度相等，各块体回转后的斜率相同。由于块体长度相等，故主关键层中各块体间相对下沉量 ΔH 、亚关键层中各块体间相对下沉量 ΔS 也相等。

1) 主关键层被侵蚀时的两种情况比较

根据上述模型的假设，对于式(6-5)与式(6-6)进行化简，得到如下两式：

$$R_{i2}=\frac{5}{3}\tan\theta L^2\gamma+Q_{上} \tag{6-19}$$

$$R_{i3}=\frac{9}{3}\tan\theta L^2\gamma+Q_{上} \tag{6-20}$$

式中：$Q_{上}$为主关键层各块体的重量，kN；L 为各块体的长度，m。

据此，有：

$$R_{25}=\frac{Q_{下}}{2}+\frac{(h_2-\Delta S)\left(\frac{1}{2}Q_{下}+\frac{14}{9}\tan\theta L^2\gamma+\frac{2}{3}Q_{上}\right)}{(h_2+\Delta S)} \tag{6-21}$$

$$R_{23}=\frac{Q_{下}}{2}+\frac{(h_2-\Delta S)\left(\frac{1}{2}Q_{下}+\frac{5}{3}\tan\theta L^2\gamma+\frac{2}{3}Q_{上}\right)+2\Delta S\frac{5}{9}\tan\theta L^2\gamma}{(h_2+\Delta S)}+\frac{1}{3}Q_{上} \tag{6-22}$$

$$R_{23}-R_{25}=\frac{(h_2-\Delta S)\frac{1}{9}\tan\theta L^2\gamma+2\Delta S\frac{5}{9}\tan\theta L^2\gamma}{(h_2+\Delta S)}+\frac{1}{3}Q_{上}>0 \tag{6-23}$$

式中：$Q_{下}$为亚关键层各块体的重量，kN。

以 246 地面钻孔柱状为例，取主关键层厚度 h_1=8.44m，亚关键层厚度 h_2=5.34m，块体回转量 ΔS=3m，主关键层上部岩土体层容重 γ=20000N/m^3，沟谷坡角 θ=25°，关键层破断块体长度 L=15m，将相关数据代入式(6-23)，可得：R_{23}/R_{25}=1.79，可见，R_{23} 比 R_{25} 大 79%。

如以 H86 地面钻孔柱状为例，取主关键层厚度 h_1=13.82m，亚关键层厚度 h_2=12.83m，块体回转量 ΔS=3m，主关键层上部岩土体层容重 γ=20000N/m^3，沟谷坡角 θ=25°，关键层破断块体长度 L=15m，将相关数据代入式(6-23)，可得：

R_{23}/R_{25}=1.33，可见，R_{23} 比 R_{25} 大 33%。同理，以 106 地面钻孔柱状为例，取主关键层厚度 h_1=35.67m，亚关键层厚度 h_2=4.96m，其他参数与上述钻孔一致，最终得到：R_{23}/R_{25}=2.36，可见，R_{23} 比 R_{25} 大 136%。

综上所述可知，在主关键层被侵蚀而缺少侧向水平压力作用时，如果亚关键层块体断裂线与主关键层块体断裂线位置对齐，则其下所需的支架工作阻力最大。

2) 两层关键层块体断裂线位置对齐时的对比分析

将图 6-6(b)与图 6-7(b)进行对比。由式(6-11)与式(6-18)相减，可得：

$$R'_{23}-R_{23}=\frac{(h_2-\Delta S)\left(-\frac{4}{3}F\frac{\Delta H}{L}\right)}{(h_2+\Delta S)}-\frac{2}{3}F\frac{\Delta H}{L}<0 \tag{6-24}$$

式(6-24)表明：上坡阶段，若煤层开挖至亚关键层块体断裂线与主关键层块体断裂线对齐位置时，主关键层被侵蚀情况下工作面来压明显比主关键层未被侵蚀情况下工作面来压剧烈。

6.3.3 压架机理的物理模拟实验验证

1. 物理模拟方案设计

为了校验浅埋近距离煤层工作面过沟谷地形上坡段时易发生动载矿压的机制，采用相似材料物理模拟实验进行了对比分析。模型实验架长×宽×高为 130cm×12cm×120cm。模型几何相似比为 1∶100，容重相似比 0.67，应力相似比 1∶150。

建立了两个物理模型，其中，方案一为模拟主关键层在被侵蚀条件下过沟谷时主关键层块体结构的运动状况[图 6-8(a)]。方案二则为模拟主关键层未被侵蚀条件下过沟谷时主关键层块体结构的运动状况[图 6-8(b)]，与方案一区别仅在于主关键层有无侧向水平挤压力作用，即方案一中主关键层因受侵蚀而无水平侧向挤压力，方案二中则通过边界条件限制赋予了主关键层块体侧向挤压力。

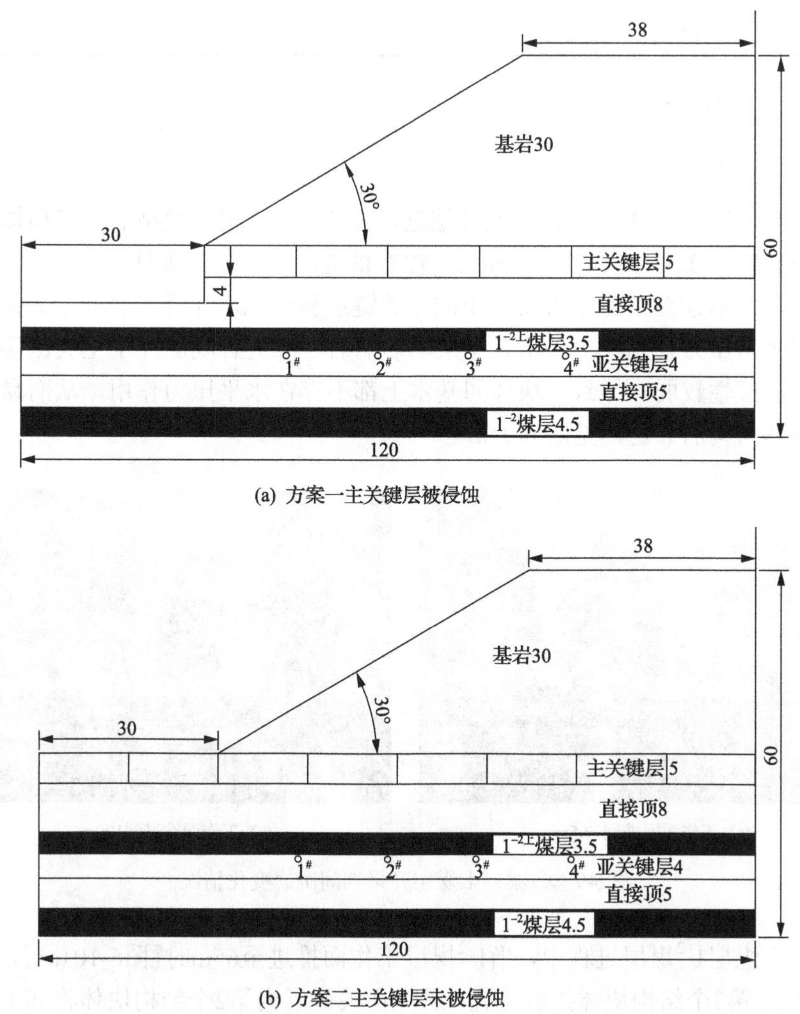

图 6-8　物理模拟方案示意图(单位：cm)

物理模拟材料以河砂、云母做骨料，以碳酸钙和石膏做胶结料，在煤层中则加入一定比例的粉煤灰。根据工作面各岩层岩性赋存特征及实测的力学参数，确定的物理模型参数如表 6-3 所示。

表 6-3　物理模型参数

岩性	厚度/cm	抗压强度/kPa	容重/(kN/m³)	配比号	水量配比
上部基岩	30	30.5	26	755	1/9
主关键层	5	33.2	27.9	373	1/7
直接顶	8	30.5	26	755	1/9
$1^{-2上}$煤层	3.5	11.8	13.5	773	1/9
亚关键层	4	33.2	27.9	373	1/9
直接顶	5	30.5	26	755	1/9
1^{-2}煤层	4.5	11	13.5	773	1/9

2. 模拟结果与分析

1) 方案一模拟结果

方案一开挖过程历时 2 天，每次开挖进尺为 2.5cm，根据模型的几何相似比换算得出每次采出长度为 2.5m。上下煤层都由左往右推进，不留边界煤柱。

当开采 $1^{-2上}$煤层时，由于方案一中的主关键层被侵蚀，靠近谷底的主关键层结构块体侧向无水平挤压力限制，当受上煤层采动影响后，靠近谷底的几个主关键层结构块体相互之间的铰接性较弱，导致各块体间基本上都不存在水平压力作用，从而易引起主关键层破断块体结构的失稳，见图 6-9(a)。

(a) 工作面推进到77.5m

(b) 工作面推进到120m

图 6-9　方案一上煤层开采期间围岩变化情况

在开采下煤层1^{-2}煤层过程中，当1^{-2}煤层工作面推进至65m时[图6-10(a)]，正处于主关键层内第2、第3个结构块体接触位置，虽然主关键层内第2个结构块体将其上方岩体载荷全部传递于其下部煤岩体中，但是，因其传递的总载荷仍不足于使下煤层顶板亚关键层破断结构失稳，故此时上煤层已采单一关键层结构破断时仍保持稳定，未出现动载矿压现象。当1^{-2}煤层工作面推进至77.5m时[图6-10(b)]，由于主关键层所承受的上覆岩体载荷逐渐增大，使下煤层单一关键层结构块体无法承受主关键层结构块体失稳传递下来的载荷，从而引发下煤层工作面出现切顶现象。

(a) 工作面推进到65m　　(b) 工作面推进到77.5m

图 6-10　方案一下煤层开采期间围岩变化情况

2)方案二模拟结果

在方案二 $1^{-2上}$煤层开挖过程中，由于能够控制地表移动变形的主关键层未受侵蚀影响，其侧向始终受到水平挤压力作用，各块体间能相互咬合并形成稳定结构，致使 $1^{-2上}$煤层采动过程中，上坡段未出现台阶下沉，见图 6-11。

(a) 工作面推进到62.5m　　(b) 工作面推进到115m

图 6-11　方案二上煤层开采期间围岩变化情况

在下煤层 1^{-2}煤层开挖过程中，由于上煤层上方的主关键层形成了稳定结构，将其上覆岩体载荷传递于采空区和工作面前方的实体煤壁，使下煤层采动过程中，上煤层已采单一关键层结构同样能够处于稳定的铰接状态，故下煤层工作面采场矿压较小，未曾出现异常现象，如图 6-12 所示。

(a) 工作面推进到72.5m　　(b) 工作面推进到110m

图 6-12　方案二下煤层开采期间围岩变化情况

3) 对比分析

由图 6-9 至图 6-12 可知，浅埋近距离煤层开采工作面在过沟谷地形上坡段时，若覆岩主关键层缺失，则在上、下煤层开采过程中，主关键层破断块体因缺少侧向水平挤压力作用已发生滑落失稳，使下煤层顶板关键层结构上的载荷明显增大而同样出现滑落失稳，从而导致工作面发生动载矿压现象。当过沟谷地形上坡段的主关键层未缺失时，因主关键层破断块体受到侧向水平挤压力作用能够保持铰接结构的稳定，工作面一般不易出现动载矿压现象。

6.3.4　压架机理的数值模拟实验验证

1. 数值模拟方案设计

采用美国 ITASCA 公司的 UDEC 离散元数值模拟软件，对浅埋近距离煤层过沟谷地形关键层结构稳定进行模拟研究。二维数值计算模型如图 6-13 所示，模型长 350m，高 76m，其中 $1^{-2上}$煤层厚 3.5m，1^{-2}煤层厚 4.5m，上下煤层间距 9m，均为水平煤层。模型中将1^{-2}煤层划分为 (4.0×4.5) m^2 (宽×高，以下同) 的块体；1^{-2}煤层直接顶划分为 (2.0×2.5) m^2 的块体；下煤层上方的亚关键层 2 厚度为 4.0m，块体大小划分为 (8.0×4.0) m^2；$1^{-2上}$煤层划分为 (4.0×3.5) m^2 的块体；上煤层直接顶划分为 (2.0×2.0) m^2 的块体；亚关键层 1 划分为 (8.0×4.0) m^2 的块体；其上厚 2.0m 的泥岩划分为 (4.0×2.0) m^2；厚 6.0m 的主关键层则划分为 (12.0×6.0) m^2 的块体。模型边界条件采用位移固定边界，其中两侧边界为单向约束，底部边界为双向约束，模型采用莫尔-库仑模型。

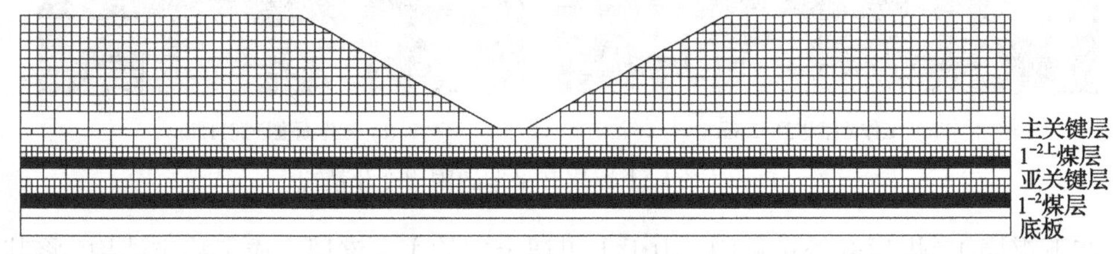

图 6-13　计算模型图

模型中各岩层岩性、厚度、力学参数参考实验室岩石测试参数，最终选定的参数值见表 6-4。

表 6-4　模型内各岩层赋存特征及相关力学参数

岩层	厚度/m	体积模量/GPa	剪切模量/GPa	容重/(kN/m^3)	内摩擦角/(°)	抗拉强度/MPa	黏聚力/MPa
上覆岩层	33	12	6	25.0	28	1.2	2.4
主关键层	6	30	18	27.9	35	2.3	5.0
砂质泥岩	2	8	4.5	25.0	25	1.0	2.1
亚关键层 1	4	20	13	26.5	30	1.5	3.5
上煤直接顶	4	8	4.5	25.0	25	1.0	2.1
$1^{-2上}$煤层	3.5	5	3.5	13.5	24	0.7	1.7
亚关键层 2	4	20	13	26.5	30	1.5	3.5
下煤直接顶	5	8	4.5	25.0	25	1.0	2.1
1^{-2}煤层	4.5	5	3.5	13.5	24	0.7	1.7
底板	10	20	13	26.5	30	1.5	3.5

2. 模拟结果与分析

模拟开挖过程分三步：

第 1 步：对全模型进行初始平衡，在此基础上开挖沟谷再平衡。

第 2 步：对上煤层进行开采，开挖步距长度为 4m，从左往右依次将 1^{-2} 上煤层全部采出。每次都进行及时支护，上煤层支架控顶距为 4.5m，最大支护强度为 0.9MPa。

第 3 步：待上煤层采完，再对 1^{-2} 煤层进行开采。开挖步距长度为 4m，从左往右依次将 1^{-2} 煤层全部采出。下煤层控顶距为 4.5m，最大支护强度为 1.2MPa。

图 6-14 为模拟过程中在指定位置对应的围岩移动变形情况。从中可知，在对上煤层 1^{-2} 上煤层进行开挖时，上煤层上部的主关键层因受侵蚀而无侧向水平压力限制，然而，主关键层结构块体铰接良好，虽然主关键层的移动变形对上煤层工作面采场矿压影响较小，但是完全控制了地表的移动变形，见图 6-14(a)。

当下煤层工作面过沟谷下坡段时，由于主关键层结构回转运动受到后方结构块体的限制，下坡段工作面矿压显现较小，支架活柱下缩普遍为 30～70mm；当过沟谷上坡段时，由于主关键层业已断裂，回转运动中后方无侧向限制，导致主关键层结构块体回转下沉运动过程中同时伴随有向谷底方向的水平运动，当上煤层已采单一关键层结构与主关键层结构破断位置重合时，易引起下煤层工作面发生支架急剧下缩的动载现象，如图 6-14(b) 和图 6-14(c) 所示，在上述两个位置，下煤层工作面先后发生两次活柱急剧下缩，下缩量分别为 1.4m 和 1.2m。

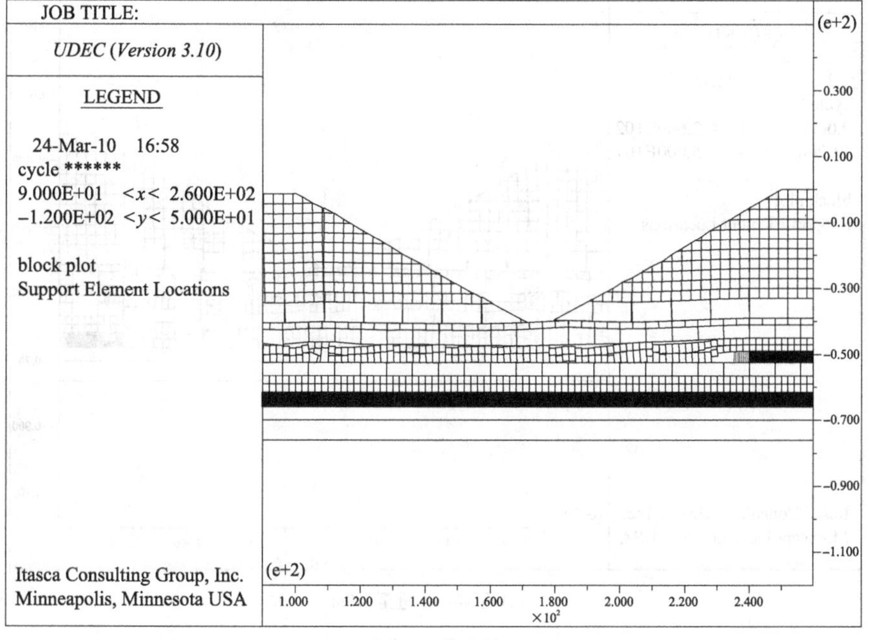

(a) 上煤层推进至240m

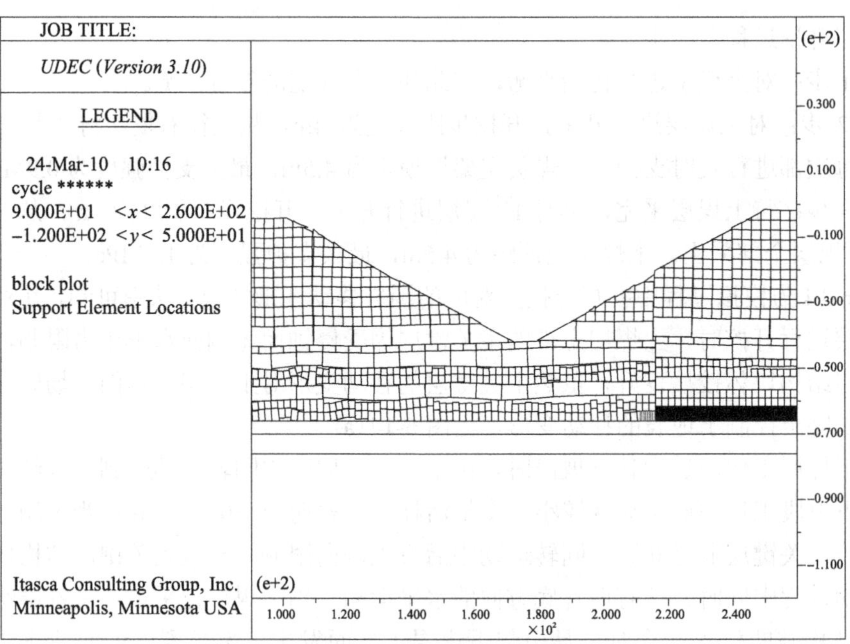

(b) 下煤层推进至216m

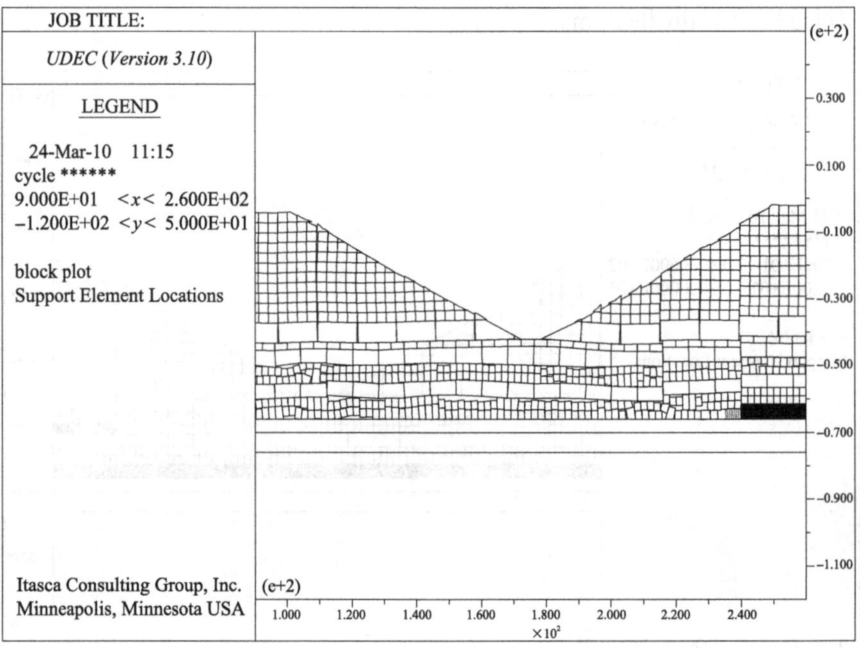

(c) 下煤层推进至240m

图 6-14 数值模拟结果

6.4 压架灾害的发生条件

6.4.1 地表沟谷地形特征对工作面压架灾害的影响规律

1. 压架灾害的数值模拟研究

(1)确定模拟方案。实验制定了3个数值模型方案，分别研究沟谷地形中主关键层未被侵蚀和被完全侵蚀条件下对工作面采动的矿压影响。二维数值计算模型边界条件采用位移固定边界，其中两侧边界为单向约束，底部边界为双向约束，模型采用莫尔-库仑模型。模型中各岩层岩性、厚度、力学参数参考实验室岩石测试参数，最终选定的参数值见表6-5。

表6-5　模型内各岩层参数

岩层	厚度/m	体积模量/GPa	剪切模量/GPa	容重/(kN/m^3)	内摩擦角/(°)	抗拉强度/MPa	黏聚力/MPa
上覆岩层	33	12	6	25.0	28	1.2	2.4
主关键层	6	30	18	27.9	35	2.3	5.0
砂质泥岩	12	8	4.5	25.0	25	1.0	2.1
亚关键层1	4	20	13	26.5	30	1.5	3.5
上煤层直接顶	4	8	4.5	25.0	25	1.0	2.1
$1^{-2上}$煤层	3.5	5	3.5	13.5	24	0.7	1.7
亚关键层2	4	20	13	26.5	30	1.5	3.5
下煤层直接顶	5	8	4.5	25.0	25	1.0	2.1
1^{-2}煤层	4.5	5	3.5	13.5	24	0.7	1.7
底板	10	20	13	26.5	30	1.5	3.5

模型长度为350m，高86m，沟谷坡角30°。其中$1^{-2上}$煤层厚3.5m，1^{-2}煤层厚4.5m，均为水平煤层。上、下煤层间距9m，模型中主关键层(厚6.0m)划分为(12.0×6.0)m^{2}的块体，两层亚关键层(厚度4.0m)块体大小划分为(8.0×4.0)m^2，煤层块体都为4.0m长，高度与煤层高度一致，上煤层直接顶划分为(2.0×2.0)m^{2}的块体，1^{-2}煤层直接顶划分为(2.0×2.5)m^2 的块体，亚关键层1上厚12.0m的泥岩划分为(4.0×2.0)m^2。开采$1^{-2上}$煤层和1^{-2}煤层过程中，每次开挖4m，从左往右依次将$1^{-2上}$煤层全部采出，工作面进行及时支护，上、下煤层支架控顶距都为4.5m，上煤层最大支护强度为0.9MPa，下煤层最大支护强度为1.2MPa。

三个模型的主要区别在于沟谷的深度，其中，方案一中的沟谷深度为21m，方案二沟深为39m，方案三沟深为55m，其余煤岩层赋存条件基本一致，如图6-15所示。

(2)模拟结果及分析。图6-16为方案一下煤层工作面采后围岩变化情况。方案一上煤层工作面回采期间，无论是在非沟谷地面平直段还是在沟谷地段，工作面矿压显现都较小，主要原因是主关键层和亚关键层1块体结构都能够形成稳定结构，从而在下煤层工作面回采期间，各关键层破断块体结构仍能保持稳定，未出现失稳现象。

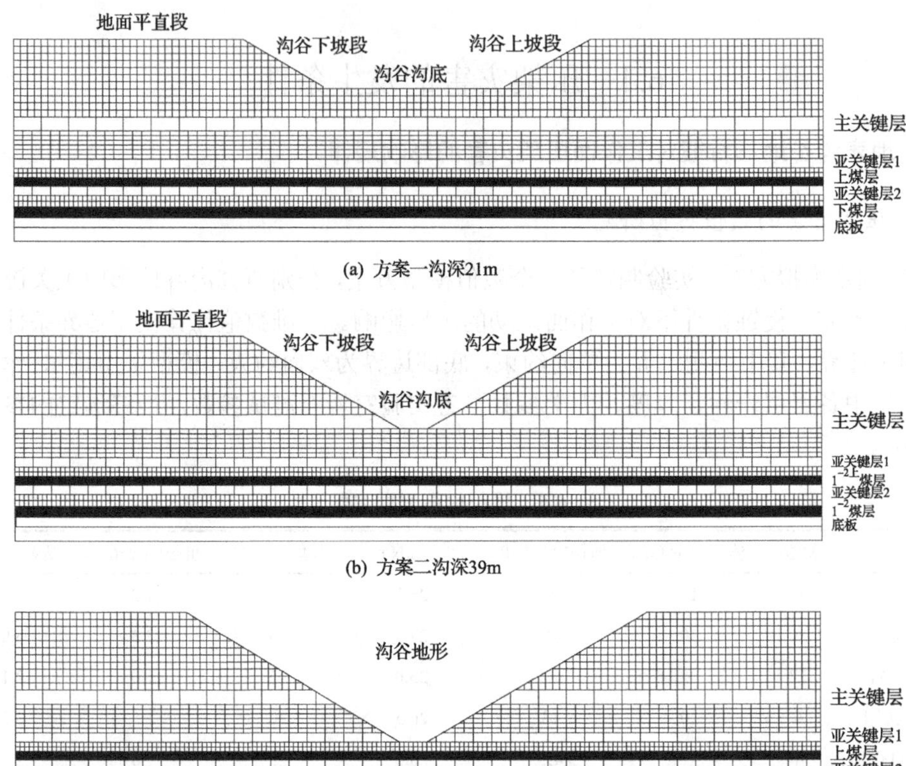

(a) 方案一沟深21m

(b) 方案二沟深39m

(c) 方案三沟深55m

图 6-15　数值模拟方案

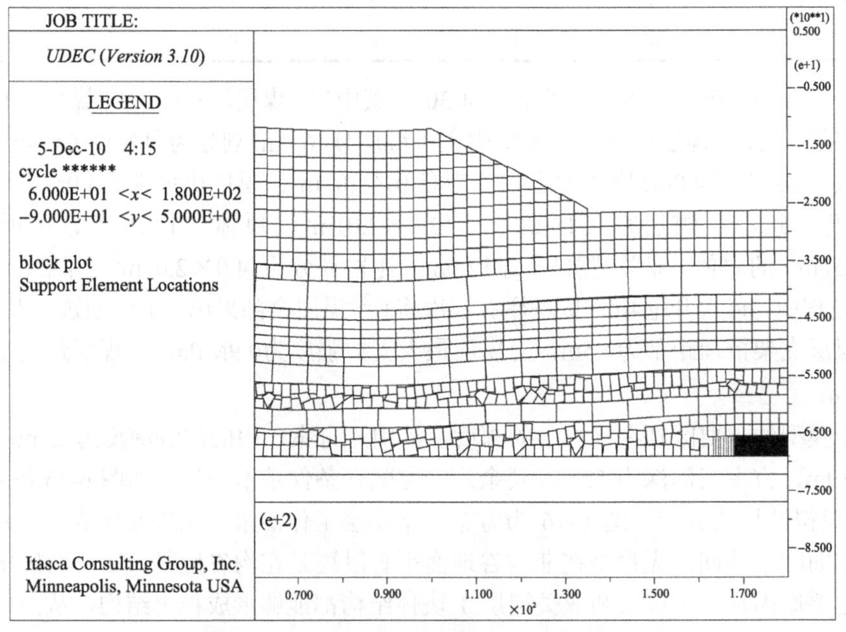

(a) 工作面推进到168m

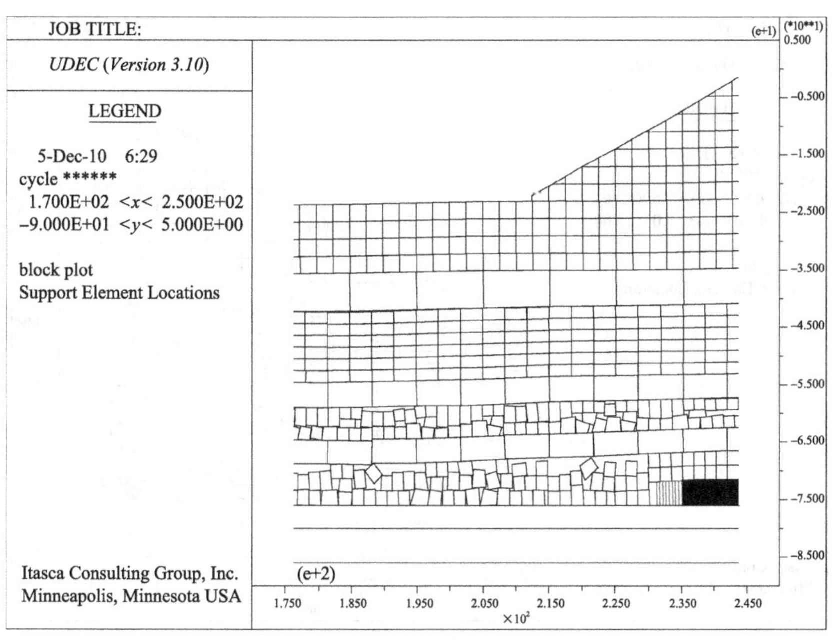

(b) 工作面推进到240m

图 6-16　方案一下煤层回采期间围岩变化情况

图 6-17 为方案二下煤层工作面采后围岩变化情况。当下煤层工作面在进入沟谷上坡段期间，工作面产生动载矿压。煤壁上方主关键层块体出现拉张裂缝破断后有滑落失稳现象，亚关键层 1 结构直接沿煤壁切落，工作面支架活柱最大下缩量 490mm，地面台阶量为 430mm，裂缝宽度 100mm。分析其主要原因是主关键层破断块体由于缺少侧向水平

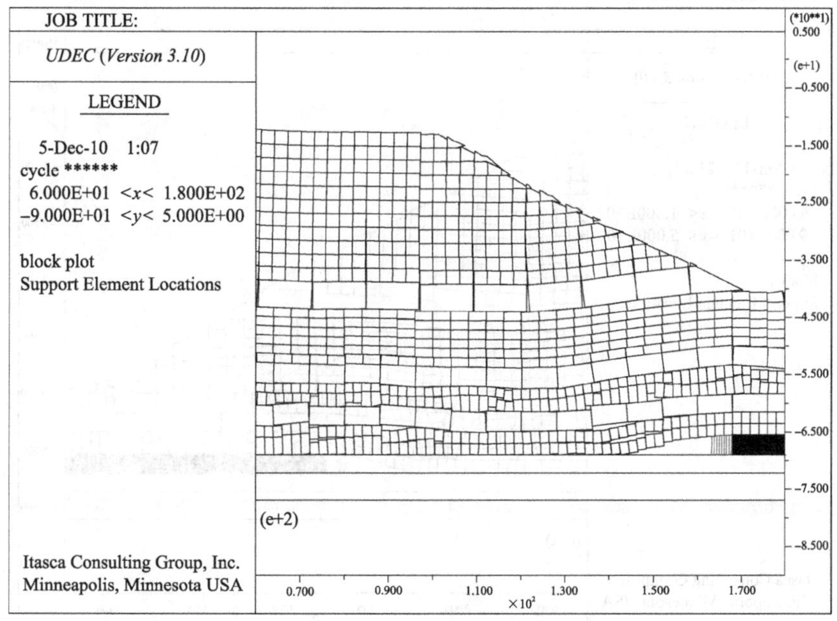

(a) 工作面推进到168m

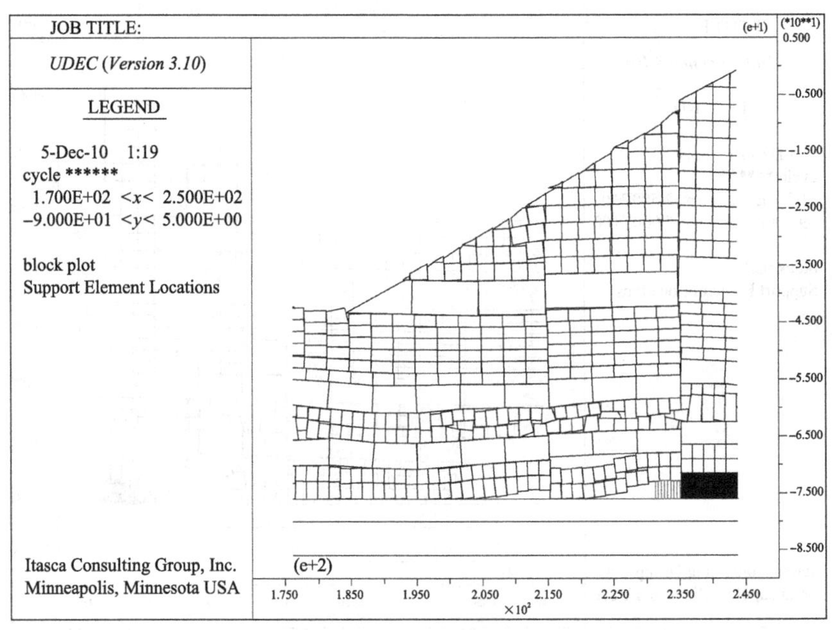

(b) 工作面推进到240m

图 6-17　方案二下煤层回采期间围岩变化情况

力作用而形不成稳定结构，当其上载荷达到一定程度时将致使其下部的关键层易发生滑落失稳，从而引发工作面的动载矿压。

图 6-18 为方案三下煤层工作面采后围岩变化情况。当下煤层工作面进入沟谷上坡段期间，工作面发生多次动载矿压，支架活柱下缩最大达到 1.2m，地面台阶下沉最大值接近 3.0m，裂缝宽度 0.9m。

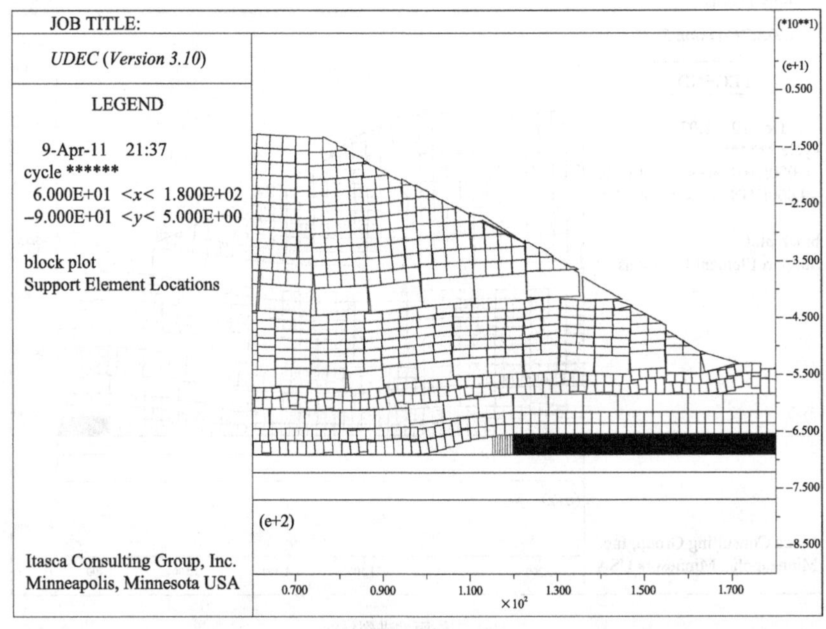

(a) 工作面推进到120m

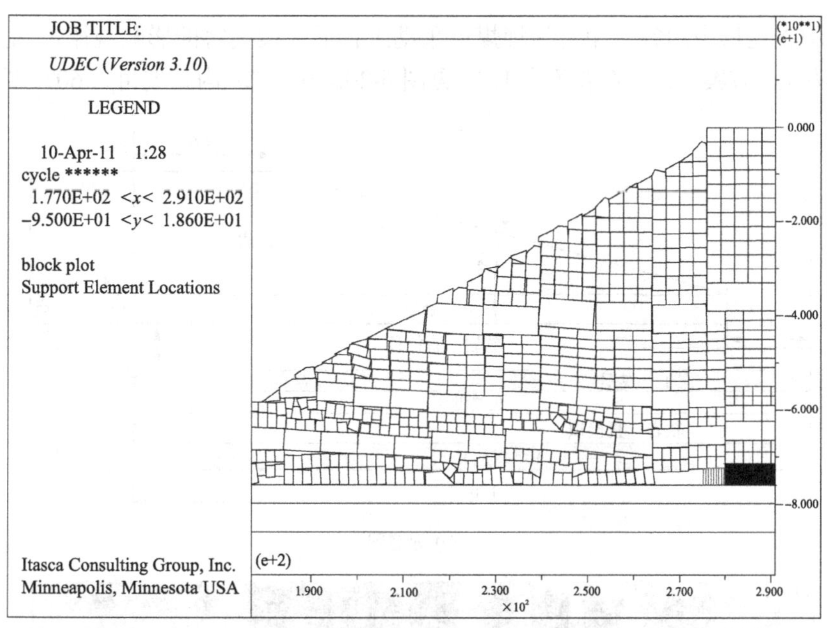

(b) 工作面推进到280m

图 6-18　方案三下煤层回采期间围岩变化情况

将上述 3 个方案的模拟结果对比分析得出：①沟谷沟深越小，对工作面矿压显现影响越小。尤其是主关键层未受沟谷侵蚀影响而缺失，即沟谷地形段内的主关键层完整时，沟谷地形对近距离煤层重复开采工作面矿压一般没有影响。②当沟谷地形段内的主关键层受侵蚀影响而缺失，此时，随着沟谷沟深的不断加大，下煤层工作面的矿压显现趋于强烈，甚至在沟谷地形上坡段时易发生动载矿压，如图 6-19 所示。

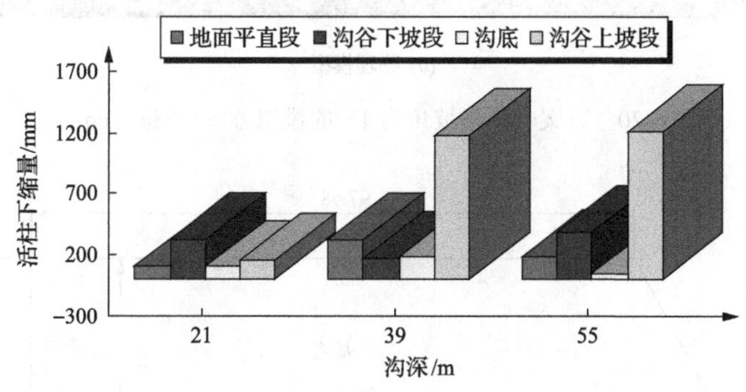

图 6-19　各方案下煤层回采期间支柱下缩量对比

2. 沟谷坡角对工作面压架灾害影响的模拟研究[2, 3]

1) 物理模拟研究

(1) 模拟方案设计。根据对活鸡兔井三盘区沟谷地形的测算，几个工作面对应地表的沟谷坡角为 21°～56°，平均 30°。当沟谷坡角为 30°时对应的物理模型见 6.3.3 节内容，为了掌握沟谷地形中沟谷坡角对浅埋煤层采动工作面压架灾害的影响规律，制定了两个物理实验方案。方案一：沟谷坡角为 15°，见图 6-20。方案二：沟谷坡角为 60°，见图 6-21。

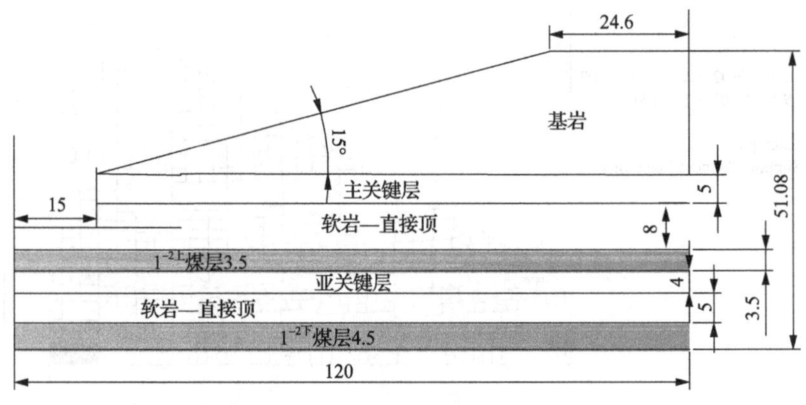

(a) 示意图

(b) 物理模型

图 6-20 方案一沟谷坡角为 15°的模拟方案(单位：cm)

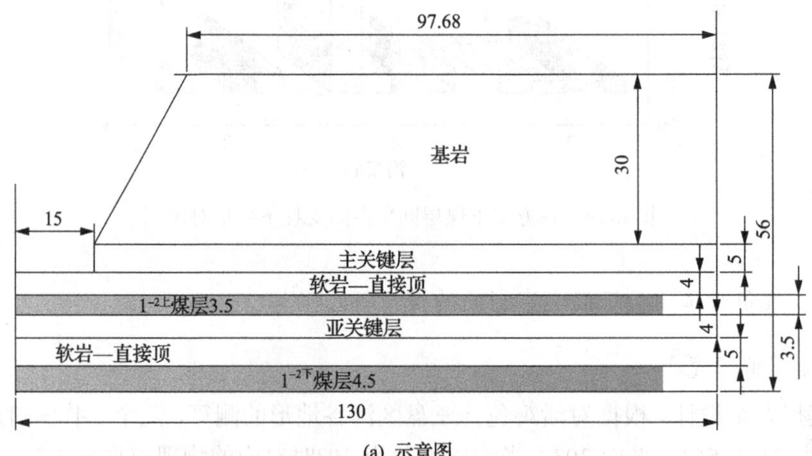

(a) 示意图

(b) 物理模型

图 6-21　方案一沟谷坡角为 60°的模拟方案(单位：cm)

(2)模拟结果及分析。1^{-2}上煤层工作面推进过程中，工作面来压正常。因沟谷坡角小，上覆岩层载荷较小，虽然邻近沟底的主关键层破断块体结构处于失稳状态，但是 1^{-2}上煤层顶板亚关键层仍然能够形成稳定的砌体梁结构，见图 6-22。

(a) 工作面推进到37.5m

(b) 工作面推进到75m

(c) 工作面推进到87.5m

(d) 工作面推进到110m

图 6-22　方案一上煤层开采期间围岩变化情况

由图 6-23 可知，当 1^{-2}煤层工作面回采推进到 32.5m 上煤层开采主关键层块体破断线位置时，直接顶大面积呈现台阶式垮落，整体性较好，垮落的岩石充满了采空区，但亚关键层 2 无破断现象，说明上煤层开采对重复采动工作面影响较小。开采推进到 37.5m 工作面上方亚关键层 2 初次破断，但在煤壁上方形成稳定的铰接结构。在工作面继续推进过程中，工作面来压始终不明显，主关键层和亚关键层块体 2 在工作面上方一直能够保持稳定的结构状态。

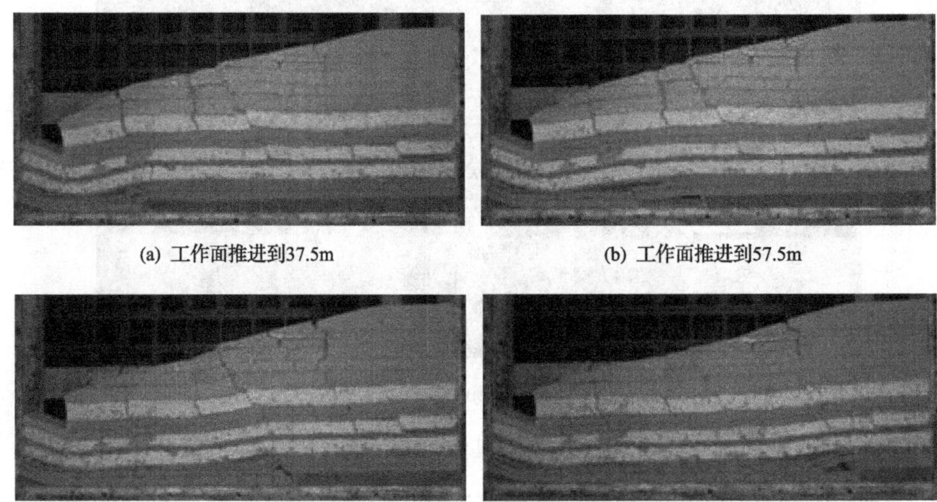

(a) 工作面推进到37.5m　(b) 工作面推进到57.5m

(c) 工作面推进到80m　(d) 工作面推进到110m

图 6-23　方案一下煤层开采期间围岩变化情况

2) 数值模拟研究

(1) 模拟方案设计。为了研究沟谷坡角对工作面矿压的影响规律，制定了 6 个数值模拟方案[4]，见表 6-6，以便于和图 6-13(沟谷坡角 30°)对比，岩层岩性赋值和表 6-4 基本一致，只是沟谷坡角不同，见图 6-24。

表 6-6　沟谷坡角变化的数值模拟方案

方案	下坡角度/(°)	上坡角度/(°)	模型长度/m
方案一	—	10	350
方案二	15	15	500
方案三	30	20	350
方案四	30	25	350
方案五	45	45	350
方案六	60	60	350

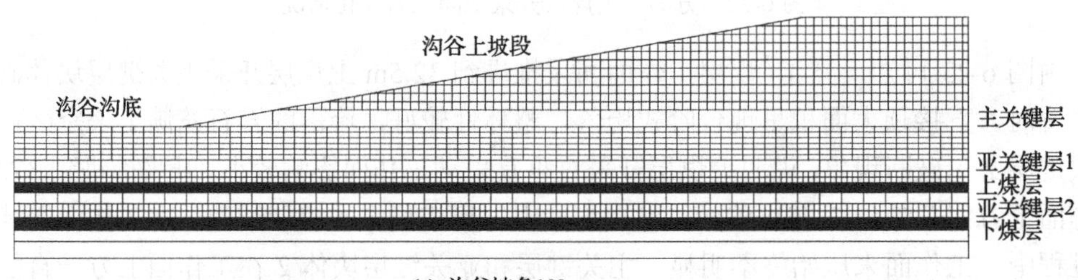

(a) 沟谷坡角10°

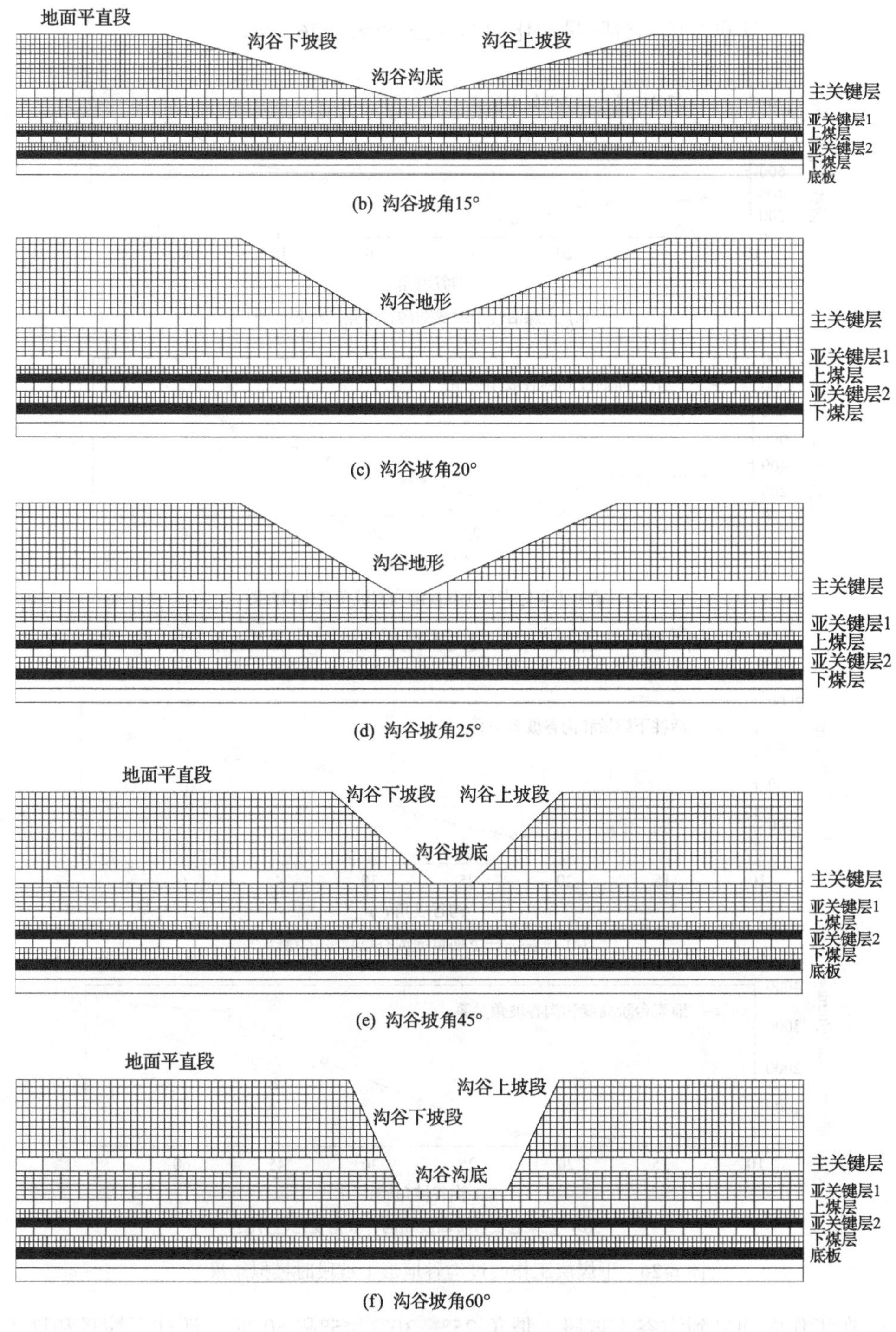

(b) 沟谷坡角15°

(c) 沟谷坡角20°

(d) 沟谷坡角25°

(e) 沟谷坡角45°

(f) 沟谷坡角60°

图 6-24　坡角变化方案计算模型图

(2)模拟结果与分析。将上述 6 个方案模拟结果与坡角为 30°的基本模型进行对比，可得工作面在进入沟谷上坡段之前的矿压显现正常，而当工作面回采至沟谷地形上坡段时对应的活柱下缩量及地面台阶量变化如图 6-25 和图 6-26 所示。

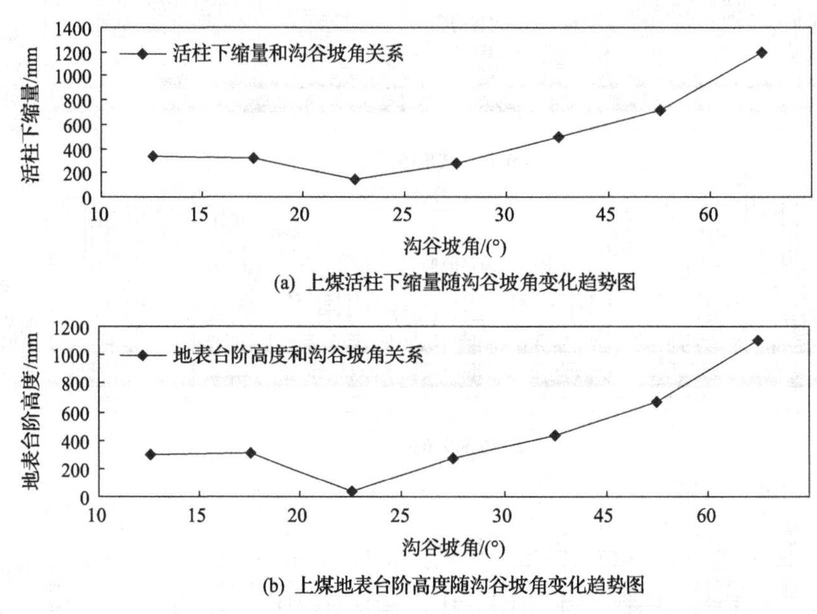

(a) 上煤活柱下缩量随沟谷坡角变化趋势图

(b) 上煤地表台阶高度随沟谷坡角变化趋势图

图 6-25　上煤层工作面过沟谷地形上坡段时模拟结果

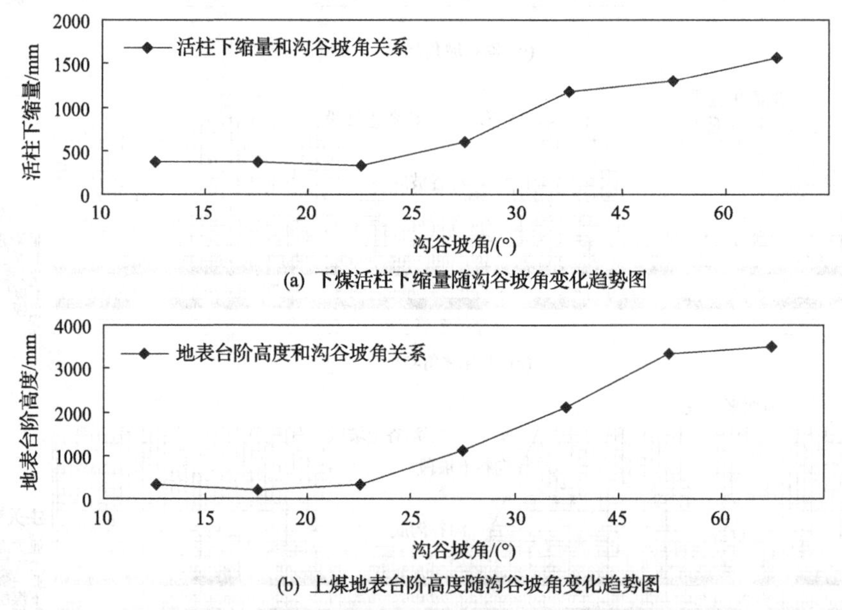

(a) 下煤活柱下缩量随沟谷坡角变化趋势图

(b) 上煤地表台阶高度随沟谷坡角变化趋势图

图 6-26　下煤层工作面过沟谷地形上坡段时模拟结果

①在工作面回采到沟谷上坡段，坡角 25°、30°、45°和 60°时，活柱下缩量和地表台阶高度呈现递增趋势，只有坡角 25°工作面开采上煤层时活柱下缩量低于 400mm，其余都较大，表明在沟谷上坡段坡角大于 20°时，工作面回采中易产生动载矿压；在上坡段坡角为 20°、15°和 10°时，活柱下缩量均低于 400mm，表明，当沟谷上坡段坡角小于等

于 20°工作面一般不会发生动载矿压。主要原因一是在沟谷上坡段随着工作面回采关键层上覆岩层载荷加大，二是沟谷坡角越大上覆基岩载荷越大，所以工作面回采中被侵蚀的关键层结构由于缺少水平应力越容易失稳，从而导致工作面易产生动载矿压。②下煤层开采受上煤层开采影响很大。当重复采动工作面回采到上煤层开采过程中发生过动载矿压的位置时，一般重复采动工作面也易发生动载矿压。主要是上煤开采中已经破断失稳的上覆岩层结构块体载荷作用于下煤层顶板关键层之上，当块体断裂线基本对齐时，导致下煤层顶板关键层承载载荷急剧增大而出现滑落失稳。

6.4.2　覆岩主关键层所处层位对压架灾害的影响规律

1. 确定模拟方案

为了掌握主关键层层位对沟谷地形下浅埋煤层工作面动载矿压的影响规律，在埋深、坡角、沟深一定的情况下，制定了以下两个物理实验方案。

方案一：主关键层被侵蚀，在沟谷上坡段主关键层层位距离上煤层 18m，见图 6-27(a)；

方案二：主关键层被侵蚀，在沟谷上坡段主关键层层位距离上煤层 33m，见图 6-27(b)。

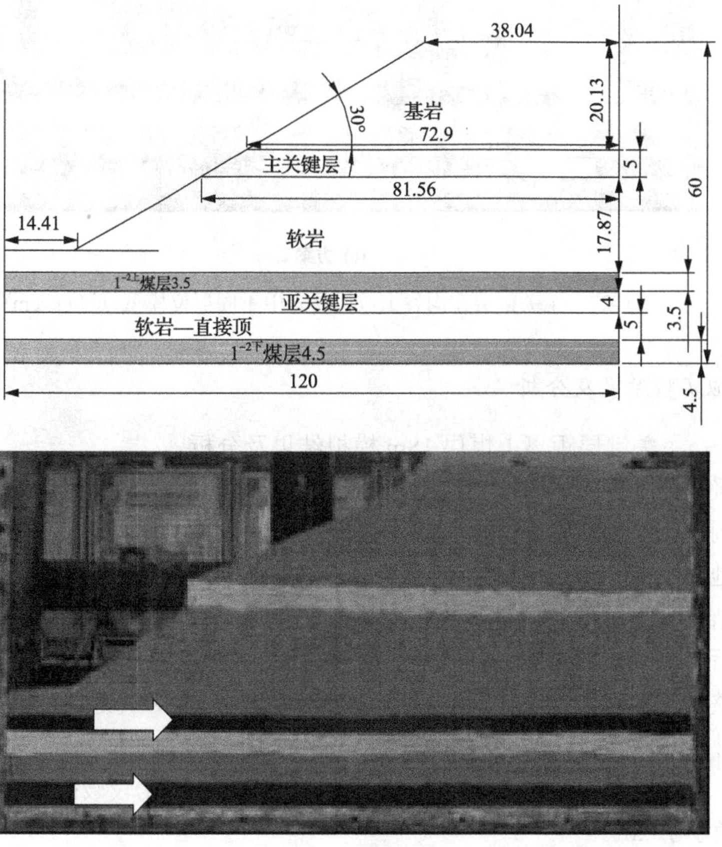

(a) 方案一

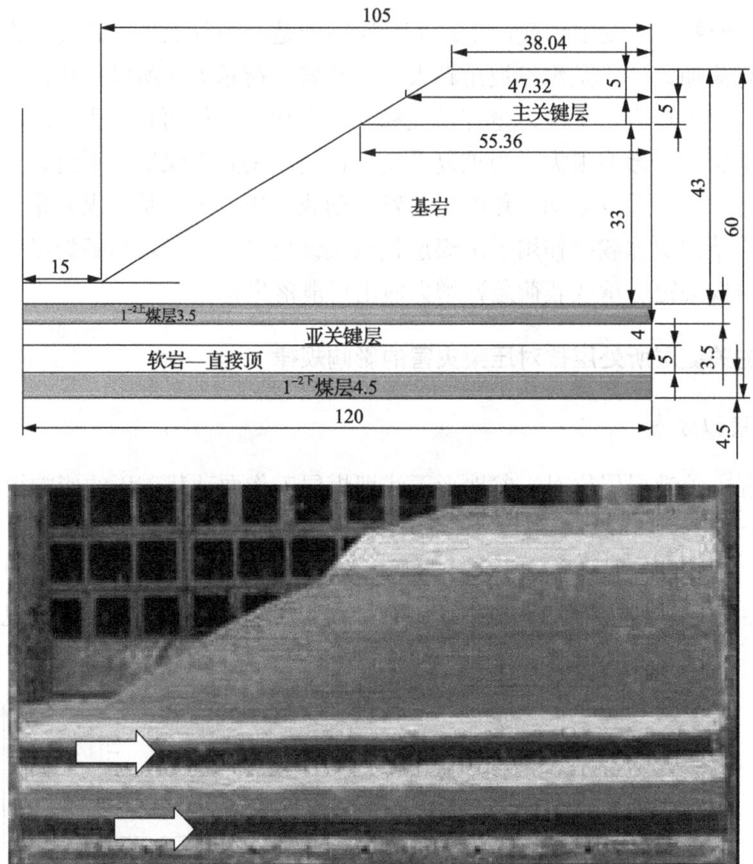

(b) 方案二

图 6-27　主关键层在沟谷上坡段覆岩中不同层位模型(单位：cm)

2. 模拟实验结果及分析

方案一：主关键层距离上煤层 18m 模拟结果及分析。

在开采 $1^{-2上}$煤层过程中，当工作面推进到 27.5m 时，顶板初次垮落，后期工作面逐渐出现周期来压，主关键层结构块体破断，块体间垂直裂缝随着工作面推进而逐渐不能贯穿地表，裂缝宽度也由大变小。由于主关键层块体下方基岩较厚，在煤壁上方形成铰接结构，主关键层块体结构没有失稳。但当工作面推进到 87.5m 时，主关键层块体破断后即出现块体结构滑落失稳，工作面发生动载矿压。工作面出现严重的冒顶，基岩呈现整体全厚切落状态，上坡面出现 2.0～2.2m 台阶，关键层破断后与煤壁夹角为 9°～20°(图 6-28)。而且图 6-28(b)中破断失稳的主关键层块体及上覆岩层切落时，造成主关键层下方岩层产生近 10m 宽的错动带，错动带中岩块比较破碎，主关键层破断块体和煤壁夹角小于 20°。

(a) 工作面推进到27.5m

(b) 工作面推进到87.5m

图 6-28　方案一上煤层开采期间围岩变化情况

在 1^{-2} 煤层的开采过程中，工作面推进到上煤层产生动载矿压的位置 57.5m 时，工作面矿压显现正常，当重复采动工作面推进到 80m，图 6-29(a)中，其位置正处于上煤层开采形成动载矿压的错动带下方，此时工作面发生了极其强烈的动载矿压，破断的主关键层块体不但有滑落失稳现象，而且工作面片帮冒顶非常严重，冒顶矸石块度都比较小，冒顶高度达到 26m，距离失稳的主关键层块体仅 5～6m，上坡面台阶 1m。继续推进，工作面一直持续来压，而且压力始终很大，伴随有严重的片帮冒顶现象，基岩呈现整体全厚切落状态，上坡面出现 1.8m 台阶，破断的主关键层与亚关键层块体破断线和煤壁夹角 9°。当工作面推过错动带区域后，工作面压力开始减弱，表现在片帮冒顶现象逐步减少，见图 6-29(b)。

(a) 工作面推进到80m

(b) 工作面推进到112.5m

图 6-29　方案一下煤层开采期间围岩变化情况

综上所述，工作面经过沟谷地形上坡段期间，主关键层层位距离上煤层较近(小于 10 倍采高)时，可以得出以下结论：①开采上煤层时工作面一般会出现动载矿压，而且往往在上坡段中上部易发生，强烈的动载矿压还会因为围岩的切落在主关键层下方形成错动带，工作面出现严重的冒顶，基岩呈现整体全厚切落状态，上坡面出现较大台阶，关键层破断线与煤壁夹角较小。②上煤层采动过程中是否发生动载矿压对重复采动工作面影响很大，但并不是只要上煤层工作面出现过动载矿压在下煤层开采过程中一定会出现。只有主关键层破断块体产生滑落失稳，同时，破断的主关键层与亚关键层块体破断线和煤壁夹角较小，重复采动工作面才会有动载矿压发生。

方案二：主关键层距离上煤层 33m 模拟结果及分析。

在开采 $1^{-2上}$煤层的过程中，在主关键层块体还未出现破断的工作面推进过程中，亚关键层 1 在 35m 初次破断垮落后，岩层运动比较有规律，随着工作面推进，一般破断的亚关键层块体 1 都能够在工作面上方形成稳定的砌体梁结构状态，工作面推进到 77.5m 在主关键层下方已经接近上坡段坡顶位置，工作面来压显现正常。当工作面推进到 95m

时，工作面来压较大，如图 6-30(a)所示，此时，主关键层出现初次破断，破断的块体由于处于上坡段，而且左端为自由面没有水平应力，因此块体间裂缝较大，裂缝贯穿到地表，块体出现失稳现象。

(a) 工作面推进到95m

(b) 工作面推进到102.5m

图 6-30　方案二上煤层开采期间围岩变化情况

在 1^{-2} 煤层的开采过程中，整个工作面推进过程中岩层移动和开采上煤层非常相似，如图 6-31(a)所示，在推进到 92.5m，虽然煤壁和主关键层破断线基本在一条裂缝上，但是工作面来压显现也正常。

(a) 工作面推进到92.5m

(b) 工作面推进到117.5m

图 6-31　方案二下煤层开采期间围岩变化情况

将两个方案和基本模型结果进行对比得到：随着在沟谷覆岩结构中主关键层位置位置离煤层越近，越容易发生动载矿压，矿压显现也越剧烈。如实验中，主关键层在覆岩中距离上煤层 18m 和距离上煤层 8m 时，距离上煤层都在 10 倍采高之内，下煤层工作面回采至沟谷地形上坡段中上部时易发生动载矿压，而当主关键层距离上煤层较远(33m 约 10 倍采高)时工作面矿压显现正常。表明一般主关键层距离煤层较大(约 10 倍采高)时，工作面不会产生动载矿压。

6.4.3　重复采动下煤层间距对压架灾害的影响规律

1. 物理模拟实验

1) 确定物理实验方案

为了掌握浅埋煤层重复采动工作面沟谷地形上坡段期间层间距大小及层间关键层层数等对工作面动载矿压的影响规律，设计了以下 3 个物理实验方案，模型中岩石参数与表 6-3 保持一致，具体方案如下：

方案一：层间距 5m，煤层群层间无关键层(图 6-32)。

方案二：层间距 9m，煤层群层间无关键层(图 6-33)。

方案三：层间距 20m，煤层群层间有两层亚关键层(图 6-34)。

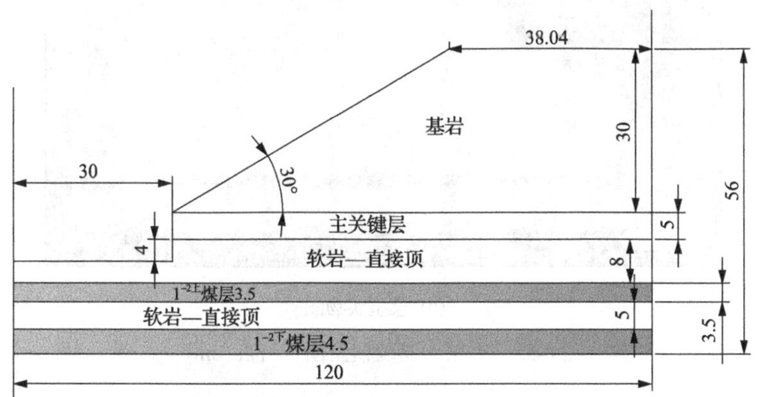

(a) 模型示意图

(b) 模型实物图

图 6-32　方案一物理模型图(单位：cm)

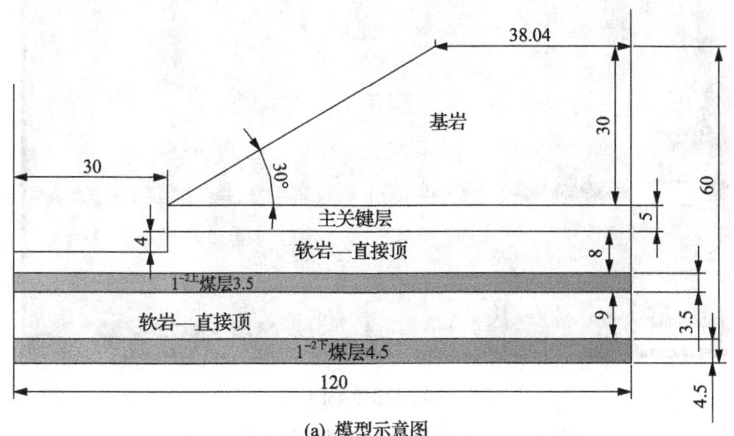

(a) 模型示意图

(b) 模型实物图

图 6-33　方案二物理模型图(单位：cm)

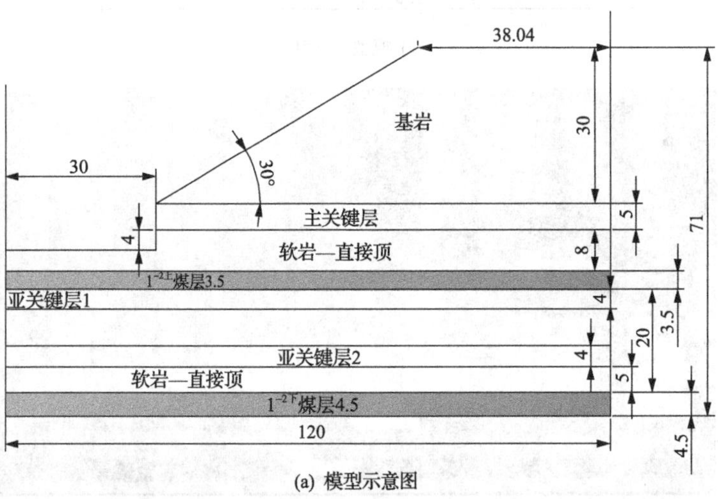

(a) 模型示意图

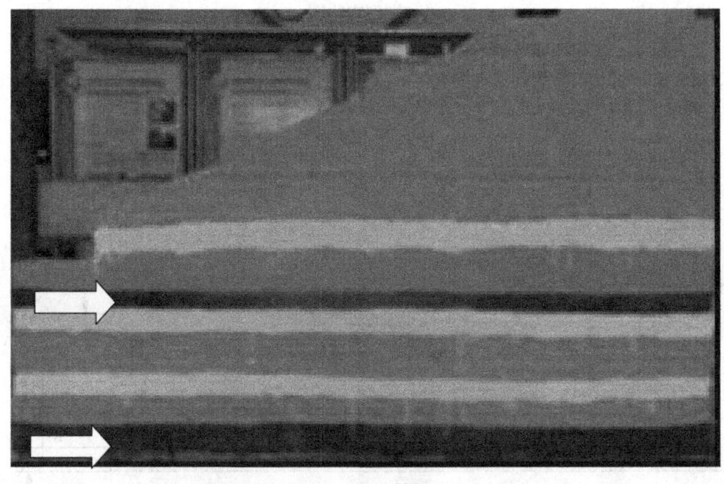

(b) 模型实物图

图 6-34　方案三物理模型图(单位：cm)

2) 物理模拟结果及分析

图 6-35 为方案一模拟结果。由 1^{-2} 煤层开挖过程中的围岩变化情况可知：在左边界留 5m 煤柱，开切眼后工作面推进多个位置均发生了动载矿压显现，在推进中直接顶随采随冒，主关键层破断块体及其上覆岩层载荷滑落失稳，主关键层块体间台阶最大达到 5m，上坡面台阶达到 5m。因此每次来压都非常强烈。由于煤层层间无亚关键层，因此，重复采动过程中已经破断的主关键层块体临上坡面缺少水平挤压力，其受到二次采动影响后，主关键层块体再次产生滑落失稳。

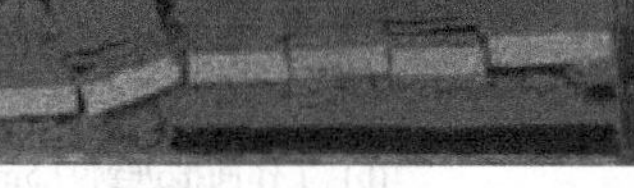

(a) 工作面推进到52.5m

(b) 工作面推进到85m

图 6-35 方案一下煤层开采期间围岩变化情况

图 6-36 为方案二模拟结果。和方案一类似，当工作面推进多个位置时，工作面都发生了动载矿压显现。但方案二中破断的主关键层块体切落稍小，最大是工作面推进到 102.5m 时主关键层块体滑落后出现 1.5m 的台阶。分析原因认为：虽然煤层层间覆岩结构没有关键层，但由于间距增大，较厚的软岩还是起到了一定的承载作用。每次动载矿压发生前，工作面上方岩层多为悬臂梁结构状态，后方岩层垮落充满采空区，但并非层间岩层都垮落，而是垮落到一定高度后形成了砌体梁铰接结构状态。所以这是层间距增大后没有产生如方案一中那么严重动载矿压的原因。和方案一比较，工作面发生动载矿压时，煤壁和主关键层破断块体夹角较小。

(a) 工作面推进到50m

(b) 工作面推进到77.5m

图 6-36 方案二下煤层开采期间围岩变化情况

图 6-37 为方案三模拟结果。由图 6-37(a) 可知，工作面回采推进到 60m 时，直接顶垮落，岩层垮落发展到亚关键层 2 下方，采空区上方一直呈现大面积悬顶。工作面推进到 62.5m 时，亚关键层 1 和亚关键层 2 破断垮落工作面才出现较强烈的初次来压，破断

后的亚关键层块体垮落后中部触矸，两端在煤壁和切眼上方铰接，呈现稳定的砌体梁铰接结构状态，块体下方离层区域较大。受二次开采扰动影响，沟谷覆岩中已经破断的主关键层块体也呈现砌体梁结构状态，在随后的推进过程中，每次两层亚关键层破断工作面出现周期来压，但关键层结构都形成了稳定的砌体梁铰接结构状态，工作面都没有动载矿压发生，如图 6-37(b)所示。

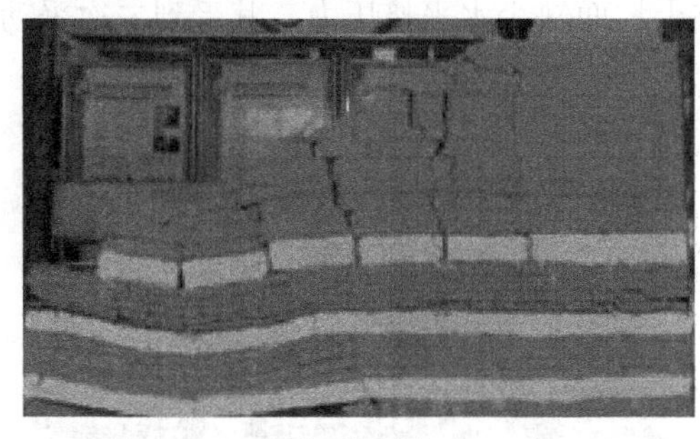

(a) 工作面推进到62.5m

(b) 工作面推进到97.5m

图 6-37 方案三下煤层开采期间围岩变化情况

工作面没有出现动载矿压，分析原因主要是：①煤层间基岩厚度增大；②煤层间覆岩中有两层关键层。由于层间距加大且有两层关键层结构，因此岩层抗拉的抗剪能力大大增强，一般来压时关键层结构块体在煤壁上方易形成稳定的砌体梁铰接结构状态结构，这是工作面没有发生动载矿压的主要原因。

对上述 3 个实验方案进行对比分析得到：①层间距较小(小于 5 倍采高)煤层层间无关键层时，一般重复采动工作面会产生动载矿压。当方案一层间距 5m，煤壁和已经破断的主关键层块体夹角几乎为 0°，尽管方案二层间距 9m 和方案一层间距 5m 比有所增大，但煤层层间仍无关键层，当重复采动工作面过沟谷地形上坡段，工作面一般也产生了动载矿压，只是来压强度比方案一降低。工作面发生动载矿压时，工作面一般已经推过主关键层破断线位置，煤壁和已经破断的主关键层块体夹角较小。②煤层层间距较小(小于 5 倍采高)有一层关键层，且关键层距离开采煤层较近处于基岩下部位置，工作面一般易发生动载矿压。层间距 9m 模型显示：受开采上煤层结果影响，重复采动工作面推进到上煤层工作面动载矿压的位置附近时，主关键层破断块体再次滑落失稳，亚关键层上覆岩层载荷迅速增加导致工作面产生动载矿压。③当间距较大煤层层间有两层关键层时，现场资料表明层间距一般是大于 5 倍采高，重复采动工作面在沟谷上坡段一般不会发生动载矿压。

2. 数值模拟分析

1) 确定数值模拟方案

共制定了 6 个数值模拟模型方案，见表 6-7。

表 6-7　重复采动过程中数值模拟设计方案

方案	层间距大小/m	关键层层数/层	关键层和下煤层距离/m
方案一	9	0	—
方案二	25	0	—
方案三	25	1	17(上位)
方案四	25	1	11(中位)
方案五	25	1	5(下位)
方案六	25	2	5 和 17

2) 数值模拟结果及分析

将 6 个实验结果对比得到：沟谷地形下煤层层间距和层间关键层数目变化时，重复采动工作面活柱下缩量、地面台阶高度的对比图，详见图 6-38 和图 6-39。

从图 6-38 和图 6-39 可知：①煤层层间无关键层时，当重复采动工作面过沟谷地形上坡段，层间距越小工作面越易产生动载矿压，而且来压显现明显。②煤层层间有一层关键层时，一般重复采动工作面在非沟谷上坡段来压显现不大，而在沟谷上坡段有两种情况：①当层间距小于 5 倍采高，关键层距离开采煤层较近时，在沟谷上坡段易发生动载矿压，发生位置与开采上煤层期间一致。②当层间距大于 5 倍采高时，亚关键层距离开采煤层越近，过沟谷上坡段越易产生动载矿压，反之，工作面则不易产生动载矿压。③当煤层间距较大(大于 5 倍采高)层间有两层关键层时，重复采动工作面在沟谷上坡段一般不会发生动载矿压。

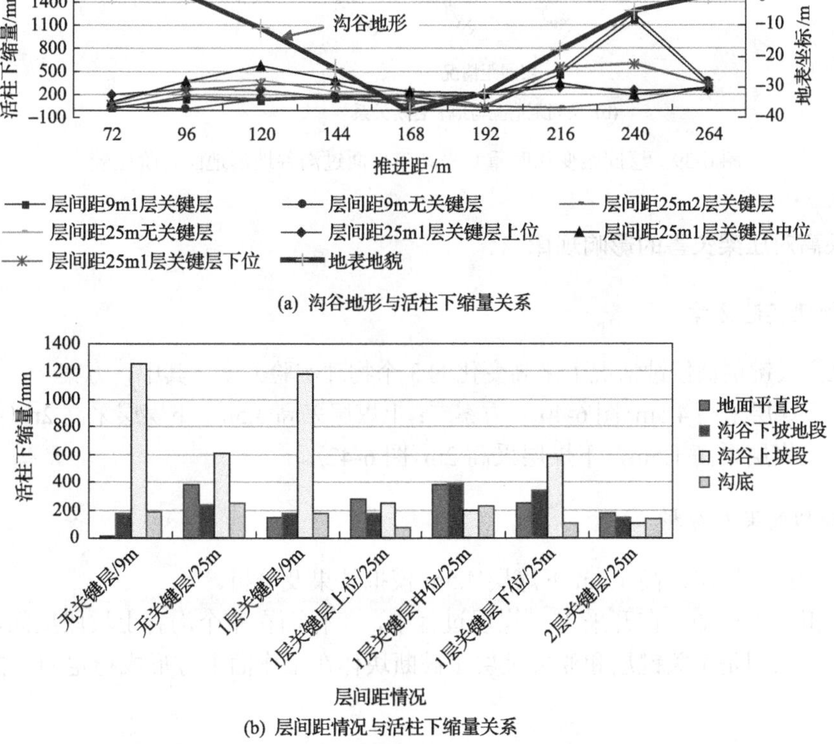

(a) 沟谷地形与活柱下缩量关系

(b) 层间距情况与活柱下缩量关系

图 6-38　层间距变化时重复采动工作面过沟谷地形活柱下缩量比较

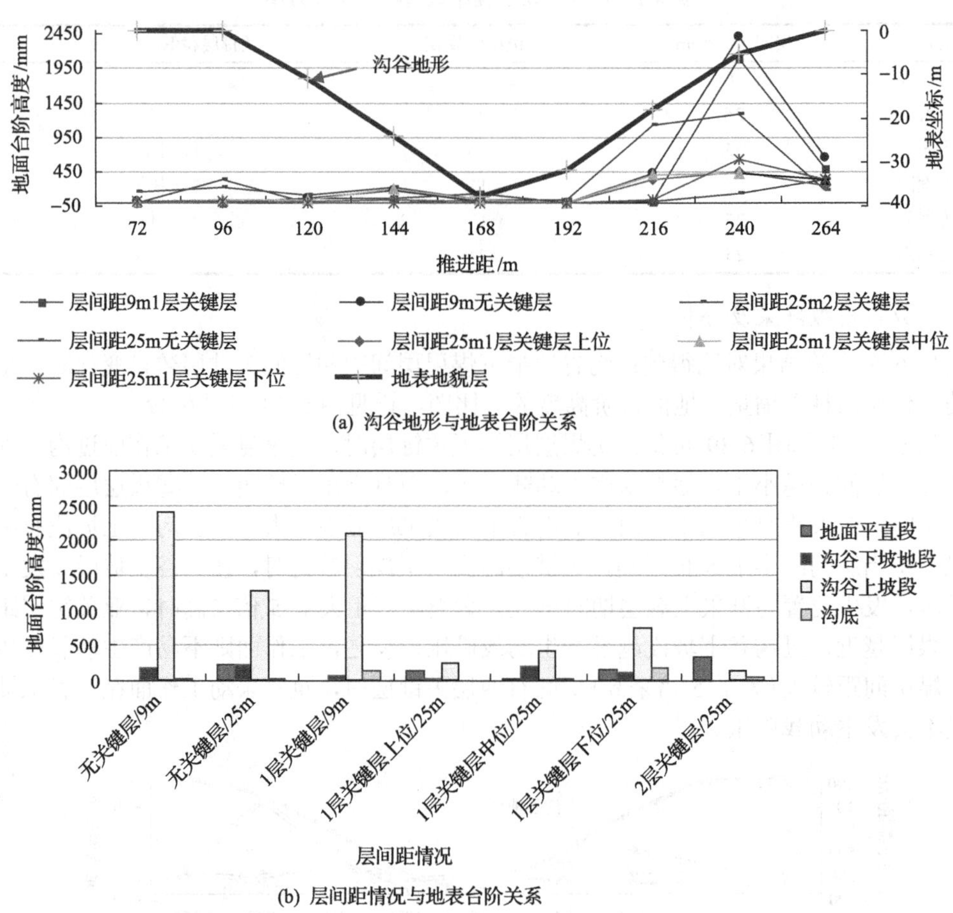

图 6-39　层间距变化时重复采动工作面过沟谷地形地面台阶比较

6.4.4　采高对压架灾害的影响规律

1. 物理实验方案

建立主关键层被侵蚀情况下采高变化的 3 个物理实验方案。其中，方案一：上煤层采高 1.5m，下煤层采高 4.5m(图 6-40)。方案二：上煤层采高 3.5m，下煤层采高 2m(图 6-41)。方案三：上煤层采高 1.5m，下煤层采高 2m(图 6-42)。

2. 模拟结果及分析

方案一：上煤层采高 1.5m 下煤层 4.5m 模拟结果及分析。

由模拟结果可知，在开采 $1^{-2上}$煤层过程中，工作面在整个沟谷上坡段期间，来压显现不明显。原因是主关键层和亚关键层 1 破断块体在工作面上方形成稳定的铰接结构。

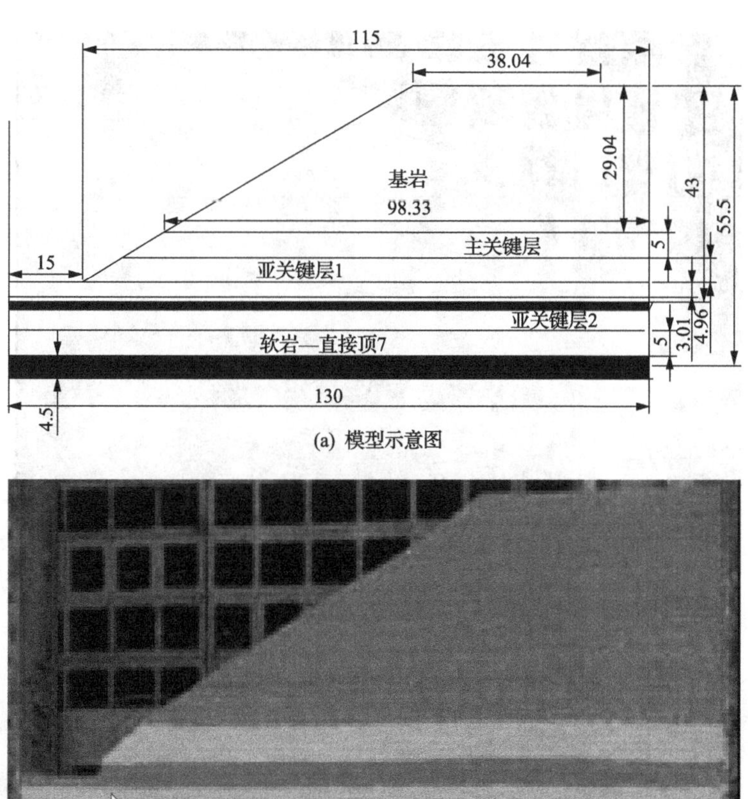

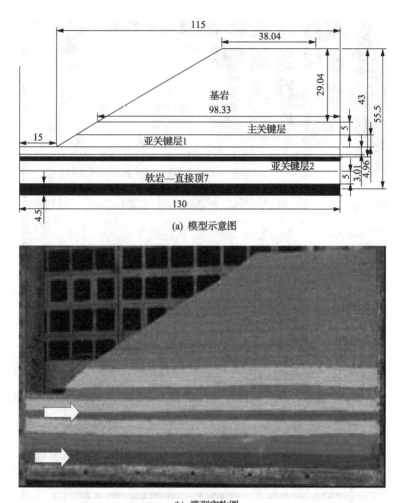

(a) 模型示意图

(b) 模型实物图

图 6-40　方案一物理模型图(单位：cm)

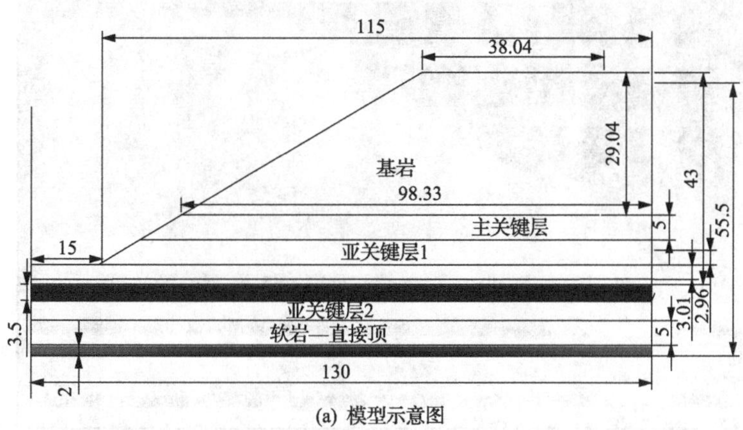

(a) 模型示意图

(b) 模型实物图

图 6-41　方案二物理模型图(单位：cm)

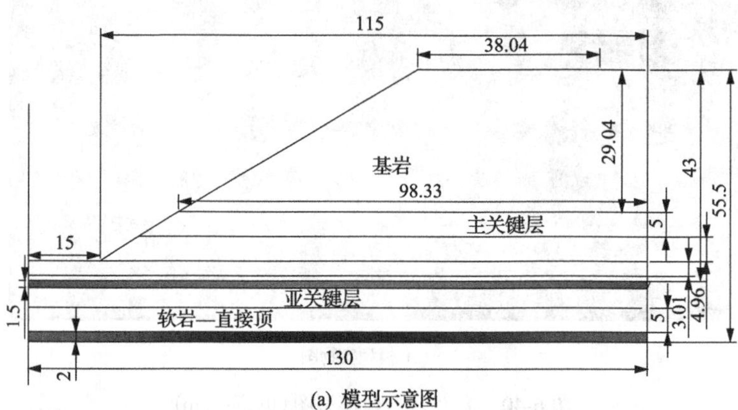

(a) 模型示意图

(b) 模型实物图

图 6-42　方案三物理模型图(单位：cm)

在开采 1^{-2} 煤层期间，当工作面推进到 50m 时，工作面初次来压。当工作面推进到 57.5m 时，工作面产生动载矿压。来压前亚关键层 2 破断块体下方离层区域很大，长度达 28m，高度 3m[图 6-43(a)]，围岩块体破断后全厚切落。当工作面推进到 92.5m 时，工作面再次产生动载矿压[图 6-43(b)]。主关键层块体滑落后，沟谷上坡面台阶 2.7m，主关键层破断块体与煤壁夹角 20°，由于垮落围岩运动剧烈，造成在垮落过程中岩层接触面较破碎，在主关键层下方形成 4～7m 错动带。

(a) 工作面推进到57.5m

(b) 工作面推进到92.5m

图 6-43　方案一下煤层开采期间围岩变化情况

在工作面开采过程中，发生两次动载矿压情况基本相同：①发生前破断的亚关键层 2 在煤壁上方都形成砌体梁结构，块体下方离层区域很大；②都有关键层破断块体的滑落失稳现象；③主关键层破断块体与煤壁夹角都较小。但是在上煤层开采过程中，工作面到 57.5m 和 92.5m 并没有出现动载矿压，分析原因认为，一是当重复采动工作面推进到上煤层未失稳的主关键层破断块体附近时，由于主关键层破断块体结构受到二次扰动，产生滑落失稳；二是开采上煤层时亚关键层 1 破断块体形成了稳定结构。但重复采动工作面在沟谷上坡段推进中，由于主关键层破断块体失稳，造成亚关键层 2 上覆岩层载荷迅猛增加，导致其结构失稳；三是下煤层采高较大，关键层块体破断回转时下方空间较大，块体下沉量较大，而上煤层采高较小。

方案二：上煤层采高 3.5m 下煤层 2m 模拟结果及分析。

在 $1^{-2上}$煤层的开采过程中，主关键层破断块体因缺少侧向水平挤压力作用出现滑落失稳，导致在上煤层开采过程中发生多次动载矿压，见图 6-44。

(a) 工作面推进到62.5m时

(b) 工作面推进到87.5m时

图 6-44　方案二上煤层开采期间围岩变化情况

在 1^{-2} 煤层的开采过程中，由模拟结果可知得，复采动工作面在推进过程中，一般直接顶随采随冒，工作面推进到上煤层发生动载矿压位置附近，虽有多次周期来压现象，但工作面没有发生动载矿压。分析认为由于采高较小，亚关键层 2 破断块体在垮落时空间有限，下沉量小，使破断的主关键层和亚关键层 2 块体结构保持稳定。

方案三：上煤层采高 1.5m 下煤层 2m 模拟结果及分析。

在 $1^{-2上}$煤层的开采过程中，和方案一开采上煤层结果一样，在工作面推进中，虽然工作面有多次周期来压现象，但并没有出现动载矿压显现。在 1^{-2}煤层的开采过程中，与方案二开采下煤层结果一样，在工作面推进中，工作面虽有多次周期来压现象，但并没有出现动载矿压显现。物理模拟实验显示，当上下煤层采高都较小，工作面开采过程中一般不会出现动载矿压。

将 3 个方案的模拟结果对比分析得到：①煤层采高越大时在工作面过沟谷上坡段越易发生动载矿压，围岩变形量和地面台阶都较大。采高小于 2m 时，工作面一般不会发生动载矿压。②在浅埋煤层工作面过沟谷地形上坡段期间，工作面是否发生动载矿压与主关键层滑落失稳有必然的联系。如果工作面发生动载矿压，则关键层块体必然产生滑落失稳；但关键层块体滑落失稳工作面不一定就有动载矿压。这必须结合看主关键层破断块体与煤壁夹角大小，夹角越小(一般 20°)，工作面越易发生动载矿压；反之，工作面一般不会发生动载矿压，此时关键层块体失稳一般在采空区，对工作面没有影响。③若上煤层开采时在沟谷上坡段期间出现动载矿压，采高大于 2m 的重复采动工作面推进到此位置附近时，工作面也易产生动载矿压。若上煤层开采时在沟谷上坡段期间没有出现动载矿压，采高大于 2m 的重复采动工作面推进位置到上煤层开采中关键层破断线附近，当关键层破断块体与煤壁夹角较小时易发生动载矿压。反之，工作面一般不会发生动载矿压(表 6-8 和表 6-9)。

表 6-8　上煤层采高变化时工作面矿压特征

矿压显现指标	基本模型(上煤层 3.5m 下煤层 4.5m)	模型一(上煤层 1.5m 下煤层 4.5m)	模型二(上煤层 3.5m 下煤层 2.5m)	模型三(上煤层 1.5m 下煤层 2.5m)
(周期来压步距/平均值)/m	6～19/8.9	5～32.5/10.6	2.5～17.5/9.2	5～22.5/10
(主关键层块体破断距/平均值)/m	15	12.5～32/21	16.2～27.5/20.6	12～23.5/17
主关键层最大台阶高度/m	3.2	1	2.6	1.2
上坡面最大台阶高度/m	0.8	0.1	2.6	0
上坡面最大裂缝宽度/m	2.4	0.04	0.8	0.5
主关键层块体是否滑落失稳	有	无	有	无
动载矿压次数/次	4	0	4	0

表 6-9　下煤层采高变化时工作面矿压特征

矿压显现指标	基本模型(上煤层 3.5m 下煤层 4.5m)	模型一(上煤层 1.5m 下煤层 4.5m)	模型二(上煤层 3.5m 下煤层 2.5m)	模型三(上煤层 1.5m 下煤层 2.5m)
(周期来压步距/平均值)/m	5～16/8	2.5～45/7.4	5～32.5/7.8	5～20/8
围岩台阶高度/m	3.3	1.2	0	0
上坡面最大台阶高度/m	3.2	1.1	0	0
上坡面最大裂缝宽度/m	4.5	1.7	0.5	0～0.4
亚关键层 2 是否滑落失稳	有	有	无	无
动载矿压次数/次	1	2	0	0

6.5　压架灾害防治对策

6.5.1　压架危险区域预测

针对大柳塔煤矿活鸡兔井三盘区 1^{-2} 煤层过沟谷地形和过倾向煤柱开采，事前先对地面裂缝进行勘察。如果在工作面正上方过沟谷地形上坡段发现地面台阶，表明上煤层采后在该处的主关键层临近失稳状态，采用 GPS 进行定位，在井上下对照图上进行危险区域标识。对于过倾向煤柱而言，根据前述研究结果认为，在下煤层进入煤柱之前 10m 至进入煤柱后 5m 期间，以及下煤层出煤柱之前 15m 至出煤柱后 10m 期间均为动载矿压危险区域，图 6-45 为 12306 工作面过沟谷地形危险区域预测。

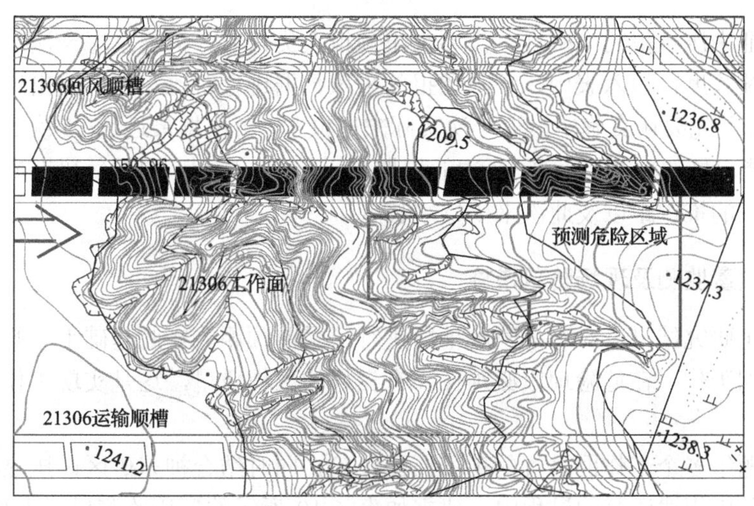

图 6-45　12306 工作面危险区域预测

6.5.2　工作面来压位置动态预报

在对动载矿压危险区域进行预测的基础上，再详细分析周期来压规律，对周期来压位置进行动态预测，才能做好提前防范工作。来压位置动态预测的方法主要有长时预报和临时预报，首先按平均来压步距作长时的粗预报，在此基础上，结合支架工作阻力作临时的精确预报。

1. 来压预报指标

(1) 长时预报指标。来压步距，取最近一段时间内的平均来压步距。以 12305 工作面为例，进入垂直煤柱前，来压步距 12m，相当于 15 刀的进尺。

(2) 临时预报指标。支架工作阻力，根据矿压观测结果，12305 面取 360bar，即当 12305 工作面支架工作阻力普遍大于 360bar 时，该区域数小时后将出现来压。

2. 来压预报实施方法

以来压步距预报工作面前方未来的 2～3 次周期来压位置。由于地质开采技术条件的改变导致来压步距的离散性，按来压步距预报的周期来压位置，与实际可能存在较大差距，仅作为参考，同时为临时预报的大体位置提供基础。

按支架工作阻力临时预报，需由采煤队按如下方法进行。跟班队长按上述方法确定工作面大体来压位置，按支架工作阻力做临时预报。即发现 12305 工作面连续 5～10 个支架工作阻力达 360bar 时，即预报该段工作面周期来压，跟班队长根据现场情况，做出相应的防范措施。

3. 来压预报要求

为了保证来压预报的准确性，需要来压预报人员认真分析记录每一次的来压具体位置、来压持续长度，填入表中，并与预报的来压数据进行对比，从中找出近段时间内来压步距规律。首先要认真确定最近一次实际来压位置，再根据最近 3～5 次的平均来压步距长度，才能较好的预测后面 2～3 次的周期来压位置。所以，要求每班有专人认真记录每次来压对应的推进距以及此次来压持续长度。

6.5.3 支护质量监测及现场防范措施

通过理论研究结果，对有危险的地段进行了采前预测。在此基础上，必须要做好支护质量的监测工作，在危险地段必须保障有良好的工程质量，这是实现工作面安全生产的基础。

根据课题组多个工作面进行的矿压监测经验，同时结合神东矿区矿压显现的主要特征，在进行矿压规律研究的过程中，建立如表 6-10 所示的矿压监测日报表和表 6-11 所示的工作面现场观测情况表。每日用最新监测的数据进行分析总结，然后针对前一天来压特征总结出来压的规律。监测结果提交各个生产管理部门，然后对存在的问题及时处理，保障达到相关的要求。

在满足《煤矿安全规程》与《工作面作业规程》基础上，工作面过沟谷地形期间主要防范实践措施增加了以下几条内容：

(1) 严格执行落实支护“三到位”措施(即初撑力到位、及时跟机拉架、护帮板到位)，必须保证工作面质量达到“三直两平”的要求，做好应对工作面剧烈来压的一切准备工作，确保一旦有剧烈压力显现时工作面不因为支护质量不到位而加剧来压影响程度。支护质量虽然是工作面生产管理的基本要求，但却是用来控制剧烈来压的最为基础和最容易实施的一项技术措施。

(2) 合理控制工作面推进速度，在保证支护工程质量的前提下，在影响区域应加快推进速度，使工作面可以快速推过压力影响区域，减小循环内顶板下沉量，减小压力作用时间。具体的需要推进速度根据现场实际条件而定。

表 6-10 支护质量监测日报表

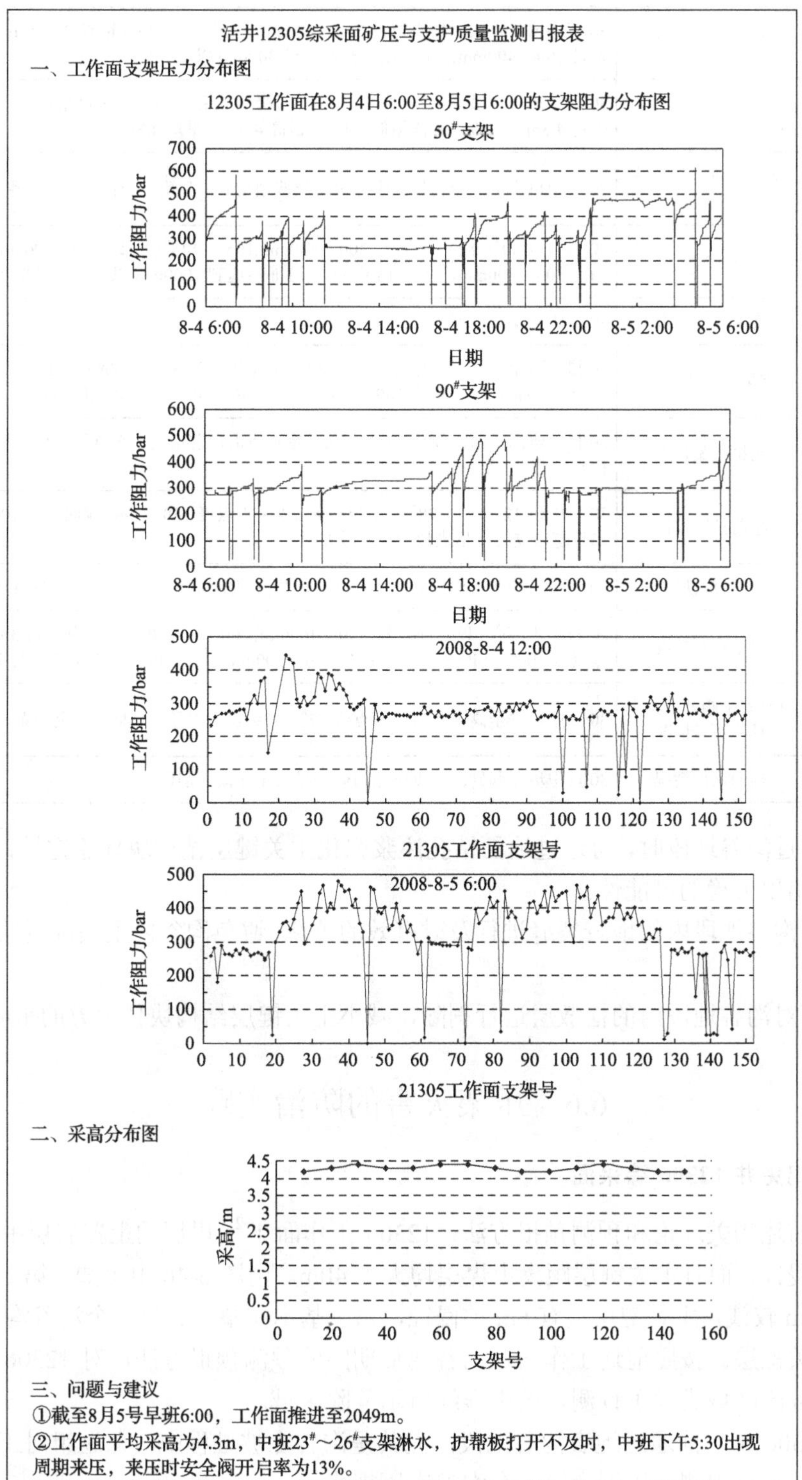

活井12305综采面矿压与支护质量监测日报表

一、工作面支架压力分布图

二、采高分布图

三、问题与建议

①截至8月5号早班6:00，工作面推进至2049m。

②工作面平均采高为4.3m，中班23#～26#支架淋水，护帮板打开不及时，中班下午5:30出现周期来压，来压时安全阀开启率为13%。

报送：公司生产部、技术中心，大柳塔矿矿长、总工、生产副总、生产办、综采二队

8月5日

表 6-11　大柳塔煤矿 12305 综采面现场观测情况表(10 月 31 日)

现场工程质量	顶煤留设厚度	30 日中班 10#～52#顶煤留设 200～300mm，68#～138#顶煤留设 200mm；零点班顶煤留设 200～400mm；早班顶煤普遍留设 300mm 以上
	采高	30 日中班采高最低 4.2m，最高 4.6m，平均 4.4m；零点班：采高最低 4.1，最高 4.6m，平均 4.3m；早班：采高最低 4.1m，最高 4.5m，平均 4.3m
	支架接顶情况及提卧底量	30 日中班支架接顶良好；零点班支架接顶良好；早班支架前梁接顶严密
	端面距	30 日中班 50#～82#端面距在 300～400mm,105#～145#端面距 300～500mm；零点班端面距 500～800mm，其中 130#～140#端面距达到 1000mm 以上；早班端面距符合规定
	支架成型情况	30 日中班支架成型较好；零点班支架成型较好；早班支架成型较好
	支架初撑力情况	30 日中班全部达到初撑力，其中 82#～134#压力为 320～360bar；零点班 55#～149#压力为 400bar 以上；早班 100#～140#压力为 360～420bar，其他压力正常
现场措施落实及管理	跟机拉架情况	30 日中班滞后前滚筒 3～5 个支架；零点班滞后前滚筒 3 个支架跟机拉架；早班停机检修
	超前拉架情况	30 日中班 12#～45#、78#～92#拉超前支架；零点班 130#～140#端面距在 1000mm 以上，未拉超前支架；早班超前拉架较及时
	护帮板使用	30 日中班护帮板均打到位；零点班护帮板使用到位；早班护帮板均打到位
工作面压力显现实况	煤壁片帮情况	30 日中班 10#～49#中部片帮 200～400mm；60#～124#煤壁中上部片帮 300～500mm；零点班 100#～140#煤壁上部片帮 400～500mm；早班 30#～105#中部片帮 200～400mm
	立柱安全阀开启及立柱下沉量情况	30 日中班安全阀未开启；零点班 57#～129#安全阀开启；早班安全阀无开启
	端面顶板情况	30 日中班无漏矸；零点班无漏矸；早班工作面无漏矸

(3) 在过沟谷地段时，可通过地面钻孔注浆强化主关键层结构块体稳定性，减小主关键层结构出现失稳的可能性。

(4) 对沟谷地段内的地表裂缝进行及时有效的填堵，避免沟谷内主关键层结构被侵蚀和风化；

(5) 可对沟谷地段内的松散层进行剥除，减小主关键层结构块体上方的承载载荷。

6.6　压架灾害的防治实践

6.6.1　活鸡兔井 12306 综采面

根据前述相关理论和预测预报方法，12306 工作面 $1^{-2上}$煤层的上覆岩层中 35.7m 主关键层被侵蚀，而且主关键层距离上煤层均大于 40m。由图 6-46 中可知，第一个沟谷由于沟深 36m 较浅，主关键层只有 6m 被侵蚀，属于基本完整；而第二个沟谷沟深 66m 则侵蚀了主关键层。按照前述工作面过沟谷地形期间的预测预报方法，对 12306 工作面过沟谷地形危险区域进行了预测，图中虚线所示危险区域。

在 12306 工作面通过地表沟谷地段，尤其是沟谷上坡过程中，课题组对工作面矿压情况进行了重点观测。以下为第一个沟谷来压规律。

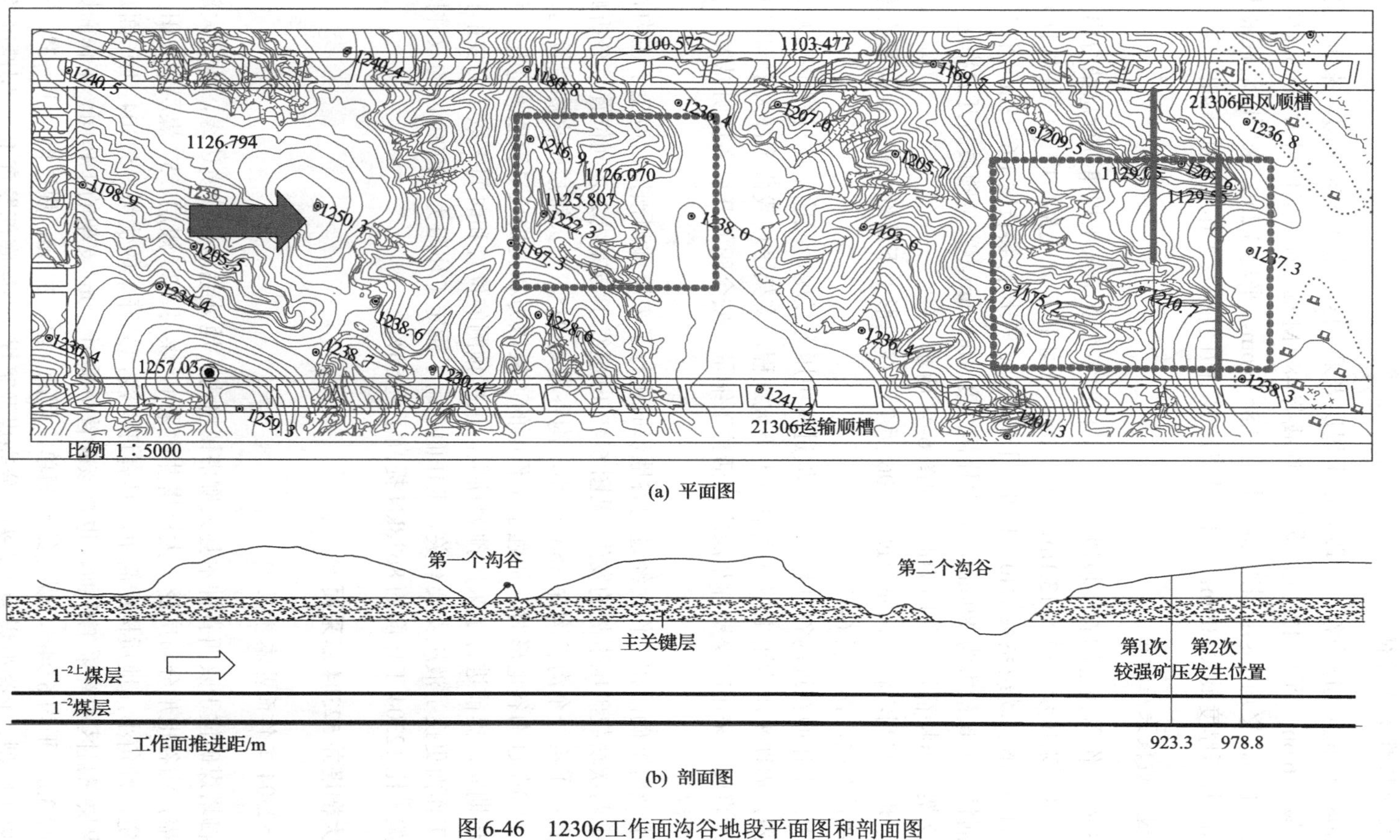

图 6-46　12306工作面沟谷地段平面图和剖面图

1. 过下坡段来压特征

12306 工作面在过沟谷下坡段时，上煤层老采空区下来压相对平缓，来压步距最大 16.6m、最小 6.6m，平均 12.2m，支架平均载荷 48.1MPa，对应工作阻力 10932kN，动载系数 1.2～1.58，平均 1.43；来压持续长度 0.8～6.6m，平均 3.2m；来压时活柱最大下缩量 40mm，片帮厚度最大 800m。其中下坡时支架来压特征及工作阻力曲线如图 6-47 所示。

2. 过上坡段来压特征

12306 工作面在过沟谷上坡段时，对工作面多个支架来压规律进行总结得出，上煤层老采空区下来压步距最大 13.1m，最小 6.0m，平均 10.6m，支架平均工作阻力 11045kN，最大达 11182kN；动载系数 1.40～1.69，平均 1.55；来压持续长度 1.6～8m，平均 3.9m。来压时活柱下缩量最大为 80mm，最大片帮深度 1000mm，安全阀最高开启率达 70%。上坡时支架来压特征及工作阻力曲线如图 6-48 所示。

经过现场实测，将工作面经过 12306 两个沟谷地形上下坡阶段和在地面平直段矿压情况做统计对比，详见表 6-12。

综上，工作面在过沟谷过程中，上坡过程中压力显现情况比下坡过程中压力显现程度要剧烈，周期来压步距上坡过程中小于下坡过程，支架平均载荷等都大于沟谷下坡段和地面平直段。来压时煤壁片帮深度、活柱下缩量、安全阀的开启率也明显大于下坡时的显现情况。

由于及时准确的在工作面经过沟谷地形时进行了来压预测预报，避免了在沟谷上坡段过程中两次动载矿压事故的发生[见图 6-46(b)虚线 1 与虚线 2 之间位置]。分析原因主要有几点：①第一个沟谷沟深 36m 较小，沟谷坡角 21°，主关键层距离煤层较远，且侵蚀很少。②在过沟谷地形时，加强了工作面的顶板压力和支护质量管理。③在工作面过沟谷地形期间，提前进行了来压预测预报，根据预测的位置和时间采取了必要的措施。另外和工作面更换了液压支架有关，工作面采用了额定工作阻力 12000kN 的双柱掩护式液压支架，比 12304 工作面的 8638kN 提高了近 50%。

6.6.2 大柳塔井 52304 综采面

1. 52304 工作面基本情况

大柳塔煤矿位于陕西省神木县大柳塔镇境内，地处毛乌素沙漠边缘，地表大部有风积沙覆盖，沟谷地形分布广泛。大柳塔井主采 1^{-2} 煤层、2^{-2} 煤层、5^{-2} 煤层。井田内煤层赋存稳定，倾角小，地质构造简单，具有埋深浅，易开采的优势。52304 工作面是该矿井 5^{-2} 煤层三盘区的首采工作面，也是该矿首个采用 7.0m 支架的工作面。工作面煤层厚度 6.6～7.3m，平均 6.94m，煤层结构简单，埋深 142～275m，煤层倾角 1°～3°。宏观煤岩类型以半暗型、半亮型煤为主，夹部分亮煤及暗煤。煤层底部发育 1～2 层厚度约 0.2m 岩性为泥岩的夹矸。煤层顶底板岩性以粉砂岩为主，具体情况如表 6-13 所示。

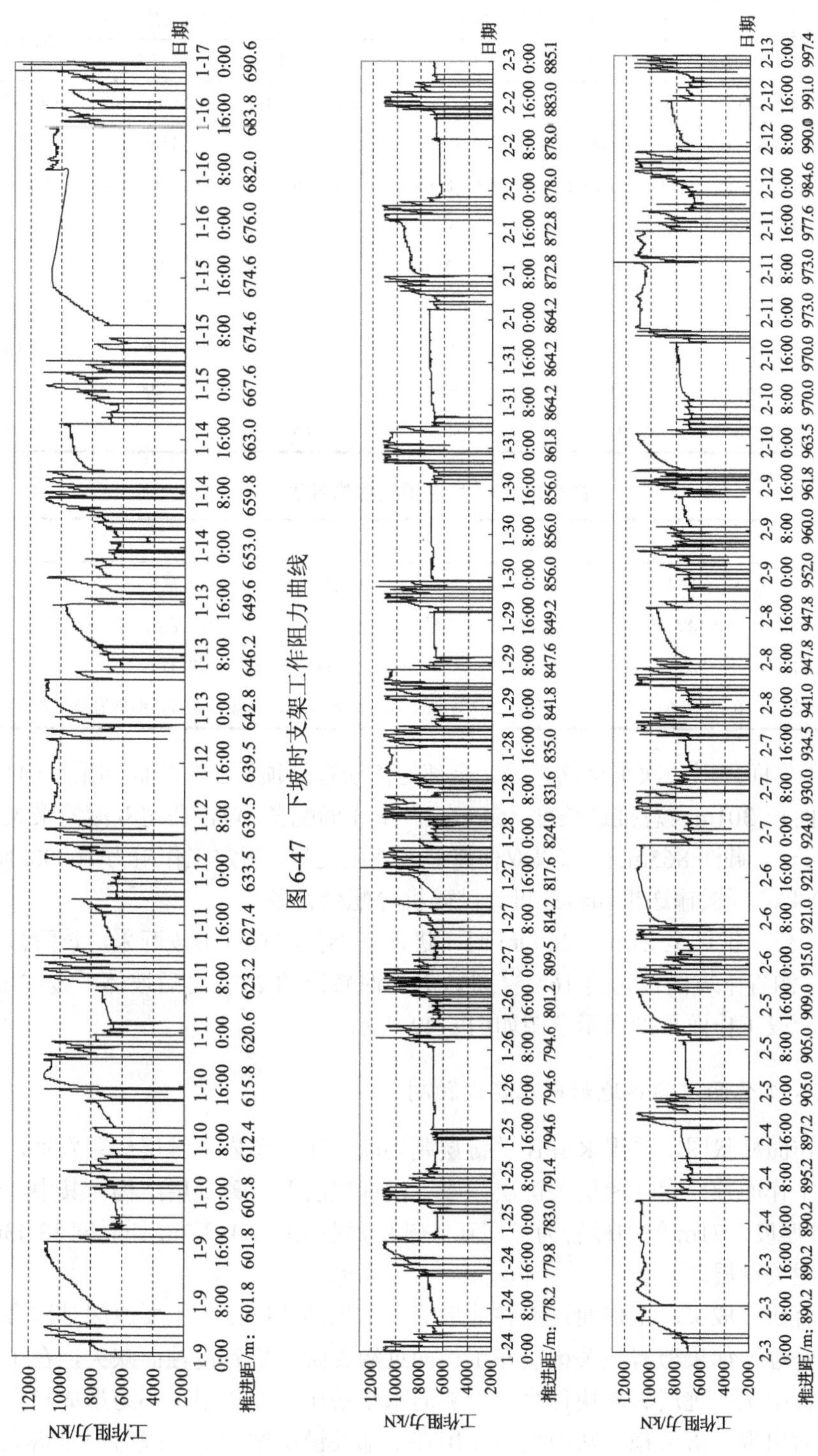

图 6-47　下坡时支架工作阻力曲线

图 6-48　上坡时支架工作阻力曲线

表 6-12　工作面推进位置不同时矿压显现特征

工作面推进位置	第一个沟谷沟（未侵蚀坡角 21°）		第二个沟谷沟（被侵蚀坡角 33°）		地面平直段
	下坡段	上坡段	下坡段	上坡段	
（来压步距/平均值）/m	6.6～16.2/12.2	6～13.1/10.6	5.2～17.6/9.5	6.2～15.6/8.7	5.4～17.9/10.8
最大工作阻力/kN	10932	11045	11054	11892	11026
（来压持续长度/平均值）/m	0.8～6.6/3.2	1.6～8/3.9	0.8～6.6/3	1.2～6.8/3.4	2.4～4.8/3.7
动载系数	1.43	1.55	1.42	1.69	1.48
最大活柱下缩量/mm	40	80	50	200	20
最大地面台阶高度/m	0.1	0.6	0.1	1.7	–
最大地表裂缝宽度/m	1	2	1.3	3.6	0.03
最大片帮深度 /mm	800	1000	800	1200	500
最大冒顶高度/m	0.3	0.5	0.5	2	0.5

表 6-13　5^{-2}煤层顶底板岩性表

名称	岩性	厚度/m	岩性特征
基本顶	粉砂岩	5.2～28.3	灰色，含完整植物化石，波状层理
直接顶	粉砂岩	0～1.85	灰色，含植物化石，波状层理，泥质胶结
伪顶	泥岩	0～0.25	灰色、灰褐色，水平层理发育
直接底	粉砂岩	0.76～5.6	灰色，泥质胶结，水平层理发育，局部有泥岩、细砂岩薄层发育

52304 工作面采用一次采全高综采，全部垮落法管理顶板。工作面初采期面长较短，正常开采段面长 301m，总推进长度 4547.6m。工作面配备 JOY 公司双滚筒采煤机，滚筒直径 3500mm，截深 865mm；郑煤双柱掩护式液压支架，额定工作阻力 16800kN；DBT 公司 3×1600kW 刮板输送机和转载机、破碎机等配套设备。

52304 工作面推进至 2160～2600m 时，进入三不拉沟谷地形段开采，该阶段沟谷落差 25～40m，沟谷下坡段坡角约 16°，上坡段开始时较陡约 28°，之后坡体平缓坡角约 8°。过沟谷地形阶段工作面平剖面示意图如图 6-49 所示。

2. 大采高工作面过沟谷地形矿压显现预测

根据工作面柱状图，采用 KSPB 关键层判别软件进行覆岩关键层位置判别，结果表明，52304 工作面顶板存在两层关键层，属于浅埋煤层多层关键层结构。其中，煤层上方 11.38m 处厚度 7.71m 的中砂岩为一层亚关键层，煤层上方 101.7m 处厚度 13.43m 的中粗粒砂岩为主关键层。

根据已有研究成果，工作面过沟谷地形能否发生动载矿压的主要原因是覆岩主关键层是否受到侵蚀，如果覆岩主关键层在工作面过沟谷阶段受到侵蚀而缺失，在工作面上坡段推进过程中主关键层破断块体将缺少侧向水平挤压力的作用，不易形成稳定的“砌体梁”结构而出现滑落失稳，从而使得作用在下部关键层结构上的载荷明显增大而产生滑落失稳，导致工作面动载矿压的出现，若沟谷地形阶段主关键层未缺失，则一般不易产生动载矿压显现。

由图 6-49(b)可知，52304 工作面在过沟谷地形时，覆岩主关键层并未受到侵蚀，主关键层完整，而且主关键层与工作面之间相距 101.7m，这种情况下即使主关键层是受侵蚀而缺失的，工作面出现动载矿压的可能性也会降低。

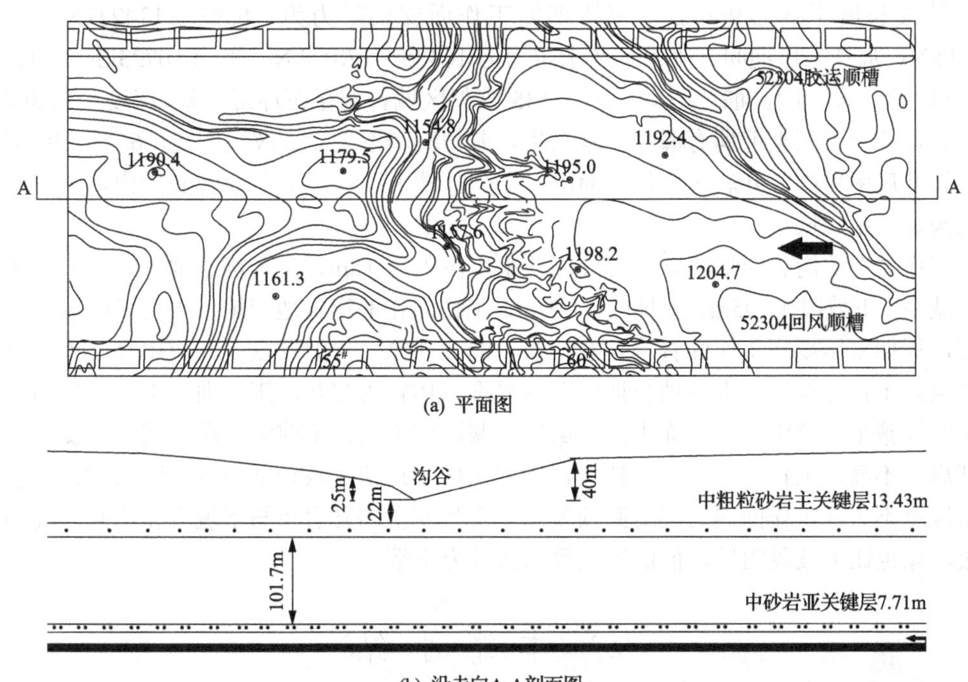

图 6-49　52304 工作面过沟谷段平剖面示意图

依据上述分析，预计 52304 工作面在过沟谷地形时不会发生动载矿压，但由于采高较大在过沟谷地形尤其是过上坡段时应加强了工作面的支护质量管理，同时做好矿压观测。

3. 大采高工作面矿压显现实测

根据沟谷地形的特点，在工作面过沟谷地形过程中将矿压观测工作分为两个阶段即过沟谷下坡段以及过沟谷上坡段。每一阶段周期来压期间均进行片帮、漏顶、活柱下缩及安全阀开启情况统计。

工作面液压支架上安装有 PM31 压力传感器，可自动记录传输数据。通过提取矿压数据分析工作面过沟谷地形段周期来压情况。

下坡段对应工作面推进距 2150～2310m，工作面此阶段共计 160m。过沟谷地形下坡段期间，工作面周期来压步距平均 16.95m；来压持续长度平均 4.15m。非来压期间工作面支架阻力为 10303～12835kN，平均 11235kN；周期来压期间支架循环末阻力为 16014～17191kN，平均 16722kN；动载系数 1.51。在工作面过下坡段期间，矿压显现较为缓和，来压时一般表现为工作面机头或机尾区域先来压，推进 2～3 刀后，压力逐渐向工作面中部转移，支架载荷接近或达到额定工作阻力，工作面部分安全阀开启，开启率不高，来压期间工作面煤壁片帮主要集中在中部 70#～120#支架区域，片帮深度一般在 500mm 以内，超过 800mm 的很少出现，工作面漏顶现象较少出现。

工作面推进至 2310m 时，中部 30#～110#支架进入沟谷地形上坡段开采，290m 后工作面顺利通过沟谷上坡段。过沟谷地形上坡段期间，工作面周期来压步距平均 13.97m；来压持续长度平均 3.96m。非来压期间工作面支架阻力为 10598～12423kN，平均 11220kN；周期来压期间，支架循环末阻力为 16485～17014kN，平均 16723kN；动载系数 1.51。此阶段，工作面在来压时 30#～135#支架区域普遍存在片帮现象，深度一般 300～800mm，个别支架架前偶有漏顶现象发生，漏顶范围不大。上坡段期间，65#～120#支架安全阀开启率较高，开启时乳化液涌出，支架活柱下缩量一般在 50mm 以内，其余区域安全阀开启率较低。

工作面在非沟谷地形地表平直段周期来压步距约 18m，进入沟谷地形段后周期来压步距减小，下坡段 16.95m，上坡段 13.97m。工作面在非沟谷地形地表平直段矿压显现较强烈，周期来压期间工作面普遍存在片帮、漏顶现象，支架安全阀开启率高、泄液也较为严重。工作面推进到沟谷地形期间矿压显现总体较为缓和，工作面在下坡段期间周期来压时片帮主要集中在工作面中部区域，片帮深度不大，架前漏顶现象较少，支架安全阀开启率不高，工作面在上坡段期间，周期来压时片帮区域较下坡段范围增大，但总体片帮深度不大，工作面偶有架前漏顶现象，支架安全阀开启率与下坡段相比有所提高、泄液现象也比下坡段明显，但矿压显现总体较为正常。

6.7 本章小结

(1) 针对大柳塔煤矿活鸡兔井三盘区 21304 工作面过沟谷地形上坡段时曾发生两次动载矿压问题，采用关键层判别软件对三盘区沟谷地形区域内的地面钻孔进行了关键层位置判别，结果表明：三盘区过沟谷地形区域的覆岩结构均为上煤层已采单一关键层结构。结合沟谷地形标高得出，覆岩主关键层位置均位于谷底之上，即受到侵蚀影响，其完整性遭到破坏，临近沟谷段的主关键层存在缺失，缺少侧向水平压力作用，在上煤层采后临近沟谷段的主关键层破断块体就不易形成稳定结构。

(2) 揭示了浅埋近距离煤层重复采动过沟谷地形关键层结构失稳机理。通过建立上煤层已采单一关键层结构过沟谷地形上坡段的力学模型，对比分析得出：只有当主关键层因受侵蚀而无侧向水平压力作用，且上煤层已采单一关键层结构破断线位置与主关键层破断块体结构断裂线位置基本对齐时，下煤层工作面支架所受的载荷最大。并采用砌体梁结构的滑落失稳判据说明，近距离煤层重复采动过沟谷地形上坡段、特别是在过上坡顶时，下煤层工作面易发生动载矿压。前述结论并得到了物理模拟与数值模拟结果的验证。

(3) 过沟谷地形上坡段的物理模拟结果表明：当沟谷地形区域的主关键层受侵蚀影响而缺失，即缺少侧向水平压力作用时，上煤层采后处于上坡段的主关键层破断块体不易形成稳定结构；待下煤层开采时，如果下煤层顶板亚关键层周期破断位置与主关键层已有的破断线位置一致，将有可能引发动载矿压。二维离散元模拟结果表明：在主关键层缺少侧向水平压力作用的上坡段，下煤层工作面曾发生两次活柱急剧下缩，下缩量最大达到 1.4m；当上坡段主关键层未缺失，即主关键层受到侧向水平压力作用时，下煤层工作面矿压显现正常，与物理模拟结果一致。

(4) 掌握了沟谷沟深对工作面过沟谷地形动载矿压的影响规律。在浅埋煤层其他条件一定情况下，沟谷沟深越大，工作面在沟谷上坡段期间发生动载矿压可能性越大；沟深较小时，一般不会发生动载矿压。

(5) 揭示了沟谷覆岩中主关键层位置对工作面过沟谷地形动载矿压的影响规律。主关键层在沟谷上坡段覆岩中位置离开采煤层越近，越容易发生动载矿压，矿压显现也越强烈。主关键层距离煤层小于 10 倍采高时，易发生动载矿压，大于 10 倍采高时，一般不会发生。

(6) 掌握了沟谷坡角对工作面过沟谷地形动载矿压的影响规律。沟谷上坡段的坡角越大，工作面越易发生动载矿压。当沟谷坡角较小(小于约 20°)时，工作面一般不会发生动载矿压显现。

(7) 掌握了煤层采高对工作面过沟谷地形动载矿压的影响规律。煤层采高越大，工作面过沟谷地形上坡段越易发生动载矿压，而采高小于 2.5m 时，一般不会发生。

(8) 揭示了煤层层间距对重复采动工作面过沟谷地形动载矿压的影响规律。煤层层间距变化时，覆岩关键层层数以及关键层在基岩中位置也会有所变化：①当煤层间距较小，煤层层间无关键层时，重复采动工作面过沟谷地形上坡段一般会产生动载矿压，而且层间距越小，工作面越易发生动载矿压。②当煤层层间有一层关键层时，关键层距离开采煤层越近，工作面在沟谷上坡段越易发生动载矿压。反之，则越不易发生动载矿压。③当煤层层间大于 5 倍采高有多层关键层结构时，重复采动工作面在沟谷上坡段一般不会发生动载矿压。

(9) 确定了大柳塔煤矿活鸡兔井三盘区浅埋上煤层已采单一关键层结构过沟谷地形时合理的支架工作阻力，需为 14208kN 以上。通过对近距离煤层重复采动危险区域预测、来压位置预测预报、工作面支护质量监测等措施，保障了后续三盘区 21305 工作面、21306 工作面的安全回采，取得了显著效果。

参考文献

[1] 许家林, 朱卫兵, 王晓振, 等. 沟谷地形对浅埋煤层开采矿压显现的影响机理. 煤炭学报, 2012,37(2): 179-185.

[2] Zhang Z Q, Xu J L , Zhu W B, et al. Simulation research on the influence of eroded primary key strata on dynamic strata pressure of shallow coal seams in gully terrain. International Journal of Mining Science and Technology, 2012, 22(1): 51-55.

[3] 张志强. 沟谷地形对浅埋煤层工作面动载矿压的影响规律研究. 徐州, 中国矿业大学, 2011.

[4] 张志强, 许家林, 王露, 等. 沟谷坡角对浅埋煤层工作面矿压影响的研究. 采矿与安全工程学报, 2011, 28(4): 560-564.

第7章 浅埋近距离煤层出上覆两侧采空煤柱压架机理及防治

近距离煤层群开采过程中，由于地质条件、工作面布置方式等因素的影响，上煤层难免会因为种种原因而遗留一些无法开采或暂时无法开采的煤柱，这些煤柱的存在往往会给下煤层工作面带来强烈的矿压显现[1~5]；尤其是在工作面推出上覆煤柱边界前后 5m 左右的开采范围内，常易出现支架活柱短时间急剧大幅下缩的压架现象，严重时会导致煤机无法通过，支架被压死、爆缸、损坏等现象。相关统计发现，此类压架常见于浅埋近距离煤层重复开采过程中，在我国神东、大同、伊泰，以及孟加拉国巴拉普库利亚等矿区均有频繁发生。表 7-1 列出了神东矿区部分矿井工作面在推出上覆遗留煤柱过程中的压架情况；自 2007 年以来，该矿区已累计发生类似案例 11 起，直接经济损失达 19824.6 万元，严重影响着矿井的安全高效生产。因此，如何揭示上述压架灾害的机理以确保出煤柱开采的安全，已成为神东矿区亟待解决的重大技术问题。

传统的观点认为，上煤层遗留煤柱上分布的集中应力向下传递，是造成下煤层工作面通过煤柱区域矿压显现增大的原因。然而，该观点却无法解释上述支架活柱急剧下缩的压架现象，也无法解释压架仅发生在出煤柱阶段，而进煤柱阶段却没有。同时，已有的开采实践表明，同是浅埋近距离煤层的开采，部分矿井工作面出煤柱开采时却未曾发生类似的压架，而仅呈现出煤壁片帮严重、端面冒顶等现象。显然，此类压架灾害需满足一定的条件才会发生，它会受到诸多因素的控制和影响。探究这些因素的影响规律必然会对出煤柱开采压架灾害的防治产生积极的指导意义。

相关的统计结果表明，上述压架现象主要出现在两类出煤柱的开采过程中(图 7-1)：①出上覆两侧采空煤柱，即下煤层切眼布置在上覆遗留两侧采空煤柱一侧的采空区下方，且煤柱位于工作面开采的推进范围内，工作面将会经历“采空区→煤柱区→采空区”的开采过程。②出上覆一侧采空煤柱，即下煤层切眼布置于上覆一侧采空煤柱下方，工作面回采期间仅经历“煤柱区→采空区”的开采过程。

为了问题研究的系统性和逻辑一致性，本章将首先从工作面出上覆两侧采空煤柱开采的压架进行研究，揭示其发生的内在机理、发生条件及其防治对策；而对于工作面出上覆一侧采空煤柱开采的压架问题，将在后续第 8 章中详细分析。

表 7-1　部分煤矿浅埋近距离煤层工作面出煤柱开采的压架灾害统计表[1]

煤柱类型	矿井	工作面	面宽/采高/m	支架型号	埋深/m	煤层间距/m	压架时间(年.月.日)	压架位置	压架情况描述
两侧采空煤柱	神东大柳塔井	22103	322.7/3.6	郑煤 ZY12000/20/40	86.1	23.3	2011.8.18	煤柱边界前 1.7m	66$^{\#}$～93$^{\#}$支架立柱短时间下缩 1500mm，支架顶梁直接被压趴至刮板输送机的挡煤板上，造成 66$^{\#}$～79$^{\#}$支架立柱被压坏，60$^{\#}$～93$^{\#}$支架安全阀被损坏
	神东活鸡兔井	12304	240/4.3	DBT 255/550-2×4319	97.6	19.2	2007.8.25	煤柱边界前 3.4m	63$^{\#}$～105$^{\#}$支架强烈来压，安全阀开启喷液，煤壁片帮宽度 1.1m，架前冒矸高度 1.2m，支架活柱急剧下缩 1200mm
		12305	257.2/4.3	北煤 ZY12000/25/50D	116.4	18.9	2008.8.14	推出煤柱边界 4～5m	60$^{\#}$～90$^{\#}$支架立柱普遍下缩，下缩量达 700～800mm，煤壁片帮严重。支架最大载荷 12136kN，动载系数最大 1.80
		12306	255.7/4.3	北煤 ZY12000/25/50D	97.1	21.3	2009.6.30	煤柱边界前 5m	支架安全阀剧烈开启，顶板在 4～5s 内出现整体大幅度下沉，其中 30$^{\#}$～110$^{\#}$支架活柱瞬间下缩 1100～1300mm；支架最大载荷 13363.6kN，动载系数最大 1.89，平均 1.75
		12313	344.2/4.5	郑煤 ZY12000/24/50D	102.8	13.1	2013.7.6	推出煤柱边界后 4m	支架安全阀剧烈开启，片帮严重，宽度达 1.1m；片帮煤块直接导致运输机压死；支架移动后活柱下缩量达 900mm
一侧采空煤柱	神东石圪台矿	12102	217.2/2.8	DBT 170/350-2×4412	65.5	5.2	2012.1.9	煤柱边界前 2.2m	20$^{\#}$～100$^{\#}$支架安全阀全部开启，并成喷射状态，立柱下沉明显；其中 27$^{\#}$～80$^{\#}$支架活柱下缩 1200mm，直接导致煤机无法行走割煤。工作面停产 1 天半
		12103	329.2/2.8	DBT 170/350-2×4412	63.5	0.6～5.0	2011.9.9	煤柱边界前 3m	煤壁片帮、架前漏矸严重，片帮深度 300～500mm，漏矸高度 500～800mm。安全阀大量开启，30$^{\#}$～120$^{\#}$支架活柱瞬间下缩 500～700mm。工作面停产 2 天
		12105	300/2.8	平煤 ZY8800/17/35	78.6	5.3～13.6	2010.8.2	推出煤柱边界 0.4m	回风巷一侧 110$^{\#}$～145$^{\#}$架来压明显，出现煤壁片帮严重、炸帮、切顶以及支架安全阀大量开启现象，支架活柱急剧下缩 600mm，同时发生突水事故，导致工作面被淹
	神东活鸡兔井	12314	299.3/4.7	郑煤 ZY12000/24/50D	67.2	0.5～13.0	2014.7.17	煤柱边界前 1.0m	80$^{\#}$～162$^{\#}$支架被压死，活柱下缩量约 800～1500mm，多个支架平衡油缸被损坏；煤机无法通过
	神东榆家梁矿	42308	300.6/2.0	平煤 ZY7600/1.2/2.4	129.7	13～17	2013.3	煤柱边界前 5.0m	25$^{\#}$～60$^{\#}$支架支撑高度由 2.2m 急剧下降到 1.9m，机尾 130$^{\#}$支架以后开始漏顶，掉落大块矸石，煤机无法通过
		42309	320.8/2.1	平煤 ZY7600/1.2/2.4	129.7	11	2014.1.11	煤柱边界前 4.0m	顶板下沉量达到 0.5～0.7m，导致机尾 186$^{\#}$、187$^{\#}$支架顶梁压死运输机机尾减速机盖板。该顶板事故造成工作面停产 2 天

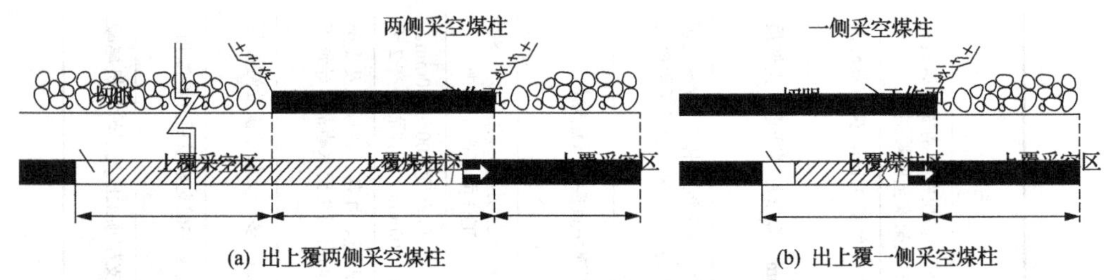

图 7-1　近距离煤层工作面出煤柱开采的示意图

7.1　压架灾害工程案例

7.1.1　大柳塔井 22103 综采面[3]

大柳塔煤矿是神东煤炭集团所属的年产两千万吨的特大型现代化高产高效矿井，是神东煤炭集团最早建成的井工矿，位于陕西神木县境内。该矿所辖大柳塔井、活鸡免井两个矿井，两井拥有井田面积 189.9km^2，煤炭地质储量 23.2 亿 t，可采储量 15.3 亿 t。其中，大柳塔井主采 1^{-2} 煤层、2^{-2} 煤层和 5^{-2} 煤层，活鸡免井主采 $1^{-2上}$煤层、1^{-2} 煤层、2^{-2} 煤层和 5^{-1} 煤层。井田地质构造简单，煤层倾角平缓，赋存稳定，具有埋藏浅、易开采的优势。

该矿大柳塔井 22103 综采面位于 2^{-2} 煤层一盘区，工作面走向长 1570m，倾向宽 322.7m，煤层倾角 1°～3°，厚度 3.81～4.21m，平均 3.95m，设计采高 3.6m，煤层结构简单，一般不含夹矸。工作面配备郑煤 ZY12000/20/40 型液压支架，额定工作阻力 12000kN，共计 189 架。工作面上覆对应大柳塔井 1^{-2} 煤层已采的 12107 综采面、12203 综采面与 12203 旺采采空区，而回撤通道附近则对应邻近的五当沟小煤窑采空区，如图 7-2 所示。

工作面对应地表平坦，大部为第四系风积沙覆盖，上覆松散层厚 10～14m，基岩厚度 70～77m，平均 75m，埋深约 86m，基岩顶部为发育厚度不等的风化层；基岩以粉砂岩、细砂岩及粗砂岩等硬岩为主，部分粉砂岩为极坚硬钙质及硅质胶结，工作面回撤通道附近 J88 钻孔柱状如图 7-3 所示。

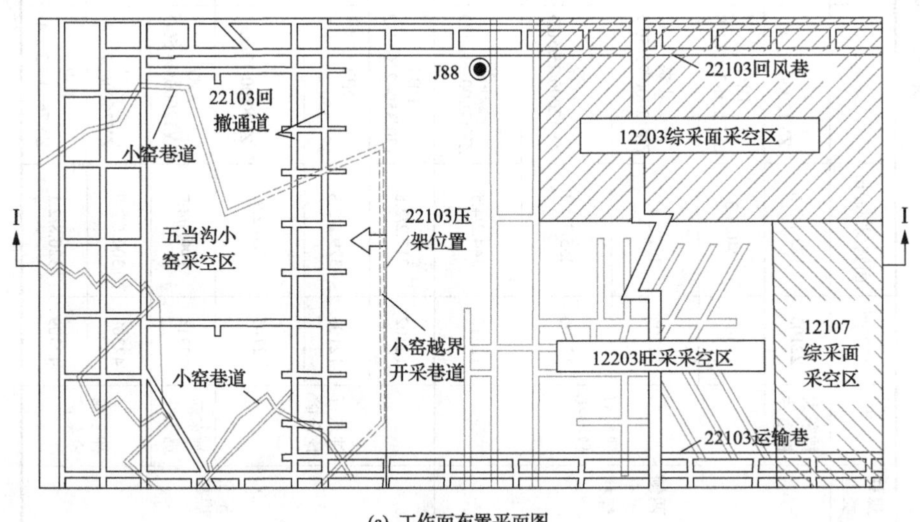

(a) 工作面布置平面图

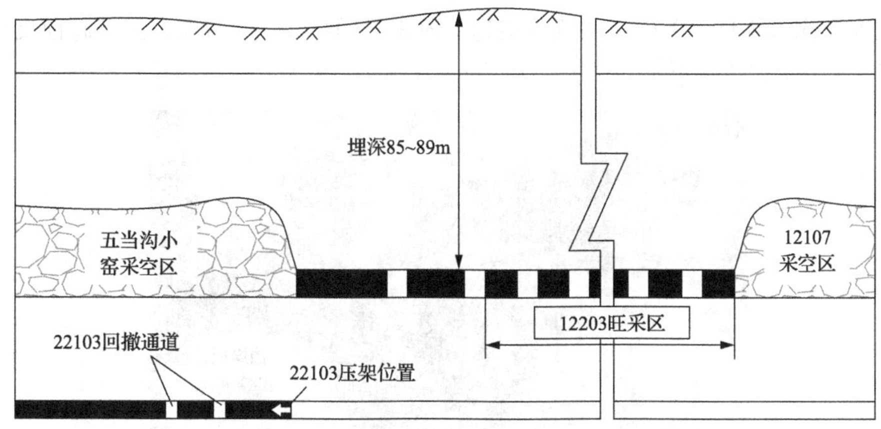

(b) 工作面布置 I - I 剖面图

图 7-2　22103 工作面布置及压架位置示意图

层号	厚度/m	埋深/m	岩性	关键层位置	柱状
1	11.11	11.11	风积沙		
2	5.1	16.21	粉砂岩		
3	15.64	31.85	粉砂岩	主关键层	
4	0.65	32.5	细粒砂岩		
5	3.1	35.6	粉砂岩		
6	7.26	42.86	细粒砂岩		
7	3.3	46.16	粉砂岩		
8	9.27	55.43	粗粒砂岩	亚关键层	
9	7.4	62.83	1^{-2}煤层		
10	6.48	69.31	粉砂岩		
11	11.15	80.46	粗粒砂岩	亚关键层	
12	2.92	83.38	粉砂岩		
13	1.15	84.53	石英砂岩		
14	1.31	85.84	粉砂岩		
15	0.1	85.94	无号1		
16	0.2	86.14	粉砂岩		
17	3.85	89.99	2^{-2}煤层		

图 7-3　J88 钻孔柱状图

由于附近五当沟小窑矿井对上部 1^{-2} 煤层的越界开采，使得 22103 工作面经历了推出上覆遗留煤柱而进入小窑采空区的开采状况，由此引发了工作面大范围的压架事故。2011 年 8 月 18 日零点班 4 点多，当工作面推进至距回撤通道 45.4m 时发生了压架事故。当时零点班已割煤 3 刀，第 4 刀煤机向机尾运行至 105#支架时，顶板剧烈来压，支架压力迅速升高，30#～140#支架安全阀全部开启，60#～120#支架立柱下缩迅速，其中 66#～93#支架立柱短时间下缩 1500mm，支架顶梁直接被压趴至刮板输送机的挡煤板上，人员只能蹲着前行，如图 7-4 所示。最终，此次事故造成工作面 66#～79#支架立柱被压坏，60#～

93#支架安全阀被损坏。工作面两侧巷道超前段未见明显离层、片帮，两巷超前支护单体无明显下缩，支护状况正常。

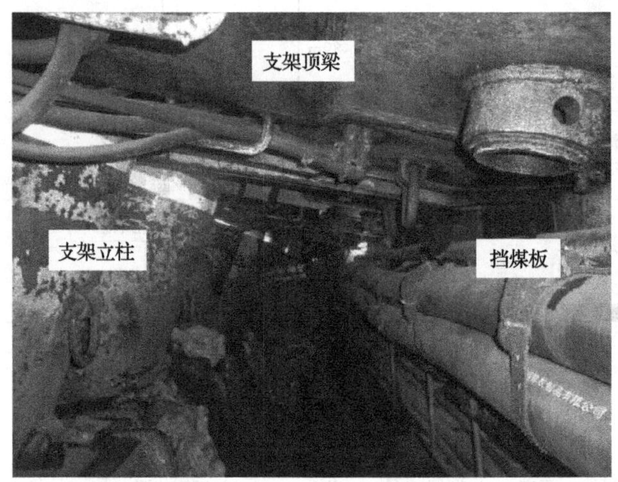

图 7-4　大柳塔井 22103 工作面压死支架照片

7.1.2　活鸡兔井 1^{-2} 煤层三盘区工作面出上覆跳采煤柱的压架案例[2,4]

活鸡兔井 1^{-2} 煤层三盘区内共布置综采工作面 6 个，其上对应着 $1^{-2\text{上}}$ 煤层的 6 个综采工作面。由于 $1^{-2\text{上}}$ 煤层中存在一条状冲刷带，有 3 个工作面被迫实施了重开切眼的跳采措施，即 12 上 304～12 上 306 工作面。正因为如此，下部 1^{-2} 煤层 12304～12306 工作面在接近回撤通道的开采区段均经历了过上覆跳采煤柱的开采状况，如图 7-5 所示。

上述 1^{-2} 煤层 3 个工作面在推出上覆遗留煤柱的过程中，均发生了支架活柱急剧下缩超过 500mm 的压架事故，矿压显现剧烈。12304 工作面采用额定工作阻力为 8638kN 的液压支架，当工作面推进至距离出煤柱边界还有 3.4m 时，中部 63#～105#支架来压强烈，安全阀开启喷液，煤壁片帮宽度达 1.1m，架前冒矸高度达 1.2m，支架活柱急剧下缩量达 1200mm。鉴于 12304 工作面出煤柱开采时的这种剧烈的来压现象，在后续 12305 工作

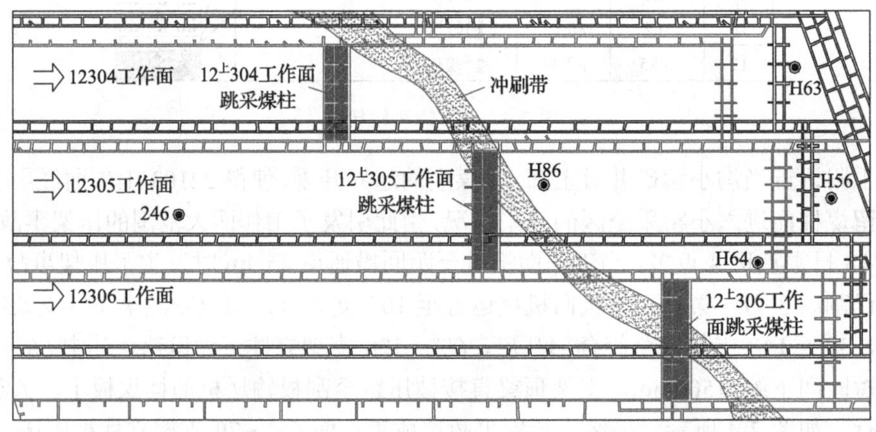

(a) 平面图

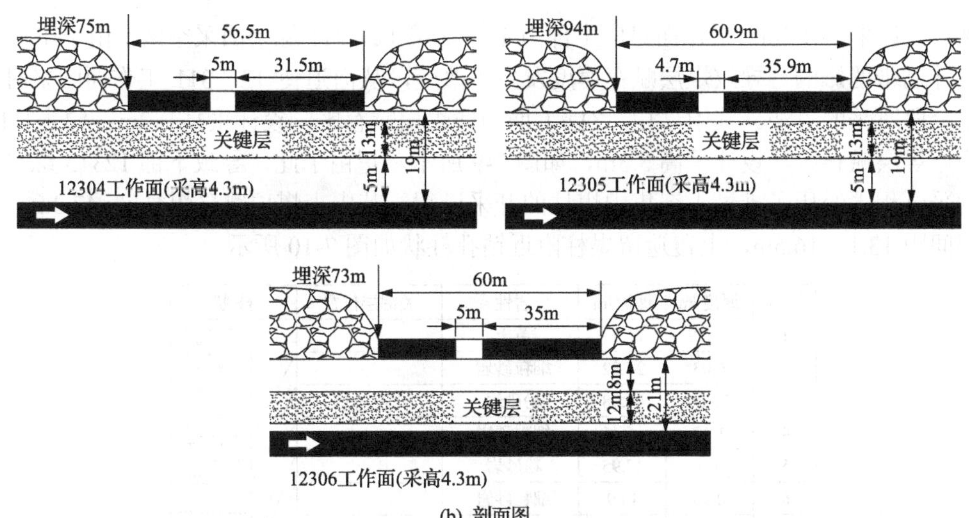

图 7-5　活鸡兔井 1^{-2} 煤层三盘区各工作面上覆煤柱分布图

面和 12306 工作面的开采过程中，将支架的工作阻力提高到了 12000kN，但两工作面在出煤柱开采过程中，仍发生了类似的压架事故。其中，12305 工作面在推出煤柱边界后 4～5m 时支架活柱下缩 700～800mm，而 12306 工作面则在出煤柱前 5m 时支架活柱下缩 1100～1300mm。由于 3 个工作面的开采条件类似，因此下面仅针对 12306 工作面的具体开采情况及其出煤柱时的矿压显现进行详细叙述。

12306 综采面走向长 2699.3m，倾斜宽 255.7m，煤层厚度平均 4.75m，倾角 0°～5°，设计采高 4.3m，采用北京煤机厂额定阻力为 12000kN 的两柱掩护式液压支架。上部倾向遗留煤柱宽度 60m，位于距 12306 工作面切眼 2196.9 m 处。工作面距上部已采的 $1^{-2上}$ 煤层 $12^{上}306$ 工作面底板间正常基岩厚 2.5～26m，其覆岩柱状如图 7-6 所示。

当工作面距离出煤柱边界还有 5m 时，顶板突然大范围来压，$16^{\#}$～$130^{\#}$支架压力突然升高，17%的支架载荷超过 12000kN 的额定工作阻力(图 7-7)，最大阻力达 13363.6kN，平均阻力达 11922kN；动载系数最大达 1.89，平均为 1.75。支架安全阀剧烈开启，液管内乳化液四处喷射，2～3m 范围外视线模糊。工作面顶板在 4～5s 内出现整体大幅度下沉，采高由 4.7～4.8m 骤降为 3.5～3.6m；其中，$30^{\#}$～$110^{\#}$支架活柱瞬间下缩 1100～1300mm。工作面煤壁片帮、端面漏顶现象严重，在采煤机停留处，大量漏矸几乎埋住采煤机。最后，工作面在强行快速推进 4～5 刀后，采高逐步调节到 4.6m，工作面才恢复正常。此次来压后，工作面压架位置对应地表出现地堑式的台阶下沉，裂缝宽度 3～4m，局部还有塌陷小漏斗出现，如图 7-8 所示。

7.1.3　活鸡兔井 12313 综采面出上覆跳采煤柱的压架案例

活鸡兔井 12313 综采面位于 1^{-2} 煤层三盘区，与前节活鸡兔井 12304 综采面～12306 综采面同属一个盘区，但该面位于集中大巷的南翼(12304 工作面～12306 工作面位于北翼)。12313 工作面走向推进长度 4577.3m，倾向宽 344.2m；煤层厚度 4.3～5.7m，平均 5.0m；倾角 1°～4°，煤层结构简单，属稳定煤层。工作面采用 ZY12000/24/50D 型液压支架，设计采高 4.7m。工作面对应上部为 $1^{-2上}$煤层 $12^{上}$311 综采面采空区，由于 $1^{-2上}$煤层中冲刷带的影响，导致煤层赋存厚度发生了改变，从而迫使 $12^{上}$311 工作面回采时采取了分段跳采的方法。其中，$12^{上}$311-1 面为薄煤层赋存区，设计采高 2.2m；$12^{上}$311-2 面为厚煤层赋存区，设计采高 3.3m，如图 7-9 所示。正由于此，导致下部 12313 综采面在回采过程中经历了推过上覆集中煤柱的开采过程，其中上煤层跳采煤柱宽 47.3m，两煤层间距 13.1～16.5m，上覆遗留煤柱附近钻孔柱状如图 7-10 所示。

层号	厚度/m	埋深/m	岩性	关键层位置	柱状
1	21.79	21.79	黄土		
2	6.03	27.82	细粒砂岩		
3	16.86	44.68	粉砂岩	主关键层	
4	1.77	46.45	细粒砂岩		
5	1.5	47.95	粉砂岩		
6	0.95	48.9	细粒砂岩		
7	4.13	53.03	中粒砂岩		
8	4.37	57.4	粗粒砂岩		
9	0.2	57.6	1^{-1}煤层		
10	2.54	60.14	粉砂岩		
11	3.86	64	细粒砂岩	亚关键层	
12	1.81	65.81	粉砂岩		
13	1.79	67.6	细粒砂岩		
14	2.33	69.93	粉砂岩		
15	1.87	71.8	细粒砂岩		
16	1.36	73.16	中粒砂岩		
17	2.67	75.83	$1^{-2上}$煤层		
18	6.04	81.87	粉砂岩		
19	1.4	83.27	细粒砂岩		
20	1.73	85	中粒砂岩		
21	11.94	96.94	粗粒砂岩	亚关键层	
22	0.2	97.14	粉砂岩		
23	5.91	103.05	1^{-2}煤层		

图 7-6　活鸡兔井 12306 工作面 H64 钻孔柱状图

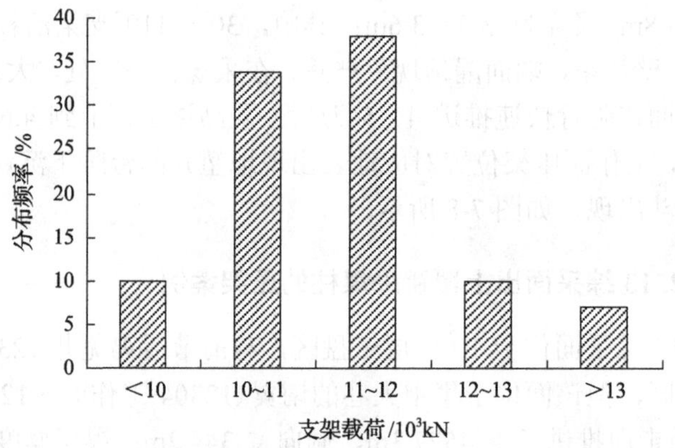

图 7-7　活鸡兔井 12306 工作面出煤柱时的支架载荷分布

图 7-8　活鸡兔井 12306 工作面压架发生后的地表塌陷情况

与上述工作面类似，12313 工作面在推出上覆跳采煤柱的过程中也发生了支架活柱急剧大幅下缩的压架现象。当工作面推出煤柱 4m 时，顶板出现来压，支架阻力显著增大；首先从 80#～120#支架来压，割煤两刀后 70#～160#支架全部来压，支架立柱安全阀全部卸载喷液；同时，煤壁片帮严重，片帮宽度达 1.1m，片帮煤块直接导致运输机压死，移架后支架活柱下缩量达 900mm。

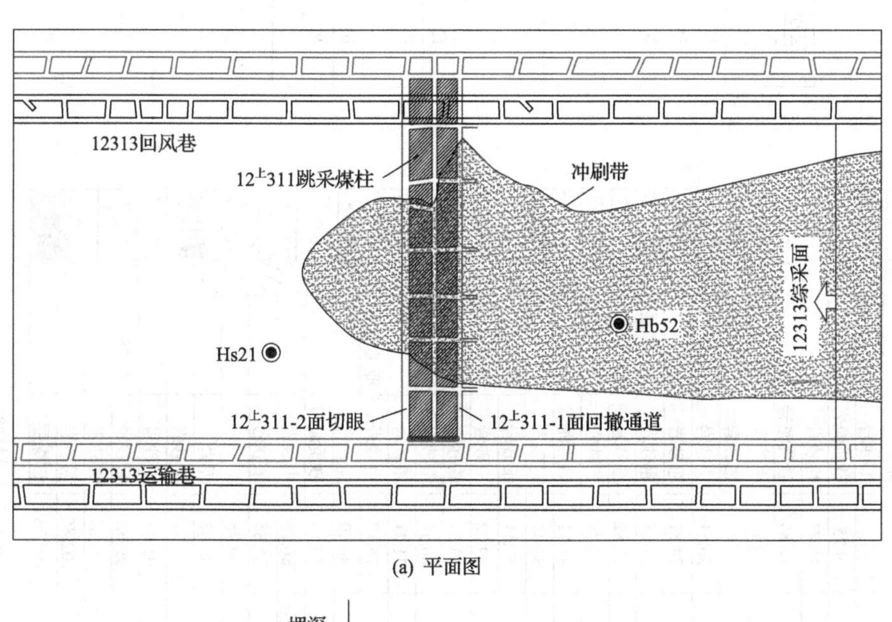

(a) 平面图

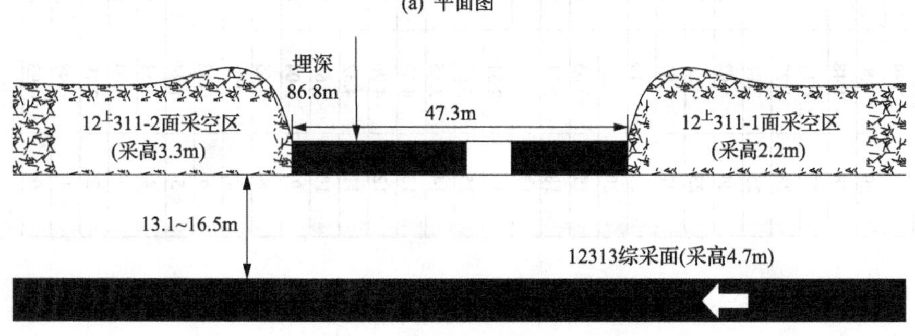

(b) 剖面图

图 7-9　活鸡兔井 12313 综采面上覆煤柱分布图

层号	厚度/m	埋深/m	岩层岩性	关键层位置	岩层图例
32	3.4	3.40	松散层		
31	2.66	6.06	泥岩		
30	2.39	8.45	细砂岩		
29	0.8	9.25	砂质泥岩		
28	1.48	10.73	粉砂岩		
27	2.11	12.84	砂质泥岩		
26	1.27	14.11	中砂岩		
25	2.88	16.99	细砂岩		
24	3.62	20.61	中砂岩		
23	4.2	24.81	粗砂岩		
22	8.87	33.68	粗砂岩	主关键层	
21	5.14	38.82	细砂岩		
20	5.66	44.48	粉砂岩		
19	3.63	48.11	砂质泥岩		
18	5.31	53.42	粉砂岩		
17	3.69	57.11	细砂岩		
16	2.31	59.42	中砂岩		
15	3.67	63.09	粉砂岩		
14	3.45	66.54	细砂岩		
13	4.67	71.21	粗砂岩		
12	4.96	76.17	中砂岩	亚关键层	
11	4.32	80.49	粉砂岩		
10	2.67	83.16	砂质泥岩		
9	3.04	86.20	中砂岩		
8	0.65	86.85	细砂岩		
7	2.9	89.75	$1^{-2上}$煤层		
6	0.32	90.07	泥岩		
5	1.44	91.51	细砂岩		
4	3.53	95.04	中砂岩		
3	4.64	99.68	粗砂岩	亚关键层	
2	2.19	101.87	细砂岩		
1	0.98	102.85	粉砂岩		
0	4.93	107.78	1^{-2}煤层		

(a) Hs21钻孔柱状

层号	厚度/m	埋深/m	岩层岩性	关键层位置	岩层图例
24	13.8	13.80	松散层		
23	1.68	15.48	泥岩		
22	13.28	28.76	砂质泥岩		
21	21.81	50.57	粉砂岩	主关键层	
20	1.46	52.03	细砂岩		
19	2.01	54.04	中砂岩		
18	6.62	60.66	粗砂岩	亚关键层	
17	7.31	67.97	砂质泥岩		
16	2.17	70.14	中砂岩		
15	2.46	72.60	粗砂岩		
14	3.07	75.67	砂质泥岩		
13	0.54	76.21	粗砂岩		
12	2.5	78.71	泥岩		
11	1.88	80.59	细砂岩		
10	2.05	82.64	中砂岩		
9	2.05	84.69	细砂岩		
8	2.36	87.05	中砂岩		
7	1.33	88.38	粗砂岩		
6	1.84	90.22	$1^{-2上}$煤层		
5	3	93.22	粉砂岩		
4	4.44	97.66	细砂岩	亚关键层	
3	1.59	99.25	中砂岩		
2	1.82	101.07	粉砂岩		
1	5.66	106.73	中砂岩		
0	4.92	111.65	1^{-2}煤层		

(b) Hb52钻孔柱状

图 7-10 活鸡兔井12313综采面钻孔柱状图

7.2　压 架 机 理

根据上述的案例分析以及大量的实测结果可以看出，浅埋近距离煤层工作面在通过上覆两侧采空煤柱的过程中，压架事故往往仅出现在出煤柱阶段，而进煤柱阶段和煤柱区下的开采阶段矿压显现均不强烈。这显然与出煤柱阶段上覆岩层的活动规律密切相关。由于煤柱的存在，其上关键层会在煤柱边界破断形成“砌体梁”式的铰接结构，并承担着其所控制的那部分岩层的载荷。在下煤层工作面推出煤柱边界的过程中，此结构的断裂岩块必然会产生进一步的回转运动；当这种结构不能维持其自身稳定性时，就可能会对下煤层工作面产生冲击作用，最终造成压架的发生。

7.2.1　煤柱上方关键块体结构稳定性分析

随着工作面逐渐向煤柱边界推进，煤柱上方关键层将逐步发生周期性破断回转运动，岩块之间相互铰接，最终会在出煤柱边界形成如图 7-11(a)所示的三铰式拱形铰接结构。显然，此结构两侧的 C、D 块体便是控制工作面出煤柱时矿压显现的关键块体，因此，分析两关键块体三铰式结构的稳定性是寻求出煤柱阶段工作面压架机理的关键所在。

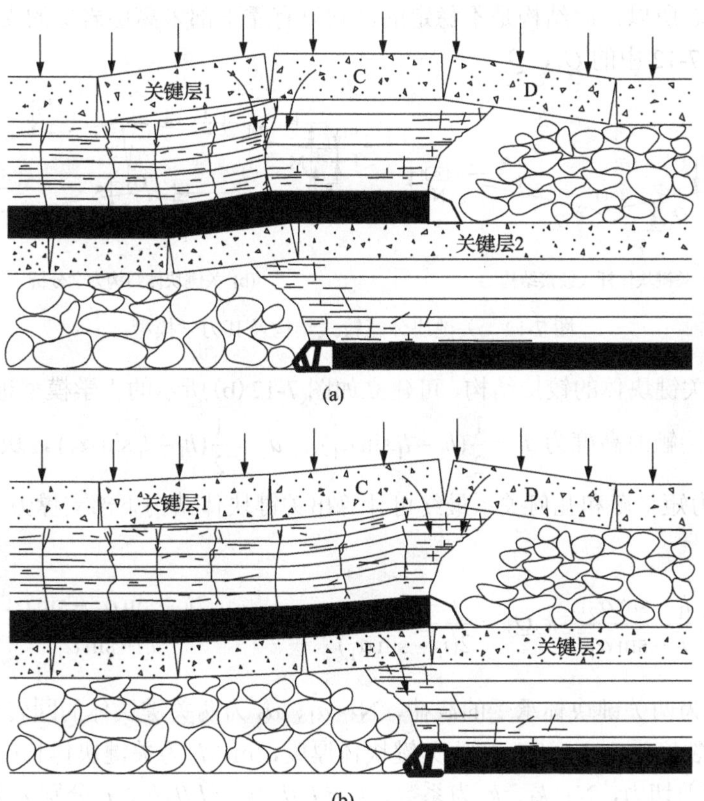

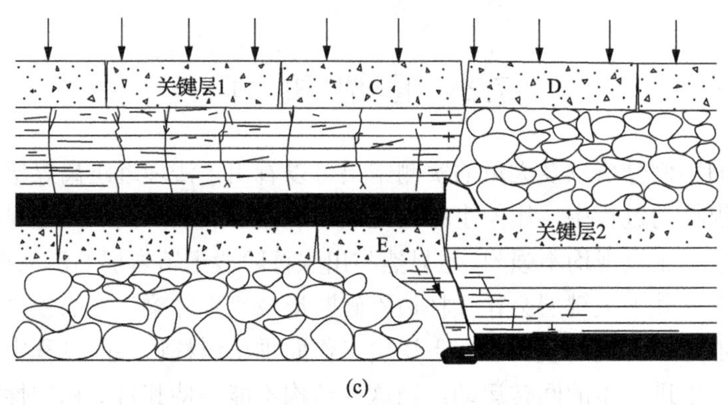

(c)

图 7-11　工作面出煤柱阶段关键块体运动示意图

根据苏联学者库兹涅佐夫提出的铰接岩块假说，工作面上方铰接岩块可看成是相互铰合而成的多环节铰链，而块体则可简化为一个个杆体。因此，图 7-11(b)中关键块体的拱形铰接结构即可简化为由两个杆体组成的铰接结构，如图 7-12(a)所示。结构两端铰接点 M、点 N 外侧是受约束的，即 M 点、N 点可以向内移动，但是难以往外侧移动。根据库兹涅佐夫的理论，铰接岩块间的三铰结构必须满足中间节点高于两端节点时，结构才能够保持稳定。而对于出煤柱阶段关键块体形成的拱形铰接结构，其中间节点却是低于两端节点的。所以，此结构是不稳定的，它只有靠下部未离层岩层的支撑作用才能保持平衡，即图 7-12 中的 Q_1、Q_2。

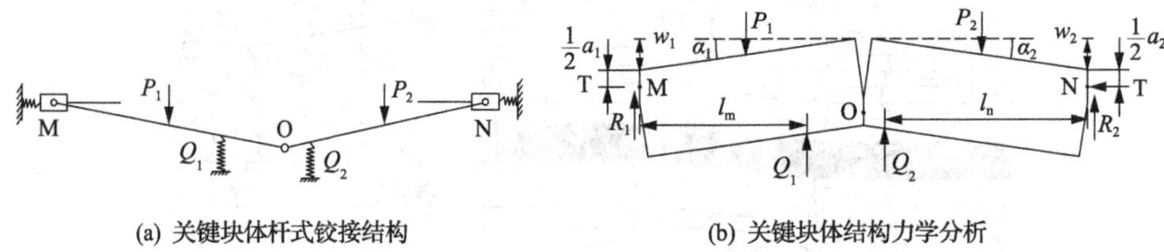

图 7-12　关键块体三铰式结构及其力学模型

对于上述关键块体的铰接结构，可建立如图 7-12(b)所示的力学模型进行分析。分别设两侧块体的接触面高度为 $a_1=\frac{1}{2}(h_1-l_1\sin\alpha_1)$、$a_2=\frac{1}{2}(h_1-l_1\sin\alpha_2)$，块体间的水平推力为 T。根据力矩平衡和几何关系最终可计算出关键块体结构下部支撑力 Q_1、Q_2 的表达式为[4]

$$k_1Q_1\frac{i_1-\sin\alpha_2}{i_1-\sin\alpha_1}-k_2Q_2=\frac{i_1-\sin\alpha_2}{2(i_1-\sin\alpha_1)}P_1-\frac{1}{2}P_2+\frac{2i_1-\sin\alpha_1-\sin\alpha_2}{i_1-\sin\alpha_1}R_0 \tag{7-1}$$

式中：P_1、P_2 为两关键块体承受的载荷，N；α_1、α_2 为两关键块体的回转角，(°)；i_1 为关键块体的断裂度，$i_1=h_1/l_1$，h_1 为关键块体厚度，m，l_1 为关键块体长度，m；R_0 为中心节点 O 处的剪切力，N；k_1、k_2 为系数，$k_1=l_m/l$、$k_2=l_n/l$（l_m、l_n 分别为力 Q_1、Q_2 对应于两侧铰接点 M、N 的力矩），$k_1<1$，$k_2<1$。

由于 Q_2 作用力处于煤柱边界附近，而该区域由于塑性变形的影响，下部煤岩体的支撑能力较弱，因此 Q_2 的值较小。若视其为 0，同时令 $\alpha_1=\alpha_2$，$P_1=P_2$，则式(7-1)可化简为

$$Q_1 = \frac{2}{k_1} R_0 \tag{7-2}$$

由于两关键块体形成的拱形结构是不稳定的，所以，随着工作面的向前推进，两关键块体会随结构下部岩层的下沉而逐渐向下发生相对回转运动，即两块体的转角 α_1、α_2 会随之逐渐减小；由“砌体梁”结构理论可知[6]，节点 O 处的剪切力 R_0 是随块体转角的减小而增大的。因此，由式(7-2)可以看出，要想保证结构的稳定，其下部岩层的支撑力必然会在此过程中逐渐增大，从而导致两煤层间关键层 2 断裂块体 E[图 7-11(b)]所形成的铰接结构承受的载荷也会随之增大。由此可得，断裂块体 E 铰接结构承受的关键层 1 关键块体运动所传递的载荷为

$$P_{\mathrm{s}} = \frac{Q_1 + (h_2 + h_{12})\gamma l_2}{l_2} \tag{7-3}$$

由于 $R_0 = \dfrac{4i_1 - 3\sin\alpha_2}{2(2i_1 - \sin\alpha_2)}\gamma H' l_1$，且 $k_1<1$，则式(7-3)可化简为

$$P_s > \left[\frac{4i_1 - 3\sin\alpha_2}{2(2i_1 - \sin\alpha_2)}\left(\frac{l_1}{l_2}H'\right) + h_2 + h_{12}\right]\gamma \tag{7-4}$$

式中：l_2、h_2 为煤层间关键层 2 断裂块体 E 的长度和厚度，m；h_{12} 为关键层 1 与关键层 2 之间岩层的厚度，m；H' 为关键层 1 的埋深，m；γ 为岩层容重，N/m^3。

若取 i_1 为 0.3，α_2 为 8°，同时令上下关键层 1、关键层 2 的破断长度相同，则式(7-4)可进一步化简为

$$P_{\mathrm{s}} > (1.7H' + h_2 + h_{12})\gamma \tag{7-5}$$

而根据“砌体梁”结构的“S-R”稳定理论[6]，要保证断裂块体 E 的铰接结构保持稳定而不致发生滑落失稳，其自重及上覆载荷之和的极限值载荷 P_{j} 为

$$P_{\mathrm{j}} = \frac{\sigma_{\mathrm{c}}}{30}(\tan\varphi + \frac{3}{4}\sin\theta_2)^2 \tag{7-6}$$

式中：σ_{c} 为关键层 2 的抗压强度，MPa；θ_2 为关键层 2 破断块体回转角，(°)；$\tan\varphi$ 为关键层 2 破断岩块间的摩擦系数，一般可取值 0.3。

若将 σ_{c}=80MPa，θ_2=8°代入式(7-6)中，则断裂块体 E 铰接结构所能承受的极限载荷为 0.44MPa。若以 25kN/m^3 的岩层容重计算，关键层 2 及其载荷层厚度之和的极限值仅为 17.6m。即，$P_{\mathrm{j}}=17.6\gamma$。

结合式(7-5)可知，$1.7H'+h_2+h_{12}$ 的值需在 17.6m 之内才能保证关键层 2 断裂块体 E 铰接结构不发生滑落失稳，这在实际情况中显然是无法满足的。因此，工作面在推出上

覆两侧采空煤柱边界时，煤层间关键层 2 破断块体结构的滑落失稳是必然的。正是由于煤柱上方关键块体相对回转运动传递的过大载荷才造成了块体 E“砌体梁”结构的滑落失稳，从而导致工作面顶板直接沿断裂线切落，造成如图 7-11(c)所示压架灾害的发生。

7.2.2 压架机理的模拟实验验证

1. 模拟实验方案设计

为了验证上述的理论分析，进一步探究煤柱边界上方关键块体的破断铰接与旋转运动规律，以及它与下煤层工作面动载矿压之间的联系，采用相似材料模拟实验进行研究与分析。选用重力应力条件下的平面应力模型架进行实验，实验架长 120cm，宽 8cm。模型的几何比为 1∶100，重力密度比为 0.6。采用简化的实验模型，将各岩层进行简化，建立如图 7-13 所示的实验模拟方案。

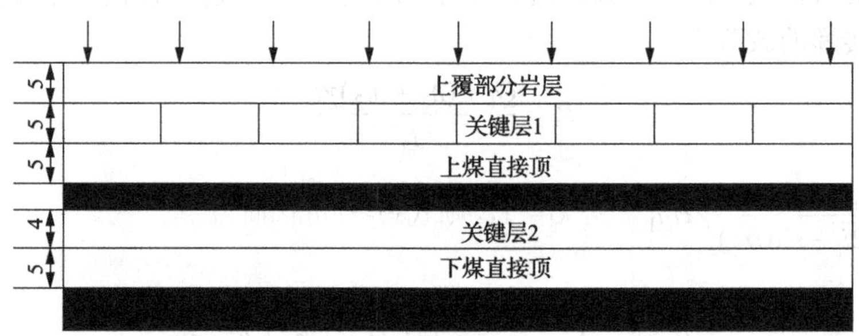

图 7-13 模拟实验模型图

根据相似理论与牛顿第二定律确定各分层的物理力学参数，并从相似材料配比表里选择合适的配比号进行各岩层材料的配制，见表 7-2。材料配制时以河砂为骨料，以石膏和碳酸钙为胶结物，在岩层交界处铺设一层云母粉以模拟岩层的层理。由于本实验要研究煤柱上方关键块体的破断铰接与旋转运动的规律，故关键层 1 铺设时采用预制的水泥试块，上覆岩层的重量以砂石代替。

表 7-2 各岩层的相似材料配比

岩层	厚度/cm	河砂/kg	碳酸钙/kg	石膏/kg	水/L
上覆部分岩层	5	6.00	0.84	0.36	0.72
关键层 1	5	—	—	—	—
上煤直接顶	5	5.76	1.10	0.43	0.8
上煤层	3.5	4.61	0.58	0.58	0.64
关键层 2	4	4.61	0.58	0.58	0.64
下煤直接顶	5	5.76	1.10	0.43	0.8
下煤层	4.5	5.67	0.57	0.24	0.72

上煤层开挖时直接从模型边界开始，从右往左开挖 58cm，将煤柱留设在模型另一侧，并使关键块体结构断裂线内错于煤柱边界 2cm；下煤层开挖时，整层全部挖掉，在煤柱

边界附近时适当放慢开挖速度。同时，沿着关键层 2 的顶界面在煤柱边界内侧附近布置一个应力观测点，用以监测出煤柱时关键层 2 承受的载荷。

2. 模拟实验结果与分析

由图 7-14 可以看出，在工作面逐渐推出煤柱边界的过程中，煤层间关键层 2 上的载荷逐步上升；而此过程中也对应着煤柱上方关键块体 C、块体 D 由拱形铰接结构的张开裂缝逐渐趋于闭合(图 7-12)，说明两块体间发生着相对回转运动。最终，当工作面推出煤柱边界 5cm 时，关键层 2 破断块体 E 形成的铰接结构因无法承担上部过大的载荷而发生失稳滑落，造成上部关键块体及其控制的那部分岩层随之压下，最终导致了工作面压架的发生，如图 7-14(c)所示。模拟实验结果验证了前述工作面出两侧采空煤柱压架机理的阐述。

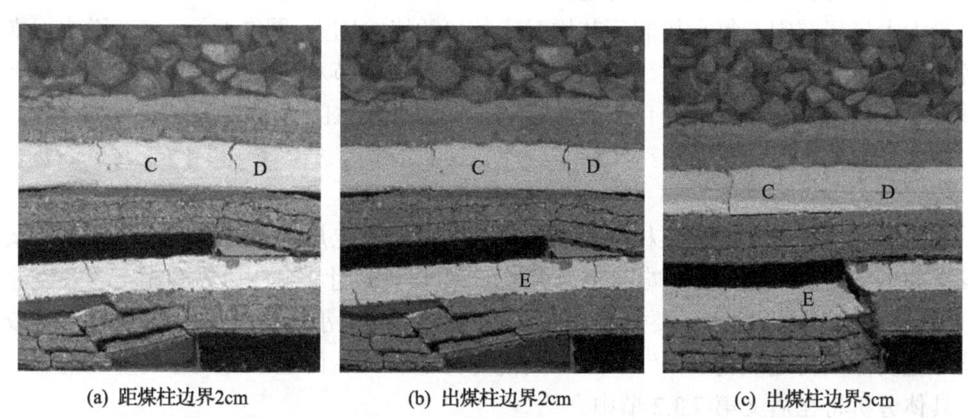

(a) 距煤柱边界2cm　(b) 出煤柱边界2cm　(c) 出煤柱边界5cm

图 7-14　工作面出两侧采空煤柱开采的模拟实验结果

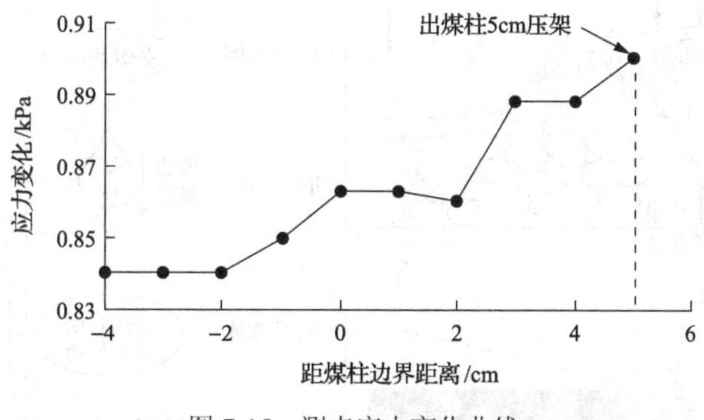

图 7-15　测点应力变化曲线

7.3　压架灾害的影响因素

7.3.1　压架灾害的影响因素分析

根据前述浅埋近距离煤层出上覆两侧采空煤柱开采压架机理的分析可以看出，其压架的发生实质上是煤柱上方关键块体的破断及运动将上覆岩层的载荷通过煤柱传递到工作面顶板岩层及其支架上的过程。因此，出煤柱开采压架灾害的发生将主要由图 7-15 所示的三大环节控制，即，施载体、过渡体和承载体。其中，施载体即为煤柱边界上方的关键块体；过渡体为传递关键块体破断、回转所带来的上覆载荷的媒介——煤柱；而承受体则是煤层间岩层及工作面，其承担着过渡体煤柱所传递的载荷。当其中任一环节发生变化时，均会对出煤柱压架灾害的发生产生影响。关键块体破断回转所施加的上覆载荷越大，层间岩层及工作面支架承担载荷的能力越弱，则越易发生出煤柱时的压架灾害；反之亦然。另一方面，若过渡体煤柱传递载荷的作用遭到破坏，那么，无论上覆载荷有多大或层间岩层及工作面支架的承载能力有多弱，工作面支架也将难以受到压架的威胁。由此可见，煤柱作为传递载荷的媒介，它对出煤柱开采压架灾害的发生起着关键的控制作用。因此，瓦解或削减煤柱的传递载荷的作用，对压架灾害的防治至关重要。

三大主控环节中，每个控制环节均对应各自的影响因素(图 7-16)，这些影响因素通过各自的作用影响着压架的发生，同时也影响着其他环节对压架发生的控制作用。下面将针对每一控制环节，分析各自影响因素对压架灾害发生的影响。

1. 过渡体控制环节

如前所述，该环节在出煤柱的压架灾害中起着“承上启下”的作用，是控制压架灾害发生的关键环节。其主要影响因素为煤柱形态(煤柱尺寸、煤柱边界有无空巷及空巷属性)及煤柱体强度，两因素主要影响着煤柱承受载荷(即“承上”)的能力，煤柱承受载荷的能力越弱，则传递载荷(即“启下”)的能力亦越弱，从而越不易发生出煤柱的压架灾害。具体分析将在后文第 7.3.2 节中介绍。

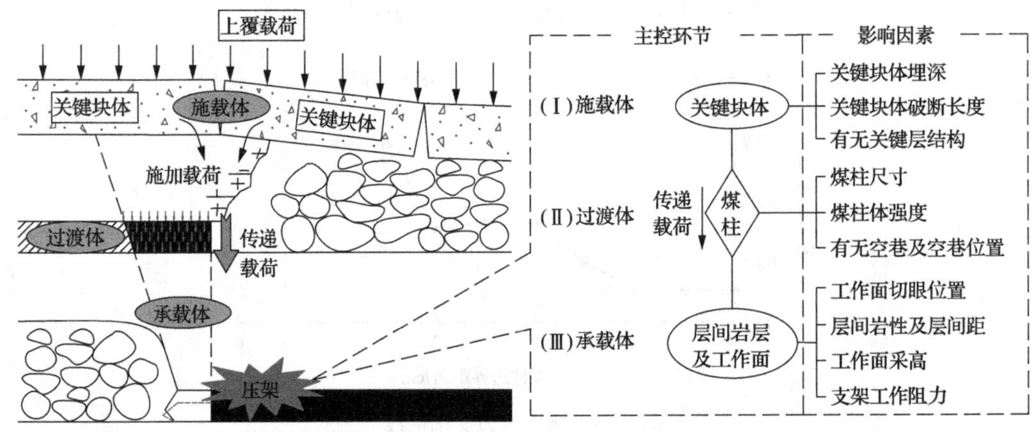

图 7-16　工作面出煤柱开采压架灾害的主控环节及其影响因素

2. 施载体控制环节

该环节的主要影响因素为关键块体的埋深及其破断长度、上煤覆岩有无关键层结构。关键块体的埋深越大、破断长度越长，则施加给过渡体煤柱的载荷将越大。而若上煤层覆岩中不存在关键层结构(如薄基岩开采条件)时，则上煤层开采后煤柱边界采空区侧的上覆岩层将不易形成稳定的铰接结构，采空区上覆岩层的重量也将无法大量传递到煤柱之上，从而施加给过渡体煤柱的载荷也将大大降低。

另外，当上覆载荷增大到一定程度时，有可能造成煤柱边界一定范围的塑性破坏或坍塌，从而影响到上述煤柱传递载荷(“启下”)的能力，进而可能改变出煤柱压架灾害的发生；即，此时过渡体控制环节对压架灾害的控制作用受施载体控制环节的变化发生了改变。具体将在第 7.3.2 节中介绍。

3. 承载体控制环节

该环节的主要影响因素为工作面切眼位置、煤层间岩性及层间距、采高以及支架工作阻力等。其中，切眼位置主要影响着工作面是否会出现出上覆煤柱的开采情况。即，当切眼位于上覆两侧采空煤柱一侧的采空区下方，且煤柱处于工作面开采范围之外，则工作面将不会出现出上覆两侧采空煤柱的开采情况，否则，当切眼位于另一侧的采空区下或直接布置在煤柱下方时，均会出现出上覆煤柱的开采情况，前者即为出上覆两侧采空煤柱的开采，而后者则为出上覆一侧煤柱的开采(详见第 8 章)。

煤层间岩性及层间距、支架工作阻力两因素主要影响着该环节承担上覆载荷的能力，层间岩层越厚、岩性强度越大、支架工作阻力越高，则出煤柱的开采越安全。然而，从前述压架机理的分析中也可以看出，浅埋近距离煤层开采条件下，工作面顶板发生滑落失稳、切落是必然的，目前的支架阻力仍难以抵挡上覆载荷的作用，其仅能一定程度上减缓顶板的下沉，因此，研究如何从其他角度控制出煤柱开采压架的发生，显得尤其重要。

而工作面采高则主要影响着支架活柱的可伸缩量以及上覆煤柱所处的应力环境，采高的增大一方面增加了支架的可伸缩量，有利于出煤柱开采的安全；另一方面也加大了覆岩的垮落高度，此时若煤层间距较小时，则煤柱将可能进入垮落带中，从而使其受力环境有别于处于裂隙带中的情况，最终影响到煤柱的稳定性及其传递载荷的能力，而出煤柱时是否发生压架灾害也将因此受到影响，即，过渡体控制环节对压架灾害的控制作用也受到承受体控制环节的变化而发生了改变。

由以上分析可知，浅埋近距离煤层出煤柱开采时压架灾害的三大主控环节通过各自的影响因素控制着压架灾害的发生，同时也影响着其他控制环节对压架灾害的控制作用。如何揭示各类影响因素的影响规律，并从中寻求出煤柱开采压架灾害发生的临界条件，是本书研究的重要内容之一。在后续各节中将分别针对上述三大主控环节的主要影响因素，探究其影响压架灾害发生的临界条件，从而为压架灾害的防治提供基础和依据。

7.3.2　煤柱边界超前失稳对压架灾害的影响规律

1. 煤柱边界超前失稳对出煤柱压架灾害的削弱机理

下煤层工作面在推出上覆煤柱的开采过程中，随着工作面逐渐临近出煤柱边界，煤柱的有效承载面积将逐步减小，如图 7-17(a)所示。此时，若煤柱上方的载荷较大或其自身的承载能力不够时，则煤柱边界将会因达到其临界失稳宽度而发生超前破坏、垮塌，从而造成上方关键块体 C 发生一定程度的下沉，并连带关键块体 D 随之发生反向回转，如图 7-17(b)所示。

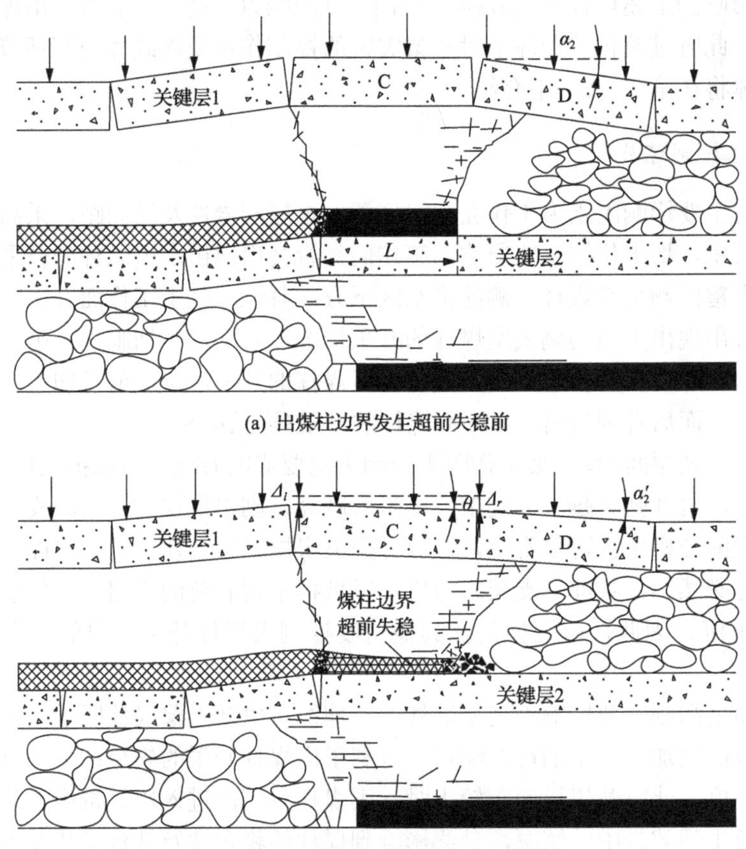

(a) 出煤柱边界发生超前失稳前

(b) 出煤柱边界发生超前失稳破坏

图 7-17 煤柱边界超前失稳对关键块体回转的影响[7]

设煤柱边界发生超前失稳时关键块体 C 两端产生的下沉量分别为 Δ_1 和 Δ_r，由于 $\Delta_1<\Delta_r$ 则块体将顺时针产生 θ 的回转角，而关键块体 D 也将随之逆时针回转，使其回转角由原先的 α_2 减小为 α_2'；此时，当下煤层工作面推至出煤柱边界时，C 块体的回转角也将由原先的 α_1 减小为 α_1'，如图 7-17(b)和图 7-18(a)所示。若设关键块体 C、D 的长度均为 l_1，则有：

$$\sin\theta = \frac{\Delta_r - \Delta_1}{l_1}\ ,\quad \sin\alpha_1' = \frac{w_1 - \Delta_r}{l_1}\ ,\quad \sin\alpha_2' = \frac{w_2 - \Delta_r}{l_1} \tag{7-7}$$

式中：w_1、w_2 分别为煤柱边界未发生超前失稳时，两关键块体的回转量[图 7-17(b)]。

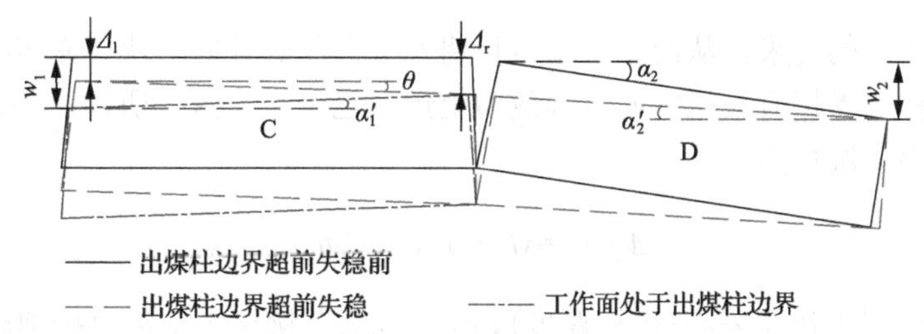

(a) 煤柱边界超前失稳前后关键块体结构运动过程

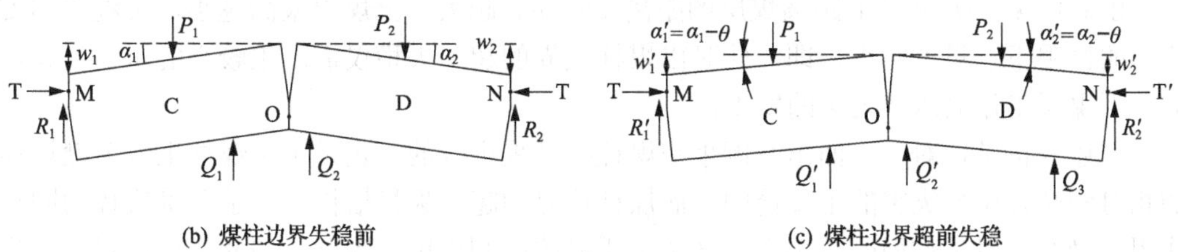

(b) 煤柱边界失稳前　　(c) 煤柱边界超前失稳

图 7-18　煤柱边界超前失稳时关键块体结构运动及力学模型

出煤柱边界超前失稳时关键块体C、D形成的三铰式结构力学模型如图7-18(c)所示，对比图7-18(b)和图7-18(c)可知，由于煤柱边界的超前失稳，块体D在预先的反向回转后，其右侧部分区域将能触及下方的垮落矸石，所以它将比煤柱边界未发生超前失稳情况时多受到下部矸石的支撑力 Q_3。正是由于 Q_3 的分担载荷作用，关键块体结构下部岩层的支撑力才得以减小，即

$$Q_1'+Q_2'<Q_1+Q_2 \tag{7-8}$$

同时，由于块体C的下沉导致的块体D的预先反向回转运动，下煤层工作面推出煤柱的过程中，关键块体 C、D 发生的相对回转运动的回转量也将大为减少，即图 7-18(c)中 $w_1'=w_1-\Delta_r$、$w_2'=w_2-\Delta_r$。因此，作用于煤层间关键层 2 上的载荷以及载荷的作用位移都将减小。

当两关键块体回转作用时，结构的可供回转量取决于关键块体D的回转量，即 w_2'。则根据运动学中做功的原理，关键块体 C、D 的回转运动所传递的载荷对关键层 2 所做的功必将由于关键块体的预先回转而大幅度减小。由此，工作面出煤柱时关键层 2 破断块体将能铰接稳定而不致发生滑落失稳，即工作面压架灾害发生的概率及强度将能大大减小。所以，出煤柱边界的超前失稳实质上是在工作面出煤柱边界之前，预先削弱和释放了块体 C、D 相对回转运动过程中对关键层 2 作用的能量，最终减弱了出煤柱时压架灾害的发生概率和强度。

因此，煤柱边界的超前失稳是否会对出煤柱时工作面的压架产生削弱和抑制作用，关键要视煤柱边界失稳时关键块体C产生的预先下沉量 Δ_r 以及煤层间关键层2承受载荷的能力。显然，煤层间岩性条件相同的条件下，关键块体C产生的下沉量越大，导致关键块体D的反向回转角越大，则 w_2' 越小，那么出煤柱时的压架灾害就越不易发生。极限情况下，当 $\alpha_2'=0°$时，出煤柱时关键块体 D 将无法发生回转运动，则下煤层工作面的开采等同于采空区下的开采，从而压架事故也将不会发生。此时的块体 C 相当于原先的块体 D，即，煤柱边界超前失稳区域可等效为上煤层已采采空区。所以，关键块体 C 所需预先产生的极限下沉量为

$$\Delta_{rj}=w_2=M_1+(1-K_{P1})\Sigma h_{i1} \tag{7-9}$$

式中：M_1 为上煤层工作面采高(煤柱厚度)，m；K_{P1} 为关键层 1 下部直接顶碎胀系数；Σh_{i1} 为关键层 1 下部直接顶厚度，m。

由此可见，关键层 1 距离煤层的距离(即 Σh_{i1})越大，上煤层采高越小，关键块体 C 所需的极限下沉量就越小，即，此时出煤柱边界的超前失稳仅需产生较小的压缩量就可避免下煤层工作面压架灾害的发生。

上述分析是针对工作面出两侧采空煤柱的开采进行的，正是由于煤柱上方关键块体的相对回转是压架灾害的主要诱因，而煤柱边界的超前失稳恰恰减弱了关键块体的回转作用，最终才对工作面的压架灾害产生了明显的抑制作用。因此，与此类似，对于工作面出一侧采空煤柱的开采情形，煤柱边界的超前失稳同样也会造成上方关键块体的提前破断和回转，从而一样会对压架灾害产生削弱作用，鉴于此，本章就不再对其作详细分析。

2. 煤柱边界超前失稳临界宽度的确定

工作面临近推出煤柱边界时，煤柱边界是否能发生超前失稳，取决于此时剩余的煤柱宽度是否达到其临界失稳宽度。因此，确定工作面临近出煤柱时煤柱边界的临界失稳宽度，是评价煤柱边界超前失稳与否以及工作面压架与否的关键。为了分析问题的方便，在此界定当工作面出煤柱时，煤柱边界剩余煤体两侧的塑性区贯通时，即视为煤柱边界的临界失稳状态，两侧塑性区宽度之和即为煤柱边界的临界失稳宽度。

1) 基于 SMP 准则的煤柱塑性区宽度计算

目前，在进行煤柱塑性区宽度计算时，大多采用 Mohr-Coulomb 屈服准则和 A.H.Wilson 煤柱设计公式进行计算，然而它们均未能考虑主应力的影响，且 A.H.Wilson 公式是经过简化后的经验公式，主要用于条带开采条件下煤柱塑性区宽度的计算，也未能考虑煤体的强度参数。因此，它们均存在一定的缺陷。

日本名古屋工业大学的 Matsuoka 和 Nakai[8]基于空间滑动面理论，于 1974 年提出了 SMP 屈服准则，既符合了 Mohr-Coulomb 屈服准则，又克服了偏平面内 Mohr-Coulomb 屈服准则的奇异性，也能反映中主应力的影响。它是一种考虑 3 个主应力或应力张量不变量的破坏准则，适用于无黏性材料。Matsuoka 于 1990 年又对其进行了修改，在主应力表达式中引入一个黏结应力 σ_0，使其能适用于黏性材料。其值为

$$\sigma_0 = c\cot\phi \tag{7-10}$$

式中：c、ϕ 分别为岩土材料的黏聚力，MPa 和内摩擦角，(°)。由此得到扩展的 SMP 准则为

$$\frac{\hat{\tau}_{\mathrm{SMP}}}{\hat{\sigma}_{\mathrm{SMP}}}=\frac{2}{3}\sqrt{\frac{(\hat{\sigma}_1-\hat{\sigma}_2)^2}{4\hat{\sigma}_1\hat{\sigma}_2}+\frac{(\hat{\sigma}_2-\hat{\sigma}_3)^2}{4\hat{\sigma}_2\hat{\sigma}_3}+\frac{(\hat{\sigma}_3-\hat{\sigma}_1)^2}{4\hat{\sigma}_3\hat{\sigma}_1}}=\mathrm{const} \tag{7-11}$$

式中：黏性材料主应力 $\hat{\sigma}_n=\sigma_n+\sigma_0$，$n=1$，2，3。

黏性材料的 SMP 准则的应力不变量形式为

$$\frac{\hat{I}_1\hat{I}_2}{\hat{I}_3}=K_0=8\tan^2\phi+9 \tag{7-12}$$

其中，

$$\left.\begin{aligned}&\hat{I}_1=\sigma_1+\sigma_2+\sigma_3+3\sigma\\&\hat{I}_2=(\sigma_1+\sigma_0)(\sigma_2+\sigma_0)+(\sigma_2+\sigma_0)(\sigma_3+\sigma_0)+(\sigma_1+\sigma_0)(\sigma_3+\sigma_0)\\&\hat{I}_3=(\sigma_1+\sigma_0)(\sigma_2+\sigma_0)(\sigma_3+\sigma_0)\end{aligned}\right\}$$

平面应变下，基于相关联流动法则，3 个主应力之间的关系为

$$\hat{\sigma}_2=\sqrt{\hat{\sigma}_1\hat{\sigma}_3} \tag{7-13}$$

将式(7-13)代入式(7-12)即可得到平面应变的 SMP 准则为

$$\frac{\sigma_1+\sigma_0}{\sigma_3+\sigma_0}=\frac{1}{4}\left[\sqrt{K_0}+\sqrt{K_0-3-2\sqrt{K_0}}-1\right]^2 \tag{7-14}$$

基于此准则可对煤柱塑性区宽度进行计算。

由于煤柱沿煤层走向的尺寸远大于沿倾向的尺寸，故可将煤柱塑性区宽度计算简化为平面应变问题。遵循 SMP 屈服准则，可计算出采空区一侧煤柱的塑性区宽度为

$$Y_0=\frac{M_1}{2Af_1}\ln\frac{c_1+f_1K\gamma H}{c_1+f_1(A\sigma_0+AP_c-\sigma_0)} \tag{7-15}$$

式中：$A=\frac{1}{4}\left[\sqrt{K_0}+\sqrt{K_0-3-2\sqrt{K_0}}-1\right]^2$；$f_1$，$c_1$ 为煤层与顶底板接触面支架的摩擦系数和黏聚力；K 为应力集中系数，一般取值为 2～5；P_c 为采空区矸石或工作面支架对煤壁的约束力。

同理也可利用此准则对矩形巷道一侧的煤柱塑性区宽度进行计算，其公式为

$$X_0=\xi r\left(2\frac{\sigma_0+\gamma H}{(1+A)(P_{\mathrm{z}}+\sigma_0)}\right)^{\frac{1}{A-1}} \tag{7-16}$$

式中：ξ 为非圆形巷道塑性区范围的修正系数，取值情况见表 7-3，当巷道为圆形时，ξ 取值为 1；r 为矩形巷道外接圆半径；P_{z} 为巷道支护力，一般取值范围为 0.19～0.36MPa。

表 7-3　矩形巷道塑性区宽度修正系数

宽高比	0.75～1.5	<0.75	>1.5
修正系数 ξ	1.4	1.6	1.6

2) 煤柱边界超前失稳临界宽度的确定

根据图 7-17(a)，工作面临近推出煤柱时，煤柱边界剩余煤体的受力状态可用图 7-19 所示的力学模型表示。其中，左侧为裂隙带已断煤体的约束力 F，右侧为采空区侧的自由面。P_1、P_2、P 分别为煤柱上方关键层各破断块体承受的载荷，N；l_1 为关键层破断步距，m；T 为块体间水平推力，N；R_1、R_2 为块体铰接处的剪切力，N；P' 为关键层下部岩层对其支撑力，N；Q、Q' 分别为煤柱上覆载荷及其所受底板支撑力，N。

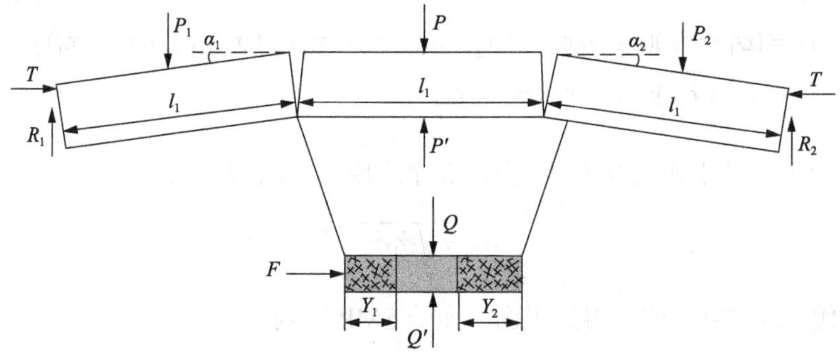

图 7-19　出煤柱边界煤体受力模型

根据式(7-15)取采空区侧矸石约束力 P_c 为 0，则可计算得左右两侧的塑性区宽度分别为

$$Y_1 = \frac{M_1}{2Af_1}\ln\frac{c_1 + f_1 K\gamma H}{c_1 + f_1(Ac\cot\phi + AF - c\cot\phi)} \tag{7-17}$$

$$Y_2 = \frac{M_1}{2Af_1}\ln\frac{c_1 + f_1 K\gamma H}{c_1 + f_1 c\cot\phi(A-1)} \tag{7-18}$$

式中：c、ϕ 分别为煤体的黏聚力和内摩擦角。

因此，在这种受力环境下，出煤柱边界煤体的临界失稳宽度为

$$l_s = Y_1 + Y_2 \tag{7-19}$$

即，当煤柱边界剩余煤体两侧的塑性区贯通时，煤柱边界即可发生超前失稳，从而对出煤柱时工作面压架灾害的发生产生有效的抑制作用。

3. 煤柱边界超前失稳的影响因素分析

前述的理论分析已表明，一定条件下，当工作面临近推出上覆煤柱边界时，煤柱边界会发生超前失稳、垮塌，从而能减弱出煤柱时压架灾害发生的概率和强度；且煤柱边界的超前失稳导致的关键块体 C 的下沉量越大，这种减弱的效果越明显。而出煤柱边界

是否能发生超前失稳，主要取决于煤柱边界剩余煤体在特定受力环境下的临界失稳宽度；当煤柱边界受力环境发生改变时，对应其临界失稳宽度也将随之改变。因此，出煤柱边界的超前失稳会受到许多影响因素的控制。显然，煤柱边界煤体自身的承载能力越弱、上覆载荷越大，越易导致超前失稳的发生。为此，下面将分别从这两个方面研究各因素对煤柱边界发生超前失稳的影响。

1)煤柱埋深、厚度及其力学特性

由式(7-17)和式(7-18)可知，煤柱边界的临界失稳宽度与煤柱埋深 H、煤柱厚度 M_1(或上煤层采高)以及煤体自身的力学特性(c、$\tan\phi$ 等)密切相关，且与这些因素均成正比关系。其中，煤柱埋深控制着上覆载荷的大小，煤柱厚度及煤体力学特性控制着煤柱承担载荷的能力。即，煤柱埋深越大，其上覆载荷就越大；煤柱厚度越大、煤体自身的力学特性越弱，煤体自身的承载能力就越弱，最终造成煤柱边界的临界失稳宽度越大，因而下煤层工作面在临近推出煤柱时，煤柱边界就越易发生超前失稳现象，超前工作面失稳的距离也越长。

也正是因为如此，诸如神东矿区等浅埋煤层开采时才会较深部煤层的开采更易发生工作面出煤柱时的压架灾害。

2)上下煤层间有无关键层

依据岩层控制的关键层理论[9]，覆岩中关键层的存在将对岩层移动的“三带”发育起到一定的控制作用，即覆岩中是否存在关键层以及关键层所处的层位决定了覆岩“三带”的分布状态。那么，对于上下近距离煤层间的岩层，其间是否存在关键层将直接影响到上覆煤柱在“三带”中所处的位置，从而导致工作面推出煤柱时煤柱边界遗留煤体受力环境的改变，最终影响到煤柱边界超前失稳的发生。因此，下面将从上下煤层间是否存在关键层这一角度出发，分析其对煤柱边界超前失稳的影响。

(1)煤层间存在 1 层关键层。若在上下煤层间存在 1 层关键层，由于关键层的控制作用，煤柱将随此关键层的周期破断运动而破坏。因此，工作面临近推出煤柱时，煤柱的承载面积也将以煤层间关键层的断裂步距为梯度而逐步减小。由于煤柱边界集中应力向下传递，导致煤层间岩层在该区域长时间受剪切力作用，因此煤层间关键层将会在煤柱边界附近发生破断，为了方便问题的分析，在此假设关键层在出煤柱时的断裂线位置即处于煤柱边界正下方。

工作面在临近出煤柱时，煤柱边界会存在如式(7-19)所示的临界失稳宽度 l_s，因此，煤层间关键层在临近出煤柱边界时的前一次破断位置[即图 7-17(a)所示的距离 L]会直接影响到煤柱边界的超前失稳与否。即，

当 $L>l_s$ 时，则煤柱边界将由于未达到其临界失稳宽度而无法发生超前失稳；此时，若煤层间岩层及工作面支架无足够的承载能力时，工作面出煤柱时将会有压架灾害发生的危险。

当 $L\leqslant l_s$ 时，煤柱边界则可达到其临界失稳宽度而发生超前失稳，这将能减弱工作面出煤柱时压架灾害的发生概率和强度。

(2)煤层间无关键层存在。若煤层间间距较小使得层间不存在关键层时，煤柱将会进

入下煤层工作面开采的垮落带中而随采随冒，而煤柱边界的承载面积也将以工作面的开采步距而逐步减小。所以，此时煤柱边界煤体是两侧均为自由面的受力状态(即图 7-19 中力 F 不存在)，则此时煤柱边界的临界失稳宽度为

$$l_s' = 2Y_2 = \frac{M_1}{Af_1}\ln\frac{c_1 + f_1 K\gamma H}{c_1 + f_1 c\cot\phi(A-1)} \tag{7-20}$$

那么，当工作面推进至煤柱边界剩余煤体的宽度为 l_s' 时，煤柱边界即可发生超前失稳，而工作面出煤柱时的压架灾害也将能得到削弱。

然而，虽然工作面在推出煤柱边界之前，煤柱定会发生失稳，但若是煤柱上覆的载荷较小造成临界失稳宽度过小时，则可能造成上覆关键块体回转作用所传递载荷的作用点处于支架控顶距范围内，此时煤柱边界的突然垮塌引起的关键块体结构的回转，必然会作用到工作面支架上，这对支架的安全相当不利。因此，并非煤柱边界发生失稳支架就能保证支架的安全，其临界失稳宽度也需满足一定的条件。即，煤柱边界发生失稳时应满足其上覆载荷 Q 的作用点不在支架控顶距范围内，如图 7-20 所示。

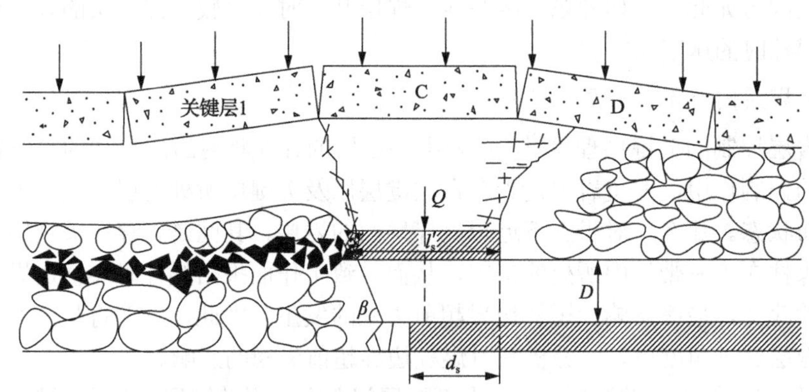

图 7-20　煤层间无关键层时保证工作面安全的煤柱边界临界失稳宽度

所以，对于煤层间无关键层存在的条件下，煤柱边界的临界失稳宽度 l_s' 应满足 $\frac{1}{2}l_s' \geqslant l_k + D\cot\beta$，即，

$$l_s' \geqslant 2(l_k + D\cot\beta) \tag{7-21}$$

因此，工作面出煤柱时的安全距离应为

$$d_s \geqslant l_k + D\cot\beta \tag{7-22}$$

式中：l_k 为支架控顶距，m；D 为煤层间距，m；β 为直接顶垮落角，(°)。也就是说，仅当煤柱边界在工作面距离煤柱边界 d_s 前发生超前失稳，才可保证工作面出煤柱开采的安全。

由此可见，当煤层间存在一层关键层时，工作面出煤柱时压架发生的概率要比煤层间无关键层存在时大。当然，当煤层间存在两层或两层以上的多层关键层时，煤柱边界的超前失稳同样受到距煤柱最近的那层关键层的破断位置的控制；但此时由于煤层间岩

层的承载能力已大大提高，所以出煤柱时压架灾害的发生将不仅仅与煤柱边界的失稳与否有关，它还与煤层间关键层数及其强度有关。显然，在同等条件下(煤柱边界均发生超前失稳或均未超前失稳)，煤层间关键层层数越多，其抵抗上覆载荷的能力越强，工作面出煤柱时也越安全。

3)煤柱边界空巷位置及尺寸

若在上覆煤柱对应出煤柱边界附近开掘一条空巷，必然会造成煤柱有效支承面积的减少；此时，当工作面临近推出煤柱边界时，由于煤柱边界承载能力的急剧下降，相比煤柱边界无空巷存在的情况，其更易发生煤柱边界的超前失稳破坏，从而最终影响到出煤柱时工作面压架灾害的发生。然而，煤柱边界空巷的存在是否会对其超前失稳产生有效的作用，还需视空巷在煤柱边界的位置以及空巷的大小而定。

根据前节的分析可知，当煤层间存在一层关键层时，此关键层在临近出煤柱边界时的前一次破断位置 L 若达不到该受力情况下煤柱边界的临界失稳宽度，则出煤柱边界将无法发生超前失稳。为此，下面将基于此危险情况，进行煤柱边界空巷合理位置及大小的分析。

如图 7-21 所示为出煤柱边界存在空巷时边界煤体的受力模型。其中，空巷宽度为 d_h，空巷距煤柱边界的距离为 d_b，Q_a 与 Q_b 之和即为图 7-19 所示的 Q。从图 7-21 可以看出，空巷的挖掘将煤柱边界分成了两个小煤柱，左侧煤柱为一侧边界受已断煤体侧向约束而另一侧为自由面的受力状态，右侧煤柱则是两侧均为自由面的受力状态。因此，两煤柱在各自的受力环境下均存在使得自身发生失稳的临界失稳宽度，根据式(7-16)至式(7-18)可得两侧小煤柱的临界失稳宽度分别为

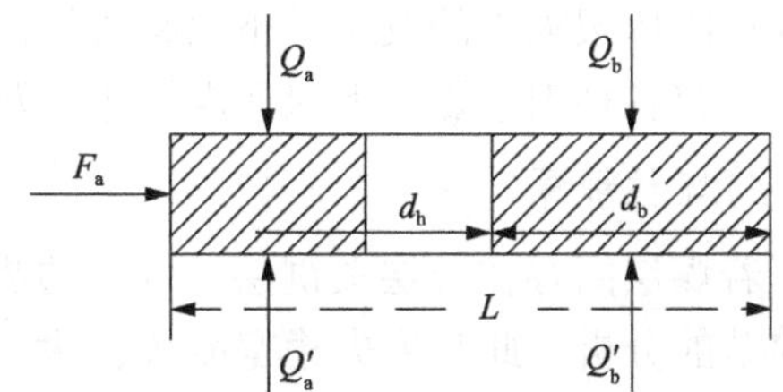

图 7-21　出煤柱边界含空巷时边界煤体的受力模型

$$l_{sa}=Y_1'+X_0=\frac{M_1}{2Af_1}\ln\frac{c_1+f_1K\gamma H}{c_1+f_1(Ac\cot\phi+AF_a-c\cot\phi)}+\xi r\left(2\frac{c\cot\phi+\gamma H}{(1+A)(P_z+c\cot\phi)}\right)^{\frac{1}{A-1}} \tag{7-23}$$

$$l_{sb}=Y_2+X_0=\frac{M_1}{2Af_1}\ln\frac{c_1+f_1K\gamma H}{c_1+f_1c\cot\phi(A-1)}+\xi r\left(2\frac{c\cot\phi+\gamma H}{(1+A)(P_z+c\cot\phi)}\right)^{\frac{1}{A-1}} \tag{7-24}$$

其中，ξ 按照空巷的宽高比 d_h/M_1 根据表 7-3 进行取值。

因此，要使空巷的存在使得煤柱边界能发生有效的超前失稳，则需满足 $d_b \leqslant l_{sb}$ 且 $L-d_b-d_h \leqslant l_{sa}$，即，空巷距离煤柱边界的距离 d_b 应满足 $L-d_h-l_{sa} \leqslant d_b \leqslant l_{sb}$。同时，巷道掘进时应能保证右侧小煤柱在掘进期间的稳定性，即，$d_b > X_0$。所以，综合考虑上述因素，d_b 可得所需满足的条件应为

$$\begin{cases} L-d_b-l_{sa}\leqslant d_b\leqslant l_{sb} \\ d_b > X_0 \end{cases} \tag{7-25}$$

由此可见，空巷 d_h 宽度越大，式(7-25)越易满足。

综上所述，鉴于上覆煤柱边界的超前失稳对下煤层工作面出煤柱的压架灾害有明显的抑制和削弱作用，且煤柱边界的超前失稳又同时受到上述各影响因素的控制，因此，可利用上述影响煤柱边界超前失稳的因素，进行出煤柱时压架灾害的防治。即，对于煤层埋深较浅或煤层间仅存在一层关键层等易发生压架的开采条件，可在煤柱留设时，在处于下煤层工作面出煤柱一侧边界内开掘空巷或对此区域实施人工预爆破，用以减弱煤柱边界的承载能力，并促使其在工作面临近出煤柱时能发生超前失稳，从而达到防治压架的目的。

4. 煤柱边界超前失稳减灾的临界条件

上述的理论分析已表明，工作面出煤柱前煤柱边界的超前失稳会对压架灾害的发生产生明显的抑制作用，而煤柱边界能否发生超前失稳又主要受煤柱埋深、煤柱厚度(上煤层采高)、煤柱边界有无空巷及空巷位置与尺寸以及煤层间有无关键层等因素的影响。因此，只有当上述主要影响因素满足一定条件时，煤柱边界才能发生超前失稳，从而抑制出煤柱时压架灾害的发生。下面将根据前面的研究结果，分别针对煤层间有无关键层，逐一探究各种因素影响下保证煤柱边界发生超前失稳而不致压架所需满足的临界条件。

1) 煤柱埋深

若煤层间存在一层关键层，煤柱边界的临界失稳宽度应按式(7-19)进行计算，且根据前节的分析，此临界失稳宽度 l_s 需大于煤层间关键层在临近出煤柱的前一次破断位置距煤柱边界的距离 L 时，才可保证工作面出煤柱开采的安全，即

$$\frac{M_1}{2Af_1}\left[\ln\frac{c_1+f_1K\gamma H}{c_1+f_1(Ac\cot\phi+AF-c\cot\phi)}+\ln\frac{c_1+f_1K\gamma H}{c_1+f_1c\cot\phi(A-1)}\right]\geqslant L \tag{7-26}$$

若取煤柱厚度为 4.0m，煤层黏聚力和内摩擦角按软弱煤层分别取 1.0MPa 和 18°，煤层与顶底板之间的摩擦系数为 0.4，应力集中系数取 5，裂隙带已断煤体的约束力按巷道支护力取值 0.24MPa，则可计算得煤柱埋深与煤柱边界临界失稳宽度的关系曲线，如图 7-22 所示。则煤层间关键层在出煤柱前一次破断位置距离煤柱边界为 12～15m 条件下，工作面不发生压架的煤柱埋深临界条件应为 $H\geqslant$585～1100m。

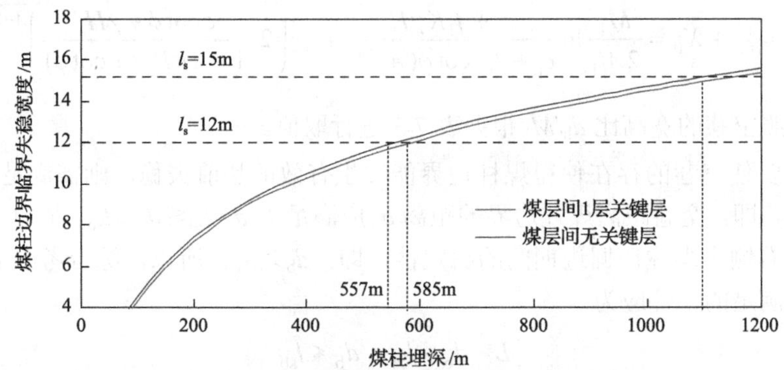

图 7-22　煤柱厚度 4.0m 条件下煤柱埋深与边界临界失稳宽度的关系曲线

若煤层间无关键层存在时，则应按式(7-20)计算煤柱边界的临界失稳宽度；而由图7-20 分析可知，要使煤柱边界的超前失稳充分发挥减灾的作用，还需满足式(7-21)。若忽略层间岩层垮落角的影响，则需满足$l_s' > 2l_k$，即

$$\frac{M_1}{Af_1}\ln\frac{c_1 + f_1 K\gamma H}{c_1 + f_1 c\cot\phi(A-1)} > 2l_k \tag{7-27}$$

代入上述参数同样可得到此条件下煤柱埋深和煤柱边界临界失稳宽度的关系曲线，如图 7-22 所示。则在支架控顶距为 6.0m 的条件下，工作面不发生压架的煤柱埋深临界条件应为 $H \geqslant 557$m。

由此可见，正是由于前述压架案例中的各个工作面对应上煤层埋深条件较浅，均未达到上述计算所需的临界条件，所以导致了压架灾害的发生。

2)煤柱厚度

按照前面的方法，同样可对上煤层埋深一定的条件下，煤柱厚度所需达到临界值进行计算，如图 7-23 所示为煤层间存在 1 层关键层情况下，煤柱厚度与煤柱边界临界失稳宽度的关系曲线。由此同样可对煤层间无关键层存在的情况进行分析，最终可将两种情况下所需的煤柱厚度临界厚度值进行确定，见表 7-4。其中，两种情况下煤柱边界所需达到临界失稳宽度值同上取值。

表 7-4　不同煤柱埋深情况下的煤柱厚度临界值

煤柱埋深/m		200	300	500	800
煤柱厚度/m	层间 1 层关键层	6.7～8.3	5.3～6.7	4.3～5.3	3.6～4.5
	层间无关键层	6.5	5.2	4.2	3.5

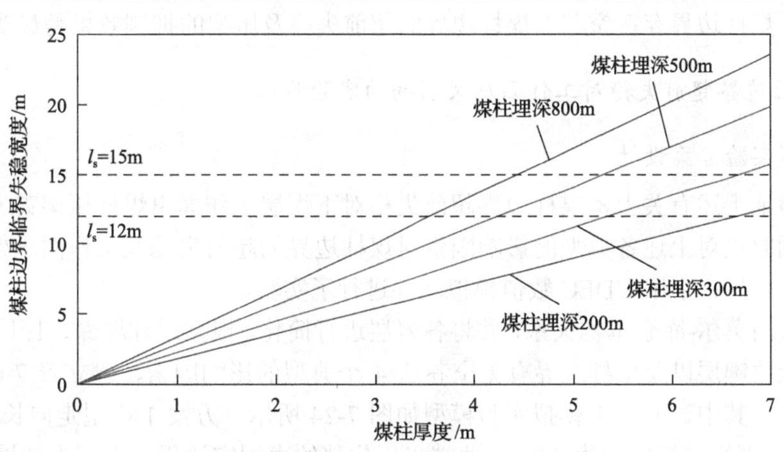

图 7-23　煤层间 1 层关键层时煤柱厚度与煤柱边界临界失稳宽度的关系曲线

3)煤柱边界空巷位置及尺寸

若在煤柱边界开掘一条空巷，则空巷两侧小煤柱的临界失稳宽度根据式(7-23)和式(7-24)计算，同时空巷的布置位置也需满足式(7-25)才可。由此可对特定煤柱埋深条

件下，空巷位置及其尺寸所需满足的临界条件进行计算，计算时煤柱厚度仍设定为4.0m(空巷高度亦为4.0m)，计算结果见表7-5。从表中可以看出，在表中所示的空巷尺寸及其位置条件下，上覆煤柱边界的临界失稳宽度均满足了前述煤层间有无关键层时所需的临界条件。即，无论煤层间是否存在关键层，对于一般浅埋煤层开采条件，煤柱边界均可发生超前失稳，从而出煤柱的压架灾害也可得到避免。

表7-5 不同煤柱埋深情况下的空巷位置及尺寸临界条件

煤柱埋深/m	巷高/m	巷宽/m	l_{sa}/m	l_{sb}/m	l_s/m	空巷位置
50	4	5	4.6	4.8	14.4	$3.8<d_b\leqslant4.8$
	4	6	5.1	5.3	16.4	$4.3<d_b\leqslant5.3$
	4	7	6.3	6.5	19.8	$5.5<d_b\leqslant6.5$
100	4	5	6.9	7.1	19.0	$4.8<d_b\leqslant7.1$
	4	6	7.5	7.7	21.2	$5.5<d_b\leqslant7.7$
	4	7	9.0	9.2	25.2	$7.0<d_b\leqslant9.2$
200	4	5	10.3	10.5	25.8	$6.8<d_b\leqslant10.5$
	4	6	11.2	11.4	28.6	$7.7<d_b\leqslant11.4$
	4	7	13.3	13.5	33.8	$9.8<d_b\leqslant13.5$
300	4	5	13.1	13.3	31.4	$8.7<d_b\leqslant13.3$
	4	6	14.2	14.4	34.6	$9.8<d_b\leqslant14.4$
	4	7	16.9	17.1	41.0	$12.5<d_b\leqslant17.1$

对比分析上述三项影响因素下的临界条件也可发现，在诸如神东矿区的浅埋煤层开采条件下，煤柱边界存在空巷对煤柱边界的超前失稳及压架的抑制效果是最明显的。

5. 煤柱边界超前失稳对工作面压架影响的实验验证

1)模拟实验方案设计

为了验证上述有关上覆煤柱边界超前失稳对下煤层工作面出煤柱压架灾害影响的理论分析，同时也对上述各典型的影响因素对煤柱边界的超前失稳及工作面压架发生的影响作用进行模拟，采用UDEC数值模拟软件进行了实验。

模型采用莫尔-库仑本构关系，并将各岩层进行简化，根据煤柱埋深、上下煤层间距、煤层间有无关键层以及煤柱边界有无空巷这4个典型的影响因素，建立表7-6所示的4个实验方案。其中，方案1模拟实验模型如图7-24所示。方案1模型走向长300m，高度125m，上下煤层厚度均为4.0m，两端采用位移约束固定边界，上部未铺设的50m岩层以1.25MPa的均布载荷代替。其他各方案模型均是在方案1模型的基础上进行。其中，方案2煤柱边界的空巷距边界8m，宽度5m；方案3上覆400m岩层的载荷以10MPa的均布载荷施加在模型顶界面；方案4煤层间5m厚岩层均为软岩。模拟实验各煤岩层的力学参数见表7-7。

表 7-6　数值模拟实验方案表

方案	煤柱埋深/m	煤层间距/m	煤层间有无关键层	煤柱边界有无空巷
1	150	16	1 层	无
2	150	16	1 层	有
3	550	16	1 层	无
4	150	5	无	无

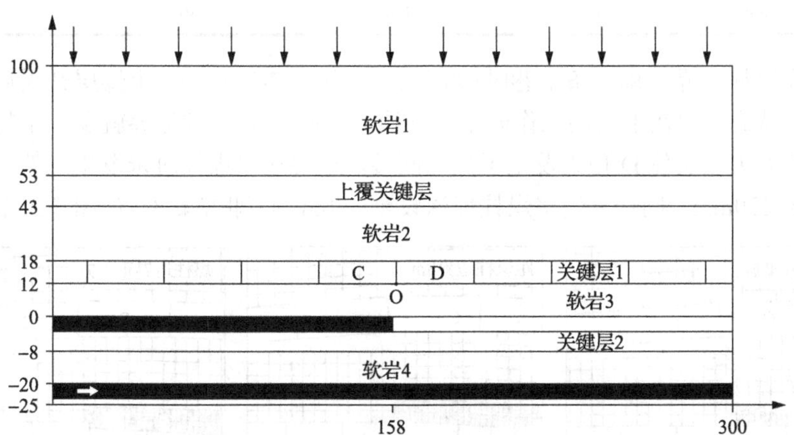

图 7-24　方案 1 数值模拟模型图(单位：m)

表 7-7　模拟实验各煤岩层力学参数表

岩层	弹性模量/GPa	泊松比	内摩擦角/(°)	抗拉强度/MPa	容重/(t/m^3)
软岩 1	12	0.28	26	6	2.5
上覆关键层	30	0.36	38	11	2.8
软岩 2	15	0.26	23	5	2.3
关键层 1	20	0.30	30	9	2.7
软岩 3	12	0.22	23	5	2.3
上煤层	1.5	0.25	18	2	1.3
关键层 2	20	0.30	30	9	2.7
软岩 4	12	0.22	23	5	2.3
下煤层	1.5	0.25	18	2	1.3
底板	30	0.36	38	11	2.8

模型开挖时直接从模型边界开始，将上煤层由侧开挖 142m，使煤柱留设在模型左侧；下煤层开挖时则从模型左侧边界开始向右开挖。各方案实验模拟时，为了掌握煤柱上方关键块体 C、D 何时发生反向回转，特对其铰接点 O 的下沉情况进行了监测，如图 7-24 所示。

2)模拟实验结果与分析

各方案工作面出煤柱过程的模拟实验结果如图 7-25 所示(图中红色线段为工作面支

柱）。由图 7-25(a)可以看出，当工作面推进至距煤柱边界还有 8m 时，煤层间关键层在出煤柱前只剩一次破断机会，而此时煤柱边界仍未发生超前失稳，由此造成工作面最终在出煤柱时发生了压架事故，煤层间关键层破断结构的滑落失稳直接导致支柱活柱下缩 1050mm(表 7-8)。

表 7-8　各方案工作面出煤柱时活柱下缩量

方案	方案 1	方案 2	方案 3	方案 4
活柱下缩量/mm	1050	220	330	367

而当在煤柱边界开掘一条空巷时[即方案 2，如图 7-25(b)]，上煤层开采后煤柱边界仍处于完好状态，但在下煤层工作面距煤柱边界 16m 时，煤柱边界就发生了超前失稳垮塌，使得上方关键块体 D 预先发生了反向回转，最终在出煤柱时未发生压架，且支柱活柱下缩量仅 220mm。同样，当将煤柱埋深设至 550m 时[即方案 3，如图 7-25(c)]，上煤

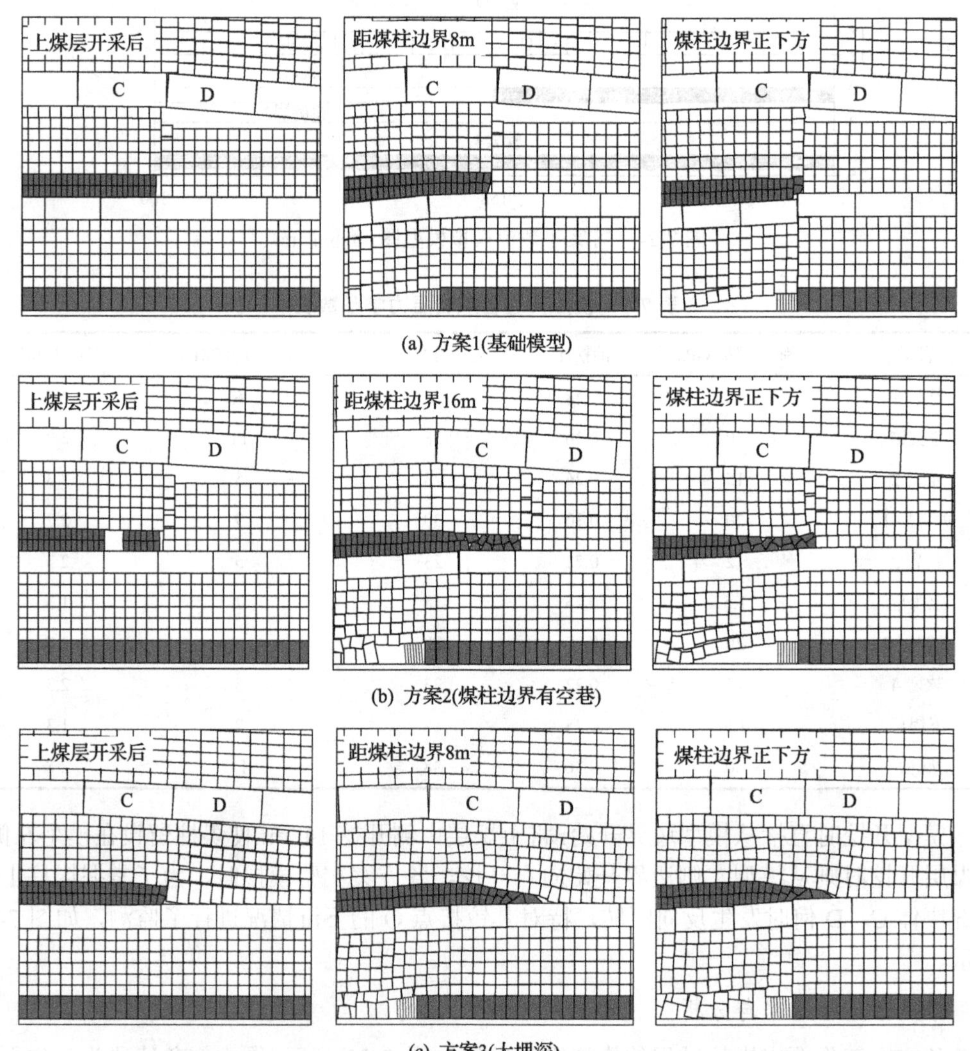

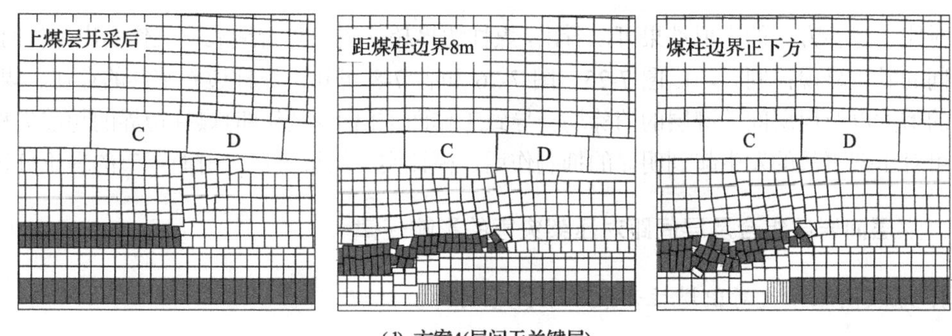

(d) 方案4(层间无关键层)

图 7-25　各方案模拟实验结果图

层开采后，煤柱边界产生了一定塑性压缩，但仅仅使关键块体 C、D 发生了微小的反向回转，而在下煤层工作面推进至距边界 16m 时，煤柱边界便超前大面积失稳垮塌，最终产生了与方案 2 同样的效果，出煤柱时支柱活柱下缩量 330mm。

对于方案 4，由于煤层间无关键层存在，上部煤柱直接进入了下煤层工作面的垮落带中，当工作面推进至距煤柱边界 8m 时，出煤柱边界即发生了超前失稳[图 7-25(d)]，最终同样消除了出煤柱时压架的发生，支柱活柱下缩量 367mm。

从各方案工作面推出煤柱过程中关键块体 C、D 铰接点 O 的下沉曲线(图 7-26)也可以看出，方案 2 至方案 4 中 O 点的下沉量在工作面出煤柱之前就已开始逐步增大，且均在煤柱边界失稳时产生了突变，这说明关键块体 D 已超前工作面逐渐进行了提前的反向回转。而对于方案 1，工作面出煤柱之前 O 点的下沉量始终很小，且变化不大，说明关键块体 D 仅仅是因为煤柱边界的塑性压缩而产生了较小的反向回转；直至工作面推出煤柱边界时，O 点的下沉量突然增大，关键块体 D 的瞬间回转最终造成了工作面压架事故的发生。所以，正是由于煤柱边界的超前失稳，造成关键块体 D 的提前回转，才使得方案 2 至方案 4 避免了压架灾害的发生。

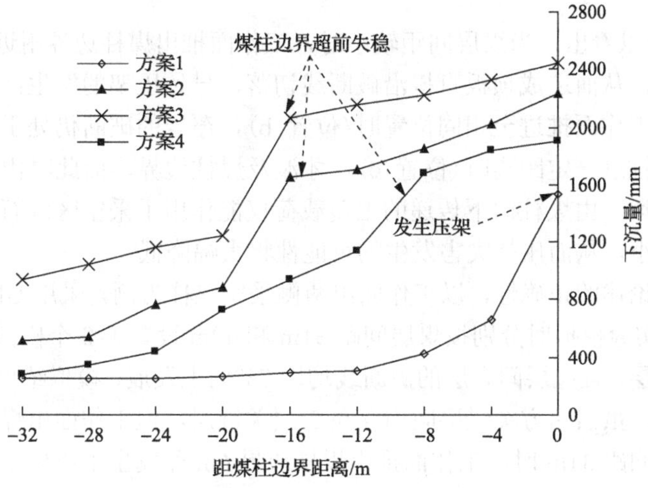

图 7-26　各方案铰接点 O 下沉曲线

对比上述各方案的模拟结果可以看出，煤柱边界超前失稳与否造成了工作面出煤柱时截然不同的矿压显现；同时，由图 7-25、图 7-26 和表 7-8 可知，煤柱边界空巷的存在、煤柱埋深的增大以及煤层间关键层的消除均会导致工作面推出上覆煤柱时煤柱边界的超前失稳，从而可对压架事故的发生起到明显的抑制作用，模拟实验结果验证了前面章节的理论分析。

7.3.3　煤层间岩层组合及层间距对压架灾害的影响规律

1. 煤层间距增大对出煤柱开采压架灾害的抑制机理

根据采场上覆岩层活动的一般规律，覆岩的破断一般以一定的破断角向上发展，从而形成一条与工作面推进方向呈一定夹角的破断线，正是由于此破断角的存在，距离开采煤层较远的上覆岩层，其破断运动将滞后工作面较远距离才会发生。因此，若煤层间距较大时，将会出现工作面推出煤柱边界相当距离时，覆岩的破断运动才波及煤柱边界，如图 7-27 所示。图中 β 即为层间岩层的平均破断角，且岩性强度越大其值越小。

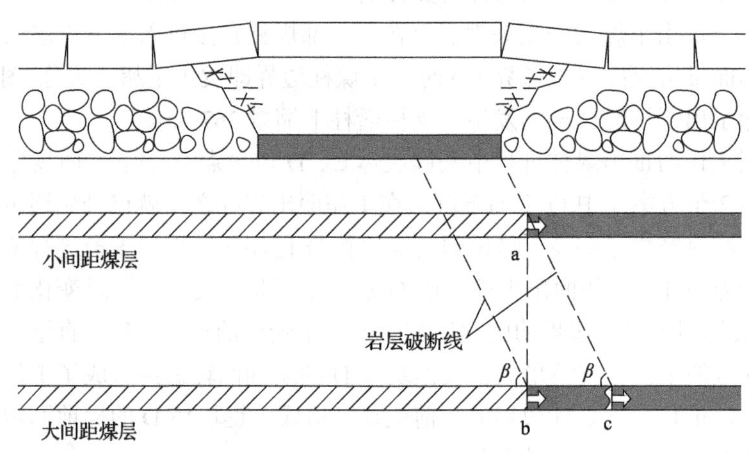

图 7-27　不同煤层间距覆岩运动示意图[10]

从图 7-27 可以看出，当煤层间距较小时，工作面推出煤柱边界附近(位置 a)即会波及上覆煤柱边界，从而造成顶板直接沿破断线切落，导致压架的发生；而在煤层间距较大的情况下，当工作面推进至相同位置时(位置 b)，覆岩的破断仍处于煤柱内部，直至工作面继续向前推进一定距离时(位置 c)，才波及煤柱边界，而此时由于工作面距煤柱边界的距离已很远，由煤柱向下传递的上覆载荷仅能作用于采空区矸石之上，对工作面支架的影响已很小，从而压架灾害发生的可能性将大幅降低。

为了验证此论述的正确性，以工作面出两侧采空煤柱为例，采用 UDEC 数值模拟实验进行了分析，实验模拟时分别按煤层间距 31m 和 42m 设置了 2 个模拟方案，对应煤层间均为 3 层关键层，且煤层间岩层的破断线均以 75°向上发展，模拟结果如图 7-28 所示。从图中可以看出，虽然两方案煤层间均存在 3 层关键层，但工作面出煤柱时却出现了不同的现象。煤层间距 31m 时，工作面推出煤柱边界 6m 即发生了压架事故，而当煤层间距增到 42m 时，工作面出煤柱过程中一直未有压架的发生，矿压显现正常。对比两者可以发现，对于煤层间距 31m 的方案，由于煤层间距较小，造成煤柱上覆载荷向下传递后仍作用于下煤层第一层关键层（即基本顶）破断块体之上[图 7-28（a）]，而从第 7.3 节的压架机理分析可知，关键层破断块体的铰接结构通常是无法承担上覆的过大载荷的，因此

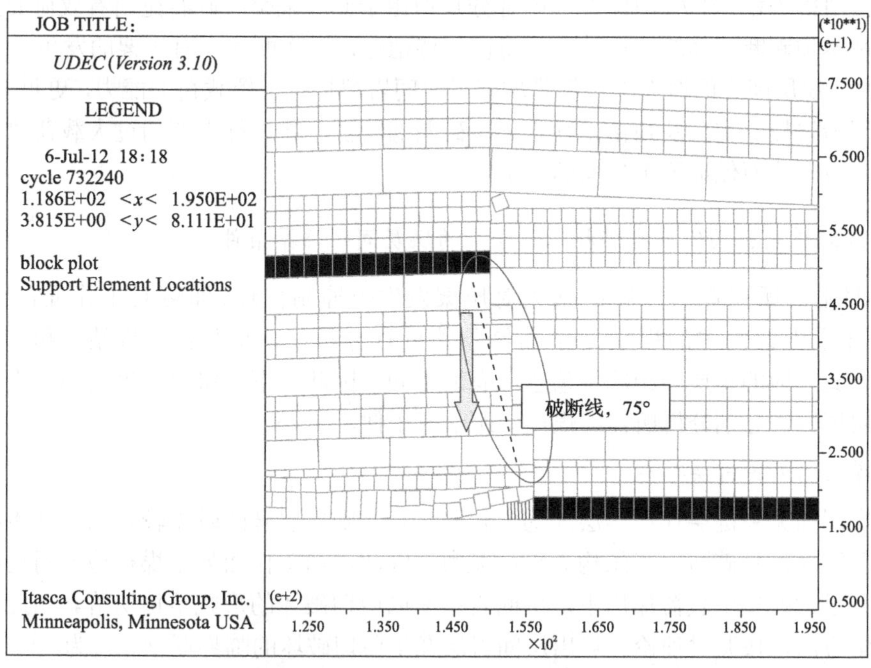

(a) 层间距31m(出煤柱6m压架)

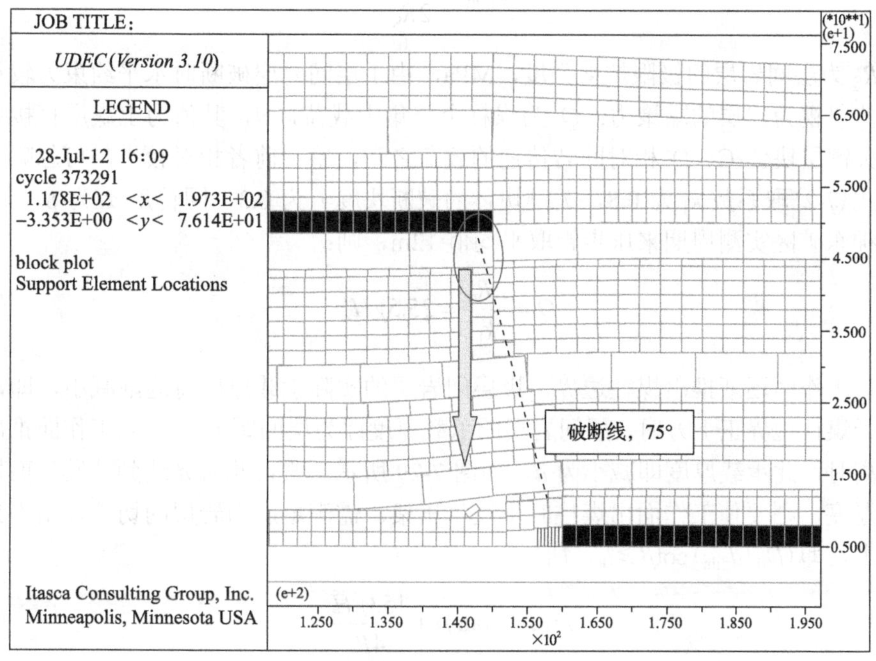

(b) 层间距42m(出煤柱10m未压架)

图 7-28　不同煤层间距条件下出煤柱开采的数值模拟实验结果图

才造成了结构的滑落失稳和压架的发生；而当煤层间距加大后，工作面出煤柱时上覆载荷的作用已处于下煤层基本顶破断块体之外，虽然紧邻煤柱的那层关键层破断块体结构已发生了滑落失稳[图 7-28(b)红线圈部分]，但由于此时采空区矸石充当着载荷的主要承担者，基本顶破断块体的铰接结构才得以保持稳定，工作面才未有压架的发生。

因此，煤层间距的增大不仅仅是增强了层间岩层抵抗上覆载荷的能力，更重要的是，它可利用覆岩按一定破断角由下往上逐步破断的特征，将煤柱上覆的过大载荷“甩”在采空区后方，从而保证了工作面的安全。

2. 浅埋煤层出两侧采空煤柱压架发生的煤层间距临界条件

按照上面所述煤层间距的增大对压架发生的抑制机理，即可对工作面出两侧采空煤柱开采压架发生的煤层间距临界条件进行分析。而煤层间岩性结构和岩层组合不同时，其对应的煤层间距临界值也将有所不同。因此，下面将根据煤层间有无关键层及关键层层数，分别分析所需的煤层间距临界条件。

1)煤层间无关键层存在

若煤层间无关键层存在，层间均为软岩赋存，则岩层破断时无较长的破断步距，基本是随采随断，且破断岩层结构无承载能力。因此，当工作面处于煤柱边界附近时，在煤柱上方过大的集中载荷作用下，层间岩层易以剪切破坏的形式整体切落。由此可采用材料力学方法，按照梁理论计算出层间岩层发生剪切破坏的临界厚度 $d_{\min}$ 为

$$d_{\min}=\frac{3Q}{2R_{\mathrm{S}}} \tag{7-28}$$

式中：R_{S} 为层间岩层的极限抗剪强度，MPa，由于层间岩层破断时水平约束力较小，因此，该值可视为岩层的黏聚力；Q 为煤柱上覆集中载荷，N，其值为上煤层直接顶岩层重量与关键层块体 C、D 相对回转传递的载荷之和，鉴于前者相对较小，可忽略不计，则根据式(7-2)取系数 k_1 为 0.8，关键块体的破断块度 i_1 为 0.3，回转角 α_2 为 8°，破断长度 l_1 按神东矿区实测周期来压步距取平均值 12m，则：

$$Q=\frac{2R_0}{k_1}=25.5\gamma H' \tag{7-29}$$

随着工作面逐渐推出煤柱边界，煤层间岩层的实际承载厚度将逐渐减小，即，当工作面处于煤柱边界正下方时，层间岩层的承载厚度即为层间距 D_0，而当工作面推出煤柱一定距离时，此承载厚度即减小为 d，如图 7-29 所示。假设此时 d 达到其发生剪切破坏的临界厚度，则要使工作面出煤柱时不发生压架，需满足层间岩层的切落作用不到工作面支架上，即 $(D_0-d_{\min})\cot\beta\geqslant l_{\mathrm{k}}$，所以

$$D_0\geqslant l_{\mathrm{k}}\tan\beta+\frac{153\gamma H'}{4R_{\mathrm{S}}} \tag{7-30}$$

式中：l_{k} 为支架控顶距；由于上煤层直接顶忽略不计，则 H' 即可视为上煤层埋深。由此，根据式(7-30)取支架控顶距为 6m，层间软岩的破断角为 80°，岩层黏聚力(抗切强度)为

2MPa，岩层容重 25kN/m^3，则可计算得出上煤层埋深 100m 条件下，工作面出煤柱开采安全的煤层间距临界条件为 $D_0 \geqslant 81.8$m。

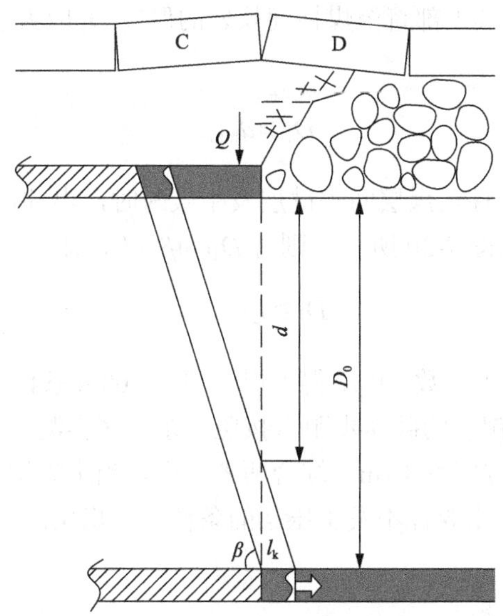

图 7-29　出两侧采空煤柱煤层间无关键层时煤层间距临界条件的计算示意图

2)煤层间存在 1 层关键层

若煤层间仅存在 1 层关键层时，则煤柱传递的上覆载荷主要由该关键层的破断结构承担，而煤层间关键层的破断结构通常是无法直接承担上覆的过大载荷的，因此，只有利用前节所述覆岩由下往上破断的特征，将上覆过大的载荷“甩”采空区后方，才可避免压架的发生。所以，该关键层所处煤层间的层位应越低越好，只有这样才可保证工作面推出煤柱相当距离后，上覆岩层的破断运动才波及煤柱边界，从而达到“甩压”的目的，如图 7-30 所示。

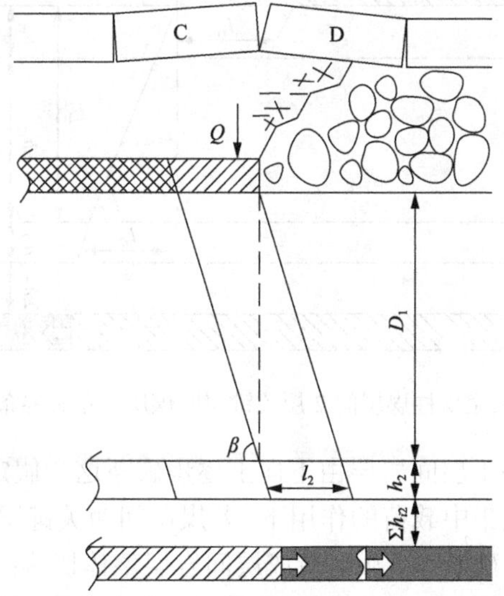

图 7-30　出两侧采空煤柱煤层间 1 层关键层时煤层间距临界条件的计算示意图

由于受煤柱边界集中载荷的影响，层间关键层通常会在煤柱边界附近破断，为了分析问题的方便，假设关键层对齐煤柱边界破断。要使工作面不发生压架，首先应满足关键层在煤柱边界破断时，其上部直至煤柱间软岩的厚度 D_1 应大于式(7-30)所示的临界厚度 d_{min}，即

$$D_1 \geqslant d_{min} \tag{7-31}$$

其次，应保证工作面出煤柱后煤层间关键层发生破断时，煤柱边界传递载荷的作用处于关键层破断块体之外，如图 7-30 所示。则有 $D_1\cot\beta \geqslant l_2$，即

$$D_1 \geqslant l_2\tan\beta \tag{7-32}$$

与前面类似，代入相关参数，可求得上煤层埋深 100m 条件下，式(7-31)所示的条件为 $D_1 \geqslant 47.8$m；煤层间关键层的破断步距 l_2 按照神东矿区实测周期来压步距取值为 12m，则式(7-32)所示的条件为 $D_1 \geqslant 68.1$m。综合两者考虑，当上煤层埋深 100m、煤层间仅存在 1 层关键层时，工作面出煤柱不发生压架的条件为：煤层间关键层与煤柱间的距离应大于 68.1m。

3）煤层间存在 2 层关键层

同理，首先应按式(7-32)确定煤层间第二层关键层所处的层位；由于煤层间岩性强度加强，此时的 β 取值 70°，则这种情况下煤层间第二层关键层距煤柱间距离 D_2 应满足 $D_2 \geqslant 33.0$m，如图 7-31 所示。

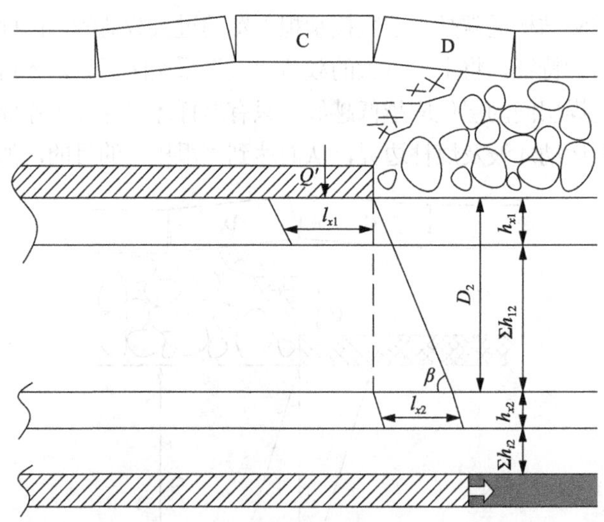

图 7-31　出两侧采空煤柱煤层间 2 层关键层时煤层间距临界条件的计算示意图

其次，上述 D_2 值是基于层间岩层由下向上逐步破断这一假定条件得到的，而事实上，在煤柱边界附近上覆较大集中载荷的作用下，若煤层间两关键层的间距较近或厚度接近，则两者极有可能发生同步破断[9]，从而造成层间岩层整体切落；此时即使已满足上述 D_2 的计算值，也无法达到将煤柱传递的上覆载荷“甩”在采空区的效果。因此，要保证工

作面出煤柱开采的安全，还需满足煤层间两关键层在煤柱边界附近不发生同步破断，即煤层间第一层关键层在出煤柱边界附近的破断距 l_{x1} 应大于下部第二层关键层的破断距 l_{x2}。

根据材料力学的知识可对两关键层的破断步距进行计算：

$$l_{x1} = h_{x1}\sqrt{\frac{R_T}{3\gamma(h_{x1} + M_1 + \sum h_{i1} + H_{12})}} \quad l_{x2} = h_{x2}\sqrt{\frac{R_T}{3\gamma(\sum h_{12} + h_{x2})}} \tag{7-33}$$

式中：R_T 为关键层的极限抗拉强度，MPa；h_{x1}、h_{x2} 分别为两关键层的厚度，m；Σh_{12} 为两关键层的间距，m。从式(7-33)可以看出，两关键层的破断步距除了与两者自身的厚度及力学性质有关外，还与各自的上覆载荷密切相关。其中，影响 l_{x1} 的载荷主要为煤柱上方关键层的载荷层厚度 H_{12}，影响 l_{x2} 的载荷主要为两关键层的间距 Σh_{12}。因此，寻求保证 $l_{x1} > l_{x2}$ 的煤层间距临界条件，实际上是确定在特定的 H_{12} 条件下，煤层间两关键层间距及其各自厚度的临界值。为此，设定上煤层埋深 100m，并考虑最危险的状态假设上煤层上方仅一层关键层，则此时的 H_{12} 即为其此层关键层的埋深。同时取 γ=25kN/m^3，R_T=4MPa，则可根据式(7-33)按照 $l_{x1} > l_{x2}$ 的原则，确定出此条件下煤层间两关键层厚度及两者相对位置之间所需满足的临界条件。

表 7-9 列出了煤层间第二层关键层不同厚度情况下，第一层关键层厚度及两关键层间距所需满足的临界值，即相关参数均需大于表 7-9 所示临界值才可避免两关键层发生同步破断。由此得到了两关键层间距及第二层关键层所处层位与第一层关键层厚度之间的关系曲线，如图 7-32 所示。由表 7-9 和图 7-32(a)可以看出，在煤层间第二层关键层厚度 h_{x2} 相同的条件下，两关键层间所需满足的间距临界值$\sum h_{12}$ 随第一层关键层厚度 h_{x1} 的减小而呈指数递增的趋势；而第一层关键层厚度一定时，第二层关键层厚度越大，其所需的两关键层间距临界值也越大。即，层间第一层关键层的厚度越大、第二层关键层的厚度越小，则所需满足的两关键层间距临界值越小。表 7-9 中粗横线以下部分即为两关键层间距为 50m 以下时 h_{x1} 的临界值，其值至少应为 7m。因此，在煤层间存在 2 层关键层条件下，层间第一层关键层必须较厚硬才能保证工作面出煤柱开采的安全。

根据上述 h_{x1}、$\sum h_{12}$ 的临界计算值，同样绘制出了第二层关键层所处层位 D_2 与 h_{x1} 的临界关系曲线，如图 7-32(b)所示。同时，表 7-9 中也标出了每种 h_{x2} 厚度情况下 D_2 的最小临界值，即，煤层间关键层 2 上覆直至煤柱间岩层的厚度至少应为 22.1m。所以，综合考虑两种因素下 D_2 所需满足的临界条件可知，上煤层埋深 100m、煤柱上方仅 1 层关键层而煤层间存在 2 层关键层的开采条件下，工作面出煤柱开采不发生压架的 D_2 值所需满足的条件应为图 7-32(b)所示的虚线和曲线上方的阴影部分。

而若当煤层间存在 3 层或 3 层以上更多层关键层时，相应的关键层厚度及其相对位置临界条件的计算将更为复杂，可按照上述的方法类比进行分析。首先根据式(7-32)初步确定上煤层特定埋深条件下煤层间最下位关键层的层位；其次，应在保证最下位关键层与其上部煤层间其他关键层不发生同步破断的条件下，确定各关键层厚度及相对位置的临界值，从而确定出最下位关键层层位所需满足的临界条件；最后，综合考虑这两种因素确定煤层间最下位关键层所处层位的临界值。

表 7-9　煤层间两关键层不发生同步破断的临界条件　　（单位：m）

h_{x1}	h_{x2}=5		h_{x2}=7.5		h_{x2}=10		h_{x2}=12.5		h_{x2}=15		h_{x2}=17.5	
	$\sum h_{12}$	D_2	$\sum h_{12}$	D_2	$\sum h_{12}$	D_2	$\sum h_{12}$	D_2	$\sum h_{12}$	D_2	$\sum h_{12}$	D_2
5	100.0	105.0	228.8	233.8	410.0	415.0	643.8	648.8	930.0	935.0	1268.8	1273.8
6	68.6	74.6	158.1	164.1	284.4	290.4	447.6	453.6	647.5	653.5	884.2	890.2
7	49.6	56.6	115.3	122.3	208.4	215.4	328.7	335.7	476.3	483.3	651.3	658.3
8	37.2	45.2	87.4	95.4	158.8	166.8	251.2	259.2	364.7	372.7	499.3	507.3
9	28.6	37.6	68.2	77.2	124.6	133.6	197.8	206.8	287.8	296.8	394.6	403.6
10	22.5	32.5	54.4	64.4	100.0	110.0	159.4	169.4	232.5	242.5	319.4	329.4
11	17.9	28.9	44.1	55.1	81.7	92.7	130.8	141.8	191.4	202.4	263.4	274.4
12	14.4	26.4	36.3	48.3	67.8	79.8	109.0	121.0	160.0	172.0	220.7	232.7
13	11.7	24.7	30.1	43.1	56.9	69.9	92.0	105.0	135.4	148.4	187.3	200.3
14	9.5	23.5	25.2	39.2	48.2	62.2	78.4	92.4	115.9	129.9	160.6	174.6
15	7.8	22.8	21.3	36.3	41.1	56.1	67.4	82.4	100.0	115.0	139.0	154.0
16	6.3	22.3	18.0	34.0	35.3	51.3	58.3	74.3	87.0	103.0	121.3	137.3
17	5.1	22.1	15.3	32.3	30.5	47.5	50.8	67.8	76.1	93.1	106.5	123.5
18	4.1	22.1	13.0	31.0	26.4	44.4	44.4	62.4	66.9	84.9	94.0	112.0
19	3.2	22.2	11.0	30.0	23.0	42.0	39.0	58.0	59.2	78.2	83.5	102.5
20	2.5	22.5	9.4	29.4	20.0	40.0	34.4	54.4	52.5	72.5	74.4	94.4
21	1.9	22.9	7.9	28.9	17.4	38.4	30.4	51.4	46.7	67.7	66.5	87.5
22	1.3	23.3	6.7	28.7	15.2	37.2	26.9	48.9	41.7	63.7	59.7	81.7
23	0.8	23.8	5.6	28.6	13.3	36.3	23.8	46.8	37.3	60.3	53.7	76.7
24	0.4	24.4	4.6	28.6	11.5	35.5	21.1	45.1	33.4	57.4	48.4	72.4
25	0.0	25.0	3.8	28.8	10.0	35.0	18.8	43.8	30.0	55.0	43.8	68.8
26	0.0	26.0	3.0	29.0	8.6	34.6	16.6	42.6	26.9	52.9	39.6	65.6
27	0.0	27.0	2.3	29.3	7.4	34.4	14.7	41.7	24.2	51.2	35.9	62.9
28	0.0	28.0	1.7	29.7	6.3	34.3	13.0	41.0	21.7	49.7	32.5	60.5
29	0.0	29.0	1.1	30.1	5.3	34.3	11.5	40.5	19.5	48.5	29.5	58.5
30	0.0	30.0	0.6	30.6	4.4	34.4	10.1	40.1	17.5	47.5	26.7	56.7
31	0.0	31.0	0.2	31.2	3.6	34.6	8.8	39.8	15.7	46.7	24.2	55.2
32	0.0	32.0	0.0	32.0	2.9	34.9	7.6	39.6	14.0	46.0	22.0	54.0
33	0.0	33.0	0.0	33.0	2.2	35.2	6.6	39.6	12.5	45.5	19.9	52.9
34	0.0	34.0	0.0	34.0	1.6	35.6	5.6	39.6	11.1	45.1	18.0	52.0
35	0.0	35.0	0.0	35.0	1.0	36.0	4.7	39.7	9.8	44.8	16.3	51.3
36	0.0	36.0	0.0	36.0	0.5	36.5	3.9	39.9	8.6	44.6	14.6	50.6
37	0.0	37.0	0.0	37.0	0.0	37.0	3.1	40.1	7.5	44.5	13.1	50.1
38	0.0	38.0	0.0	38.0	0.0	38.0	2.4	40.4	6.5	44.5	11.8	49.8
39	0.0	39.0	0.0	39.0	0.0	39.0	1.8	40.8	5.6	44.6	10.5	49.5
40	0.0	40.0	0.0	40.0	0.0	40.0	1.2	41.2	4.7	44.7	9.3	49.3

注：表中粗横线以下数值为$\sum h_{12}<50$m 时各项参数的临界值；线框部分数值代表每种 h_{x2} 情况下 D_2 的最小临界值。

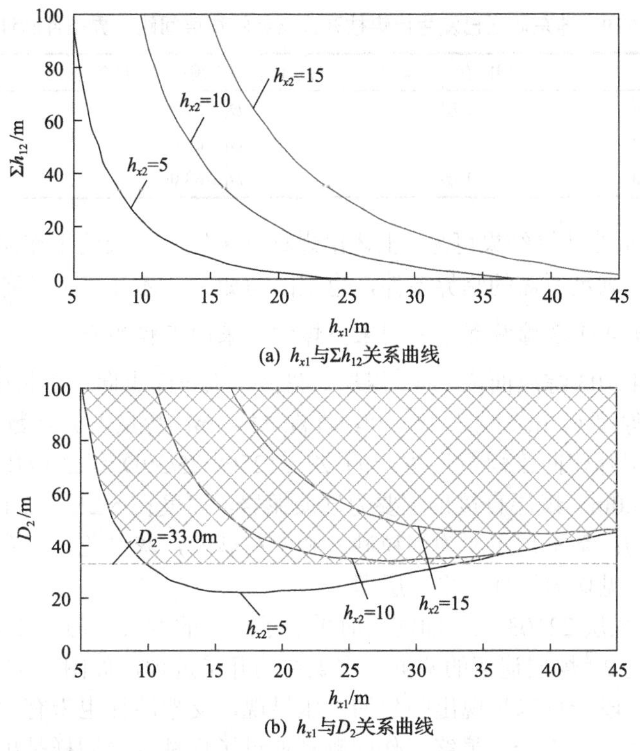

图 7-32　h_{x1} 与$\sum h_{12}$、D_2 的关系曲线

因此，在实际现场应用时，判断某浅埋近距离煤层工作面层间距是否能保证出煤柱开采的安全时，可根据工作面出煤柱附近的岩层柱状，首先采用关键层判别软件(KSPB)[9]判别煤层间关键层的位置及层数，然后按照前述各类情况下所需满足的临界条件进行对照判断，最终指导工作面的安全生产。

3.工程案例验证

1)神东矿区已发生出煤柱开采压架的工程实例验证

根据上述的理论分析，可针对前述神东矿区已发生出煤柱开采压架的工程案例，根据各个工作面出煤柱开采的地质条件，分析能保证这些工作面出煤柱安全开采所需的煤层间距临界条件，从而对上述的理论计算方法进行验证。

例如：大柳塔井 22103 工作面的出煤柱开采，它属于出两侧采空煤柱的开采类型。由图 7-2 所示的 J88 钻孔柱状可以看出，工作面出煤柱开采区域煤层间仅存在 1 层关键层，由此应按照 7.4.3 节中第 2 种情况的计算方法进行分析验证。根据 J88 钻孔柱状及式(7-28)和式(7-29)可求得 $d_{\min}$=26.5m，因此，由式(7-31)则有 $D_1 \geqslant 26.5$m；而由矿压实测结果可知，下煤层开采时的周期来压步距为 7.2～10.4m[3]，因此，根据式(7-32)取 l_2 为较大值 10.4m，可求得煤层间关键层至煤柱之间岩层的厚度应满足 $D_1 \geqslant 59.0$m。最终综合两者考虑，其临界条件应为 $D_1 \geqslant 59.0$m。同理可对神东矿区其他发生压架的工作面煤层间岩层所需满足的临界条件进行计算，计算结果见表 7-10。

表 7-10 神东矿区已发生出煤柱开采压架的煤层间距临界条件验证表

工作面	煤层间有无关键层	煤层间岩层需满足的厚度条件	煤层间岩层实际厚度条件
大柳塔井 22103 面	1 层	$D_1 \geqslant 59.0\text{m}$	$D_1=6.5\text{m}$
活鸡兔井 12306 面	1 层	$D_1 \geqslant 68.0\text{m}$	$D_1=9.2\text{m}$
活鸡兔井 12313 面	1 层	$D_1 \geqslant 68.0\text{m}$	$D_1=5.3\text{m}$

从表 7-10 所示的计算结果可见，上述出煤柱开采发生压架的工作面对应煤层间岩层的实际厚度均未能满足所需的临界条件，也正因为如此，才导致了最终压架的出现。

2) 布尔台煤矿 42103 综放面出两侧采空煤柱开采的工程实例验证

布尔台煤矿 42103 综放面位于 4^{-2} 煤层一盘区，工作面走向推进长度 5242.5m，面宽 230m。煤层平均厚度 6.7m，倾角 1°～3°，埋深 448.3m；煤层变异指数为 6.3%，属稳定煤层。工作面采用郑州四维煤机厂生产的 ZFY12500/25/39D 综放液压支架，设计采高 3.7m，放煤高度 3.0m。煤层直接顶主要为砂质泥岩，厚度在 5.21～22.14m，深灰色、中厚层状、泥质结构；基本顶主要为细粒砂岩和中粒砂岩，灰白色、以石英长石为主，含云母碎片及煤屑，见均匀层理及平行层理。

由于上部 2^{-2} 煤层 22103 工作面回采时采取了跳采的方式，导致 42103 工作面开采阶段经历了推过上覆 2^{-2} 煤层遗留的两侧采空煤柱的开采过程，如图 7-33 所示。工作面在推出煤柱的开采阶段一直未呈现出强烈的矿压显现，支架活柱也未有急剧下缩的现象，实测周期来压步距 12～14m，最终工作面顺利通过了煤柱区。同样是出煤柱的开采，该面却未曾出现第 2 章中所述的压架现象，显然这与该面所处的地质开采条件有关，因此，本章节利用前述的理论分析结果进行了验证研究。

根据前述的理论分析结果可知，对于工作面出两侧采空煤柱的开采，出煤柱边界的超前失稳和上下煤层间的较大间距是抑制出煤柱开采压架的两大主要因素。而由工作面内的 E12 钻孔柱状(图 7-34)可知，上部 2^{-2} 煤层的埋深仅 374.2m，仍未达到本章 7.3.2 节中煤柱边界发生超前失稳所需达到的临界条件，因此，该面出煤柱开采未发生压架与其较大的煤层间距密切相关。根据 E12 钻孔，两煤层间距为 71.3m，且煤层间存在两层关键层，由此可根据本章 7.3.3 节第 3 种情况的理论分析结果进行验证。

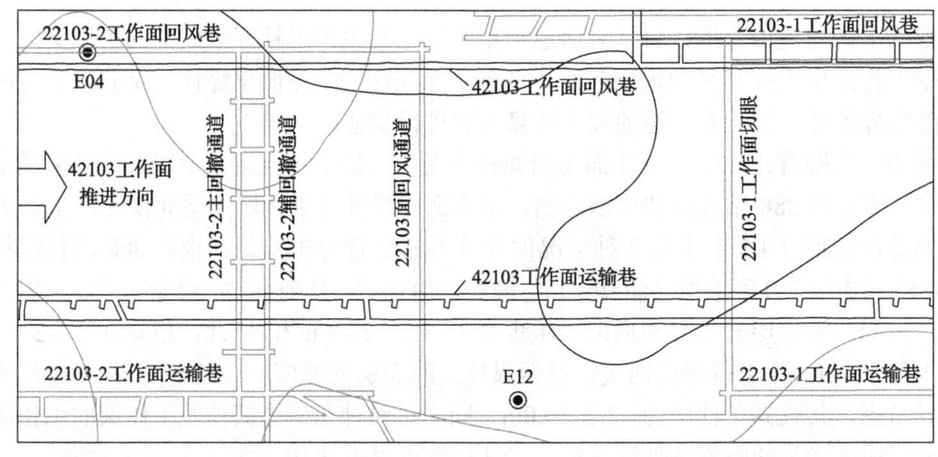

(a) 平面图

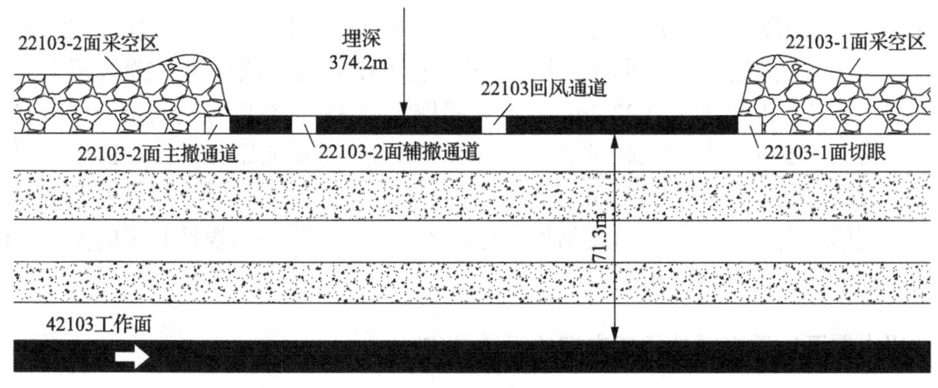

(b) 剖面图

图 7-33　布尔台煤矿 42103 工作面上覆煤柱分布图

层号	厚度/m	埋深/m	岩层岩性	关键层位置	岩层图例
28	25.57	25.57	松散层		
27	29.24	54.81	细砂岩		
26	33.01	87.82	中砂岩	亚关键层	
25	17.31	105.13	砂质泥岩		
24	22.85	127.98	粗砂岩	亚关键层	
23	7.71	135.69	砂砾岩		
22	25.97	161.66	砂质泥岩		
21	19.98	181.64	细砂岩	亚关键层	
20	13.72	195.36	砂质泥岩		
19	23.48	218.84	细砂岩	亚关键层	
18	12.32	231.16	粉砂岩		
17	21.75	252.91	砂质泥岩		
16	16.91	269.82	中砂岩		
15	14.8	284.62	砂质泥岩		
14	23.03	307.65	细砂岩	亚关键层	
13	11.49	319.14	砂质泥岩		
12	23.86	343.00	中砂岩	亚关键层	
11	1.05	344.05	$2^{-2\text{上}}$煤层		
10	3.39	347.44	砂质泥岩		
9	0.78	348.22	$2^{-2\text{中}}$煤层		
8	18.48	366.70	粉砂岩	亚关键层	
7	7.51	374.21	砂质泥岩		
6	2.82	377.03	2^{-2}煤层		
5	14.2	391.23	砂质泥岩		
4	20.89	412.12	中砂岩	亚关键层	
3	9.1	421.22	砂质泥岩		
2	17.78	439.00	细砂岩	亚关键层	
1	9.29	448.29	砂质泥岩		
0	6.32	454.61	4^{-2}煤层		

图 7-34　布尔台煤矿 42103 工作面 E12 钻孔柱状

首先，按照式(7-32)并结合工作面的来压步距实测值(12～14m)，煤层间第二层关键

层距 2^{-2} 煤层的距离应满足 $D_2 \geqslant 33.0 \sim 38.5$m，而 E12 钻孔揭示此层关键层距 2^{-2} 煤层的距离已达 44.2m，满足了该条件的要求。其次，由 E12 钻孔柱状可知，2^{-2} 煤层上方第一层关键层的载荷层厚度 H_{12} 为 23.7m，由此可根据式(7-33)计算出煤层间第一层关键层的破断距应为 l_{x1}=15.9m，此值已超过了下部第二层关键层的破断距(l_{x2}=12～14m)，同样满足了 $l_{x1} > l_{x2}$ 的要求。由此可见，正是由于 42103 工作面与上部 2^{-2} 煤层间两关键层的层位及其之间的相对位置满足了前述临界条件，才保证了工作面出煤柱开采的安全，此工程实例验证了前述的理论分析。

7.3.4 出上覆两侧采空煤柱压架灾害的采厚效应

前述几章节的分析已论述到，在浅埋深近距离煤层的开采条件下，若煤柱边界不发生超前失稳，则工作面出煤柱开采时顶板的切落是必然的。然而，顶板的切落是否会产生压架以及是否会影响工作面的正常生产，关键要视顶板的切落造成的支架活柱下缩量的大小；极限情况下，当支架活柱被压缩至采煤机无法通过时，此时将直接导致工作面的停产。根据出煤柱开采压架机理的分析可知，压架的过程实质上是煤柱边界上方关键块体的回转将其回转量转嫁到支架活柱的压缩量上的过程，关键块体的回转量越大，支架活柱的被压缩量也越大。而关键块体的回转量主要受上煤层采高控制，支架活柱的可伸缩量则与下煤层采高密切相关。因此，上下煤层采厚的大小将对浅埋近距离煤层出煤柱开采时的压架程度(即活柱下缩量大小)产生直接的影响，此即为压架灾害的采厚效应。那么，如何通过调节上下煤层的采高来控制支架活柱的压缩量，从而最大限度的保证工作面出煤柱开采的安全，即是本章研究的重点。

1. 工作面出两侧采空煤柱压架灾害的采厚效应

上下煤层采高的变化均会对出煤柱开采的压架程度产生影响，但两者的影响作用却有所不同。随着下煤层采高的增大，将呈现两方面的优势：一方面，它增大了支架活柱的可伸缩量，从而使得支架或采煤机不致被压死或无法通过，即使顶板的切落造成了较大的活柱下缩，由于采煤机仍可自由通过，工作面可快速向前推进而尽快甩开压架区域；另一方面，根据本章 7.3.2 节的分析可知，下煤层采高的增大将可能使煤柱进入垮落带中，导致煤柱边界更易发生超前失稳，从而抑制压架灾害的发生。因此，下煤层采高越大，工作面出煤柱的开采越安全。

而当上煤层采高增大时，其影响作用也将体现在两个方面：一方面，采高越大，即煤柱的厚度越大，根据本章 7.3.2 节的分析可知，煤柱边界煤体的稳定性越弱，越易导致煤柱边界发生超前失稳，这对出煤柱开采的安全是非常有利的；另一方面，采高越大关键块体的回转量也随之加大，从而支架活柱的最终下缩量也越大，这将不利于出煤柱的安全开采。两方面的影响作用相互矛盾。但由本章 7.3.2 节中煤柱厚度的临界条件可以看出，对于煤柱埋深在 200～300m 的浅埋煤层开采条件下，煤柱厚度需达到 5.3～8.3m 才可发生煤柱边界的超前失稳，而目前的综采开采水平大部分采高仍处于此临界值以下。也就是说，在浅埋近距离煤层的开采条件下，目前的采高水平是不足以使得煤柱边界发生超前失稳的。因此，在浅埋煤层开采留设煤柱时，采高应尽量降低。

综上所述，在浅埋近距离煤层开采条件下，上煤层采高越小、下煤层采高越大，工作面出煤柱的开采越安全。

2. 出煤柱开采压架灾害采厚效应的临界条件

根据前节的分析，要使工作面出煤柱的开采趋于安全，应尽量降低上煤层采高而提高下煤层采高，那么，上下煤层采高间应满足怎样的匹配关系才能保证出煤柱开采的相对安全，本节将进行详细的分析。由于上述采厚效应对于工作面出煤柱开采两种类型的作用均相同，因此，本节中依然以工作面出两侧采空煤柱的开采为例进行说明，且煤层间仅有 1 层关键层。

上煤层开采留设煤柱后，关键块体的自由回转空间为 $\Delta_1=M_1+(1-K_{P1})\Sigma h_{i1}$；同理，下煤层回采出煤柱时，顶板的回转空间为 $\Delta_2=M_2+(1-K_{P2})\Sigma h_{i2}$，如图 7-35 所示。其中，$K_{P1}$、$K_{P2}$ 分别为上下煤层直接顶的碎胀系数。若 $\Delta_1\leqslant\Delta_2$，则关键块体 D 完全触矸后即无法继续回转，支架活柱也将不会再有下缩，此时支架活柱的最终下缩量为 $\Delta_0\leqslant\Delta_1$；而若 $\Delta_1>\Delta_2$，则煤层间关键层 2 破断块体 E 滑落失稳后即压实采空区，虽然此时关键块体 D 仍有富余的回转量，但由于块体 E 已无向下滑落的空间，此时的支架活柱最终下缩量则为 $\Delta_0\leqslant\Delta_2$。所以，支架活柱的最终下缩量可表示为

$$\Delta_0=\min(\Delta_1,\Delta_2) \tag{7-34}$$

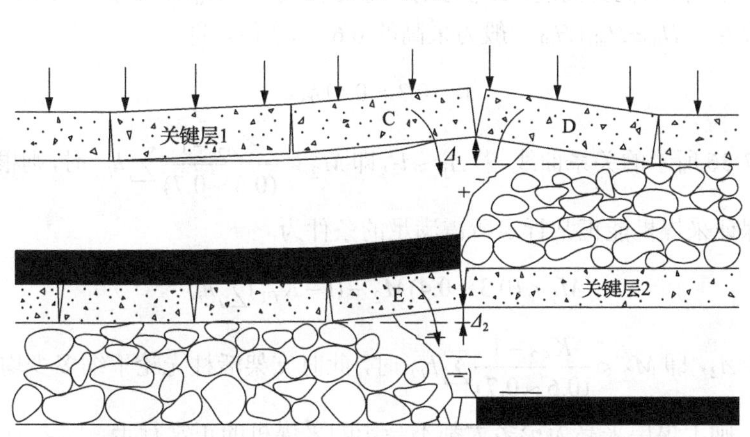

图 7-35　工作面出煤柱时上下煤层顶板回转空间示意图

若令下煤层采高 M_2 保持不变，那么随着上煤层采高 M_1 的变化，其与支架活柱下缩量 Δ_0 之间的关系应为图 7-36 所示的曲线。其表达式为

$$\Delta_0=\begin{cases} M_1+(1-K_{P1})\sum h_{i1} & (\Delta_1\leqslant\Delta_2) \\ M_2+(1-K_{P2})\sum h_{i2}=\text{常数} & (\Delta_1>\Delta_2) \end{cases} \tag{7-35}$$

即，当 $\Delta_1\leqslant\Delta_2$ 时，两者为线性增长关系；而当 $\Delta_1>\Delta_2$ 时，Δ_0 则保持不变，为一段与横轴平行的直线。若上下煤层直接顶的厚度及碎胀系数相同，则两段线段的交点处即为上下煤层采高相同的点。

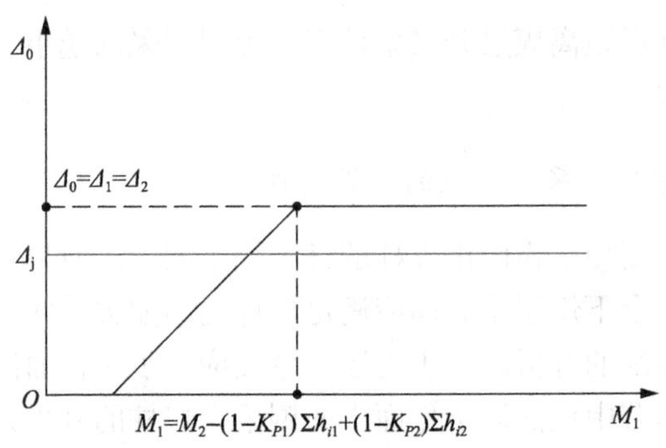

图 7-36　上煤层采高与支架活柱下缩量关系曲线

要使顶板的切落造成的活柱下缩不致影响工作面的生产，仅需保证支架活柱的下缩量处于其极限下缩量 $\varDelta_j$ 以内，即

$$\varDelta_0 < \varDelta_j \tag{7-36}$$

此处的极限下缩量按照采煤机能正常行走而不被压死来衡量，即

$$\varDelta_j = M_2 - (H_{mj} + H_{gb} + H_{dl}) \tag{7-37}$$

式中：H_{mj} 为采煤机的机身高度；H_{gb} 为刮板输送机高度；H_{dl} 为支架顶梁厚度。根据大量的现场统计结果，$H_{mj}+H_{gb}+H_{dl}$ 一般为采高的 0.6～0.7 倍，即

$$\varDelta_j = (0.3 \sim 0.4) M_2 \tag{7-38}$$

根据图 7-36 所示的关系曲线，若 $\varDelta_j \leqslant \varDelta_2$，即 $M_2 \geqslant \dfrac{K_{P2}-1}{(0.6\sim 0.7)}\sum h_{i2}$ 时，则根据式(7-35)和(7-36)，保证采煤机能正常行走所需满足的条件为

$$M_1 < (0.3 \sim 0.4) M_2 - (1-K_{P1})\sum h_{i1} \tag{7-39}$$

而若 $\varDelta_j > \varDelta_2$，即 $M_2 < \dfrac{K_{P2}-1}{(0.6\sim 0.7)}\sum h_{i2}$ 时，此时支架活柱无论下缩多少均不会超过其极限下缩量，则上煤层采高无论多大都不会影响采煤机的正常行走。

在上煤层开采留设煤柱后，由于煤柱边界的未压实采空区长期处于卸压状态，因此，在关键块体回转压下时，其碎胀系数 K_{P1} 与开采初期的初始碎胀值相差不大，因此近似取 $K_{P1}=1.2$；而对于下煤层工作面出煤柱时，其采空区的矸石在顶板切落压下时，矸石的碎胀系数应按照残余碎胀系数进行取值才更可靠，因此取 $K_{P2}=1.1$。由此代入上述计算式可知，工作面出煤柱开采时，保证采煤机能正常行走通过所需满足的临界条件为

$$M_1 \begin{cases} < (0.3 \sim 0.4) M_2 + 0.2\sum h_{i1}, & M_2 \geqslant \left(\dfrac{1}{6} \sim \dfrac{1}{7}\right)\sum h_{i2} \\ \text{任意值}, & M_2 < \left(\dfrac{1}{6} \sim \dfrac{1}{7}\right)\sum h_{i2} \end{cases} \tag{7-40}$$

综合以上分析可知，要使浅埋近距离煤层出煤柱的开采能顺利进行，可从两方面进行调控：一方面，尽量降低上煤层采高而提高下煤层采高；另一方面，采取相关措施(如降低采煤机机身高度或提高支架活柱自由伸缩量)，以提高支架活柱的极限压缩量，从而保证采煤机或支架不被压死。

3. 采厚效应的数值模拟验证

1) 数值模拟模型的建立

为了验证前述有关工作面出煤柱开采压架灾害采厚效应的理论分析，进一步探究上下煤层采高不同关系条件下支架活柱下缩量的变化规律，采用UDEC数值模拟软件进行了实验分析。模拟实验采用平面应变的模型，模型建立时将各岩层进行简化，并设定下煤层采高为4.0m固定不变，通过变化上煤层采高大小进行研究，本次问题研究时不考虑煤柱边界的超前失稳作用。其中，上煤层采高分别由1m到7m间隔1m分7个方案进行模拟，上煤层采高4.0m时的模型如图7-37所示。模型走向长300m，高度48m，两端采用位移约束固定边界，模型顶界面施加1.8MPa的均布载荷，以代替其上覆岩层载荷模拟上煤层埋深100m的开采条件。上煤层采高4.0m模型中各煤岩层的力学参数见表7-11。

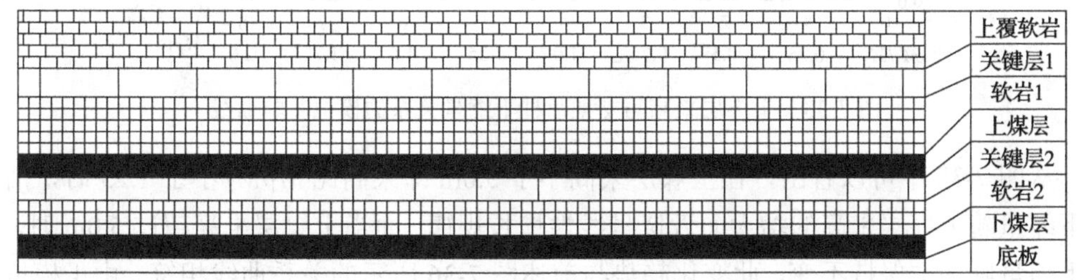

图7-37　上煤层采高4.0m模拟模型图

表7-11　煤岩层力学参数表

岩层	厚度/m	体积模量 K/GPa	剪切模量 G/GPa	内摩擦角 f/(°)	黏聚力 C/MPa	抗拉强度 τ/MPa
上覆软岩	10	8	4.5	25	2.1	1.0
关键层1	5	30	18.0	35	5.0	2.3
软岩1	10	8	4.5	25	2.1	1.0
上煤层	4	5	3.5	20	1.7	0.7
关键层2	4	20	13.0	30	3.5	1.5
软岩2	6	8	4.5	25	2.1	1.0
下煤层	4	5	3.5	20	1.7	0.7
底板	5	52	38.0	38	6.8	2.5

上煤层开挖时从模型右侧边界开始，将煤柱留设在模型左侧；下煤层开挖时则直接从模型左侧边界开始，模拟工作面的出煤柱开采，开挖步距 4m，并且每开挖一步均采用支柱进行支护。

2) 模拟实验结果与分析

7 种采高方案模拟实验结果显示，工作面出煤柱时支柱均呈现了不同程度的下缩。根据每种方案出煤柱开采时的活柱下缩情况，统计出了上煤层采高变化时活柱下缩的变化曲线，如图 7-38 所示。其中，上煤层采高 1.0m、4.0m 和 7.0m 方案的模拟实验结果如图 7-39 所示，出煤柱开采时活柱下缩量分别为 0.137m、2.136m 和 2.738m。

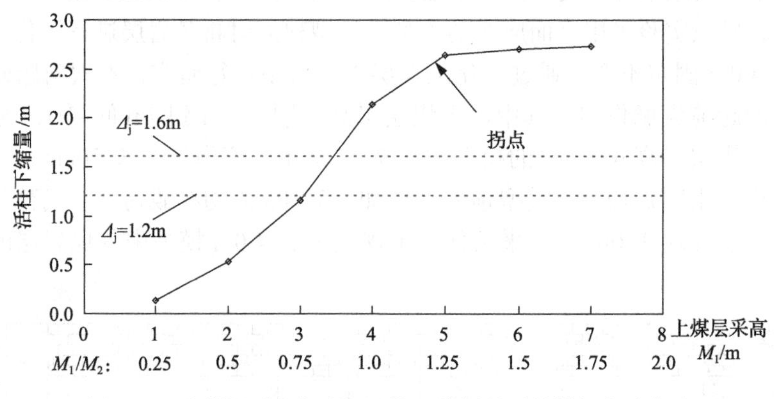

图 7-38 上煤层采高与支架活柱下缩量关系的模拟实验曲线

从图 7-38 中可以看出，在上煤层采高小于 5.0m 即采高比 M_1/M_2 小于 1.25 时，活柱的下缩量随上煤层采高的增大而近似呈线性增长规律；而当上煤层采高超过 5.0m 时，活柱下缩量则基本保持不变，此变化趋势与前述图 7-36 所示的关系曲线相符。由于模拟实验中无法模拟时间的长短效应，因此，设上下直接顶的碎胀系数相等，取值均为 1.2，则根据 Δ_1 和 Δ_2 的计算公式可求得两者相等时对应上煤层的采高应为 4.8m。也正因为如此，图 7-38 所示的曲线拐点处才出现在上煤层采高为 5.0m 的方案中，模拟实验时结果验证了前述采厚效应的理论分析。

此外，按照前述式(7-40)所示的临界条件，本模拟实验模型属其中第一种情况，即 $M_2 \geqslant \left(\frac{1}{6} \sim \frac{1}{7}\right)\sum h_{i2}$。因此，根据该式的判别上煤层采高应小于 3.2～3.6m 才可满足支架不被压死，从而保证工作面的正常回采，而此结论也得到了图 7-38 所示的实验结果的验证。由图可见，上煤层采高在此范围内(小于 3.2～3.6m)的模拟方案，其活柱压缩量均处于其极限压缩量以下，即，模拟实验的结果也验证了出煤柱开采压架灾害采厚效应的临界条件。

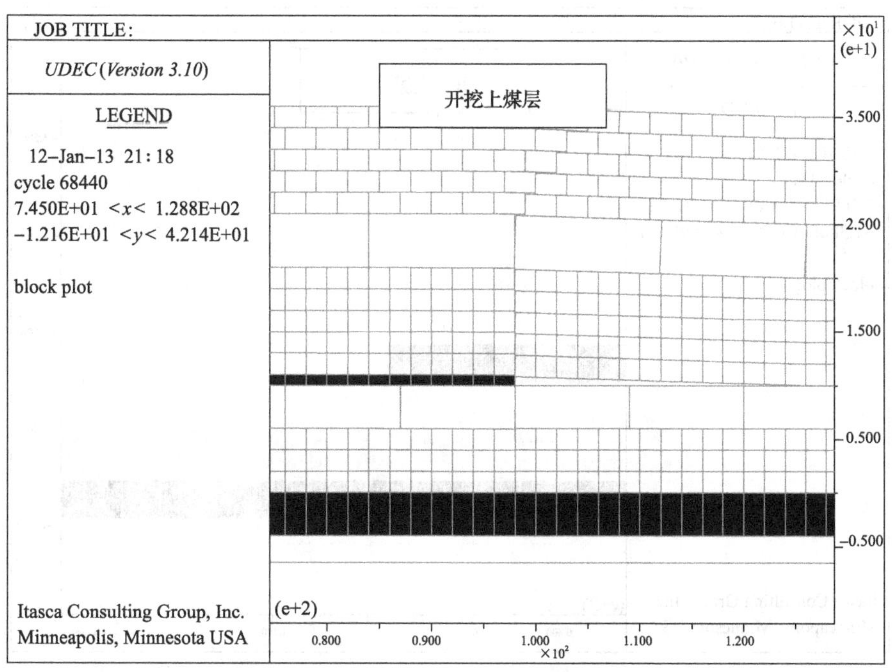
JOB TITLE:
UDEC (Version 3.10)
LEGEND
12–Jan–13 21:18
cycle 68440
7.450E+01 <x< 1.288E+02
–1.216E+01 <y< 4.214E+01
block plot
Itasca Consulting Group, Inc.
Minneapolis, Minnesota USA
开挖上煤层
×10^1 (e+1)
3.500
2.500
1.500
0.500
–0.500
(e+2)
0.800
0.900
1.000
1.100
1.200
×10^2

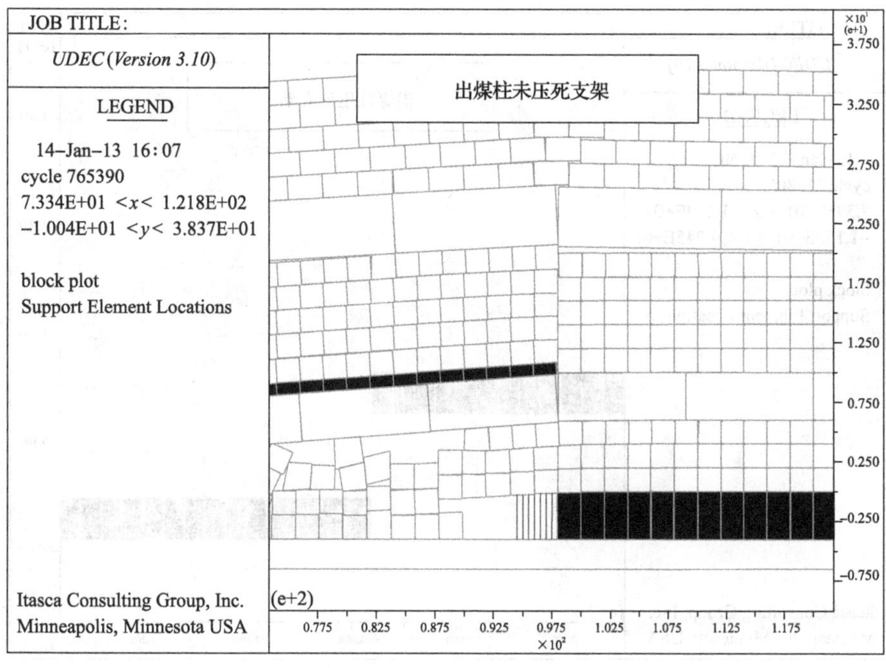
JOB TITLE:
UDEC (Version 3.10)
LEGEND
14–Jan–13 16:07
cycle 765390
7.334E+01 <x< 1.218E+02
–1.004E+01 <y< 3.837E+01
block plot
Support Element Locations
Itasca Consulting Group, Inc.
Minneapolis, Minnesota USA
出煤柱未压死支架
×10^1 (e+1)
3.750
3.250
2.750
2.250
1.750
1.250
0.750
0.250
–0.250
–0.750
(e+2)
0.775
0.825
0.875
0.925
0.975
1.025
1.075
1.125
1.175
×10^2

(a) 上煤层采高1.0m

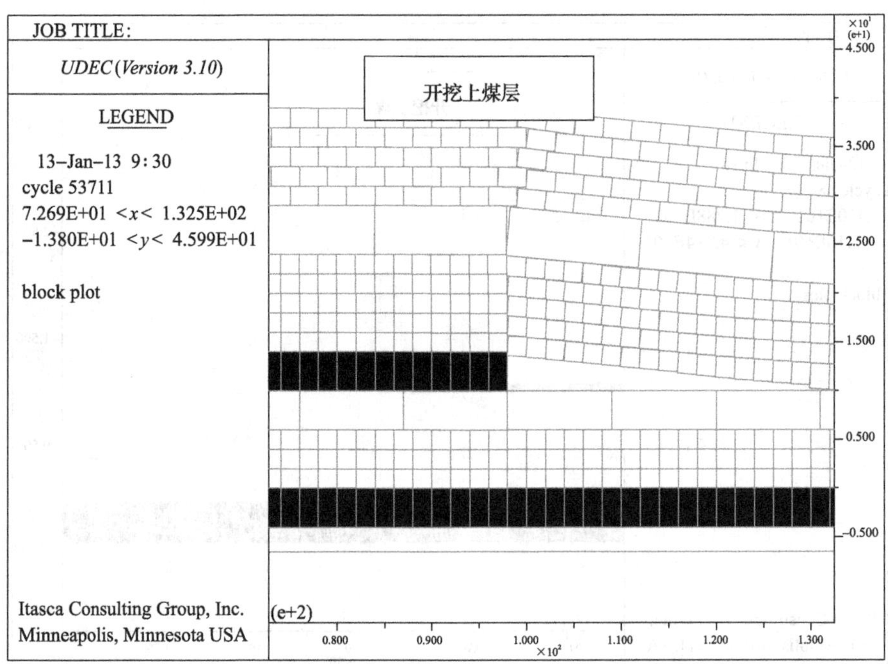
JOB TITLE:
UDEC (Version 3.10)
LEGEND
13-Jan-13 9:30
cycle 53711
7.269E+01 <x< 1.325E+02
-1.380E+01 <y< 4.599E+01
block plot
Itasca Consulting Group, Inc.
Minneapolis, Minnesota USA
开挖上煤层
(e+2)
0.800 0.900 1.000 1.100 1.200 1.300
×10²
×10¹ (e+1)
4.500 3.500 2.500 1.500 0.500 -0.500

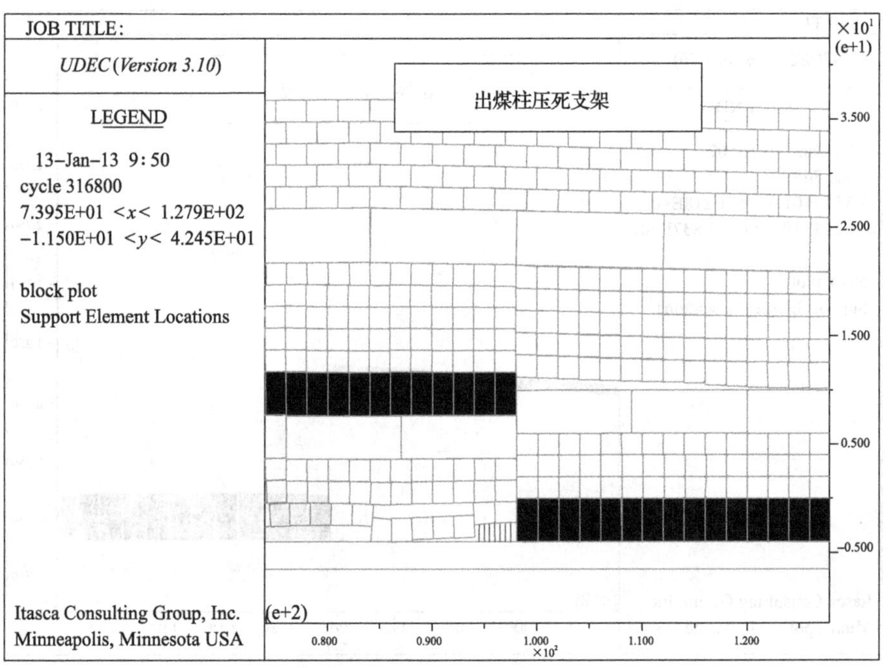
JOB TITLE:
UDEC (Version 3.10)
LEGEND
13-Jan-13 9:50
cycle 316800
7.395E+01 <x< 1.279E+02
-1.150E+01 <y< 4.245E+01
block plot
Support Element Locations
Itasca Consulting Group, Inc.
Minneapolis, Minnesota USA
出煤柱压死支架
(e+2)
0.800 0.900 1.000 1.100 1.200
×10²
×10¹ (e+1)
3.500 2.500 1.500 0.500 -0.500

(b) 上煤层采高4.0m

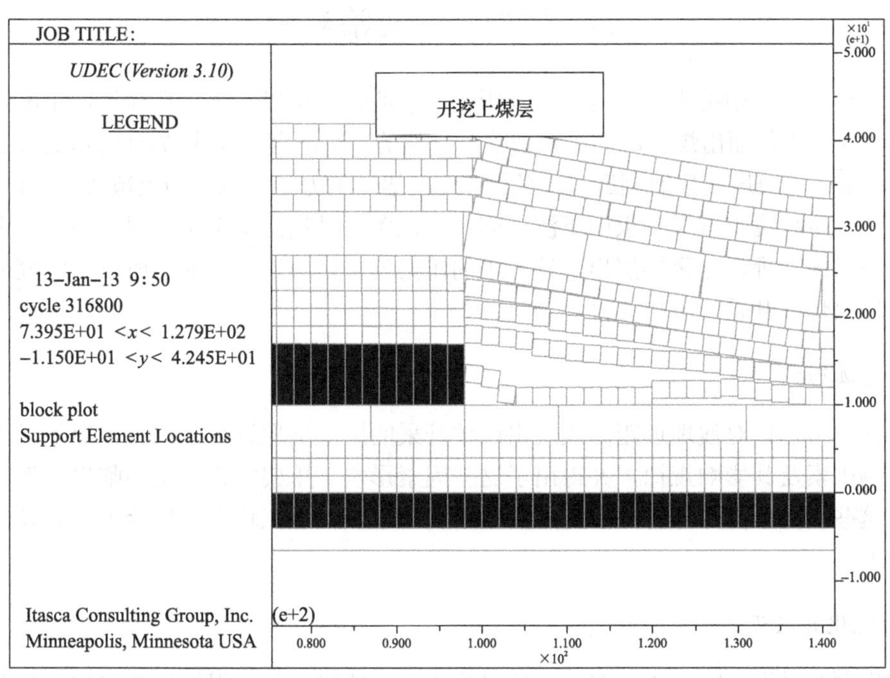

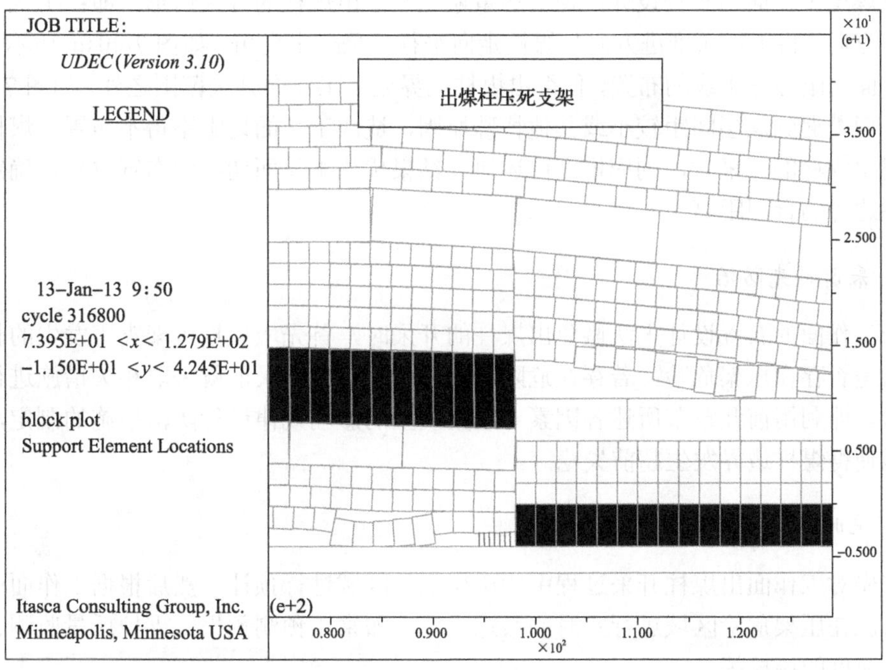

(c) 上煤层采高7.0m

图 7-39　上煤层采高 1.0m、4.0m 和 7.0m 方案模拟实验图

7.4 压架灾害防治对策

从前述几章节中关于压架机理以及影响因素的分析可以看出，在浅埋近距离煤层的开采条件下，工作面出煤柱时的顶板切落是必然的；而结合前述式(7-5)所示的表达式可知，在我国当前液压支架的制造水平条件下，支架的阻力是难以抵挡上覆载荷的作用的，其仅能在一定程度上减缓顶板的下沉。因此，试图通过提高支架工作阻力的方法来防治类似神东矿区浅埋近距离煤层出煤柱开采的压架灾害是难以实现的，所以，研究从其他角度控制出煤柱开采的压架灾害，尤为必要。

7.4.1 总体思路

前几章节已针对浅埋近距离煤层出煤柱开采的压架机理进行了研究，揭示了压架灾害的影响因素及其影响规律，并得出了这些因素影响下压架灾害发生的临界条件。由此可根据这些研究成果形成有效的压架灾害防治对策，保证工作面的安全生产。具体防治思路如下：

1. 优化开采设计

工作面开采设计时首先应探明上覆煤柱的分布情况，其次根据这些煤柱的分布情况优化下煤层工作面的布置设计，使其尽量避免发生出煤柱的开采情形。即：①优化工作面推进方向，将工作面推进方向与煤柱走向平行或呈一定夹角，如图 7-40(a)所示；②优化工作面切眼与停采线的布置，使得出煤柱边界处于工作面开采范围之外，如图 7-40(b)所示。但若遇到煤层间距较小或其他特殊原因，造成工作面切眼不得不布置于煤柱下方而出现出煤柱的开采时，则应根据前述研究结果优化工作面切眼的布置位置，确定切眼与煤柱边界的合理距离。

2. 采前预先防治

若工作面的布置设计无法避免出煤柱的开采时，首先应根据压架灾害发生的临界条件判断是否存在压架危险，若存在危险，则应在工作面开采前就采取相关措施进行预先的防治。即利用前几章节所述各因素对压架发生的影响规律进行防治措施的制定，如采取措施使得煤柱边界发生超前失稳等。

3. 采时跟踪防范

首先对工作面出煤柱开采过程中的压架危险区域进行预计，然后根据工作面现场的实际情况在压架危险区域进行实时的跟踪防范，如来压预测预报、支护质量监测、采高和推进速度的调控等。

综上所述，关于浅埋近距离煤层出煤柱开采压架灾害的防治，即是按照“优化开采设计”→“采前预先防治”→“采时跟踪防范”这样的“三步骤”的防治思路进行，如图 7-41 所示。

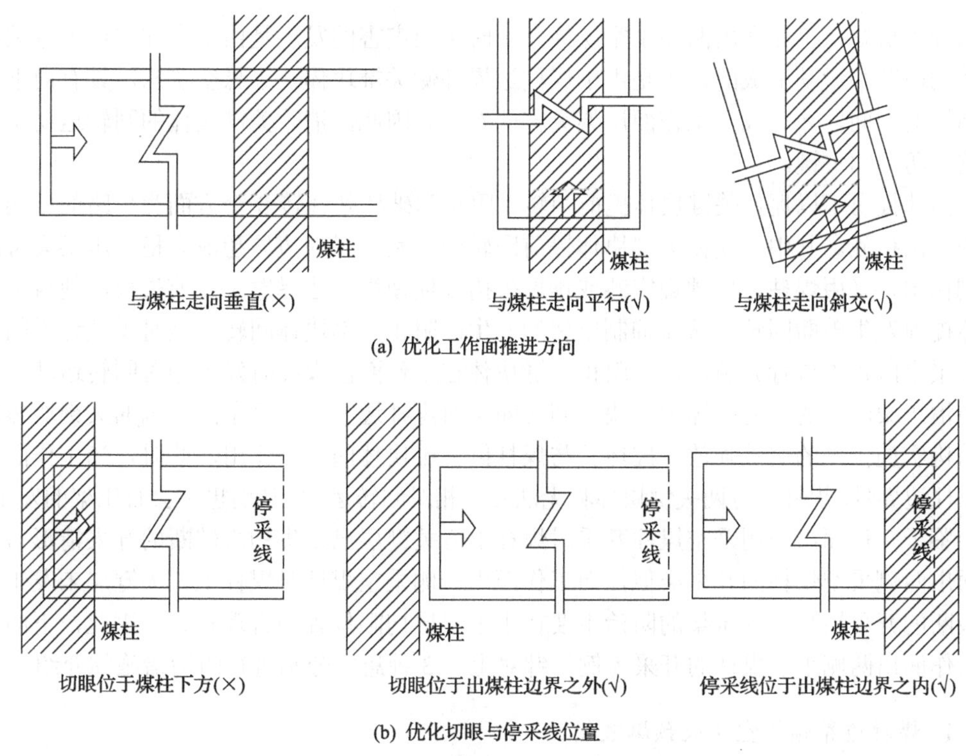

图 7-40　避免工作面出煤柱开采的优化设计示意图

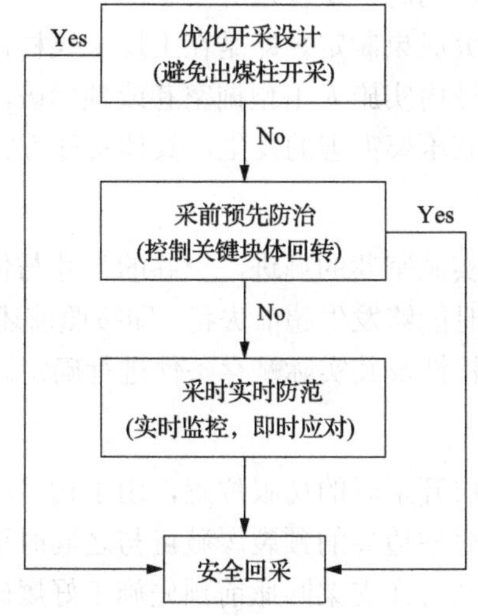

图 7-41　浅埋近距离煤层出煤柱开采压架灾害的防治思路

7.4.2　压架灾害的采前预防措施

若工作面无法避免出煤柱的开采，而根据前几章节压架发生的临界条件判断工作面出煤柱时又具有压架危险的，则应在工作面开采前预先采取相应的防治措施。根据 7.3

节的分析可知，工作面出两侧采空煤柱开采时压架灾害的发生是由于煤柱边界上方关键块体的破断和运动造成的，正是由于煤柱边界外侧关键块体处于悬空状态，具有向下自由回转的空间，才造成了工作面压架灾害的发生。因此，消除关键块体的回转运动是压架灾害防治的关键。

由此提出了以促使关键块体提前回转、阻止和破坏其回转 3 个方面为思路的压架灾害预防治措施。其中，促使关键块体提前回转即是利用煤柱边界超前失稳对压架灾害的抑制作用，采用煤柱边界预掘空巷或预爆破措施促使煤柱边界发生超前失稳，使得关键块体提前发生破断回转，从而抑制压架的发生；阻止关键块体回转即是对煤柱边界的未压实采空区预先进行充填，从而阻止关键块体在工作面出煤柱时发生相对回转运动，达到防治压架的目的；而破坏关键块体回转即是对煤柱边界上方采空区一侧的关键块体铰接结构实施预先的爆破强放，破坏其与煤柱侧关键块体的联结作用，此时，当工作面推出煤柱边界时，煤柱上方两关键块体将无法发生相对回转运动，从而也不会有压架的发生。

鉴于工作面出一侧采空煤柱开采时煤柱上方关键层已发生初次破断的开采情形与工作面出两侧采空煤柱的开采类似，而工作面出一侧采空煤柱时煤柱上方关键层未发生初次破断的开采情形，其压架的防治主要在于下煤层切眼位置的合理布置。因此，下面将以工作面出两侧采空煤柱的开采为例，针对上述 3 种思路分别进行防治措施的介绍。

1. 煤柱边界预掘空巷或预爆破措施

前述第 7.3.2 节的研究结果已表明，煤柱边界的超前失稳会对工作面出煤柱压架灾害的发生产生明显的抑制作用，同时，煤柱边界空巷的存在也有助于煤柱的超前失稳。因此，本项措施即是基于此研究成果制定。即是在上煤层煤柱留设时，对处于下煤层工作面出煤柱一侧边界的一定区域内实施人工预掘空巷或预爆破，使得煤柱边界在临近出煤柱时发生超前失稳，从而抑制压架灾害的发生，具体实施方案如下。

1) 煤柱边界预掘空巷

在上煤层煤柱留设时就实施空巷的掘进，空巷的尺寸与位置确定时应保证煤柱边界在下煤层工作面临近出煤柱时能够发生超前失稳，即按照前述第 7.3.2 节表 7-5 所示的临界条件，根据上煤层的力学特性及其实际赋存条件进行确定。

2) 煤柱边界预爆破

若出煤柱边界对应上煤层开采时的切眼位置，由于初采阶段工作面一般都需要进行顶板爆破强放措施，此时，煤柱边界的预裂爆破可与之同时进行。若出煤柱边界对应上煤层开采时的停采线位置，则可在支架回撤前预先施工好爆破钻孔，装填药卷、封孔，待工作面设备完全撤出后再行实施爆破。其中，爆破钻孔的垂深可依照上煤层开采时的实测周期来压步距而定，即爆破影响深度应能保证煤柱上方关键层发生预先破断回转。

当遇到特殊情况(如煤体强度较大、埋深较浅)时，单纯采用上述某一项措施可能无法达到较好的效果，此时可联合采用预掘空巷和预爆破的措施，即在空巷掘出后，分别在空巷两帮和煤柱边界实施钻孔爆破，以提高煤柱边界的失稳破坏效果。

2. 煤柱边界未压实采空区充填措施

由于上覆岩层的半拱式结构，工作面上方悬露岩层的载荷大部分将由前方的煤岩体承担，因而，上煤层煤柱边界承担了上部悬露岩层的大部分载荷，从而形成了煤柱的集中应力，如图 7-42(a)所示。在下煤层工作面推出煤柱的过程中，工作面回采空间上方岩层的重量将逐渐与煤柱边界上方悬露岩层重量共同叠加到前方的煤岩体上。然而，当工作面处于出煤柱边界附近时，由于煤柱边界采空区未压实，此时，上覆岩层的载荷将无法继续前移到工作面前方的煤岩体上，而都集中在工作面支架及煤层间的顶板岩层上，如图 7-42(b)所示。若支架及其顶板岩层无足够的承载能力，将发生工作面的压架灾害。

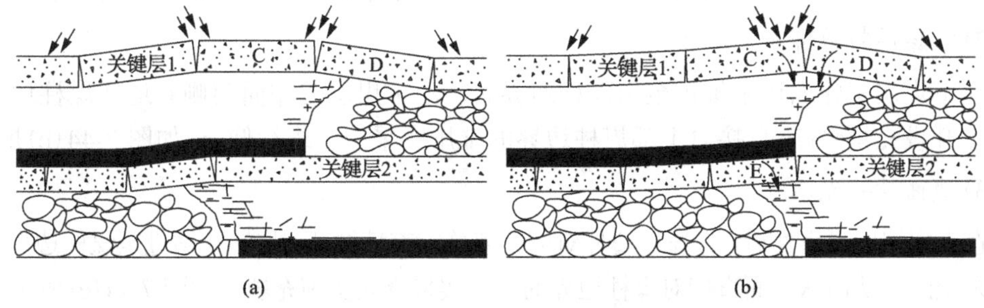

图 7-42 出煤柱阶段关键块体运动及覆岩载荷移动示意图

因此，若能采取某种措施使得工作面出煤柱时，将上覆岩层的载荷顺利转嫁到前方的煤岩体上，则可避免压架灾害的发生，而煤柱边界未压实采空区充填措施的提出即是满足了这一要求。

该措施就是在上煤层煤柱留设后，采用充填材料对煤柱边界附近的未压实采空区进行充填，使得煤柱上方关键块体 D[图 7-43(a)]形成的铰接结构与下部采空区矸石紧密接触，并与矸石形成一个整体共同承担上覆岩层的载荷。这种情况下，当下煤层工作面推出煤柱时，关键块体 C、D 形成的三铰式结构将会由于下部充填体的支撑作用而无法发生相对回转运动，而关键块体铰接结构上覆岩层的载荷将能由于 C 块体的半拱式结构顺利转嫁到工作面前方的煤岩体上。仅当工作面推出煤柱边界使得关键层 2 再次发生破断时，关键层块体 D 才能与块体 C 发生相对回转运动[图 7-43(b)]，而此时工作面已推过关键块体回转运动的影响范围，其传递的载荷只会施加到采空区矸石之上，不会对工作面支架造成影响。

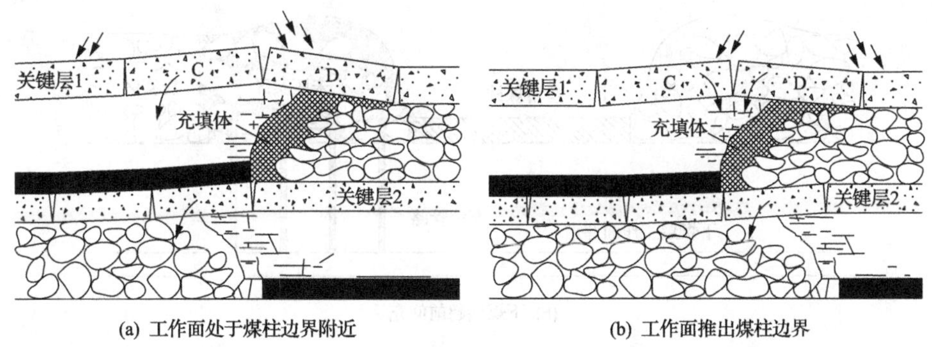

图 7-43 煤柱边界未压实采空区充填后关键块体运动示意图

因此，采用煤柱边界未压实采空区充填措施，不仅能阻止关键块体在出煤柱时发生相对回转运动，它还可将关键块体结构的上覆载荷顺利转嫁到充填体和工作面前方的煤岩体上，减缓层间岩层的负载，从而可有效防治压架的发生。

具体充填方案实施时，可按下面 3 种思路进行。

1) 本煤层预先充填

在上煤层工作面遗留煤柱后，沿两侧邻近工作面巷道向煤柱边界的未压实采空区开设充填管路，待工作面开采一定距离使得采空区形成一定范围的压实区后，再向该区域实施充填，如图 7-44(a)所示。图中所示煤柱边界对应上煤层开采的切眼位置，而若煤柱边界对应上煤层开采的停采线位置，则在工作面回撤结束后即可实施本充填方案。

2) 下煤层超前仰充

在下煤层工作面还未推进至出煤柱边界时，沿下煤层工作面两侧巷道在煤柱边界附近向上开设充填管路，直接对上部煤柱边界的未压实采空区进行仰充，如图 7-44(b)所示。

3) 地面钻孔充填

在上煤层留设煤柱后，在煤柱边界对应地表施工充填钻孔，将钻孔钻进至煤柱边界的未压实采空区，从而从地面直接对煤柱边界的未压实采空区实施充填，如图 7-44(c)所示。

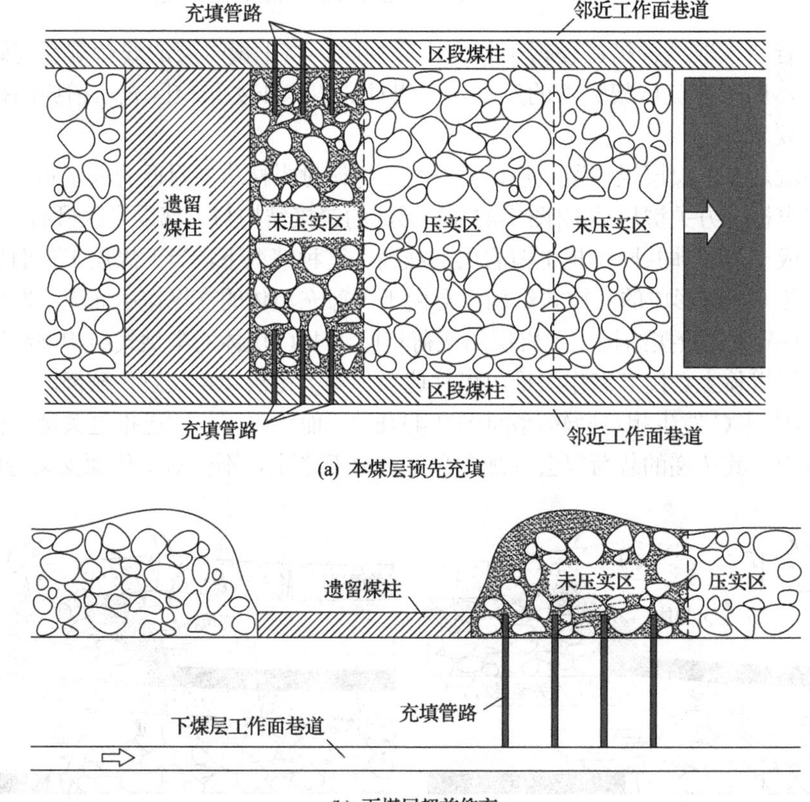

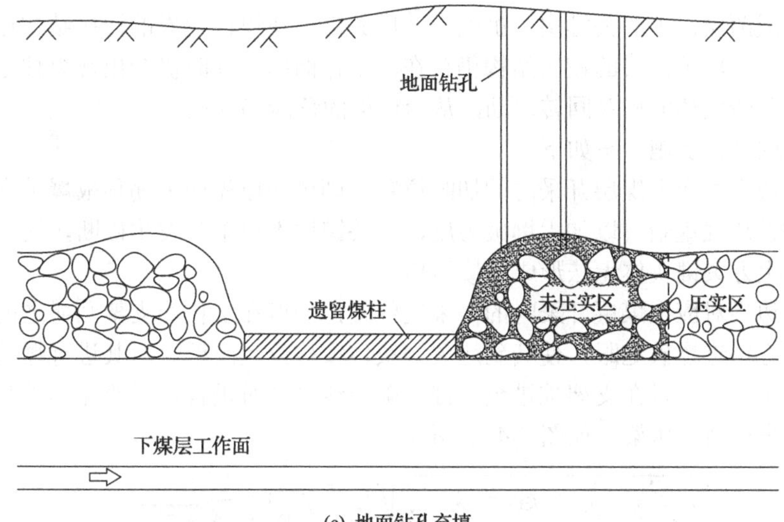

(c) 地面钻孔充填

图 7-44　煤柱边界未压实采空区充填方案示意图

实际应用时，可根据工作面的实际开采条件以及煤柱的分布情况进行充填方案的选择。对于上述 1)，2) 和 3) 三种充填方案，充填材料的选择均以流体为佳，如高水材料、膏体材料等；且煤柱边界的未压实充填区应选择地势低洼处为宜。

3. 煤柱边界上方关键块体结构预爆破强放措施

煤柱边界上方关键块体的相对回转运动是造成工作面出煤柱压架发生的根源，本措施的制订就是从破坏其相对回转运动的角度进行。即是在上煤层开采时，采用钻孔爆破的方法，预先破坏煤柱上方采空区一侧关键层破断块体的铰接结构，使其发生滑落失稳，从而在工作面出煤柱时，它将无法与煤柱一侧的关键块体发生同步的回转运动，而其上的载荷也将无法传递至煤层间岩层及工作面支架之上，从而也就不会有压架灾害的发生[11]，如图 7-45 所示。

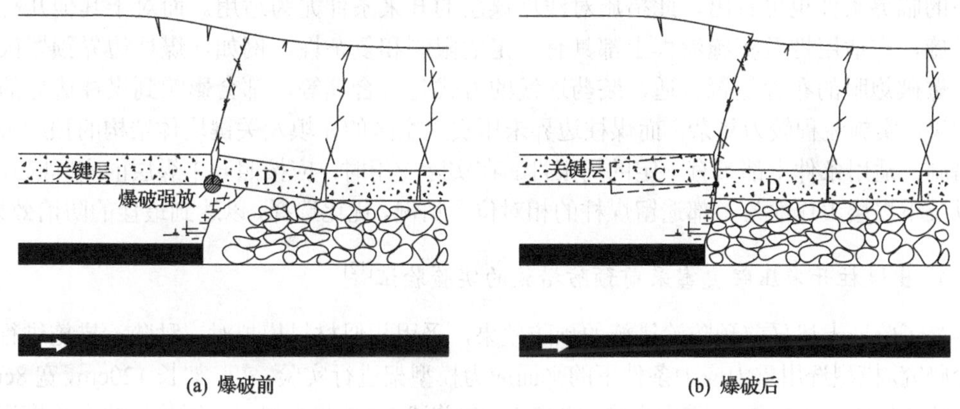

(a) 爆破前　　(b) 爆破后

图 7-45　煤柱边界上方关键块体结构预爆破强放效果图

值得注意的是，本措施仅适用于上煤层上方仅一层关键层的开采条件。若上煤层上方存在两层或两层以上的关键层，虽然第一层关键层在煤柱边界的铰接结构已被破坏，但由于上位第二层关键层的铰接结构仍存在，工作面出煤柱时仍会出现煤柱边界上方第二层关键层破断块体的相对回转运动，从而压架的危险仍存在。

该措施的具体实施方案如下：

若煤柱边界对应上煤层开采时的切眼位置，则可在原先初采期顶板爆破强放设计的基础上，增设加强炮眼，以加大爆破力度，使关键层不单单是发生破断，还应能垮落下来，从而使上方关键块体无法形成铰接结构。

若煤柱边界对应上煤层开采时的停采线位置，则可在工作面支架回撤之前于撤架通道内向斜后方钻进爆破炮眼，使其到达关键块体铰接位置附近，对其进行爆破强放。同时，钻孔的施工应尽量在支架推进至关键层破断线之外时进行，以避免爆破强放时关键块体的滑落失稳造成压架，如图 7-46 所示。

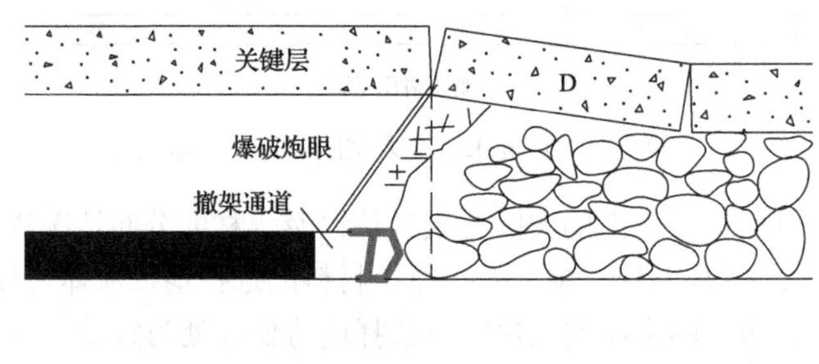

图 7-46　上煤层于停采线位置留设煤柱时的爆破示意图

该措施实施后，可通过地表的塌陷形态来判断此措施的实施效果。若煤柱边界对应地表出现明显的台阶下沉，则说明关键块体的铰接结构已被破坏；若无台阶下沉，则说明该措施未达到应有的效果，下煤层工作面出煤柱时仍有压架的危险。

对比上述 3 种防治措施可以看出，最易实施的应属煤柱边界预掘空巷措施，且从 7.3.3 节中的临界条件也可看出，此措施对浅埋煤层的开采条件尤为适用。而对于其他几种防治措施，在适用性及实施流程上都具有一定的限制和复杂性。例如，煤柱边界预爆破措施，爆破炮眼的布置是否合适，装药连线的方式是否合理等，都会影响到煤柱边界的爆破效果，实施流程较为复杂；而煤柱边界未压实采空区的充填及关键块体结构的预爆破强放措施在适用条件上都具有一定的局限性。在实际应用时，应按照开采煤层的实际赋存条件以及下煤层工作面与上部遗留煤柱的相对位置情况，优化选择，以达到最佳的防治效果。

4. 出煤柱开采压架灾害采前预防措施的实验验证[12]

为了验证上述采前预防治措施的预防效果，采用相似材料模拟对三种防治措施进行了实验研究。模型选用重力应力条件下的平面应力模型架进行实验，实验架长 120cm，宽 8cm。模型的几何比为 1∶100，重力密度比为 0.6。与前述 7.2.2 节类似，采用简化的实验模型，建立如图 7-47 所示的实验模型。其中，上下煤层厚度均为 4cm，且各岩层相应的物理力学参数及相似材料配比均与 7.2.2 节相同。模型上覆未铺设岩层的载荷以铁块加载的方式代替。

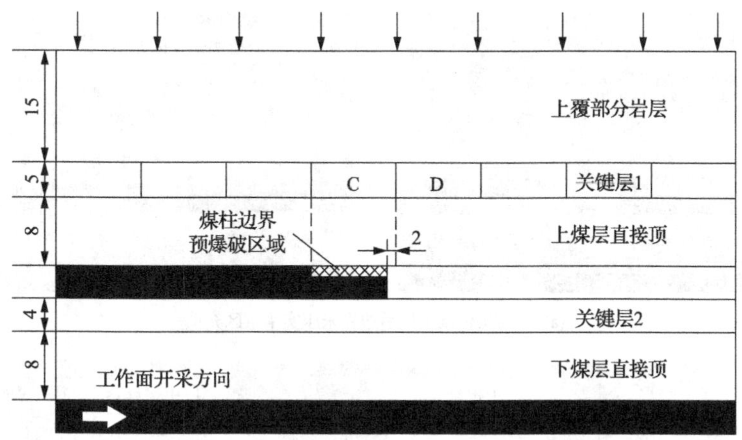

图 7-47　模拟实验模型图(单位：cm)

上煤层开挖时由模型右侧边界开始开挖 62cm，使得关键块体断裂线外错煤柱边界 2cm[4]，下煤层开挖时直接由模型左侧边界开始。其中，煤柱边界预爆破方案即是在煤柱边界对应关键块体 C 的区域进行人工捣碎，以此模拟煤柱边界的爆破措施，使得关键块体 C 产生预先的破断回转，如图 7-48 所示。煤柱边界未压实采空区充填方案则是采用泡沫充当充填材料，将煤柱边界采空区未压实的空间填满，以此模拟充填措施。而煤柱边界上方关键块体结构的预爆破强放方案则是对块体 D 进行人为的强放，使其发生滑落失稳，以此来模拟爆破强放措施。而由于煤柱边界预掘空巷措施已在前文 7.3.2 节中进行了模拟验证，在此就不再重复实验。各种防治方案的模拟实验结果如图 7-48～图 7-50 所示。

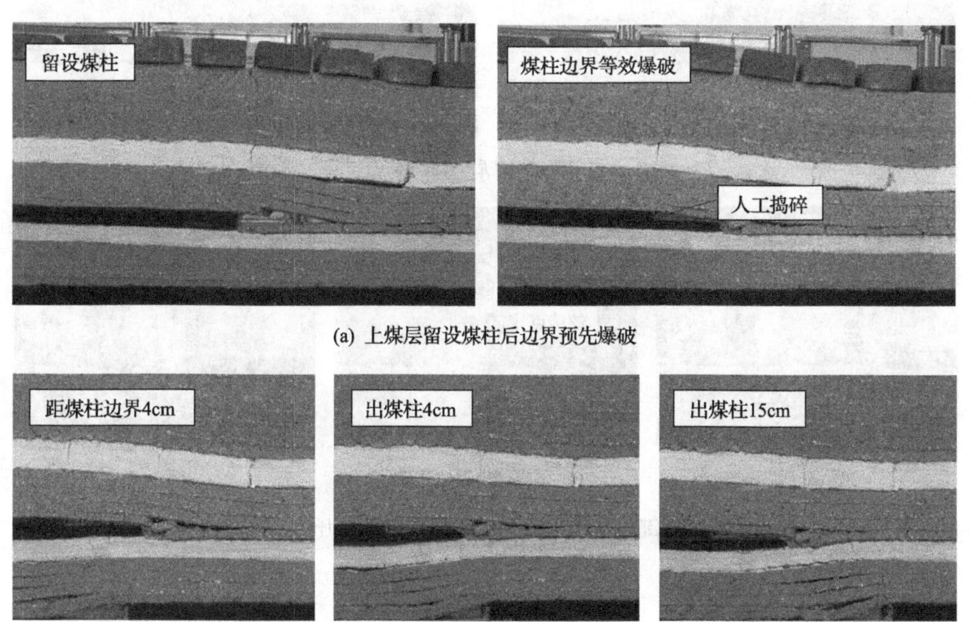

(a) 上煤层留设煤柱后边界预先爆破

(b) 下煤层出煤柱开采

图 7-48　煤柱边界预爆破措施防治压架灾害的模拟实验结果图

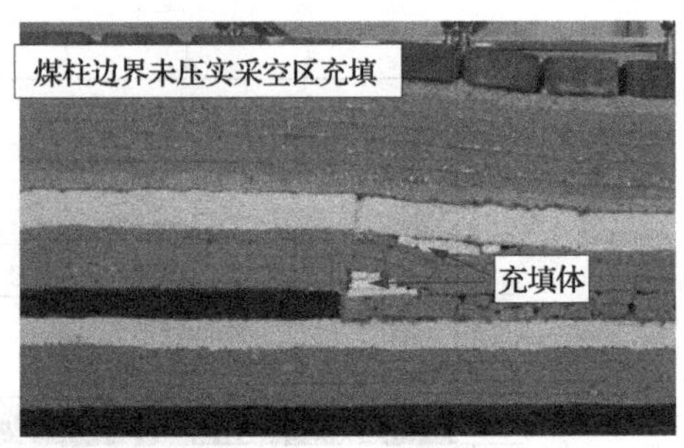

(a) 上煤层留设煤柱后边界未压实采空区充填

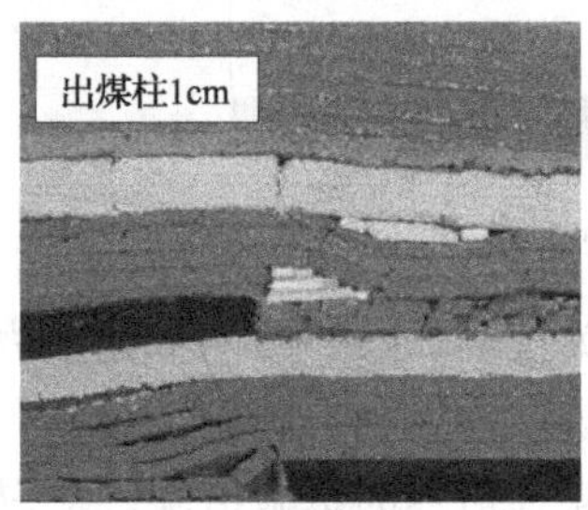

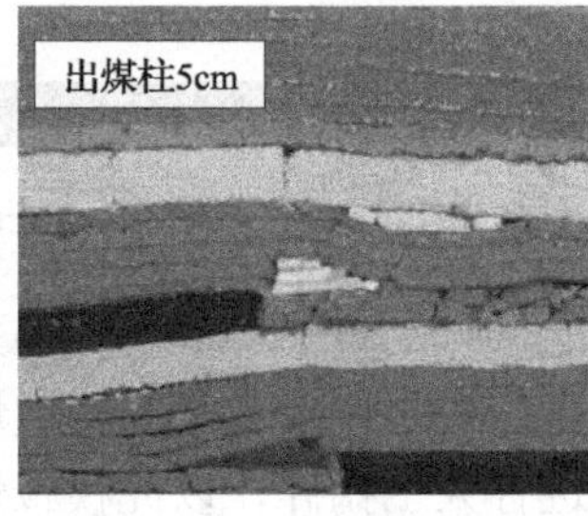

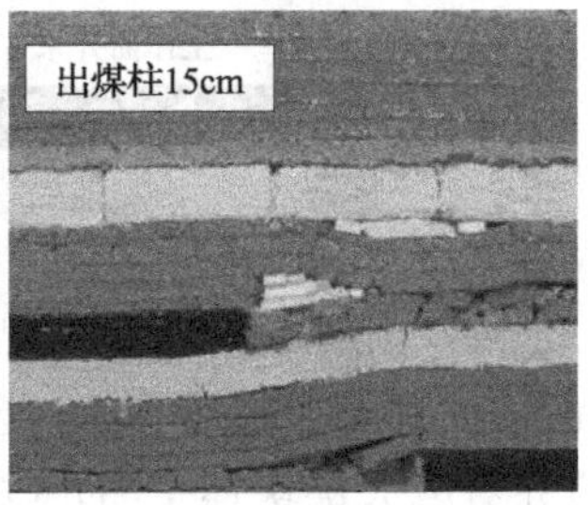

(b) 下煤层出煤柱开采

图 7-49　煤柱边界未压实采空区充填措施防治压架灾害的模拟实验结果图

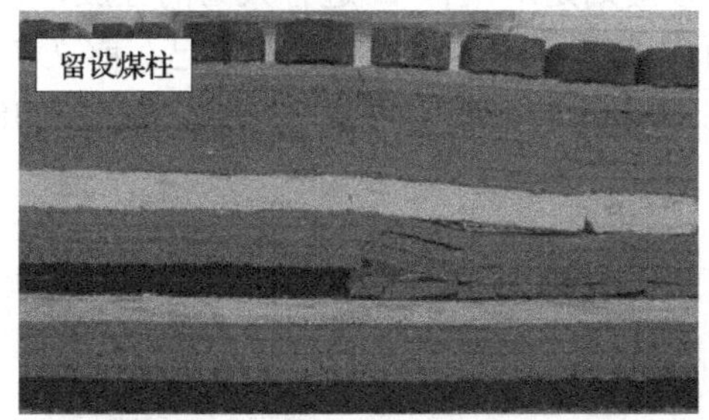

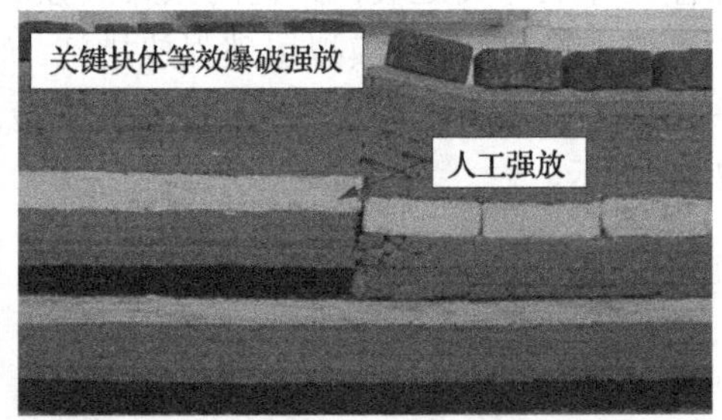

(a) 上煤层留设煤柱后关键块体预先强放

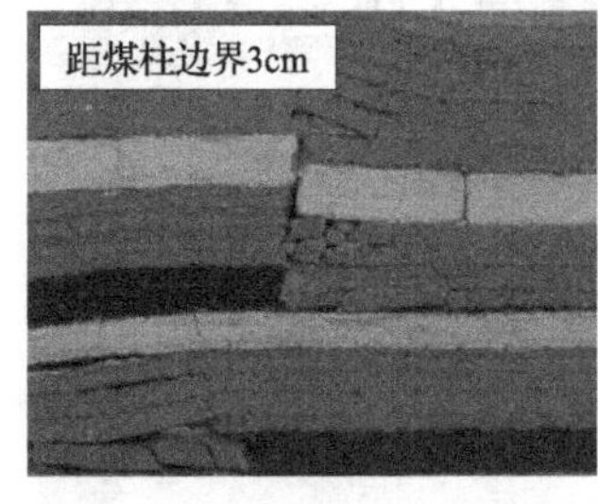

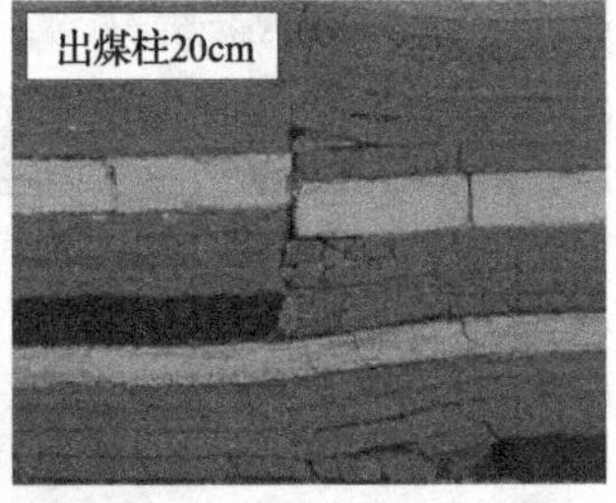

(b) 下煤层出煤柱开采

图 7-50　煤柱边界上方关键块体结果预爆破强放措施防治压架灾害的模拟实验结果图

1) 煤柱边界预爆破方案

在上煤层开采留设煤柱后，即针对煤柱边界对应上覆关键块体 C 的区域进行了人工捣碎，使得关键块体 C 产生了预先的回转下沉，如图 7-48(a)所示。当工作面逐渐推出煤柱边界时，由于关键块体的预先回转，其上覆载荷未能传递至煤层间关键层之上，从而其破断块体形成了稳定的铰接结构，工作面顺利地通过了煤柱区域。

2)煤柱边界未压实采空区充填方案

如图7-49(a)所示，当上煤层开采留设煤柱后，即对煤柱边界采空区的未压实区域进行了人工充填，使得关键块体D与下部冒落矸石形成了紧密接触。在下煤层工作面处于煤柱边界附近的开采过程中，关键块体结构始终未能发生相对回转运动，从而煤层间关键层破断块体结构也始终处于稳定的铰接状态；而仅当工作面推出煤柱边界15cm时，关键块体结构才逐步发生了相对回转运动，但此时其已处于工作面后方采空区内，它的回转运动已无法对工作面产生影响，工作面同样顺利地通过了煤柱区域。

3)煤柱边界上方关键块体结构预爆破强放方案

如图7-50(a)所示，上煤层开采留设煤柱后，其上关键层在煤柱边界破断形成了稳定的铰接结构(即关键块体D的铰接结构)，为了模拟关键块体结构的爆破强放措施，人为地将关键块体D进行了强放，使其直接进入了垮落带。在下煤层工作面推出煤柱边界的过程中，由于关键块体D已无向下自由回转的空间，因此，两关键块体始终未能发生同步的回转运动，而是单个地发生了运动。从图7-50(b)可以看出，工作面处于煤柱边界附近时，虽然关键块体D已失稳滑落，但关键块体C在回转挤压过程中仍与关键块体D上部形成了新的铰接点，从而阻止了上覆载荷的向下传递，保证了煤层间关键层破断结构的稳定，从而工作面最终也顺利通过了煤柱区域。

通过对前述3种采前预先防治措施的模拟实验可以看出，各方案的实施对出煤柱开采压架灾害的发生均起到了显著的抑制效果，说明前述分析中按照控制煤柱边界上方关键块体的回转运动来进行压架灾害防治的思路是正确的，由此提出的3种采前预防措施也是可行的。

7.4.3　压架灾害的采时防范对策

若前期实施的预先防治措施未达到较好的效果而导致工作面出煤柱的开采仍存在压架危险时，则应在工作面出煤柱开采过程中实时采取相应的防范措施，以尽可能降低顶板运动对支架造成的危害。即，首先对出煤柱开采的压架危险区域进行预计，而后在预计的危险区域实施相关的防范措施。

1. 出煤柱开采的压架危险区域

从7.2节的分析可知，煤柱上方关键块体结构回转过程中带来的载荷，是依靠煤柱边界的煤体传递给煤层间的岩层及工作面支架，最终造成工作面压架的。因此，若视煤柱为刚体，则工作面必须在推出煤柱边界时才会发生压架。然而，众所周知，煤柱留设后，在集中应力的影响下，两侧边界一定区域的煤体会因长期处于塑性状态而遭到破坏，该区域即为集中应力峰值至煤柱边界的范围内，称为屈服区。

若煤体的强度较弱、煤质较软，则该区域将无法承担载荷，也将无法传递载荷。当工作面推出煤柱时，煤柱边界传递载荷的区域即会向内转移，从而导致工作面的压架危险位置提前至煤柱边界内部，如图 7-51 所示。而若煤体的强度较大、煤质较硬，则工作面的压架危险位置将处于煤柱边界之外。具体位置应由煤层间岩层的破断角决定，如图 7-52 所示。若以煤柱边界为原点，设煤层间距为 D，煤层间岩层的断裂角为 β，则工作面出煤柱时的危险位置应处于式(7-41)所示的区间中，如图 7-52 所示。

$$[-Y+D\cot\beta\ ,\ \ D\cot\beta] \tag{7-41}$$

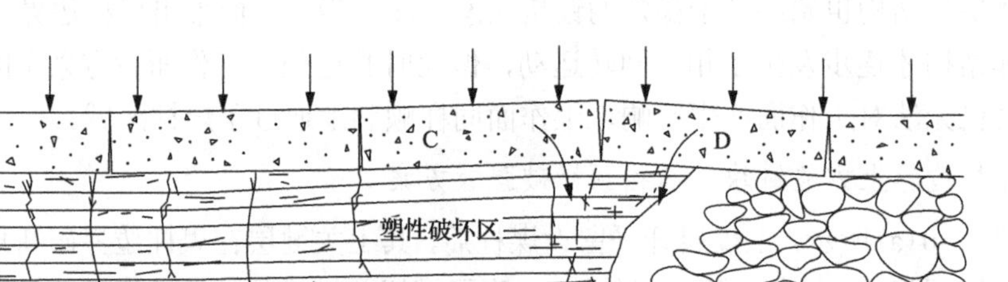

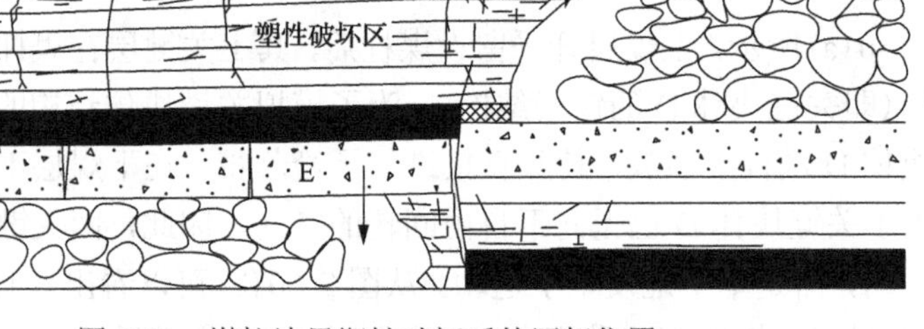

图 7-51　煤柱边界塑性破坏后的压架位置

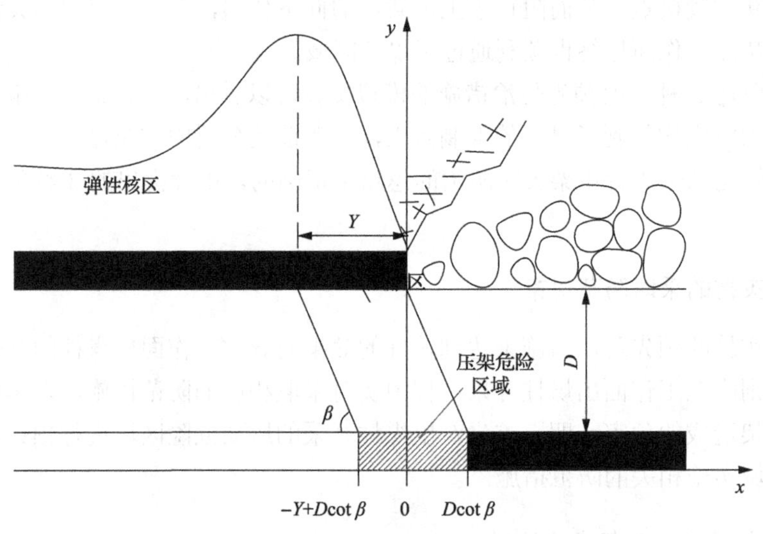

图 7-52　工作面出煤柱开采的压架危险区域

结合前述 7.2.2 节出煤柱开采的相似材料模拟实验结果，可对上述压架危险区域的理论计算值进行验证。由于相似模拟的局限，模型的铺设无法完全与实际相符，煤柱边界也不能模拟出现实中的塑性破坏，上煤层留设的煤柱近乎刚体。因此，实验模拟工作面在推出煤柱的开采时，是在出煤柱边界后才发生了压架，这与上述的分析结果一致。同时，根据压架时模拟照片的素描(图 7-53)，出两侧采空煤柱开采时煤层间关键层 2 以 52°的断裂角破断，直接顶的垮落角为 71°；由此可根据式(7-41)计算出工作面出煤柱开采的压架位置为出煤柱后 4.85cm，这与模拟实验的结果相符，验证了理论计算公式的准确。

因此，工作面实际开采时，即可按照上述式(7-41)对出煤柱开采压架的危险区域进行预计，并在工作面两巷的巷帮对应位置进行危险区域的标识，以提醒现场作业人员在工作面临近或进入此危险区域时加强防护，并做好相应时实时防范措施，如对危险区域对应两巷采取金属架棚加强支护等。

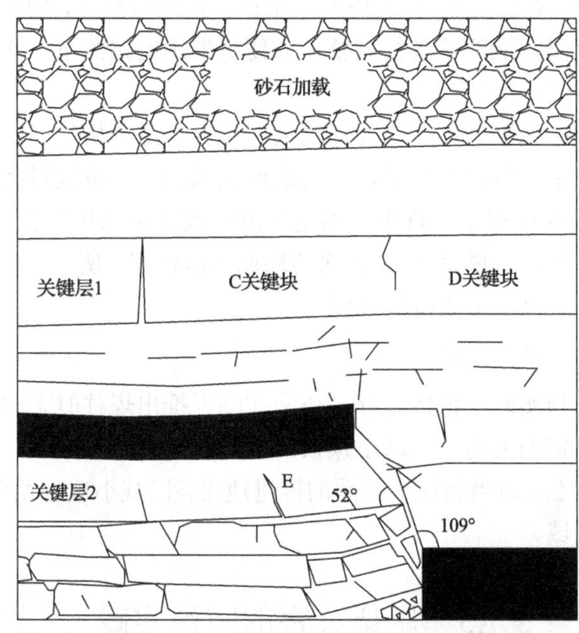

图 7-53　出两侧采空煤柱开采压架的模拟实验素描图

2. 出煤柱开采压架灾害的采时防范对策

1) 保证采高

由前述 7.3.4 节的研究结果可知，保证下煤层工作面留有合适的采高值，有利于减缓出煤柱开采压架带来的危害。因此，在工作面出煤柱开采过程中，可根据此章节的研究结果，结合上下煤层的实际赋存情况，确定工作面安全开采所需保证的合理采高下限值。根据式(7-36)和式(7-37)，下煤层工作面出煤柱时的采高应满足 $M_2 > \varDelta_0 + (H_{mj} + H_{gb} + H_{dl})$，其中，$\varDelta_0$ 可根据式(7-35)进行确定。实际开采时，即是根据工作面配套设备的尺寸情况(煤机机身高度、刮板输送机高度以及支架顶梁厚度)，使工作面采高始终保证处于上述方法的确定值之上，进行出煤柱的开采。

2) 支护质量监测与来压预测预报

在保证工作面采高的基础上，还应在回采过程中实施支护质量的实时监测以及来压的预测预报，用以在工作面即将来压以及来压过程中保证良好的支护质量。

支护质量监测过程中，需要从工作面支护状况、顶板来压情况、生产管理等方面进行全面监控，及时发现异常的矿压显现情况，纠正不合规范的问题，以消除灾害隐患。现场观测人员应对存在的问题进行记录，及时向跟班区队干部反映，并要求及时处理，从而为支架充分发挥应有的支护效果奠定基础。支护质量的监测尤以支架初撑力的监测最为重要。支架初撑力越低，由初撑到末阻力的增阻过程中对应顶板的下沉量越大。因此，保证初撑力是有效控制顶板大幅度下沉的关键所在。

而来压预测预报则是根据前阶段的实测的矿压显现情况，结合平均来压步距和最近一次的周期来压步距，对后续 1～2 次周期来压进行预测与预报，同时根据最近一次实测的周期来压位置及时对预测位置进行调整，以便更准确的预测下一次周期来压位置，从而在回采过程中及时采取措施。

为了保证来压预报的准确性，需要观测人员认真记录分析每一次来压的具体位置以及对应的支架载荷、来压持续长度等，并与之前预测的来压位置进行对比，归纳总结出近段时间内来压步距变化规律。首先要确定最近一次实际来压位置，再根据最近 2～3 次的平均来压步距长度，预测后面 2～3 次的周期来压位置。所以，要求每班有专人认真记录来压对应的推进距以及来压持续长度。

3) 调斜开采与加快推进速度

除了采取上述两种实时防范措施外，还应在临近推出煤柱时采取调斜的方式，使工作面与煤柱走向呈一定的夹角，以减小顶板的受力范围。与此同时，在保证工作面支护工程质量的前提下，还应适当加快工作面的推进速度，以减小单位循环内的顶板下沉量，快速推出压架危险区域。

7.5 压架灾害的防治实践

7.5.1 补连塔煤矿 22303 综采面

1. 工作面基本条件

补连塔煤矿 22303 综采面位于 2^{-2} 煤层三盘区，地面标高 1185.4～1305.5m，煤层底板标高 1025.1～1073.8m。工作面走向推进长度 4966m，倾向宽 301m，煤层倾角 1°～3°，平均厚度 7.55m，变异系数 0.7，属稳定煤层。工作面设计采高 6.8m，可采储量 1343.42 万 t，与上部已开采的 1^{-2} 煤层相距 32.0～44.4m。煤层上覆基岩厚 120～310m，直接顶以粉砂岩、砂质泥岩为主，基本顶为粉砂岩及中砂岩，底板在最初回采的 400～800m 内为泥岩、粉砂岩，以后均为砂质泥岩。工作面选用郑煤生产的 ZY16800/32/70 双柱掩护式液压支架，JOY 公司 7LS7-629 型采煤机和 DBT 公司的刮板输送机和转载机、破碎机等配套设备。

工作面开采初期的 1130m 范围内，对应上部 1^{-2} 煤层遗留的 1030m 宽的旺采煤柱区和 100m 宽的倾向煤柱，而在剩余的开采范围内直至回撤通道，对应上部 1^{-2} 煤层长壁采空区及 20m 宽的区段走向煤柱，如图 7-54 所示。由此可见，工作面在初采期间的一千多米范围内将经历通过上覆两侧采空煤柱的开采过程。

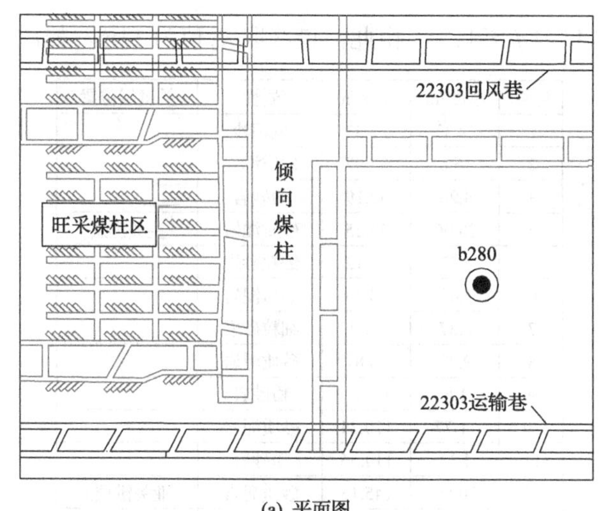

(a) 平面图

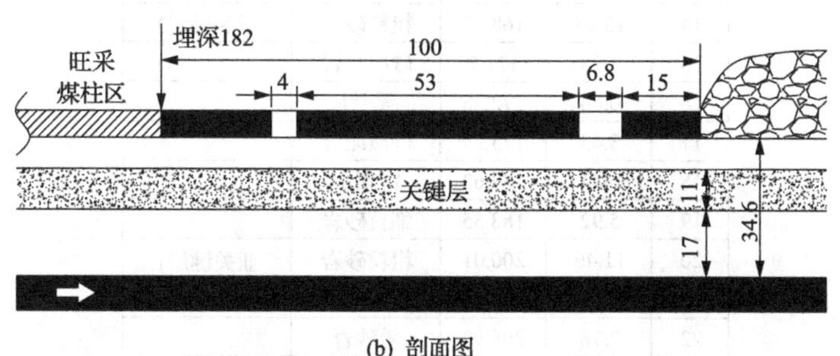

(b) 剖面图

图 7-54　补连塔煤矿 22303 工作面上覆煤柱分布图(单位：cm)

2. 出煤柱开采压架灾害的防治实践

由 22303 工作面出煤柱开采阶段的钻孔柱状(图 7-55)可知，上部 1^{-2} 煤层厚 6.84m，煤层埋深 182m，上下煤层间距 34.6m，且煤层间仅存在 1 层关键层。根据前述各类因素影响出煤柱压架发生的临界条件，结合该面的地质赋存情况，首先可对工作面出煤柱开采的压架与否进行判别。由 7.3.2 节的分析结果可知，由于上覆 1^{-2} 煤层的埋深较浅，煤柱边界仍不能满足发生超前失稳的临界条件；而根据 7.3.3 节的分析结果，煤层间关键层所处的层位也未能满足抑制压架发生所需的临界条件。因此，在 22303 工作面回采前，若不采取任何预防措施，则出煤柱开采阶段将出现工作面的压架灾害。

结合上述的分析结果，为了保证工作面出煤柱开采的安全，根据前面 7.4.2 节所述的采前预防措施，最终选取了在煤柱边界预掘空巷这一最易实施的方案进行。空巷施工时，其断面尺寸为 4.0m×6.8m；而对于空巷位置的确定，则根据前述式(7-25)进行。取煤体的黏聚力和内摩擦角分别为 1.8MPa 和 30°，f_1 取值 0.4，K 取值 4，巷道支护力一般取值范围为 0.19～0.36MPa，本研究取 0.36MPa，F_a 参照 P_z 同样取值 0.36MPa。由此可得空巷左右两侧小煤柱的临界失稳宽度分别为 l_{sa}=16.8m，l_{sb}=17.1m。L 值根据相邻盘区 2^{-2} 煤层开采时的周期来压步距平均值取 15m，则根据式(7-25)最终可确定出空巷距煤柱边界的合理距离应为 14.7＜d_b≤17.1。由此，最终取 d_b 值为 15m，如图 7-54(b)所示。

层号	厚度/m	埋深/m	岩性	关键层位置
1	22.33	22.33	风积沙	
2	15.6	37.97	砂质泥岩	
3	4.26	42.19	粉砂岩	
4	28.06	70.25	砂质泥岩	主关键层
5	4.87	75.12	细粒砂岩	
6	5.41	80.53	砂质泥岩	
7	6.37	86.9	细粒砂岩	
8	9.97	96.87	砂质泥岩	
9	1.6	98.47	粉砂岩	
10	11.77	110.24	砂质泥岩	
11	4.32	114.56	粉砂岩	
12	30.59	145.15	砂质泥岩	亚关键层3
13	8.32	153.47	细粒砂岩	
14	15.28	168.75	粗粒砂岩	亚关键层2
15	2.95	171.7	砂质泥岩	
16	0.66	172.36	无号1	
17	3.43	175.79	砂质泥岩	
18	6.84	182.63	1^{-2}煤层	
19	5.92	188.55	细粒砂岩	
20	11.46	200.01	粗粒砂岩	亚关键层1
21	6.15	206.16	砂质泥岩	
22	2.76	208.92	粉砂岩	
23	2.43	211.35	砂质泥岩	
24	1	212.35	无号2	
25	0.87	213.22	砂质泥岩	
26	2.06	215.28	粉砂岩	
27	2	217.28	砂质泥岩	
28	7.31	224.59	2^{-2}煤层	

图 7-55　22303 工作面 b280 钻孔柱状

同时，22303 工作面实际回采过程中，在出煤柱开采阶段也进行了相应的采时防范措施，严格保证支护质量，并控制采高必须在 6.0m 以上，在出煤柱边界前后的 20m 范围内采取了加快推进速度的方法，最终顺利安全地推出了煤柱区域。实测结果显示，在此过程中，工作面来压步距 13.3～15.7m，来压持续长度 4.5～6.7m；来压时支架载荷 15719～16014kN，普遍处于支架 16800kN 的额定工作阻力以内；动载系数 1.25～1.40，平均 1.35；来压期间支架安全阀开启率普遍不高，处于 7%～20%之间；支架活柱下缩量仅 37～200mm。

由此可见，正是在上述采前预防和采时防范的联合措施实施下，22303 工作面才安全地推出了上覆煤柱区，有效避免了工作面压架灾害的发生，保障了工作面的安全高效生产，取得了良好的经济效益和社会效益。

7.5.2　活鸡兔井 12305 综采面、12306 综采面出上覆两侧采空煤柱压架灾害防治实践

从前述表 7-1 的统计结果可以看出，活鸡兔井 12305 工作面、12306 工作面在推出上

覆两侧采空煤柱时，均发生了活柱大幅下缩的压架现象，但压架并未造成两工作面的停产，当天产量也达到了原定的计划。正是由于工作面开采过程中采取了相应的实时防范措施，才大大减弱了压架造成的危害。由于两工作面开采过程中采取的措施基本相同，下面就以 12305 工作面为例说明工作面在出煤柱开采过程中进行的防治实践。

1. 危险区域预测

根据前述危险区域预计公式，结合 12305 工作面上下煤层的地质赋存条件，取煤层间岩层的破断角为 75°，煤柱边界屈服区宽度 Y 按照式(7-18)进行计算，由此得出工作面出煤柱开采的危险区域为(3.1, 5.1)，即工作面推出煤柱后的 3.1～5.1m 间为压架的危险区域。为了做好提前的预防并确保工作面的安全，将此危险区域适当扩大为出煤柱前 5m 到出煤柱后 10m 的范围内，如图 7-56 所示。同时，在工作面两侧巷道内对于危险区域悬挂危险警示牌，以提醒作业人员提前做好防范准备；并加强危险区域内巷道的支护，增加金属架棚支护、金属顶梁加木背板，每隔 1m 架设金属棚腿进行加强支护，如图 7-57 所示。

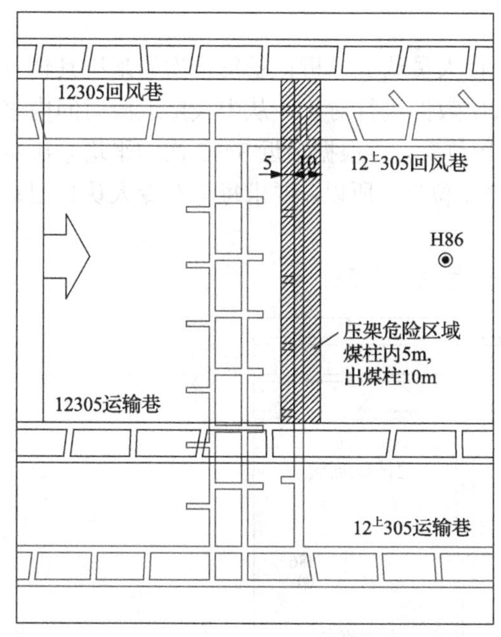

图 7-56　12305 工作面出煤柱开采压架危险区域预计图

图 7-57　危险区域巷道加强支护图

2. 来压位置动态预测

在对压架危险区域进行预测的基础上，再详细分析周期来压规律，对周期来压位置进行动态预测，才能做好提前防范工作。来压位置动态预测的方法主要有长时预报和临时预报，首先按平均来压步距作长时的粗预报，在此基础上，结合支架工作阻力作临时的精确预报。

1) 来压预报指标

长时预报指标：来压步距，取最近一段时间内的平均来压步距。21305 工作面进入煤柱前，来压步距 12m，相当于 15 刀的进尺。

临时预报指标：支架工作阻力，根据矿压观测结果，21305 面取 8210kN，即当 21305 工作面支架工作阻力普遍大于 8210kN 时，该区域数小时后将出现来压。

2) 来压预报实施方法

以来压步距预报工作面前方未来的 2～3 次周期来压位置。由于地质开采技术条件的改变导致来压步距的离散性，按来压步距预报的周期来压位置，与实际可能存在较大差距，仅作为参考，同时为临时预报的大体位置提供基础。

按支架工作阻力临时预报，需由采煤队按如下方法进行。跟班队长按上述方法确定工作面大体来压位置，按支架工作阻力作临时预报。即发现 21305 工作面连续 5～10 个支架工作阻力达 8210kN 时，即预报该段工作面周期来压，跟班队长根据现场情况，做出相应的防范措施。

3) 来压预报要求

为了保证来压预报的准确性，需要来压预报人员认真分析记录每一次的来压具体位置、来压持续长度，填入表中，并与预报的来压数据进行对比，从中找出近段时间内来压步距规律。首先要认真确定最近一次实际来压位置，再根据最近 3～5 次的平均来压步距长度，才能较好的预测后面 2～3 次的周期来压位置。所以，要求每班有专人认真记录每次来压对应的推进距以及此次来压持续长度。

示例：12305 工作面过煤柱期间几次来压位置见图 7-58。

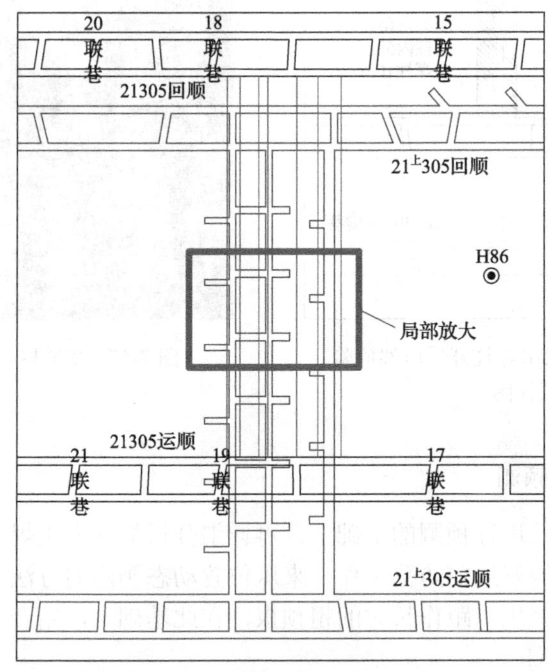

(a) 平面图

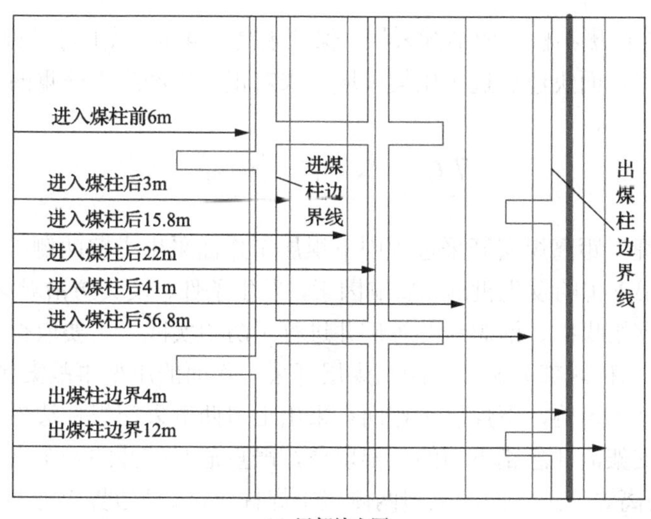

(b) 局部放大图

图 7-58　12305 工作面过煤柱期间实际来压位置

由于工作面过煤柱期间来压较为复杂，为确保安全生产，对此期间的每一次来压都进行了预测预报，结果见表 7-12。预测结果与实际来压位置[带星号(*)处未能准确预计，主要原因是受煤柱内一条空巷影响，周期来压提前]高度一致，对工作面安全生产起到很好的指导作用。

表 7-12　12305 工作面过上覆两侧采空煤柱期间预计周期来压位置一览表

日期	预计来压位置/m	实际来压位置/m
8 月 10 日	2163	2162.8
8 月 11 日	*2175.8	2169
8 月 12 日	2188	2189
8 月 13 日	2203	2203.8

3. 质量监测

通过理论研究结果，对有危险的地段进行了采前预测。在此基础上，必须要做好支护质量的监测工作，在危险地段必须保障有良好的工程质量，这是实现工作面安全生产的基础。

根据研究团队以往对多个工作面进行的矿压监测经验，同时结合神东矿区矿压显现的主要特征，在进行矿压规律研究的过程中，建立矿压监测日报表和工作面现场观测情况表(表 6-10、表 6-11)。每日用最新监测的数据进行分析总结，然后针对前一天来压特征总结出来压的规律。监测结果提交各个生产管理部门，然后对存在的问题及时处理，保障达到相关的要求。

在采取上述措施的同时，工作面在推出煤柱的开采过程中(尤其在压架危险区域)采取了严格保障支护质量的“三到位”(初撑力到位、护帮板到位及时移架到位)，加快工作面推采速度、检修班不检修而继续采煤，保证采高在 4.0m 以上等措施，大大降低了压架造成的危害，工作面快速通过了压架区域，未对正常生产产生严重的影响。

7.6 本章小结

本章针对浅埋近距离煤层开采过程中下煤层工作面采出上覆两侧采空煤柱时的压架灾害问题，就压架灾害的发生机理、影响因素、发生条件、及其防治对策等进行了研究，并在神东矿区补连塔煤矿、活鸡兔井等矿井进行了防治实践，主要取得以下几点结论。

(1)通过对神东矿区部分矿井近距离煤层开采工作面的压架事故案例统计发现，受上煤层开采遗留煤柱的影响，下煤层工作面在采出上覆两侧采空煤柱边界前后 5m 左右的范围内常易发生支架活柱急剧下缩的压架现象，严重危及矿井的安全高效生产。

(2)浅埋近距离煤层工作面出上覆两侧采空煤柱时，煤柱边界上方两关键块体形成的三铰式铰接结构是不稳定的，两关键块体会随着下部岩层的下沉而逐渐发生相对回转运动，从而导致煤层间关键层断裂结构上的载荷过大而失稳，这是造成工作面压架发生的根本原因。理论分析结果得到了模拟实验的验证。

(3)提出了影响浅埋近距离煤层采出上覆两侧采空煤柱压架灾害发生的三大主控环节，即：施载体——煤柱上方关键块体，过渡体——煤柱，载体——煤层间岩层及工作面。其中，过渡体起着“承上启下”的作用，是控制压架灾害发生的关键环节。施载体通过过渡体传递给承载体的载荷越大、承载体的强度越弱，越易发生出煤柱的压架灾害；而若过渡体传递载荷的作用遭到破坏，则不会有压架灾害的发生。每个主控环节均对应各自的影响因素，这些影响因素通过各自的作用影响着压架的发生，同时也影响着其他主控环节对压架发生的控制作用。

(4)揭示了煤柱边界超前失稳对工作面采出上覆两侧采空煤柱压架灾害的影响规律。工作面临近推出上覆煤柱时，煤柱的有效承载面积将逐步减小；受煤柱自身及其他主控环节的影响，煤柱边界将会因达到其临界失稳宽度而超前工作面发生失稳并垮塌，从而造成上部关键块体提前发生反向回转，如此将能在工作面出煤柱时削弱关键块体结构回转运动对煤层间岩层作用的能量，最终抑制压架灾害的发生。理论分析和模拟实验结果表明，上覆煤柱的埋深越大、煤体力学强度越低、煤层间无关键层以及煤柱边界存在空巷时，越易导致煤柱边界发生超前失稳，从而可对压架灾害发挥明显的抑制作用。

(5)揭示了煤层间距增大对工作面采出上覆两侧采空煤柱压架灾害的抑制机理。覆岩的破断运动通常以一定的破断角向上发展，距离煤层较远的上覆岩层一般会滞后工作面较大水平距离才可发生破断。所以，当上下煤层间距较大时，工作面需推出煤柱边界相当距离，煤柱上方关键块体才可发生破断；此时，关键块体回转运动通过煤柱边界传递的载荷仅能作用于采空区矸石之上，从而抑制了采出上覆煤柱时压架灾害的发生。煤层间岩性强度越大，岩层的破断角越小，从而对压架的抑制效果越显著。

(6)揭示了浅埋近距离煤层采出上覆两侧采空煤柱压架灾害的采厚效应。采出上覆煤柱时压架发生的过程实质上是煤柱边界上方关键块体将其回转量转嫁到支架活柱下缩量上的过程；若支架活柱的可伸缩量不足以吸收关键块体的回转量时，支架将被压死。其中，关键块体的回转量主要受上煤层采高控制，而支架活柱的可伸缩量则与下煤层采高密切相关。因此，上下煤层采高的变化将对支架活柱的下缩程度产生直接的影响，此即为压架灾害的采厚效应。上煤层采高越小、下煤层采高越大，工作面采出上覆煤柱越安全。

(7) 从优化开采设计到采前的预先防治，再到采时的实时防范，提出了一整套行之有效的压架灾害防治体系，为浅埋近距离煤层安全采出上覆两侧采空煤柱提供了技术保障。近距离煤层开采设计时，应根据上覆煤柱的分布情况优化工作面的布置，使其尽量避免发生出煤柱的开采情形。若无法避免时，则应在工作面开采前，选择实施煤柱边界预掘空巷或预爆破、煤柱边界未压实采空区充填、煤柱边界上方关键块体结构预爆破强放等措施，以消除煤柱边界上方关键块体的回转运动，从而达到采前预防的目的。同时，在工作面临近推出煤柱的过程中，对存在压架危险的开采区域，采取保证采高、加强支护质量监测和来压预测预报、调斜开采与加快推进速度等实时防范措施，最终实现出煤柱的安全开采。

(8) 相关研究成果在神东矿区补连塔煤矿 22303 综采面和活鸡兔井 12305 综采面、12306 综采面得到了成功应用，通过在上覆煤柱边界合理预掘空巷，并实施采时的危险区域预测、支护质量监测等措施，保证了工作面采出上覆两侧采空煤柱的安全，取得了显著的防治效果。

参考文献

[1] 鞠金峰. 浅埋近距离煤层出煤柱开采压架机理及防治研究(博士论文). 徐州: 中国矿业大学, 2013.

[2] 鞠金峰, 许家林, 朱卫兵, 等. 近距离煤层采场过上覆 T 形煤柱矿压显现规律. 煤炭科学技术, 2010, 38(10): 5-8.

[3] 鞠金峰, 许家林, 朱卫兵, 等. 大柳塔煤矿 22103 综采面压架机理及防治技术. 煤炭科学技术, 2012, 40(2): 4-7.

[4] 鞠金峰, 许家林, 朱卫兵, 等. 近距离煤层工作面出倾向煤柱动载矿压机理研究. 煤炭学报, 2010, 35(1): 15-20.

[5] 许家林, 朱卫兵, 鞠金峰. 浅埋煤层开采压架类型. 煤炭学报, 2014, 39(8): 1625-1634.

[6] 钱鸣高, 缪协兴, 何富连. 采场"砌体梁"结构的关键块分析. 煤炭学报, 1994, 19(6): 557-563.

[7] 鞠金峰, 许家林. 倾向煤柱边界超前失稳对工作面出煤柱动载矿压的影响. 煤炭学报, 2012, 37(7): 1080-1087.

[8] Matsuoka H, Nakai T. Stress-deformation and strength characteristics of soil under three difference principal stresses. Proc. of Japan Society of Civil Engineers, 1974, 232: 59-70.

[9] 钱鸣高, 缪协兴, 许家林, 等. 岩层控制的关键层理论. 徐州: 中国矿业大学出版社, 2003.

[10] Ju J F, Xu J L, Zhu W B. Longwall chock sudden closure incident below coal pillar of adjacent upper mined coal seam under shallow cover in the Shendong Coalfield. International Journal of Rock Mechanics & Mining Sciences, 2015, 77(7): 192-201.

[11] 鞠金峰, 许家林, 朱卫兵. 关键层结构提前滑落失稳对浅埋近距离煤层出煤柱压架灾害的影响. 煤炭学报, 2015, 40(9): 2033-2039.

[12] 鞠金峰, 许家林. 浅埋近距离煤层出煤柱开采压架防治对策. 采矿与安全工程学报, 2013, 30(3): 323-330.

[13] 朱卫兵. 浅埋近距离煤层重复采动关键层结构失稳机理研究(博士论文). 徐州: 中国矿业大学, 2010.

第8章　浅埋近距离煤层出上覆一侧采空煤柱压架机理及防治

第7章的分析已指出，浅埋近距离煤层工作面在推出上覆遗留煤柱过程中的压架灾害主要出现在两种类型的开采中：出上覆两侧采空煤柱和出上覆一侧采空煤柱。第7章已结合神东矿区大柳塔煤矿大柳塔井和活鸡兔井的压架案例，就工作面在推出上覆两侧采空煤柱开采时压架发生的机理及其防治对策进行了研究。结果表明，出两侧采空煤柱阶段煤柱边界上方两关键块体形成的三铰式结构是不稳定的，它会随下部岩层的下沉而发生相对回转运动，从而导致煤层间关键层破断块体结构上的载荷过大而发生滑落失稳，最终引起工作面的压架；由此提出了以消除关键层块体结构回转为思路的压架防治对策。然而，对于工作面出上覆一侧采空煤柱的压架，其压架的机理如何，与出上覆两侧采空煤柱的压架有何区别，以及对此类压架灾害又该如何防范等问题，都有待进一步的解决。

因此，本章将结合浅埋近距离煤层出上覆一侧采空煤柱开采的压架案例，继续就压架发生的机理、发生条件及其防治对策等问题开展相应的研究，从而与第7章的研究成果形成一个整体，为诸如神东矿区浅埋近距离煤层出上覆煤柱的安全开采提供理论基础和借鉴。

8.1　压架灾害工程案例

8.1.1　石圪台煤矿[1,2]

石圪台煤矿是神东煤炭集团所属的主力千万吨级生产矿井之一，位于陕西神木县境内，井田面积65.25km^2，地质储量8.93亿t，可采储量6.57亿t，主采1^{-2}上煤层、1^{-2}煤层、2^{-2}煤层以及3^{-1}煤层。目前该矿井第一层主采煤层已回采完毕，各盘区均已进入下煤层的开采。矿井内井田地质构造简单，煤层倾角平缓，赋存稳定，煤层埋深56.7～140.8m，煤层间距0～37.8m，属于典型的浅埋近距离煤层开采条件。

该矿1^{-2}煤层一盘区位于井田的西侧，考虑到该盘区上、下煤层间距较薄，而切眼宽度较大(7.5m)不易支护，设计时将该盘区4个工作面的切眼均布置在上部1^{-2}上煤层工作面开采的边界保护煤柱区下方，如图8-1和图8-2所示。正是由于这种布置形式的影响，工作面开采初期均经历了由煤柱区进入上覆采空区的开采过程，即出一侧采空煤柱的开采。在此过程中，除12104工作面外，其余12102工作面、12103工作面和12105工作面均发生了支架活柱急剧大幅下缩的压架事故，同时12105工作面还发生了严重的突水事故，给矿井的正常生产及人员、设备的安全造成了严重的影响。

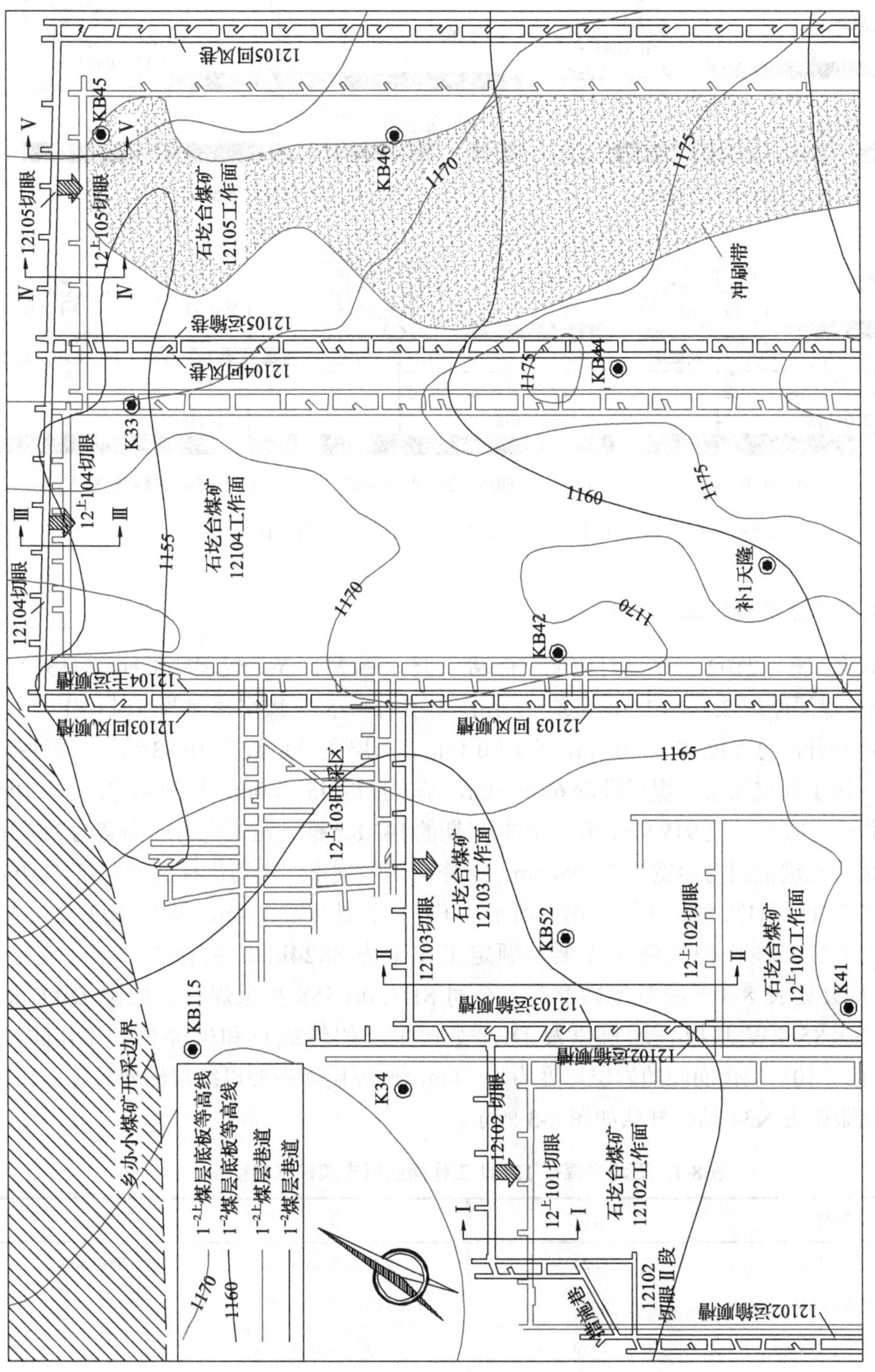

图 8-1 石圪台煤矿1^{-2}煤层一盘区工作面布置平面图

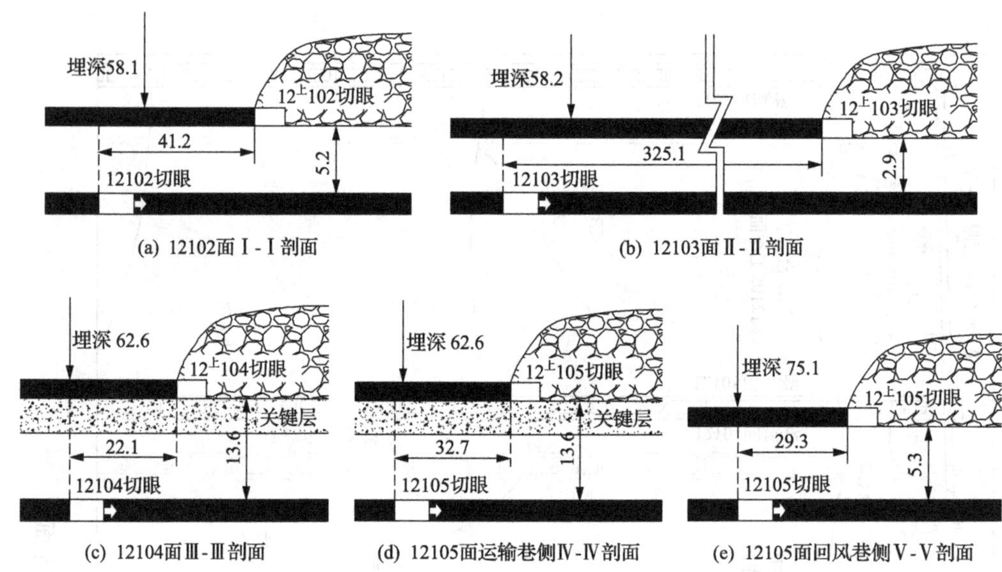

图 8-2 石圪台煤矿 1^{-2} 煤层一盘区各工作面布置剖面图(单位：m)

1. 12102 综采面的压架事故

石圪台煤矿 12102 工作面对应地面标高 1215.5～1231.9m，煤层底板标高 1151.81～1162.5m。煤层厚度 2.1～3.1m，平均 2.51m，倾角 1°～3°；煤层顶部普遍赋存 1 至 2 层砂质泥岩夹矸，总厚度在 0～0.4m，平均 0.15m。煤层变异系数为 10.83%，可采性指数为 0.96，属于稳定煤层。煤层埋深 60～70m，基岩厚度 45～60m，松散层厚度 5～10m。

工作面总推进长度919.9m，其中，在初采期的143.8m推进范围内对应面宽为217.2m，而在后续的推进范围内面宽均为 294.5m。工作面切眼副帮距上覆煤柱边界距离 41.2m，切眼宽度 7.5m，如图 8-2 中Ⅰ-Ⅰ剖面所示。工作面设计采高 2.8m，采用 DBT 公司生产的 8824/17/35 二柱掩护式液压支架，额定工作阻力 8824kN，共计 172 架，支架各项技术参数见表 8-1。配备德国艾克夫公司 SL750/6558 型采煤机、德国 DBT 公司生产的 3×855kW 刮板输送机以及 DBT 公司生产的转载机和破碎机。工作面与上部已采 12^{上}101 工作面间的岩层厚度为 2～6m，两煤层间主要以细粒砂岩为主，12102 工作面切眼附近 K34 钻孔柱状如图 8-3 所示。

表 8-1 石圪台煤矿 12102 工作面液压支架技术特征表

参数	数值	参数	数值
工作阻力/kN	8824	支撑高度/mm	1700/3500
初撑力/kN	5890	安全阀额定压力/MPa	46.2
支架中心距/mm	1750	推移行程/mm	960
支护强度/MPa	0.99～1.03	泵站压力/MPa	31.5
移架步距/mm	865	生产厂家	DBT

层号	厚度/m	埋深/m	岩层岩性	关键层位置	岩层图例
16	4.39	4.39	松散层		
15	16.56	20.95	粉砂岩	主关键层	
14	8.98	29.93	中砂岩	亚关键层	
13	1.36	31.29	砂质泥岩		
12	0.55	31.84	泥岩		
11	1.15	32.99	细砂岩		
10	4.25	37.24	粉砂岩		
9	1.94	39.18	1^{-1}煤层		
8	1.79	40.97	泥岩		
7	3.04	44.01	砂质泥岩		
6	6.43	50.44	粉砂岩		
5	5.54	55.98	细砂岩	亚关键层	
4	2.1	58.08	粉砂岩		
3	2.18	60.26	$1^{-2上}$煤层		
2	0.8	61.06	砂质泥岩		
1	4.39	65.45	细砂岩		
0	3.3	68.75	1^{-2}煤层		

图 8-3　石圪台煤矿 12102 工作面切眼附近 K34 钻孔柱状图

2012 年 1 月 9 日中班接班时，工作面与上覆煤柱边界距离还有 3.04m，接班后工作面开始出现少许片帮现象，采高总体维持在 3.0m 左右，支架架型和支撑状态良好，支架压力普遍处于 5890kN 左右。当煤机由机头向机尾割至 $90^{\#}$～$100^{\#}$支架时，支架压力突然增大到 8414kN。煤机继续快速割至机尾，未割三角煤就立即向机头方向割煤，当割至 $80^{\#}$支架时工作面听见一声巨响，随即 $20^{\#}$～$100^{\#}$支架安全阀全部开启，并呈喷射状态，立柱下沉明显。煤机立即加快割煤速度，当割至 $60^{\#}$支架时，支架支撑高度已经不能满足煤机最低通过高度要求，工作面 $27^{\#}$～$80^{\#}$支架活柱下沉量达 1200mm 左右；该次来压也是工作面的第一次来压。最终，工作面被迫停产采取放炮卧底等措施，处理近 1 天半后才恢复生产。

2. 12103 综采面的压架事故

12103 工作面与 12102 工作面相邻，工作面对应地面标高 1213.2～1237.8m，煤层底板标高 1152.41～1165.91m。煤层厚度 2.0～3.5m，平均厚 2.8m，属于中厚煤层；煤层倾角 1°～3°，整体呈正坡回采，局部有波状起伏，由工作面见煤点数据求得煤层变异系数为 9.92%，属于稳定煤层。煤层埋深 65.4～76.6m，上覆基岩厚度 52.99～68.68m，松散层厚度 3～15m。

工作面走向推进长度 1005.4m，倾斜长 329.2m，设计采高 2.8m，采用 DBT 生产的 8824/17/35 二柱掩护式液压支架，额定工作阻力 8824kN，共计 189 架；支架各项性能参数与 12102 工作面所用支架相同(表 8-1)。配备德国艾克夫公司 SL750/6552 型采煤机、德国 DBT 公司生产的 3×855kW 刮板输送机以及 DBT 公司生产的转载机和破碎机。工作面在初采阶段的 318.6m 范围内对应上覆 $12^{上}$102 工作面边界保护煤柱区下的开采[图 8-2(b)]；而在其余推进范围内，沿工作面倾向距运输巷道一侧 215.3m 区域对应上覆采空区的开采，距回风巷道 113.9m 区域则对应上覆 $1^{-2上}$煤层实体煤下的开采(图 8-1)。工作面出煤柱开采区域与上部 $1^{-2上}$煤层的层间距为 0.6～5m。两煤层间岩层主要以细粒砂岩、粉砂岩、粗粒砂岩以及砂质泥岩为主，12103 工作面 K41 钻孔柱状如图 8-4 所示。

层号	厚度/m	埋深/m	岩层岩性	关键层位置	岩层图例
19	4.57	4.57	松散层		
18	3.7	8.27	粉砂岩		
17	2.95	11.22	细砂层		
16	2.4	13.62	粉砂层		
15	4.24	17.86	中砂岩		
14	6.3	24.16	砂质泥岩		
13	5.71	29.87	中砂岩	主关键层	
12	3.4	33.27	泥岩		
11	2.97	36.24	细砂岩		
10	0.9	37.14	1^{-1}煤层		
9	0.95	38.09	细砂岩		
8	3.04	41.13	砂质泥岩		
7	2	43.13	细砂岩		
6	5.3	48.43	砂质泥岩		
5	1.8	50.23	粉砂岩		
4	6.69	56.92	细砂岩	亚关键层	
3	1.32	58.24	砂质泥岩		
2	2.34	60.58	$1^{-2上}$煤层		
1	2.9	63.48	细砂岩		
0	3.78	67.26	1^{-2}煤层		

图 8-4　石圪台煤矿 12103 工作面切眼附近 K41 钻孔柱状图

2011 年 9 月 9 日 11:32 左右，当 12103 工作面在距离推出上覆一侧采空煤柱还剩余 3m 时，工作面整体来压。来压时煤壁片帮、炸帮严重，片帮深度 300～500mm，架前漏矸严重，漏矸高度在 500～800mm。支架阻力达 8820～9676kN，工作面安全阀大量开启，其中运输巷一侧 $30^{\#}$～$120^{\#}$支架活柱瞬间下缩 500～700mm。此次来压共持续 5.6m 左右才结束。最终，此次压架造成工作面停采 2 天。

3. 12105 综采面的压架突水事故

12105 工作面西邻同盘区 12104 工作面，东邻未采的 12106 工作面，南侧为 1^{-2}煤层大巷，北侧为小窑开采边界。工作面对应地面标高 1227.2～1260.8m，煤层底板标高 1155.27～1168.07m。煤层厚度 1.40～3.59m，平均煤厚 2.70m，1^{-2}煤层在回采区呈北低南高，向西北倾斜，倾角 1°～3°；煤层稳定，总体趋势正坡回采。煤层埋深 78.6～82.4m，上覆基岩厚度 60～80m，松散层厚度 2.0～22.34m。

工作面走向推进长度 1308.3m，倾斜长 300m，设计采高 2.8m，采用平顶山煤机厂生产的 8800kN 的二柱掩护液压式支架，共计 175 架，支架各项技术参数见表 8-2。配备 JOY 公司生产的 7LS2A 型采煤机、张家口煤矿机械厂生产的 SGZ1000-2565 型中双链刮板输送机以及张家口煤矿机械厂生产的 214S0 双速转载机和 27PK 轮式破碎机。12105 工作面切眼宽度 7.5m，布置于上部 12^{上}105 工作面切眼的边界保护煤柱中，其中，工作面运输巷一侧切眼距上覆煤柱边界 27.0m，回风巷一侧切眼距上覆煤柱边界 20.6m，如图 8-2 所示。因此，工作面在初采阶段的 20.6～27.0m 推进范围内对应上覆煤柱区下的开采，而在其余推进范围内则对应着上覆 12^{上}105 采空区和回撤通道外旺采采空区下的开采，其中采空区下对应工作面 1$^{\#}$～140$^{\#}$支架，影响范围 255.5m，而 141$^{\#}$架至回风巷道一侧 54.7m 范围内则对应着实体煤下的开采，如图 8-1 所示。

表 8-2　石圪台煤矿 12105 工作面液压支架主要技术特征表

参数	数值	参数	数值
工作阻力/kN	8800	支撑高度/mm	1700/3500
初撑力/MPa	31.5	安全阀额定压力/MPa	45.2
支架中心距/mm	1750	推移行程/mm	960
支护强度/MPa	0.99～1.03	泵站压力/Mpa	31.5
移架步距/mm	865	生产厂家	平顶山煤机厂

工作面推进范围内与上部 1$^{-2上}$煤层间距为 1.58～15.52m，由于受到工作面内条状冲刷带的影响(图 8-1)，使得工作面回风巷一侧两煤层间间距明显小于运输巷一侧。根据两区域 KB45 钻孔和 K33 钻孔柱状的揭示情况，回风巷一侧层间距为 5.26m，煤层间无关键层存在；而运输巷一侧层间距则为 13.61m，煤层间存在一层关键层，如图 8-5 所示。

12105 工作面在推出上覆一侧采空煤柱边界过程中，也出现了与上述两工作面类似的压架事故。2010 年 8 月 2 日凌晨 5:50，当工作面运输巷一侧推进 18m，回风巷一侧推进 21m，即运输巷一侧距离煤柱边界 9m，回风巷一侧已推出煤柱边界 0.4m 时，工作面 120$^{\#}$～145$^{\#}$支架位置淋水出现增大现象，随后 60$^{\#}$架到回风巷一侧开采范围内顶板垮落直接导致工作面来压，其中 110$^{\#}$～145$^{\#}$架来压明显，出现煤壁片帮严重(片帮最深达 1.2m)、炸帮、切顶以及支架安全阀大量开启现象，造成支架活柱下缩 600mm。同时，该区域顶板的垮落导致上部 12^{上}105 工作面采空区积水快速涌入工作面，造成了工作面的突水事故，涌水量约 47000m^3，如图 8-6 所示。最终，此次压架突水事故直接导致工作面设备被淹，幸未造成人员伤亡。

而该工作面运输巷一侧在该位置时则无明显来压现象，直至推进 33m，即推出煤柱边界 5m 时，工作面该区域才出现初次来压，对应初次来压步距 40.5m；虽然也出现了支架立柱安全阀开启、煤壁片帮、炸帮的现象，但其来压强度较上述回风巷一侧的来压已有明显减弱。

同样，对于同一盘区的 12104 工作面，虽然其初采期间也经历了出一侧采空煤柱的开采阶段，然而它与上述 12105 工作面运输巷一侧开采区域类似，也未呈现出强烈的矿压显现。工作面最终在推出煤柱边界 10.9m 时才出现初次来压，且来压时无明显的立柱下沉现象，安全阀开启数量也较少，对应初次来压步距 43m。

层号	厚度/m	埋深/m	岩层岩性	关键层位置	岩层图例
26	1.8	1.80	松散层		
25	4.1	5.90	细砂岩		
24	2.47	8.37	中砂岩		
23	3.44	11.81	砂质泥岩		
22	4	15.81	粉砂岩		
21	5.55	21.36	粗砂岩		
20	2.64	24.00	中砂岩		
19	2.64	26.64	粉砂岩		
18	2.38	29.02	粗砂岩		
17	1.6	30.62	粉砂岩		
16	7.63	38.25	中砂岩		
15	2.97	41.22	粗砂岩		
14	1.65	42.87	细砂岩		
13	2.56	45.43	粉砂岩		
12	10.77	56.20	粗砂岩	主关键层	
11	0.42	56.62	泥岩		
10	0.5	57.12	中砂岩		
9	0.35	57.47	泥岩		
8	0.1	57.57	砂质泥岩		
7	6.02	63.59	粉砂岩		
6	3.56	67.15	中砂岩		
5	7.9	75.05	粗砂岩		
4	2.1	77.15	$1^{-2上}$煤层		
3	1.7	78.85	粉砂岩		
2	2.89	81.74	细砂岩		
1	0.67	82.41	粉砂岩		
0	3.04	85.45	1^{-2}煤层		

(a) KB45钻孔柱状

层号	厚度/m	埋深/m	岩层岩性	关键层位置	岩层图例
14	2.29	2.29	松散层		
13	6.31	8.60	粉砂岩		
12	9.74	18.34	中砂岩		
11	15.92	34.26	细砂岩	主关键层	
10	0.9	35.16	砂质泥岩		
9	10.22	45.38	粗砂岩	亚关键层	
8	1.83	47.21	泥岩		
7	0.74	47.95	1^{-1}煤层		
6	1.48	49.43	砂质泥岩		
5	8.73	58.16	粉砂岩	亚关键层	
4	4.49	62.65	中砂岩		
3	2	64.65	$1^{-2上}$煤层		
2	6.49	71.14	细砂岩	亚关键层	
1	7.49	78.63	粗砂岩		
0	2.08	80.71	1^{-2}煤层		

(b) K33钻孔柱状

图 8-5　石圪台煤矿 12105 工作面切眼附近 KB45 钻孔和 K33 钻孔柱状图

图 8-6　石圪台煤矿 12105 工作面压架突水事故现场照片

8.1.2　活鸡兔井[1]

活鸡兔井 12314 工作面位于 1^{-2}煤层三盘区，煤层底板标高 1108.7～1148.2m，地面标高 1196～1252.3m；煤层结构简单，局部呈宽缓波状起伏，总体负坡推进。宏观煤岩类型以半暗煤为主，平均厚度 5.3m(4.7～6.25m)。工作面地表主要由沙、土覆盖，无基岩出露，上覆原基岩厚度 60～110m，平均厚度 80m，松散层厚度 5～10m，平均厚度 6m。12314 工作面走向推进长度 4656.5m，倾向宽 299.3m，设计采高 4.7m。配备郑州煤机厂 ZY12000/24/50D 型双柱掩护式支架进行回采，额定工作阻力 12000kN。由于工作面与上覆 $1^{-2\text{上}}$煤层间距较近(0.47～20m，平均厚度 10m)，考虑到切眼断面较大(8.5m)不易维护，将 12314 工作面切眼布置在上覆 $12^{\text{上}}312$ 切眼的边界保护煤柱下方，由此造成 12314 工作面初采期间经历了出上覆一侧采空煤柱的开采过程(图 8-7)。

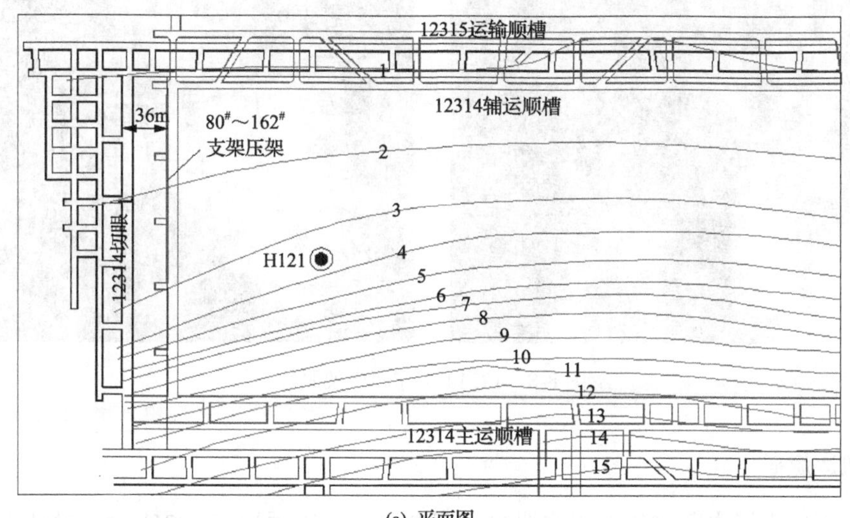

(a) 平面图

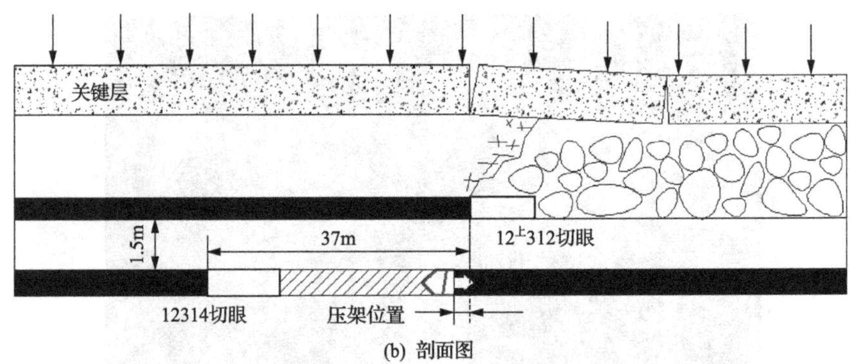

图 8-7　12314 工作面采出上覆一侧采空煤柱时的压架位置

1~15 层间距等值线

2014 年 7 月 17 日 8:10，当 12314 工作面推进 27.5m(距上覆煤柱边界还剩 1m)时，工作面整体采高维持在 4.2m 左右；当煤机在机尾割完三角煤割至 130#支架位置时，顶板出现猛烈来压现象，并出现切顶现象，直接造成 108#～162#支架被压死，活柱下缩量约 800～1500mm，煤机无法通过，如表 8-3 所示。随后，工作面被迫采取了放炮挑顶的方式处理压死支架；7 月 19 日，在工作面处理压死支架的过程中，80#～106#支架活柱又出现了缓慢下沉现象，最终累计下缩量达 800mm。工作面各区域支架活柱下缩情况详见表 8-3，压死支架照片如图 8-8 所示。最终，工作面于 7 月 20 日中班处理完毕并进行正常生产。

表 8-3　工作面支架压死时活柱下缩量统计表

支架范围	1#～40#	41#～80#	80#～100#	101#～120#	121#～162#
平均活柱下缩量/mm	0	400	800	800	800～1500

图 8-8　12314 工作面压架照片

8.1.3　凯达煤矿

凯达煤矿隶属内蒙古伊泰煤炭股份有限公司，井田面积 5.5426km^2，设计生产能力

160 万 t/a，煤炭资源保有储量为 1094 万 t。该矿 1601下综采工作面位于一盘区中部，南为切眼侧井田边界；北为辅运大巷；东部与 1602 工作面(未开拓)相邻，西部与原华源煤矿采空区相邻。工作面煤层底板标高 1175.13～1163.26m，对应地面标高 1198～1264m，埋深 40～110m。煤层厚度 1.7～2.6m，平均厚度 2.15m，煤层结构简单，不含夹石，节理不发育。工作面倾向宽 166m，走向推进长度 1070m，设计采高 1.7m，采用平顶山煤机厂生产的 ZY6800/14/31 型液压支架。工作面在推进至 115m 时将进入 1601上采空区下开采，由此将面临推出上覆一侧采空煤柱的开采情况，上下煤层间距 13m，如图 8-9 所示。工作面附近岩层柱状如图 8-10 所示。

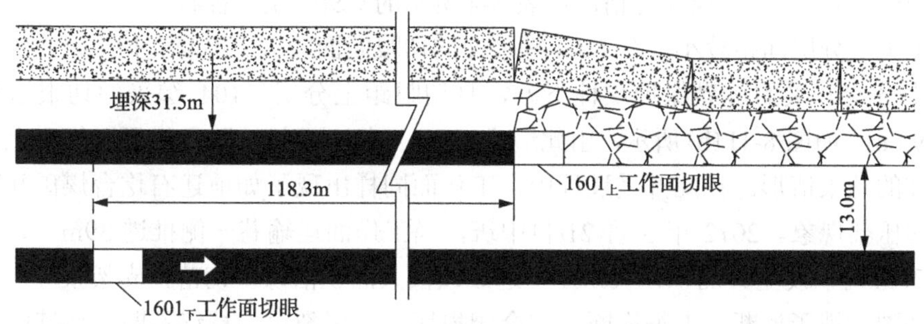

图 8-9　凯达煤矿 1601下综采面布置图

层号	厚度/m	埋深/m	岩层岩性	关键层位置	岩层图例
6	11.02	11.02	泥岩		
5	13.76	24.78	砂质泥岩		
4	2.9	27.68	细砂岩	主关键层	
3	3.83	31.51	砂质泥岩		
2	3.11	34.62	$6^{-2上}$煤层		
1	13	47.62	砂质泥岩		
0	3.07	50.69	$6^{-2下}$煤层		

图 8-10　凯达煤矿 K05 钻孔柱状

2009 年 5 月 19 日夜班组织生产，当工作面推进至 110.7m，即推出上覆一侧采空煤柱边界 5.7m 时，顶板出现来压；造成工作面 40#～102#支架安全阀猛烈开启，活柱下缩 1700mm，最终导致该部分共 62 台支架全部被压死，工作面停产 2 天。

8.1.4　孟巴煤矿[1]

孟巴煤矿是孟加拉国巴拉普库利亚煤矿(BARAPUKURIA)的简称，现为中国机械进出口(集团)有限公司和徐矿集团有限公司联合承包生产矿井；矿井井田面积 5.8km^2，主采石炭—二叠系Ⅵ煤，设计生产能力 550 万 t/a。该矿 1204 综采面位于井田南翼采区下山北侧，为Ⅵ煤二分层的首采工作面。除轨道巷及切眼等部分巷道处于一分层 1104 综采面采空区以西、以南外，其余均位于 1104 综采面采空区下方，如图 8-11 所示。工作面开采煤层平均厚度 39.1m，煤质较硬，裂隙发育；上方一分层 1104 综采面平均采厚 3.0m，留设顶煤厚度 0～11.0m，平均 5.3m。一、二分层工作面间距为 2.8～8.6m，平均 4.5m。1204 工作面设计采高 3.0m，走向推进长度 667～677m，平均长 672m(至停采线)；倾斜 137.8～138.5m，平均长 138.3m；工作面倾角 10.9°～11.9°，平均倾角 11.6°；工作面两极标高–320.0～–275.0m。煤层顶板以厚层灰白色中、粗粒长石砂岩为主，局部含砾，部分长石已高岭土化，岩石硬度大；煤层与厚砂岩之间常夹有深灰色砂质泥岩或细砂岩，平均厚 0.5m，该岩石不稳定，局部缺失；煤层底板为深灰色砂质泥岩或细砂岩，致密块状，厚度 1.5m 左右，具体岩层赋存情况如表 8-4 所示的 CSE9 钻孔柱状。

鉴于上下分层间距较小，而 1204 综采面的切眼断面较大、不易支护，因此将其设计布置在上分层开采的边界保护煤柱下方，且切眼距上分层 1104 综采面切眼边界距离 35.3～39.8m，如图 8-11(b)所示，由此造成 1204 工作面在初采阶段经历了推出上覆一侧采空煤柱的开采情形。在此开采过程中，工作面同样出现了如前述石圪台煤矿和凯达煤矿类似的压架现象。2012 年 3 月 21 日中班，当工作面运输巷一侧推进 39m、轨道巷一侧推进 30m 时，发生大面积顶板来压，造成顶板大面积沿煤壁切落，支架损坏严重，立柱折断爆裂、销子崩断、卡箍崩断，安全阀损坏等。爆裂声响持续不断，持续时间长，工作面被迫停止生产。此次事故造成 17#～55#支架严重损坏。其中，51#支架后立柱被折断，断裂为两截；46#～47#支架被压死；30#～41#支架立柱爆裂、立柱销子崩断崩出，卡箍崩断，安全阀大量损坏。

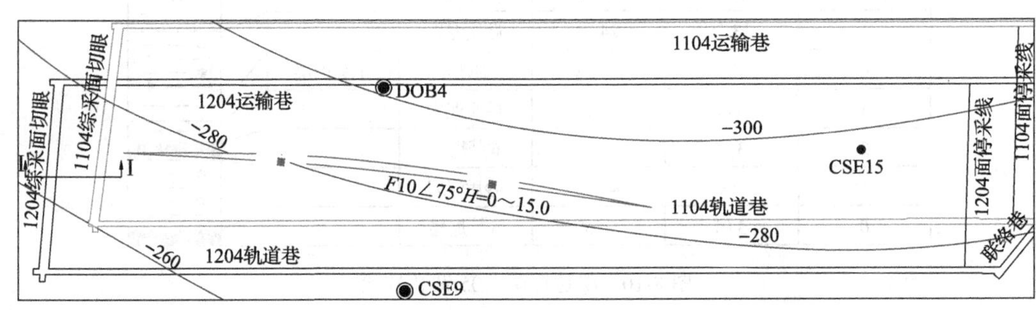

(a) 平面图

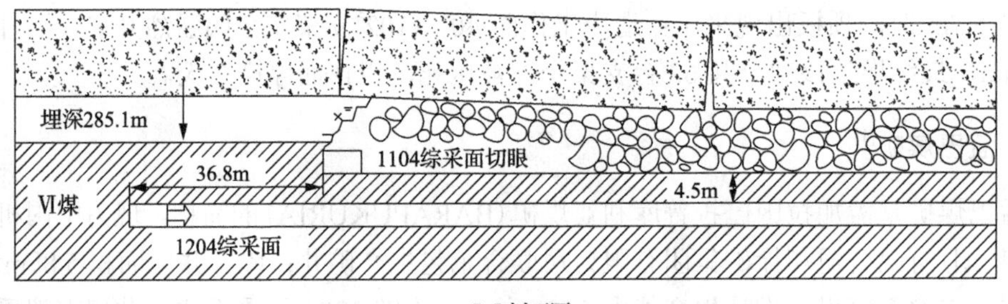

(b) I-I 剖面图

图 8-11　孟巴煤矿 1204 综采面布置图

表 8-4　CSE9 钻孔柱状

岩性	厚度/m	累深/m	关键层位置	岩性	厚度/m	累深/m	关键层位置
黏土	12.2	12.2		细粒砂岩	2.23	130.68	
砂质黏土	1.75	13.95		细粒砂岩	1.48	132.16	
中砂	5.25	19.2		泥岩	0.7	132.86	
黏土	0.5	19.7		炭质泥岩	0.32	133.18	
细砂	12.2	31.9		Ⅳ煤	2.11	135.29	
细砂	5.6	37.5		炭质泥岩	0.43	135.72	
中砂	3.25	40.75		煤	0.69	136.41	
细砂	2.25	43		炭质泥岩	0.15	136.56	
砂质黏土	0.8	43.8		粗粒砂岩	15.86	152.42	
细砂	6.9	50.7		Ⅴ煤	0.26	152.68	
细砂	8.75	59.45		含砾粗砂岩	13.25	165.93	
粗砂	17.25	76.7	主关键层	Ⅴ煤	1.74	167.67	
黏土	0.8	77.5		炭质泥岩	2.28	169.95	
砂质泥岩	3.1	80.6		Ⅴ煤	1.03	170.98	
细砂	4.55	85.15		炭质泥岩	0.35	171.33	
细砂	9.1	94.25		Ⅴ煤	0.72	172.05	
黏土	0.55	94.8		炭质泥岩	0.47	172.52	
细砂	4.3	99.1		Ⅴ煤	1.65	174.17	
细砂	2.65	101.75		炭质泥岩	0.22	174.39	
砂质黏土	2.1	103.85		Ⅴ煤	1.53	175.92	
含砾中砂	8.7	112.55		炭质泥岩	0.56	176.48	
砂质泥岩	0.68	113.23		粉砂岩	3.6	180.08	
Ⅲ煤	0.67	113.9		含砾砂岩	10.05	190.13	
砂质泥岩	10.75	124.65		中粒砂岩	94.43	284.56	亚关键层
细粒砂岩	2.5	127.15		粗粒砂岩	0.57	285.13	
粉砂岩	1.3	128.45		Ⅵ煤	39.6	286.73	

8.2　压架机理

由第 7 章浅埋近距离煤层工作面出两侧采空煤柱压架机理的分析可知，煤柱边界上方关键层 1 破断块体(即关键块)的运动与工作面出煤柱时的压架密切相关。因此，对于切眼处于上覆煤柱区下、工作面经历出上覆一侧采空煤柱的开采情形，其压架机理的分析也应从煤柱上方关键层 1 破断运动的角度进行。

通过对前述石圪台煤矿 1^{-2} 煤层一盘区各工作面出一侧采空煤柱开采的分析可知，受下煤层切眼距上覆煤柱边界的距离 d_m(含切眼宽度)的影响，工作面出煤柱时，煤柱上方关键层 1 的破断运动将存在两种情况：①切眼距离煤柱边界较近而未达到该关键层的初次破断距，出煤柱前关键层 1 将无法发生初次破断，而在出煤柱时以悬臂型式破断；

②切眼距离煤柱边界较远而超出了该关键层的初次破断距，出煤柱前关键层 1 即已发生初次破断，而在出煤柱时以周期破断型式运动。对于第②种情况，由于关键层 1 已进入周期破断状态，出煤柱时关键块体依然可形成三铰式铰接结构，这将与工作面出两侧采空煤柱的开采情形类似，而在此过程中出现的工作面的压架机理也将与其相同。

鉴于此，本节将主要针对上述第①种情况，即工作面出煤柱前关键层 1 未发生初次破断的情况进行压架机理的分析。

8.2.1 关键块体结构破断运动致灾机理

根据前面的分析可知，工作面推出一侧采空煤柱的开采情形一般是在煤层间距较近的情况下才会出现，因此，对工作面出煤柱压架机理分析时，按照煤层间不存在关键层的条件进行。工作面由一侧采空煤柱区下方推出煤柱边界过程中，煤柱上方关键层 1 破断运动过程如图 8-12 所示。

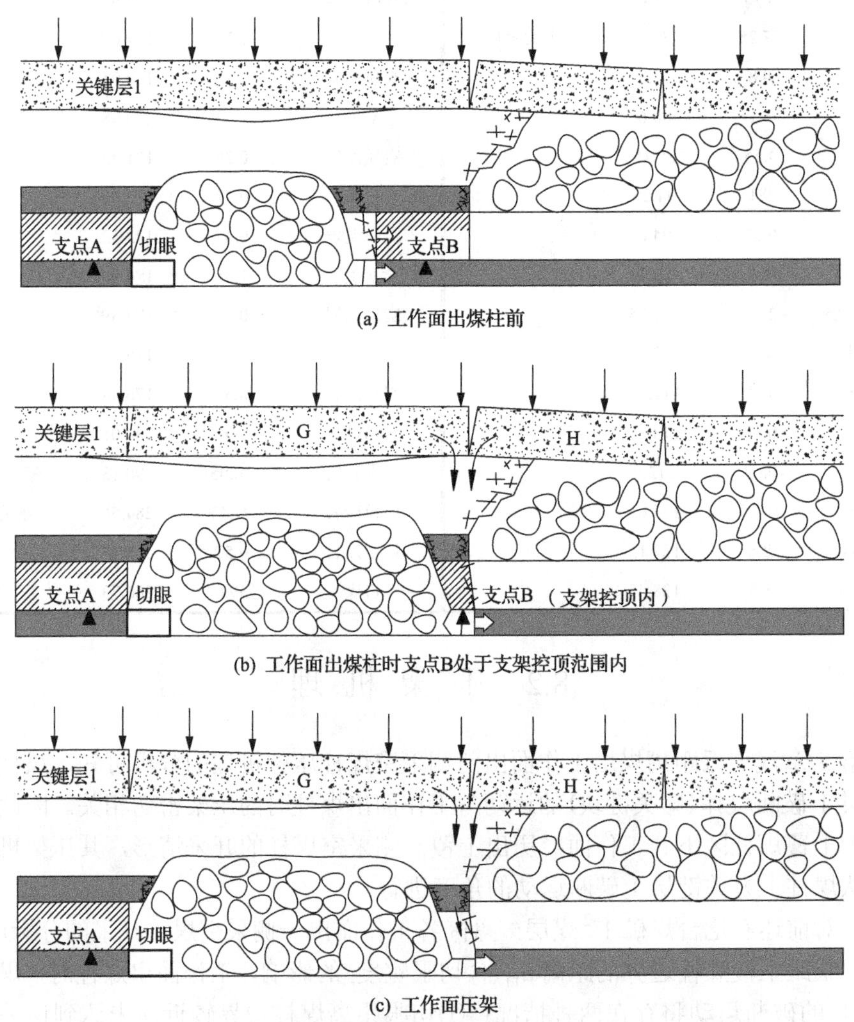

图 8-12　工作面出一侧采空煤柱时关键块体破断运动过程示意图[2]

当工作面位于煤柱区下开采时，煤柱上方关键层 1 及其上覆岩层的载荷主要由工作面开采范围前后的支点 A 和支点 B 支撑，如图 8-12(a)所示。其中，支点 A 为工作面采空区后方开采边界处的煤岩体，支点 B 为工作面前方直至煤柱边界范围内的煤岩体，且随着工作面逐渐靠近煤柱边界，支点 B 的范围将逐渐缩小。正是由于支点 A、B 实体煤岩的支撑作用，在工作面走向推进长度未达到关键层 1 初次破断距的长度时，关键层 1 将无法发生破断，从而其上覆岩层的载荷也就无法传递到工作面支架之上，因此，在此过程中工作面一般无来压显现情况发生。

而当工作面推进至煤柱边界附近时，由于支点 B 范围内的顶板岩层大部均已进入采空区，此时的支点 B 将转嫁到工作面支架的控顶区范围之内，如图 8-12(b)所示。若此时关键层 1 的悬露长度已超过其周期破断距，而工作面支架的承载能力又不足时，关键层 1 悬露长度内的岩层必然会因顶板岩层的下沉而发生破断，从而形成块体 G；同时，块体 G 将与采空区一侧已断的 H 块体共同发生相对回转运动，将上覆岩层的载荷直接施加到工作面支架之上，最终造成压架；而此时的关键层 1 破断块体 G 和 H 即为控制工作面矿压的关键块体。

由此可在关键层 1 刚开始发生破断的瞬间，对其破断块体 G 建立如图 8-13 所示的力学模型。其中，F_B 即为工作面支架通过顶板岩层作用于块体 G 的支撑力。

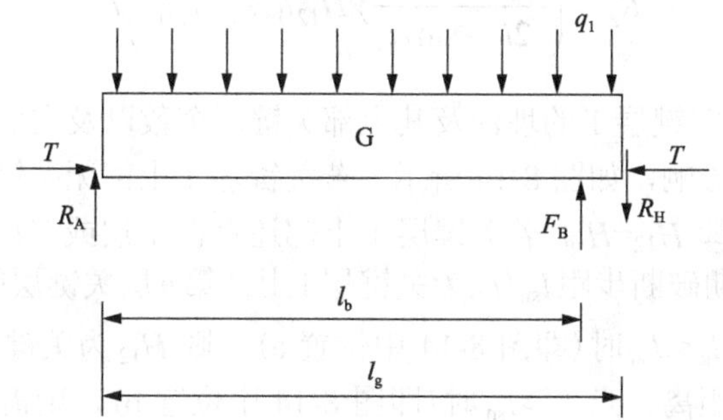

图 8-13　工作面出一侧采空煤柱关键块体 G 的力学模型

根据力矩平衡关系可解得：

$$F_B = \frac{1}{k_b}\left(R_H + \frac{1}{2}q_1 l_g\right) \tag{8-1}$$

式中：l_b 为支撑力 F_B 相对于支点 A 的力矩，m；l_g 为关键块体 G 的破断长度，m；k_b 为系数，$k_b=l_b/l_g$，$k_b<1$ 且其值接近于 1；R_H 为关键块体 G、块体 H 铰接点的剪切力，N；q_1 为关键层 1 自重及其上覆载荷，Pa。

根据采场“砌体梁”结构计算模型可知：

$$R_H = \frac{4i_1 - 3\sin\alpha}{2(2i_1 - \sin\alpha)} q_1 l_1 \tag{8-2}$$

式中：i_1、l_1 分别为关键块体 H 的断裂块度和长度，m；α 为关键块体 H 的回转角，(°)。

由此，式(8-1)可化简为

$$F_{\mathrm{B}}=\frac{q_1}{k_{\mathrm{b}}}\left(\frac{4i_1-3\sin\alpha}{4i_1-2\sin\alpha}l_1+\frac{1}{2}l_{\mathrm{g}}\right) \tag{8-3}$$

由于$l_{\mathrm{g}}\geqslant l_1$，而$k_{\mathrm{b}}<1$，因此有：

$$F_{\mathrm{B}}>\frac{3i_1-2\sin\alpha}{2i_1-\sin\alpha}q_1l_1 \tag{8-4}$$

而F_{B}又可用下式表示，即：

$$F_{\mathrm{B}}=\frac{R_{\mathrm{zj}}}{B}-\gamma H_{\mathrm{z}}l_{\mathrm{k}} \tag{8-5}$$

式中：R_{zj}为支架工作阻力，N；B为支架宽度，m；l_{k}为支架控顶距，m；H_{z}为关键层1与下煤层之间岩层的厚度，m。

若设关键层1的载荷层厚度为H_{12}(含关键层1厚度)，则将式(8-5)代入式(8-4)可得工作面支架，若能抵挡关键块体G、块体H所传递的载荷所需满足的条件为

$$R_{\mathrm{zj}}>\left(\frac{3i_1-2\sin\alpha}{2i_1-\sin\alpha}\gamma H_{12}l_1+\gamma H_{\mathrm{z}}l_{\mathrm{k}}\right)B \tag{8-6}$$

其中，H_{12}的值受关键层1的埋深及其上部关键层个数以及它们的周期破断步距与l_{g}之间的关系等因素的影响，如图8-14所示。若关键层1上部无关键层存在时，则H_{12}即为关键层1的埋深，即$H_{12}=H'$。若关键层1上部还存在1层或多层关键层时，则H_{12}需视l_{g}与上部关键层周期破断步距l_{sn}(l_{sn}为关键层1上部第n层关键层的破断距，n=1,2,3,…)之间的关系而定：当$l_{\mathrm{g}}<l_{\mathrm{sn}}$时(即图8-14中位置a)，则$H_{12}$为关键层1与上部第$n$层关键层底部之间岩层的距离，当$l_{\mathrm{g}}\geqslant l_{\mathrm{sn}}$时(即图8-14中位置b)，则需继续比较$l_{\mathrm{g}}$与上部第$n$+1层关键层破断距之间的关系，如此循环进行判断。若l_{g}值较大且超过了覆岩主关键层的破断步距l_{z}时，则$H_{12}=H'$。由此可知，$H_{12}\leqslant H'$。

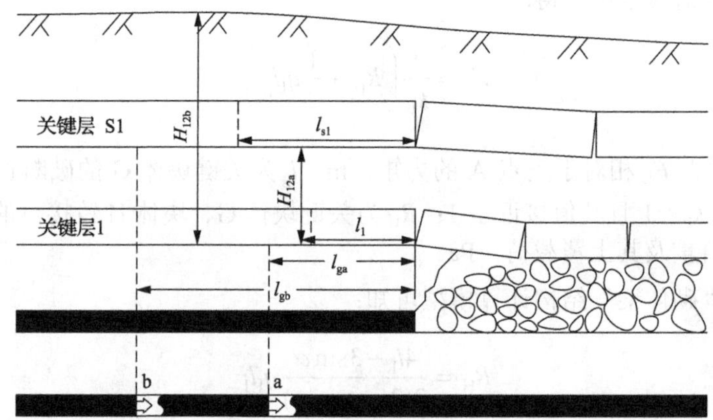

图8-14　关键层1上覆载荷层厚度判别示意图

注：为了方便问题分析，图中关键层的破断位置均按照对齐煤壁的状态简化考虑

根据“砌体梁”结构理论取 i_1 为 0.3，α 为 8°，同时令 γ 为 25kN/m^3；l_1 按照神东矿区浅埋煤层开采时的周期来压平均值取 12m，支架宽度及其控顶距按照目前国内阻力最大的 18000kN 支架进行取值，其值分别为 2.05m 和 6.62m。将上述参数值代入式(8-6)，可得到关键层 1 与下煤层之间岩层的厚度 H_z 分别为 10m 和 20m 情况下，支架阻力与关键层 1 载荷层厚度 H_{12} 的关系曲线，如图 8-15 所示。

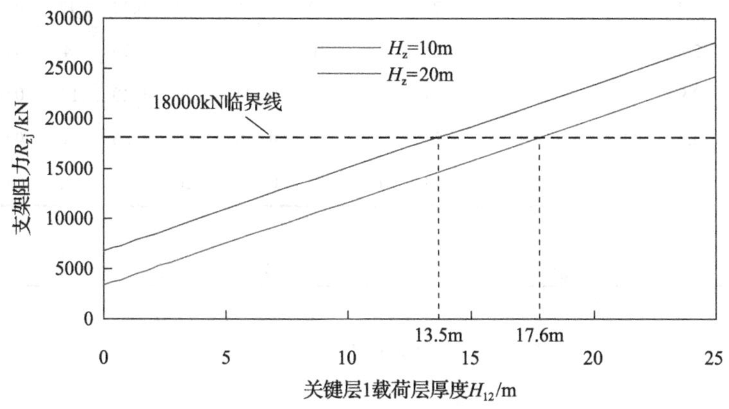

图 8-15　支架阻力与关键层 1 载荷层厚度关系曲线

从图 8-15 中可以看出，在我国目前液压支架最大工作阻力 18000kN 的制造水平条件下，支架能抵挡的关键层 1 载荷层最大厚度(含关键层 1 的厚度)仅为 17.6m。这在现实开采条件下通常是无法满足的。因此，在当前支架阻力水平条件下，工作面出一侧采空煤柱时支架是无法抵挡其上覆载荷的作用的，压架的发生也是必然的。也正因为如此，近距离煤层工作面出一侧采空煤柱时的压架才会如此普遍。

8.2.2　压架机理的模拟实验验证

模拟实验选用重力应力条件下的平面应力模型架进行，实验模型架长 120cm，宽 8cm。模型的几何相似比为 1∶100，应力相似比为 1∶125，密度相似比为 1∶1.25。模拟设计时，各岩层均以上述石圪台煤矿 1^{-2} 煤层一盘区的开采条件为基础，并将各岩层进行简化，模拟实验模型如图 8-16 所示。各岩层材料配制以河砂为骨料，石膏和碳酸钙为胶结物，在岩层交界处设一层云母以模拟岩层的层理与分层。软岩层的分层厚度为 2cm。各岩层的相似材料配比及物理力学参数见表 8-5。模型开挖时，$1^{-2上}$煤层从模型右侧开采，并在模型中部位置左右停采，停采位置与关键层 1 断裂线对齐；继而开始 1^{-2} 煤层的开采，1^{-2} 煤层开采时从模型的左侧按照切眼距煤柱边界 30cm 的距离向右侧推进，如图 8-16 所示。

工作面出一侧采空煤柱开采的模拟实验结果如图 8-17 所示。从图中可以看出，从工作面开切眼直至推进至出煤柱前 1cm 过程中，关键层 1 因未能达到其初次破断距而一直处于悬空状态[图 8-17(a)和(b)]；而当推出煤柱边界 2cm 时，关键层 1 由于其较长的悬露长度发生了破断，由此形成了关键块体 G，并与采空区侧关键块体 H 发生相对回转运动，将其上覆载荷直接传递到煤层间岩层之上，最终造成了顶板的切落和压架的发生。模拟实验结果验证了前述工作面出一侧采空煤柱压架机理的分析。

表 8-5　各岩层的相似材料配比及岩层物理力学参数

岩层	厚度/cm	材料质量/kg	材料配比	容重/(kN/m³)		弹性模量/GPa		泊松比		黏聚力/MPa		内摩擦角/(°)	
			河砂：碳酸钙：石膏	原型	模型	原型	模型	原型	模型	原型	模型	原型	模型
上覆软岩	15	21.6	50：7：3	23	15	10	0.080	0.26	0.26	4	0.032	33	33
关键层 1	5	7.2	30：3：7	26	15	42	0.336	0.32	0.32	12	0.096	40	40
软岩 1	2	2.9	40：7：3	23	15	10	0.080	0.26	0.26	4	0.032	33	33
$1^{-2上}$煤层	2	2.9	70：7：3	14	15	3	0.024	0.20	0.20	1.2	0.010	28	28
软岩 2	5	4.3	50：7：3	23	15	10	0.080	0.26	0.26	4	0.032	33	33
1^{-2}煤层	3	21.6	70：7：3	14	15	3	0.024	0.20	0.20	1.2	0.010	28	28

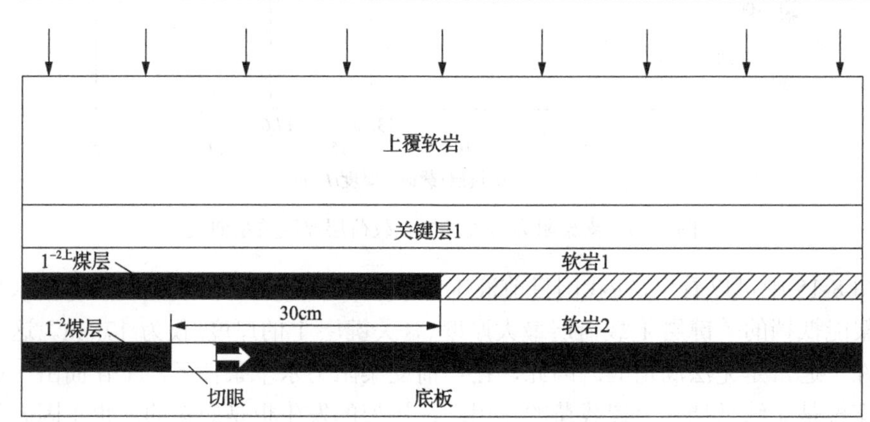

图 8-16　模拟实验模型图

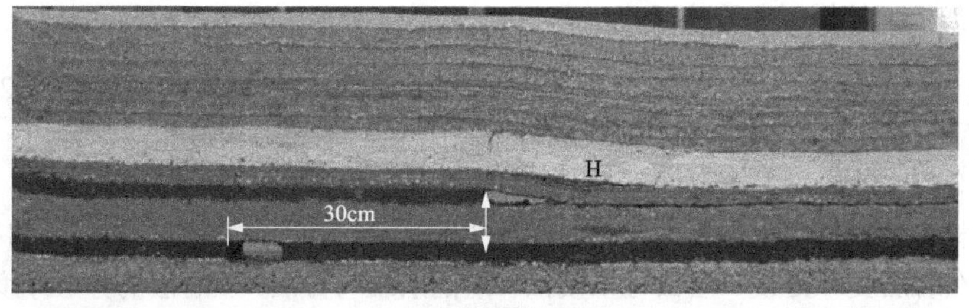

(a) 开切眼

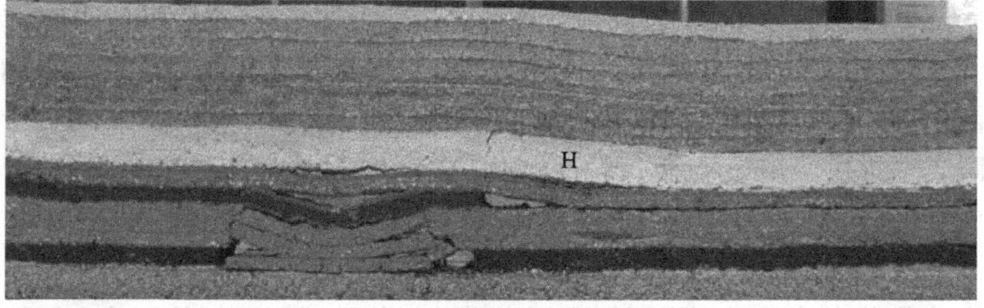

(b) 出煤柱前1cm

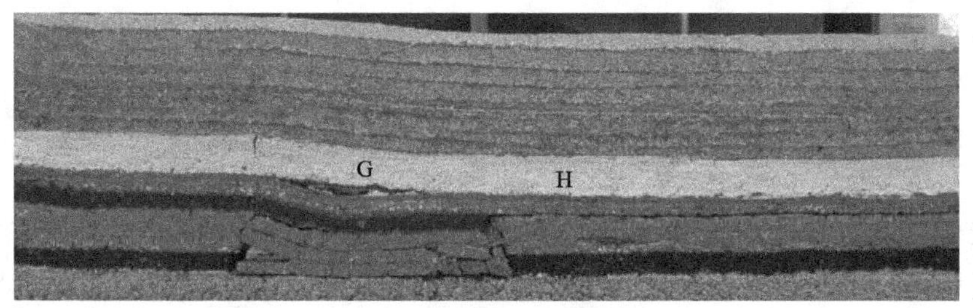

(c) 出煤柱2cm，压架

图 8-17　工作面出一侧采空煤柱开采模拟实验结果

8.2.3　出煤柱开采压架灾害的对比分析

从上述的压架机理分析可以看出，浅埋近距离煤层工作面无论是推出上覆两侧采空煤柱的开采还是一侧采空煤柱的开采，在此过程中发生的压架均是由于出煤柱边界上方关键层 1 关键块体的破断与运动造成的，关键块体回转过程中传递的过大载荷是压架发生的根本原因。其中，工作面出两侧采空煤柱开采时，压架的发生是由关键块体三铰式结构的双向回转运动造成的。而对于工作面出一侧采空煤柱的开采情形，受关键层 1 在出煤柱前是否发生初次破断的影响，其压架存在两种情况：①若关键层 1 已发生初次破断，则其压架发生的机理与工作面出两侧采空煤柱开采的相同；②若关键层 1 未能发生初次破断时，压架的发生则是由关键层 1 大跨度悬臂式破断运动造成的。由于引起两者压架发生对应关键块体的运动型式有所不同，造成两者在关键块体回转过程中传递载荷的大小以及结构的稳定性两方面存在着一定的差异，而这种差异也将会对压架发生的危险程度产生较大的影响。为此，下面将着重从这两方面分别进行两种类型出煤柱开采压架灾害的对比分析。鉴于工作面出一侧采空煤柱开采对应上述第①种情况与工作面出两侧采空煤柱的开采类似，因此，对这种类型出煤柱开采的分析仅按照上述第②种情况进行。

1. 关键块体回转传递的载荷

根据式(7-2)和式(8-3)可将工作面在推出两类煤柱边界时关键块体回转运动所传递的载荷进行对比。工作面出煤柱开采两类型时，此载荷分别为

$$Q_1 = \frac{2}{k_1}R_0 = \frac{4i_1 - 3\sin\alpha_2}{k_1(2i_1 - \sin\alpha_2)}\gamma H' l_1 \qquad F_B = \frac{1}{k_b}\left(\frac{4i_1 - 3\sin\alpha}{4i_1 - 2\sin\alpha}l_1 + \frac{1}{2}l_g\right)\gamma H_{12} \tag{8-7}$$

视 $k_1=k_b$，$\alpha_2=\alpha$，并设 $l_g=ml_1$，则令 $Q_1=F_B$ 可得：

$$m = \frac{4i_1 - 3\sin\alpha}{2i_1 - \sin\alpha}\left(\frac{2H'}{H_{12}} - 1\right) \tag{8-8}$$

式中：H'为关键层 1 的埋深；H_{12}为关键层 1 的载荷层厚度。对于 H_{12}，根据前面图 8-14 所示的判别图可知，其值与关键层 1 上方关键层赋存个数以及关键 1 悬露长度与其上方这些关键层破断距之间的大小关系密切相关。因此，当煤柱上方仅有一层关键层(即关键

层 1）存在或满足 $l_g \geqslant l_z$ 时，则 $H_{12}=H'$，即式（8-8）可简化为

$$m = \frac{4i_1 - 3\sin\alpha}{2i_1 - \sin\alpha} \tag{8-9}$$

若取 i_1 为 0.3，α 为 3°～8°，则可得 m 为 1.7～1.9，即一侧采空煤柱上方关键层 1 悬露长度（或下煤层开采边界距煤柱边界的距离）达到其周期破断步距的 1.7～1.9 倍时，工作面出煤柱时关键块体运动所传递的载荷才会与出两侧采空煤柱开采时对应关键块体运动传递的载荷值相等，而此时两者发生压架的危险程度也才是等同的。而若当煤柱上方存在多层关键层时，由于受到关键层 1 悬露长度与其上部关键层破断步距之间大小关系的影响，则 m 需大于 1.7 才能使两者压架的危险程度等同。由此可见，一侧采空煤柱下切眼的位置不但会影响煤柱上方关键层 1 在出煤柱时的破断型式，更重要的是它会对关键块体破断回转传递的载荷大小产生很大的影响。因此，下煤层工作面切眼位置是此类出煤柱开采情形下的关键影响因素，对于切眼位置的变化对压架灾害的影响规律将在后续 8.3.1 节中详细介绍。

由上述分析可知，在煤柱上方两关键块体的破断长度一致（均为关键层 1 的破断距 l_1）的条件下，工作面出一侧采空煤柱时的压架危险程度更低些。但若关键块体 G 的悬露长度加大后，则其压架的危险程度将显著上升。

2. 关键块体结构稳定性差异

结合图 7-11 和图 8-12 可以发现，工作面在两类出煤柱开采的过程中，上部关键块体结构的回转运动是有所区别的。

对于工作面出两侧采空煤柱煤柱的开采情形，结构回转运动过程中两关键块体 C 和 D 的回转角均是越来越小的，这直接导致块体间的水平推力 T 逐渐减小；同时该水平推力的力矩方向与块体的回转方向相同。因此，这种情况下关键块体结构回转过程中始终处于非稳定的状态，且越回转越不稳定。

而对于工作面出一侧采空煤柱时关键层 1 未发生初次破断的开采情形，结构回转过程中关键块体 G 的回转角越来越大，而块体 H 的回转角则逐渐减小，如图 8-18 所示。在此过程中，由于两块体间铰接位置的上移，使得水平推力 T 产生一方向与结构回转方向相反、阻碍结构运动的力矩，且当结构的运动由图 8-18（b）转变至图 8-18（c）的过程中，T 是越来越大的。因此，在这种情况下，关键块体结构的回转将逐渐趋于稳定状态。在最终状态下，块体 H 将等同于其后方的块体 I，而块体 G 则等同于原先的块体 H，如图 8-18（c）所示。

综合以上分析可知，尽管在一般情形下，浅埋近距离煤层工作面在推出两类煤柱时的压架均是必然的，但在同等开采条件下，工作面出一侧采空煤柱时的压架危险程度却相对偏低些。即这种情况下工作面支架活柱的下缩量会更小些，而不至于发生支架被压死的现象。但若关键层 1 的悬露长度较长时，必然导致其传递载荷的显著增加，因此，在一侧采空煤柱下布置工作面切眼时，应尽量向煤柱边界靠近，以减小关键层 1 的悬露长度（即关键块体 G 的破断长度），最终减缓压架的危险性。具体分析将在后续章节中详细阐述。

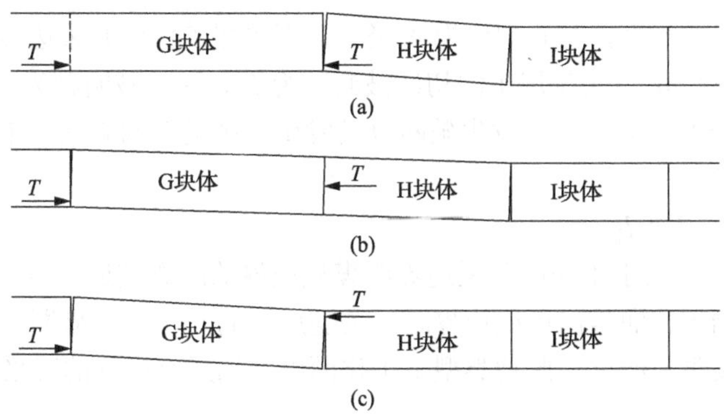

图 8-18　工作面出一侧采空煤柱时关键块体结构运动过程

8.3　压架灾害的影响因素

前节有关浅埋近距离煤层两种类型出煤柱开采压架灾害的对比分析已指出，无论是出上覆两侧采空煤柱还是一侧采空煤柱的开采，压架的发生均是由于煤柱上方关键块体的破断和运动造成的，因此，对于工作面出上覆一侧采空煤柱开采的压架灾害，其也将由第 7 章中图 7-16 所示的三大主控环节控制，相应的影响因素及其影响规律也是类似的。鉴于第 7 章中已经就各类因素对压架灾害的影响规律进行了全面阐述；因此，本章将着重对影响工作面出上覆一侧采空煤柱开采压架发生的关键因素及发生条件进行研究。

8.3.1　切眼位置对压架灾害的影响规律

1. 切眼位置对压架影响的分类

从前述有关浅埋近距离煤层工作面出一侧采空煤柱的压架机理分析可知，工作面出煤柱时其上关键层 1 是否会发生破断是工作面压架与否的关键。因此，若关键层 1 在工作面出煤柱时无法发生破断，则工作面的压架也就不会发生。而下煤层工作面开采边界不同时，工作面出煤柱时关键层 1 的悬露长度也将不同，从而会对关键层 1 的破断与否产生影响，最终影响到工作面压架的发生。另外，由于覆岩垮落是随工作面推进而逐步向上发展的，处于上位的关键层一般会滞后下位关键层而发生破断；因此，若煤层之间存在关键层时，则工作面出煤柱时煤柱上方关键层 1 是否会发生破断就需视煤层间关键层破断与否而定。因此，下面将针对浅埋近距离一侧采空煤柱下工作面出煤柱的开采条件，分别就煤层间无关键层以及存在 1 层关键层这两类情况，分析工作面不同开采边界对煤柱上方关键层 1 的破断及压架发生的影响。为了方便问题的分析，在此假设关键层 1 的破断位置均是对齐煤壁。

1) 煤层间无关键层存在(A 类)

当上下煤层间距较近而无关键层存在时，考虑到下煤层工作面切眼的支护和维护问题，此时一般将开采边界设置于上覆煤柱区下方，因此，此类情况是工作面出一侧采空煤柱开采时最常见的类型，在此划分为 A 类。设下煤层工作面开采边界距离上覆一侧采空煤柱边界的距离为 d_m，关键层 1 的初次破断距为 L_1，周期破断距为 l_1。当下煤层开采边界变化时，根据关键层 1 是否发生破断以及发生何种类型的破断，工作面出煤柱时将存在以下 3 种类型。

(1) A 类 I 型：$d_m < l_1$。

如图 8-19 所示，由于工作面开采边界距煤柱边界的距离较近，小于关键层 1 的周期破断距，因此，当工作面推出煤柱边界时，关键层 1 将无法发生破断，因而工作面的压架事故也将不会发生。所以，此种类型下工作面出一侧采空煤柱的开采是安全的。

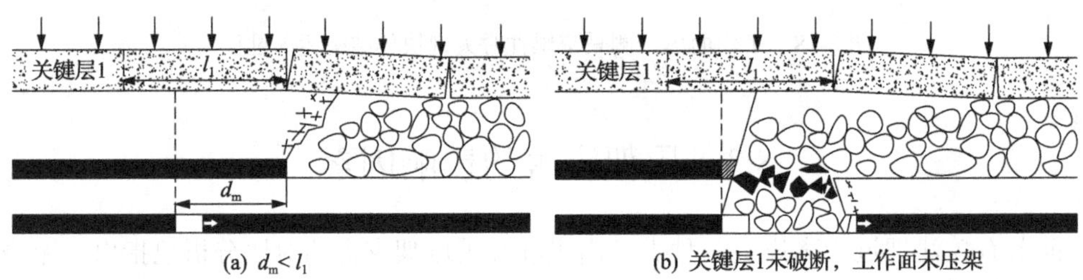

图 8-19　A 类 I 型出一侧采空煤柱开采类型

(2) A 类 II 型：$l_1 \leqslant d_m \leqslant L_1$。

如图 8-20 所示，由于工作面开采边界位置仍处于关键层 1 初次破断步距之内，工作面推出煤柱之前关键层 1 将无法发生破断，而只有在出煤柱时关键层 1 才会因超过其周期破断距而发生破断回转，从而造成工作面压架事故的发生。所以，根据前节的分析可知，在这种开采类型下，d_m 越大关键块体 G 破断回转传递的载荷越大，从而工作面压架的危险级别也越高。

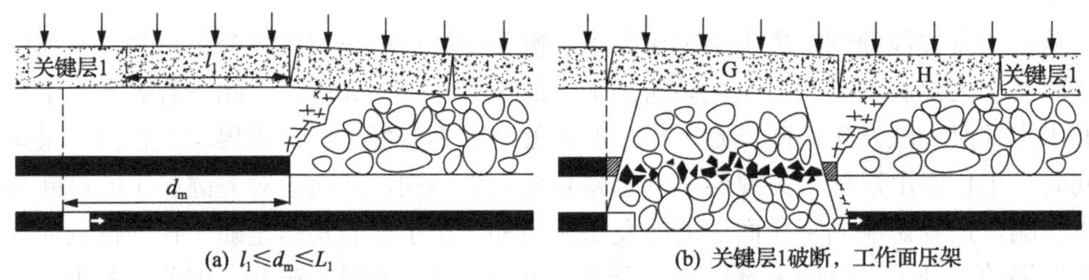

图 8-20　A 类 II 型出一侧采空煤柱开采类型

(3) A 类 III 型：$d_m > L_1$。

由于工作面开采边界位置已超过了关键层 1 的初次破断距，工作面在出煤柱之前它就可发生初次破断，如图 8-21(b) 所示。所以，当工作面出煤柱时，关键层 1 将进入周期破断运动状态[图 8-21(c)]，从而形成与出两侧采空煤柱开采时类似的关键块体 G 和 H 的三铰式铰接结构，最终将由于此结构的双向回转运动而造成工作面的压架，如图 8-21(d) 所示。所以，此时的开采类型将等同于工作面出两侧采空煤柱的开采情形，而关键块体 G 和 H 即等同于两侧采空煤柱上方的关键块体 C 和 D。

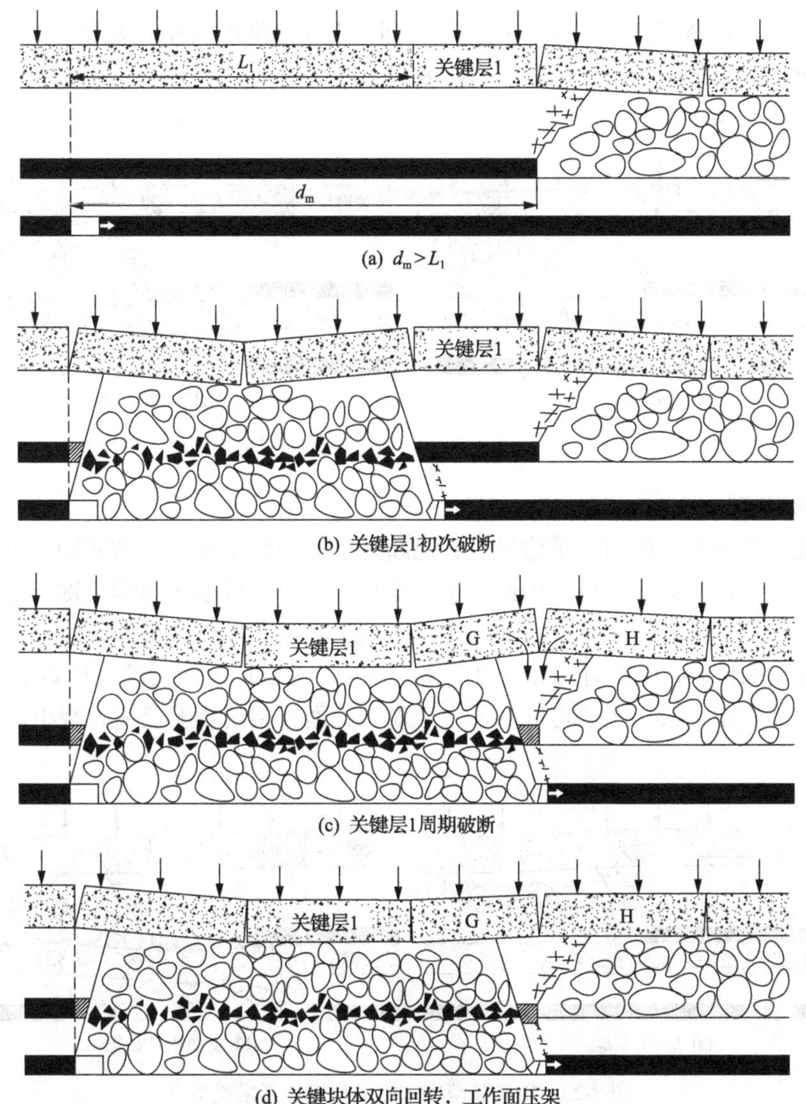

图 8-21　A 类Ⅲ型出一侧采空煤柱开采类型

2) 煤层间存在 1 层关键层 (B 类)

若上下煤层间存在 1 层关键层时 (在此划分为 B 类)，由于覆岩的破断运动是由下至上逐步发展的，因此，工作面在推出上覆一侧采空煤柱时关键层 1 能否发生破断以及发生何种类型的破断，都将受到煤层间关键层 2 破断与否的限制作用。即，仅当关键层 2 发生破断后，关键层 1 才有可能发生破断。所以，根据下煤层工作面开采边界的位置与关键层 1、关键层 2 破断步距之间的关系，工作面出一侧采空煤柱开采时将存在以下 4 种类型。设关键层 1 和关键层 2 的初次破断步距分别为 L_1、L_2，并假设 $L_1 > L_2$，下面将针对这 4 种类型分别进行分析。

(1) B 类Ⅰ型：$d_m < l_1$。

此类型与上述 A 类 I 型开采情况类似，即，工作面推出煤柱后关键层 2 发生初次破断时，关键层 1 也将无法发生破断，如图 8-22 所示。因此，此情况下工作面出一侧采空煤柱的开采也是安全的。

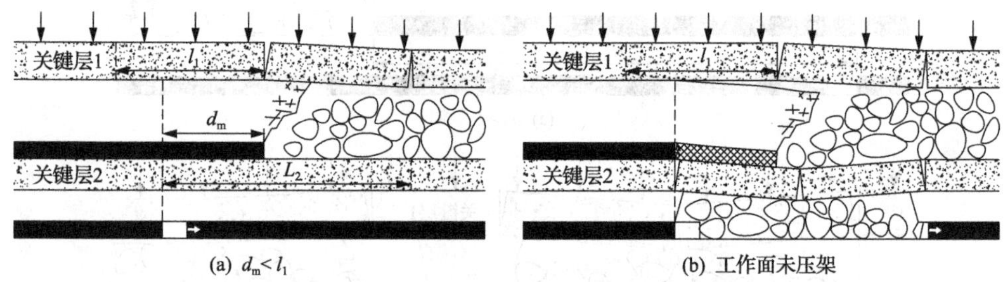

图 8-22　B 类 I 型出一侧采空煤柱开采类型

(2) B 类 II 型：$l_1 \leqslant d_m \leqslant L_2$。

虽然此开采类型工作面开采边界位置已超过了关键层 1 的周期破断距，但由于其仍在关键层 2 的初次破断距之内，因此，工作面出煤柱时关键层 1 将因关键层 2 未破断而无法发生破断；仅当工作面继续向前推进至达到关键层 2 的初次破断距时，关键层 1 才可随之发生破断回转。而此时煤柱已进入采空区中，关键层 1 两关键块体 G 和 H 的回转作用也将只能作用于采空区已垮矸石之上，对工作面支架的影响已大大减小，如图 8-23 所示。

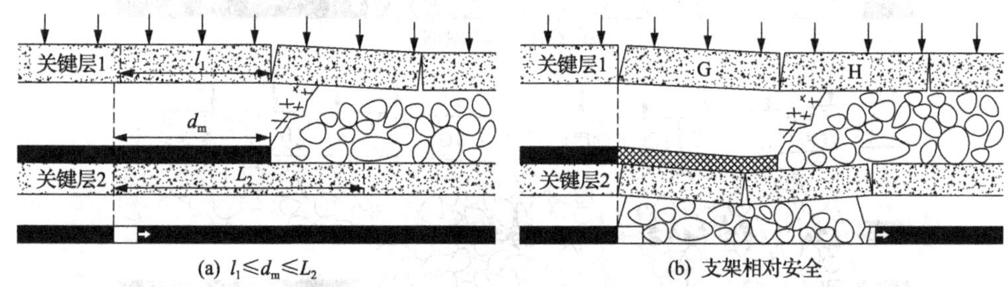

图 8-23　B 类 II 型出一侧采空煤柱开采类型

然而，当工作面开采边界逐渐深入煤柱内部时，关键层 1 关键块体回转作用的作用点将逐渐接近工作面的控顶范围，而压架的危险性也将越来越强。当 $d_m=L_2$ 时，工作面推进至煤柱边界正下方时关键层 2 即会发生初次破断，同时引起关键层 1 关键块体 G 和 H 的破断回转，此时两者的叠加共同作用于工作面支架之上，必然造成工作面的压架。因此，这是 B 类 II 型开采条件下最危险的一种状态。显然，此类型条件下应存在一保证支架安全的工作面开采边界临界位置；有关此临界位置的确定问题将在下一节中具体阐述。

(3) B 类 III 型：$L_2 < d_m \leqslant L_1$。

此类型开采条件下，工作面在推出煤柱之前关键层 2 就可发生初次破断[图 8-24(b)]，因此，出煤柱时关键层 2 将处于周期破断状态；而此时关键层 1 仍未达到其初次破断步距，其也将处于第一次破断状态，从而形成关键块体 G。最终，将由于关键层 1 较长的悬露长度而导致工作面的压架，如图 8-24(d) 所示。

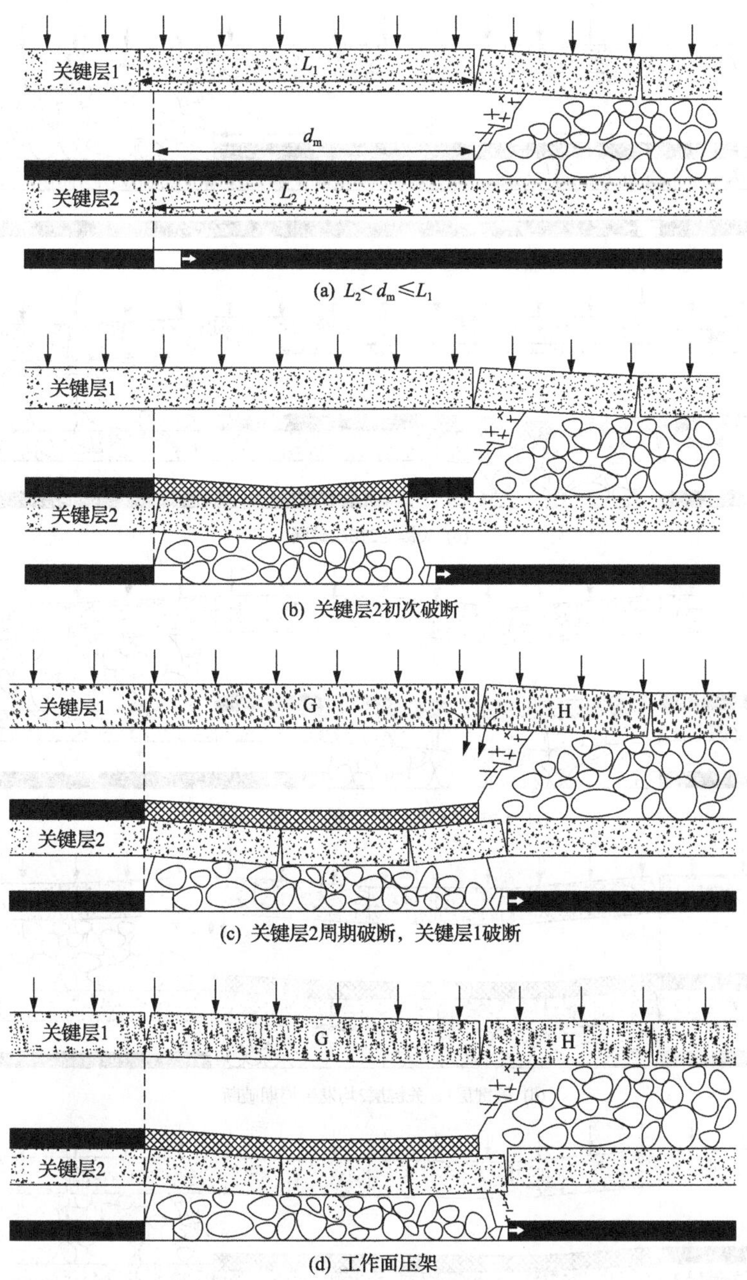

图 8-24　B 类Ⅲ型出一侧采空煤柱开采类型

(4) B 类Ⅳ型：$d_m > L_1$。

由于此类型开采条件下工作面开采边界距离较远，工作面在出煤柱之前关键层 1 和关键层 2 均可发生初次破断，从而在出煤柱时两者将均处于周期破断的状态，如图 8-25(b)、(c)所示。因此，此类型将和上述 A 类Ⅲ型开采类型类似，均等同于工作面出两侧采空煤柱的开采状态。最终，工作面将由于关键块体 G 和 H 三铰式结构的双向回转运动而发生压架，此时的块体 G 和 H 也将等同于出两侧采空煤柱开采时的关键块体 C 和 D。

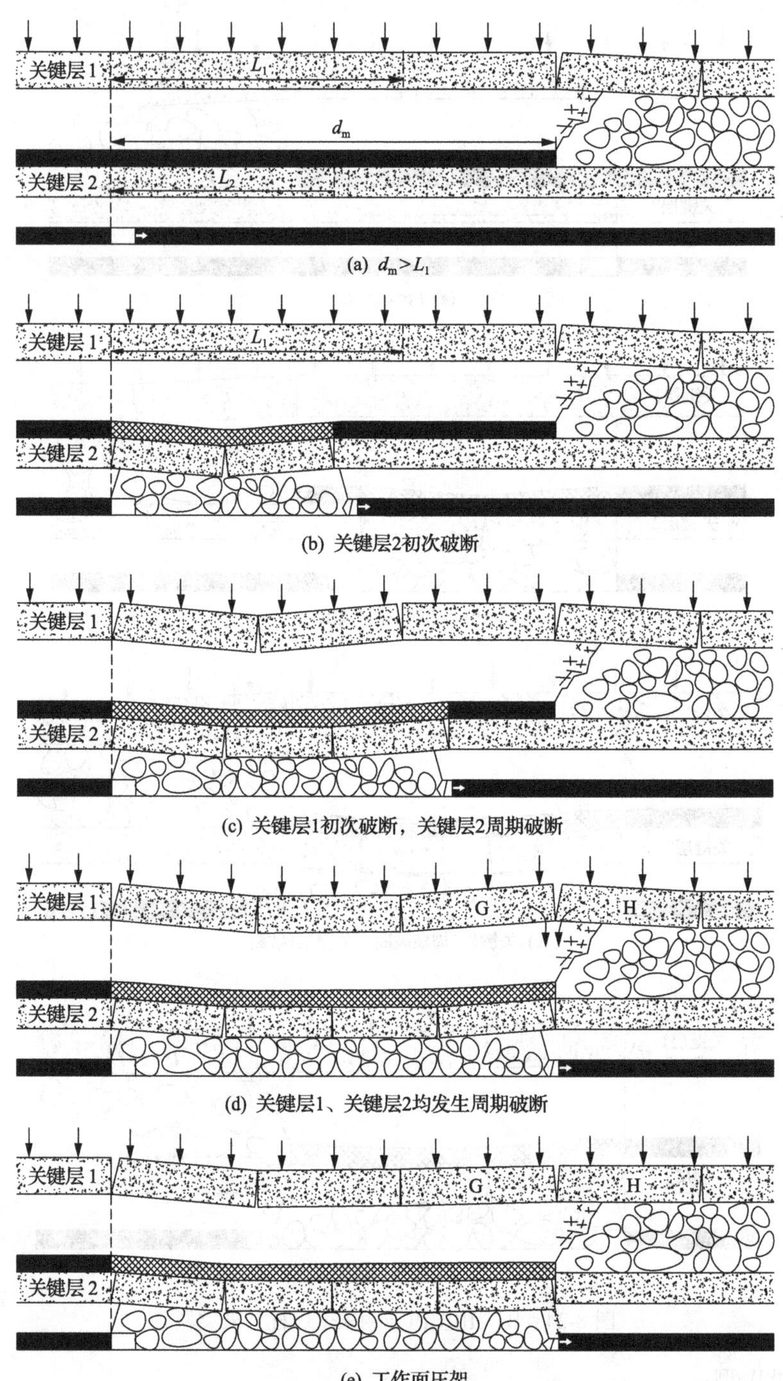

图 8-25　B 类Ⅳ型出一侧采空煤柱开采类型

从上述的分析可知，受关键层破断的限制作用，相比之下，上下煤层间存在一层关键层时，保证工作面出一侧采空煤柱开采时不发生压架的开采边界安全距离要更大些。当然，当煤层间存在 2 层或 2 层以上的多层关键层时，煤层间关键层的破断对出煤柱时压架的限制作用将更加明显，其出一侧采空煤柱时的开采类型的分类也将更加复杂；显然，煤层间关键层层数越多，工作面出煤柱时的开采就越安全。

因此，联合考虑第 7 章的分析可以发现，上下煤层间是否存在关键层，不仅会影响到煤柱边界的超前失稳与否，同时还会对工作面出一侧采空煤柱开采的安全距离产生影响。从这个角度看，在煤柱边界不发生超前失稳的前提条件下，浅埋近距离煤层工作面出一侧采空煤柱开采时，煤层间有一层关键层时要比没有关键层时更安全；而对于出两侧采空煤柱的开采情形，煤柱边界不发生超前失稳，则层间有一层关键层与没有关键层，均会出现压架。两者之间存在着截然不同的差异。

2. 工程实例验证分析

前述第 8.1 节中已介绍到国内外部分煤矿工作面初采阶段均遇到了出一侧采空煤柱的开采情形，由此可结合本章节的研究结果对上述各工作面出煤柱开采的类型进行归类。例如，石圪台煤矿 1^{-2} 煤层一盘区的 4 个工作面，根据现场的实测结果，上部 $1^{-2上}$煤层开采时的周期来压步距 l_1 为 9～13m，初次来压步距 L_1 为 55.0～68.5m；再由前节所述的实测结果可知，12104 工作面初次来压步距 L_2 为 43.0m，12105 工作面运顺侧开采区域 L_2 为 40.5m。由此可对该盘区 4 个工作面出一侧采空煤柱的开采类型进行划分，见表 8-6。由此可见，正是由于 12102 工作面、12103 工作面以及 12105 工作面回风巷一侧开采区域煤层间均无关键层存在，且工作面切眼的位置又都超出了关键层 1 的周期破断步距，才造成了这 3 个工作面开采区域压架的发生。同理可对凯达煤矿和孟巴煤矿两工作面的开采类型进行归类分析，详见表 8-6。其中，根据现场实测的结果，凯达煤矿上煤层开采时的初次来压步距为 55～63m；孟巴煤矿上分层开采时的初次来压步距平均为 80m，周期来压步距平均为 35m。

表 8-6　石圪台煤矿工作面出一侧采空煤柱开采类型

工作面		煤层间有无关键层	d_m/m	出一侧煤柱采空开采类型		压架时活柱下缩量/mm
石圪台煤矿	12102	无	41.2	$l_1<d_m<L_1$	A 类Ⅱ型	1200
	12103	无	325.1	$d_m>L_1$	A 类Ⅲ型	500～700
	12104	有	22.1	$l_1<d_m<L_2$	B 类Ⅱ型	未压架
	12105 运输巷侧	有	32.7	$l_1<d_m<L_2$	B 类Ⅱ型	未压架
	12105 回风巷侧	无	29.3	$l_1<d_m<L_1$	A 类Ⅱ型	600
凯达煤矿 $1601_{下}$		无	118.3	$d_m>L_1$	A 类Ⅲ型	1700
孟巴煤矿 1204		无	36.8	$l_1<d_m<L_1$	A 类Ⅱ型	1400

另一方面，也可对各工作面不同切眼位置(d_m)对压架的影响进行验证分析。鉴于石圪台煤矿各工作面的开采条件及所用支架阻力类似，在此仅结合该矿发生压架的 3 个工作面的矿压显现差异进行验证。首先，可根据 3 个工作面对应覆岩柱状，对煤柱上方关键层 1 的载荷层厚度进行判别。根据文献，覆岩关键层的周期破断距计算公式为

$$l = h\sqrt{\frac{R_T}{3q_0}} \tag{8-10}$$

式中：l 为关键层的周期破断距，m；R_T 为关键层的极限抗拉强度，MPa；q_0 为关键层自身及其上部控制岩层的载荷，MPa。因此，对于 12102 工作面，取 R_T 为 5MPa，岩层容重为 25kN/m^3，由 K34 钻孔柱状(图 8-3)可计算出主关键层的周期破断距为 29.5m。该值低于煤柱上方关键层 1 的悬露长度(41.2m)，因此，根据图 8-14 所示的载荷层厚度判别图可知，关键层 1 的载荷层厚度即为其埋深 55.98m。同理，可根据 K41 钻孔柱状(图 8-4)对 12103 工作面对应关键层 1 的载荷层厚度进行判别，其值也为关键层 1 的埋深 56.92m。而对于 12105 工作面回风巷侧，根据 KB45 钻孔柱状[图 8-5(a)]可知，上覆煤柱上方仅 1 层关键层，显然，其载荷层厚度即为自身埋深 56.2m。由此可见，3 个工作面开采区域对应关键层 1 的载荷层厚度基本相同。

所以，虽然同是 A 类Ⅱ型的开采类型，由于 12102 工作面切眼距煤柱边界的距离比 12105 工作面回风巷侧更远，因而其压架的强度更大。同时，由于两工作面对应关键层 1 的悬露长度(41.2m 和 29.3m)均已超出了其周期破断距的 1.7～1.9 倍，故两者的压架强度均比 12103 工作面(A 类Ⅲ型)显著增大，这也验证了前述 8.3.3 节关于出煤柱开采两种类型压架差异的理论分析结果。

3. 模拟试验验证分析

为了对上述浅埋近距离煤层工作面出一侧采空煤柱开采时切眼不同位置对压架的影响进行对比分析，同时也对上述合理切眼位置确定的理论方法进行验证，特针对煤层间无关键层和存在 1 层关键层这两种情况分别进行了出一侧采空煤柱开采的相似材料模拟试验。

1) 模拟方案的设计

模拟试验选用重力应力条件下的平面应力模型架进行，试验模型架长 120cm，宽 8cm。模型的几何相似比为 1∶100，应力相似比为 1∶125，密度相似比为 1∶1.25。模拟方案设计时，按照煤层间是否存在关键层以及切眼位置的不同，共设置如表 8-7 所示的 4 个实验方案。模型中各岩层的设置均以上述石圪台煤矿 1^{-2} 煤层一盘区的开采条件为基础，并将各岩层进行简化。其中，方案 1、方案 2 煤层间无关键层的试验模型即为前述第 8.2.2 节中图 8-16 所示的模型，方案 3、方案 4 即是在此模型的基础上在 $1^{-2上}$煤层下部加设一层 4cm 厚的硬岩层，以模拟煤层间的关键层，如图 8-26 所示。

表 8-7 模拟试验方案表

模拟方案	1	2	3	4
层间有无关键层	无	无	有	有
层间距/cm	5	5	9	9
d_m/cm	10	30	30	50

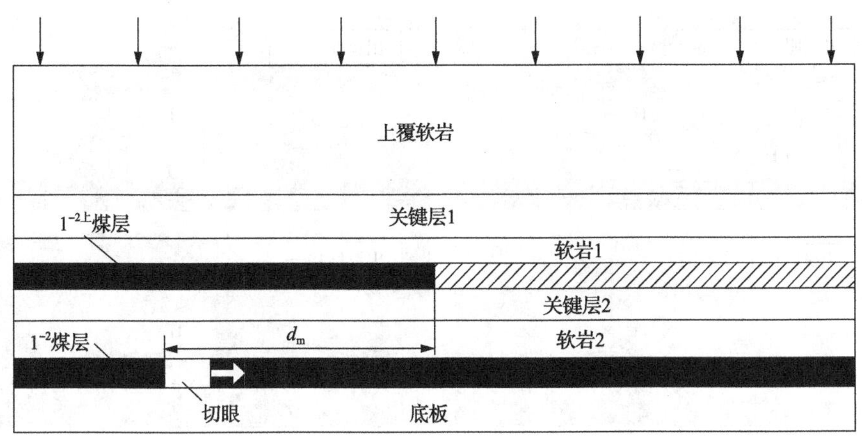

图 8-26　方案 2、方案 3 模拟试验模型图

各岩层材料配制以河砂为骨料，石膏和碳酸钙为胶结物，在岩层交界处设一层云母以模拟岩层的层理与分层。软岩层的分层厚度为 2cm。各岩层的相似材料配比及物理力学参数与 8.2.2 节中表 8-5 相同。各模拟方案开采时，$1^{-2上}$煤层均从模型右侧开采，并在模型中部位置左右停采，停采位置与关键层 1 断裂线对齐；继而开始 1^{-2} 煤层的开采。1^{-2} 煤层开采时从模型的左侧按照不同的切眼位置向右侧推进，如图 8-26 所示。

2) 实验结果与分析

工作面出一侧采空煤柱各开采方案模拟实验结果如图 8-27 所示。对于方案 1，由于上煤层开采时关键层 1 的周期破断距为 16～20cm，明显大于 d_m 值，属于前述 A 类 I 型的开采类型；因此，工作面在推出煤柱的过程中，关键层 1 一直未能发生破断，从而工作面最终安全地推出了煤柱，如图 8-27(a) 所示。而当将 d_m 值增大到 30cm 时(方案 2)，模拟实验结果即为前述 8.2.2 节关于出一侧采空煤柱开采压架机理验证的模拟实验图，如图 8-17 所示；由于工作面在出煤柱前关键层 1 因未能达到其初次破断距而一直处于悬空状态；仅当推出煤柱边界 2cm 时，关键层 1 由于其较长的悬露长度发生了破断，从而将其上覆载荷直接传递到煤层间岩层之上，最终造成了顶板的切落和压架的发生。该方案即对应着前述 A 类 II 型的开采类型。

而当在煤层间增加一层关键层时(方案 3)，在与方案 1 相同的切眼布置条件下，工作面却未出现压架，如图 8-27(b) 所示。当工作面推出煤柱边界 10cm 时，由于煤层间关键层 2 仍未发生破断，工作面无来压现象；直至工作面推出煤柱边界 15cm 时，关键层 2 才发生了初次破断，同时导致关键块体 G 和 H 随之发生破断回转；但由于此时煤柱已进入后方采空区，关键块体的回转只能作用于冒落矸石之上，对工作面已无明显影响，从而最终未有压架的发生。因此，该方案属于 B 类 II 型的开采类型。而在方案 3 的基础上将工作面切眼更深入煤柱内部布置，使 d_m 值加大到 50cm 时(方案 4)，出煤柱时即出现了压架，如图 8-27(c) 所示。由于切眼布置位置距煤柱边界较远，煤层间关键层 2 在工作面出煤柱前 6cm 即已发生了初次破断，从而在出煤柱时处于周期破断状态；此时由于关键层 1 的悬露长度已经很长，它的突然破断直接导致关键层 2 破断块体的铰接结构发生滑落失稳，最终造成压架。此方案即属于 B 类 III 型的开采类型。

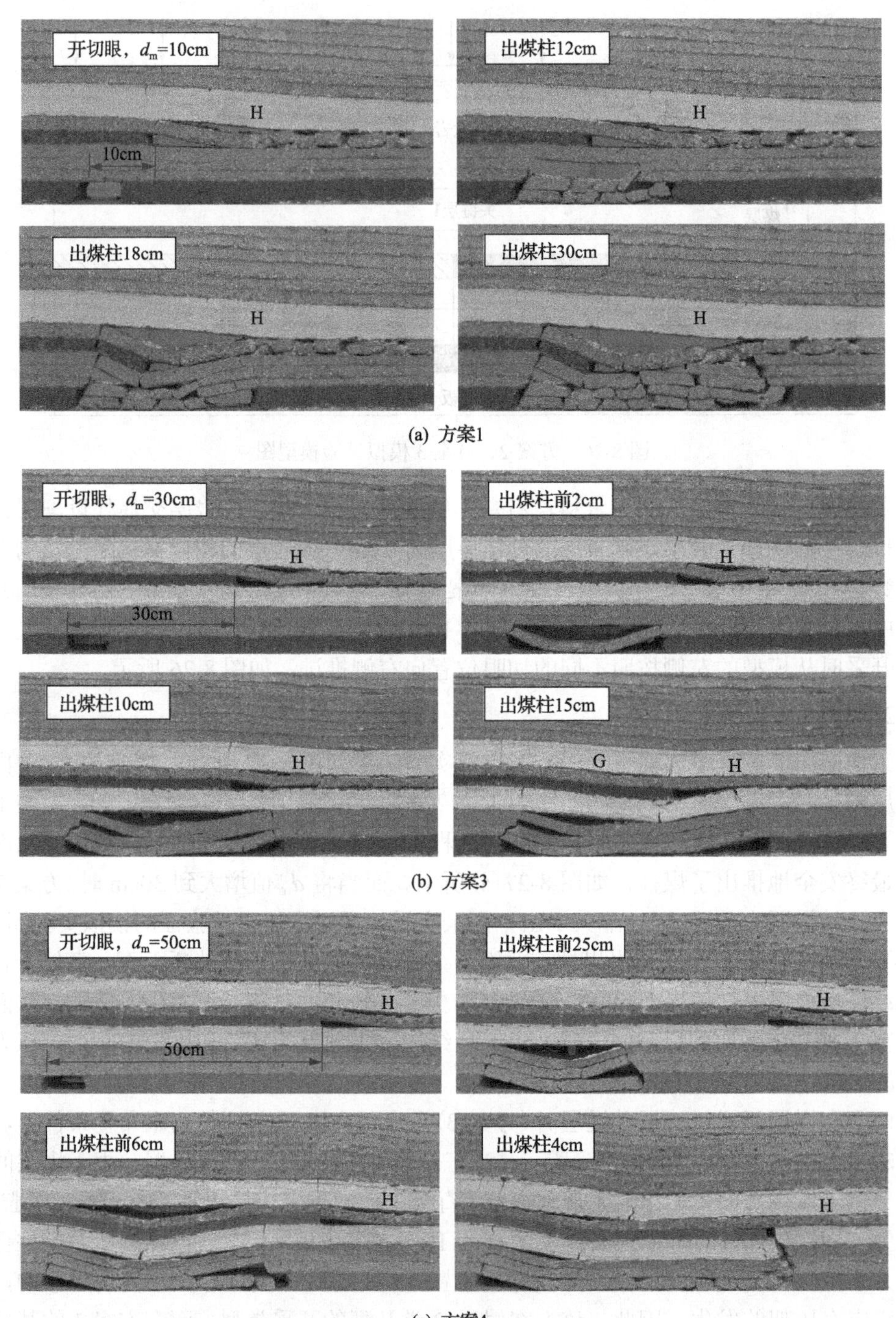

图 8-27　各方案模拟实验结果

而若将切眼位置进一步深入煤柱内部时，此时将对应于 A 类Ⅲ型和 B 类Ⅳ型的开采类型；由于这两种类型与工作面出两侧采空煤柱的开采情形类似，而有关出两侧采空煤柱开采的模拟实验已在前文中阐述，故本实验中未对这两种类型作重复模拟。

综上分析可知，当煤层间存在一层关键层时，工作面出一侧采空煤柱的开采更安全；无论煤层间是否存在关键层，下煤层切眼位置距离煤柱边界越近越安全。

8.3.2　工作面合理切眼位置的确定

1. 煤层间无关键层存在

对于煤层间无关键层的开采情况，切眼的布置应保证出煤柱时关键层 1 不发生破断，即 A 类 I 型所示的 $d_m<l_1$。其中，l_1 的取值可根据上煤层开采时周期来压步距的实测值进行确定。同时，为了避免煤柱边界集中应力的影响，切眼的位置还应处于应力峰值区之外，即，$d_m-d_q>Y_2$。所以，此时切眼的布置应满足：

$$d_q+Y_2<d_m<l_1 \tag{8-11}$$

式中：d_q 为切眼宽度；Y_2 为煤柱边界的塑性区宽度。

2. 煤层间存在 1 层关键层

对于煤层间存在 1 层关键层的开采情形，根据前节的分析，由于煤层间关键层初次破断的影响，其切眼的布置可更深入煤柱内部。煤层间关键层的受力环境如图 8-28(a) 所示。由于上覆煤柱边界集中应力向下传递的影响，造成煤层间关键层 2 并非受均布载荷的作用，所以，它的初次破断将不同于均布载荷作用下的正常破断。该层关键层在何处发生初次破断、中间破断点在何位置以及初次破断两侧块体的长度关系如何，都将和正常情况下有所不同，同时这些参数的变化也将会对压架的发生与否产生影响。因此，

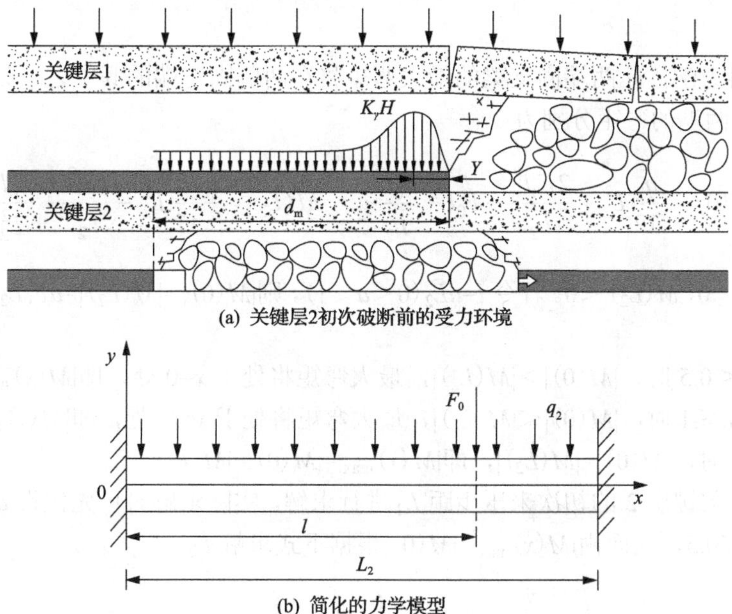

图 8-28　煤层间 1 层关键层条件下出一侧采空煤柱开采力学模型的建立

分析煤层间关键层在这种特殊受力环境下的初次破断情况是解决此条件下切眼合理布置位置的前提和基础。

1)煤层间关键层初次破断的力学分析

由于受力环境的复杂，为了方便问题的分析，将关键层 2 上的载荷进行简化，即将煤柱边界附近的集中应力区域简化为单纯的集中载荷 F_0，其他区域简化为均布载荷(载荷集度为 q_2)，由此可建立关键层 2 在即将发生初次破断时的简化力学模型，如图 8-28(b)所示。其中，q_2 值可根据图 8-14 的分析得到 $q_2=\gamma(h_2+h_{12}+H_{12})$，其中，$h_{12}$ 为上煤层上方关键层 1 与煤层间关键层 2 之间岩层的厚度；l 为工作面开采边界至煤柱上集中应力峰值的距离，即 $l=d_m-Y$；而对于 F_0 值的确定时，可视煤柱边界的集中应力曲线为一近似的抛物线，其对称轴位置即为应力峰值点，峰值点的应力值为 $K\gamma H-q_2$(K 为应力集中系数，取值为 2～4)，由此由微积分可求得简化后的集中载荷 F_0 为

$$F_0=\frac{4}{3}(K\gamma H-q_2)Y \tag{8-12}$$

由于此力学模型为两端固支受均布载荷和集中载荷的模型，因此，可根据材料力学中求解弯矩方程的方法，对该固支梁的弯矩方程进行求解，解得：

$$\begin{cases} M(x)=-\dfrac{q_2}{2}x^2+\left(\dfrac{q_2L_2}{2}+F_0-\dfrac{3F_0l^2}{L_2^2}+\dfrac{2F_0l^3}{L_2^3}\right)x-\dfrac{q_2L_2^2}{12}+\dfrac{2F_0l^2}{L_2}-F_0l-\dfrac{F_0l^3}{L_2^2} & 0\leqslant x\leqslant l \\ M(x)=-\dfrac{q_2}{2}x^2+\left(\dfrac{q_2L_2}{2}-\dfrac{3F_0l^2}{L_2^2}+\dfrac{2F_0l^3}{L_2^3}\right)x-\dfrac{q_2L_2^2}{12}+\dfrac{2F_0l^2}{L_2}-\dfrac{F_0l^3}{L_2^2} & l<x\leqslant L_2 \end{cases} \tag{8-13}$$

根据材料力学，此两端固支梁的最大弯矩将在两侧固定端的其中之一处出现。由式(8-13)可知，两端的弯矩分别为

$$M(0)=-\frac{q_2}{12}L_2^2+\frac{2F_0l^2}{L_2}-F_0l-\frac{F_0l^3}{L_2^2}\qquad M(L_2)=-\frac{q_2}{12}L_2^2-\frac{F_0l^2}{L_2}+\frac{F_0l^3}{L_2^2} \tag{8-14}$$

且 $M(0)<0$，$M(L_2)<0$。若令 $l=aL_2(0<a\leqslant1)$，则$|M(0)|-|M(L_2)|=aF_0L_2(2a^2-3a+1)$，因此有：

(1) $0<a<0.5$ 时，$|M(0)|>|M(L_2)|$，最大弯矩将处于 $x=0$ 处，即$|M(x)_{\max}|=|M(0)|$。

(2) $0.5<a\leqslant1$ 时，$|M(0)|<|M(L_2)|$，最大弯矩将处于 $x=L_2$ 处，即$|M(x)_{\max}|=|M(L_2)|$。

(3) $a=0.5$ 时，$|M(0)|=|M(L_2)|$，即$|M(x)_{\max}|=|M(0)|=|M(L_2)|$。

由此可对关键层 2 的初次来压步距 L_2 进行求解。实际求解时可先假设 a 处于某一区间，如 $0<a<0.5$，从而由$|M(x)_{\max}|=|M(0)|$根据下式求解 L_2

$$R_T=\frac{6}{h_2^2}M_{\max} \tag{8-15}$$

其中，R_T为关键层的极限抗拉强度。若求得的 L_2 值满足 $0<a<0.5$，则此计算值即为正解；如若不然，则根据$|M(x)_{max}|=|M(L_2)|$再次进行求解。

【算例】　石圪台 12104 工作面 1^{-2} 煤层与 $1^{-2\text{上}}$煤层之间关键层初次破断距的计算

由前述 8.1 节的工程案例介绍可以看出，石圪台煤矿 1^{-2} 煤层一盘区 12104 工作面初采阶段即经历了出上覆一侧采空煤柱的开采，且其开采条件属煤层间 1 层关键层的开采情形(如图 8-5 所示的 K33 钻孔柱状)，由此，可按照上述的方法对该工作面上覆煤层间的关键层的初次破断距进行计算。首先假设 $0<a<0.5$，则：

$$M(x)_{max}=\left|M(0)\right|=\frac{q_2}{12}L_2^2-\frac{2F_0l^2}{L_2}+F_0l+\frac{F_0l^3}{L_2^2} \tag{8-16}$$

将其代入式(8-15)可得到关于 L_2 的一元四次方程

$$\frac{q_2}{12}L_2^4-\frac{R_T}{6}h_2^2L_2^2-(2l-1)F_0lL_2+F_0l^3=0 \tag{8-17}$$

由 8.1 节的介绍可知，d_m=22.1m；而根据 K33 钻孔柱状可知，$1^{-2\text{上}}$煤层的埋深 H=64.65m，$1^{-2\text{上}}$煤层及其直接顶的厚度为 M_1=2m、Σh_{i1}=4.49m，两煤层间关键层的厚度为 h_2=6.49m。取岩层容重 γ=25kN/m^3，应力集中系数 K=4，由此可计算得 l=21.5m。细粒砂岩的抗拉强度按实测取值为[4]R_T=4.28MPa。将上述各参数代入式(8-17)最终利用 MATLAB 软件可求得 L_2=43.6m，此计算值满足 $0<a<0.5$。因此，石圪台煤矿 12104 工作面上覆煤层间关键层的初次破断步距为 43.6m，此结果与工作面 43m 的初次来压步距实测值相符，说明上述推导的计算方法也是正确的。

此外，从式(8-13)所示的弯矩方程也可看出，两区间内对应的弯矩函数均为抛物线形态，其对称轴分别为

$$0\leqslant x\leqslant l\text{ 区间：}\ x_{j1}=\frac{L_2}{2}+\frac{F_0}{q_2}-\frac{3F_0l^2}{q_2L_2^2}+\frac{2F_0l^3}{q_2L_2^3} \tag{8-18}$$

$$l\leqslant x\leqslant L_2\text{ 区间：}\ x_{j2}=\frac{L_2}{2}-\frac{3F_0l^2}{q_2L_2^2}+\frac{2F_0l^3}{q_2L_2^3} \tag{8-19}$$

显然，$x_{j1}>x_{j2}$，且两者均与 F_0/q_2 密切相关。由此可对关键层 2 中部的断裂点进行分析，中部弯矩最大的位置即为中部的断裂位置。

当 $0<a\leqslant0.5$ 时，则 $x_{j1}=\dfrac{L_2}{2}+(1-3a^2+2a^3)\dfrac{F_0}{q_2}>l=aL_2$。因此，在$[0,l]$区间内弯矩最大的位置位于 $x=l$ 处。而 x_{j2} 存在 2 种情况：若 $l<x_{j2}<x_{j1}$，则在$(l, L_2]$区间内弯矩最大的位置位于 $x=x_{j2}$ 处，因 $M(x_{j2})>M(l)$，所以关键层 2 的中间断裂点位于 $x=x_{j2}$ 处；若 $x_{j2}<l<x_{j1}$，则在$(l, L_2]$区间内弯矩最大的位置也位于 $x=l$ 处，则此时的中间断裂点即位于 $x=l$ 处。所以，综合分析可知，当 $0<a<0.5$ 时，不论 x_{j2} 与 l 的大小关系如何，关键层 2 的中间断裂点始终位于 x 为 l～L_2 段。

由此也可对前述石圪台 12104 工作面上覆煤层间关键层初次破断时的中间断裂点位置进行判断。根据式(8-18)和式(8-19)代入相关参数可分别计算出 x_{j1}=25.5、x_{j2}=18.3，因此，$x_{j2}<l<x_{j1}$，该关键层初次破断的中间断裂点位置为 $x=l=21.5$m 处。

当 $0.5<a\leqslant 1$ 时，若 $x_{j1}<l$，则 $x_{j2}<x_{j1}<l$，那么，在$[0,l]$区间内弯矩最大的位置位于 $x=x_{j1}$ 处，$(l, L_2]$区间内弯矩最大的位置位于 $x=l$ 处，因 $M(x_{j1})>M(l)$，所以此时的中间破断点位于 $x=x_{j1}$ 处。而若 $x_{j1}>l$，则在$[0,l]$区间内弯矩最大的位置位于 $x=l$ 处；而对于 x_{j2} 仍存在两种情况：当 $l<x_{j2}<x_{j1}$ 时，在$(l, L_2]$区间内弯矩最大的位置位于 $x=x_{j2}$ 处，则同理可得此时关键层 2 的中间破断点位于 $x=x_{j2}$ 处；当 $x_{j2}<l<x_{j1}$ 时，在$(l, L_2]$区间内弯矩最大的位置位于 $x=l$ 处，则此时的中间破断点位于 $x=l$ 处。

综上所述，在 $0<a\leqslant 0.5$ 或 $0.5<a\leqslant 1$ 且 $x_{j1}>l$ 这两种情况下，关键层 2 的中间断裂点均位于 x 为 $l\sim L_2$ 段；而在 $0.5<a\leqslant 1$ 且 $x_{j1}<l$ 的情况下，关键层 2 的中间断裂点则位于 x 为 $0\sim l$ 段，且 $x=x_{j1}$。由此可见，下煤层工作面切眼的布置位置(l 或 d_m)不同时，将造成煤层间关键层 2 上覆载荷分布的不同，从而会对关键层 2 初次破断中间断裂点的位置产生显著的影响。

2) 工作面合理切眼位置的确定

当煤层间关键层 2 发生初次破断时，上方关键层 1 将随之发生大跨度的悬臂式破断，并将其上覆载荷(即 8.2 节所述 F_B)通过煤柱传递至关键层 2 初次破断块体的铰接结构之上。由于对工作面矿压起主导作用的主要为关键层 2 初次破断后的右侧块体，因此，上覆载荷作用点相对于关键层 2 中间断裂点位置的不同，将会对压架的发生产生较大影响。

由前述的分析可知，当 $0<a\leqslant 0.5$ 或 $0.5<a\leqslant 1$ 且 $x_{j1}>l$ 时，关键层 2 的中间断裂点位于 x 为 $l\sim L_2$ 段，即此时的中间断裂点处于煤柱上方载荷范围之外，上覆载荷的作用点仅作用于关键层 2 初次破断的左侧块体，从而对工作面的影响较小。因此，在这种情况下，工作面出煤柱的开采是安全的。前述石圪台煤矿 12104 工作面正是由于其煤层间关键层的中间断裂点位置处于 $x=l$ 处，才避免了出煤柱开采时的压架灾害。而当 $0.5<a\leqslant 1$ 且 $x_{j1}<l$ 时，则相反，上覆载荷的作用点作用于关键层 2 初次破断块体的右侧块体，此时将会对工作面支架的安全产生较大的影响，且载荷作用点越接近工作面支架控顶范围，支架的危险性越大。因此，下面将针对 $0.5<a\leqslant 1$ 且 $x_{j1}<l$ 条件下的合理切眼位置进行具体分析。

根据前节中 B 类Ⅱ型所述，仅需保证关键块体的回转作用对工作面支架不产生影响即可，依此建立如图 8-29 所示的力学模型。其中，关键层 2 初次破断后的左侧块体长度为 $L_{2l}=x_{j1}$，右侧块体长度为 $L_{2r}=L_2-x_{j1}$。

从前述压架机理分析可知，工作面的压架实际是上支架活柱吸收了关键块体的回转量 $\varDelta_1$。因此，若关键层 2 初次破断时的回转量较大而能吸收关键块体的回转量时，那么工作面的支架将不会受到影响。所以，对于煤柱边界处对应关键层 2 破断块体的下沉量 $\varDelta_b$ 应满足 $\varDelta_b\geqslant\varDelta_1$，其中，$\varDelta_1\leqslant\varDelta_2$，$\varDelta_2$ 为关键层 2 破断块体的回转空间。而

$$\varDelta_b=\frac{L_2-d_m}{x_{j1}}\varDelta_2 \tag{8-20}$$

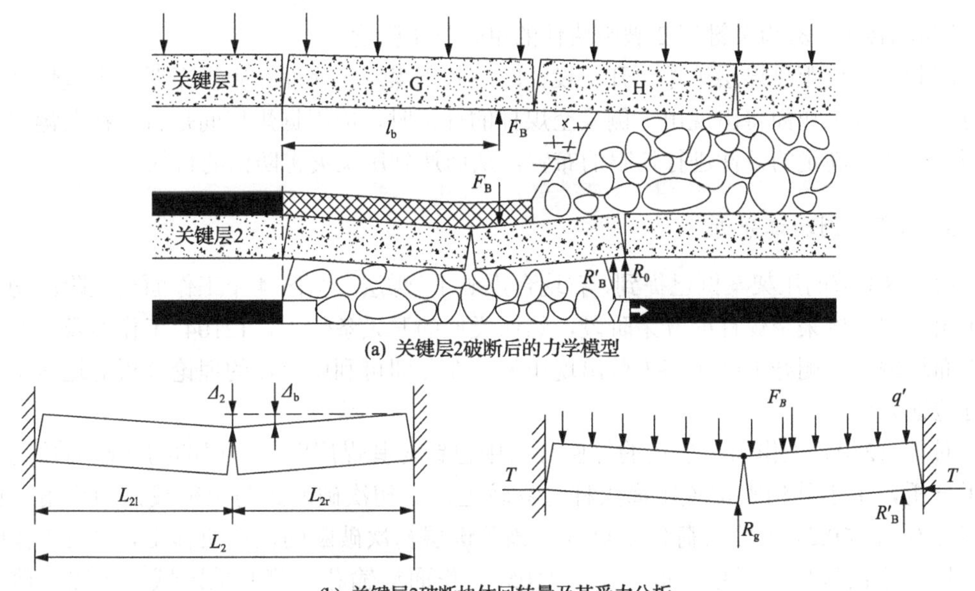

(a) 关键层2破断后的力学模型

(b) 关键层2破断块体回转量及其受力分析

图 8-29 关键层 2 初次破断块体结构力学模型

由 $\varDelta_b \geqslant \varDelta_1$ 可化简得：

$$d_m \leqslant L_2 - \frac{\varDelta_1}{\varDelta_2} x_{j1} \tag{8-21}$$

其中，$\varDelta_1=M_1+(1-K_{p1})\sum h_{i1}$，$\varDelta_2=M_2+(1-K_{p2})\sum h_{i2}$，$M_1$、$M_2$ 分别为上下煤层采高，$\sum h_{i1}$、K_{p1}，$\sum h_{i2}$、K_{p2} 分别为上下煤层直接顶厚度及其碎胀系数。由此可见，上煤层采高越小、下煤层采高越大，切眼的安全距离可越大。

而若当关键层破断块体的回转量无法满足上述条件时，则应保证上覆载荷的作用使关键层 2 初次破断右侧块体铰接结构不致发生滑落失稳，即

$$F_B\left(l_b - x_{j1}\right) + \frac{q'}{2}\left(L_2 - x_{j1}\right)^2 \leqslant R_B'\left(L_2 - x_{j1} - \frac{l_k}{2}\right) + T\left(L_2 - x_{j1}\right)\tan\phi \tag{8-22}$$

式中：$l_b=d_m-(d_m-x_{j1})/2=(d_m+x_{j1})/2$；$q'$为关键层 2 自重及其与关键层 1 之间岩层的载荷；R_B'为工作面支架通过顶板岩层的支撑力；$R_B'=R_{zj}/B-l_k\gamma\sum h_{i2}$；$T$、$\tan\varphi$ 分别为破断岩块间的水平推力和摩擦系数。T 值可根据关键层 2 初次破断块体铰接点处接触面的几何尺寸求得。由文献[5]可知，破断块体铰接处接触面上的应力呈三角形分布，由此可得到块体间的水平推力 T 为

$$T = \delta \frac{\sigma_c}{2} \tag{8-23}$$

其中，$\delta = 0.5h_2 - 0.5h_2\tan(\beta_2 - \theta_2)\cot\beta_2 - l_2(1-\cos\theta_2)\tan(\beta_2 - \theta_2)$。式中：$\delta$ 为破断块体铰接处的接触面高度；β_2、θ_2 分别为关键层 2 破断块体的断裂角(即断裂面与岩层层面的

夹角）和回转角；σ_c 为关键层 2 破断块体的单轴抗压强度。

因此，在近距离煤层工作面开采设计时，若下煤层工作面切眼需布置于上覆煤柱区下方，而导致工作面将出现出一侧采空煤柱的开采时，应根据煤层间是否存在关键层，按照上述所需满足的条件进行切眼的布置，从而达到压架灾害防治的目的。

3. 工程实例验证分析

前面 8.1 节的压架案例已提到，石圪台煤矿 1^{-2} 煤层一盘区 4 个工作面初采阶段均经历了出上覆一侧采空煤柱的开采阶段，然而类似的开采条件下，12104 工作面及 12105 工作面运输巷一侧开采区域却未曾出现压架，在此即可利用上述的理论分析对这两个面进行验证分析。

对于 12104 工作面，前述的算例分析中已针对其煤层间关键层的初次破断情况进行了分析，由于其切眼位置距离煤柱边界较近，其初次破断距与上覆载荷的作用点位置满足 $0<a<0.5$，上覆载荷作用点位于该关键层初次破断的左侧块体上，因而工作面出煤柱时未出现压架现象。而对于 12105 工作面运输巷一侧开采区域，按照与前述 12104 工作面算例相同的方法计算，可求得此区域煤层间关键层破断时符合 $0.5<a\leqslant1$ 且 $x_{j1}<l$，此时已无法满足出煤柱开采绝对安全的条件，因此，可按照式(8-21)或式(8-22)进行验证。

若取上下煤层直接顶碎胀系数 $K_{p1}=K_{p2}=1.3$，则根据 K33 钻孔柱状可计算得 $\Delta_1=0.653\text{m}$，12104 工作面和 12105 工作面运输巷一侧对应 Δ_2 分别为 0.453m 和 0.553m。由于两区域 Δ_1 均大于 Δ_2，已无法满足式(8-21)的先决条件，因此，仅可按式(8-22)进行验证。其中，l_k 按工作面所用支架参数取 5.5m，煤层间关键层 2 的单轴抗压强度 σ_c 取值 39.9MPa，β_2、θ_2 分别取值 85°和 8°，$\tan\varphi$ 取 0.3。由此，按照前述的计算公式根据 K33 钻孔柱状，可对式(8-22)中各项参数进行计算，计算结果见表 8-8。由表 8-8 可见，12105 工作面运输巷一侧开采区域对应公式(8-22)左侧计算值小于右侧，满足了公式的条件。正是因为如此，工作面在此开采区域才未有压架的发生，所以前述的理论分析得到了现场工程实例的验证。

表 8-8　式(8-27)各项参数计算值

项目	l_b/m	x_{j1}/m	F_B/kN	R_B'/kN	T/kN	公式计算值/kN	
						左侧	右侧
计算值	26.7	21.0	19978.6	3998.7	23175.4	175573.6	202554.3

8.3.3　煤层间岩层组合及层间距对压架灾害的影响规律

与第 7 章中浅埋近距离煤层出上覆两侧采空煤柱的开采类似，工作面出一侧采空煤柱开采时，煤层间距的增大同样会对出煤柱时压架的发生产生明显的抑制作用；鉴于前章中已就其抑制机理进行了阐述，在此就不再重复叙述，仅针对煤层间不同岩层组合条件下工作面出一侧采空煤柱开采安全的煤层间距临界条件进行分析。

1. 压架发生的煤层间距临界条件

对于工作面出一侧采空煤柱的开采，受煤柱上方关键层在出煤柱前是否发生初次破断的影响会存在两种情形。其中，出煤柱前煤柱上方关键层已发生初次破断的情形，与工作面出两侧采空煤柱的开采类似。所以，本章节中仅针对出煤柱前煤柱上方关键层未发生初次破断的开采情形进行煤层间距临界条件的分析。考虑到下煤层切眼的位置也是影响工作面出一侧采空煤柱压架发生的重要因素之一，它会对上覆载荷的大小产生明显的影响；因此，出一侧采空煤柱开采时的煤层间距临界条件也与切眼的位置有关，也就是说，不同的切眼位置将对应着不同的煤层间距临界值。显然，切眼位置距离煤柱边界越近，保证工作面出煤柱开采安全的层间距临界值就越小。因此，下面将针对下煤层切眼的不同位置，按照煤层间有无关键层及关键层层数分别进行煤层间距临界条件的分析。

1)煤层间无关键层存在

若煤层间不存在关键层，则与前述出两侧采空煤柱开采类似，工作面处于煤柱边界附近时，层间岩层同样以剪切破坏的形式整体切落。因此，此开采条件下层间岩层发生剪切破坏的临界厚度 $d'_{\min}$ 可类似按式(7-28)进行计算，即：

$$d'_{\min} = \frac{3F'_{\mathrm{B}}}{2R_{\mathrm{S}}} \tag{8-24}$$

式中：F'_{B} 为煤柱上覆集中载荷，其值为上煤层直接顶岩层重量与关键层块体 G 破断回转传递的载荷之和，鉴于前者相对较小，可忽略不计，则根据式(8-3)取系数 k_{b} 为 0.8，关键块体 H 的破断块度 i_1 为 0.3，回转角 α 为 8°，破断长度 l_1 按神东矿区实测周期来压步距取平均值 12m，则：

$$F'_{\mathrm{B}} \approx F_{\mathrm{B}} = \frac{q}{k_{\mathrm{b}}}\left(\frac{4i_1 - 3\sin\alpha}{4i_1 - 2\sin\alpha} l_1 + \frac{1}{2} l_{\mathrm{g}}\right) = (12.7 + 0.625 l_{\mathrm{g}})\gamma H_{12} \tag{8-25}$$

其中，$l_{\mathrm{g}} = d_{\mathrm{m}} - (D'_0 + M_1 + \sum h_{i1})\cot\beta$，如图 8-30 所示。

因此，按照与前节同样的思路，保证层间岩层切落时不作用在工作面支架上，即 $(D'_0 - d'_{\min})\cot\beta \geqslant l_{\mathrm{k}}$，结合式(8-24)和式(8-25)则可得到工作面出一侧采空煤柱开采时，煤层间无关键层的层间距临界条件为

$$D'_0 \geqslant \frac{2 l_{\mathrm{k}} R_{\mathrm{s}} \tan\beta + \left[38.1 + 1.875 d_{\mathrm{m}} - 1.875\cot\beta(M_1 + \sum h_{i1})\right]\gamma H_{12}}{2R_{\mathrm{s}} + 1.875\gamma H_{12}\cot\beta} \tag{8-26}$$

对于式中关键块体的载荷层厚度 H_{12}，由前述图 8-14 所示的判别图可知，它会受上煤层上方关键层层数及其破断步距的影响而发生改变，在此考虑最危险的状态，令上煤上方仅一层关键层，那么 H_{12} 即为此关键层的埋深 H'。

另外，若工作面出煤柱时煤柱上方关键层的悬露长度 $l_{\mathrm{g}} < l_1$，则此时该关键层将无法

发生破断，从而出煤柱的开采也是安全的。所以，按照这样的思路同样可得到煤层间距的临界条件为

$$D_0' > (d_m - l_1)\tan\beta - \left(M_1 + \sum h_{i1}\right) \tag{8-27}$$

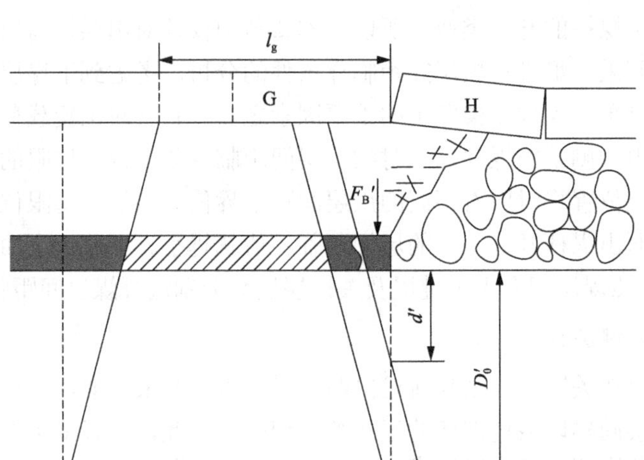

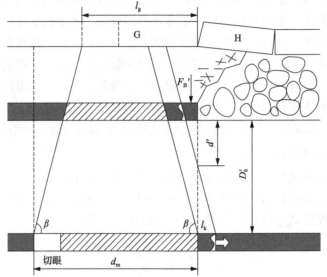

图 8-30　出一侧采空煤柱煤层间无关键层时煤层间距临界条件的计算示意图

由此，联合考虑式(8-26)和式(8-27)，令上煤层直接顶$\sum h_{i1}$为 10m、H'为 90m(即上煤层埋深 100m)，上煤层厚度M_1为 3m，代入相关参数，可计算出上煤层埋深 100m、其上覆仅一层关键层条件下，不同切眼位置时的煤层间距临界值，如图 8-31 所示。从图中可见，当下煤层切眼距煤柱边界较近时(小于 26.3m)，按照式(8-27)计算所得的煤层间距临界值更小些；反之则按式(8-26)计算所得的临界值更小些。也就是说，当d_m<26.3m 时，仅需满足煤柱上方关键层不发生破断即可保证出煤柱开采的安全；而当d_m值进一步增大时，则应满足煤层间岩层的切落不作用在支架上。所以，应取两者的合集，即：

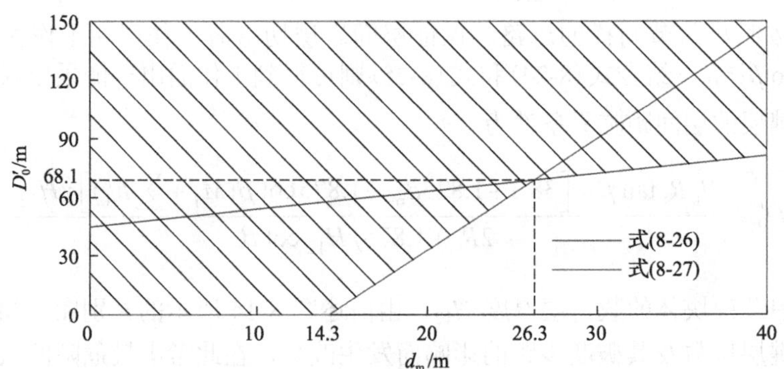

图 8-31　工作面出一侧采空煤柱 d_m 与 D_0' 的临界关系曲线

注：本图是基于 l_1 为 12m 绘制

$$
D_0' \begin{cases} \geqslant 0 \quad 0 < d_{\mathrm{m}} \leqslant 14.3 \\ > (d_{\mathrm{m}} - l_1)\tan\beta - \left(M_1 + \sum h_{i1}\right) \quad 14.3 < d_{\mathrm{m}} \leqslant 26.3 \\ \geqslant \dfrac{2l_{\mathrm{k}}R_{\mathrm{S}}\tan\beta + \left[38.1 + 1.875d_{\mathrm{m}} - 1.875\cot\beta\left(M_1 + \sum h_{i1}\right)\right]\gamma H_{12}}{2R_{\mathrm{S}} + 1.875\gamma H_{12}\cot\beta} \quad d_{\mathrm{m}} > 26.3 \end{cases} \tag{8-28}
$$

因此，由以上分析可知，在上煤层埋深 100m、煤层间无关键层的开采条件下，工作面出一侧采空煤柱开采不发生压架其煤层间距所需满足的条件应为图 8-31 中的阴影部分。

2) 煤层间存在 1 层关键层

若煤层间存在 1 层关键层时，根据前面的分析可知，受该层关键层初次破断的影响，煤柱上方关键层仅在煤层间关键层发生初次破断时才可发生破断，从而才能将上覆载荷传递下来；此即为 8.3.1 节中所述 B 类Ⅱ型开采类型。由 8.3.1 节的分析可知，当煤层间关键层的初次破断距 L_2 及其中间破断点位置满足一定条件，使得煤柱边界处于煤层间关键层初次破断的中间铰接点附近时，关键块体回转作用所传递的载荷将大部分由采空区矸石承担，从而能保证工作面出煤柱开采的安全。而煤层间该层关键层的初次破断情况不仅和自身的厚度及其力学特性有关，还与切眼的位置 d_{m}、煤柱埋深（上覆载荷）密切相关。因此，寻求这种情况下保证工作面出煤柱开采安全的煤层间距临界条件，实际上是要求在切眼位置 d_{m}、煤柱埋深（上覆载荷）一定时，煤层间关键层的厚度应能满足前章节中所要求的初次破断条件，此时即转化为求解煤层间关键层厚度 h_2 的临界条件。由于理论分析的过程较繁琐复杂，在此特采用 UDEC 数值模拟软件，针对煤层间不同厚度的关键层在不同切眼位置和煤柱埋深条件下的初次破断距进行了模拟判定，依此探求保证出煤柱安全的煤层间关键层厚度的临界条件。

模拟实验的模型以石圪台煤矿 12104 工作面的开采条件为基础进行设计，并对各岩层进行简化。其中，上下煤层厚度均为 3m，上下煤层直接顶均为 8m。由于上煤层上覆关键层的层数会对上覆载荷传递的大小产生影响，而 UDEC 模拟软件对这种载荷传递的差异无法准确地模拟，因此，本计算模型中考虑最危险的情况，设定上煤层上方仅 1 层关键层，其厚度为 6m。模拟方案为：以煤柱埋深为 60m 和 100m 时对切眼位置 d_{m} 分别为 20m、30m 和 40m 三种情况进行模拟，煤层间关键层 2 的厚度则由 5m 按照 1.5m 的梯度增至 20m。采用莫尔-库仑破坏准则，在模拟中以拉破坏作为煤层间关键层破断的判别条件。当岩层的拉应力超出其抗拉强度时，UDEC 软件会自动判别并在模型上显示出岩层拉破坏的位置。如图 8-32 为煤柱埋深 60m、d_{m}=20m、h_2=6.5m 模拟方案，煤层间关键层发生初次破断时的判别结果输出图，图中空心小圆圈表示拉破坏。由此判定出该关键层的初次破断距。

为了确保模拟判定结果的准确，实验首先以 12104 工作面的开采条件进行模拟，在模拟过程中通过调整煤层间关键层的物理力学参数，使模拟结果达到其初次破断距为 43m 的实际情况；最终再以此调整出的参数进行各方案的模拟。各方案对应煤层间关键

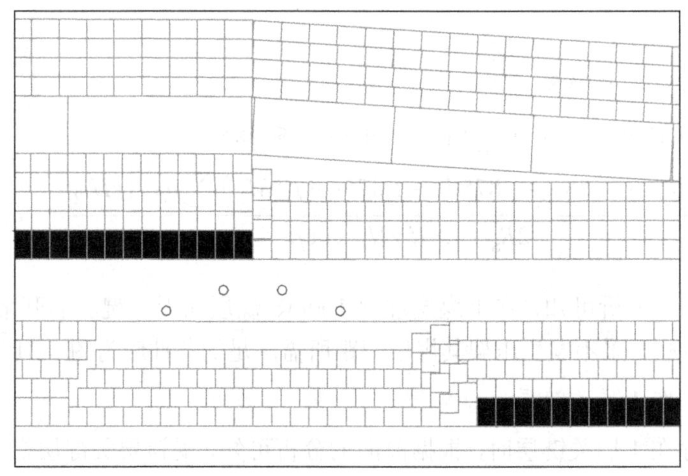

图 8-32　UDEC 数值模拟煤层间关键层拉破坏的判别图

层的初次破断距判定结果见表 8-9。利用表 8-9 当煤层间关键层的初次破断情况满足 $0<a<0.5$ 或 $0.5<a<1$ 且 $x_{j1}>l$ 时，工作面出煤柱的开采是安全的；而当 $0.5<a<1$、$x_{j1}<l$ 时，则需利用前述式(8-22)进行进一步的判别。例如，煤柱埋深 60m、h_2 为 5m、d_m 为 20m 的方案，由于其对应 $0.5<a<1$、$x_{j1}<l$，因此应根据式(8-22)进行判别；通过代入相关参数进行计算后显示，式(8-22)对应左侧小于右侧，满足该式的条件，所以不会出现压架。而对于同一切眼位置和煤柱埋深情况下 h_2 为 6.5m 的情况，由于其满足 $0<a<0.5$，因此工作面也不会出现压架。类似地，按照这样的方法可对其他方案情况下的压架与否进行判断，判别结果见表 8-9。最终根据此判别结果可得出特定煤柱埋深及切眼位置条件下，煤层间关键层厚度所需满足的临界条件。由此可见，煤柱埋深越浅、切眼距煤柱边界的距离越近，保证工作面出煤柱开采安全所需的煤层间关键层的临界厚度值就越小。这与 8.3.2 节的分析结果也是一致的。

而若煤层间存在 2 层或 2 层以上的多层关键层时，显然工作面出煤柱的开采更趋于安全，与之相应的煤层间距临界条件同样应转化为煤层间第一层关键层的临界厚度。即按照上述相同的方法，以保证该层关键层的初次破断不对其下部第二层关键层的破断结构及工作面支架产生影响为前提，确定该层关键层的临界厚度。具体方法与煤层间 1 层关键层的开采情况类似，在此就不做详细分析。

2. 工程实例验证分析

1) 国内外已发生出一侧采空煤柱开采压架的工程实例验证

根据上述的理论分析，可针对前述国内外已有的工作面在推出上覆一侧采空煤柱时的压架案例，根据各自的地质开采条件，分析若能保证这些工作面出煤柱开采安全所需的煤层间距临界条件，从而对上述的理论计算方法进行验证。

例如：石圪台煤矿 12102 工作面出上覆一侧采空煤柱的开采。由图 8-3 所示的 K34

表 8-9　不同切眼位置与煤柱埋深条件下煤层间关键层厚度的临界条件

h_2/m	煤柱埋深 60m								
	d_m=20m			d_m=30m			d_m=40m		
	L_2/m	a、x_{j1}范围	压架与否	L_2/m	a、x_{j1}范围	压架与否	L_2/m	a、x_{j1}范围	压架与否
5.0	34	$0.5<a<1$ $x_{j1}<l$	否	42	$0.5<a<1$ $x_{j1}<l$	是	42	$0.5<a<1$ $x_{j1}<l$	是
6.5	44	$0<a<0.5$	否	46	$0.5<a<1$ $x_{j1}<l$	是	50	$0.5<a<1$ $x_{j1}<l$	是
8.0	68	$0<a<0.5$	否	56	$0.5<a<1$ $x_{j1}<l$	否	54	$0.5<a<1$ $x_{j1}<l$	是
9.5	—	—	—	—	—	—	54	$0.5<a<1$ $x_{j1}<l$	是
11.0	—	—	—	—	—	—	56	$0.5<a<1$ $x_{j1}<l$	是
12.5	—	—	—	—	—	—	72	$0.5<a<1$ $x_{j1}<l$	是
14.0	—	—	—	—	—	—	76	$0.5<a<1$ $x_{j1}>l$	否
15.5	—	—	—	—	—	—	84	$0<a<0.5$	否
17.0	—	—	—	—	—	—	88	$0<a<0.5$	否
18.5	—	—	—	—	—	—	—	—	—
20.0	—	—	—	—	—	—	—	—	—
h_2临界值	$h_2 \geq 5.0$m			$h_2 \geq 8.0$m			$h_2 \geq 14.0$m		

h_2/m	煤柱埋深 100m								
	d_m=20m			d_m=30m			d_m=40m		
	L_2/m	a、x_{j1}范围	压架与否	L_2/m	a、x_{j1}范围	压架与否	L_2/m	a、x_{j1}范围	压架与否
5.0	26	$0.5<a<1$ $x_{j1}<l$	是	30	$0.5<a<1$ $x_{j1}<l$	是	36	$0.5<a<1$ $x_{j1}<l$	是
6.5	30	$0.5<a<1$ $x_{j1}<l$	是	32	$0.5<a<1$ $x_{j1}<l$	是	36	$0.5<a<1$ $x_{j1}<l$	是
8.0	40	$0<a<0.5$	否	38	$0.5<a<1$ $x_{j1}<l$	是	44	$0.5<a<1$ $x_{j1}<l$	是
9.5	52	$0<a<0.5$	否	38	$0.5<a<1$ $x_{j1}<l$	是	44	$0.5<a<1$ $x_{j1}<l$	是
11.0	54	$0<a<0.5$	否	40	$0.5<a<1$ $x_{j1}<l$	是	44	$0.5<a<1$ $x_{j1}<l$	是
12.5	—	—	—	46	$0.5<a<1$ $x_{j1}<l$	是	52	$0.5<a<1$ $x_{j1}<l$	是
14.0	—	—	—	50	$0.5<a<1$ $x_{j1}<l$	是	56	$0.5<a<1$ $x_{j1}<l$	是
15.5	—	—	—	58	$0<a<0.5$	否	56	$0.5<a<1$ $x_{j1}<l$	是
17.0	—	—	—	62	$0<a<0.5$	否	56	$0.5<a<1$ $x_{j1}<l$	是
18.5	—	—	—	—	—	—	64	$0.5<a<1$ $x_{j1}<l$	是
20.0	—	—	—	—	—	—	74	$0.5<a<1$ $x_{j1}>l$	否
h_2临界值	$h_2 \geq 8.0$m			$h_2 \geq 15.5$m			$h_2 \geq 20.0$m		

钻孔柱状可以看出，工作面出煤柱开采区域煤层无关键层存在，由此应按照前面第 1 种情况的计算方法进行分析验证。根据 K34 钻孔柱状及式(8-24)至式(8-26)并结合上煤层 2.0m 的采高，可计算出要保证层间岩层的切落不作用在支架上的煤层间距临界条件为 $D_0' \geqslant 51.9$m；同时考虑煤柱上方关键层不发生破断所需的煤层间距临界条件为 $D_0' \geqslant 155.8$m。最终综合两者考虑，其临界条件应为 $D_0' \geqslant 51.9$m。同理可对国内外其他矿井工作面煤层间岩层所需满足的临界厚度条件进行计算，计算结果见表 8-10。其中，石圪台煤矿 12103 工作面和凯达煤矿 $1601_下$工作面由于切眼位置距离煤柱边界较远，其等同于第 7 章所述工作面出上覆两侧采空煤柱的开采，因此，煤层间距的临界条件按照前章的方法进行确定。

表 8-10　国内外已发生出一侧采空煤柱开采压架的煤层间距临界条件验证表

工作面	煤层间有无关键层	煤层间岩层需满足的厚度条件	煤层间岩层实际厚度条件	备注
石圪台矿 12102 面	无	$D_0' \geqslant 51.9$m	$D_0' = 5.2$m	
石圪台矿 12103 面	无	$D_0' \geqslant 57.9$m	$D_0' = 0.6 \sim 5.0$m	与出上覆两侧采空煤柱等同
石圪台矿 12105 面(回风巷侧)	无	$D_0' \geqslant 40.0$m	$D_0' = 5.3$m	
凯达矿 $1601_下$面	无	$D_0' \geqslant 47.3$m	$D_0' = 13.0$m	与出上覆两侧采空煤柱等同
孟巴矿 1204 面	无	$D_0' \geqslant 267.8$m	$D_0' = 4.5$m	

从表 8-10 所示的计算结果可见，上述出煤柱开采发生压架的工作面对应煤层间岩层的实际厚度均未能满足所需的临界条件，也正应为如此，才导致了最终压架的出现。

2) 大柳塔煤矿 52304 综采面出一侧采空煤柱开采的工程实例验证

大柳塔煤矿 52304 综采面位于 5^{-2} 煤层三盘区，工作面初采阶段呈“刀把面”的布置形式(图 8-33)，其中，52304-1 面宽 147.5m，推进长度 148.7m；52304-2 面宽 301m，总推进长度 4389.1m。煤层结构简单，倾角 1°～3°，平均厚度 6.94m，埋深 184～222m。工作面采用郑煤 ZY16800/32/70D 型液压支架，额定工作阻力 16800kN。煤层顶底板均以灰色粉砂岩为主。工作面末采阶段的 970m 推进范围内对应上部 2^{-2} 煤层已采的 22307 综采面采空区，由此，工作面在此阶段将会经历推出上覆一侧采空煤柱的开采过程，如图 8-33 所示。

52304 工作面在推出上覆一侧采空煤柱的过程中一直未呈现出强烈的矿压显现，支架活柱也未有大幅的下缩现象，工作面实测周期来压步距 13.4～16.4m，平均 15.2m，最终顺利安全地进入了上覆 2^{-2} 煤层采空区。鉴于工作面切眼距上覆一侧采空煤柱边界较远，等同于第 7 章所述工作面出上覆两侧采空煤柱的开采，因此，下面可根据第 7 章的理论分析对工作面的煤层间距条件进行验证。

遵循前章 7.3.3 节的验证方法，同样先验证是否为煤柱边界的超前失稳对压架的发生产生了抑制作用。从图 8-33 所示的平剖面图可以看出，此一侧采空煤柱边界存在一 5m

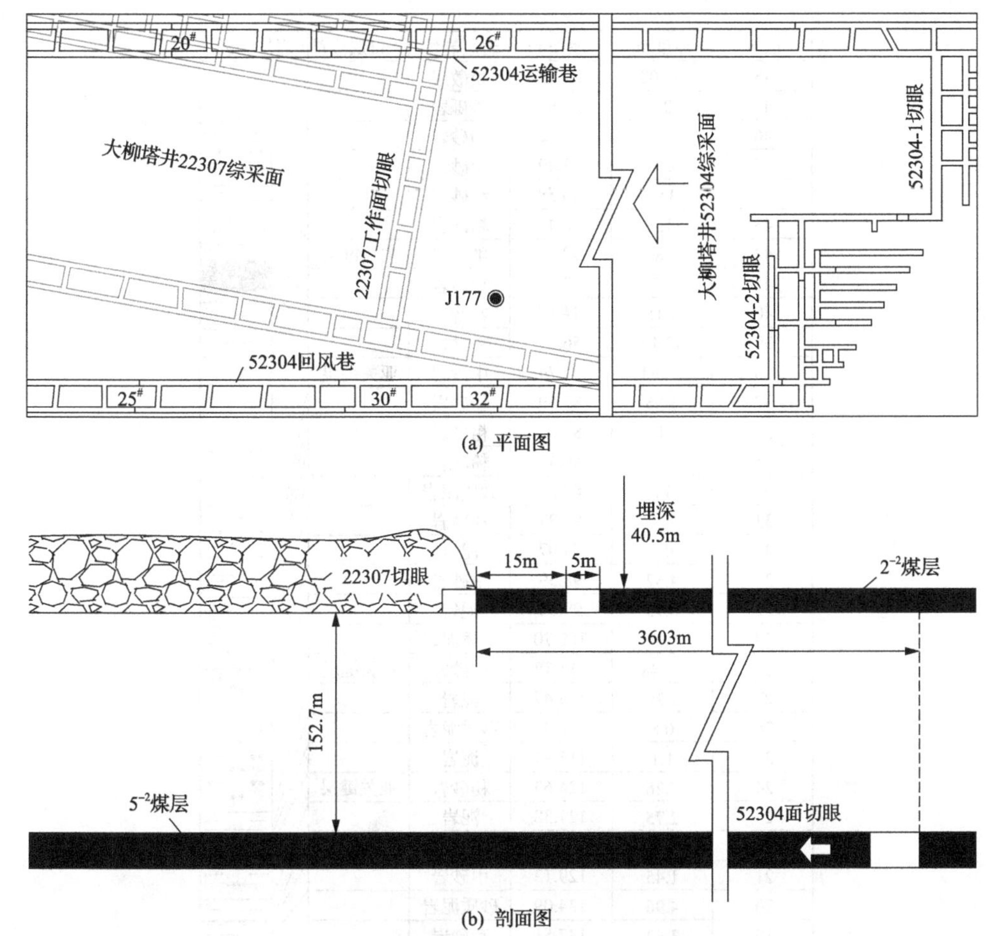

图 8-33 大柳塔煤矿 52304 工作面上覆煤柱分布图

宽的空巷，空巷距煤柱边界 15m；然而，根据工作面内 J177 钻孔柱状(图 8-34)的揭示情况，2^{-2} 煤层厚度 4.1m，埋深仅 40.5m。根据 7.3.2 节计算的空巷位置的临界条件可知，此空巷的存在仍不足以促使煤柱边界发生超前失稳，因此，仍应从两煤层间较大的层间距的抑制作用的角度进行验证。根据 J177 钻孔柱状，两煤层间距 152.7m，煤层间存在 6 层关键层，说明两煤层间的层间距及其岩性强度均较大。首先，按照式(7-32)并结合工作面的来压步距实测值(13.4～16.4m)，煤层间最下部关键层距 2^{-2} 煤层的距离应满足 $D_6 \geq$ 36.8～45.1m，而 J177 钻孔揭示此层关键层距 2^{-2} 煤层的距离已达 133.8m，明显满足该条件的要求。其次，由 J177 钻孔柱状可知，2^{-2} 煤层上方第 1 层关键层的载荷层厚度 H_{12} 为 38.3m，由此可根据式(7-33)计算出煤层间第 1 层关键层的破断距应为 l_{x1}=17.4m，此值已超过了最下部第 6 层关键层的破断距(l_{x6} 为 13.4～16.4m)，同样满足了 $l_{x1} > l_{x6}$ 的要求。由此可见，正是由于 52304 工作面与上部 2^{-2} 煤层间较大的岩层厚度及岩性强度，使得其中的关键层层位及其相互之间的位置满足了前述所需的临界条件，才保证了工作面出煤柱开采的安全，此工程实例同样验证了前述的理论分析。

层号	厚度/m	埋深/m	岩层岩性	关键层位置	岩层图例
48	22.02	22.02	松散层		
47	0.6	22.62	砂砾岩		
46	2.6	25.22	粉砂岩		
45	2.27	27.49	中砂岩		
44	3.09	30.58	细砂岩		
43	1.9	32.48	粉砂岩		
42	5.85	38.33	细砂岩	主关键层	
41	2.2	40.53	粉砂岩		
40	4.15	44.68	2^{-2}煤层		
39	12.15	56.83	粉砂岩		
38	24.91	81.74	中砂岩	亚关键层	
37	19.5	83.69	粉砂岩		
36	1	84.69	粗砂岩		
35	1.74	86.43	粉砂岩		
34	3.2	89.63	砂质泥岩		
33	3.64	93.27	粉砂岩		
32	0.8	94.07	泥岩		
31	4.52	98.59	中砂岩		
30	0.75	99.34	泥岩		
29	1.36	100.70	砂质泥岩		
28	12.48	113.18	中砂岩	亚关键层	
27	2.29	115.47	泥岩		
26	0.8	116.27	砂质泥岩		
25	1.1	117.37	泥岩		
24	7.26	124.63	粉砂岩	亚关键层	
23	2.75	127.38	泥岩		
22	0.3	127.68	砂质泥岩		
21	1.45	129.13	中砂岩		
20	4.96	134.09	砂质泥岩		
19	3.42	137.51	粉砂岩		
18	4.05	141.56	细砂岩		
17	1.8	143.36	砂质泥岩		
16	1.13	144.49	泥岩		
15	1.15	145.64	砂质泥岩		
14	7.98	153.62	粉砂岩		
13	3.16	156.78	砂质泥岩		
12	2.3	159.08	细砂岩		
11	1.25	160.33	粉砂岩		
10	1.9	162.23	泥岩		
9	3.83	166.06	粉砂岩		
8	6.5	172.56	中砂岩	亚关键层	
7	0.89	173.45	粉砂岩		
6	2.66	176.11	中砂岩		
5	2.35	178.46	粉砂岩		
4	8.1	186.56	中砂岩	亚关键层	
3	2.2	188.76	粉砂岩		
2	7.18	195.94	中砂岩		
1	1.48	197.42	粉砂岩		
0	7.08	204.50	5^{-2}煤层		

图 8-34　大柳塔煤矿 52304 工作面 J177 钻孔柱状

8.4　压架灾害防治实践

前述已有的研究结果已表明，在我国液压支架现有的制造水平条件下，支架阻力通常是无法抵挡关键层 1 块体破断回转所传递的载荷作用的；因此，试图通过提高支架阻力来防治表 7-1 所示出一侧采空煤柱开采的压架灾害是难以实现的。参照第 7 章的研究结果，工作面出一侧采空煤柱开采时首先也应按照图 7-41 所示的思路进行防治；同时由于 8.3 节的分析已表明，煤层间不论是否存在关键层，工作面切眼位置的不同均会对压架的发生产生明显影响。因此，按照 8.3.2 节的方法寻找出保证工作面出一侧采空煤柱安全的合理切眼位置，对出煤柱压架灾害的防范至关重要。

8.4.1　石圪台煤矿 12106 综采面压架防治实践

1. 工作面基本条件

石圪台煤矿 12106 综采面位于 1^{-2} 煤层一盘区，与前面所述石圪台 12102～12105 综采面属同一盘区，地面标高 1227.6～1266.2m，煤层底板标高 1160.78～1166.93m，目前工作面正处于巷道掘进阶段。工作面设计走向推进长度 1620.8m，倾向宽 285.2m，如图 8-35 所示。煤层倾角 1°～3°，煤层厚度 3.4～3.7m，平均 3.6m，与上部 $1^{-2上}$煤层间距 0.8～2.1m。煤层埋深 75.7～82.3m，上覆基岩厚 72.3～79.7m，直接顶以粉砂岩为主，基本顶以细粒砂岩为主，底板以细粒砂岩和粉砂岩为主，工作面覆岩柱状如图 8-36 所示。

2. 压架灾害防治实践

由于工作面与上覆已采的 $12^{上}106$ 工作面间距较小，而切眼的宽度又较大(7.9m)，不易布置在采空区下。因此，工作面开采设计时与前期几个工作面一样，将切眼布置在上部 $12^{上}106$ 开采边界的保护煤柱下方，矿方的初始设计方案是将 12106 工作面切眼布置在距离上覆煤柱边界 27.9m(含切眼宽度)的位置，如图 8-35 所示。如此，工作面初采期间将面临推出上覆一侧采空煤柱的开采状况。根据上部 $12^{上}106$ 工作面开采时 11～13m 的周期来压步距实测值，可推断 $1^{-2上}$煤层上覆第一层亚关键层的破断距为 11～13m；而由 K83 钻孔柱状可知，工作面开采的 1^{-2} 煤层与上覆 $1^{-2上}$煤层间无关键层存在。因此，若工作面按照矿方的初始设计方案进行切眼的布置，12106 工作面出一侧采空煤柱开采将属于 A 类 II 的开采类型，工作面出煤柱阶段煤柱上方关键层必将发生大跨度的悬臂式破断，从而导致压架的发生。

为了避免 12106 工作面出一侧采空煤柱时出现类似前述 8.1 节同盘区工作面的压架事故，对矿方的初始设计方案进行了改进和优化。即是根据前述式(8-11)保证切眼的位置 d_m 处于煤柱上方关键层的周期破断步距之内才可。首先，根据上覆煤柱的赋存情况，可以计算出上覆煤柱边界的塑性区宽度 Y_2 为 0.9m；由此根据式(8-11)可解得 12106 工作面切眼的合理布置位置应为 $8.8 < d_m <$ (11～13)。所以，最终建议矿方将切眼的布置位置由原先的距煤柱边界 27.9m 调整为 11.0m。矿方经过慎重考虑和讨论研究后，最终采纳

了本建议方案。

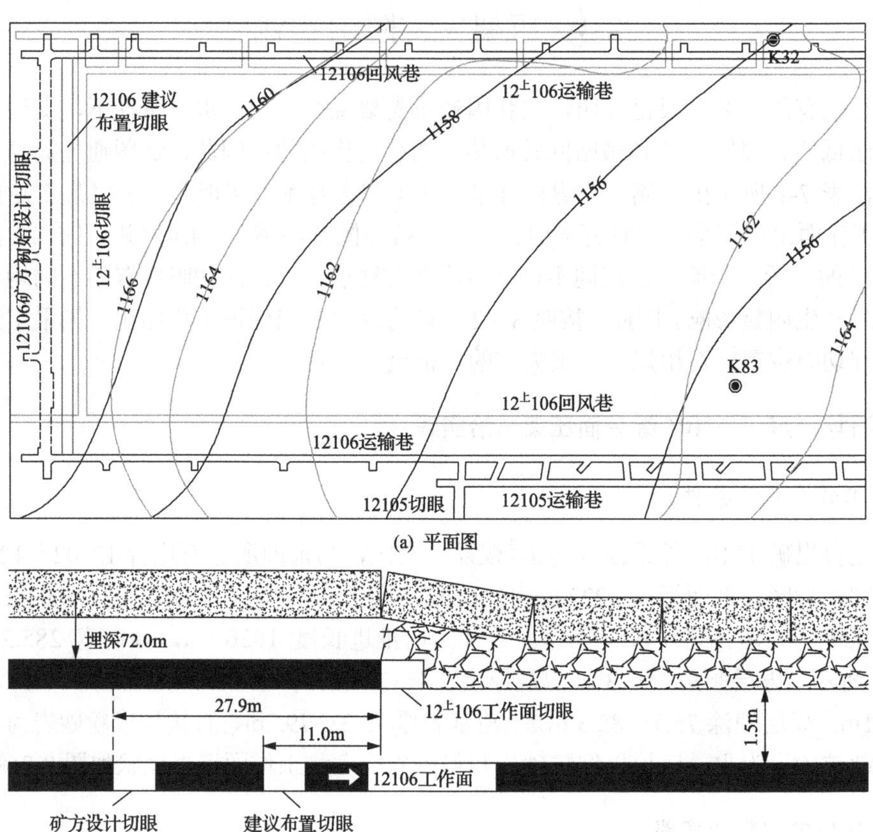

图 8-35　石圪台煤矿 12106 工作面布置图

层号	厚度/m	埋深/m	岩层岩性	关键层位置	岩层图例
14	18.7	18.70	松散层		
13	2.95	21.65	中砂岩		
12	2.95	24.60	砂质泥岩		
11	5.05	29.65	细砂岩		
10	10.68	40.33	中砂岩		
9	13.74	54.07	粉砂岩	主关键层	
8	1.21	55.28	1^{-1}煤层		
7	1.29	56.57	砂质泥岩		
6	0.86	57.43	泥岩		
5	2.34	59.77	粉砂岩		
4	8.62	68.39	中砂岩	亚关键层	
3	3.63	74.02	粗砂岩		
2	2.21	74.23	$1^{-2上}$煤层		
1	1.45	75.68	粉砂岩		
0	3.72	79.40	1^{-2}煤层		

图 8-36　12106 工作面 K83 钻孔柱状

8.4.2　凯达煤矿 2602 中综采面压架防治实践

1. 工作面基本条件

凯达煤矿隶属内蒙古伊泰煤炭股份有限公司，井田面积 5.5426km²，设计生产能力 160 万 t/a，煤炭资源保有储量为 1094 万 t。该矿 2602中综采面位于 6⁻²中煤层二盘区，工作面对应地面标高 1228.8～1290.4m，煤层底板标高 1180.1～1195.2m；工作面走向推进长度 733m，倾斜长 166m，设计采高 2.8m，采用平顶山煤机厂生产的 ZY6800/14/31 型液压支架进行回采。工作面顶板为深灰色砂质泥岩，底板为砂质泥岩及泥岩，平均厚度 6.0m 左右。本工作面上部对应 6⁻²上煤层已采的 2602上综采面采空区，煤层间距 0.3～8.6m，如图 8-37 所示。

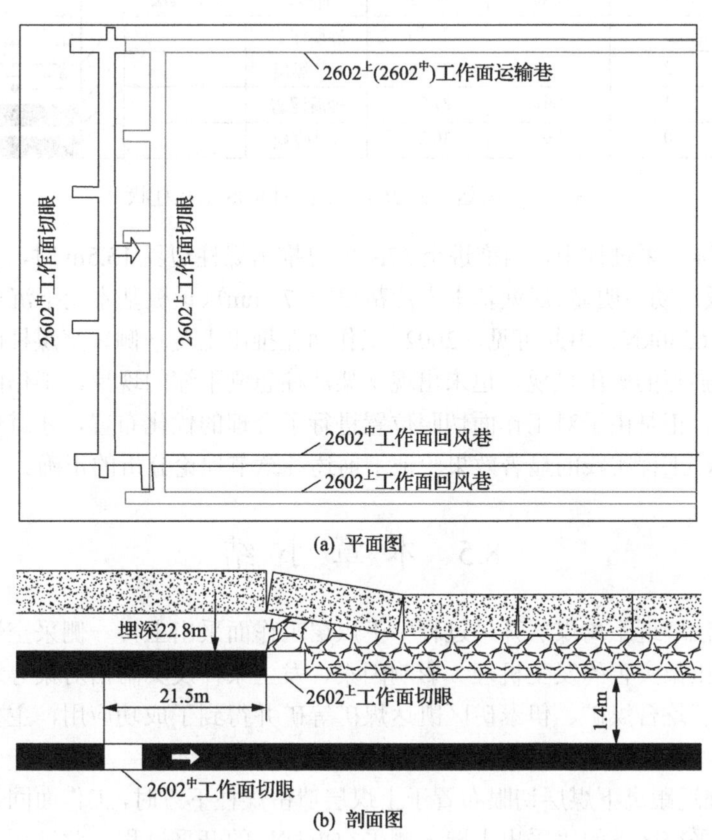

图 8-37　凯达煤矿 2602中工作面布置图

2. 压架灾害防治实践

由于上下煤层间距较小，为了便于下部 2602中工作面切眼大断面的支护，需要将其布置在上部 2602上工作面切眼的保护煤柱中，由此将会造成 2602中工作面初采阶段经历推出上覆一侧采空煤柱的开采过程。鉴于工作面埋深较浅，而煤层间距又较小，无法满足前述关于煤柱边界超前失稳或煤层间大间距对出煤柱开采压架抑制的临界条件，因此，若不采取相关措施，该面在出煤柱开采过程中将面临压架的危险。

由工作面附近 K06 钻孔柱状(图 8-38)可知，两煤层间无关键层存在。根据前述第 8.3.1 节的研究结果，2602^{中}工作面出一侧采空煤柱的开采属于 A 类开采类型，因此，要保证出一侧采空煤柱开采的安全，应从合理布置工作面切眼位置的角度进行，即需按照式(8-11)满足切眼位置 d_m 处于上煤层上方关键层的周期破断步距之内才可。而根据上部 2602^{上}工作面的矿压实测结果，该面周期来压步距 23～25m，由此，按照式(4-1)将 2602^{中}工作面的切眼位置设计布置在距离煤柱边界 21.5m 处，如图 8-37(b)所示。

层号	厚度/m	埋深/m	岩层岩性	关键层位置	岩层图例
5	4.25	4.25	松散层		
4	12.68	16.93	细砂岩	主关键层	
3	5.83	22.76	砂质泥岩		
2	3.02	25.78	$6^{-2上}$煤层		
1	1.42	27.20	砂质泥岩		
0	3.07	30.27	$6^{-2中}$煤层		

图 8-38　凯达煤矿 2602^{中}工作面 K06 钻孔柱状

工作面实际开采过程中，当推进至 37m 即已推出煤柱边界 15.5m 时，顶板才出现初次来压，且顶板活动不明显、煤壁基本未片帮(30～75mm)、顶板基本无下沉(50～80mm)、支架压力平均 6530kN。由此可见，2602^{中}工作面在推出上覆一侧采空煤柱的过程中，并未呈现出明显强烈的矿压显现，也未出现支架活柱急剧下缩的现象，工作面安全地推出了上覆煤柱区。正是由于对工作面切眼位置进行了合理的优化布置，才避免了出煤柱开采压架的发生，工程实践的显著效果验证了前述各章节理论分析的正确。

8.5　本 章 小 结

本章针对浅埋近距离煤层开采过程中下煤层工作面采出上覆一侧采空煤柱时的压架灾害问题，就压架灾害的发生机理、影响因素、发生条件及其防治对策等进行了研究，并在神东矿区石圪台煤矿、伊泰矿区凯达煤矿等矿井得到了成功应用，主要取得以下几点结论。

(1)当浅埋近距离下煤层切眼布置于上煤层遗留煤柱下方时，工作面回采期间将经历由煤柱区进入采空区下的“采出上覆一侧采空煤柱”的开采过程，此过程中同样易发生与第 7 章工作面采出上覆两侧采空煤柱时所述的类似的压架灾害。

(2)受一侧采空煤柱下切眼布置位置的影响，工作面采出上覆煤柱时的压架存在两种情况：当切眼距煤柱边界较远而大于煤柱上方关键层的初次破断距时，则出煤柱时该关键层将处于周期破断状态，并与煤柱边界采空区一侧已断块体形成非稳定的三铰式结构，此时的压架机理与工作面采出上覆两侧采空煤柱时的相同；而当切眼距煤柱边界较近而介于煤柱上方关键层的初次破断距和周期破断距之间时，则采出上覆煤柱时该关键层将呈现悬臂式的破断，由于其破断跨度较大，将造成支架载荷过大而压架。

(3) 下煤层切眼距上覆一侧采空煤柱边界距离的不同，将造成煤柱上方关键层破断型式的不同，从而会对关键块体回转运动致灾的危险程度产生影响。按照煤层间有无关键层这两种类型，根据下煤层切眼位置的不同，将工作面出一侧采空煤柱的开采划分为 2 类 7 种，由此对各种类型的压架危险等级进行了划分。煤层间存在关键层、切眼距煤柱边界越近，则出一侧采空煤柱的开采越安全。在煤层间无关键层的开采条件下，当切眼距煤柱边界的距离介于煤柱上方关键层 1.7～1.9 倍周期破断距与其初次破断距之间时，出煤柱开采的压架危险级别将达到最大。而对于煤层间存在 1 层关键层的开采条件，当切眼距煤柱边界的距离介于煤层间关键层和煤柱上方关键层两者的初次破断距之间时，压架的危险级别最高。

(4) 对于工作面采出上覆一侧采空煤柱的开采情况，煤层间距增大对压架灾害抑制的临界条件不仅与煤层间关键层的赋存条件有关，还与下煤层切眼在一侧采空煤柱下的布置位置密切相关。当煤层间无关键层时，除了考虑层间软岩的切落不致作用到支架上，还应考虑煤柱上方关键块体的破断距处于其周期破断距之内；而当煤层间存在 1 层或 1 层以上的多层关键层时，受煤层间第 1 层关键层初次破断的控制作用，仅需保证该关键层初次破断的中间铰接点处于煤柱边界附近，从而保证上覆载荷与支架阻力对该铰接点的力矩达到平衡即可。

(5) 提出了一侧采空煤柱下合理确定切眼位置进行压架灾害防治的方法和对策。若煤层间无关键层，切眼距煤柱边界的距离应小于煤柱上方关键层的周期破断距；若煤层间存在 1 层关键层，由于此关键层初次破断的限制作用，切眼可更深入煤柱内部布置，仅需保证该关键层初次破断的中间铰接点处于煤柱边界之外，或使得该初次破断结构前端铰接点的摩擦力及其下部支架阻力和关键块体回转传递的载荷相对中间铰接点达到力矩平衡即可。

(6) 利用浅埋近距离一侧采空煤柱下切眼位置的合理确定方法，成功指导了神东矿区石圪台煤矿 12106 综采面和伊泰矿区凯达煤矿 2602^{中}综采面的压架灾害防治实践。通过缩小下煤层切眼距上覆一侧采空煤柱边界的距离，使得煤柱上方关键层不发生破断，有效保障了工作面采出上覆一侧采空煤柱的安全，工程引用效果显著。

参 考 文 献

[1] 鞠金峰. 浅埋近距离煤层出煤柱开采压架机理及防治研究(博士论文). 徐州: 中国矿业大学, 2013.

[2] 鞠金峰, 许家林. 神东矿区近距离煤层出一侧采空煤柱压架机理. 岩石力学与工程学报, 2013, 32(7): 1321-1330.

[3] 鞠金峰, 许家林, 朱卫兵, 等. 浅埋近距离一侧采空煤柱下切眼位置对推出煤柱压架灾害的影响规律. 岩石力学与工程学报, 2014, 33(10): 2018-2029.

[4] 钱鸣高, 缪协兴, 许家林, 等. 岩层控制的关键层理论. 徐州: 中国矿业大学出版社, 2003.

[5] 钱鸣高, 石平五, 许家林. 矿山压力与岩层控制. 徐州: 中国矿业大学出版社, 2010.

第9章 浅埋近距离旺采煤柱下开采压架机理及防治

旺采即为“旺格维利”(Wongawilli)采煤法的简称，是20世纪50年代末由澳大利亚形成的一种采煤方法，80年代末趋于成熟，90年代末引入我国并推广使用，目前已在我国多个矿区得到广泛使用，如神东矿区、晋城矿区、开滦矿区、大同矿区等。该方法以其适用机械化程度高、生产能力大、资源回收率高、生产系统简单、生产管理较为容易等特点，成为短壁式采煤的发展方向。

“旺格维利”采煤区段巷道布置有两种形式，第一种形式类似于长壁工作面布置形式，如图9-1(a)所示。上下巷道均属双巷布置，巷宽4.6～5.5m，巷间煤柱宽度15～20m，工作面长度50～100m，采硐深度6～12m，宽度3.3m，为连续采煤机单次进刀宽度，采硐间根据实际条件的不同留设0.5～1m的护巷煤柱。当回采面积悬空达10000m^{2}或工作面推进一定的长度(如300m)时加设10m宽的保护煤柱，以防止顶板大面积来压时形成飓风事故。平巷、支巷采用树脂锚杆加强支护。第二种形式如图9-1(b)所示，采煤区段集中布置2～3条巷道，作为进风、回风和运输巷道。巷间煤柱留设宽度、平巷宽度、支巷间距、支护形式均与第一种形式相同。

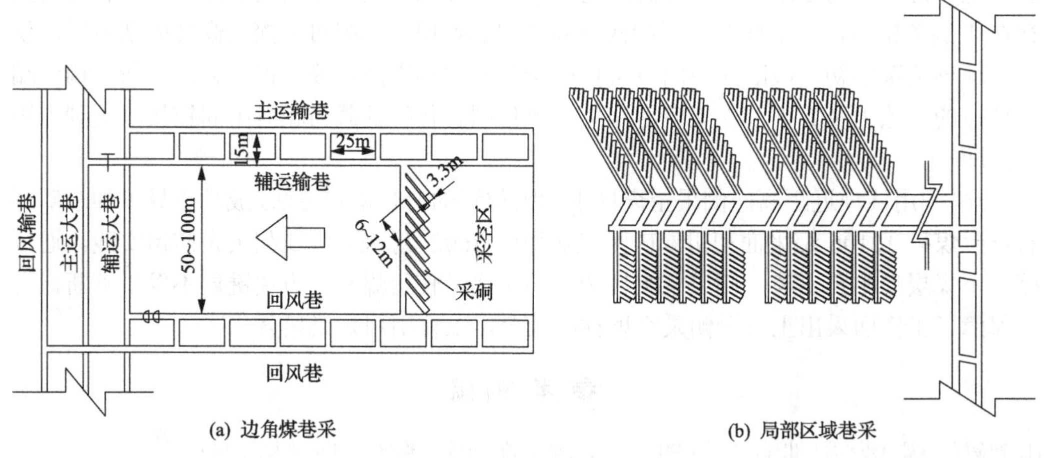

图9-1 “旺格维利”采煤法采区布置平面图

神东矿区煤层埋藏浅、地质结构简单、煤层开采机械化程度高，适合采用“旺格维利”采煤法。自引进该采煤方法后，先后在大海则煤矿、上湾煤矿、康家滩煤矿和哈拉沟煤矿等矿井进行了推广使用，主要用于回收边角煤及开采赋存条件不佳的煤层，最终取得极大的成功。然而，随着近年来煤矿开采强度的不断增大，矿区多个矿井均已相继进入下煤层的开采，由此面临上覆浅埋近距离旺采区下安全采煤的技术问题。随着时间的推移，上覆旺采煤柱自然风化、蠕变、破裂，极可能造成部分煤柱的失稳破坏，导致旺采煤柱区整体承载能力的下降。当下煤层开采时，受采动的影响，将造成上覆旺采煤柱上应力的重新分布，处于工作面煤壁附近一定范围的煤柱将受采动支承压力的影响而处于高应力状态，若此区域内煤柱的承载能力不够时(如尺寸过小，煤体力学强度太弱等)，将造成区域内煤柱的失稳破坏，从而波及邻近煤柱产生“多米诺”式的连锁失稳效应，导致顶板大面积垮落，从而引发飓风冲击、压架、甚至矿震等动力灾害现象，严重危及井下人员和设备的安全。因此，如何揭示上覆浅埋近距离旺采煤柱“多米诺”式整体失稳造成的动力灾害机理，从而确保下煤层的安全开采，是本章研究的重点。

9.1　压架灾害工程案例

9.1.1　石圪台煤矿 31201 工作面开采条件

31201 工作面是石圪台煤矿 3^{-1} 煤层二盘区的首采工作面，工作面走向推进长度 1865m，倾向宽 311.4m；煤层厚度 3.0～4.4m，设计采高 4.0m；上覆基岩厚 48～120m，埋深 110～140m。工作面采用 ZY18000/25/45D 型双柱掩护式液压支架 156 台，额定工作阻力 18000kN，支护强度 1.52MPa。工作面开采区域对应上部为 2^{-2} 煤层旺采采空区，采空区内遗留有旺格维利采煤法留设的集中煤柱和支巷小煤柱；由于 2^{-2} 煤层回采时间较早，且属于早期其他矿井的开采范围(天隆公司)，因此目前仅能明确旺采采空区内集中煤柱的分布情况，对于支巷小煤柱的具体布置情况尚不清楚，如图 9-2 所示。31201 工作面开采的 3^{-1} 煤层与上覆 2^{-2} 煤层的间距为 30～41.8m，覆岩具体柱状如图 9-3 所示。

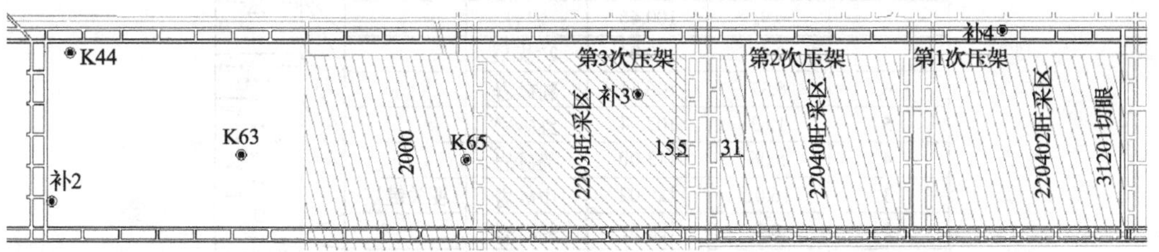

图 9-2　31201 工作面布置及上覆 2^{-2} 煤层旺采采空区分布图

9.1.2　31201 工作面压架事故

31201 工作面在上覆 2^{-2} 煤层旺采煤柱下开采时，累计发生了 9 次支架活柱急剧大幅下缩的压架现象，给工作面的安全高效生产带来了严重的影响。下面针对其中较为严重的 3 次压架现象进行详细介绍(图 9-4)。

第 1 次压架：2013 年 10 月 19 日夜班，31201 工作面推入 2^{-2} 煤层第一组集中煤柱区域 36.4m，接班正常组织生产，凌晨 6:00 左右割煤第五刀，工作面 40#～120#支架来压，压力平均 45MPa，采高 3.8～4.1m。早班继续生产，8:10 左右，来压区域中 60#～110#支架立柱突然下降，在 30min 左右时间内活柱下沉量达到 1.0m 及以上，采高从平均 4.0m 下降到平均 3.0m，造成局部支架压死。此次工作面来压持续 5 刀才恢复正常。

层号	厚度/m	埋深/m	岩层岩性	关键层位置	岩层图例
33	5.14	5.14	松散岩		
32	6.66	11.80	中砂岩		
31	4.9	16.70	粉砂岩		
30	6.2	22.90	细砂岩		
29	12.06	34.96	粉砂岩	主关键层	
28	0.8	35.76	细砂岩		
27	0.6	36.36	泥岩		
26	5.94	42.30	粉砂岩		
25	0.5	42.80	泥岩		
24	1.4	44.20	粉砂岩		
23	0.3	44.50	1^{-1}煤层		
22	1.23	45.73	粉砂岩		
21	2.85	48.58	细砂岩		
20	5.54	54.12	中砂岩		
19	1.59	55.71	粉砂岩		
18	0.86	56.57	$1^{-2\text{上}}$煤层		
17	5.75	62.32	粉砂岩		
16	3.47	65.79	细砂岩		
15	2.11	67.90	1^{-2}煤层		
14	0.88	68.78	砂质泥岩		
13	0.4	69.18	$2^{-2\text{上}}$煤层		
12	7.61	76.79	粉砂岩		
11	5.46	82.25	中砂岩		
10	12.55	94.80	细砂岩	亚关键层	
9	4.74	99.54	2^{-2}煤层		
8	0.92	100.46	泥岩		
7	0.48	100.94	2^{-2}煤层		
6	5.37	106.31	粉砂岩		
5	1.63	107.94	细砂岩		
4	5.06	113.00	粉砂岩		
3	16.02	129.02	中砂岩	亚关键层	
2	0.5	129.52	粉砂岩		
1	4.68	134.20	砂质泥岩		
0	4.18	138.38	3^{-1}煤层		

图 9-3　石圪台煤矿 31201 工作面补 4 钻孔柱状

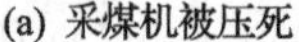

(a) 采煤机被压死

(b) 立柱压坏

(c) 活柱断裂

图 9-4　31201 工作面压架照片

第 2 次压架：2013 年 10 月 25 日早班接班后，割煤第一刀，工作面 40#～120#支架平均压力 40MPa，第二刀平均 422MPa，第三刀时个别支架压力上升到 47.1MPa，平均压力 45MPa，部分安全阀开启。其中，65#～110#支架活柱下沉 0.3～1.2m，此时工作面推进 664.4m，距离上部 2^{-2} 煤层第二组集中煤柱区段还有 31m。此次剧烈来压后，工作面加快割煤速度，割煤 2 刀后，工作面 40#～120#支架压力平均 45MPa，平均采高 3.2m。连续割煤 4 刀以后，工作面来压趋于缓和，平均压力 34MPa，采高也恢复到 4.0m。

第 3 次压架：2013 年 12 月 16 日夜班接班时，工作面采高整体处于 3.8～4.1m，刚割第 1 刀煤时，工作面即出现顶板来压，在 20 秒左右时间内 23#～135#支架整体下沉，活柱行程由原来 1.3～1.5m 左右下沉到 0～0.2m，并导致煤机被压死，大量支架立柱从导向套脱离、立柱密封圈损坏，如图 9-4 所示。此次事故发生后，仅用于维修和处理压死支架就花费近 60 天，直接经济损失近亿元。

由上述 3 次压架时的矿压显现情况可以看出，尤属第 3 次压架最为强烈，第 1 次强度次之，而第 2 次强度最弱。对照 3 次压架位置对应工作面上覆的煤柱分布情况可见，较为强烈的第 1 次、第 3 次压架均发生在采出上覆集中煤柱并与旺采小煤柱交界的地方，而强度较弱的第 2 次压架，其所处位置对应上覆采空区均为旺采小煤柱。由此可见，上覆旺采区遗留煤柱的不同形态分布对此类压架灾害的强烈程度有较大的影响。

9.2　开采压架机理

9.2.1　旺采煤柱致灾机理

上覆旺采煤柱的稳定性直接关系到覆岩破断结构的运动状态，从而影响着下煤层工作面的矿压显现；而这些煤柱何时发生失稳、以及是否发生失稳主要存在 4 种情况[1]：①下煤层开采前上覆旺采煤柱已发生失稳，这种情况等同于上覆老采空区下的开采，矿压显现将趋于缓和。②下煤层开采过程中上覆旺采煤柱一直处于稳定状态，这种情况将类似于单一煤层的初次采动，矿压显现也趋于缓和。③下煤层开采过程中上覆旺采煤柱发生大面积“多米诺”骨牌式的连锁失稳，这种情况极易造成下煤层冲击载荷的发生；但从神东矿区的开采实践看，这种情况并不多见。④下煤层开采过程中上覆旺采煤柱超前工作面发生局部失稳，这种情况将造成覆岩结构破断形式及其稳定性的改变，从而引起压架的发生，具体可用图 9-5 表示。

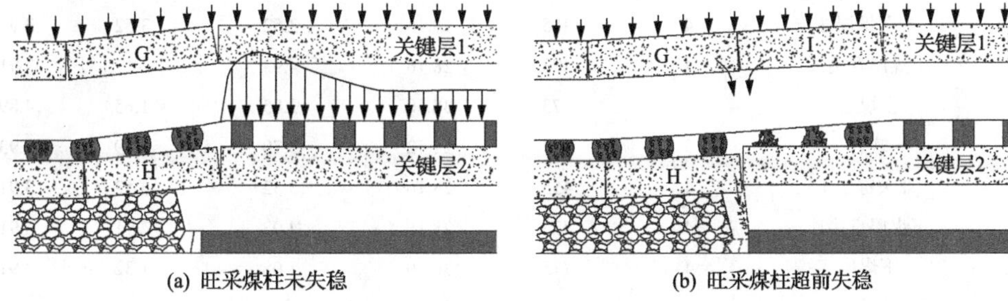

(a) 旺采煤柱未失稳　　(b) 旺采煤柱超前失稳

图 9-5　上覆旺采煤柱超前失稳致灾示意图

随着工作面的不断推进，作用于煤壁前方的超前支承压力也不断加大并作用于上覆遗留的旺采煤柱上，如图 9-5(a)所示。若前方旺采煤柱的留设尺寸较小或其承载能力不够时，则该区域旺采煤柱将超前工作面发生失稳垮塌，从而造成上方关键层的超前破断，形成块体 I[图 9-5(b)]；同时，工作面上方的破断块体 G 将随块体 I 一并发生反向回转；此时若块体 G 下部的旺采煤柱仍处于稳定承载状态，则块体 G 和 I 的反向回转运动将直接造成上覆载荷施加到煤层间块体 H 的铰接结构上，使得 H 块体结构的载荷过大而滑落失稳，最终引起压架的发生。而若此时块体 G 下部的旺采煤柱已经失稳，则上覆载荷将无法通过煤柱传递至块体 H 上，从而难以出现块体 H 结构的滑落失稳和压架。也就是说，在上覆旺采煤柱下开采时，只有当工作面超前一定范围的旺采煤柱发生失稳，而工作面控顶区及采空区一定范围的旺采煤柱又未发生失稳时，才可能出现煤层间关键层结构滑落失稳引发的压架事故。

这也恰恰解释了为什么石圪台煤矿 31201 工作面最为强烈的两次压架均出现在采出上覆大煤柱并与旺采小煤柱交界的位置，正是由于工作面所处位置支架控顶区上方对应上覆大煤柱，不易发生失稳，而超前旺采小煤柱因尺寸较小较易发生失稳，满足了前述理论分析中压架发生所需的条件，才发生了如此强烈的压架事故。而对于 9.1.2 节所述的第 2 次压架，由于工作面支架控顶区上方对应为旺采小煤柱，其受采动影响已发生一定的破坏，相应传递载荷的能力也就大大降低，由此其压架发生的强度才明显低于第 1、第 3 两次压架。

9.2.2　压架机理的模拟实验验证

为了验证上述压架灾害发生机理的理论分析，采用相似材料模拟实验进行了验证。选用重力应力条件下的平面应力模型架进行实验，实验架长 130cm，宽 10cm。模型的几何比为 1∶100，重力密度比为 0.6。模型中各岩层赋存特征及材料配比见表 9-1，模型顶部采用铁块加载的方式对模型进行补偿载荷。

表 9-1　模型各岩层相似材料配比

编号	岩性	厚度/cm	配比号	配料			水/kg
				砂子/kg	碳酸钙/kg	石膏/kg	
1	软岩	10	473	70.40	12.32	5.28	9.78
2	主关键层	4	437	28.16	2.11	4.93	2.61
3	软岩	5	473	35.20	6.16	2.64	2.45
4	亚关键层 2	4	455	28.16	3.52	3.52	3.91
5	上煤层直接顶	4	473	28.16	4.93	2.11	3.91
6	上煤层	5	773	38.50	3.85	1.65	4.89
7	软岩	3	473	21.12	3.70	1.59	2.93
8	亚关键层 1	4	455	28.16	3.52	3.52	3.91
9	下煤层直接顶	4	473	28.16	4.93	2.11	3.91
10	下煤层	4	773	30.80	3.08	1.32	3.91
11	底板	5	455	35.20	4.40	4.40	4.89

由图 9-6 实验结果可见，受工作面开采超前支承压力的影响，上覆旺采小煤柱超前工作面发生了失稳，从而导致上煤层上覆关键层结构提前发生了反向回转，并将其上覆载荷通过支架控顶区上方的未失稳小煤柱直接传递给了煤层间关键层结构上，导致该结构的载荷过大而发生了滑落失稳，造成压架。由此可见，上覆旺采小煤柱的超前失稳以及支架控顶区上覆小煤柱的稳定传载，是此类压架发生所需满足的必要条件；模拟实验的结果验证了前述的理论分析。

(a) 上煤层留设煤柱

(b) 煤柱超前失稳前

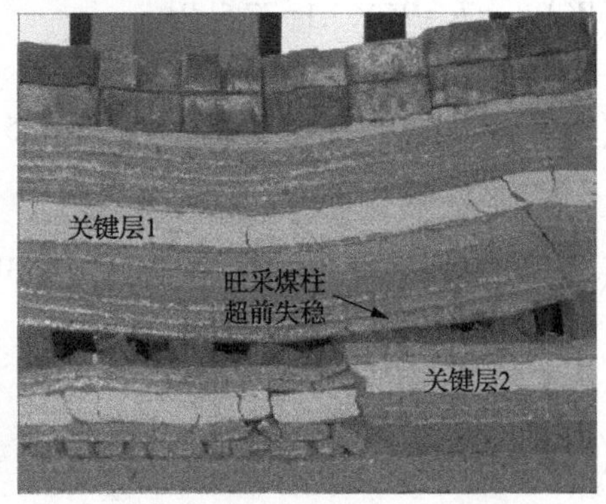

(c) 煤柱超前失稳导致关键层结构失稳压架

图 9-6　上覆旺采煤柱超前失稳致灾模拟实验图

9.3　稳定性影响因素

研究旺采煤柱稳定性对下煤开采的影响，先决条件是下煤层开采前上部旺采煤柱未失稳，即旺采区仍旧保持较好的开采形态，未发生大面积的顶板垮落，旺采煤柱上部基岩内部应力未完全释放。在此条件下，本章节才存在研究的价值，否则，旺采区与采用其他开采方法采空区的形态、基岩力学特性有很大的形似性——上部基岩经碎散压实过程后完整性已经遭到严重破坏，对下煤层工作面开采时造成的冲击性影响一般较小，不具有特殊的研究价值，因此，由此着手作为切入点开展研究。

9.3.1 稳定性评价参数的理论计算

1. 岩梁所受载荷的计算

顶板一般是由一层以上的岩层所组成，因此，在计算第一层岩层的极限跨度时所选用的载荷大小，应根据顶板上方各岩层之间的互相影响来确定。第 n 层对第一层综合影响形成的载荷 $(W_n)_1$ 可由下式计算：

$$(W_n)_1 = \frac{E_1 h_1^3 (\gamma_1 h_1 + \gamma_2 h_2 + \cdots + \gamma_n h_n)}{E_1 h_1^3 + E_2 h_2^3 + \cdots + E_n h_n^3} \tag{9-1}$$

式中：E_1，E_2，…，E_n 为顶板各岩层的弹性模量，MPa；h_1，h_2，…，h_n 为顶板各岩层的厚度，m；γ_1，γ_2，…，γ_n 为顶板各岩层的容重，kN/m^3。

当计算到 $(W_{n+1})_1 < (W_n)_1$ 时，即以 $(W_n)_1$ 作为施加于第一层岩层上的载荷，而第 n+1 层以上岩层的重量将不对第一层施加影响。此时即可利用式(9-1)的结果作为岩梁所受载荷来计算煤房的极限跨度。

根据补连塔矿岩层柱状、各岩层的厚度、容重及弹性模量指标参数，从第一个顶板分层开始计算顶板岩层载荷值：

$(W_1)_1 = \gamma_1 h_1 = 25 \times 3.1 = 77.5\text{kPa}$

$(W_2)_1 = \dfrac{E_1 h_1^3 (\gamma_1 h_1 + \gamma_2 h_2)}{E_1 h_1^3 + E_2 h_2^3} = 32 \times 3.1^3 \times (25 \times 3.1 + 22.4 \times 2.9) / (32 \times 3.1^3 + 23 \times 2.9^3) = 89.68\text{kPa}$

$(W_3)_1 = \dfrac{E_1 h_1^3 (\gamma_1 h_1 + \gamma_2 h_2 + \gamma_3 h_3)}{E_1 h_1^3 + E_2 h_2^3 + E_3 h_3^3} = 104.93\text{kPa}$

$(W_4)_1 = 165.2\text{kPa}$

$(W_5)_1 = 6.7\text{kPa}$

由于 $(W_5)_1 < (W_4)_1$，所以第五层顶板将与其下部的顶板发生离层，只有下部四个分层的重量加于第一分层上，成为第一分层的载荷，此时岩梁上的载荷值可取为 $(W_4)_1 = 165.2\text{kPa}$ 即 W=0.165MPa

2. 煤房宽度校验

在煤层中开掘巷道或支巷后，顶板岩层由巷道或煤房两侧煤柱支撑，形成类似于“梁”的结构。根据巷道两侧煤柱对顶板岩梁的约束条件，顶板岩梁可按“简支梁”或“固定梁”的情况进行分析。一般当煤层埋藏较浅、开掘巷道或煤房后在两侧煤柱中产生的支承压力不太大，煤柱对顶板的“夹持”作用较小，岩梁可按“简支梁”进行分析。反之，若煤层埋藏较深，煤柱两侧被采空区包围，煤柱对顶板岩梁的“夹持”作用较大，按“固定梁”处理较为合理。

1) 顶板岩梁简化为简支梁

取单位宽度的简支梁进行分析，则梁内任意一点 A 处的正应力和剪应力分别为

$$\sigma_{x}=\frac{12M_{x}y}{t^{3}} \tag{9-2}$$

$$\tau_{xy}=\frac{3V_{x}\left(t^{2}-4y^{2}\right)}{t^{3}} \tag{9-3}$$

式中：M_x 为 A 点所在横截面上的弯矩，kN·m；V_x 为 A 点所在横截面上的剪力，Pa；y 为 A 点到中性轴的距离，m；t 为梁的厚度，m。

最大弯矩发生在梁的中央，即 $x=L/2$ 的截面上，且 $M_{max}=WL^2/8$

所以最大拉、压正应力将发生在该截面的上、下外侧边缘处，即 $y=\pm 1/2$ 处：

$$\sigma_{max}=\pm\frac{3TL^{2}}{t^{2}} \tag{9-4}$$

式中：T 为岩梁上的均布载荷。

最大剪力发生在梁的两端，即 $x=0$，L 的截面上，且

$$V_{max}=\frac{TL}{2} \tag{9-5}$$

最大剪应力将出现在该截面的中性轴上：

$$\tau_{max}=\frac{3V_{max}}{2t} \tag{9-6}$$

设岩梁的许用正应力和剪应力分别为 σ_c 和 τ_c，抗拉强度和抗剪强度分别为 R_l 和 R_i，则：

$$\sigma_{c}=\frac{R_{l}}{F} \tag{9-7}$$

$$\tau_{c}=\frac{R_{i}}{F} \tag{9-8}$$

对补连塔煤矿，R_l=3.02MPa，R_i=3.05MPa，取 F=3，则：

$$\sigma_{c}=\frac{R_{l}}{F}=1.01\text{MPa},\quad \tau_{c}=\frac{R_{i}}{F}=1.02\text{MPa}$$

用 σ_c 代替式中的 σ_{max}，得到岩梁因最大拉应力超过其抗拉强度而破坏的极限跨距为

$$L_{1}=\sqrt{\frac{4t^{2}\sigma_{c}}{3T}} \tag{9-9}$$

用 τ_c 代替式中的 τ_{max}，得到岩梁因最大剪应力超过其抗剪强度而破坏的极限跨距为

$$L_2 = \frac{4t\tau_c}{3T} \tag{9-10}$$

代入补连塔有关参数，得：

$$L_1 = \sqrt{\frac{4t^2\sigma_c}{3T}} = \sqrt{\frac{4\times3.1\times3.1\times1.01}{3\times0.165}} = 8.86\text{m}$$

$$L_2 = \frac{4t\tau_c}{3T} = \frac{4\times3.1\times1.02}{3\times0.165} = 25.55\text{m}$$

实际设计煤房跨度时，取计算结果中的较小值。则补连塔矿旺采工作面顶板岩梁简化为简支梁时煤房的极限跨度为 L_{max}=8.86m。

2) 岩梁简化为固定梁

取单位宽度的固定梁进行分析，梁内的最大弯距和剪力均发生在梁端煤壁处，其值为

$$M_{max} = \frac{TL^2}{12} \tag{9-11}$$

$$V_{max} = \frac{TL}{2} \tag{9-12}$$

则在该截面上的最大拉应力和最大剪应力分别为

$$\sigma_{max} = \frac{TL^2}{2t^2} \tag{9-13}$$

$$\tau_{max} = \frac{3TL}{4t} \tag{9-14}$$

由此可得到确保岩梁不因最大拉应力超过其强度极限而破坏的极限跨距为

$$L_1 = \sqrt{\frac{2t^2\sigma_c}{T}} \tag{9-15}$$

因最大剪应力超过其抗剪强度而破坏的极限跨度为

$$L_2 = \frac{4t\tau_c}{T} \tag{9-16}$$

代入补连塔矿数据，得：

$$L_1 = \sqrt{\frac{2t^2\sigma_c}{T}} = 10.85\text{m}$$

$$L_2 = \frac{4t\tau_c}{T} = 76.65\text{m}$$

取计算结果中的较小值，可得补连塔煤矿旺采区顶板岩梁简化为固定梁时煤房的极限跨距 L_{max} 为 10.85m。

比较上述两种计算结果，可得旺采采区煤房顶板的极限跨度为 8.86m，故对于补连塔矿 22303 面上覆旺采区采用 5.5m 的支巷进行回采可满足计算要求，顶板可以得到较好的保护。

3. 支巷长度

支巷长度可按吨煤费用最低的准则求解。影响支巷长度的主要因素

掘进费 Z_1：房柱采煤掘进与回采基本合一，但掘进效率一般要比回收煤柱效率低，因为回收煤柱时顶板不需进行锚杆支护。因此支巷长度越长，平巷掘进费用相对越少。

其函数式为

$$Z = \frac{a}{l} + \Delta \tag{9-17}$$

运输费 Z_2：巷内运输费用主要与胶带机铺设长度有关，梭车运距可视为常量，若巷内仅用梭车运输，则与梭车运距有关，且有距离约束。因此巷道长度越长，巷内运输费越大。

其函数式为

$$Z_2 = bl + \Delta \tag{9-18}$$

维护费 Z_3：巷道加长，增加了维护的时间，使维护费用增大。

其函数式为

$$Z_3 = cl + \Delta \tag{9-19}$$

则吨煤费用为

$$Z = Z_1 + Z_2 + Z_3 = \frac{a}{l} + bl + cl + \Delta \tag{9-20}$$

按吨煤费用最低的要求：

$$Z' = 0\text{，}\quad \frac{a}{l} + b + c = 0$$

则：

$$l = \sqrt{\frac{a}{b+c}} \tag{9-21}$$

代入有关参数得：支巷长度为 60～100m 较为合理，基本上与实际开采长度保持一致。

4. 煤柱参数

利用“旺格维利”采煤法对煤层进行采掘后，破坏了煤层中的原始应力状态，原来由支巷承担的上覆岩层载荷将向支巷两侧的煤体转移，煤柱将承担煤柱和支巷上方的全部或部分岩体的重量，使自身载荷升高，最终导致应力在采动影响范围内重新分布。

煤柱平均应力载荷计算采用辅助面积法。辅助面积法认为，当开采区域足够大，煤柱尺寸比较规则，岩层呈近水平赋存时，支巷上方的岩层重量将全部转移到邻近的煤柱上。此时各煤柱将共同承担载荷。其载荷大小等于煤柱与其周围 1/2 支巷宽度范围内上方全部岩层的重量。

$$P=\frac{\gamma H\left(W+B\right)\left(B+L\right)}{WL} \tag{9-22}$$

式中：P 为煤柱载荷，MPa；γ 为上覆岩层平均容重，MPa/m^3；H 为开采深度，m；W 为煤柱宽度，m；B 为支巷宽度，m；L 为煤柱长度，m。

结合煤柱稳定性的理论分析，神东矿区的短臂采煤法合理煤柱参数为：宽度 20m，长 60～100m。

5. 上覆旺采煤柱的稳定性判别

1) 煤体强度的计算

$$\sigma=\frac{2c\cos\phi}{1-\sin\phi}+\frac{1+\sin\phi}{1-\sin\phi}\gamma H \tag{9-23}$$

式中：c 为煤体的黏聚力，MPa；ϕ 为煤体的内摩擦角，(°)。

取 γ =0.025MN/m^3，H=200m，c=2.61MPa，ϕ=38°，代入式 9-23 得：

$$\sigma=\frac{2c\cos\phi}{1-\sin\phi}+\frac{1+\sin\phi}{1-\sin\phi}\gamma H=31.72\text{MPa}$$

对比中国地质大学曾对东胜煤田补连塔矿煤进行的物理力学特性试验，补连塔煤矿 1 煤抗压强度平均为 31.54MPa，与计算结果极为相近，因此，计算结果具有较高的可信度，可以认定为补连塔矿 1 煤实际抗压强度，成为判别的基准之一。

2) 煤柱强度的计算

煤柱的强度与其长度、宽度、高度等人为定义因素有很大的影响，在开采扰动影响过后煤柱强度较煤体有一定的下降，尤其在煤柱较小的情况下，其强度会减半甚至更多。煤柱的强度可以用下式计算：

$$S_{\mathrm{p}}=S_1\left(\frac{W}{M}\right)^{0.5} \tag{9-24}$$

式中：S_p 为煤柱的强度，MPa；S_1 为煤岩强度，MPa；W 为煤柱的宽度，m；M 为煤柱的高度，m。

代入补连塔矿相应参数可知 0.5m 和 1.0m 宽煤柱的强度分别为：11.21MPa 和 15.86MPa。

3）煤柱压缩量计算

处于弹性状态的煤柱,由弹性力学分析可得：

$$\Delta h = h\frac{\bar{\sigma}}{E_m} \tag{9-25}$$

式中：Δh 为煤柱压缩量，m；h 为煤柱厚度，m；E_m 为煤的弹性模量，MPa；$\bar{\sigma}$ 为煤柱平均应力，MPa。

总载荷：

$$P = (a+c)(b+d)rH \tag{9-26}$$

平均应力：

$$\bar{\sigma} = \frac{P}{b\times c} = \frac{(a+c)(b+d)}{b\times c}rH \tag{9-27}$$

式中：d 为采硐的宽度。

代入煤柱数据计算得煤柱压缩量可达到 61.43mm，在实际开采过程中由于煤柱宽度较小，中部不存在核区，承载能力有一定的下降，因此，煤柱的可压缩量较计算值差别较大。

4）煤柱失稳的判别

一般情况下，要保障煤柱不发生破坏，需要控制内部裂隙发育数量，尽量降低煤柱承受载荷（图 9-7），根据以上要求，煤柱受力要低于强度极限的 60%，即 1m 煤柱承载小于 9.52MPa、0.5m 煤柱承载小于 6.73MPa，否则，煤柱必然受到影响，内部裂隙显著发育，为此设置强度极限的 60%作为评价煤柱是否受到扰动影响的承载界限，称之为扰动载荷，帮助对煤柱的稳定性做出判断。从而形成一套判别准则：当煤柱内部垂直应力小

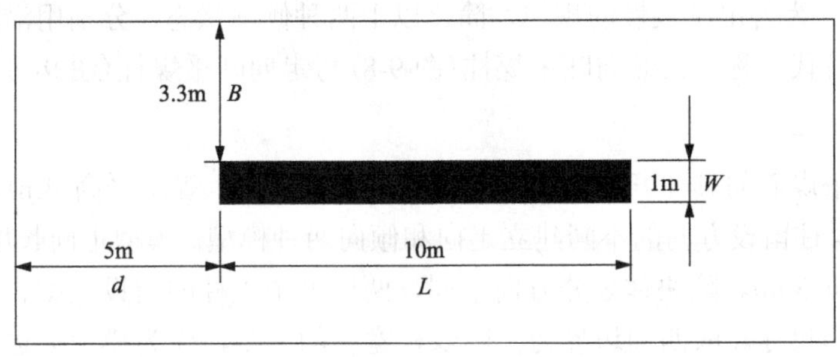

图 9-7　煤柱参数示意图

于扰动载荷时，煤柱稳定性较好；当煤柱内部垂直应力大于扰动载荷但是小于煤柱强度极限时，煤柱处于亚稳定状态，曾经历过弹塑性过渡阶段，内部有裂隙产生，但不会引起煤柱的失稳；当煤柱内部垂直应力大于煤柱强度极限时，煤柱必然失稳。

根据实验研究，当煤柱宽高比小于 1 时，煤柱破坏主要以沿与顶板成较大角度的剪切面形成剪切带而最终失稳破坏，几乎在形成塑性区的同时整个煤柱就会全部垮落。破坏过程具有突发性，一旦发生，其影响可迅速波及整个支撑空间，甚至影响其他相邻构筑物和地表建筑。因此，在开采过程中通过检测上部旺采区煤柱内部是否产生塑性剪切破坏就可以知道煤柱的稳定状态，判别煤柱是否失稳。

9.3.2 上煤层旺采参数

上煤层旺采参数对煤柱稳定性的影响主要体现在：煤柱留设方向、回收率、埋深、高度等几类主要因素上[2]。

1. 煤柱留设方向对旺采煤柱稳定性影响的数值模拟研究

旺采工作面布置方式较为特殊，长而深的硐室开采以及密集型小煤柱的留设使得许多现有的成熟理论不能移植到旺采工作面。不仅如此，针对旺采开采的理论研究十分欠缺，许多工程问题无法根据现有理论、研究直接得到结论。例如，旺采区开采过后煤柱的稳定性问题就是长久以来很难得到结论的问题，现场测量受实际开采过程(随采随封，采后禁止人员入内)的制约，数据的采集十分困难，因此，数值模拟成为了解采后煤柱稳定性较为理想的方法，成为本章内容研究的主要手段。

1) 旺采煤柱的分类

支巷间保护煤柱有两种回收方法，单翼回收或双翼回收。这两种回收煤柱的方法都会涉及到煤柱回收后留设的支撑煤柱长度方向与平巷的夹角问题，根据此夹角的不同对旺采煤柱进行分类。

根据补连塔煤矿 22301 工作面上部旺采区设计图结合实际开采方案，单翼回收时，旺采采区一侧平巷与支巷夹角为 60°，支巷与采硐夹角为 35°，即平巷与采硐夹角呈 85°；另一侧平巷与支巷垂直，支巷与采硐夹角 60°，即平巷与采硐夹角 30°，见图 9-8 所示。由于平巷方向与下部工作面走向方向一致，所以两侧旺采煤柱与下部工作面走向夹角分别为 85°和 30°。为得出一般性的规律，简化以上两种倾斜状态，分别用沿煤层走向与倾向的旺采煤柱替代，称之为倾向旺采煤柱(图 9-8)与走向旺采煤柱(图 9-9)。

2) 模型的建立

基于补连塔煤矿的具体开采条件(采深 200m，上部 1^{-2} 煤层采高 4m)，简化岩层赋存条件，根据煤柱留设方向的不同建立走向和倾向两种模型。模型走向长度 170m，倾向长度 75m，高度 39m。除块体划分方向不同，两模型中煤柱的留设宽度、巷道的开掘宽度均采用相同的尺寸。取四周边界为实际煤柱宽度的一半，作为模型周边的保护煤柱，同时固定边界，禁止模型发生水平移动，根据对称法则此模拟方案可以近似理解为某开

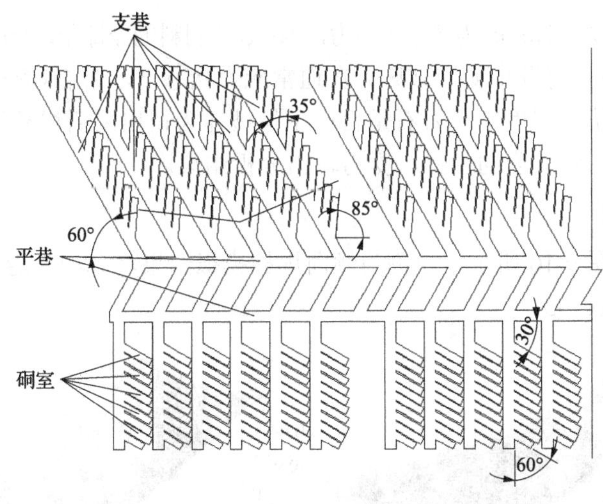

图 9-8　补连塔旺采煤柱布置图

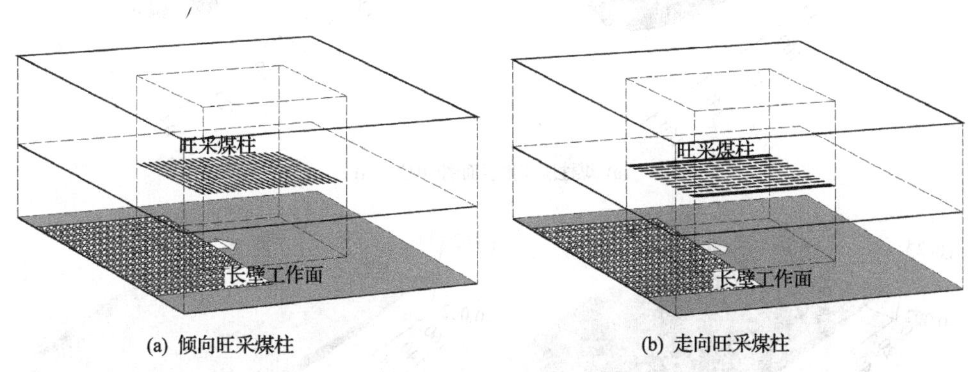

图 9-9　倾向、走向旺采煤柱示意图

采区域中部的一个采区，四周均为相似的开采区域，使得模型更加接近实际的开采条件。模型中仅铺设了 30m 基岩，其余 170m 以载荷的形式赋予模型顶部。倾向模型共有 13870 个块体和 17316 个节点组成，走向模型共有 12325 个块体和 15480 个节点组成。根据 22301 工作面综合柱状图，赋予煤岩物理力学参数如表 9-2 所示。

表 9-2　物理力学参数

岩性	弹性模量/MPa	泊松比	抗拉强度/MPa	内摩擦角/(°)	黏聚力/MPa
粉砂岩	10400	0.26	0.96	35	2.15
中粒砂岩	11500	0.25	1.1	35	2.43
粗粒砂岩	10000	0.28	1.83	35	2.8
煤层	2100	0.35	0.8	22	0.5

计算采用莫尔–库仑(Mohr-Coulomb)屈服准则：

$$f_s = \sigma_1 - \sigma_3 \frac{1+\sin\varphi}{1-\sin\varphi} + 2c\sqrt{\frac{1+\sin\varphi}{1-\sin\varphi}} \tag{9-28}$$

式中：σ_1为最大主应力，Pa；σ_3为最小主应力，Pa；φ为材料的摩擦角，(°)。c为黏聚力，Pa。

当$f_s<0$时，材料将发生剪切破坏。在通常应力状态下，岩石(煤)是一种脆性材料，因此可根据岩石的抗拉强度判断岩石是否产生拉破坏为得出采后煤柱的最终状态，一次性采出所有煤柱，并对采后的位移、受力输出分析结果。

3)模拟结果分析

模拟的结果如图 9-10 所示，左侧为倾向煤柱模拟结果，右侧为走向煤柱模拟结果，相关特征值统计见表 9-3。

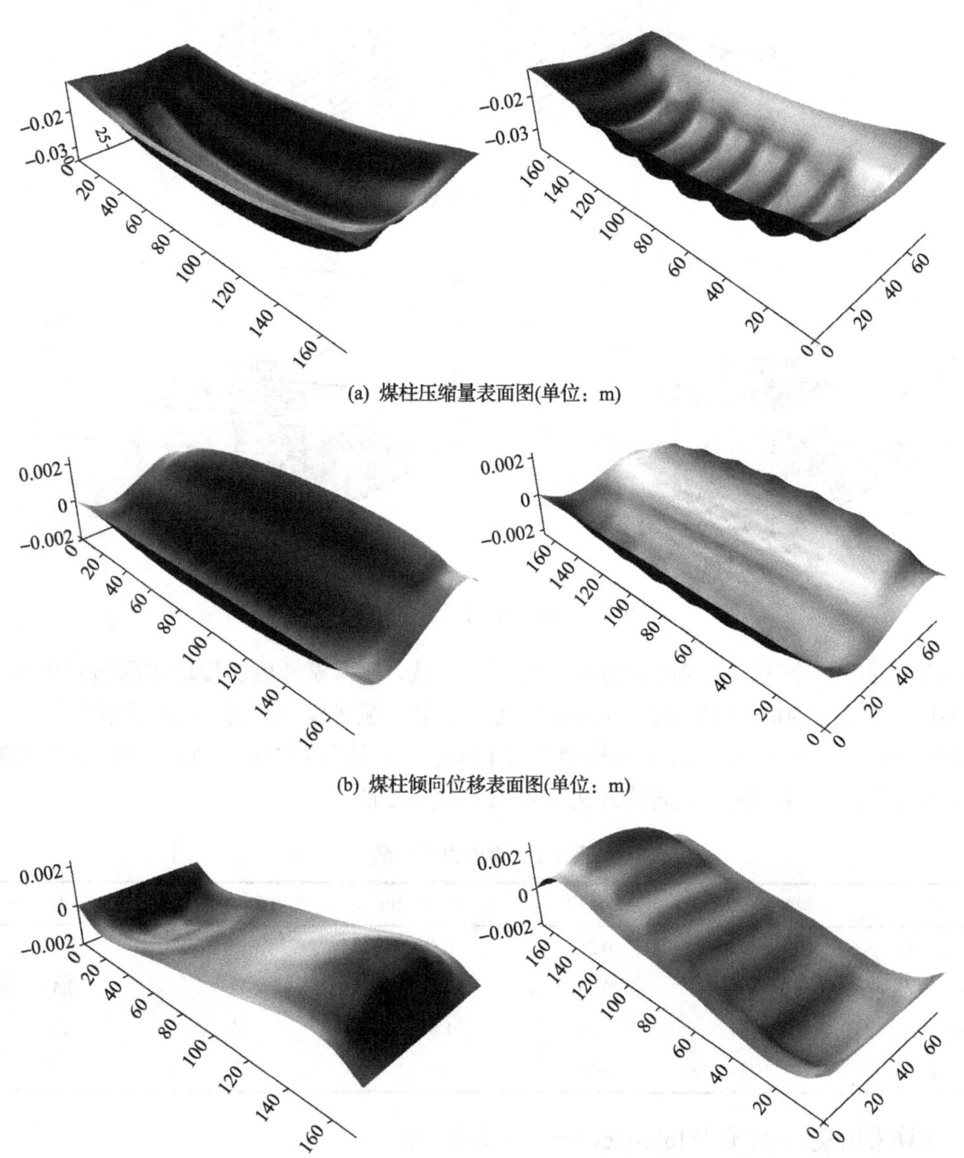

(a) 煤柱压缩量表面图(单位：m)

(b) 煤柱倾向位移表面图(单位：m)

(c) 煤柱走向位移表面图(单位：m)

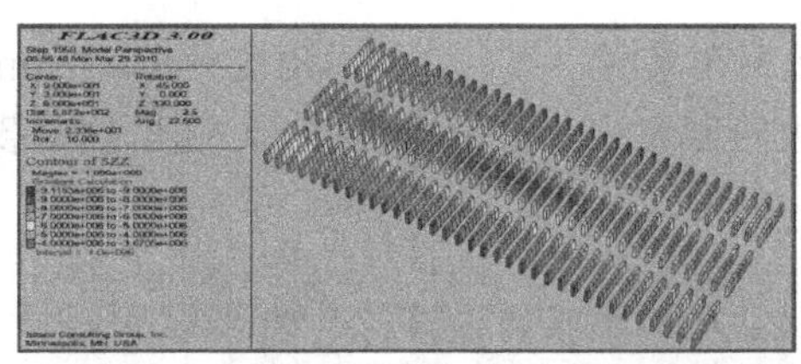
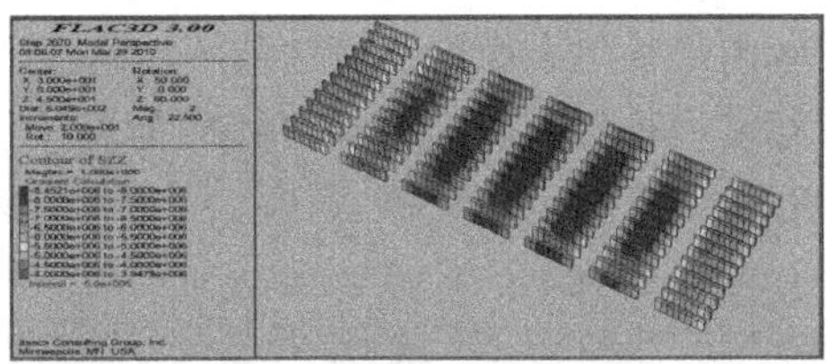

(d) 煤柱垂直应力云图(单位：Pa)

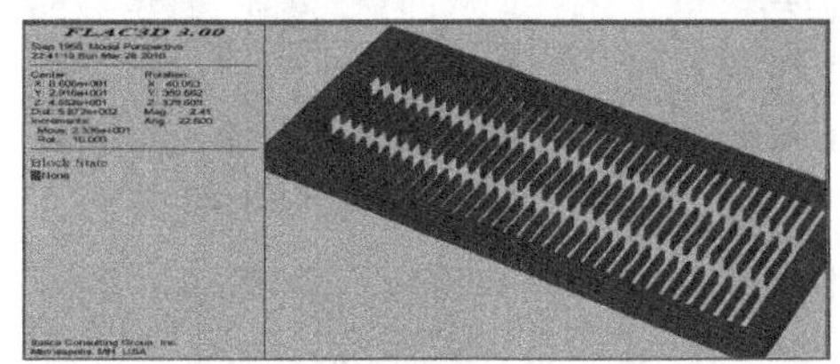
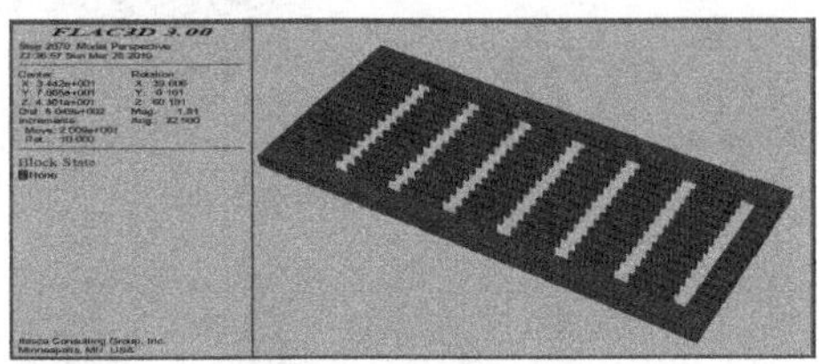

(e) 煤柱剪切破坏区域图

图 9-10　模拟结果图

表 9-3　倾向位移、走向煤柱位移及应力峰值统计表

模型类别	最大压缩量/mm	倾向位移/mm	走向位移/mm	最大垂直应力/MPa
倾向模型	34	2.4	2.3	9.11
走向模型	26	2.4	2.2	8.45

由图 9-10 中煤柱内部剪切破坏区域图可知，本煤层开采时，1m 煤柱无论采用走向布设还是倾向布设采区内部均未出现塑性破坏区，剪切破坏不会对煤柱的稳定性造成影响。由表 9-3 可知，两者最大垂直应力均小于煤柱强度极限(15.86MPa)，且低于扰动载荷(9.52MPa)，因此，煤柱受力仍处于线弹性阶段，内部裂隙不发育。

根据以上的判别可知：布设 1m 的保护煤柱，模型无论走向布设还是倾向布设，旺采煤柱的稳定性都可以得到较好的维持，本煤层开采时旺采煤柱的留设方向对煤柱稳定性的影响不大。

对比两个垂直应力云图，垂直压力分布都较为均匀，由周边向中间逐渐递增，并在中部形成一个应力集中带，使得中部煤柱更易于被压垮。在模拟过程中倾向模型煤柱压缩量较大，与走向模型相比，倾向煤柱抗压缩性较差，煤柱更加容易受到破坏。

根据煤柱留设方向对旺采煤柱稳定性影响的分析，可以做出判断，运用“旺格维利”采煤法开采煤层时，如果走向煤柱在开采过程中发生失稳现象则倾向煤柱在同样的开采条件必定失稳。基于此对旺采区回收率、采深、采高等因素对煤柱的稳定性进行研究。

2. 煤柱回收率对旺采煤柱稳定性影响的数值模拟研究

根据上部旺采煤柱设计与施工时回收率的不同，基于上一节中走向模型的布置方式建立与之对比的三维数值计算模型，同样为采深 200m 条件下，煤柱留设宽度减小为 0.5m，其余参数与 1m 煤柱时完全相同，共由 12325 个块体及 15480 个节点组成。

模拟的结果如图 9-11 所示，由图 9-11 煤柱剪切变形图可知，布设宽度 0.5m 煤柱时旺采区内部发生大面积的剪切破坏，塑性区域遍布采区中部。从受力角度分析，0.5m 煤柱内部最大垂直应力达到 9.27MPa 为煤柱强度极限(11.21MPa)的 82.7%，超出扰动载荷(6.73MPa) 37.7%。

(a) 煤柱压缩量分布图(单位：m)

(b) 倾向位移量分布图(单位：m)

(c) 走向位移量分布图(单位：m)

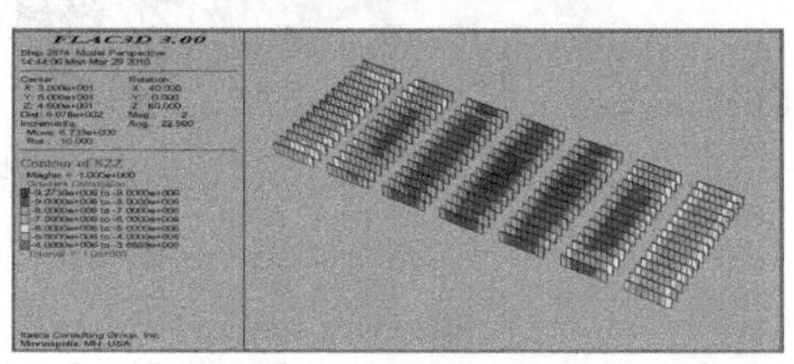

(d) 煤柱垂直应力分布图(单位：Pa)

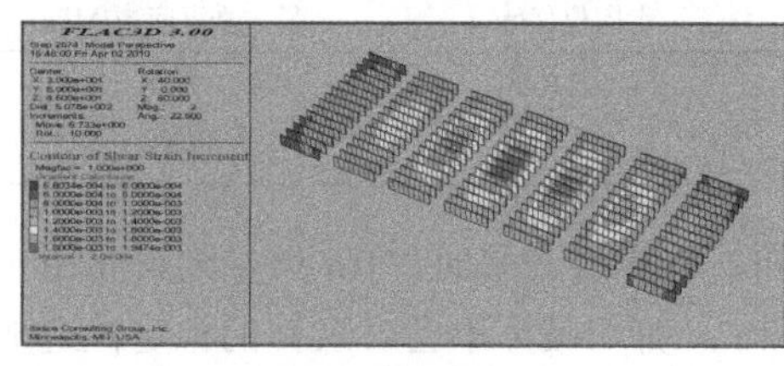

(e) 煤柱剪切变形量(单位：m)

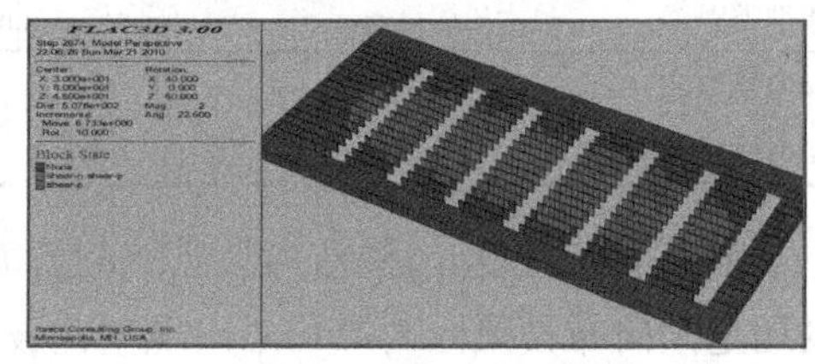

(f) 煤柱剪切破坏区域图

图 9-11　模拟结果图

综合以上分析，虽然留设宽度为 0.5m 的旺采煤柱时，工作面回收率达到 86.8%，较宽度为 1m 的旺采煤柱回收率 76.7%提高了 10.1%，可以取得更好的经济效益，但是煤柱会因剪切破坏而垮落。

由表 9-4 分析可知：0.5m 旺采煤柱承受的最大压缩量达 39mm，在相同的开采条件下较 1m 煤柱压缩量增加了 13mm，压缩率增大 50%；倾向位移及走向位移较 1m 煤柱分别增加了 1.8mm 和 1.6mm，超出 1m 煤柱 75%和 73%，表明，煤柱宽度越小越容易产生压缩变形，侧向位移更加显著，煤柱稳定性越差。

表 9-4　回收率不同时煤柱位移及应力统计表

旺采煤柱宽度/m	最大压缩量/mm	倾向位移/mm	走向位移/mm	最大垂直应力/MPa
1.0	26	2.4	2.2	8.45
0.5	39	4.2	3.8	9.27

基于 9.3.1 节的研究可以推断：宽度 0.5m 的倾向煤柱在此开采条件下同样失稳，所以无论布设走向煤柱还是倾向煤柱，宽度 0.5m 的煤柱均不足以维持采后自身的稳定状态，最终必然失稳。

3. 开采深度对旺采煤柱稳定性影响的数值模拟研究

针对神东浅埋煤层的开采条件，煤层埋深基本上处于100～300m范围以内，对之前所做模型进行修改，同样为采高4m条件下，改变模型中布置旺采区煤层的深度，提出对比模型，煤层埋深分别为100m、200m和300m，具体模拟结果如图9-12所示。其中，左侧为采深100m时的模拟结果，右侧为采深300m时的模拟结果。不同采深情况下煤柱的最大位移及应力统计情况见表9-5。

(a) 采深100m煤柱压缩量分布图(单位：m)

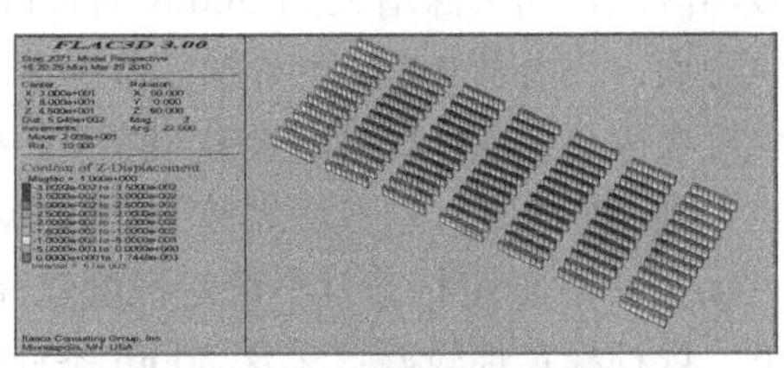

(b) 采深300m煤柱压缩量分布图(单位：m)

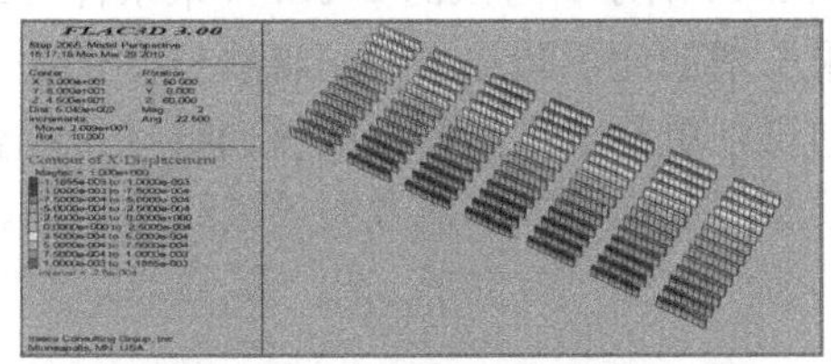

(c) 采深100m倾向位移量分布图(单位：m)

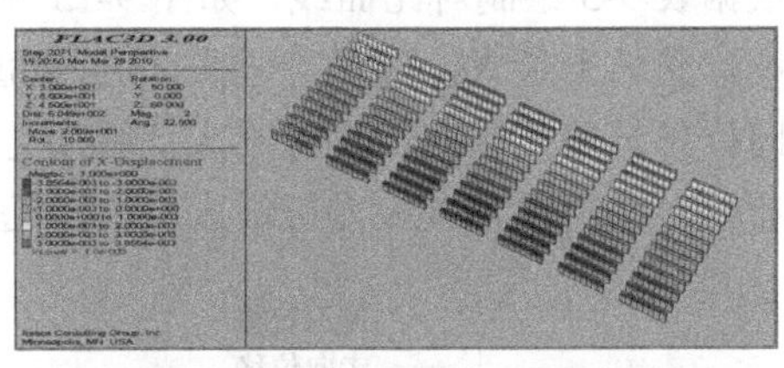

(d) 采深300m倾向位移量分布图(单位：m)

(e) 采深100m走向位移量分布图(单位：m)

(f) 采深300m走向位移量分布图(单位：m)

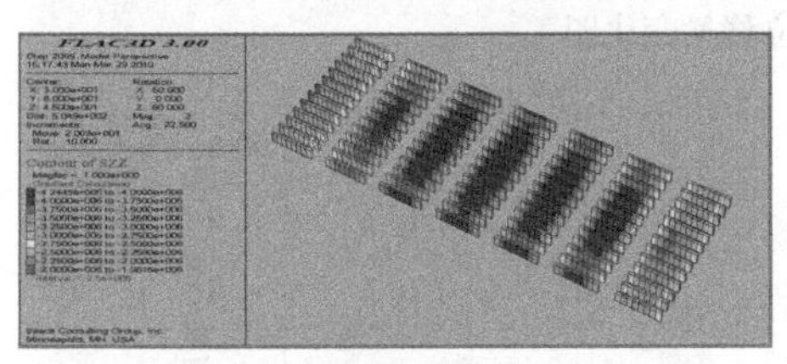

(g) 采深100m煤柱垂直应力分布图(单位：Pa)

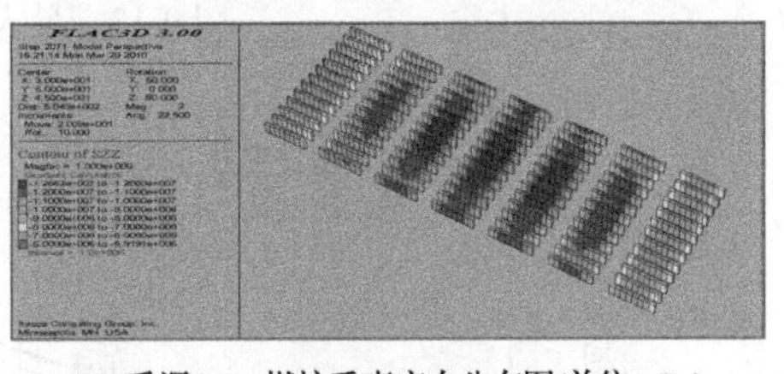

(h) 采深300m煤柱垂直应力分布图(单位：Pa)

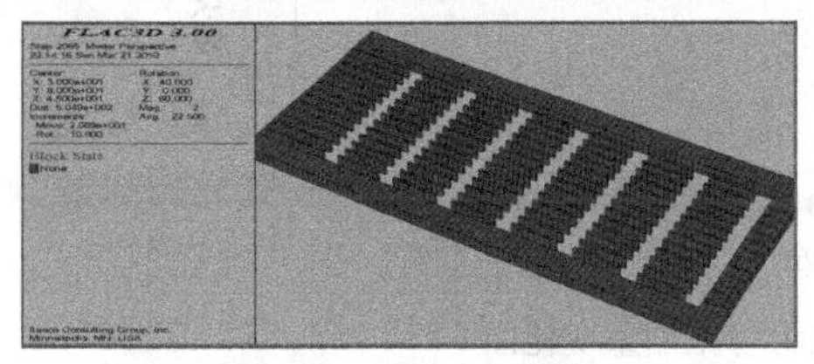

(i) 采深100m煤柱剪切破坏区域图

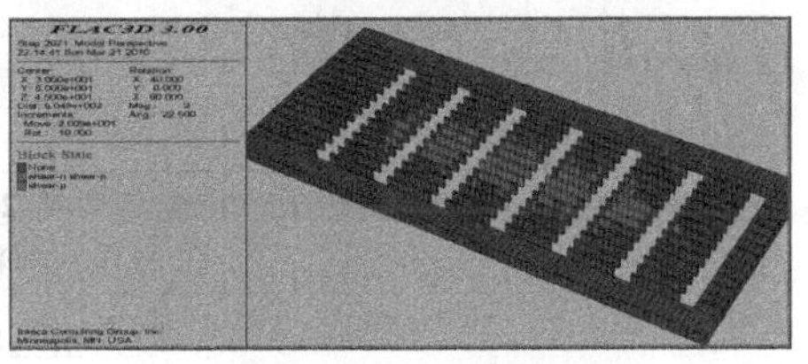

(j) 采深300m煤柱剪切破坏区域图

图9-12　模拟实验结果图

表 9-5　不同采深煤柱位移及应力统计表

采深/m	最大压缩量/mm	倾向位移/mm	走向位移/mm	最大垂直应力/MPa
100	13	1.2	1.1	4.24
200	26	2.4	2.2	8.45
300	39	3.9	3.3	12.67

对比图 9-12 中煤柱剪切破坏区域图可知：在采深 100m 时，旺采区煤柱内部未出现剪切破坏区域，当采深增大到 300m 时，旺采区中部出现较大范围的剪切破坏区域。就垂直应力而言，由表 9-5 分析可知：在采深 100m 时垂直应力最大值仅为 4.24MPa，小于煤柱强度极限(15.86MPa)，仅为扰动载荷(9.52MPa)的 44.5%，煤柱处于线弹性状态。当采深增大到 300m 时，垂直应力达到 12.67MPa，高出扰动载荷 33.1%达到煤柱强度极限的 79.9%，处于亚稳定状态且不稳定程度较高。综合以上两种判别结果可以得出采深 100m 条件下，煤柱稳定性较好；采深 300m 条件下，煤柱必然失稳。

根据表 9-5 绘制对比曲线，如图 9-13 和图 9-14 所示。与采深 200m 开采条件对比可以发现，整体上最大位移量、垂直应力均随采深增加而不断加大，呈现线性变化关系。与走向位移量相比倾向位移量略大，说明走向煤柱更易发生沿倾向的侧向移动，符合常理判断。对比最大垂直应力与最大压缩量随采深的变化曲线，两者大致呈线性增加。

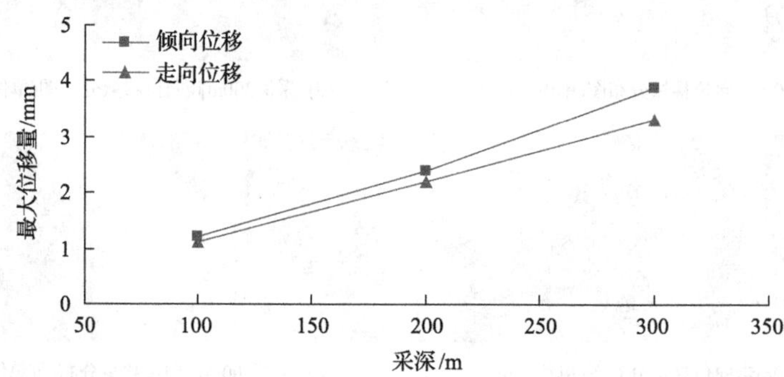

图 9-13　最大位移量变化图

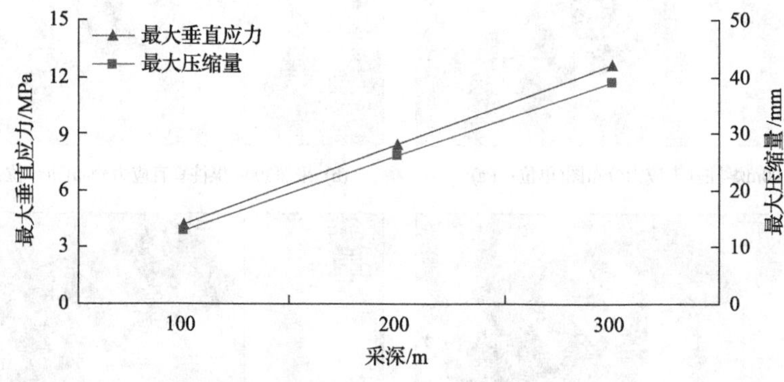

图 9-14　最大垂直应力与压缩量变化图

基于之前的结论可以判断，在采深 300m 条件下，倾向煤柱同样会发生破坏，不足以维持自身稳定；在采深 100m 条件下，由于走向煤柱承载较小，采用倾向煤柱布设时载荷不会有显著的增加，内部更不会发生剪切破坏，煤柱稳定性可以得到很好的保证。

4. 开采高度对旺采煤柱稳定性影响的数值模拟研究

根据旺采区开采高度提出三个方案用于对比研究，分别设置为采高 3m、5m 和 6m，开采深度为 200m，由于倾向煤柱稳定性更差，因此对倾向煤柱进行研究，更加容易得出相应采高条件下煤柱的稳定状态，模拟结果见图 9-15～图 9-17 所示。

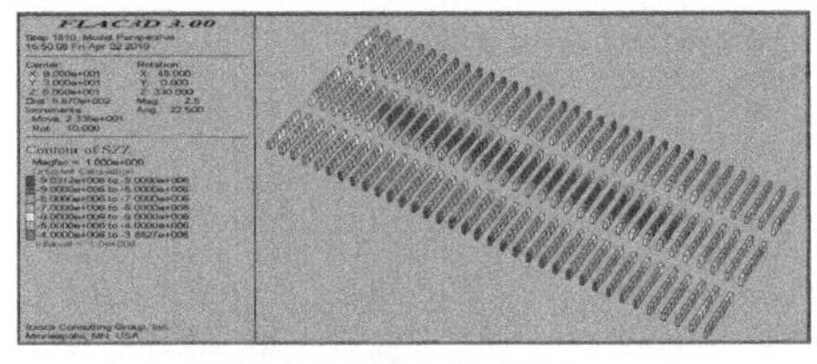

(a) 煤柱垂直应力分布图(单位：Pa)

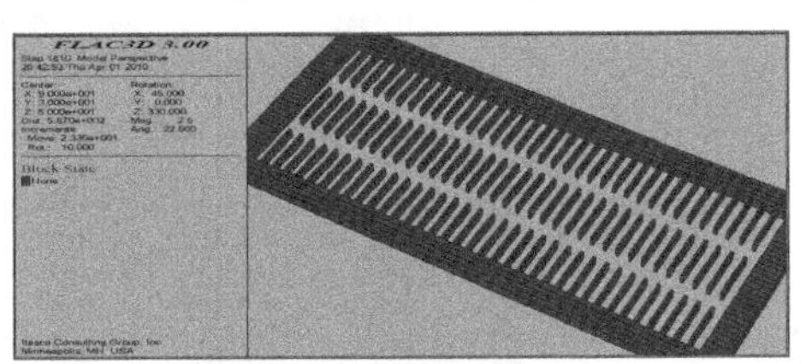

(b) 煤柱剪切破坏区域图

图 9-15　采高 3m 模拟结果图

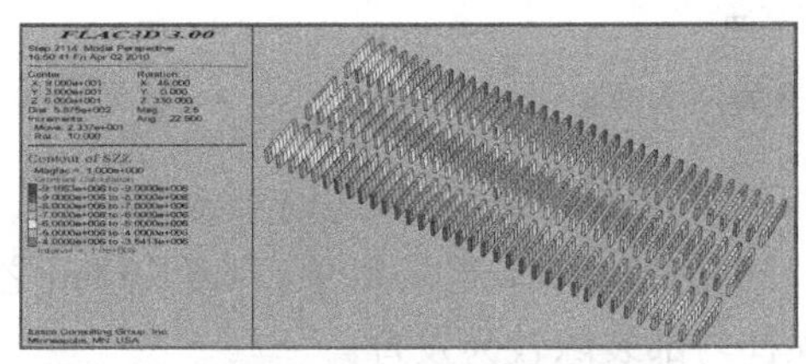

(a) 煤柱垂直应力分布图(单位：Pa)

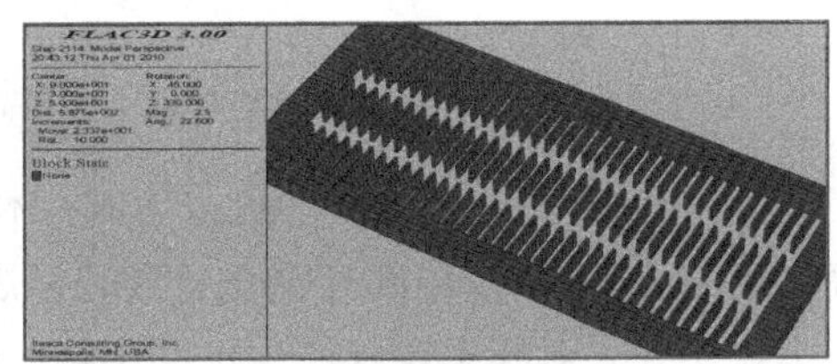

(b) 煤柱剪切破坏区域图

图 9-16　采高 5m 模拟结果图

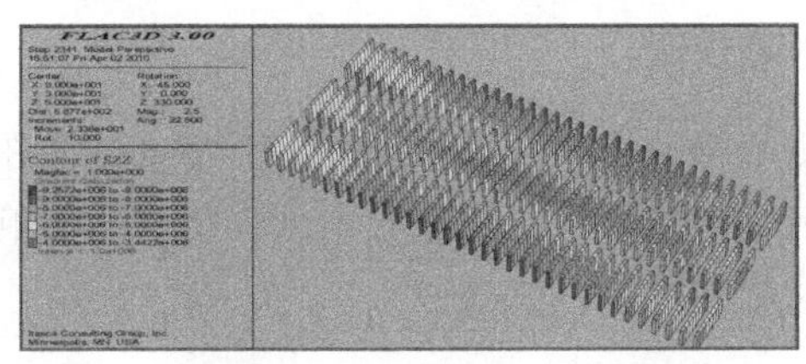

(a) 煤柱垂直应力分布图(单位：Pa)

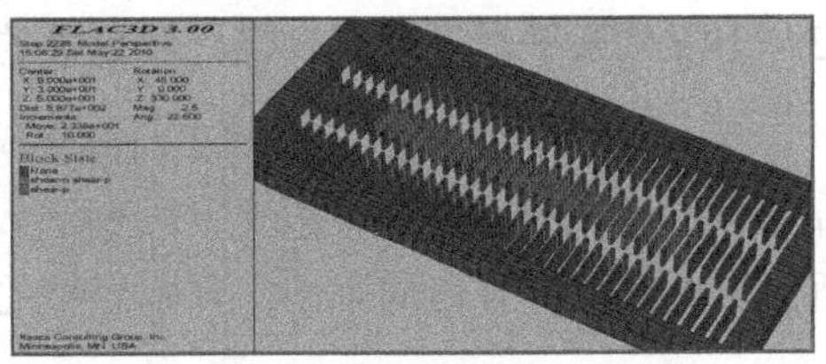

(b) 煤柱剪切破坏区域图

图 9-17　采高 6m 模拟结果图

根据采高的不同计算煤柱的强度极限及扰动载荷如表 9-6 所示。

表 9-6　不同采高煤柱强度统计表

采高/m	强度极限/MPa	扰动载荷/MPa
3	18.31	10.99
4	15.86	9.52
5	14.19	8.51
6	12.95	7.77

模拟结果表明，在三种模拟条件下采高 3m、5m 时模型中均未出现塑性破坏区，表明当煤柱高度小于 5m 时，塑性变形对煤柱的影响不大，而当采高加大到 6m 时，中部区域出现较大范围的剪切破坏区域。分析图中垂直应力，对比表 9-6 中煤柱强度，可以得到图 9-18 所示曲线，三种采高条件下最大垂直应力均小于煤柱强度极限，在采高增长到 5m、6m 时最大垂直应力已经超过扰动载荷，达到强度极限的 64.6%和 71.5%，煤柱已处于亚稳定状态，内部裂隙不断发育，稳定性已受采动影响。根据曲线的走势可以判断，要保证煤柱不受采动影响极限高度需要控制在 4.5m 以内。

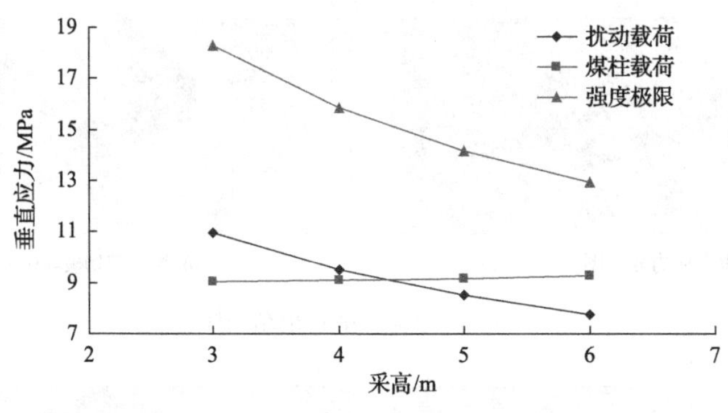

图 9-18　不同采高垂直应力变化图

以上研究表明，采高在 4.5m 以下时，本煤层开采不会对煤柱的稳定性造成影响，当采高大于 6m 时，本煤层的开采会导致旺采煤柱的垮落失稳，当采高介于 4.6～5.9m 之间时，本煤层开采对旺采煤柱产生扰动影响，煤柱内部裂隙较为发育。

与倾向煤柱相比走向煤柱稳定性较好，采高低于 4.5m 时布设走向煤柱可以保证不受本煤层开采的影响，但在采高大于 6m 煤柱的稳定性较难得到保证。

9.3.3　下煤层开采对上覆旺采煤柱稳定性的影响规律

9.3.2 节主要研究了单层煤开采时旺采区赋存条件不同时煤柱的稳定性状态，并在一定程度上对煤柱的失稳与否定义了判据，本节则针对下煤层开采对上部煤层扰动影响进行研究，根据煤柱方向的不同，判别煤柱的稳定性状态。

1. 下煤层开采对上覆倾向旺采煤柱稳定性的影响

1) 下煤开采后上覆倾向旺采煤柱的稳定性分析

(1) 模型的建立。基于第 8 章的研究结论以及补连塔煤矿的开采条件——采深 200m、上部旺采区采高 4m，根据下煤层采高及与上部旺采区间距的不同建立一组模型，详见表 9-7。根据采高的不同提出三种对比方案分别为 2m、4m 和 6m，这三种采高均是神东矿区目前已经采用的，对其研究存在一定的工程使用价值；同时根据煤层层间距的不同提出四种对比方案，分别为间距 5m、15m、30m 和 50m，间距分布于相应采高下的垮落带、裂隙带及弯曲下沉带不同区域内，可以通过对处于三带以内不同层位的模型进行对比分析得出研究结果。

表 9-7　模拟方案统计表

采高/m	间距/m			
	5	15	30	50
2	方案 1	方案 2	方案 5	
4		方案 3	方案 6	
6		方案 4	方案 7	方案 8

模型走向长度 270m，其中两侧各留设 50m 的开采边界，为减小边界效应对模型计算结果的影响，仅在中部 170m 区段内布置煤柱，针对一个采区进行建模；倾向方向长度为 80m，两侧边界各留设 8m 的保护煤柱，(一般情况下采区间煤柱留设宽度在 15～20m）根据对称效果可以看成两侧均为采用同样开采方式的旺采区，克服倾向方向长度较短，侧向位移受限的缺点，从而可以使得模拟结果更加接近真实开采条件，达到最佳的模拟效果；模型高度方向包括旺采区顶部铺设的基岩 30m、上部旺采区所在煤层厚度 4m、下部开采煤层底板厚度 5m，下煤层采高及与上煤层间距均为变量，根据表 9-8 中模拟方案赋予相应参数。模型不研究地表变形，基岩未铺设至地表，不足部分采用载荷的形式加载。计算采用莫尔-库仑(Mohr-Coulomb）屈服准则，各岩层的物理力学参数见表 9-8。

表 9-8　物理力学参数

岩性	弹性模量/MPa	泊松比	抗压强度/MPa	内摩擦角/(°)	黏聚力/MPa
粉砂岩	10400	0.26	0.86	35	2.15
中粒砂岩	11500	0.25	1.1	35	2.43
粗粒砂岩	10000	0.28	1.83	35	2.8
煤层	1000	0.35	0.05	22	0.5

(2)模拟结果分析。煤柱内部剪切破坏如图 9-19 所示：采用“层间距-采高”的形式予以命名。由判断准则可知，一旦某个煤柱内部较大范围出现剪切破坏，就会导致整个煤柱的垮落，驱使周边煤柱承载增大引起周边煤柱的破坏，从而出现连带效应，使得煤柱周边很大范围甚至整个旺采区域的煤柱全部垮落。因此，对比图 9-19 中剪切破坏区域的大小可以得出以下结论：方案 1(5-2)、方案 3(15-4)、方案 4(15-6)中均出现显著塑性区，煤柱内部已经发生剪切破坏；方案 6(30-4)、方案 7(30-6)中仅有个别煤柱发生剪切破坏且破坏区域占煤柱的面积较小，一般情况下小面积的塑性破坏不会对单个煤柱稳定性造成影响，更不会导致大面积煤柱的失稳。根据剪切破坏区域对煤柱稳定性做出判断，统计见表 9-9。

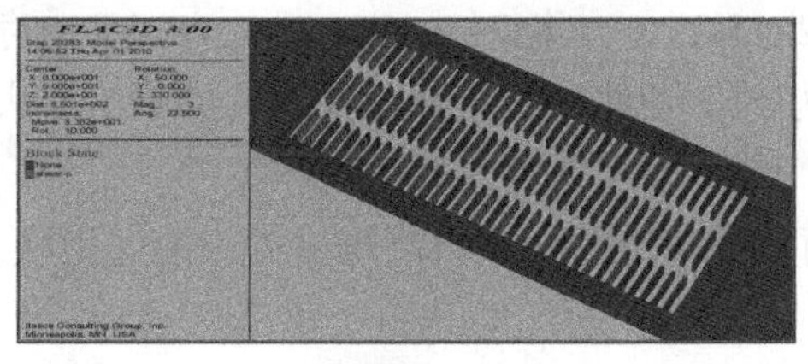

(a) 方案1(5-2)

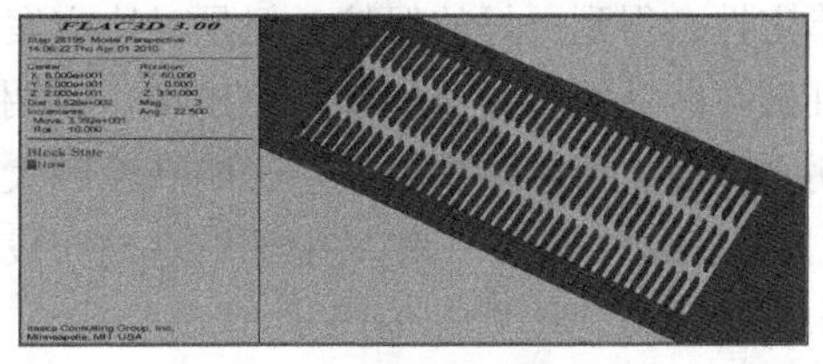

(b) 方案2(15-2)

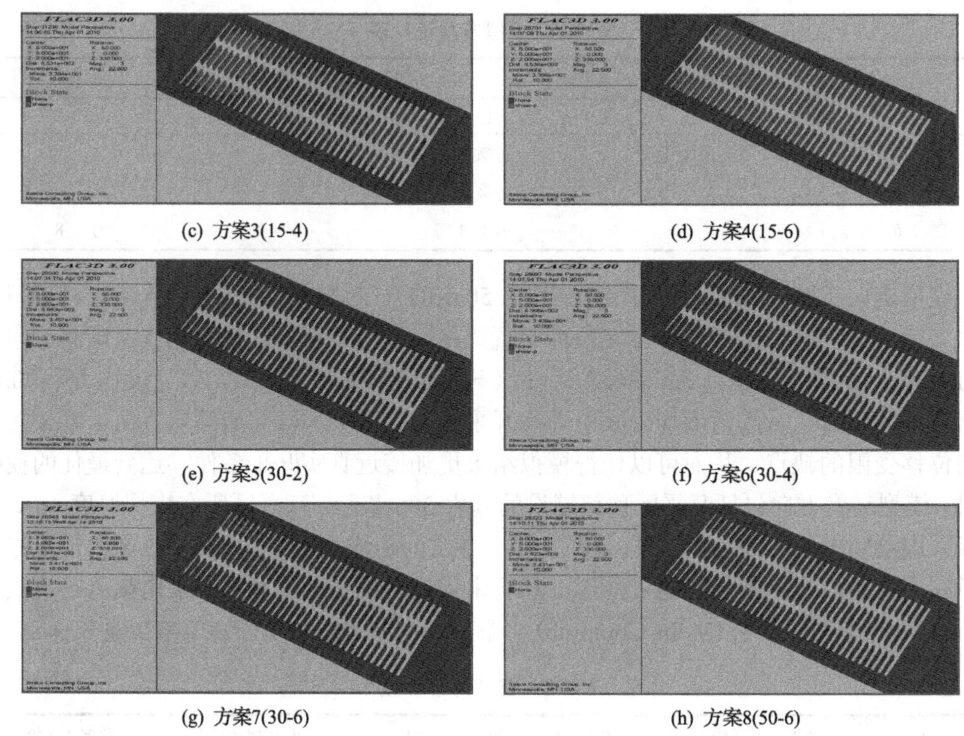

(c) 方案3(15-4)　(d) 方案4(15-6)

(e) 方案5(30-2)　(f) 方案6(30-4)

(g) 方案7(30-6)　(h) 方案8(50-6)

图 9-19　煤柱剪切破坏图

表 9-9　旺采区距垮落带顶部高度及模拟结果表

采高/m	间距/m			
	5	15	30	50
2	–2 失稳	8 未失稳	23 未失稳	
4		2 失稳	18 未失稳	
6		–5 失稳	10 未失稳	30 未失稳

根据以上分析可以得出：当煤层间距小于垮落带高度时，上部旺采区煤柱最不稳定，很容易受到下部工作面开采的影响，引起煤柱发生剪切破坏，导致大范围煤柱的垮落；当煤层间距大于裂隙带高度时，旺采区位于弯曲下沉带时，煤柱的稳定性较为容易受到保护，一般情况下煤柱不会发生垮落失稳；当煤层间距高于垮落带顶部高度位于裂隙带范围以内时，煤柱的稳定性具有一定的可变性，通常情况下，随着煤层间距的增大煤柱的稳定性会得到更好的保护，但是对比方案 2(15-2)、方案 7(30-6)，可知方案 7 中存在塑性破坏区域而方案 2 中却没有出现，说明方案 7 条件下对上部旺采煤柱的影响更大，表明采高越大影响范围越广，影响高度越大，煤柱越容易发生剪切破坏。

在模拟过程中于工作面中部沿走向布设了一系列的测点，监测煤柱内部的受力状况，最大垂直应力统计见表 9-10 所示。

表 9-10　最大垂直应力统计表　(单位：MPa)

采高/m	间距/m			
	5	15	30	50
2	10.32	9.56	9.18	
4		10.40	9.60	
6		11.00	9.69	9.12

由表 9-10 可以绘制图 9-20 所示曲线，如曲线所示在下部工作面采高一定的条件下，垂直应力峰值随间距的增加而降低，间距越大变化效果越不明显；在间距一定的条件下，垂直应力随采高的增加而增加。方案 4(15-6)、方案 3(15-4)、方案 1(5-2)、方案 2(15-2)、方案 7(30-6)、方案 6(30-4)、方案 5(30-2)、方案 8(50-6)承受的垂直应力依次减小，自身稳定性相应的依次增高，发生压垮的概率逐渐减小。根据煤柱垂直应力可以判别发生压垮的可能性大小，当煤柱内部垂直应力小于扰动载荷 9.52MPa，煤柱稳定性较好；当煤柱内部垂直应力大于扰动载荷但是小于煤柱强度极限 15.86MPa 时，煤柱处于亚稳定状态；当煤柱内部垂直应力大于煤柱强度极限时，必然失稳。所以，方案 5(30-2)、方案 8(50-6)下煤采后煤柱稳定性良好，其余开采方案均处于亚稳定状态。

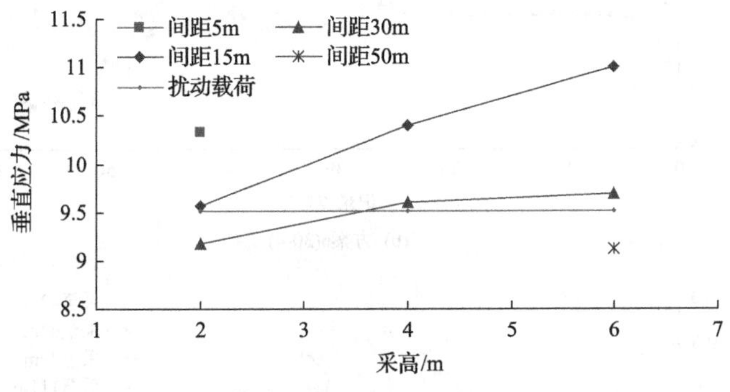

图 9-20　最大垂直应力对比图

综合以上判别结果可知：方案 1(5-2)、方案 3(15-4)、方案 4(15-6)下煤开采过程中煤柱已经失稳，方案 5(30-2)、方案 8(50-6)中煤柱稳定性良好，方案 2(15-2)、方案 6(30-4)、方案 7(30-6)中煤柱处于亚稳定状态，由于三个方案垂直应力峰值均较为接近 9.52MPa，因此尽管三个方案均处于亚稳定状态，但是其稳定程度依旧较高，提取三个方案的垂直应力变化曲线如图 9-21 所示。

测点布设于旺采区中部沿下部工作面走向剖面切得煤柱所在单元的内部，随工作面的不断前移，动态记录煤柱内部测点应力的变化过程。煤柱内部垂直应力变化过程监测结果表明，煤柱内部垂直应力峰值出现在工作面前方距测点 10m 范围以内；各曲线中峰值应力最大值出现在旺采区中部位置附近，并随距离中部位置距离增加而递减；当工作面推过测点位置以后，测点内部应力开始逐步下降，此过程在模拟条件下经历了 50m 左右的推进距，而后岩层运动减缓并趋于稳定，煤柱承载再次缓步增加，最终达到一个平衡状态。

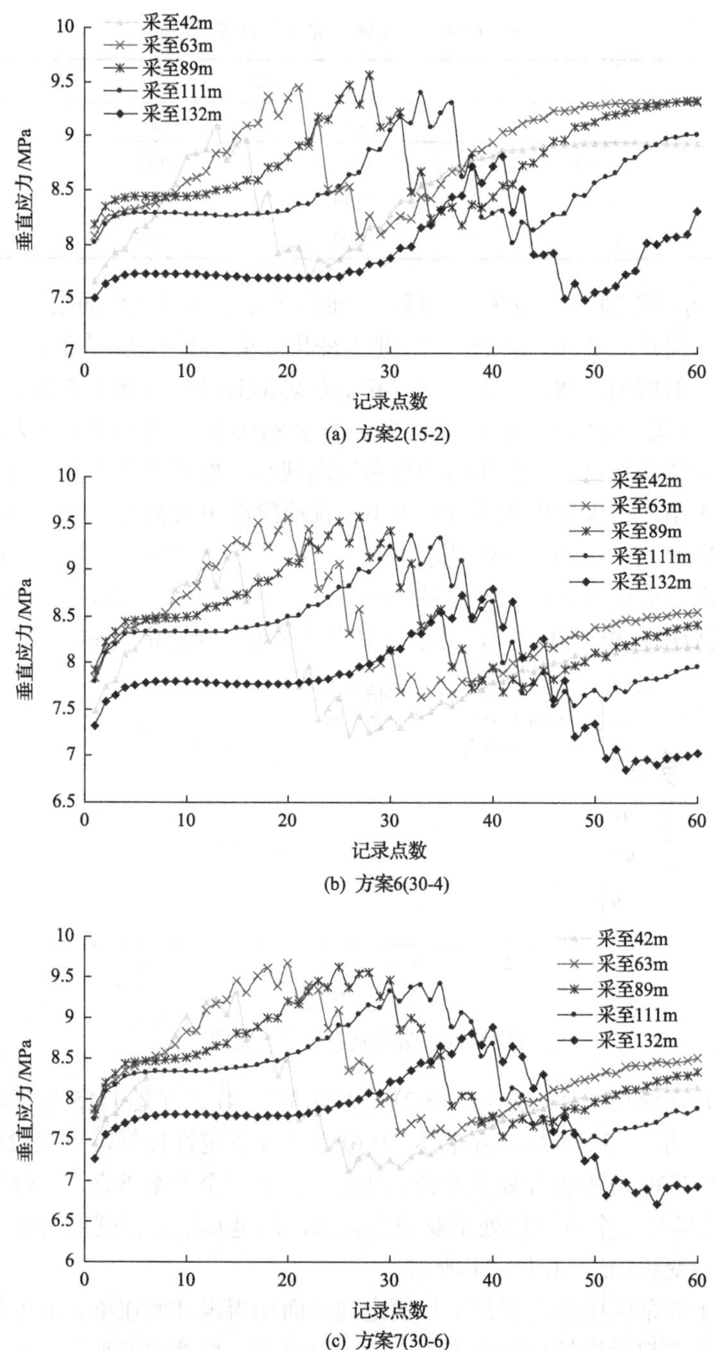

(a) 方案2(15-2)

(b) 方案6(30-4)

(c) 方案7(30-6)

图 9-21　开采过程中方案 2、方案 6、方案 7 垂直应力变化图

由图 9-21 对比可知，工作面推过煤柱后煤柱接近平衡状态时的应力值与煤层间距有直接的关系。方案 2 中间距 15m 条件下，平衡应力为 9.33MPa 达到采动影响下最大垂直应力(9.56MPa)的 97.6%；但是在方案 6 中间距增加至 30m 时平衡应力仅为 8.55MPa 约为最大垂直应力(9.60MPa)的 89%，方案 7 中此比例有所减小达到 87.8%。可见，间距越

小下煤采后旺采煤柱平衡应力越大。

以上分析得知：煤柱平衡状态下，承受的载荷均低于扰动载荷 9.52MPa，超过此载荷的煤柱承载状态仅存在于下部工作面开采扰动过程中短暂的一段时间内而且仅作用于工作面中部区域位置作用范围较小，并且由图 9-21 可知，煤柱承受的最大载荷与扰动载荷较为接近，尽管超出扰动载荷，但加速裂隙生成的效果有限，不会对煤柱造成较人的影响，因此，可以判断方案 2、方案 6、方案 7 开采条件是安全的，不会引起煤柱的失稳。

综上所述可以判别方案 1、方案 3、方案 4 开采条件下必然导致煤柱失稳；方案 2、方案 6、方案 7 开采条件下，煤柱已受到下部工作面开采的影响，但影响效果有限，不会引发煤柱的垮落；方案 5、方案 8 开采条件下煤柱是稳定的。

基于以上研究可以发现煤层间距及下煤采高对上部旺采煤柱稳定性的影响具有一定的规律性，在此定义下煤采高与煤层间距的比值作为一个评价煤柱失稳与否的常量，称之为“扰动系数”。如表 9-11 所示，当“扰动系数”大于 0.26 时下煤开采必然导致旺采煤柱的失稳；当“扰动系数”小于 0.12 时煤柱的稳定性较好；当“扰动系数”为 0.13～0.25 时煤柱处于亚稳定状态，已经受到下部煤层开采影响，曾经历过弹塑性过渡阶段，内部有裂隙产生，但是不会导致煤柱失稳。

表 9-11　“扰动系数”及模拟结果表

采高/m	间距/m			
	5	15	30	50
2	0.4 失稳	0.13 亚稳定	0.07 稳定	
4		0.26 失稳	0.13 亚稳定	
6		0.4 失稳	0.2 亚稳定	0.12 稳定

2) 近距离煤层开采引起上部倾向旺采煤柱失稳过程研究

采用二维 UDEC 对倾向煤柱失稳过程进行模拟，模拟平面为旺采区中部沿下煤走向的剖面。

(1) 模型的建立。根据以上研究结论对失稳模型进行模拟，取方案 1 与方案 3 对比，重新建立二维模型。

模型走向长度 400m，采用均一块体铺设，两边各留设 150m 的边界煤柱，仅开采中部 100m，如图 9-22 所示。垂直方向根据实际钻孔柱状简化的结果架构单元，单元划分遵照基岩内部由下自上逐渐增大的原则，累计铺设至地表，并对模型施加自重应力。模型中 1^{-2} 煤层采深 200m，采高 4m，煤柱留设宽度 1m。于在模型两侧限制侧向位移，并固定模型底部，计算采用莫尔-库仑屈服准则。

以煤层间距 30m、采高 6m 条件为例，模型块体划分如图 9-23 所示。

计算过程同 FLAC3D 相同，生成模型—原岩应力计算—一次性开采上部旺采区—平衡—分布开采下煤层—平衡—结果输出。

(2) 模拟结果分析。图 9-24 和图 9-25 图形取自模拟过程中旺采煤柱失稳的一刹那，动态表现煤柱失稳的整个过程。每相邻图间的运算步数相同均为 10000 步，方案 1 与方案 3 模型的垮落过程如图 9-24 和图 9-25 所示。

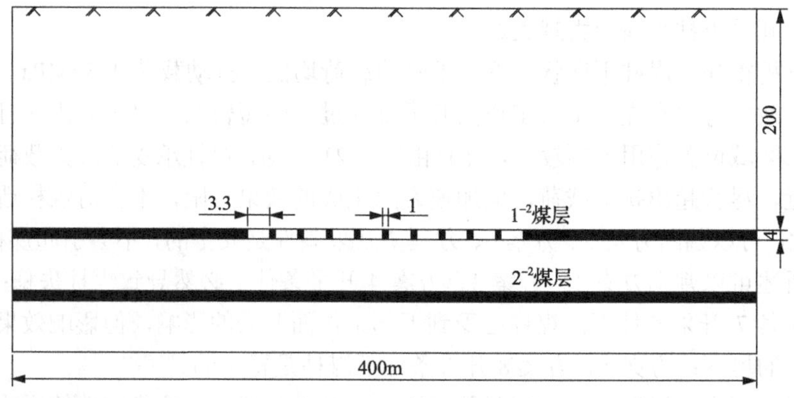

图 9-22　旺采区倾向剖面模型示意图

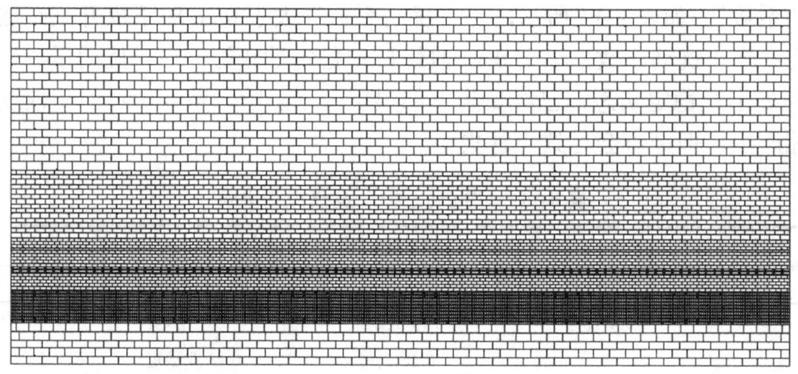

图 9-23　旺采区倾向剖面块体划分平面图

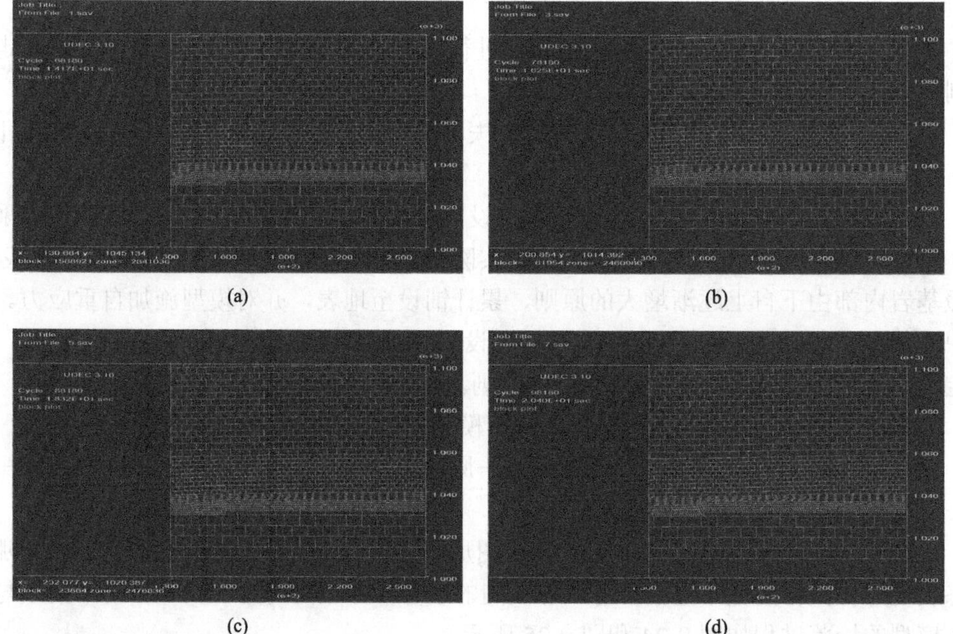

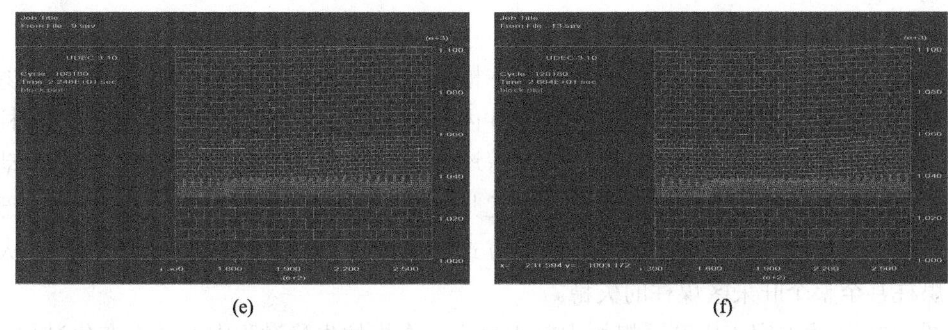

(e)　(f)

图 9-24　方案 1 煤柱垮落过程图

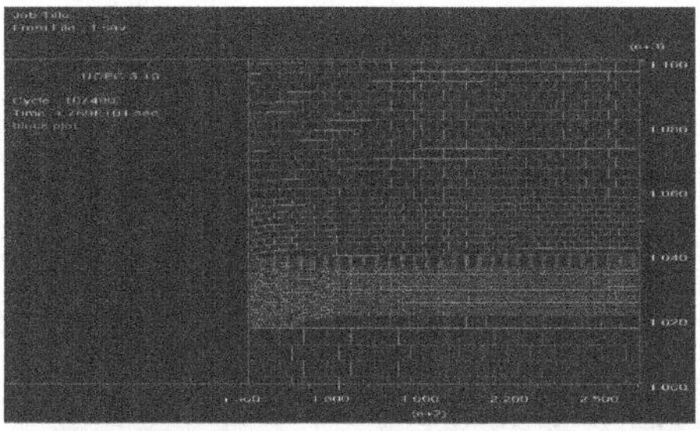

(a) 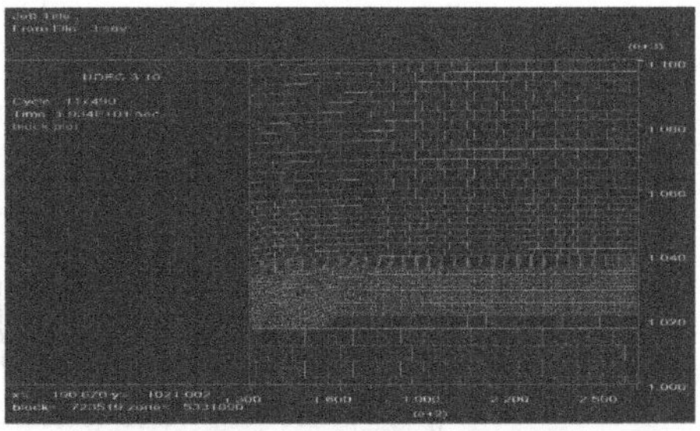　(b)

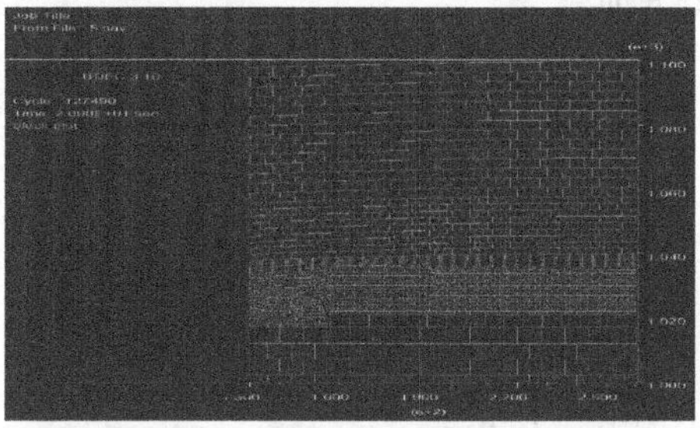

(c) 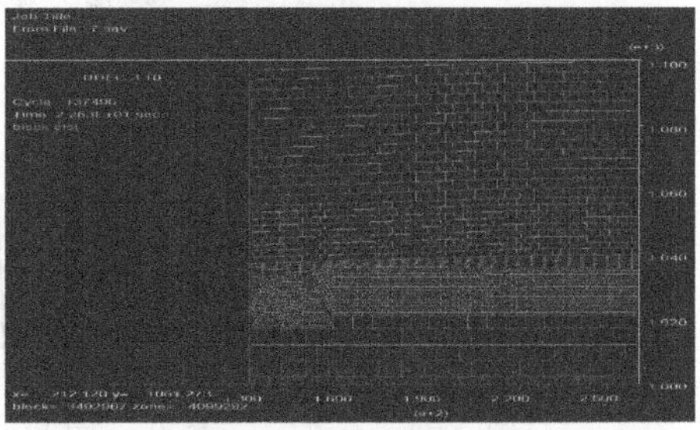　(d)

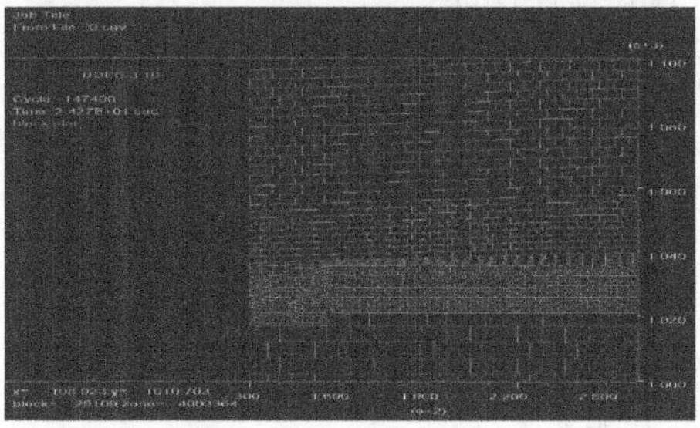

(e) 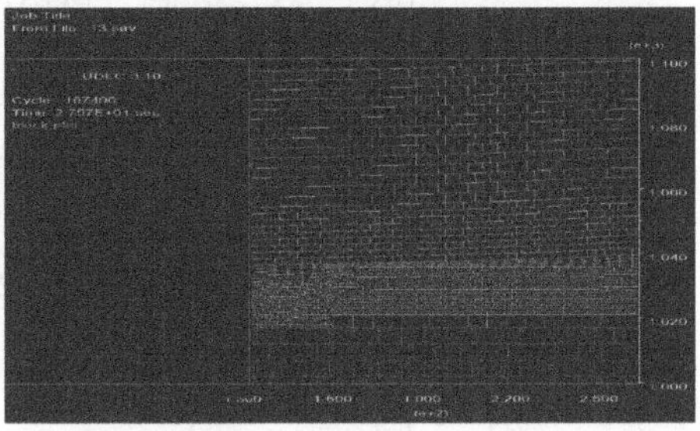　(f)

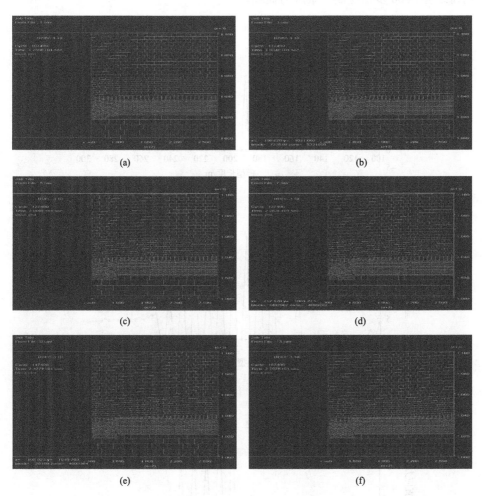

图 9-25　方案 3 煤柱垮落过程图

由方案 1 和方案 3 两个模型的模拟过程可知，旺采煤柱的失稳均发生在下部工作面刚刚推进至上部旺采区范围以内距离采区边界较近的位置，且煤柱一旦发生垮落就会发生连带效应，导致周边煤柱破坏，并逐步向深部发展，两模型煤柱垮落均发展至旺采区边界，使得整个采区范围内发生大面积顶板运动，势必对下部工作面开采造成很大的影响，危险性很高。

对比两个模型的垮落过程，可以得知，模型最初发生垮落均是由于煤柱内部的剪切破坏，此后直接顶的垮落使得上部旺采煤柱内部应力释放，部分应力转移至周边煤柱，使得其周边煤柱承载增加从而被上部岩层压垮；与此同时也包含局部岩层的垮落带动上方、周边岩层的回转下沉，使得顶板岩层尤其是旺采煤柱发生较大的侧向位移，内部发生剪切破坏而导致煤柱的最终失稳，两种方式相互交叠共同作用于旺采煤柱，引起大面积的煤柱甚至整个旺采区煤柱的失稳。

图 9-26 描述方案 1 中旺采煤柱内部垂直应力在煤柱失稳过程中的动态变化过程，同样采用每运算 5000 步，绘制一条应力曲线。

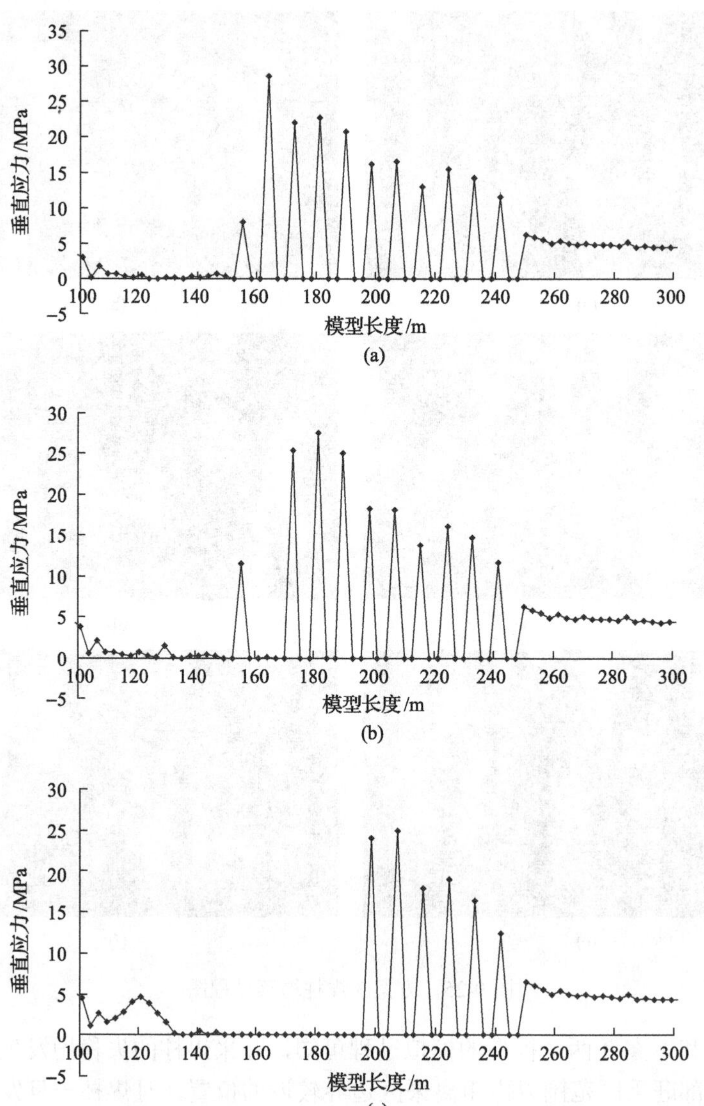

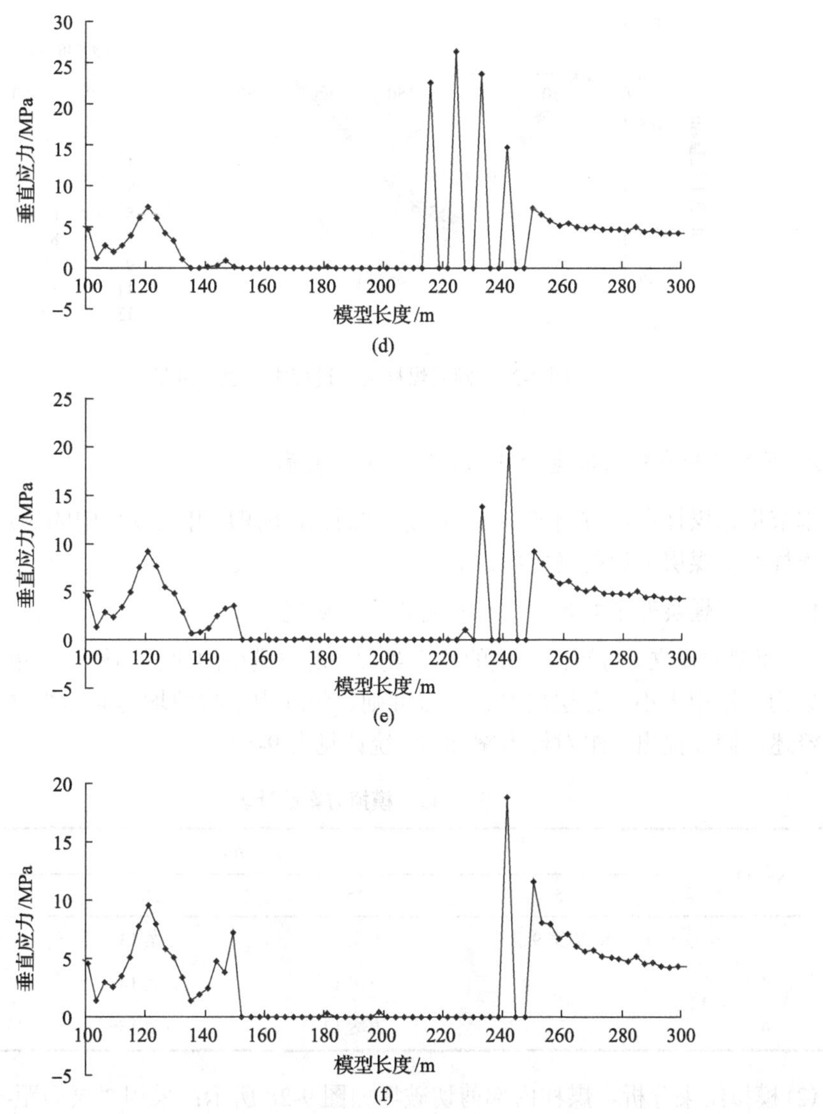

图 9-26　方案 1 中煤柱失稳过程中内部垂直受力变化图

从方案 1 中煤柱垮落过程中煤柱受力可以看出，第一个煤柱在工作面推过时并未遭受破坏，而内部垂直应力大幅度降低，其前方煤柱承载却大幅增加，峰值达到 28.6MPa，远远高出煤柱强度极限(15.86MPa)，瞬时失去其支撑能力，随后应力转移至其邻近煤柱，邻近煤柱应力骤增同时第一个煤柱重新承载，并在高应力下直接被压垮甚至压碎，应力再次转移，如此循环直至整个采区煤柱失去承载能力。煤柱在失稳过程中内部应力变化过程可以证明对煤柱失稳过程的描述。

从地表下沉量的变化过程也可以反映出煤柱失稳过程，就在煤柱失稳的一瞬间，地表下沉量由 1m 迅速增至 2.1m，表现十分明显，可以说地面下沉量也是煤柱失稳的一大特征，帮助判断煤柱的稳定性状态(图 9-27)。

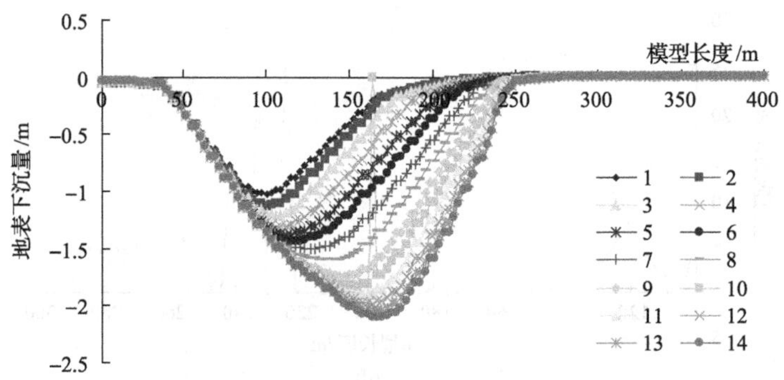

图 9-27　倾向煤柱失稳过程中地表下沉量

2. 下煤层开采对上覆走向旺采煤柱稳定性的影响

本节根据煤柱留设方向的不同，对走向煤柱在下煤层开采过程中的稳定性进行研究，揭示煤柱在下煤层采后的稳定状态。

1）近距离煤层开采对走向煤柱稳定性影响研究

（1）模型的建立。与倾向模型的建立类似，走向模型的建立同样基于单层煤布置时的模型架构。模型大小、分层层厚、屈服准则、物理力学参数均与倾向煤柱相一致，在此不再赘述。同样提出一组对比方案（8 个）统计见表 9-12。

表 9-12　模拟方案统计表

采高/m	间距/m			
	5	15	30	50
2	方案 9	方案 10	方案 13	
4		方案 11	方案 14	
6		方案 12	方案 15	方案 16

（2）模拟结果分析。煤柱内部剪切破坏如图 9-28 所示：采用“层间距-采高”的形式予以命名。

由图 9-28 分析可知，方案 9（5-2）、方案 11（15-4）、方案 12（15-6）模型内部塑性破坏区域均占有较大比例，旺采煤柱必定在下部煤层开采过程中失稳；方案 14（30-4）、方案 15（30-6）、方案 16（50-6）模型内部产生局部的塑性区，但仅存在于模型周边或是个别的剪切破坏单元，从发生剪切破坏单元数量上可以判断煤柱不会受到剪切破坏的影响导致自身失稳，更不会影响到整个采区。因此，可以忽略个别单元的破坏效果，这三种开采条件下均可视为煤柱未发生失稳的情况。

根据剪切破坏区域对煤柱稳定性做出判断结果统计见表 9-13 所示。

从三带发育高度来考虑，与倾向煤柱可以反映出相同的规律，当间距小于垮落带高度，位于垮落带范围以内时，必将导致上部旺采煤柱失稳垮落；当层间距大于垮落带高度小于裂隙带高度，位于裂隙带范围以内时，旺采煤柱的稳定状态随间距的增大而趋于稳定；当层间距大于裂隙带发展高度时，煤柱稳定性较好，一般不容易受到下部采动影响而破坏。

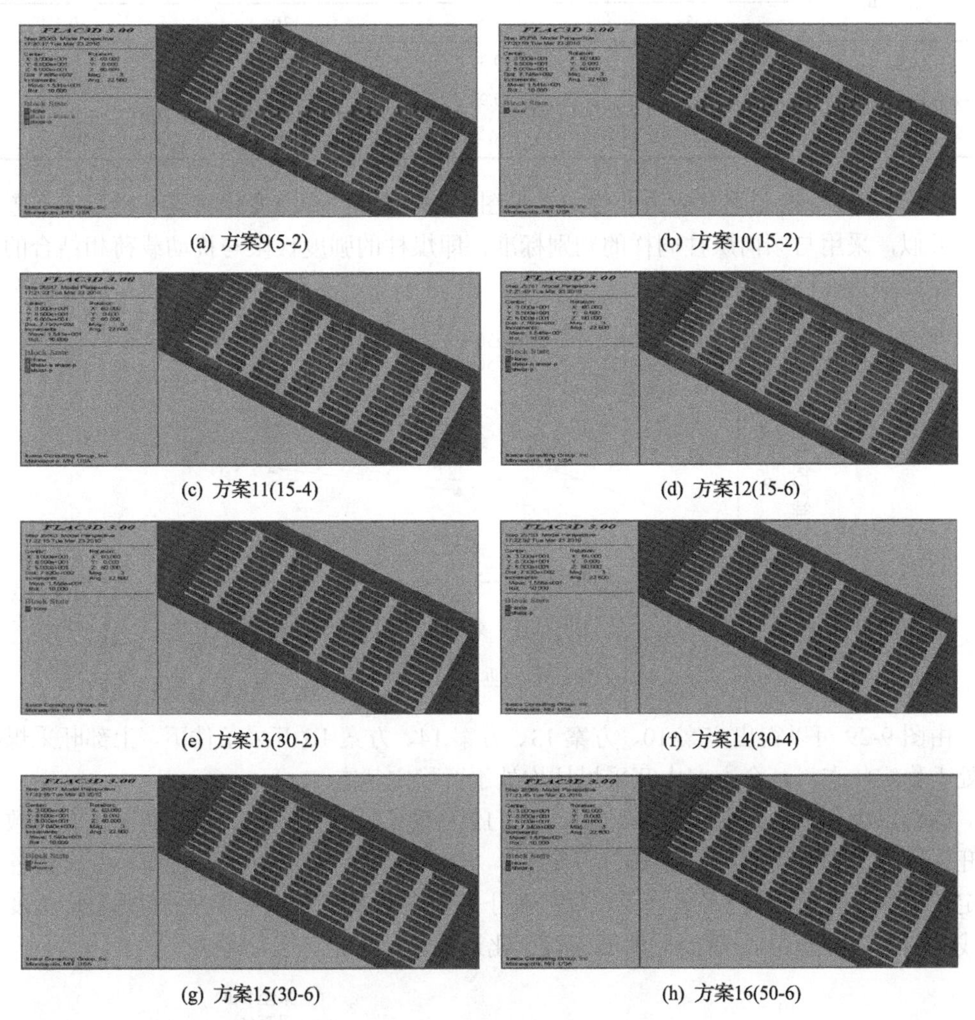

(a) 方案9(5-2)　(b) 方案10(15-2)　(c) 方案11(15-4)　(d) 方案12(15-6)　(e) 方案13(30-2)　(f) 方案14(30-4)　(g) 方案15(30-6)　(h) 方案16(50-6)

图 9-28　煤柱剪切破坏图

表 9-13　旺采区距垮落带顶部高度及模拟结果表

采高/m	间距/m			
	5	15	30	50
2	–2 失稳	8 未失稳	23 未失稳	
4		2 失稳	18 未失稳	
6		–5 失稳	10 未失稳	30 未失稳

在模拟过程中于工作面中部沿走向布设了一系列的测点，监测煤柱内部的受力状况，最大垂直应力统计见表 9-14 所示。

表 9-14　最大垂直应力统计表　（单位：MPa）

采高/m	间距/m			
	5	15	30	50
2	10.02	9.31	9.02	
4		9.94	9.41	
6		10.48	9.64	9.08

根据表 9-14 绘制垂直应力变化曲线见图 9-29 所示，应力变化与煤柱沿倾向布置时较为近似，采用与倾向煤柱同样的判别标准，即煤柱的强度极限与扰动载荷相结合的方法对煤柱受扰动程度进行评价。

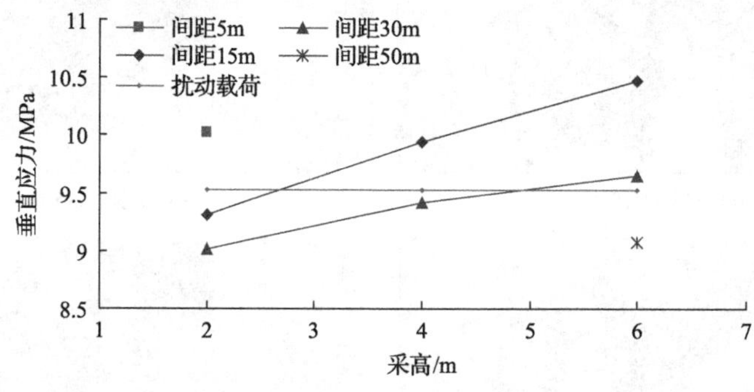

图 9-29　最大垂直应力对比图

由图 9-29 可以得出方案 10、方案 13、方案 14、方案 16 开采条件下，上部旺采煤柱均处于稳定状态，其余方案中旺采煤柱均处于亚稳定状态。

综合以上分析，方案 9、方案 11、方案 12 开采条件下，下部工作面的开采会导致上部旺采煤柱的失稳垮落；方案 10、方案 13、方案 14、方案 16 开采条件下，旺采煤柱的稳定性良好；方案 15 开采条件下，煤柱处于亚稳定状态。提取方案 15 的垂直应力变化曲线如图 9-30 所示，分析煤柱内部应力变化过程。

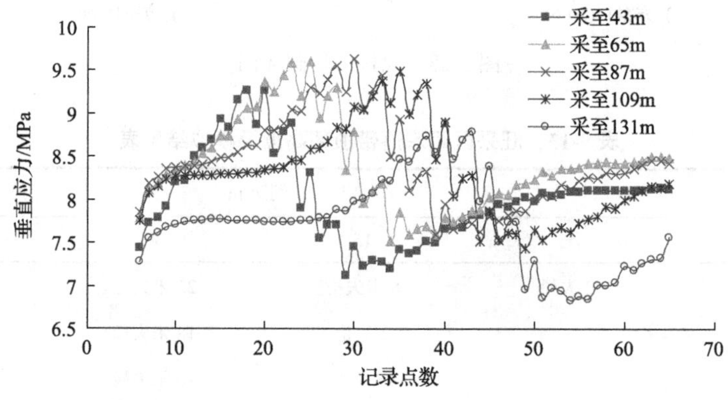

图 9-30　开采过程中方案 15 垂直应力变化图

煤柱开采过程中测点记录最大垂直应力为 9.64MPa，与扰动载荷(9.52MPa)相差不大，必定不会对煤柱造成较大的扰动影响。不仅如此，下煤层采后煤柱平衡状态下承受的载荷最大值为 8.50MPa，最大垂直应力的 88.2%，低于扰动载荷(9.52MPa)，由图 9-30 可知超过扰动载荷的煤柱承载状态仅存在于下部工作面开采扰动过程中短暂的一段时间内而且仅作用于工作面中部区域位置，作用范围较小，下煤层开采对上部旺采煤柱的影响较小，带来的裂隙发育程度有限。因此，方案 15 中下煤层的开采对上部旺采煤柱影响较小，不会引起煤柱的失稳，采后煤柱依然维持稳定状态。

综上所述，可以判别方案 9、方案 11、方案 12 开采条件下，煤柱是失稳的；方案 15 开采条件下，旺采煤柱会受到下部工作面开采的影响，但不会引发煤柱的垮落失稳；方案 10、方案 13、方案 14、方案 16 开采条件下，旺采煤柱是稳定的，基本上不受下部工作面开采的影响。

模拟结果统计如表 9-15 所示，当“扰动系数”大于 0.26 时受下部工作面开采的影响旺采煤柱必将失稳，当“扰动系数”小于 0.13 时煤柱稳定性可以较好地维持，当“扰动系数”为 0.14～0.25 时煤柱处于亚稳定状态，已经受到下部煤层开采影响，曾经历过弹塑性过渡阶段，内部有裂隙产生，但不会造成煤柱的失稳。

表 9-15　“扰动系数”及模拟结果表

采高/m	间距/m			
	5	15	30	50
2	0.4 失稳	0.13 稳定	0.07 稳定	
4		0.26 失稳	0.13 稳定	
6		0.4 失稳	0.2 亚稳定	0.12 稳定

与倾向煤柱相比，走向煤柱的稳定性更好，其处于亚稳定状态的“扰动系数”区间有所减小，稳定条件有所放宽。

2)近距离煤层开采引起上部走向旺采煤柱失稳过程研究

(1)根据以上研究结论对失稳模型进行模拟，以方案 9、方案 12 为例，重新建立二维模型。受截面方向的限制，在下煤层开采过程中仅能模拟上部旺采煤柱失稳时沿下部工作面倾向某一个切面的煤柱垮落过程。因此，仅自此切面方向对煤柱的失稳过程进行研究。

(2)方案 9 与方案 12 模型的垮落过程如图 9-31 和图 9-32 所示。图形取自模拟过程中旺采煤柱失稳的一刹那，动态表现煤柱失稳的整个过程。每相邻图间的运算步数相同(均为 5000 步)。

图 9-31 和图 9-32 共同反映了一个相同的垮落过程，整个采区煤柱的失稳垮落均是由个别煤柱的失稳引起的，由煤柱的失稳过程可以得出，首先发生破坏的区域位于旺采区中部距离两侧边界 30m 以内的范围内。个别煤柱的失稳导致煤柱垮落的范围向两侧发展直至整个旺采区域内部煤柱均发生垮落。

提取方案 1 煤柱失稳过程中应力的变化过程如图 9-33 所示。

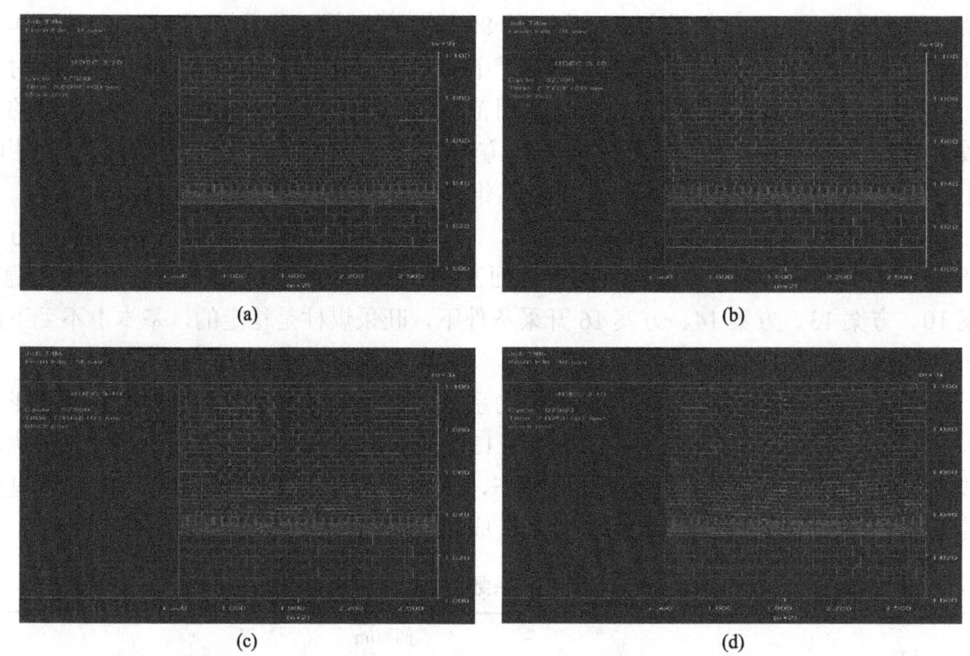

图 9-31　方案 9 煤柱垮落过程图

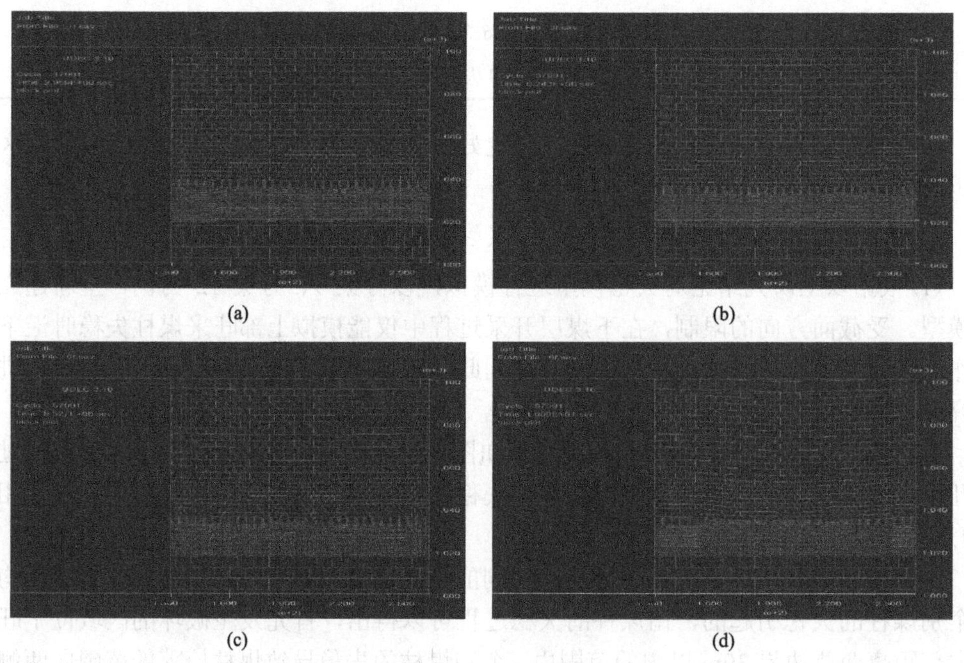

图 9-32　方案 12 煤柱垮落过程图

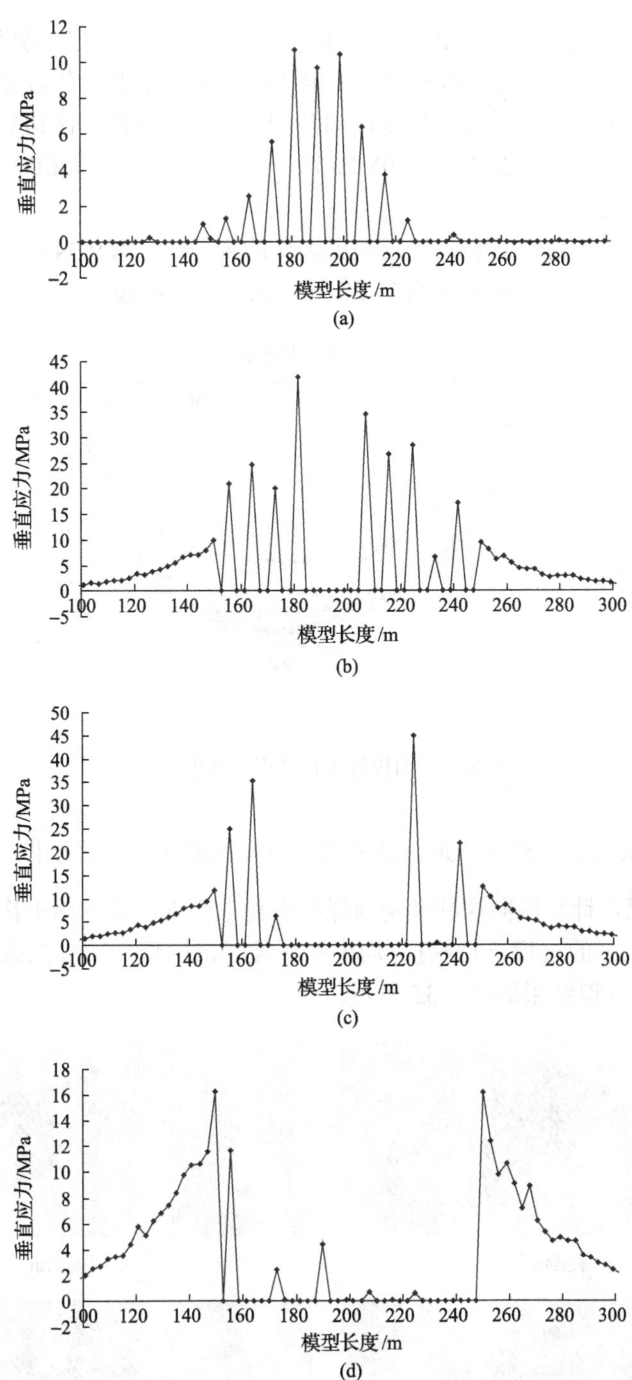

图 9-33　方案 9 中煤柱失稳过程中内部垂直受力变化图

从图 9-33 煤柱垮落过程中煤柱受力可以看出，煤柱刚要发生破坏时中部煤柱内部垂直应力并不大，最大值为 10.68MPa，大于扰动载荷，仅为煤柱强度极限的 67.3%，不足以直接导致煤柱的失稳，因此使得煤柱破坏的原因只能是剪切破坏，结合之前的分析可以说明中心位置承受的剪切应力更大，较周边 30m 以外的区域更容易发生剪切破坏。在首个煤柱失稳过后，周边煤柱承载迅速增加至 20MPa 以上，超过煤柱强度极限而直接被压垮压碎，失去承载能力，破坏区域逐渐向两侧扩展，直至旺采区边界位置，在中部煤柱垮落后，两侧煤柱承载一度增加至 40MPa 以上，间接表明煤柱失稳时破坏力是巨大的，带来的影响不容忽视。

从地表下沉量的变化过程也可以反映出煤柱的失稳，如图 9-34 所示，在煤柱失稳的一瞬间，地表下沉量由 1.59m 迅速增至 2.53m，表现十分明显。

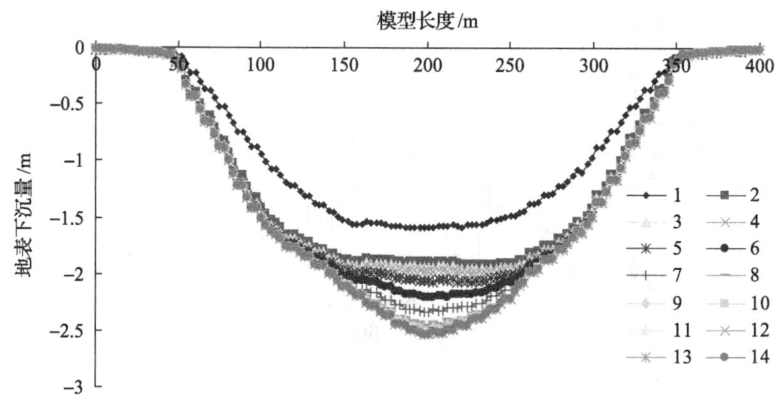

图 9-34　走向煤柱失稳过程中地表下沉量

3. 下煤层开采对上覆倾向、走向旺采煤柱稳定性影响的对比分析

根据以上研究，针对倾向煤柱及走向煤柱失稳条件下，随下部工作面开采旺采煤柱内部塑性区发生发展的过程进行模拟(均采用塑性区范围最广的模拟条件——煤层间距 15m、采高 6m)，模拟结果如图 9-35 所示。

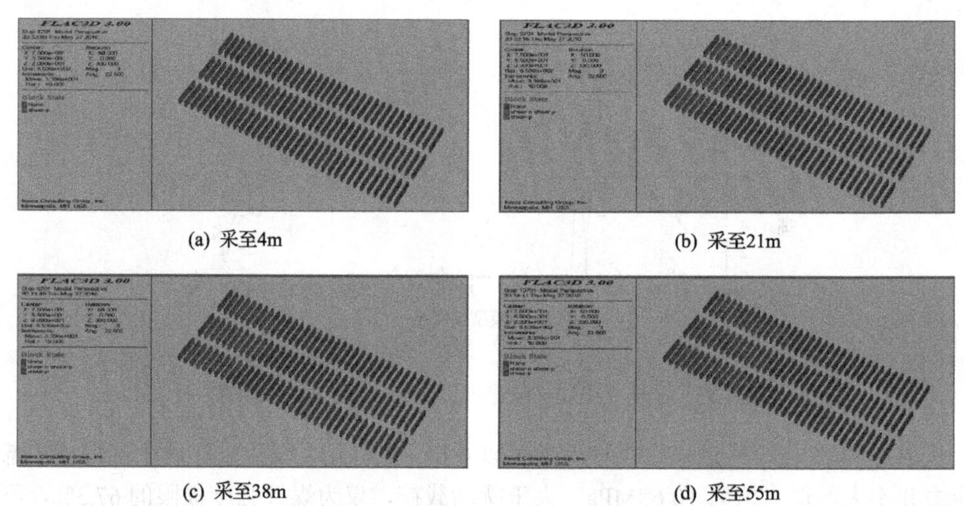

(a) 采至4m　(b) 采至21m

(c) 采至38m　(d) 采至55m

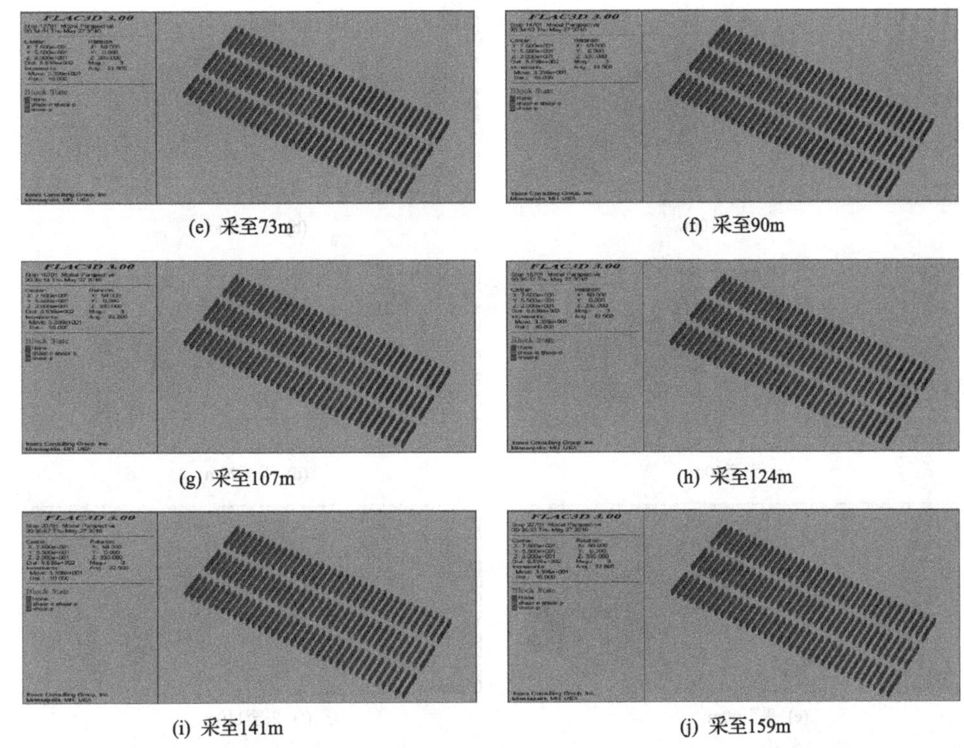

(e) 采至73m　(f) 采至90m

(g) 采至107m　(h) 采至124m

(i) 采至141m　(j) 采至159m

图9-35　方案4(15-6)中下煤层开采位置与倾向旺采煤柱塑性区范围对照图

由图9-35分析可知自工作面刚进入上部旺采区范围以内，旺采煤柱内部就出现了塑性破坏区，塑性区产生的最前沿超前工作面的推进位置约为12m，随着工作面的前移塑性区不断向前发展。

由图9-36分析可知：下部工作面推进至20m位置时，上部旺采煤柱内部才开始出现塑性破坏区，但自此之后塑性区产生的位置均超前工作面的推进位置并随着工作面的前移不断向前发展，超前工作面距离平均为6m左右，直至旺采区边界附近塑性区不再发展。整体上说，旺采区周边区域受剪切破坏影响较轻，影响严重区域集中于中部位置。

基于倾向和走向模型的模拟结果可以说明：走向煤柱与倾向煤柱在相同开采条件下对上部旺采煤柱稳定性影响有所不同。相比较而言，倾向煤柱较走向煤柱更加容易产生走向位移，使得煤柱发生倾倒，加速煤柱的垮落速度；而走向煤柱较倾向煤柱较为容易产生倾向位移，但两者的位移量均较小，对煤柱稳定性影响较小。

对比倾向模型与走向模型在相同开采条件下煤柱内部发生塑性破坏单元的位置可以得知，倾向模型塑性破坏单元多出现在采区周边位置，说明在下部工作面刚进入上部旺采区范围时，是煤柱发生塑性破坏引发大面积煤柱垮落失稳的高发区段。而走向模型则不同，其破坏单元主要集中于采区内接近中部的区域，周边区域煤柱的稳定性较好，一定程度上使得部分旺采煤柱进入下部工作面采空区范围，从而使得煤柱发生剪切破坏的位置对工作面造成影响的位置向前推移，表明在下煤层开采过程中，引起煤柱发生塑性破坏的位置并不是在刚进入上部旺采煤柱区域的位置，而是在进入旺采区范围一定深度以后，所以布置走向煤柱有助于增强煤柱的抗剪切破坏能力，使得发生剪切破坏的区域前移。

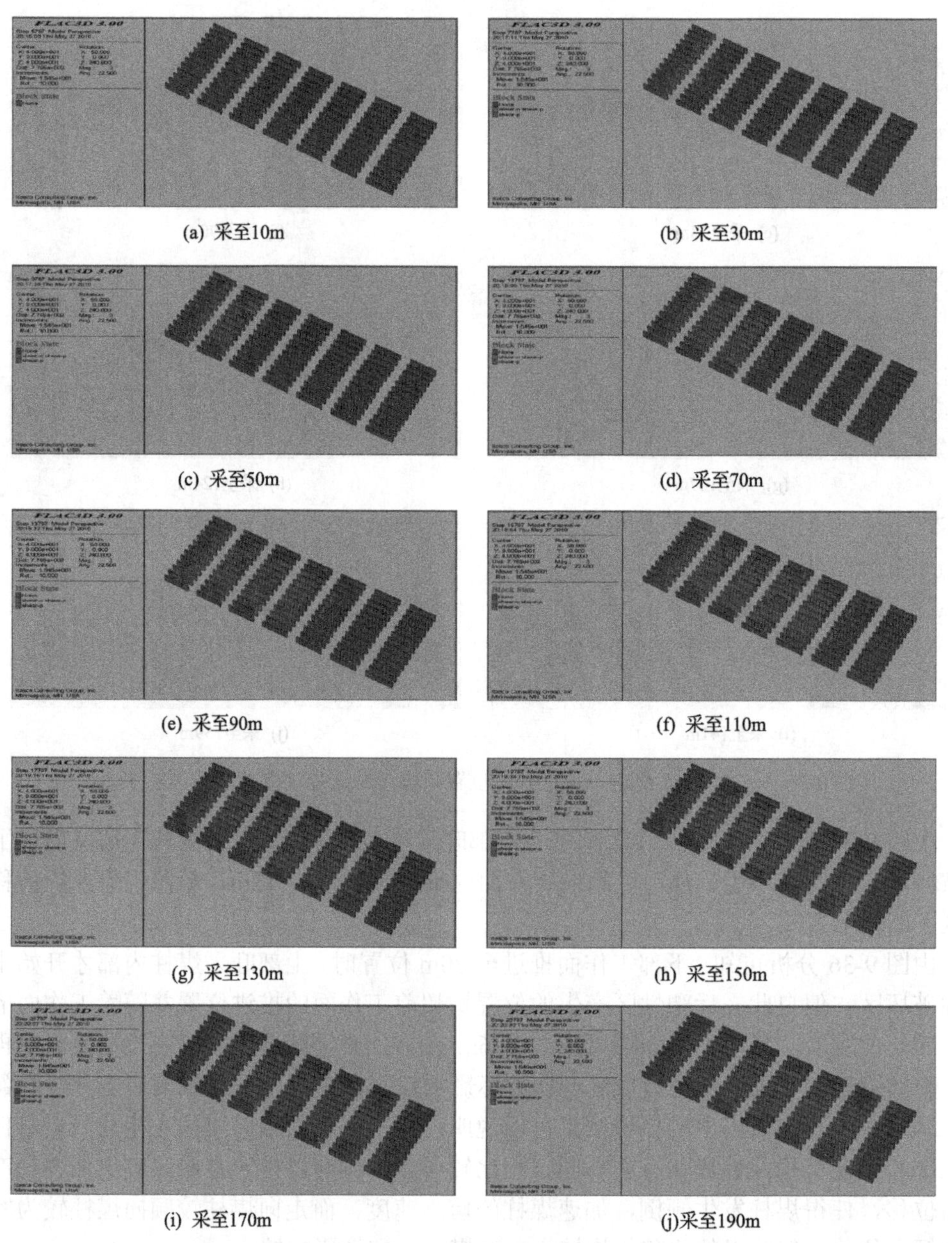

(a) 采至10m　(b) 采至30m

(c) 采至50m　(d) 采至70m

(e) 采至90m　(f) 采至110m

(g) 采至130m　(h) 采至150m

(i) 采至170m　(j)采至190m

图 9-36　方案 13(15-6) 中下煤层开采位置与旺采煤柱塑性区范围对照图

根据以上对倾向模型和走向模型的模拟可以推断，倾斜煤柱抗压缩特性、抗水平移动特性均处于走向煤柱与倾向煤柱之间。受工程作业限制，布置倾斜煤柱更加有利于实际操作，提高工程效率，因此，实际采用率较高。

9.3.4　工程实例验证分析

1. 补连塔 22301 工作面基本条件

22301 工作面是补连塔井田三盘区 2^{-2} 煤层的首采面，工作面长 301m，走向推进距离 5220m，煤层倾角 1°～3°，设计采高 6.1m，平均采深 260m，工作面采用 6.3m 大采高支架一次采全高综合机械化采煤，全部垮落法管理顶板。22301 工作面距回风顺槽 156m 范围内处于上煤层 21301 长壁面的老采空区下，距运输顺槽 75m 范围内则处于 1^{-2} 煤层的旺格维利采空区下，如图 9-37 所示。

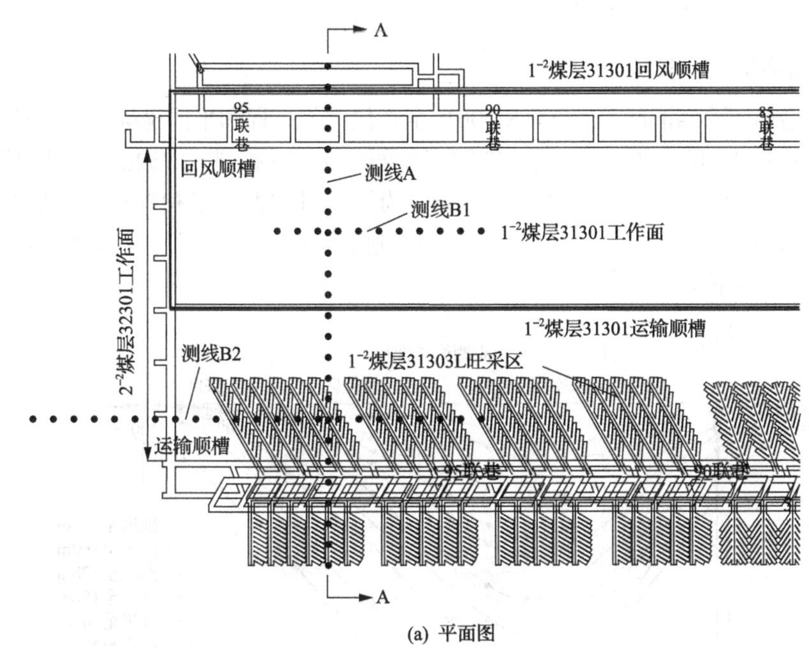

(a) 平面图

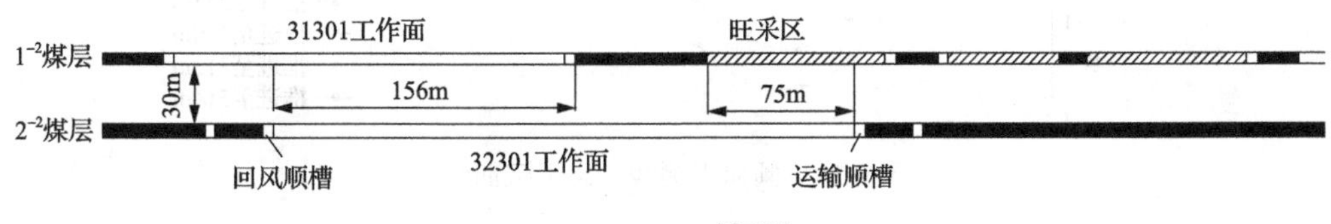

(b) A-A剖面图

图 9-37　近距离煤层 22301 工作面开采位置关系

2. 实测方案布置

1)地表沉陷观测方案

通过日常的地表沉陷观测，间接掌握旺采区内遗留煤柱的稳定情况。因此，拟在上煤层旺采区与长壁老采空区上方总共布置 3 条地面观测线[图 9-37(a)]。倾向观测线 A 总长 500m，距离切眼 150m，起始点距 22301 工作面回顺上方 100m，观测点间距为 20m，共布置了 26 个测点。走向观测线 B1 距离 22301 工作面回顺 80m，即为 1^{-2} 煤层长壁老采空区中部，测线总长 220m；走向观测线 B2 距离 22301 工作面运顺 40m，即为 1^{-2} 煤层旺采区中部，测线总长 500m，除了控制点间为 50m 以外，其余测点间距均为 20m。

2)矿压显现观测方案

22301 工作面总共布置了 176 个支架，其中 1#～44#支架位于 $1^{-2上}$ 煤层旺采区煤柱下，

85#～176#支架位于 1^{-2} 上煤层长壁老采空区下，工作面开采期间都有 PM31 系统实时监测每个支架的工作阻力变化，能反映在调度室的主机屏幕上并做存储。此外，还安置了 5 个尤洛卡，分别安装于 30#、62#、84#、126#和 156#支架。

3. 旺采区煤柱采动稳定性实测

1) 地表沉陷结果分析

22301 工作面开采期间，采用 GTS-7001i 全站仪进行高程和平面坐标观测，从 2007 年 8 月 4 日至 10 月 10 日，历时 68 天，期间工作面从 126m 推进至 752m，总共观测了 25 次。由于 22301 工作面平均日推进距约 10m，为了及时掌握开采初期对上煤层旺采区煤柱稳定性影响，在 8 月 4 日至 8 月 24 日期间，进行了每天一次的全面观测，图 9-38 为倾向观测线的动态下沉曲线[3]。

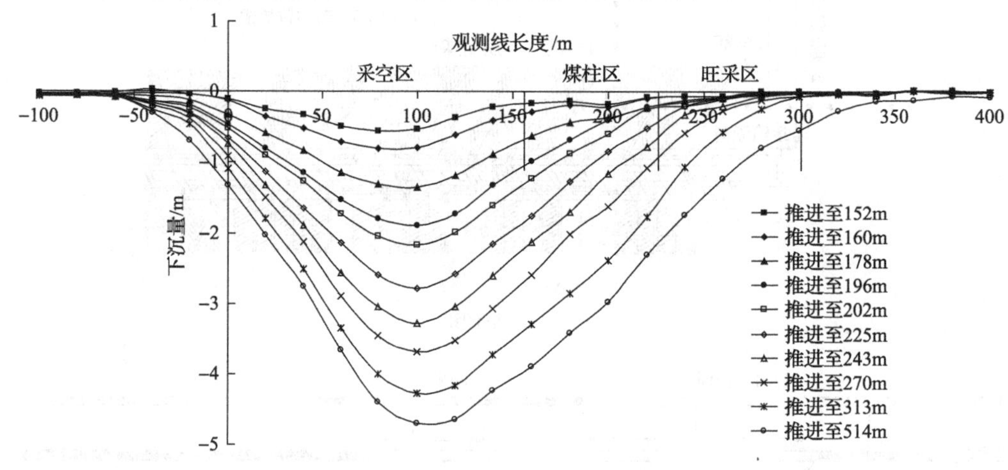

图 9-38　倾向观测线动态下沉曲线

由图 9-38 可知，当 8 月 16 日工作面推进至 202m 时，即推过倾向观测线 52m，22301 工作面回风顺槽对应的地面下沉量为 0.514m，1^{-2} 上煤层老采空区对应的地面最大下沉量达 2.169m；然而，22301 工作面运输顺槽对应的地面下沉量为 11mm，整个旺采区对应的地面最大下沉量仅为 249mm。如果下煤层采后导致 1^{-2} 上煤层旺采区煤柱失稳，则 22301 工作面类似全部处于上煤层长壁老采空区下开采，其对应的拟合下沉曲线见图 9-39，此时，22301 工作面运输顺槽对应的地面下沉量增加了 503mm，距工作面运输顺槽 75m 处对应的地面下沉量增加了 1.797m。当 9 月 20 日工作面推进至 514m 时，即推过倾向观测线 364m，此时，倾向观测线所在区域的覆岩移动与地面沉降已趋于稳定，22301 工作面回风顺槽对应的地面下沉量为 1.324m，1^{-2} 上煤层老采空区对应的地面最大下沉量达 4.701m，而 22301 工作面运输顺槽对应的地面下沉量仅为 0.546m，整个旺采区对应的地面最大下沉量仅为 2.308m。如果下煤层采后导致 1^{-2} 上煤层旺采区煤柱失稳，根据图 9-39 的拟合下沉曲线得出，22301 工作面运输顺槽对应的地面下沉量应该增加 778mm，距工作面运输顺槽 75m 处对应的地面下沉量应该增加 2.097m。

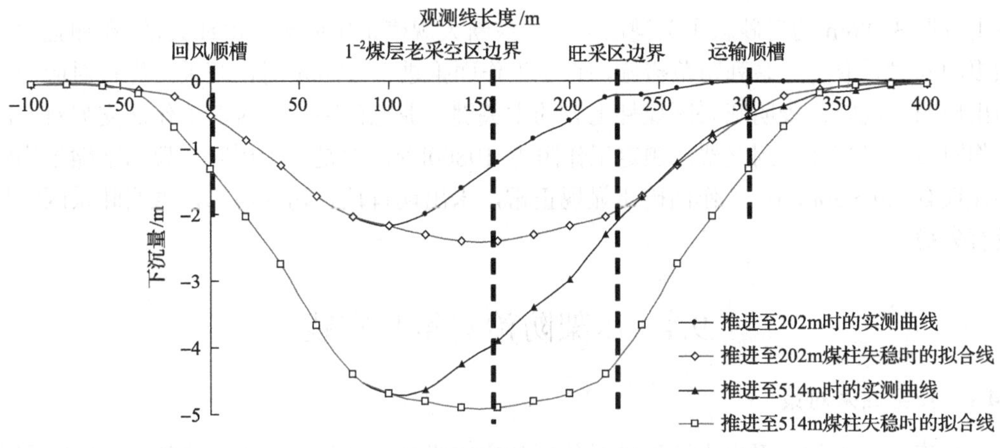

图 9-39　倾向观测线拟合下沉曲线图

根据上述分析，综合神东矿区浅埋煤层初次采动时地表沉陷特征得出，22301 工作面采后，1^{-2} 煤层中的旺采区煤柱没有失稳；如果旺采区煤柱失稳，倾向观测线所对应的下沉曲线将类似于图 9-39 中的拟合曲线，事实上，旺采区煤柱区域对应的地面下沉量远小于该拟合曲线，表明旺采区煤柱与其上方的岩体整体稳定运动，旺采区煤柱对应的地面未有明显的台阶、裂缝，说明 22301 工作面采后的旺采区煤柱是稳定的，这也得到了现场矿压显现的证明，22301 工作面推进过程中并没有发生因上煤层遗留煤柱失稳而造成工作面的冒顶、冲击矿压、飓风等灾害。

2) 矿压观测结果分析

图 9-40 为旺采区煤柱下 30#支架的工作阻力曲线，由图 9-40 可知，22301 工作面开采初期，旺采区煤柱下的支架工作阻力较小，基本上都小于 9800kN，相对于上煤层老采空区下开采而言，旺采区煤柱下开采类似于单煤层初次开采，所以，旺采区煤柱下对应的初次来压步距与周期来压步距长度均大于老采空区下。当工作面推进至 32～35m 时，老采空区对应区域因出现初次来压活化了 $1^{-2上}$ 煤层顶板主关键层破断结构块体，导致地面出现边界台阶裂缝，说明老采空区下开采引起的岩层移动已传递至地表。但是，旺采区煤柱下自推进距至 41m 处出现初次来压之后，一直到推进距至 165m 之前，地面未出现一条细微的采动裂缝，期间神东分公司与补连塔矿领导给予高度重视，担心旺采区煤

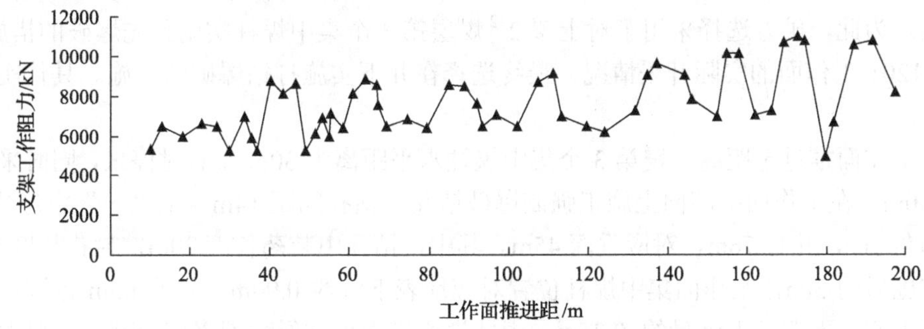

图 9-40　旺采区煤柱下 30#支架对应的工作阻力曲线

柱上方厚 31.86m 的粉砂岩主关键层因初次破断大规模来压而导致煤柱失稳，在加强预测预报的同时采取了一系列防范措施，直至工作面推进至 170m 时，旺采区煤柱对应的地面出现明显沉降，表明旺采区煤柱上方的主关键层业已破断，此时，工作面支架对应的工作阻力虽然整体达到支架的额定工作阻力 10800kN，但是，来压时支架的下缩量均较小，仅有 20～30mm，工作面矿压显现正常，未出现冒顶、切顶现象，表明旺采区煤柱没有失稳。

9.4 压架防治对策与实践

9.4.1 安全回采对策

与第 8 章工作面采出上覆煤柱时的压架灾害类似，此类压架灾害依然无法单纯利用提高支架工作阻力进行防范。31201 工作面在支架阻力高达 18000kN、支护强度达 1.52MPa 的条件下仍发生了如此严重的压架事故，这证明支架阻力在控制此类压架灾害上的有限性。因此，针对此类压架灾害，同样应从其发生机理的角度进行防范和控制。

鉴于上覆旺采煤柱的超前失稳是导致压架灾害发生的根源，因此可在下煤层开采前，从井下或地面对上覆旺采煤柱提前实施爆破弱化措施或采用注浆方式将旺采煤柱间的巷道空间填堵上，具体可参见前述第 7 章关于工作面采出上覆煤柱的压架灾害防治对策。另外，也可以在顶板即将来压时，适当放慢开采速度，甚至可停采 1～2 个班，以充分利用支承压力的作用使得上覆旺采煤柱提前发生失稳破坏，使得上覆关键层破断块体 I 提前破断后的反向回转运动仅作用于工作面前方煤岩体上，从而可减轻压架的危险。相应的，在工作面开采过程中，应尽量提高采高，使得支架活柱有足够的行程，避免支架被压死而造成停产。

9.4.2 安全回采实践

前述石圪台煤矿 31201 工作面的 3 次压架事故已给矿井的安全高效生产带来了严重影响，为了防止工作面恢复生产后再次发生类似的压架事故，该工作面在第 3 次压架事故处理后就进行了后续开采压架事故防治对策的实施。

考虑到工作面后续开采临近回撤阶段还将经历采出上覆第 3 个集中煤柱的开采过程（见图 9-2，K65 钻孔附近），根据前几次的压架经验，这一开采条件下极易发生类似的压架事故。为此，矿方选择采用了对上覆 2^{-2} 煤层第 3 个集中煤柱实施预先爆破的措施[4]。根据 31201 工作面的实际开采情况，最终选择在井下实施打钻爆破的措施。具体实施方案如下。

在工作面推进至距离上覆第 3 个集中煤柱水平距离为 30m 左右时停采，同时采高调整至 4.0m，在工作面中部向上施工强制爆破钻孔。钻孔间距 14m，呈“一”字形分布，钻孔仰角 36°，孔长 76m，对应垂深 45m。其中，钻孔中装药长度 20m，封孔长度 52m。爆破实施后约 30h，工作面集中煤柱位置对应地表下沉约 0.90m，超前 65m 范围内对应地表发生明显下沉，下沉量约 0.35m，由此说明集中煤柱经预裂爆破处理后，已发生破坏并引发周围部分旺采小煤柱破坏，基本达到预计的爆破预裂效果。

正是由于上述措施的实施，31201 工作面后续开采过程中顺利通过了上覆第 3 个集中煤柱，矿压显现观测结果显示，工作面未出现严重的冒顶和压架现象，前述压架防治的理论对策得到了现场实践的验证。

9.5　本 章 小 结

本章针对浅埋近距离旺采煤柱下开采易出现的压架灾害问题，就旺采煤柱超前失稳致灾机理、旺采煤柱稳定性影响因素、旺采煤柱下开采压架防治对策等问题进行了研究，主要取得以下几点结论。

(1) 浅埋近距离旺采煤柱下开采时，受采动支承压力的影响，上覆旺采煤柱可能因其承载能力不足而发生超前失稳，从而造成上方关键层的超前破断，从而与工作面控顶上方已断块体一并发生反向回转；此时支架控顶上方旺采煤柱仍处于稳定承载状态，则两块体的反向回转运动将直接造成上覆载荷施加到煤层间岩层之上，使得煤层岩层破断结构的载荷过大而滑落失稳，最终引起压架的发生。即，仅当工作面超前一定范围的旺采煤柱发生失稳，而工作面控顶区及采空区一定范围的旺采煤柱未发生失稳时，才可能出现煤层间关键层结构滑落失稳引发的压架事故。

(2) 根据旺采煤柱留设方向的不同将其分为走向旺采煤柱和倾向旺采煤柱，采用 FLAC^{3D} 数值模拟方法对旺采煤柱不同留设方向、旺采回收率、旺采煤柱埋深及采高等因素与煤柱稳定性的关系进行了研究，结果表明：采深 200m、采高 4m、留设 1m 的保护煤柱时，布设走向煤柱更加有助于维持煤柱的稳定；旺采回采率分别为 76.7%(即煤柱宽度为 1m) 和 86.8%(即煤柱宽度为 0.5m) 时，前者煤柱能够保持稳定，后者煤柱将失稳；采深 100m 和 200m、采高 4m、留设 1m 的保护煤柱时，煤柱稳定性较好，当采深增大到 300m 时煤柱内部会发生剪切破坏导致煤柱失稳；旺采煤柱高度在 4.5m 以下时，煤柱可保持稳定，而当高度增大至 4.6～6.0m 时，旺采煤柱内部裂隙较为发育，高度超过 6m 时，煤柱将发生垮塌失稳。

(3) 采用 FLAC^{3D} 与 UDEC^{2D} 数值模拟对下部近距离煤层开采对上覆旺采煤柱稳定性的影响进行了研究，并将层间距与下煤层采高比值定义为下煤层开采对上部旺采煤柱影响的“扰动系数”。在上煤层采深 200m、留设 1m 保护煤柱的条件下，当“扰动系数”大于 0.26 时，下煤层开采必然导致旺采煤柱的失稳；当“扰动系数”小于 0.12 时，煤柱的稳定性可以得到较好的维持；当“扰动系数”为 0.13～0.25 时，煤柱处于亚稳定状态，已经受到下部煤层开采影响，曾经历过弹塑性过渡阶段，内部有裂隙产生，但不会引起煤柱失稳。同时发现，在相同的开采条件下，布置倾向旺采煤柱更易受到下部煤层开采的影响，导致其塑性区域较走向煤柱更广而且超前工作面推进位置更远。研究结果得到了补连塔煤矿 22301 工作面上覆旺采煤柱下开采实践的验证。

(4) 鉴于上覆旺采煤柱的超前失稳是导致压架灾害发生的根源，由此提出可从井下或地面对上覆旺采煤柱区提前实施爆破弱化或注浆充填等措施，或者在顶板即将来压时，适当放慢开采速度，以充分利用支承压力的作用诱导旺采煤柱提前失稳；由此控制煤柱上覆关键层的破断运动，避免过大载荷的向下传递。相关措施成功指导了石圪台煤矿31201工作面上覆旺采煤柱下的安全回采实践。

参 考 文 献

[1] 许家林, 朱卫兵, 鞠金峰. 浅埋煤层开采压架类型. 煤炭学报, 2014, 39(8): 1625-1634.

[2] 刘文涛. 近距离煤层开采对上部旺采煤柱稳定性的影响研究. 徐州: 中国矿业大学, 2010.

[3] 施喜书, 许家林, 朱卫兵. 补连塔矿复杂条件下大采高开采地表沉陷实测. 煤炭科学技术, 2008, 36(9): 80-82.

[4] 肖剑儒, 李少刚, 张彬, 等. 浅埋深煤层房采区下综采工作面动压控制技术. 煤炭科学技术, 2014, 42(10): 20-23.